CAD/CAM/CAE
轻松上手丛书

ABB工业机器人
离线编程与仿真

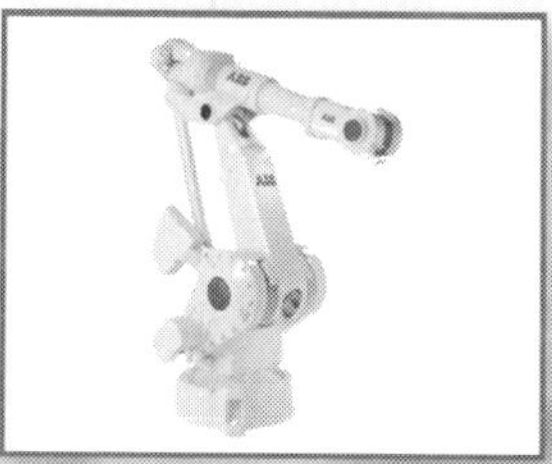

梁 伟 李海慧 著

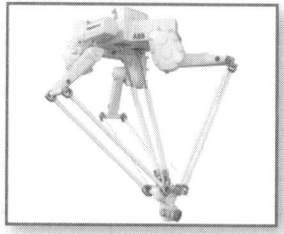

清华大学出版社
北京

内 容 简 介

本书以各行业应用广泛的ABB工业机器人离线编程仿真软件为平台，选择常用的工业机器人搬运、码垛、焊接、喷涂等典型任务为学习载体，通过离线编程与仿真，教授读者利用相关建模操作来组建常见机器人工作站的方法和步骤。

本书共分7章，内容包括工业机器人离线编程仿真软件介绍、基本工作站构建、工作站对象建模实践、复杂运动轨迹创建与调试、Smart组件在机床上下料工作站中的应用、带变位机及导轨的工业机器人工作站创建以及流水线码垛工业机器人工作站搭建。

本书内容详尽、实例丰富，由浅入深、层层递进，适用于ABB工业机器人离线编程与仿真技术初学者、生产现场技术人员、虚拟仿真工程师、机器人技术爱好者以及企业决策者，同时也适合大中专院校的师生阅读，还可作为高等院校机器人及相关专业的教材。

本书封面贴有清华大学出版社防伪标签，无标签者不得销售。
版权所有，侵权必究。举报：010-62782989，beiqinquan@tup.tsinghua.edu.cn。

图书在版编目（CIP）数据

ABB工业机器人离线编程与仿真 / 梁伟，李海慧著.
北京：清华大学出版社，2025.6. -- （CAD/CAM/CAE 轻松上手丛书）. -- ISBN 978-7-302-69318-5

Ⅰ.TP242.2
中国国家版本馆CIP数据核字第20254BY307号

责任编辑：夏毓彦
封面设计：王　翔
责任校对：冯秀娟
责任印制：丛怀宇

出版发行：清华大学出版社
　　　　网　　址：https://www.tup.com.cn，https://www.wqxuetang.com
　　　　地　　址：北京清华大学学研大厦A座　　　邮　编：100084
　　　　社　总　机：010-83470000　　　　　　　　邮　购：010-62786544
　　　　投稿与读者服务：010-62776969，c-service@tup.tsinghua.edu.cn
　　　　质量反馈：010-62772015，zhiliang@tup.tsinghua.edu.cn
印 装 者：三河市少明印务有限公司
经　　销：全国新华书店
开　　本：190mm×260mm　　　印　张：22.75　　　字　数：614千字
版　　次：2025年7月第1版　　　印　次：2025年7月第1次印刷
定　　价：119.00元

产品编号：110337-01

前　　言

在科技飞速发展的时代，工业机器人技术以其高效、精准和灵活的特性，正在深刻变革制造业的生产模式与发展格局。随着智能制造理念的深入推进，工业机器人在各个领域的应用日益广泛，从传统的汽车制造、电子工业，到新兴的医疗、物流等行业，机器人都扮演着不可或缺的角色。而 RobotStudio 2024 作为ABB工业机器人领域一款极具影响力的离线编程软件，为机器人的应用开发、系统集成与优化提供了强大且便捷的工具平台。

工业4.0和智能制造的浪潮促使制造业加速向数字化、智能化转型。在这样的背景下，机器人离线编程技术应运而生并迅速发展。传统的机器人编程方式多依赖于现场示教，这种方式不仅耗时费力，还会影响生产设备的正常运行时间，增加生产成本。而 RobotStudio 2024 借助先进的计算机图形技术和仿真算法，构建了一个高度逼真的虚拟机器人工作环境。它能够在计算机上对机器人的运动轨迹、任务流程进行精确规划与模拟，有效避免了在实际生产环境中反复调试所带来的诸多问题。同时，该软件与ABB机器人的硬件控制系统紧密集成，可实现编程代码的无缝传输与应用，极大地提高了机器人编程与部署的效率和准确性，为企业快速响应市场需求、提升生产竞争力提供了坚实的技术支撑。

本书目的

本书旨在为广大读者提供一本全面、系统且实用的 RobotStudio 2024 学习参考书。无论是机器人技术领域的初学者，还是具有一定经验的专业工程师，都能从本书中获取有价值的知识与技能提升。

对于初涉机器人编程领域的读者，本书从基础概念和软件操作入手，通过详细的步骤讲解和丰富的实例演示，帮助他们快速掌握 RobotStudio 2024 的基本功能与编程方法，形成对机器人离线编程的初步认识与实践能力，为进一步深入学习和应用奠定坚实基础。

对于有一定机器人编程基础的专业人士，本书深入探讨了 RobotStudio 2024 在常用案例现场的应用技巧，如上下料工作站、流水线码垛机器人工作站、带变位机与导轨的机器人工作站控制等。通过这些内容的学习，读者能够进一步提升技术水平，解决实际工作中遇到的各种复杂问题，实现更高效、更智能的机器人应用方案设计与实施。

此外，本书还注重培养读者的工程实践能力与创新思维。通过大量真实案例的剖析与实践项目的引导，鼓励读者将所学知识灵活运用到实际生产中，探索创新的机器人应用模式，为推动工业机器人技术在各行业的深度应用与发展贡献力量。

本书特点

（1）内容全面深入：本书全面涵盖RobotStudio 2024 的各个功能模块与应用领域。从软件的安装与环境配置，到机器人系统的创建与导入，从基本的机器人运动编程，到实例工作站的设计与实现，都进行了详细分析与步骤操作讲解，使读者能够全面了解 RobotStudio 2024 的强大功能与项目应用潜力。

（2）实例丰富多样：书中融入了大量实际项目的应用实例，这些实例均经过精心挑选与设计，具有很强的代表性与实用性。通过这些丰富多样的实例讲解，读者能够更好地理解 RobotStudio 2024 在不同工业场景下的应用方法与技巧，提高解决实际问题的能力。

（3）讲解细致入微：在内容讲解方面，本书采用循序渐进、细致入微的方式。对于每一个知识点和操作步骤，均进行了详细的文字描述，并配有大量截图辅助说明，使读者能够清晰了解操作的具体过程与效果。此外，对于一些容易出错或需要特别注意的地方，书中还给出了相应的提示与解决方案，避免读者在学习与实践过程中走弯路。

（4）注重实践应用：本书始终强调理论与实践相结合，注重培养读者的实践应用能力。在每一章的内容讲解中，都穿插了相应的实践练习与案例分析，引导读者在学习理论知识的同时，及时进行实践操作与应用验证。通过这些实践项目的锻炼，读者能够真正将所学知识转换为实际应用能力，具备独立完成机器人应用项目开发与实施的能力。

配套资料下载

本书配套实例源文件、PPT课件与读者微信技术交流群，读者使用自己的微信扫描下面的二维码即可获取。如果在阅读过程中发现问题或有任何建议，请联系下载资源中提供的相关电子邮箱或微信。

本书读者

本书适合机器人技术爱好者与自学者、控制系统集成与应用领域工程师及技术人员、工业机器人领域工程师与技术人员、制造业企业管理人员与决策者、高校机器人相关专业的师生。

作者与鸣谢

梁伟，高级工程师、软件工程师，主要从事自动控制、电磁场仿真分析、数字图像处理、PLC开发与应用、工业机器人技术应用等技术研究。重庆机电职业技术大学教师、万达集团培训讲师，出版专著7部、主编企业技术标准8项。工程项目实践经验丰富，在企业主要担任项目经理，主要负责企业电力系统运行监控平台开发、中小型企业配电系统现场智能巡检机器人系统开发、医疗行业CT图像三维重建系统开发与优化等。

李海慧，高级工程师、副教授、工业机器人应用技术高级工程师，先后担任电气设计师及技术支持，现任高校工业机器人教师，主持重庆市教科委项目1项、重庆教改项目1项。

本书的顺利出版离不开清华大学出版社老师们的帮助，在此表示感谢。

作　者
2025年5月

目 录

第 1 章 工业机器人离线编程仿真软件的认识与安装 ·· 1
   1.1 认识工业机器人仿真技术 ·· 1
      1.1.1 虚拟仿真技术介绍 ··· 1
      1.1.2 RobotStudio 介绍 ·· 2
   1.2 安装 RobotStudio 2024 ··· 3
   1.3 认识 RobotStudio 的软件界面 ··· 8
      1.3.1 RobotStudio 菜单介绍 ··· 9
      1.3.2 常见问题及处理方法 ·· 14
   1.4 小结 ·· 15
   1.5 练习 ·· 15

第 2 章 构建工业机器人工作站 ·· 16
   2.1 创建工业机器人基本工作站 ·· 16
      2.1.1 加载机器人及工具 ··· 16
      2.1.2 布局周边环境 ··· 21
   2.2 建立工业机器人系统和手动操纵 ·· 29
      2.2.1 建立工业机器人系统操作 ··· 29
      2.2.2 工业机器人的手动操作 ··· 34
   2.3 工业机器人工件坐标与轨迹程序 ·· 40
      2.3.1 创建机器人工件坐标 ··· 40
      2.3.2 运动指令 ··· 42
      2.3.3 创建机器人运动轨迹 ··· 43
   2.4 仿真运行机器人并录制视频 ·· 55
      2.4.1 工作站同步设定 ··· 55
      2.4.2 录制仿真视频 ··· 58
   2.5 小结 ·· 62

第 3 章 工作站对象建模实践 ·· 63
   3.1 基本建模功能 ·· 63
      3.1.1 创建操作台 3D 模型 ·· 64
      3.1.2 3D 模型操作 ··· 66
      3.1.3 3D 模型的组合、保存和调用 ··· 73

- 3.2 测量工具的使用 ·· 81
  - 3.2.1 测量长度 ··· 82
  - 3.2.2 测量直径 ··· 85
  - 3.2.3 测量角度 ··· 86
  - 3.2.4 测量物体间距 ··· 87
- 3.3 创建机械装置 ·· 88
  - 3.3.1 导入 3D 模型 ··· 89
  - 3.3.2 3D 模型布置 ·· 92
  - 3.3.3 建立机械运动特性 ·· 95
  - 3.3.4 保存为库文件 ··· 101
- 3.4 创建工具 ·· 102
  - 3.4.1 设定工具本地原点 ·· 102
  - 3.4.2 创建工具坐标系框架 ··· 114
  - 3.4.3 创建工具 ··· 119
  - 3.4.4 保存验证工具特性 ·· 120
  - 3.4.5 练习 ··· 123

第 4 章 复杂运动轨迹的创建与调试 ·· 125

- 4.1 创建工业机器人的曲线路径 ·· 125
  - 4.1.1 解包基本工作站 ··· 125
  - 4.1.2 创建打磨运动曲线 ·· 128
  - 4.1.3 自动生成曲线运动路径 ··· 132
- 4.2 机器人目标点调整及轴配置参数 ··· 135
  - 4.2.1 机器人目标点调整 ·· 136
  - 4.2.2 轴配置参数调整 ··· 141
  - 4.2.3 仿真运行 ··· 144
- 4.3 机器人离线轨迹编程辅助工具 ·· 157
  - 4.3.1 创建机器人碰撞监控 ··· 158
  - 4.3.2 机器人 TCP 跟踪功能的使用 ·· 163
  - 4.3.3 机器人计时器功能的使用 ·· 167
- 4.4 练习 ·· 168

第 5 章 Smart 组件在机床上下料工作站中的应用 ································ 170

- 5.1 往复运动设置 ·· 170
  - 5.1.1 设定机械装置关节 ·· 170
  - 5.1.2 创建往复信号与连接 ··· 177
  - 5.1.3 仿真调试 ··· 184
  - 5.1.4 练习 ··· 186
- 5.2 喷涂动作的设置 ··· 187

	5.2.1	创建喷涂效果 Smart 组件	188
	5.2.2	创建属性连结和 I/O 信号连接	197
	5.2.3	仿真调试	202
	5.2.4	练习	205
5.3	输送线动作设置		206
	5.3.1	设定输送线产品	206
	5.3.2	设定输送带限位传感器	209
	5.3.3	设定物体的直线运动	213
	5.3.4	设定删除物体动作	216
	5.3.5	创建属性与连结	218
	5.3.6	创建输送信号和连接	220
	5.3.7	输送链仿真调试	223
	5.3.8	练习	225
5.4	拾取动作设置		226
	5.4.1	设定检测传感器	226
	5.4.2	设定拾取动作	234
	5.4.3	创建动作属性与连结	237
	5.4.4	创建拾取信号和连接	239
	5.4.5	Smart 组件仿真调试	241
	5.4.6	练习	246

第 6 章 带变位机及导轨的工业机器人工作站创建 247

6.1	创建带导轨的机器人系统		247
	6.1.1	布局带导轨的机器人工作站	247
	6.1.2	创建带导轨的机器人系统	257
	6.1.3	创建带导轨的运动轨迹	259
	6.1.4	导轨机器人运动轨迹仿真运行	268
6.2	带变位机的机器人系统创建及编程		271
	6.2.1	创建带变位机的机器人工作站	272
	6.2.2	创建带变位机的机器人系统	281
	6.2.3	创建带变位机的工件坐标	284
	6.2.4	使用逻辑指令 ActUnit 和 DeactUnit	290
	6.2.5	创建带变位机的机器人运动轨迹	290
	6.2.6	变位机机器人运动轨迹仿真运行	304
6.3	练习		307

第 7 章 流水线码垛工业机器人工作站搭建 308

7.1	工作站 LAYOUT 布局说明		308
	7.1.1	输送线段流程卡	309

7.1.2 搬运夹爪段流程卡 ··· 310
  7.1.3 工作站设计流程 ··· 311
 7.2 创建流水线码垛工作站的 Smart 组件设计 ·· 311
  7.2.1 解包基本工作站 ··· 311
  7.2.2 工作站输送线动作效果设计 ·· 315
  7.2.3 工作站末端操作器动作效果设计 ·· 326
 7.3 创建码垛工作站 I/O 信号 ··· 338
  7.3.1 设定机器人 I/O 信号 ··· 338
  7.3.2 建立机器人控制器与 Smart 组件的连接 ······································· 346
 7.4 工作站程序解析 ·· 349
 7.5 流水线码垛工作站仿真调试 ·· 352
 7.6 练习 ·· 355

第 1 章 工业机器人离线编程仿真软件的认识与安装

> **导言**
>
> 工业机器人离线编程仿真软件是一种在不依赖实际机器人的情况下，使用计算机程序模拟机器人运动和操作的工具。通过本章学习，读者能够了解工业机器人虚拟仿真技术以及RobotStudio软件的下载、安装配置、菜单介绍、安装过程中常见问题的解决方法。
>
> 本章主要涉及的知识点有：
> - 工业机器人虚拟仿真技术的基本概念
> - ABB 工业机器人 RobotStudio 仿真软件安装配置
> - 认识 RobotStudio 仿真软件的界面及菜单
> - RobotStudio 仿真软件安装中常见问题的解决方法

1.1 认识工业机器人仿真技术

工业机器人仿真技术是一种利用计算机软件来模拟工业机器人运动、操作和工作环境的先进技术。本节将介绍工业机器人仿真技术的发展，以及ABB虚拟仿真软件RobotStudio的相关功能。

1.1.1 虚拟仿真技术介绍

随着工业自动化市场竞争压力日益加剧，用户在生产中迫切需要更高的效率、更可靠的质量，以缩短产品生产周期、降低价格和提高市场竞争力。机器人停工停产检测和试运行不是首选方法，现代生产厂家希望在设计阶段就对新部件的可制造性进行检查，在产品制造的同时对机器人系统进行编程，从而提早开始产品生产，缩短产品上市时间。

工业机器人仿真在实际机器人安装前，通过可视化及可确认的解决方案和布局来降低风险，并通过创建更加精确的路径来获得更高的部件质量。

1.1.2 RobotStudio 介绍

RobotStudio是用于机器人单元的建模、离线编程、创建典型应用工作站及系统仿真的计算机应用程序。为了实现真正的离线编程，RobotStudio采用ABB VirtualRobot技术，使用离线控制器，即在计算机上运行虚拟IRC5控制器，这种离线控制器也被称为虚拟控制器（Virtual Controller，VC）。

RobotStudio还允许使用真实的物理IRC5控制器（简称为"真实控制器"）。当连接真实控制器一起使用时，RobotStudio处于在线模式。当未连接真实控制器或者连接到虚拟控制器使用时，RobotStudio处于离线模式。RobotStudio软件是目前市场上工业机器人离线编程的领先产品，同时ABB也正在世界范围内逐步建立机器人编程标准。

在RobotStudio中可以实现的主要功能说明如下。

1. 强大建模功能

RobotStudio软件自带建模功能，可满足一般的模拟需求，也可轻易地导入第三方制作的非常精确的3D模型数据，生成更为精确的机器人程序，从而提高产品质量。它以各种主要的CAD格式导入数据，包括ACIS、IGES、STEP、VDAFS、VRML、VDAFS、Preo/Creo和CATIA等。

2. 自动生成路径

在线编程通过点位法来进行编程，面对不规则、复杂的曲线轨迹，如果仍然采用点位法编程，可能需要很长时间，且无法保障精度要求。通过使用RobotStudio中的自动生成路径功能，可在短短几分钟内选择待加工部件的CAD模型的曲面，自动生成跟踪曲线所需的工业机器人位置路径，这是RobotStudio最节省时间的功能之一。

3. 碰撞检测

碰撞检测功能可避免工业机器人与工件及设备发生碰撞，从而减少经济损失，还可以查看路径是否满足工艺需求。在调试时选定检测对象后，RobotStudio能够自动监测并显示程序执行过程中这些对象是否会发生碰撞。

4. 路径优化

RobotStudio可自动检测出程序中包含接近奇异点的机器人动作并发出报警，防止机器人在实际运行中发生奇异点的现象。仿真监视器是一种用于机器人运动路径优化的可视工具，红色线条显示可改进之处，使机器人按照最有效的方式运动，可以对TCP速度、加速度、奇异点或轴线等进行优化，缩短调试周期时间。

5. 虚拟示教台

实际示教台的图形显示核心技术是VirtualRobot。从本质上讲，所有可以在实际示教台上进行的工作都可以在虚拟示教台（QuickTeach^{TM}）上完成。因此，RobotStudio是一种非常出色的教学和培训工具。

6. 程序编辑器

程序编辑器（Program Maker）可生成机器人程序，使用户能够在Windows环境中离线开发或维护机器人程序，可显著缩短编程时间并优化程序结构。

7. 事件表

事件表是一种用于验证程序的结构与逻辑的理想工具。在程序执行期间，可通过该工具直接观察工作单元的I/O状态。可将I/O连接到仿真事件，实现工位内机器人及所有设备的仿真。该功能是一种十分理想的调试工具。

8. Visual Basic for Applications（VBA）

采用VBA改进和扩充RobotStudio功能，根据用户具体需求开发功能强大的外接插件、宏或定制用户界面。

9. PowerPacs

ABB协同合作伙伴采用VBA进行了一系列基于RobotStudio的应用开发，使RobotStudio能够更好地适用于点焊、弧焊、弯扳机管理、叶片研磨等应用。

1.2　安装RobotStudio 2024

目前ABB工业机器人仿真软件版本为2024版，用户可以从ABB官方网站上免费下载使用。本节将介绍ABB工业机器人仿真软件RobotStudio 2024的下载、安装以及取得授权许可证等操作。

1. RobotStudio 2024 的下载

在ABB官网https://new.abb.com/products/robotics/downloads找到下载入口，页面如图1.1所示。

2. RobotStudio 2024 的安装和配置

用户安装RobotStudio 2024时，需要选择以计算机管理员身份运行安装文件，计算机名称不能以中文命名。安装软件所需的计算机配置要求如表1.1所示。

表1.1　RobotStudio 2024安装配置要求

名　　称	要　　求
CPU	i5及以上
内存	4GB及以上（Windows32-bit） 8GB及以上（Windows64-bit）
硬盘	空闲存储20GB以上
显卡	独立显卡
操作系统	建议Windows 10或以上

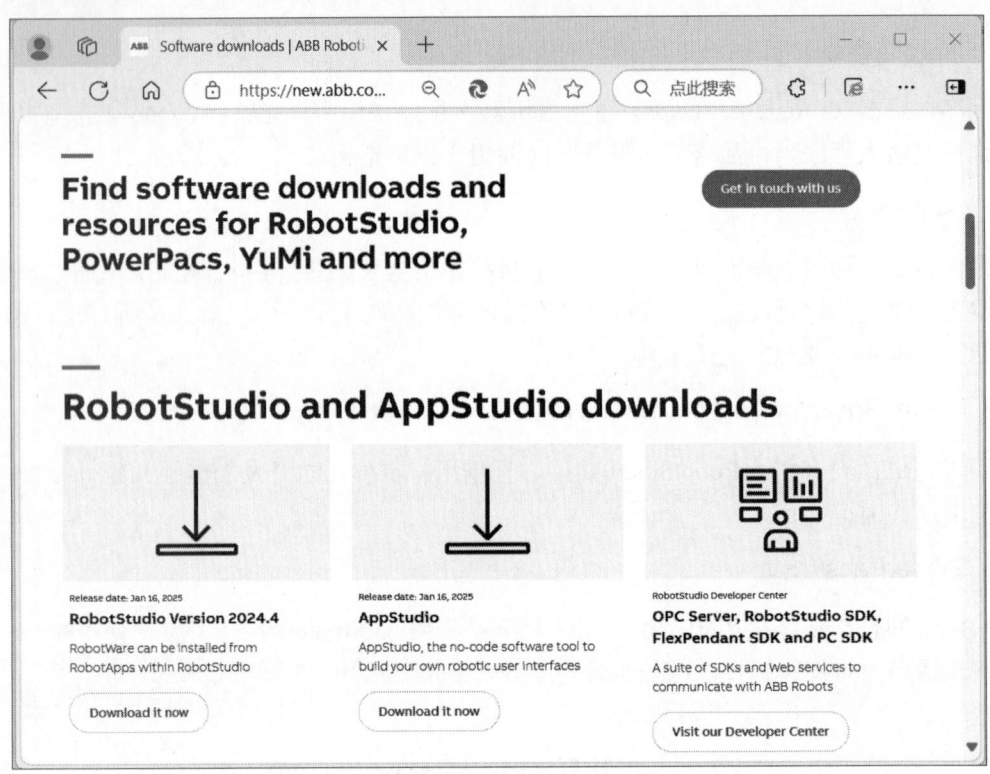

图1.1　RobotStudio 2024下载界面

RobotStudio软件的安装过程如下。

步骤01　RobotStudio软件下载完毕后，右击压缩包（见图1.2），对压缩包进行解压。

步骤02　解压后，双击打开如图1.3所示的文件夹，查看目录下的文件。

步骤03　单击如图1.4所示的图标开始安装。

图 1.2　RobotStudio 软件压缩包　　图 1.3　解压后单击文件夹　　图 1.4　RobotStudio 2024 安装图标

步骤04　在对话框下拉菜单中选中"中文（简体）"，然后单击"确定"按钮，如图1.5所示。

步骤05　单击"下一步"按钮，如图1.6所示。

步骤06　先选择"我接受该许可证协议中的条款"，再单击"下一步"按钮，如图1.7所示。

步骤07　单击"接受"按钮，如图1.8所示。

步骤08　可自行更改路径，默认为C盘。修改完成后，单击"确定"按钮进入下一步，如图1.9所示。

备注：安装路径不能有中文字符。

第1章 工业机器人离线编程仿真软件的认识与安装

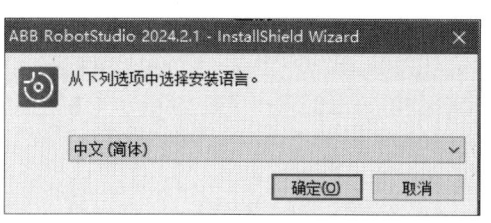

图1.5 选择安装中文（简体）

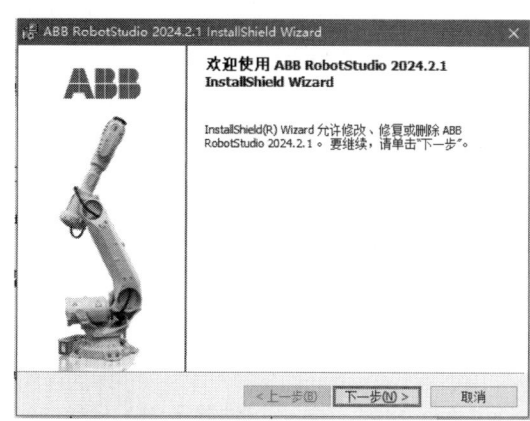

图1.6 单击"下一步"按钮

图1.7 单击"下一步"按钮

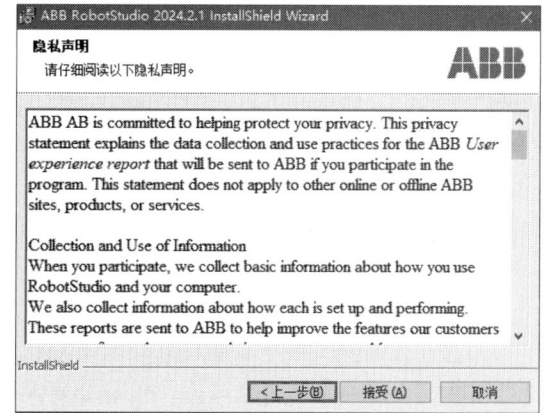

图1.8 单击"接受"按钮

步骤09 选中"完整安装"单选按钮，单击"下一步"按钮，如图1.10所示。

图1.9 修改路径

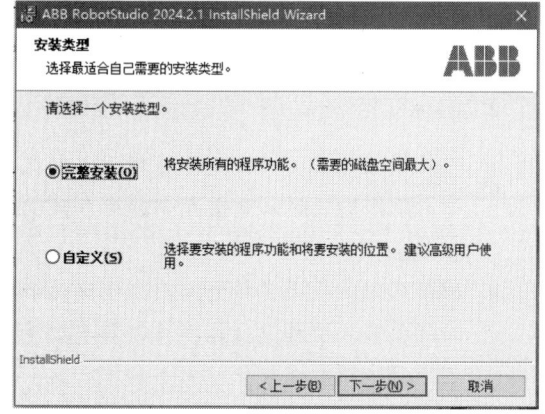

图1.10 选中"完整安装"单选按钮

备注：完整安装：选中该单选按钮，可以使用基本版和高级版的所有功能。

步骤10 单击"安装"按钮，如图1.11所示。

5

步骤⑪ 等待安装完成后，单击"下一步"按钮，如图1.12所示。

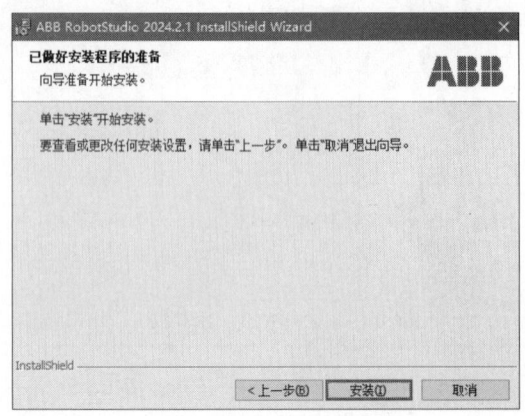
图1.11　单击"安装"按钮

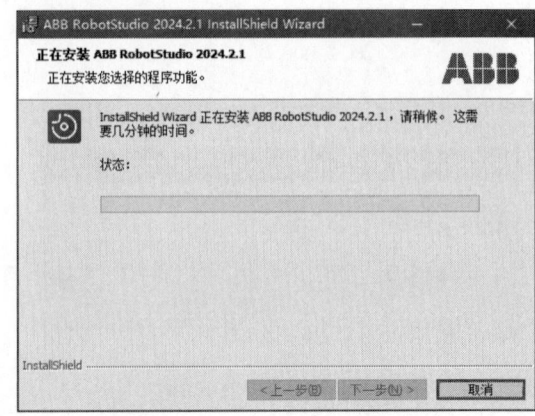
图1.12　单击"下一步"按钮

步骤⑫ 单击"完成"按钮，退出安装向导，如图1.13所示。

接下来介绍RobotStudio 2024.2.1在32位和64位版本的操作系统中使用的主要区别。

1. 数据处理能力

- 32位版本：一次能处理32位数据，即4字节数据。处理能力相对较弱，在处理复杂的机器人仿真任务或大型项目时，可能会出现性能瓶颈，运行速度可能会受到一定限制。
- 64位版本：一次可以处理64位数据，即8字节的数据。数据处理能力更强，能够更高效地处理大规模的计算和复杂的仿真场景，在运行速度和处理效率上具有明显优势。

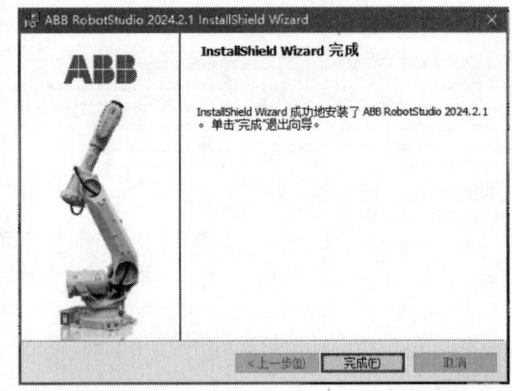
图1.13　单击"完成"按钮退出安装向导

2. 内存支持

- 32位版本：最大寻址空间有限，一般只能支持4GB左右的内存。如果计算机的物理内存超过4GB，32位版本无法充分利用多余的内存资源，可能会导致部分内存闲置，影响软件的性能表现。
- 64位版本：最大支持的内存容量远远高于32位版本，能够充分利用大内存的优势。对于复杂的机器人工作站仿真项目，需要大量内存来加载和运行模型、程序等，64位版本可以更好地满足这些需求。

3. 软件兼容性

- 32位版本：一些较旧的插件、工具或第三方软件可能更倾向于与32位的RobotStudio版本兼容。但随着软件技术的不断发展，越来越多的软件开发者更侧重于为64位系统开发和优化软件。

- 64位版本：虽然64位版本对一些老旧的软件或插件可能存在兼容性问题，但该版本能够更好地支持新开发的功能和技术。此外，大多数现代的软件和工具都逐渐向64位系统适配，64位版本的RobotStudio在与其他软件的协同工作方面具有更好的兼容性和扩展性。

4. 硬件要求

- 32位版本：对硬件的要求相对较低，适合在配置较旧或性能较弱的计算机上运行。但如果计算机硬件性能过低，即使使用32位版本也可能无法流畅运行RobotStudio。
- 64位版本：由于其较强的数据处理能力和对内存的更高需求，对计算机硬件的要求相对较高，需要64位的处理器以及足够的内存和硬盘空间来支持软件的正常运行。

综上所述，如果需要处理复杂的机器人仿真项目，建议选择64位操作系统运行RobotStudio 2024.2版本；如果用户计算机配置较低，或者需要使用一些特定的与32位系统兼容的插件或工具，可以考虑使用32位版本操作系统。但总体而言，使用64位版本操作系统能够提供更好的性能和功能体验。

RobotStudio软件安装完成后，软件提供了30天的全功能高级版免费试用。30天试用期结束后，只能使用基本版的相应功能。

- 基本版：提供基本的RobotStudio功能，如配置、编程和运行虚拟控制器。还可以通过以太网对实际控制器进行编程、配置和监控等在线操作。
- 高级版：提供RobotStudio所有的离线编程功能和多机器人仿真功能。高级版中包含基本版中的所有功能，但使用高级版需要激活软件。

如果已经从ABB官方购买了RobotStduio的授权许可证，可以通过以下方式激活RobotStudio软件，操作步骤如下。

步骤01 选择"文件"选项卡后，单击"选项"图标，即可打开"选项"对话框，如图1.14所示。

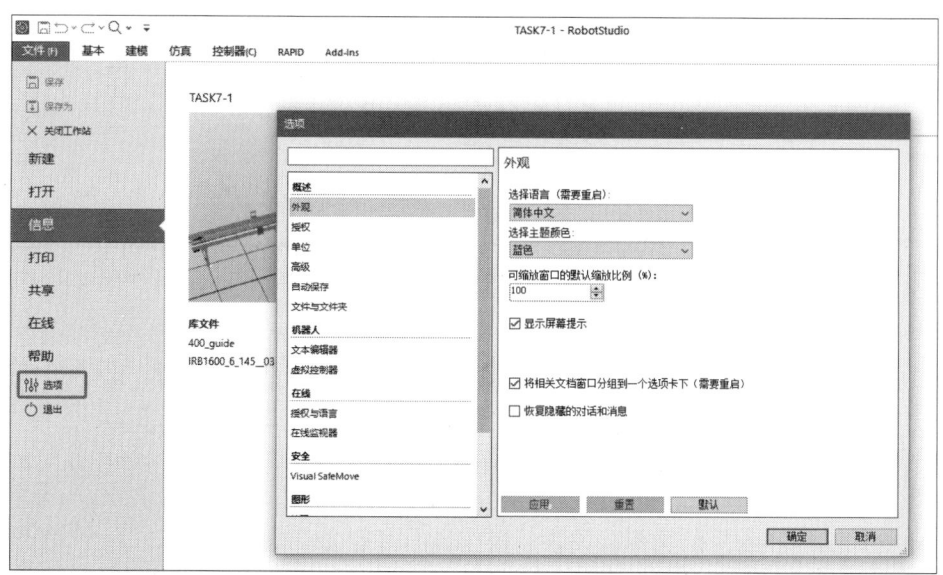

图1.14 打开"选项"对话框

步骤 02 在"选项"对话框的"授权"选项下,单击"激活RobotStduio许可证"按钮,如图1.15所示。

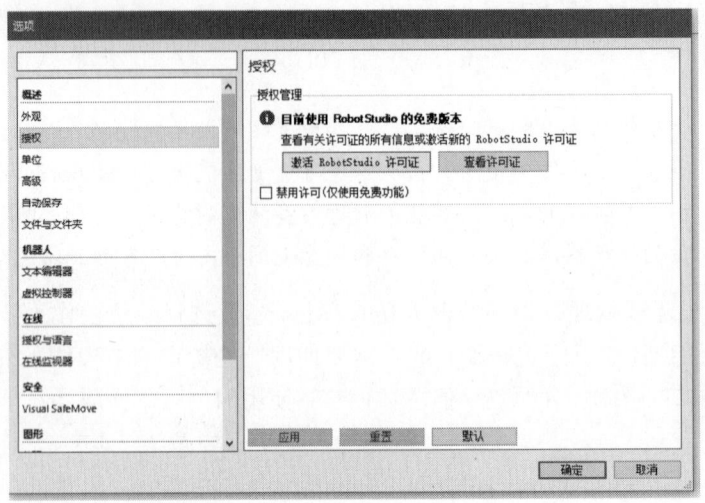

图1.15 单击"激活RobotStduio许可证"按钮

步骤 03 用户根据取得的授权类型,选择"单机许可证"或"网络许可证",单击"下一个"按钮进行试用许可申请或软件激活,如图1.16所示。

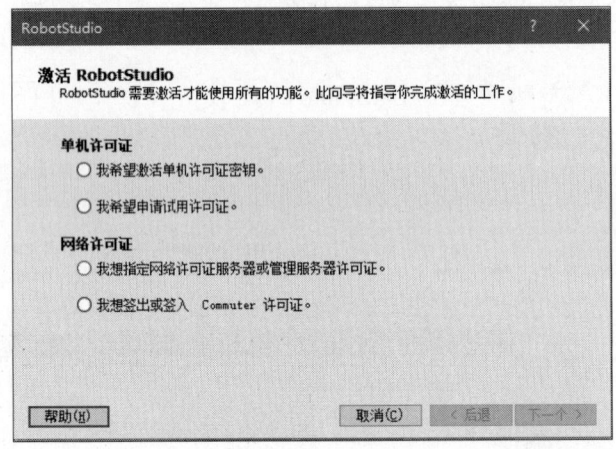

图1.16 选择"单机许可证"或"网络许可证"

1.3 认识RobotStudio的软件界面

RobotStudio软件能够模拟现实中工业机器人工作站的工作情况。在模拟过程中,需要涉及三维模型的建立与导入、工作站的创建与设置、离线编程、仿真、程序的生成与导入等诸多功能。由于这些功能较为复杂且相互关联,操作界面可能会显得较为复杂。

ABB公司将RobotStudio软件按照不同功能划分为多个选项卡,每个选项卡在界面中独立显示,例如"基本""建模""仿真""控制器"等。

为了熟练运用RobotStudio软件进行工业机器人的虚拟仿真和离线编程,我们必须熟悉每个选项卡所能实现的功能。在虚拟仿真过程中,不同界面下显示的窗口内容可能不同,操作时需要根据窗口内容进行相应操作。有时可能会意外关闭窗口,导致无法找到对应的操作对象或查看相关信息。此时,应重新调出对应的窗口,以满足虚拟仿真的需求。

1.3.1 RobotStudio 菜单介绍

打开RobotStudio 2024.2仿真软件,可以看到软件界面上的功能区和选项卡,如图1.17所示。

图1.17 软件界面的功能区和选项卡

RobotStudio各选项卡的功能描述如表1.2所示。

表1.2 RobotStudio各选项卡的功能描述

序 号	选 项 卡	描 述
1	文件	包含创建新工作站、创造新机器人系统、连接到控制器以及将工作站另存为查看器的选项和RobotStudio选项
2	基本	包含搭建工作站、创建系统、编程路径和摆放物体所需的控件
3	建模	包含创建和分组工作站组件、创建实体、测量以及其他CAD操作所需的控件
4	仿真	包含创建、控制、监控和记录仿真所需的控件
5	控制器	包含用于虚拟控制器的同步、配置和分配给它的任务的控制措施。还包含用于管理真实控制器的控制措施
6	RAPID	包含集成的RAPID编辑器,后者用于编辑除机器人运动之外的其他所有机器人任务
7	Add-Ins	加载项包含插件、模型等

在"文件"功能选项卡中,包含以下功能:保存工作站、另存为、关闭工作站、打开、最近文件、新建、共享、在线、帮助、选项和退出。打开"文件"选项卡后,会进入RobotStudio后台视图,显示当前活动工作站的信息和元数据,列出最近打开的工作站,并提供一系列用户选项(如创建新工作站、连接到控制器、将工作站保存为查看器等),具体功能如图1.18所示。

"基本"功能选项卡包含以下功能:构建工作站、创建系统、编辑路径和摆放项目等,具体功能如图1.19所示。

"建模"功能选项卡包含以下功能:创建、CAD操作、测量、机械和Freehand,具体功能如图1.20所示。

"仿真"功能选项卡包含以下功能:碰撞监控、配置、仿真控制、监控、信号分析器和录制短片,具体功能如图1.21所示。

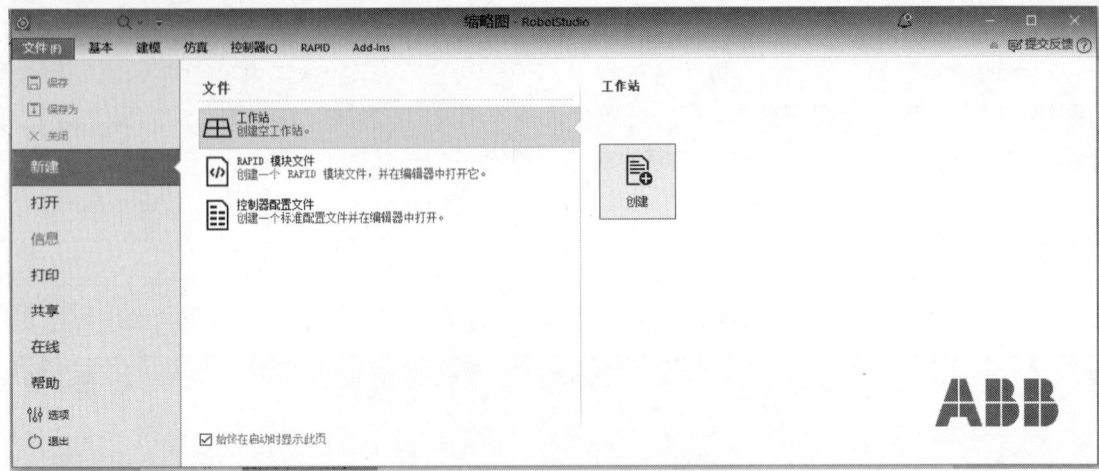

图1.18 "文件"功能选项卡

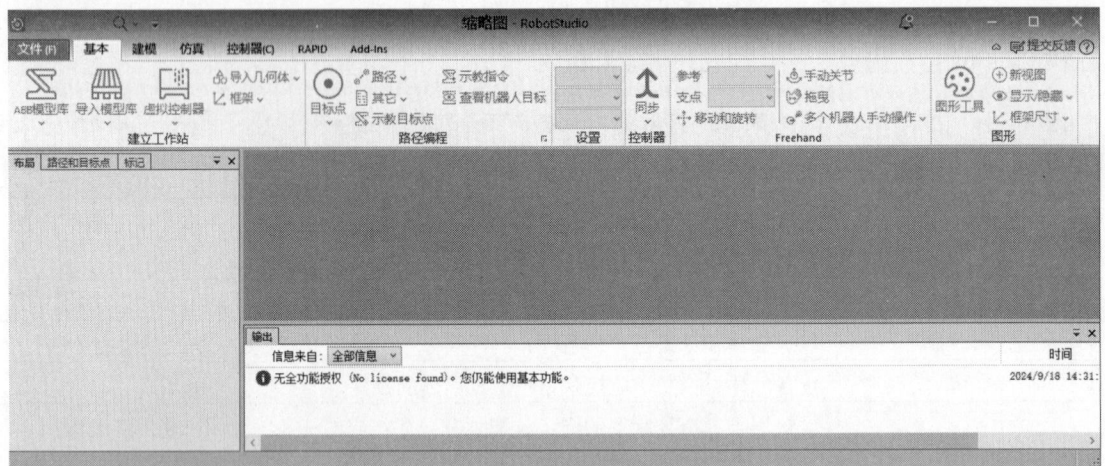

图1.19 "基本"功能选项卡

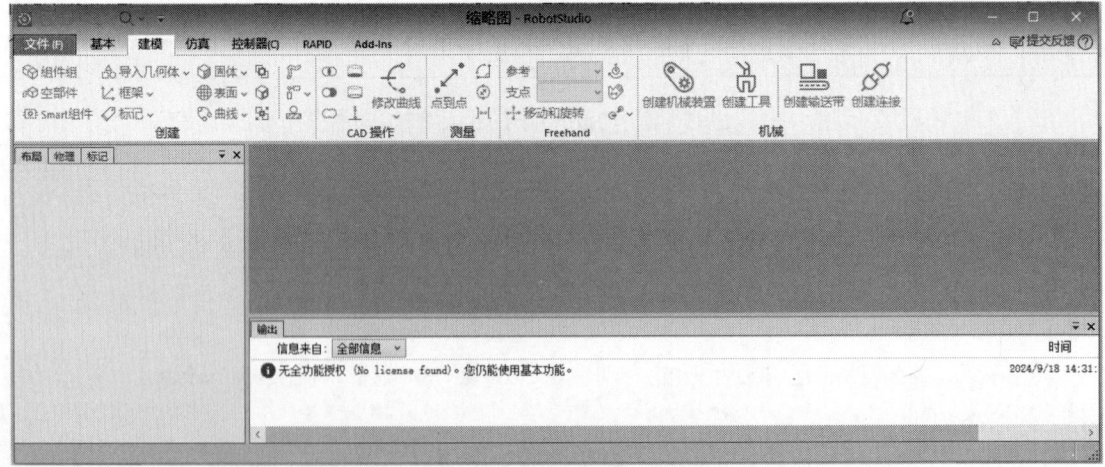

图1.20 "建模"功能选项卡

第 1 章　工业机器人离线编程仿真软件的认识与安装

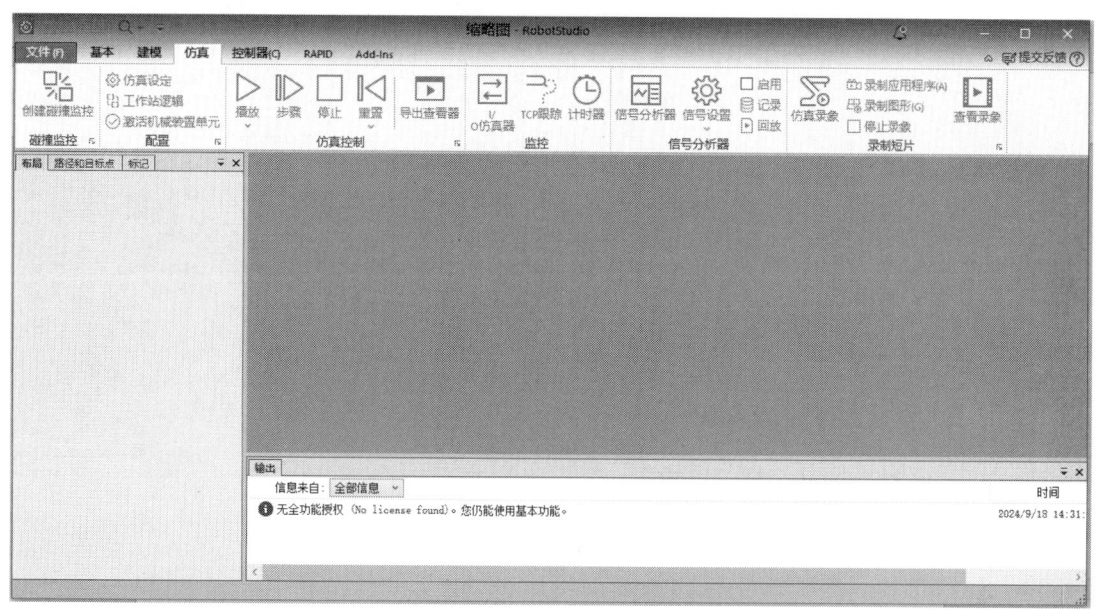

图1.21　"仿真"功能选项卡

"控制器"功能选项卡包含以下功能：进入、控制器工具、配置、虚拟控制器和传送功能，具体功能如图1.22所示。

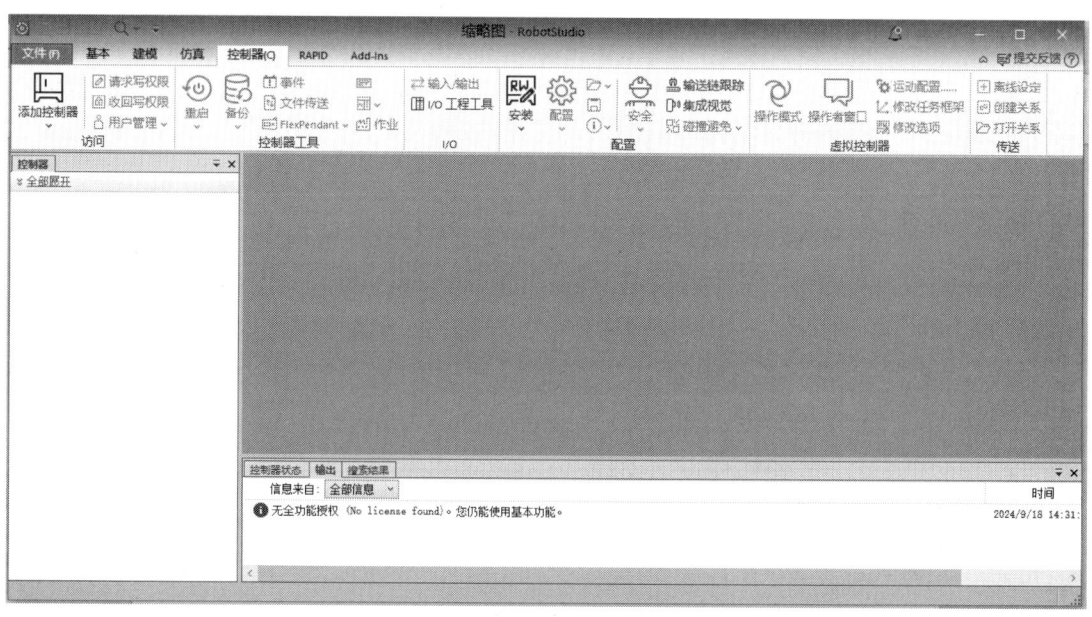

图1.22　"控制器"功能选项卡

RAPID功能选项卡包含以下功能：进入、编辑、插入、查找、控制器、测试与调试、路径编程器，具体功能如图1.23所示。

11

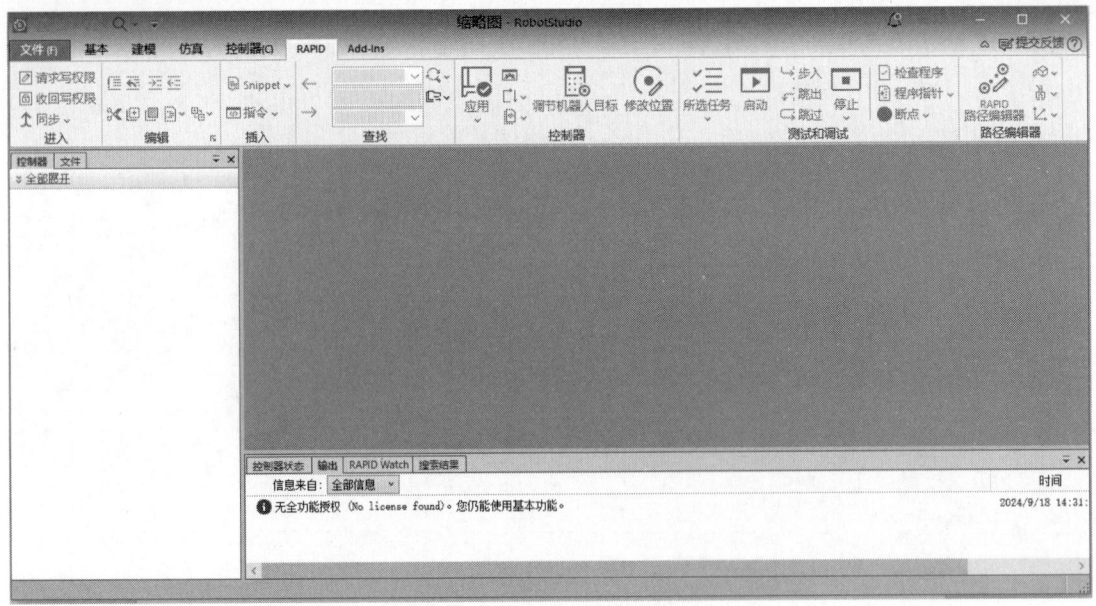

图1.23　RAPID功能选项卡

Add-Ins功能选项卡包含以下功能：缩略图、安装插件等，具体功能如图1.24所示。

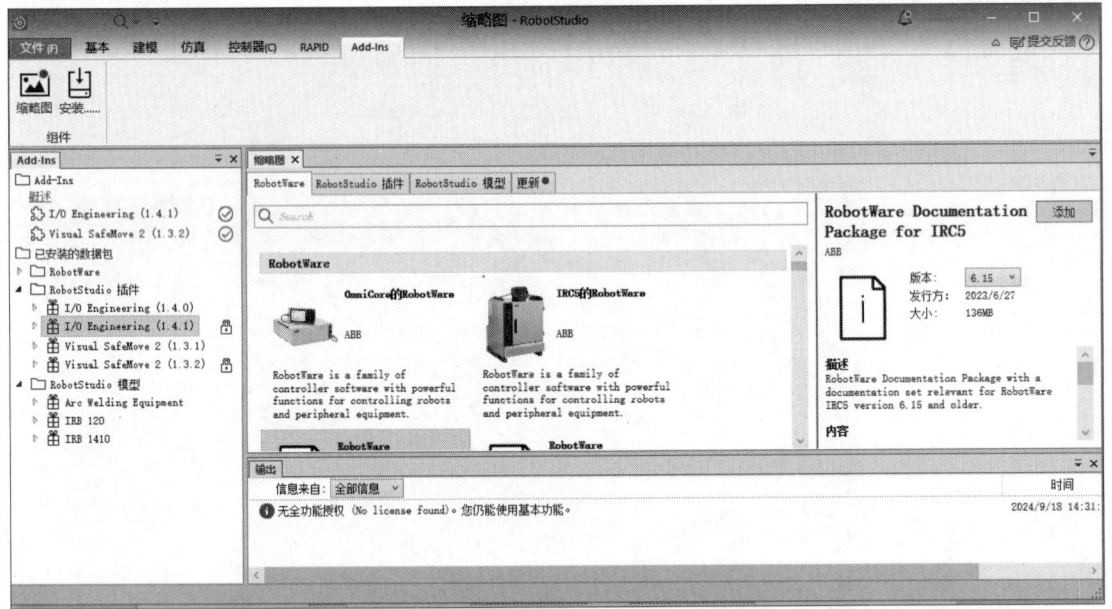

图1.24　Add-Ins功能选项卡

除上述功能选项卡外，RobotStudio的用户界面还包括布局、路径和目标点、标记、视图、输出等管理器，其分布如图1.25所示。

RobotStudio的其他窗口布局名称及作用如表1.3所示。

第 1 章 工业机器人离线编程仿真软件的认识与安装

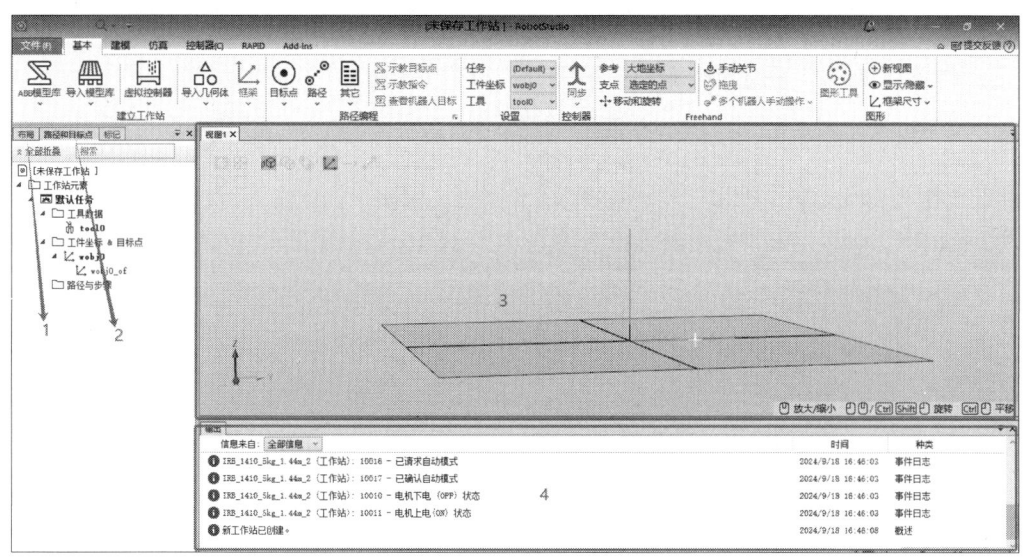

图1.25 RobotStudio其他窗口布局

表1.3 RobotStudio其他窗口布局名称及作用

序号	名称	描述
1	布局	在布局管理器中分层显示工作站中的项目,如机器人和工作站等
2	路径和目标点	路径和目标点管理器分层显示了非实体的各个项目
3	视图	显示操作对象窗口
4	输出窗口	输出窗口显示工作站内出现的事件的相关信息。例如,启动或停止仿真的时间。输出窗口中的信息对排除工作站故障很有用

当用户意外关闭了某个窗口时,可能会导致在软件界面中找不到对应的操作对象和相关信息。例如,用户误关了"布局"和"输出"窗口,如图1.26所示。

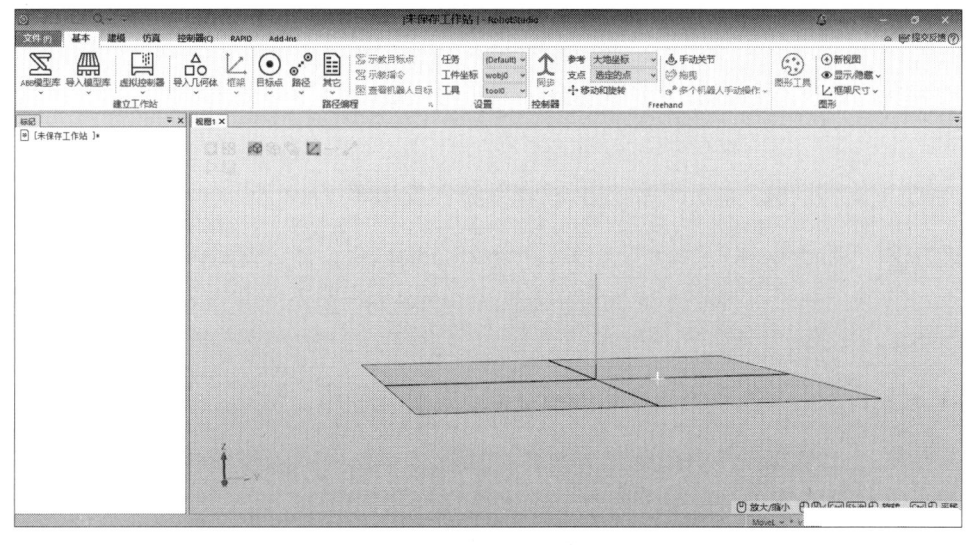

图1.26 用户误关了用户界面中的"布局"和"输出"窗口

此时，用户如果需要重新打开"布局"和"输出"窗口，以便找到对应的操作对象和查看相关消息，只需恢复界面的默认布局即可。具体操作如图1.27所示。

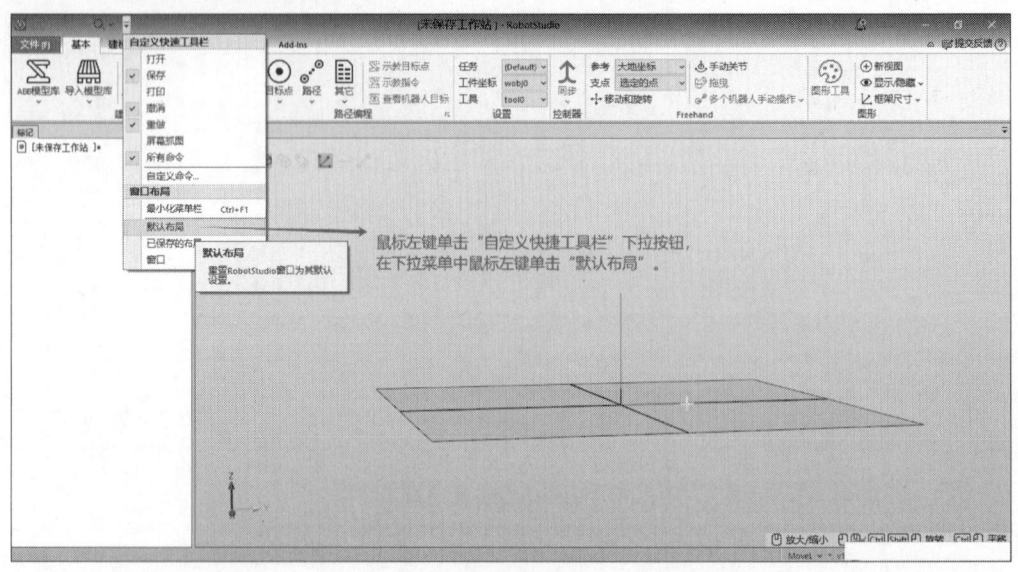

图1.27　恢复界面的默认布局

1.3.2　常见问题及处理方法

在软件安装和使用过程中，可能会因为计算机运行环境配置、软件安装过程、路径命名等问题，造成RobotStudio软件出现错误提示或安装失败，常见的问题及处理方法说明如下。

1. 缺少插件错误：FrameWork 4.6 或者 FrameWork 3.5

处理方法：通过百度搜索或360软件管家下载并安装缺失的插件。

2. 缺少插件错误：不能安装 Microsoft Visual C++ 2015 或 Microsoft Visual C++ 2012

处理方法：报这个错误的主要原因是计算机没有安装过与编程有关的软件，下载并安装Microsoft Visual Studio编程软件即可。

3. 系统不支持问题：提示不能安装或者系统不支持等

处理方法：Windows XP系统不支持安装RobotStudio软件，建议使用Windows 7、Windows 10等较为稳定的操作系统。通常情况下，高版本Windows系统在下载并安装相应插件后即可成功安装RobotStudio软件。

4. 复制软件安装包或软件更新时出错，被杀毒软件隔离、删除，导致不能正常安装软件

当某些用户在复制软件或在软件更新时，出现杀毒软件误将RobotStudio软件中的某些文件当作病毒进行删除或隔离，导致RobotStudio软件安装失败。

处理方法：

（1）打开杀毒软件，找到删除或隔离的文件进行恢复和信任操作，RobotStudio软件即可正常使用。

（2）暂时关闭并退出杀毒软件，然后重新解压缩软件后再进行安装。

（3）对于软件更新后不能使用的情况，此时软件的输出窗口会报错为无功能授权。解决办法是卸载RobotStudio软件，同时删除软件的Nolock Data文件，然后重新安装。

5. 无功能授权

例如，一台计算机同时安装了两个版本的仿真软件、软件试用时间结束，或者一台计算机以前安装过仿真软件，虽然卸载了仿真软件，但是没有删除注册表文件Nolock Data，再次安装时再次进行注册，与原来的注册文件起冲突，造成无功能授权。

处理方法：卸载RobotStudio仿真软件时，需要同时将Nolock Data注册文件一起删除，才能再次正常安装RobotStudio软件。

6. 在建立和保存工作站时，路径中包含中文而报错

（1）安装使用路径或计算机名称中存在中文字符，重新设置计算机名称并将中文路径修改为拼音、英文。

（2）在建立工作站时，从布局建立系统，如果工作站路径名中有中文字符，也不能创建工作站，此时需要将中文字符修改为拼音或英文。

（3）在保存工作站时，如果保存路径中有中文，也是不能保存工作站的，特别是低版本软件会严格报错，这时更改机器人系统路径或重命名，确保路径中不含中文字符即可。

1.4 小　　结

本章主要介绍了工业机器人离线编程仿真软件的定义以及虚拟仿真技术的基本概念，内容涵盖ABB工业机器人RobotStudio仿真软件的下载、安装与配置，并对软件界面及菜单功能进行了详细说明。此外，还汇总了RobotStudio软件在安装过程中常见的问题及其处理方法。

1.5 练　　习

（1）安装RobotStudio 2024仿真软件并修改安装路径。

（2）熟悉RobotStudio功能选项卡中的各个菜单的作用。

（3）恢复RobotStudio用户界面默认布局的方法。

第 2 章　构建工业机器人工作站

 导言

工业机器人工作站是由工业机器人及其相关周边设备组成的，并且能够自动执行特定生产任务的工作单元。它是工业自动化生产线上的基本单元，旨在提高生产效率、质量和灵活性。工作站主要由工业机器人、末端执行器、工作平台、物料输送系统、控制系统等部分组成。

本章主要涉及的知识点有：

- 机器人工作站的基本布局方法
- 如何加载工业机器人及周边模型
- 创建工件坐标
- 如何手动操纵机器人
- 创建平面运动轨迹
- 同步到 RAPID 并进行仿真设定
- 仿真运行机器人并录制视频

2.1　创建工业机器人基本工作站

在RobotStudio中，基本的工业机器人工作站是由工业机器人本体和系统、工具、操作对象组成的，如图2.1所示。本节主要介绍工业机器人工作站布局的相关操作。

2.1.1　加载机器人及工具

打开RobotStudio2024，加载机器人及工具，具体操作步骤如下。

步骤01 在计算机桌面上，双击RobotStudio 2024图标（见图2.2），启动RobotStudio。

步骤02 选择"工作站"后，单击"创建"按钮，如图2.3所示。

步骤03 在"基本"选项卡中，单击"ABB模型库"，在Articulated Robots窗口中单击IRB 1410机器人后，完成加载机器人IRB 1410，如图2.4所示。

第 2 章　构建工业机器人工作站

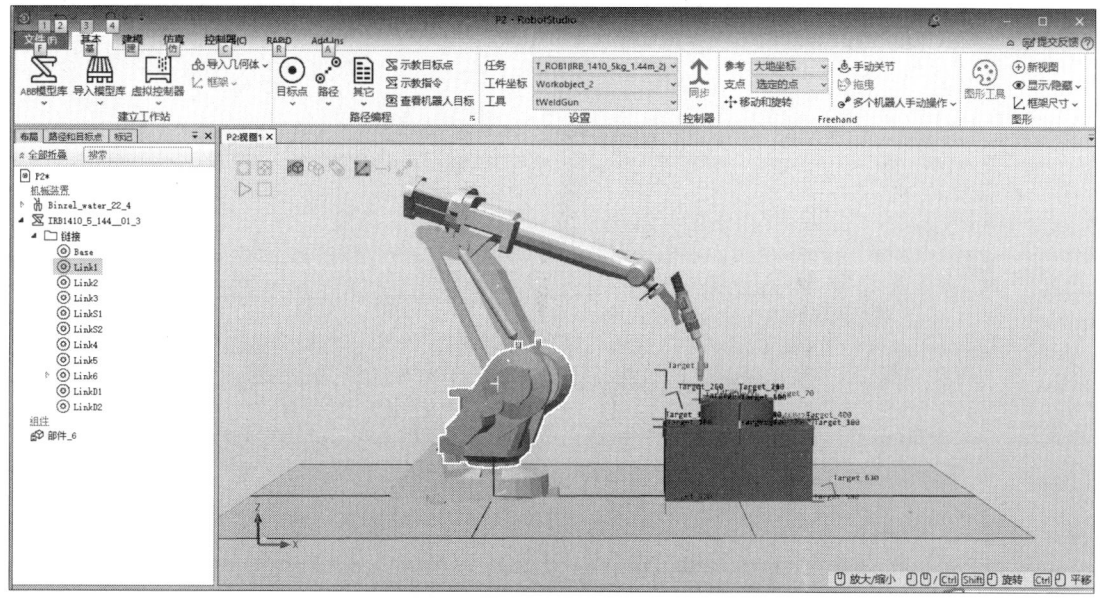

图2.1　工业机器人基本工作站

图2.2　双击启动快捷图标

图2.3　创建机器人工作站

17

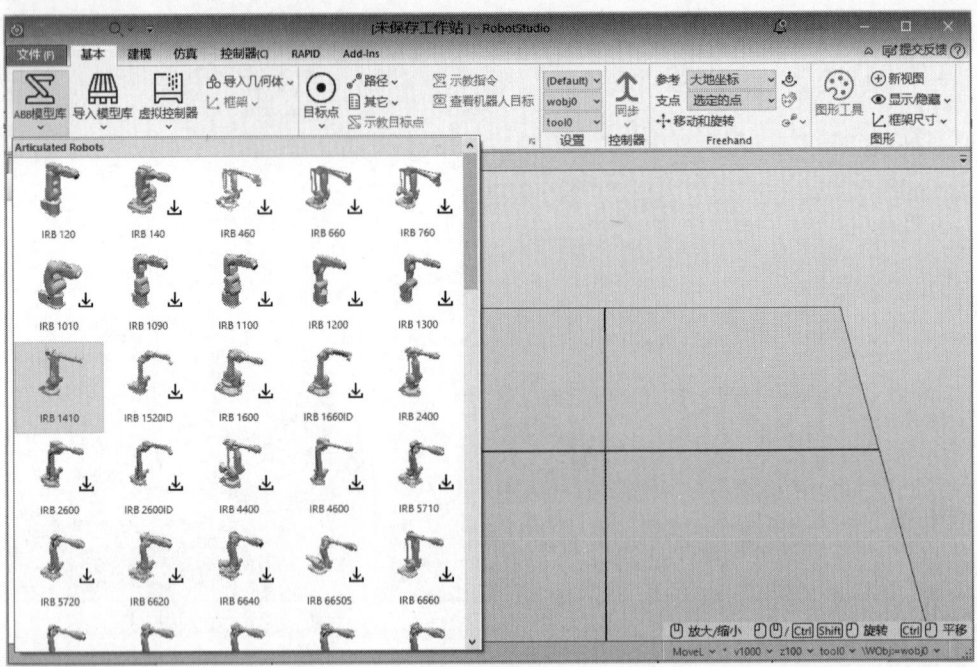

图2.4　加载机器人IRB 1410

步骤04 在"布局"管理器和"视图1"中分别浏览机器人的各个组件以及整体模型，如图2.5所示。

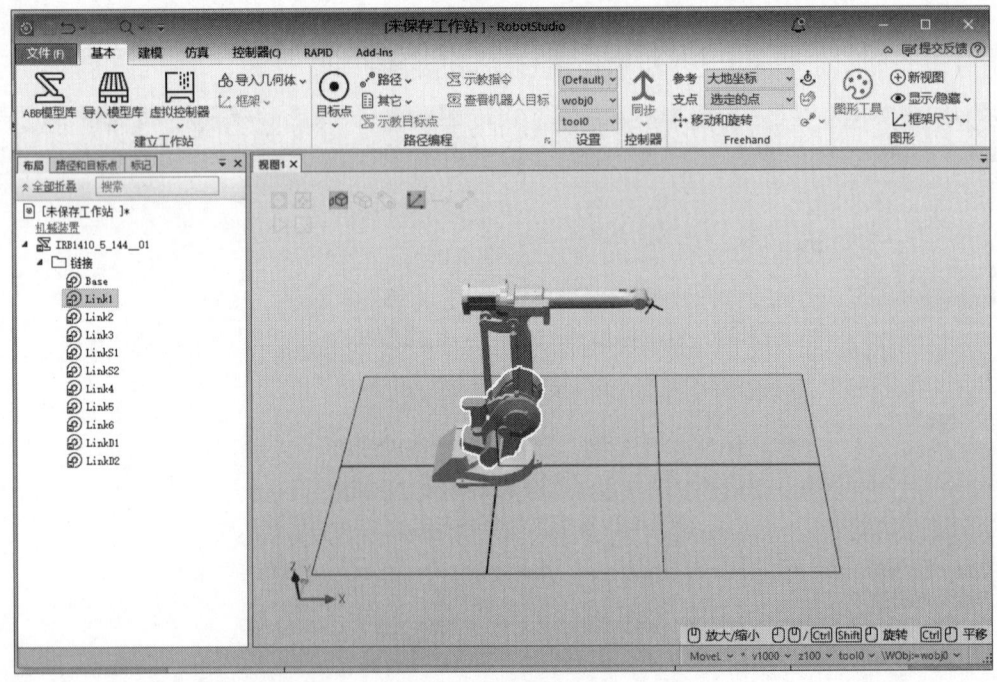

图2.5　浏览对象及模型

步骤05 在"基本"功能选项卡中，单击"导入模型库"图标，在下拉菜单栏Arc Welding Equipment中，选择所需的焊枪等工具。同时，也可以根据实际需要导入工具模型，如图2.6所示。

第 2 章 构建工业机器人工作站

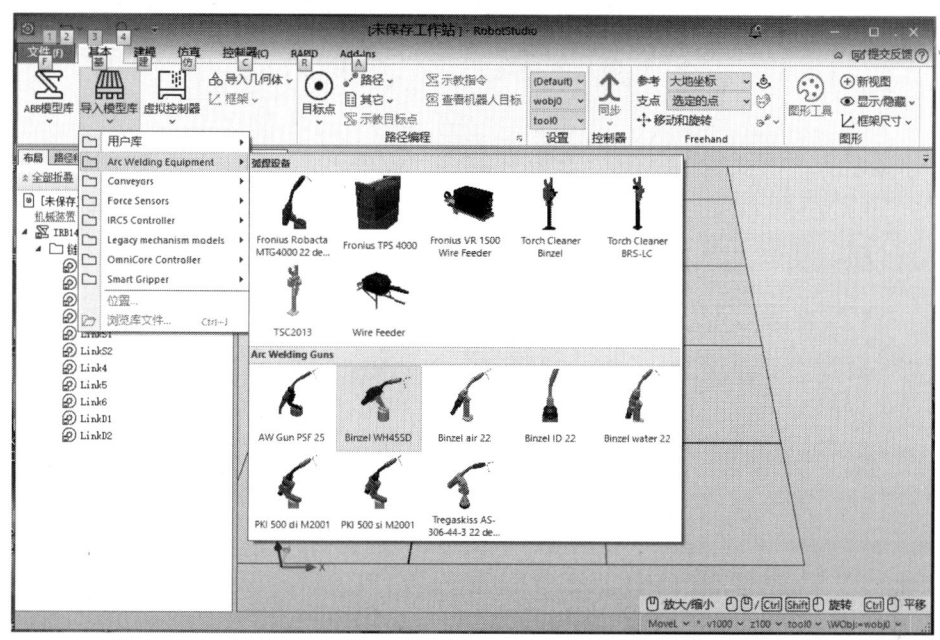

图2.6 导入工具模型

步骤 06 选中"布局"管理器中的Binzel WH455D,即可在"视图1"中看到被机器人模型挡住的工具Binzel WH455D,如图2.7所示。

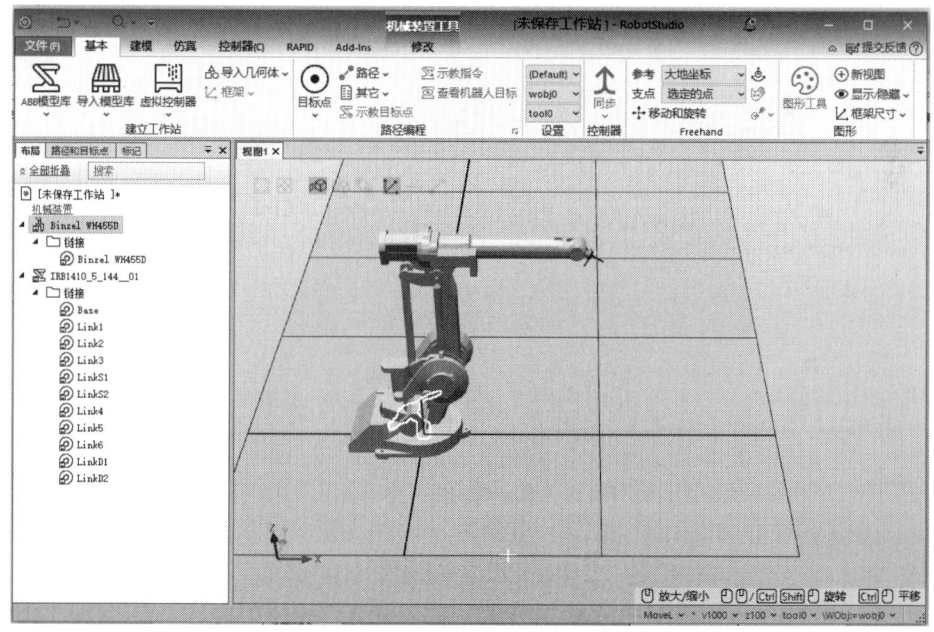

图2.7 查看导入的工具

步骤 07 在"布局"管理器中,鼠标左键选中Binzel WH455D按住不放,并将其拖至IRB1410_5_144__01上放开鼠标左键,如图2.8所示。此时软件会弹出"更新位置"对话框,如图2.9所示。

19

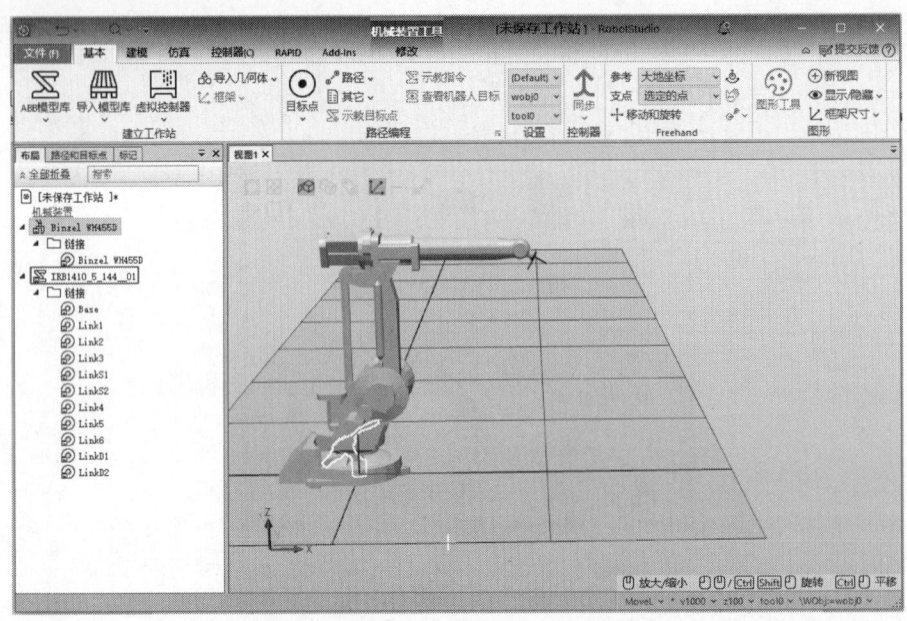

图2.8 在"布局"管理器中安装对象

步骤08 在"更新位置"对话框中,单击"是(Y)"按钮,便可将所选工具安装到机器人上。

步骤09 所选择的工具Binzel WH455D已经安装到机器人IRB1410_5_144__01本体上,如图2.10所示。

图2.9 "更新位置"对话框

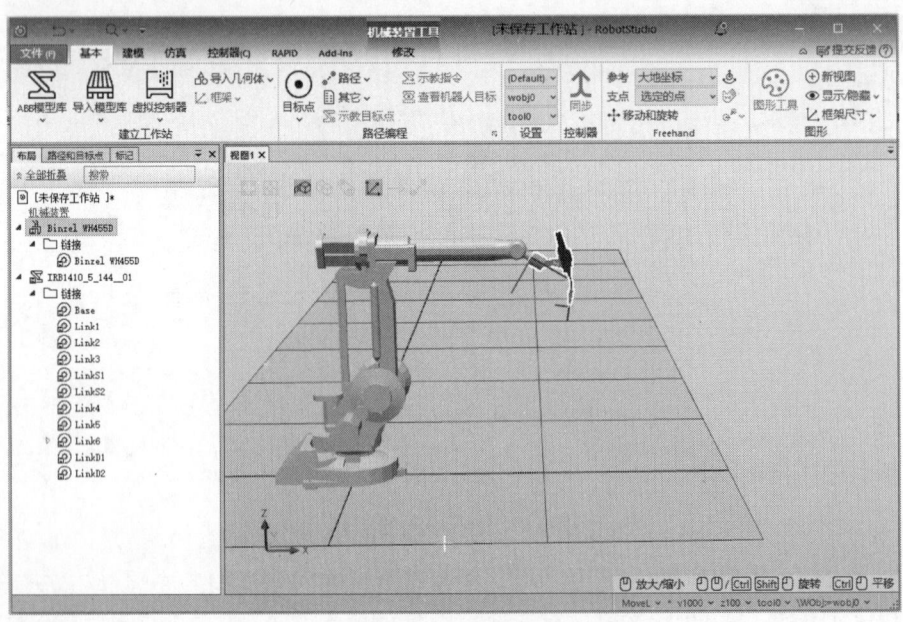

图2.10 安装工具后的机器人装置

2.1.2 布局周边环境

通过2.1.1节的操作，在仿真软件界面中已经加载了机器人和工具模型。本小节将继续介绍工件模型的加载。在RobotStudio仿真软件中，有如下3种加载方式：

（1）从模型库中加载已有的工件模型。
（2）利用建模功能创建3D模型。
（3）导入用第三方软件创建的几何体。

接下来将用户库中的工件模型导入仿真软件中，并将其移动到机器人的最佳工作范围，方便轨迹的规划以提高工作效率。导入库文件gongjian.rslib并将其放置到指定位置，具体操作步骤如下。

步骤01 在"基本"功能选项卡中单击"导入模型库"图标，在下拉菜单中单击"用户库"，选择已有用户库工具即可，如图2.11所示。

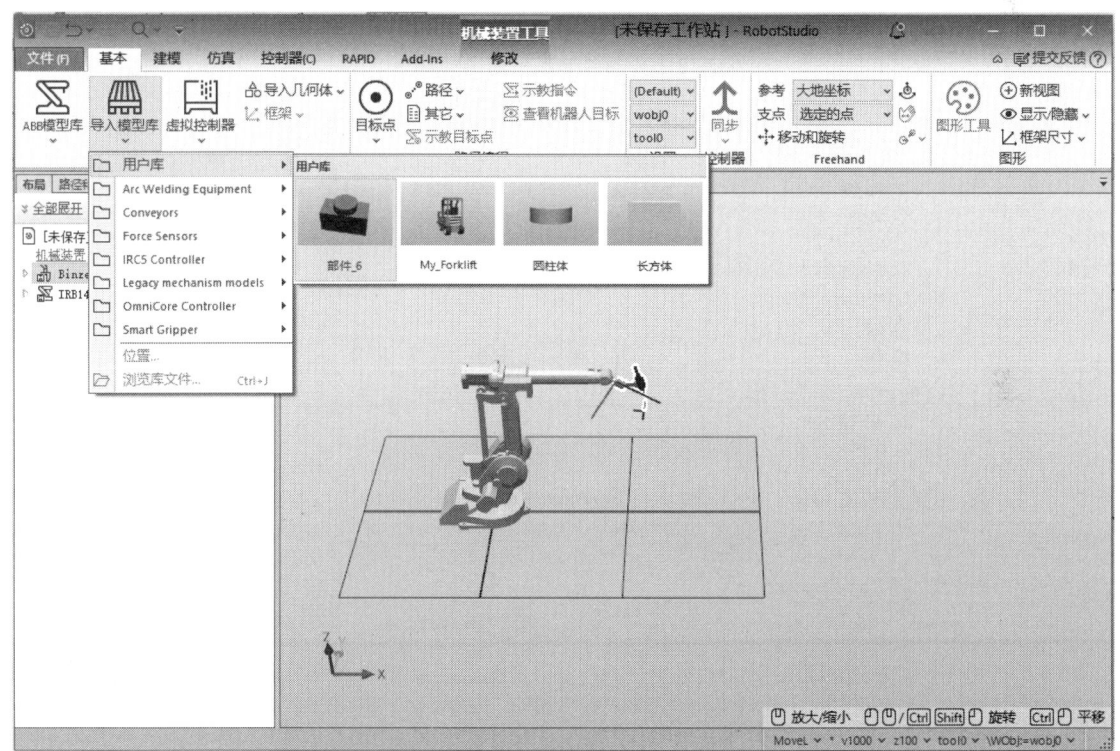

图2.11 选择模型库

备注：用户也可以通过在"导入几何体"工具栏选择"浏览几何体"选项，在弹出的"浏览几何体"对话框中选择gongjian.igs，再单击"打开"按钮，即可完成工件模型的加载，如图2.12和图2.13所示。

ABB 工业机器人离线编程与仿真

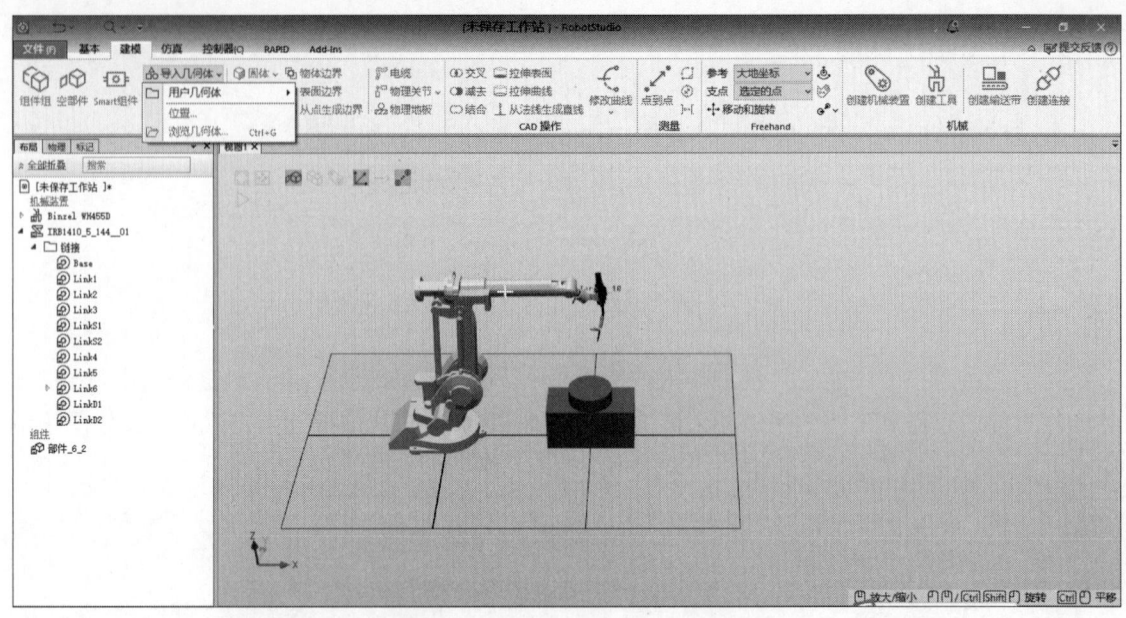

图2.12　选择"导入几何体"功能

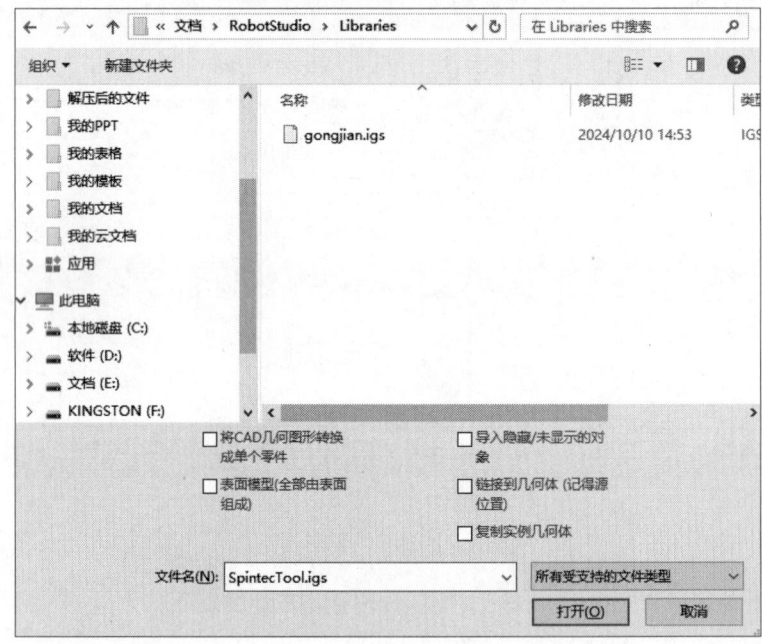

图2.13　"浏览几何体"对话框

步骤02　在"布局"管理器中，选中工业机器人IRB1410_5_144__01并右击，在弹出的快捷菜单中选择"显示机器人工作区域"，即可在视图中显示机器人正常工作的区域范围，如图2.14和图2.15所示。

第 2 章 构建工业机器人工作站

图2.14 选择"显示机器人工作区域"选项

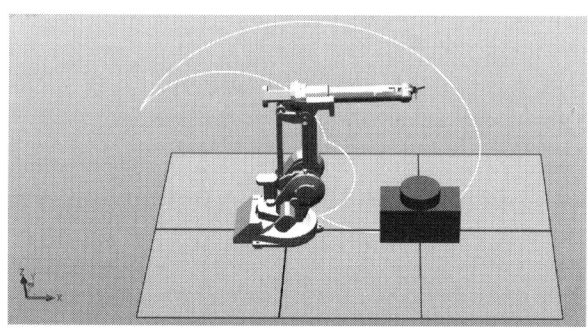

图2.15 显示机器人工作区域

备注: "视图"中白色的线条区域是机器人可正常到达的工作范围。同时,也可查看其3D空间工作区域,如图2.16所示。

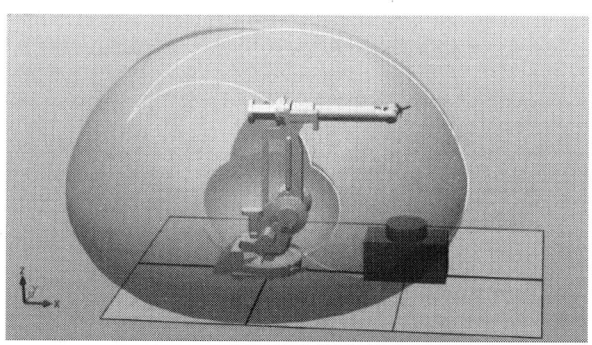

图2.16 显示3D空间工作区域

当工件加载完成后,需要放置或拖动工件到合适的位置,此时可以使用"基本"功能选项卡或"建模"功能选项卡中的Freehand功能栏的相关功能,如图2.17所示。

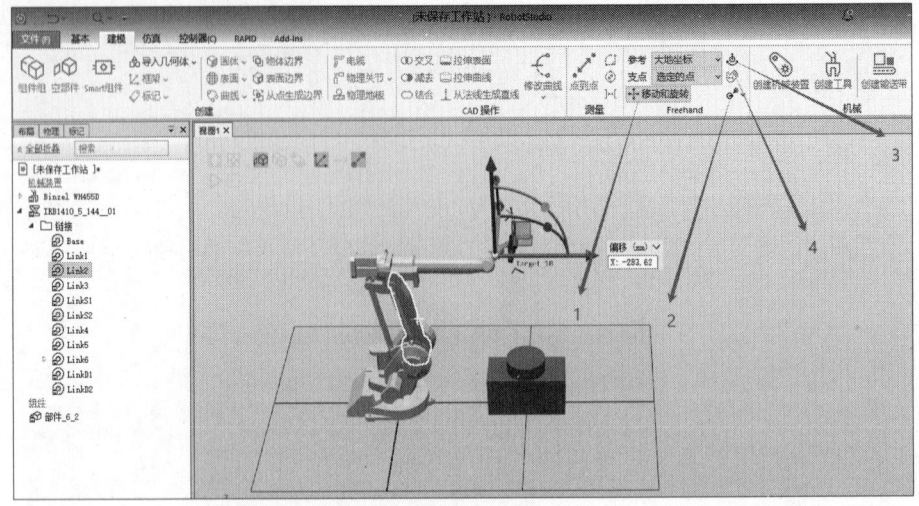

图2.17　Freehand功能栏

上述Freehand选项卡中各图标的功能如表2.1所示。用户将鼠标移动到对应功能图标上停留一下,将会出现该图标的功能说明,如图2.18所示。

表2.1　Freehand功能说明表

序　号	工具栏图标	功能说明
1	移动和旋转	在当前参考坐标系统中移动和旋转对象
2		多个机器人手动操作
3		手动关节
4		拖曳取得物理支持的对象

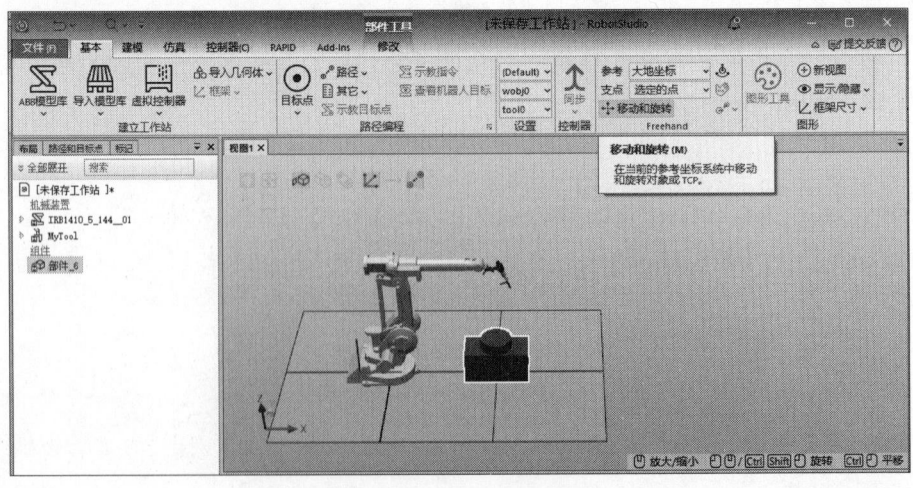

图2.18　查看图标功能说明

在RobotStudio中，放置或拖动工件的操作步骤如下。

步骤01 在"布局"管理器中，选中IRB1410_5_144__01并右击，在弹出的快捷菜单中选择"显示机器人工作区域"，即可在视图中显示机器人工作区域，如图2.19所示。

图2.19 选择并显示机器人工作区域

步骤02 在"视图"中，白色的线条区域是机器人可正常工作到达的范围，如图2.20所示。

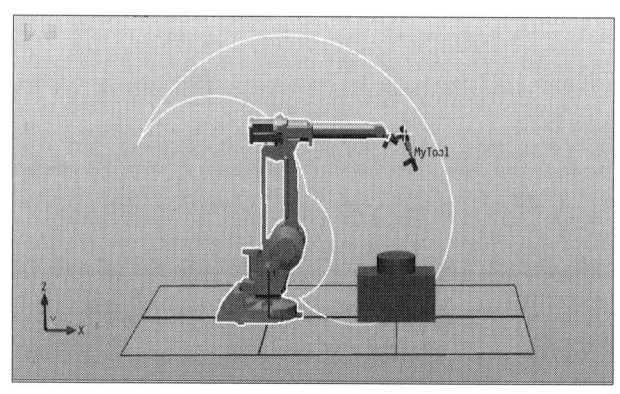

图2.20 显示机器人工作2D区域

步骤03 在"布局"管理器中选中将要移动的对象gongjian，在视图中，该对象呈选中状态，如图2.21所示。

步骤04 在"基本"功能选项卡的Freehand工具栏中，单击"移动和旋转"图标，视图区中该对象将出现红绿蓝三色拖动箭头，红色代表X轴，绿色代表Y轴，蓝色代表Z轴。拖动不同颜色的箭头，可以将对象在相应轴上进行移动，如图2.22所示。

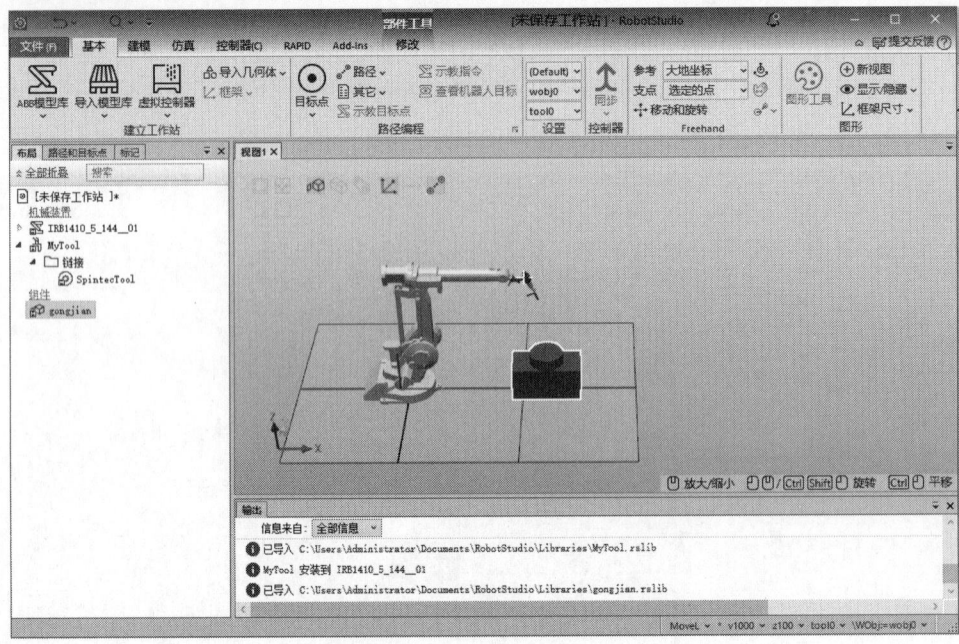

图2.21　高亮显示所选对象

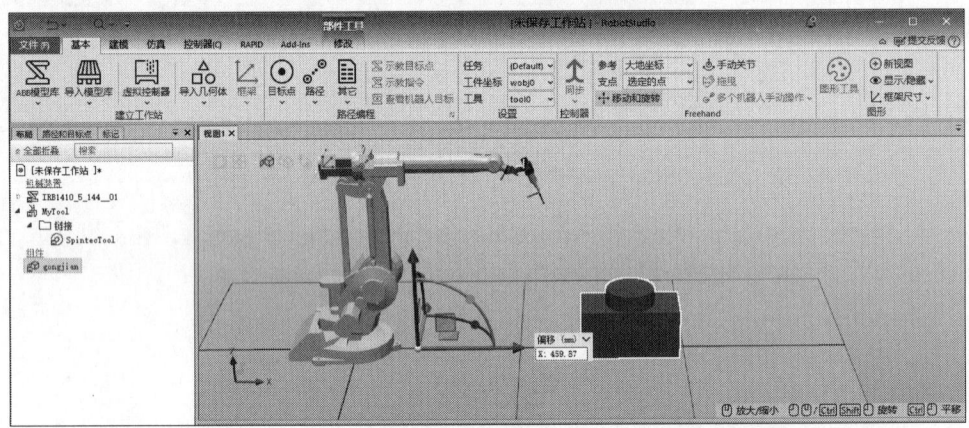

图2.22　移动和旋转

步骤05　拖动红色的X轴箭头，将工件对象拖至机器人工作区域范围内，如图2.23所示。

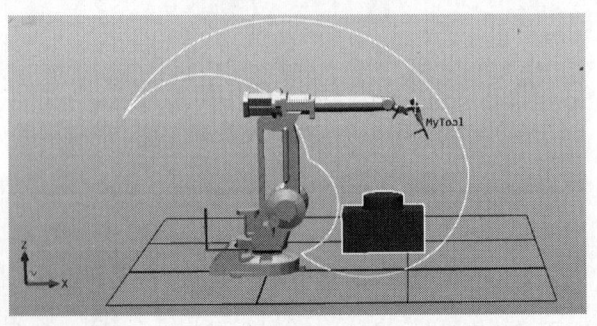

图2.23　移动工件对象至工作区域范围内

第 2 章　构建工业机器人工作站

步骤 06　加载一个圆柱体，将圆柱体放置在工件上，如图2.24所示。

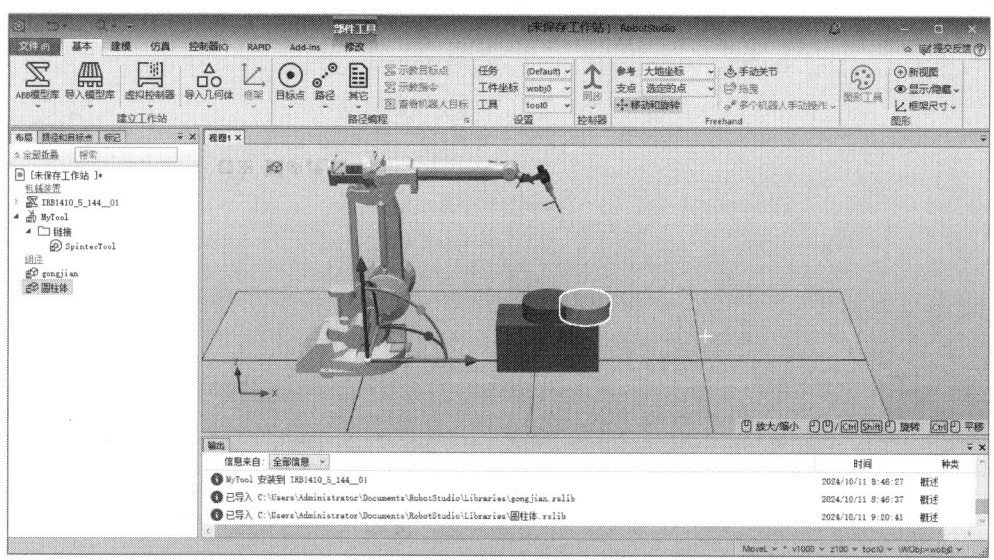

图2.24　放置工件

步骤 07　在"布局"管理器中，选中"圆柱体"后，右击，在弹出的快捷菜单中依次单击"位置"→"放置"→"两点"，如图2.25所示。

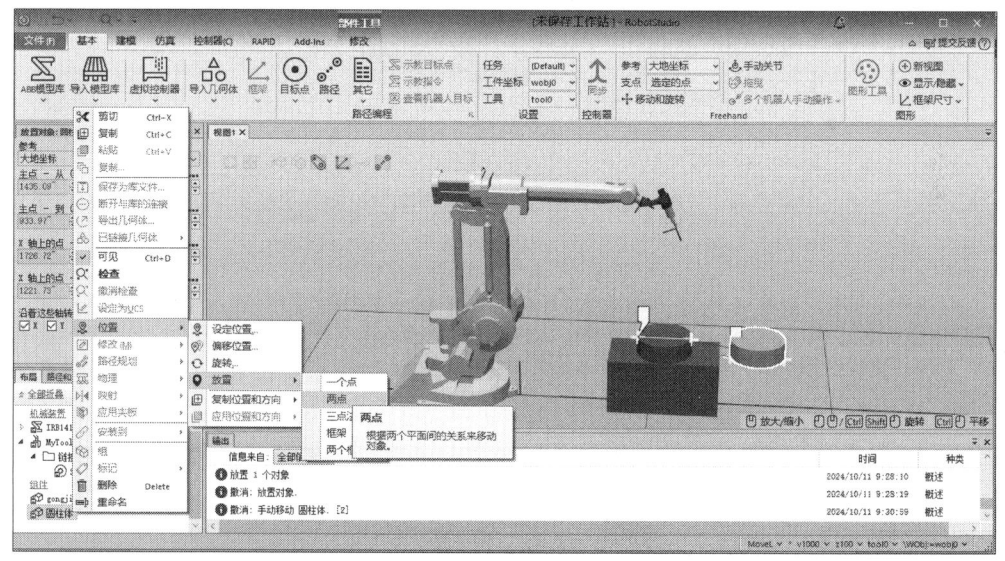

图2.25　放置对象

步骤 08　在"放置对象：圆柱体"对话框中，单击"主点－从（mm）"第一个框选择第一个点；单击"主点－到（mm）"第二个框选择第一个点到达的位置。第二个点的位置移动与第一个点的位置移动相同，如图2.26所示。

步骤 09　依次单击视图中的两点并拾取其坐标位置后，单击"应用"按钮，如图2.27所示。

步骤 10　机器人工作站已经创建完成，如图2.28所示。

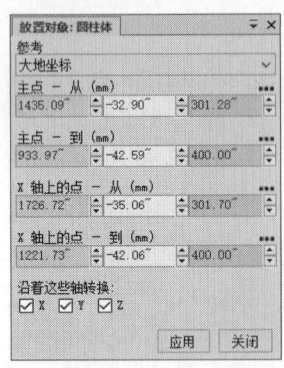
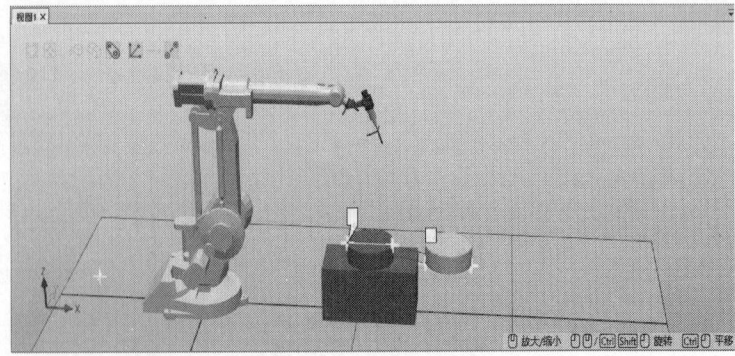

图 2.26 "放置对象：圆柱体"对话框参数设置　　图 2.27 拾取坐标值

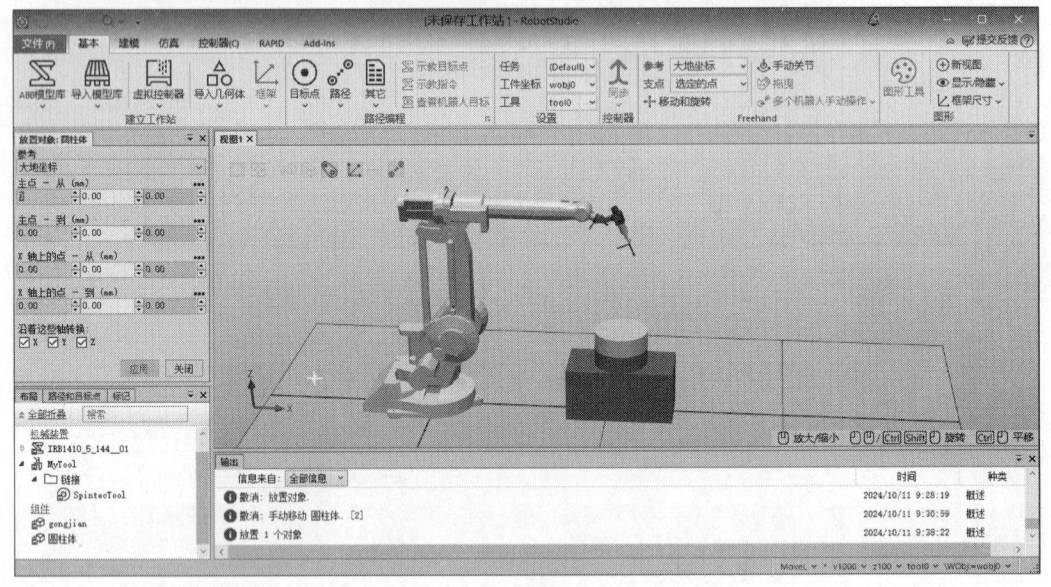

图2.28 基本工作站创建完成

通过上述步骤，用户可以根据实际需要以及工件、机器人或其他对象的相对位置坐标，实现仿真软件中各个对象的放置、拖动等相关操作。用户拖动放置工件时，需要特别注意机器人的工作空间及范围，并可以通过3D体积功能来查看机器人实际工作范围的空间，避免工件等对象的放置位置不合理，如图2.29所示。

图2.29 机器人工作空间3D体积显示

2.2 建立工业机器人系统和手动操纵

机器人基本工作站创建完成后，需要创建机器人的虚拟控制器，即机器人系统，使用户在创建的机器人工作站具有电气特性后，可以完成相关的仿真操作。本节将学习如何创建机器人的虚拟控制器，并学习相关的机器人手动操作等知识点。

2.2.1 建立工业机器人系统操作

机器人工作站创建完成后，还需要为机器人安装虚拟控制器，即为其安装操作系统。在RobotStudio 2024中，用户可以根据需要从当前工作站的布局中选择现有控制器，或新建控制器进行安装，如图2.30所示。

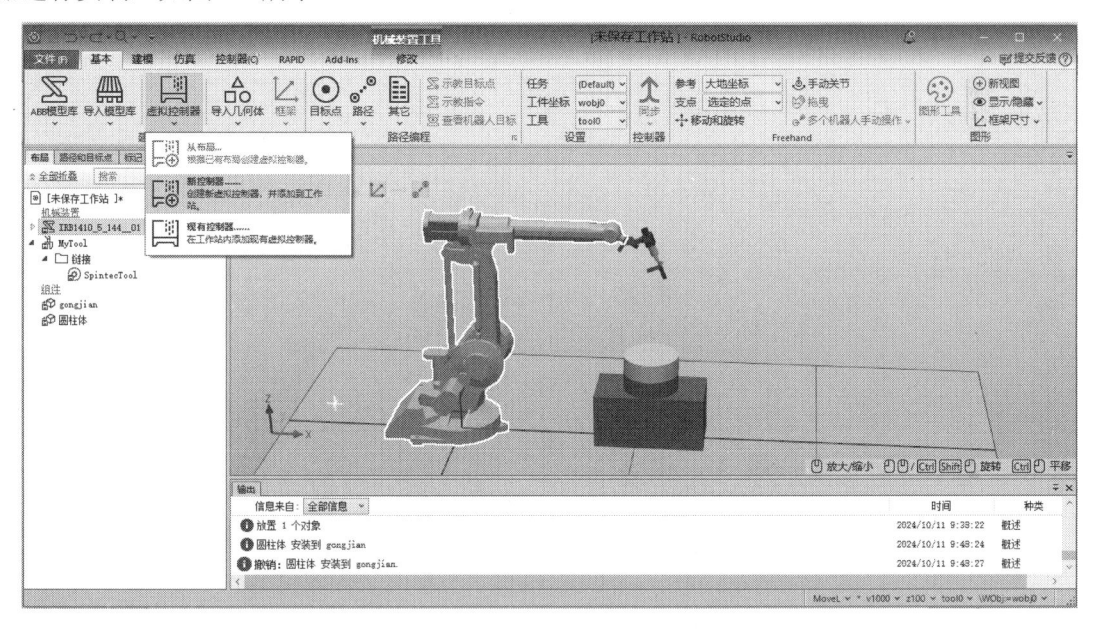

图2.30 创建机器人虚拟控制器的几种选择

创建机器人虚拟控制器的具体操作步骤如下。

步骤01 在"基本"功能选项卡中，单击"虚拟控制器"，在下拉菜单中选择"从布局…"或者"新控制器……"选项，如图2.31所示。

步骤02 在"添加新控制器"对话框中，"名称"和"位置"信息可以进行自定义。机器人虚拟控制器可以新建，也可以从备份文件中创建。如果用户选择从备份文件中创建，则需要选择备份文件的路径信息。选择新建控制器，可以根据所选的机器人型号选择对应的RobotWare控制器版本，如图2.32所示。以上信息选择完成后，单击OK按钮。

步骤03 选择机器人控制器信息后，软件会创建控制器并启动，如图2.33所示。

步骤04 如果存在多个控制器库文件，则会打开选择库对话框。选择完成后，单击"确定"按钮，如图2.34所示。

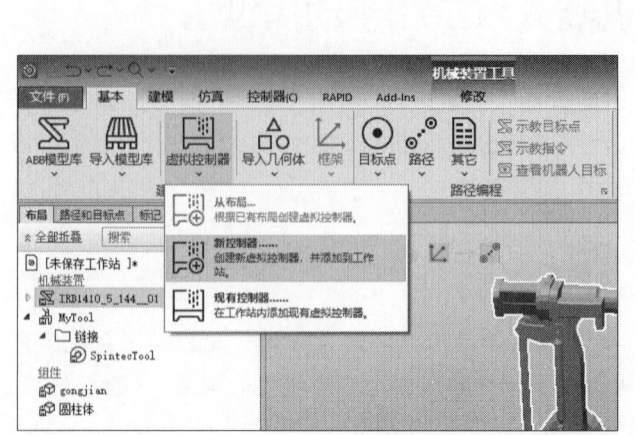

图 2.31　新建控制器

图 2.32　"添加新控制器"对话框

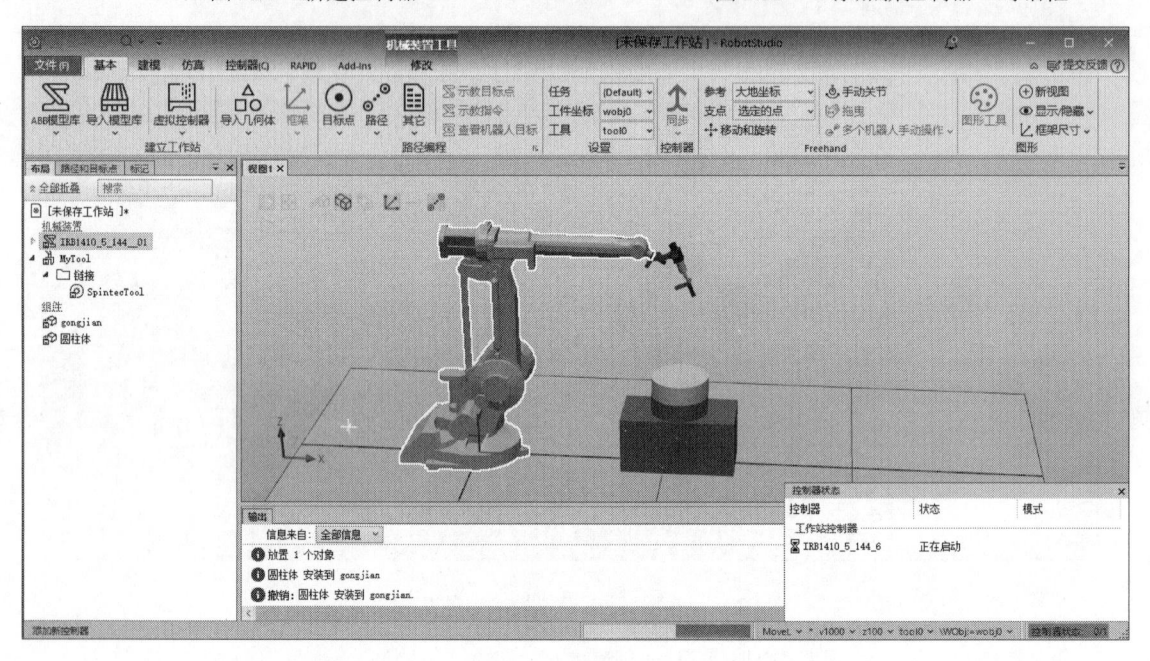

图 2.33　启动控制器

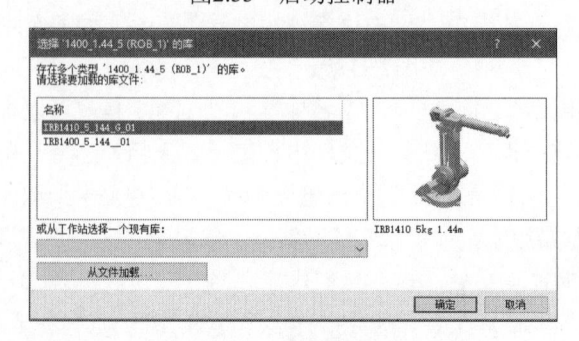

图 2.34　选择库对话框

步骤 05 系统建立完成后,右下角会显示控制器状态为已启动,并且状态栏中的红色"控制器状态"会变为绿色,如图2.35所示。

步骤 06 控制器创建完成后,可以通过选择对应控制器再右击,在弹出的快捷菜单中选择"修改选项…"选项,如图2.36所示。

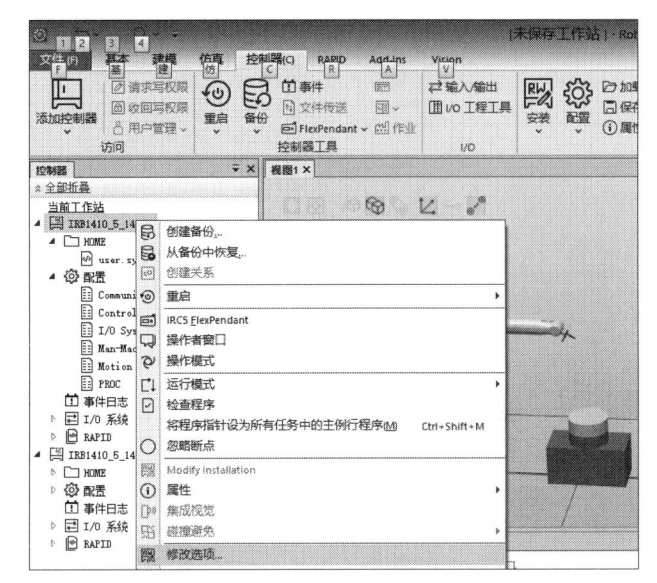

图2.35 控制器状态已启动　　　　　　　图2.36 选择"修改选项…"选项

步骤 07 打开"更改选项"对话框,单击"类别"列表中的Default Language选项,更改控制器默认语言为English,如图2.37所示。在控制器的"更改选项"对话框中,用户也可以进行网络及其他相关设置,如图2.38所示。设置完成后,单击"确定"按钮,完成设置并关闭该对话框。

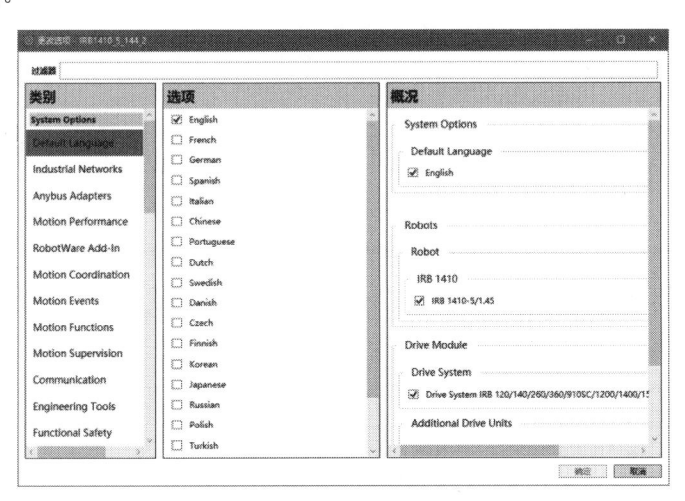

图2.37 更改语言设置

步骤 08 虚拟控制器更改选项后,重置并重启控制器,所更改的信息才会生效,所以单击"是(Y)"按钮重启控制器,如图2.39所示。

31

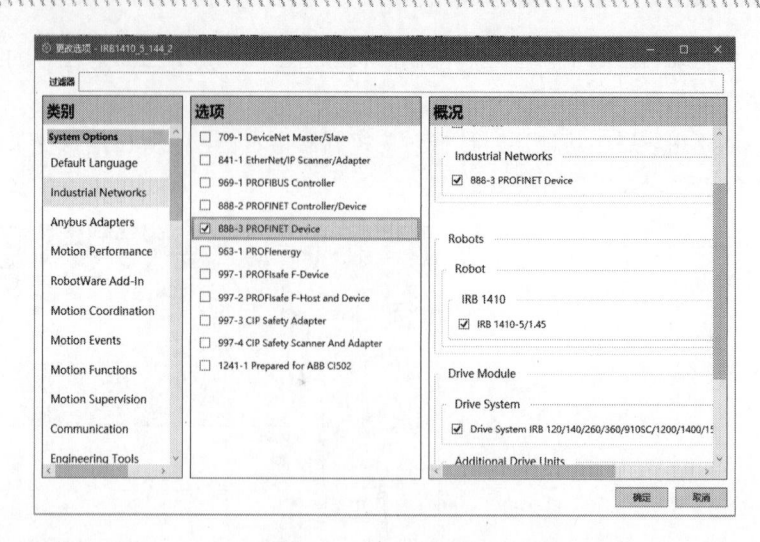

图2.38 更改网络选项

步骤09 控制器重启会重置当前配置参数设置及RAPID程序,单击"确定"按钮,确认重启控制器,如图2.40所示。

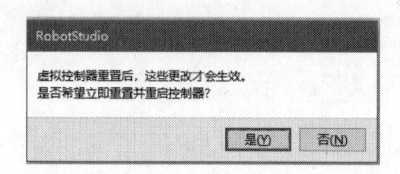

图 2.39 重置确认对话框　　　　　　　　图 2.40 重启确认对话框

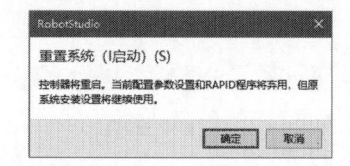

步骤10 窗口右下角显示当前控制器的状态为"重启中",如图2.41所示。

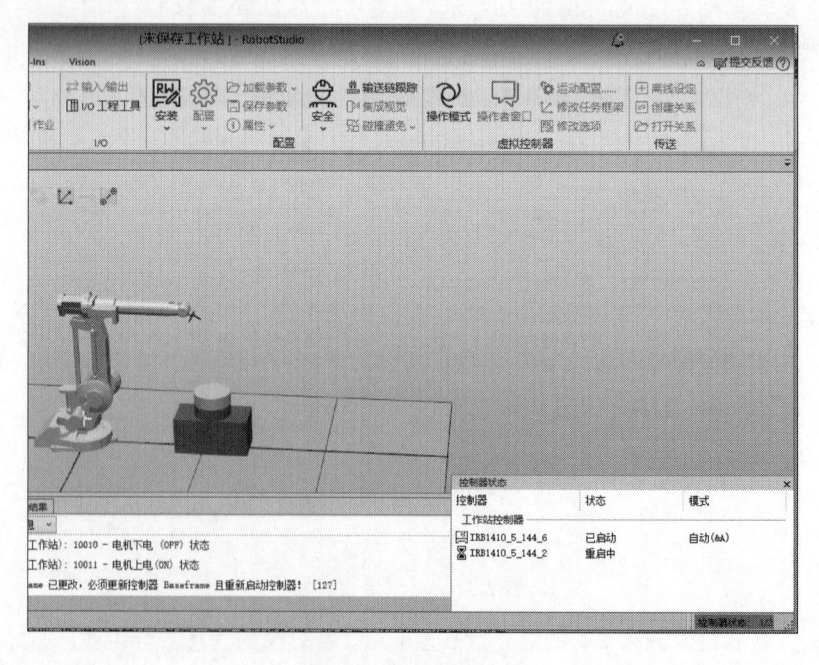

图2.41 控制器重启中

第 2 章　构建工业机器人工作站

通过上述步骤，用户已经为机器人工作站创建并配置了虚拟控制器。如果需要调整机器人的摆放位置，则需要移动机器人并重新确定其在整个工作站中的坐标位置。具体操作步骤如下。

步骤 01 在软件界面左侧的布局管理器中，选择对应的机器人，再在"基本"选项卡中选择Freehand组中的"移动和旋转"功能，此时机器人位置处会出现红、绿、蓝坐标，如图2.42所示。

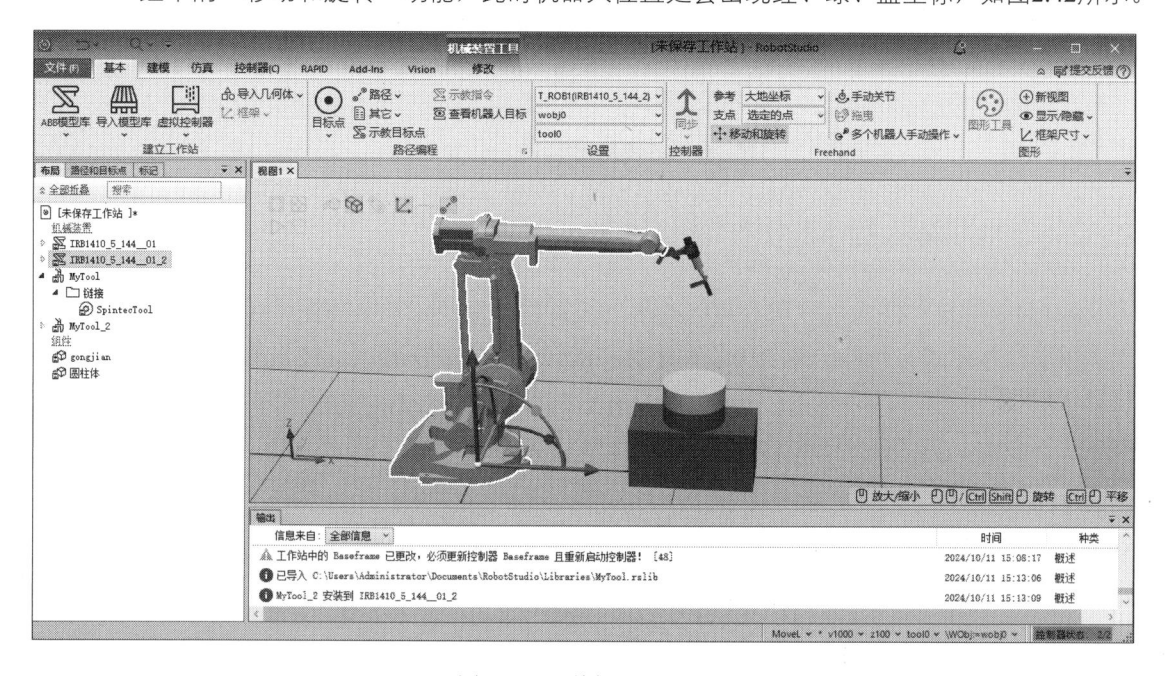

图2.42　调整机器人位置

步骤 02 把鼠标指针放在对应坐标轴上，按住鼠标左键拖动即可，如图2.43所示。

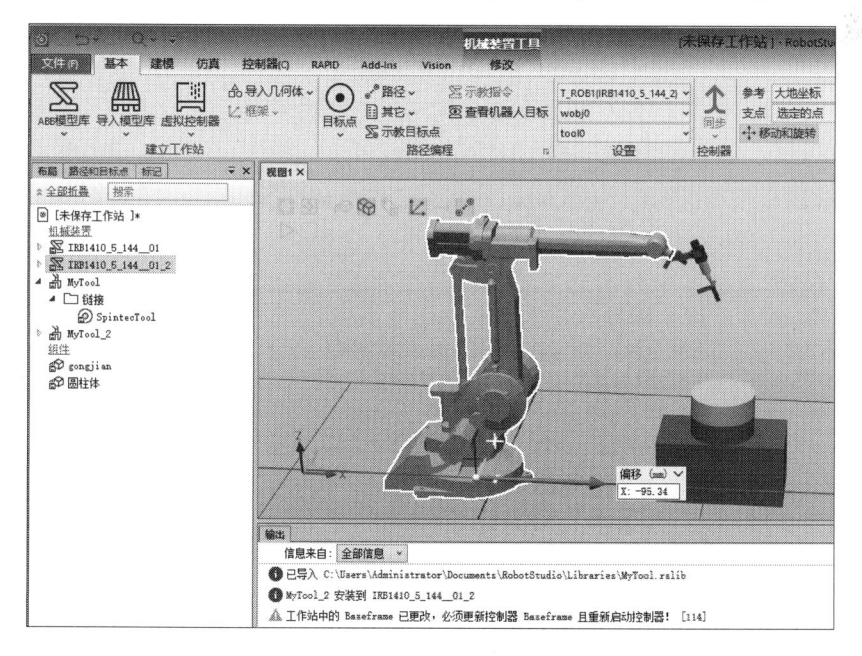

图2.43　按住鼠标左键拖动机器人

步骤03 拖动完成后，放开鼠标左键，将弹出"是否移动任务框架？"对话框，如图2.44所示。

图2.44 "是否移动任务框架？"对话框

步骤04 单击"是(Y)"按钮后，机器人将被移动到指定位置。

2.2.2 工业机器人的手动操作

在RobotStudio 2024中，用户可以对机器人进行手动操作，从而到达所需要的工作站位置上。手动操作方式有两种：手动关节、移动和旋转。用户可以通过直接拖动和精确手动来实现机器人的手动操作。

（1）通过直接拖动方式操作机器人，具体操作步骤如下。

步骤01 在"基本"或"建模"功能选项卡的Freehand组中，单击"手动关节"图标，如图2.45所示。

步骤02 在"视图"中，选中机器人对应的关节轴进行拖动，如图2.46所示。

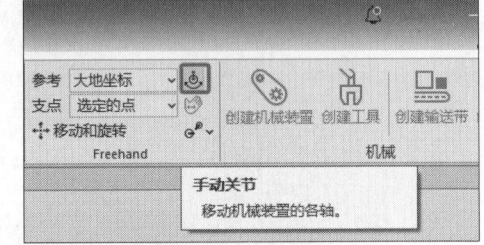

图2.45 选择"手动关节"

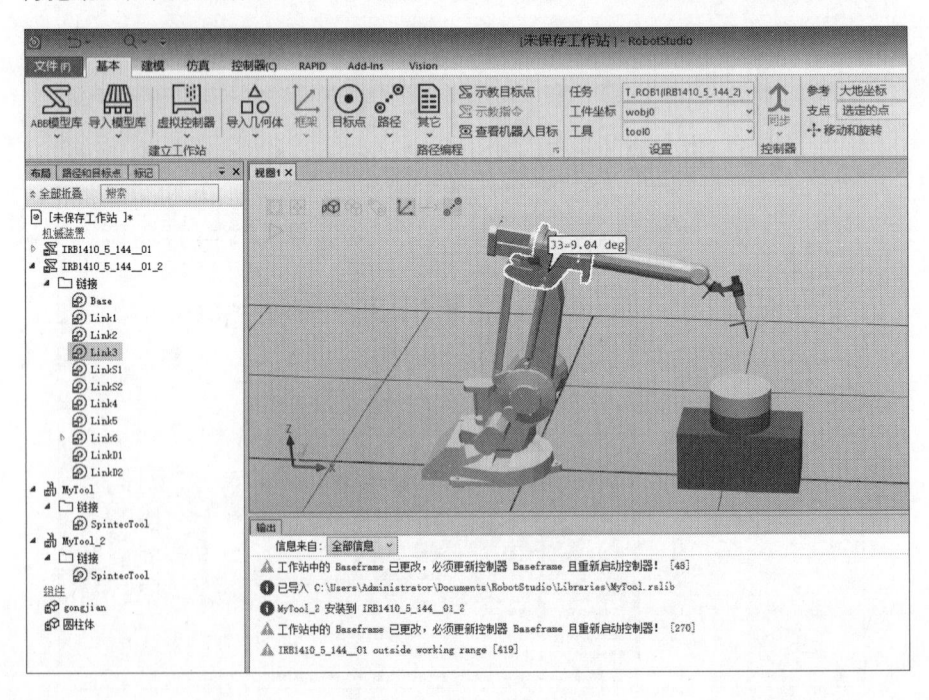

图2.46 拖动关节轴运动

备注：如果按住Ctrl键同时拖动机器人关节，机器人每次移动10°。按住Shift键同时拖动机器人关节，机器人每次移动0.1°。

步骤03 在"基本"功能选项卡的"设置"组中，选择"工具"下拉菜单中的工具对象MyTool，如图2.47所示。在Freehand组中选择"移动和旋转"功能，如图2.48所示。

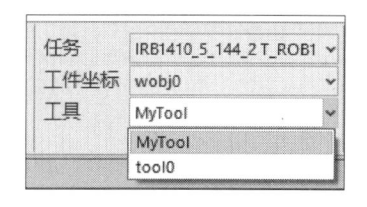

图 2.47　选择工具对象

图 2.48　选择"移动和旋转"功能

步骤04 机器人末端工具会出现红、绿、蓝坐标轴箭头，如图2.49所示。

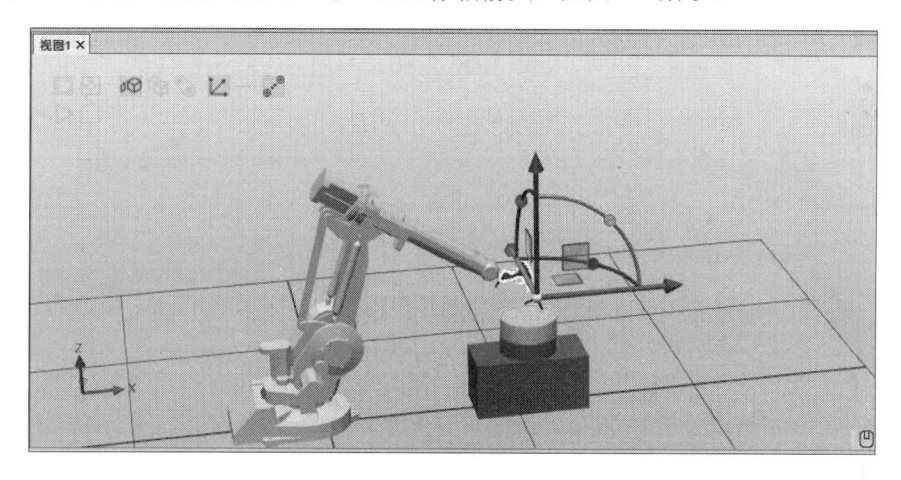

图2.49　机器人末端出现坐标轴箭头

步骤05 使用鼠标左键根据需要沿着坐标轴拖动即可直接操作机器人，如图2.50所示。用户也可以使用偏移轴工具按照偏移坐标轴直接拖动机器人，如图2.51所示。

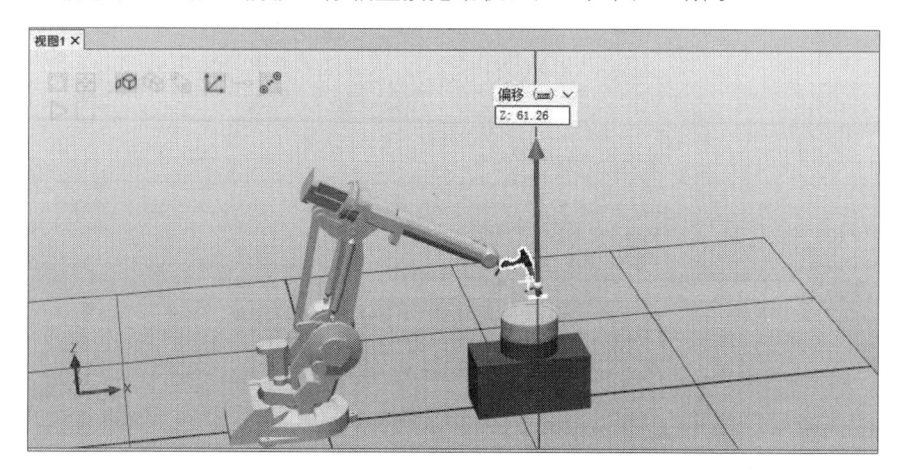

图2.50　拖动坐标轴操作机器人

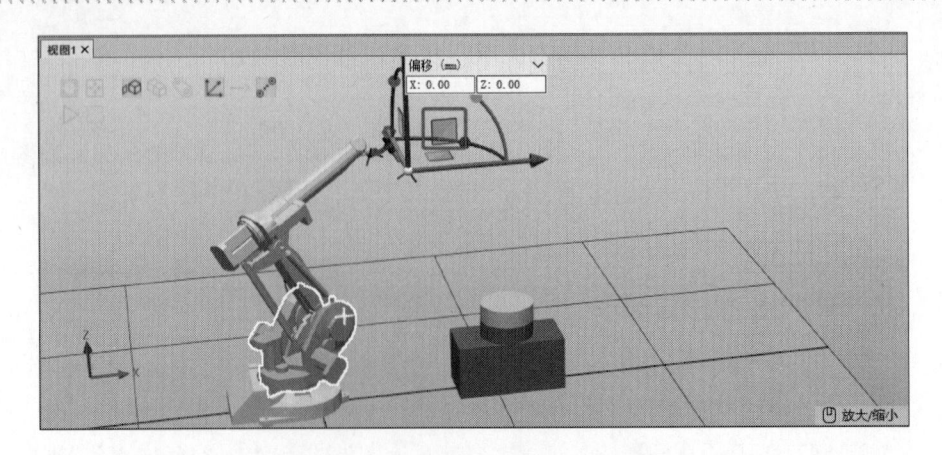

图2.51　使用偏移轴工具拖动机器人

（2）通过精确手动方式操作机器人，具体操作步骤如下。

步骤01 在"布局"管理器中，选中机器人IRB 1410，右击，在弹出的快捷菜单中选择"机械装置手动关节"选项，如图2.52所示。

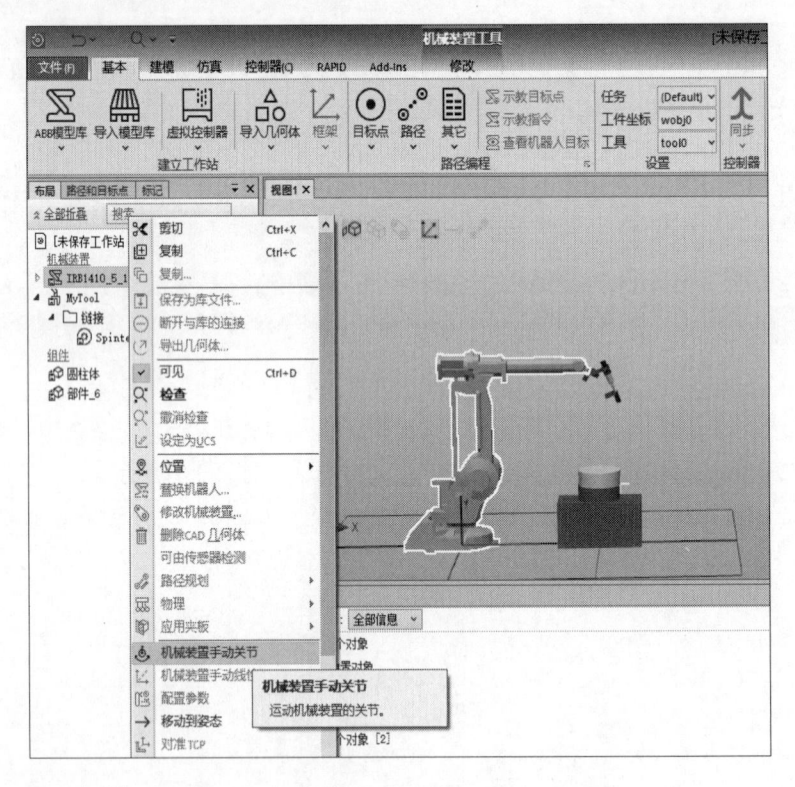

图2.52　选择"机械装置手动关节"选项

步骤02 在"手动关节运动"对话框中，使用鼠标拖动滑块调节机器人的各个关节轴，单击左右箭头可以点动各个关节轴运动，如图2.53所示。在Step编辑框中可以设定每次点动的步进距离。

第 2 章 构建工业机器人工作站

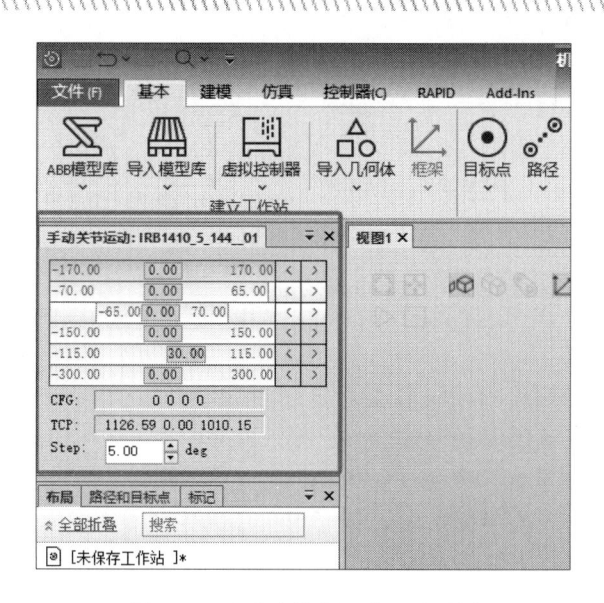

图2.53 "手动关节运动"对话框

步骤03 在"布局"管理器中,选中机器人IRB1410,右击,在弹出的快捷菜单中选择"机械装置手动线性"选项,如图2.54所示。

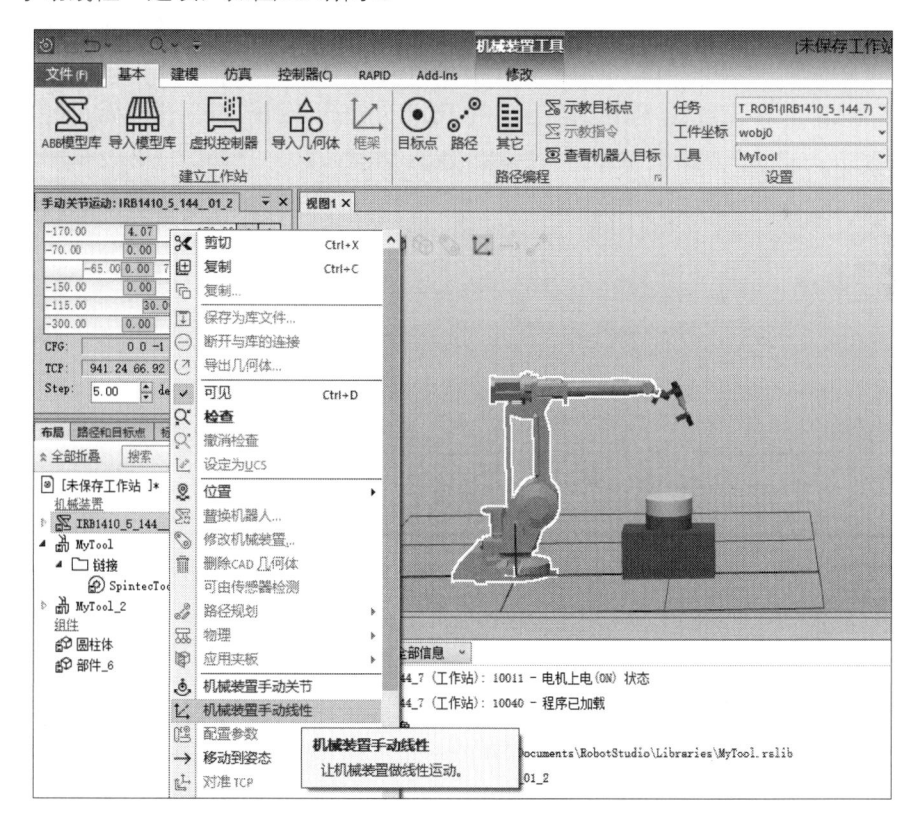

图2.54 选择"机械装置手动线性"选项

备注:机械装置手动线性操作必须在机器人控制器安装完成后才能使用。

步骤04 在"手动线性运动"对话框中,可以直接在编辑框中输入运动值,或者单击左右箭头点动各个关节轴运动,如图2.55所示。在Step编辑框中可以设定每次点动的步进距离。

在ABB机器人操作中,手动关节运动和手动线性运动有以下区别:

(1)手动关节运动是指单独控制机器人的各个关节进行运动,每个关节可以独立地转动一定角度。例如,当用户选择手动关节模式操作机器人时,可以单独转动机器人的手臂关节,使手臂弯曲或伸展,而其他部分的位置相对保持不变。

(2)手动线性运动是指机器人沿着笛卡儿坐标系的直线方向运动。用户可以理解为机器人在空间中沿着X、Y、Z三个坐标轴的方向进行平移运动,或者是绕着这些坐标轴的旋转运动。例如,当选择手动线性模式时,可以让机器人沿着X轴正方向直线移动一定距离,或者绕Z轴旋转一定角度。

图2.55 "手动线性运动"拖动关节轴运动

用户手动操作机器人之后,机器人各个关节已运动至不可回转的位置坐标,如图2.56所示。

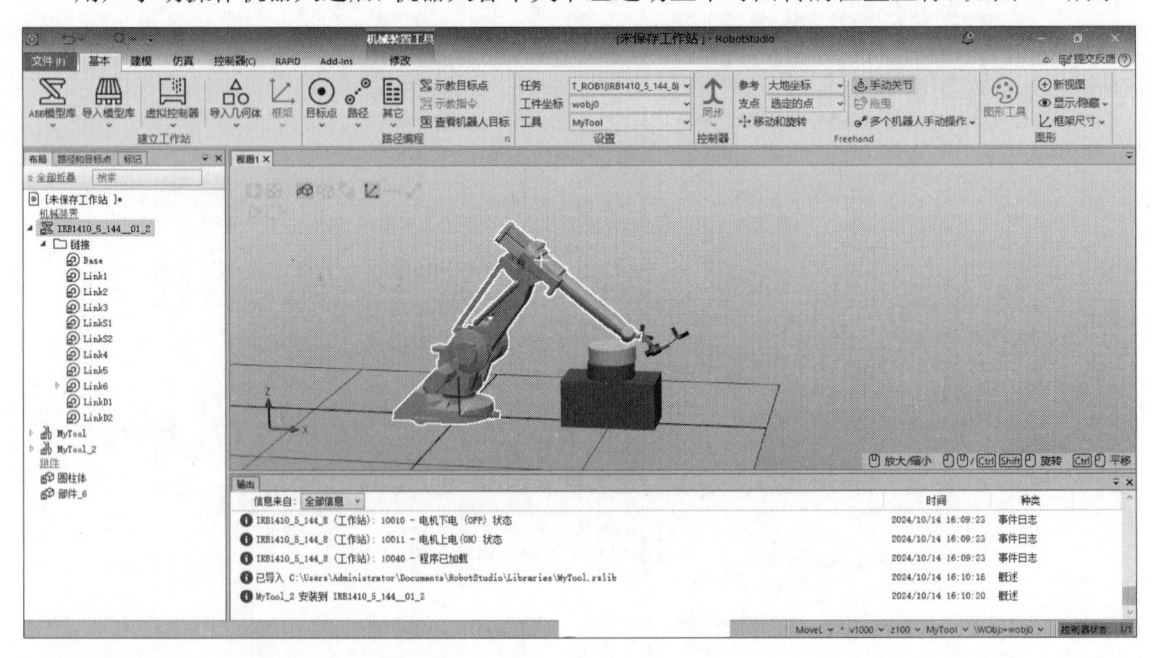

图2.56 机器人各关节不可回转

用户可以在"布局"管理器中选中机器人IRB1410,右击,在弹出的快捷菜单中选择"移动到姿态"菜单中的"回到机械原点"选项,如图2.57所示。

第 2 章 构建工业机器人工作站

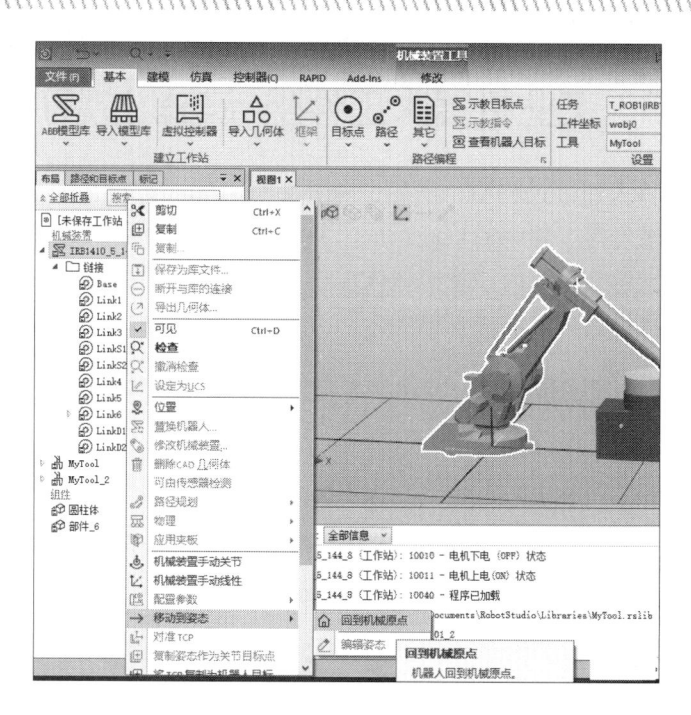

图2.57 选择"回到机械原点"选项

用户单击"回到机械原点"选项后,视图区中的机器人各个关节将回转到各个关节的机械原点,如图2.58所示。

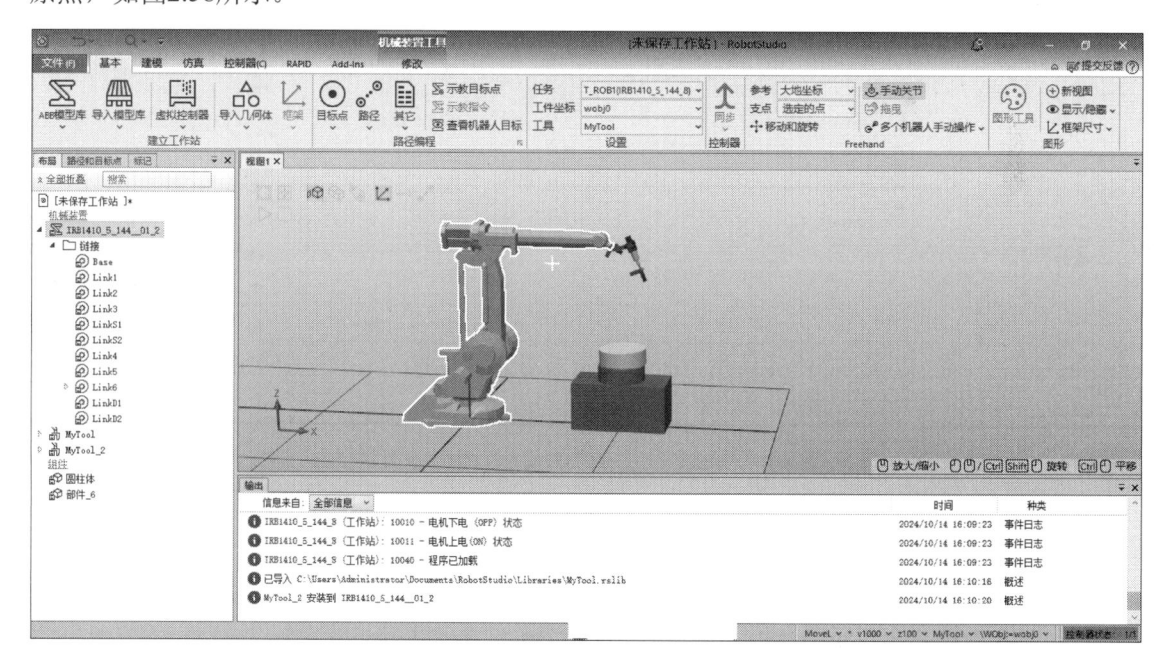

图2.58 机器人各个关节回转到各机械原点

备注:图2.58所示的机器人会回到机械原点,但不是6个关节轴都为0°,5轴会在30°的位置。

2.3 工业机器人工件坐标与轨迹程序

在实际的工业机器人建站过程中，当用户构建完成基本工作站后，都需要在RobotStudio 2024中创建工件坐标来确定工件中的轨迹点位，并通过修改指令和参数来完成创建运动轨迹。

工业机器人工件坐标和轨迹程序是机器人编程和操作的重要组成部分。本节主要介绍如何定义工件坐标和编写轨迹程序，以提高机器人的工作效率和精度。

2.3.1 创建机器人工件坐标

在RobotStudio 2024仿真软件中，当用户使用鼠标左键点选布局中的机器人IRB1410后，视图区域中的机器人会显示机器人坐标系，如图2.59所示。

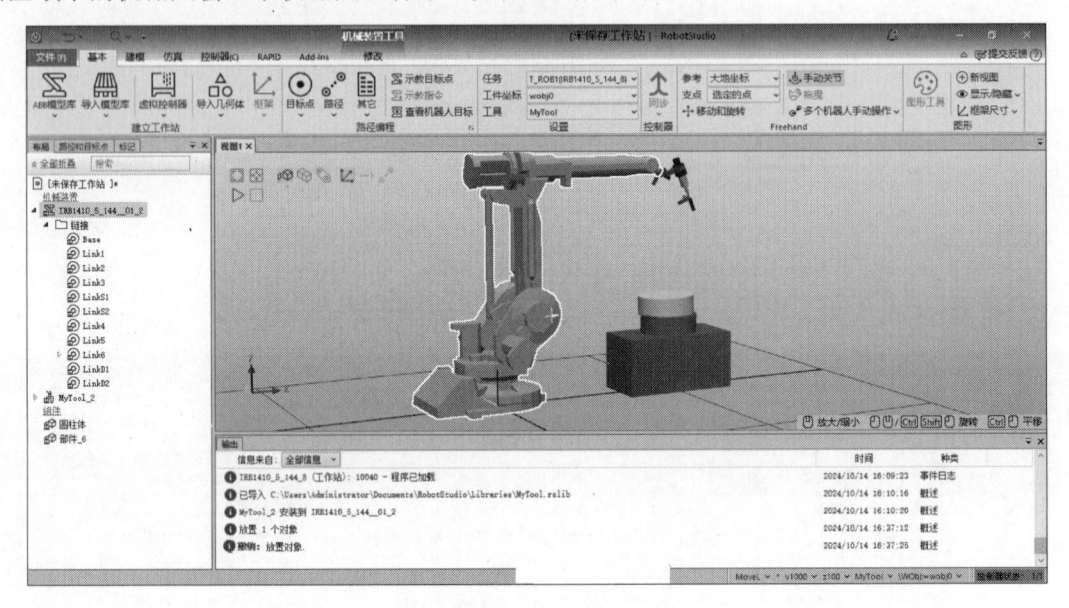

图2.59 机器人坐标系

而导入的工件或其他物体需要用户根据实际需求自行创建。创建工件坐标系的操作步骤如下。

步骤01 在"基本"功能选项卡中，单击"其他"（界面中为"其它"，后续不再说明）功能图标，选择"创建工件坐标"选项，如图2.60所示。

步骤02 在软件界面的左侧会出现"创建工件坐标"对话框，用户可以通过单击名称编辑框手动修改工件坐标名称，然后单击"工件坐标框架"中的"取点创建框架"编辑框，如图2.61所示。如果工作站有多个工件或物体，则需要使用"工件坐标框架"取点；如果只有一个工件或物体，则使用"用户坐标框架"取点即可。

步骤03 在弹出的对话框中，先选中"三点"单选按钮，单击"X轴上的第一个点（mm）"的第一个编辑框，然后在视图区选择工件的第一个点，如图2.62所示。然后按照顺序分别选择X轴上的第二个点坐标和Y轴上的点坐标。

第 2 章　构建工业机器人工作站

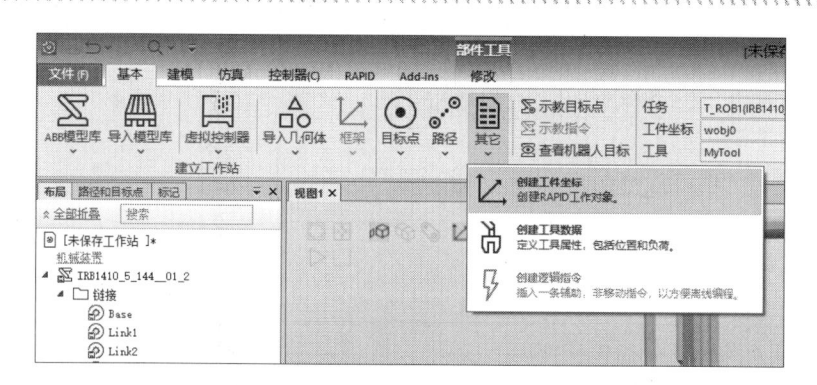

图 2.60　选择"创建工件坐标"选项

图 2.61　"创建工件坐标"对话框

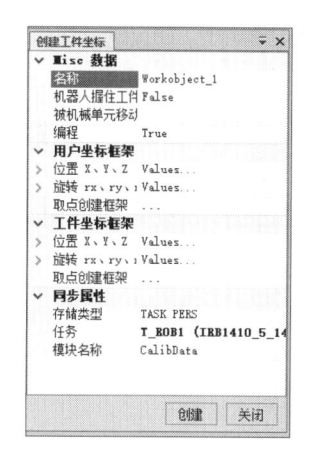

图 2.62　选择三点取坐标

步骤 04　依次在"视图"中单击工件的三个点并拾取三个点的坐标值，如图2.63所示。

步骤 05　在"创建工件坐标"对话框中，成功拾取三个点的坐标值后，单击Accept按钮，再单击"创建"按钮，即可完成工件坐标系的创建，如图2.64所示。

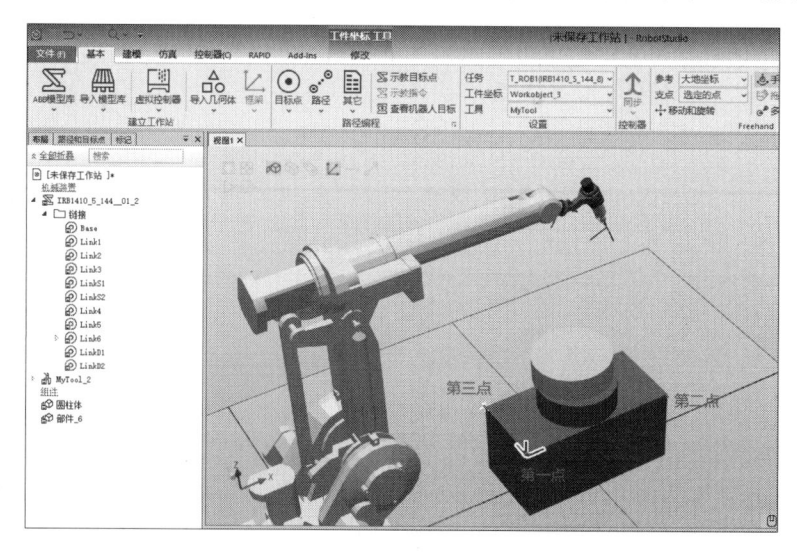

图 2.63　拾取三个点的坐标值

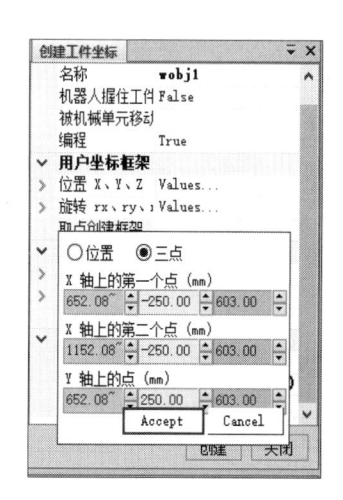

图 2.64　已拾取三个点的坐标值

步骤 06　已创建的工件坐标Workobject_1如图2.65所示。

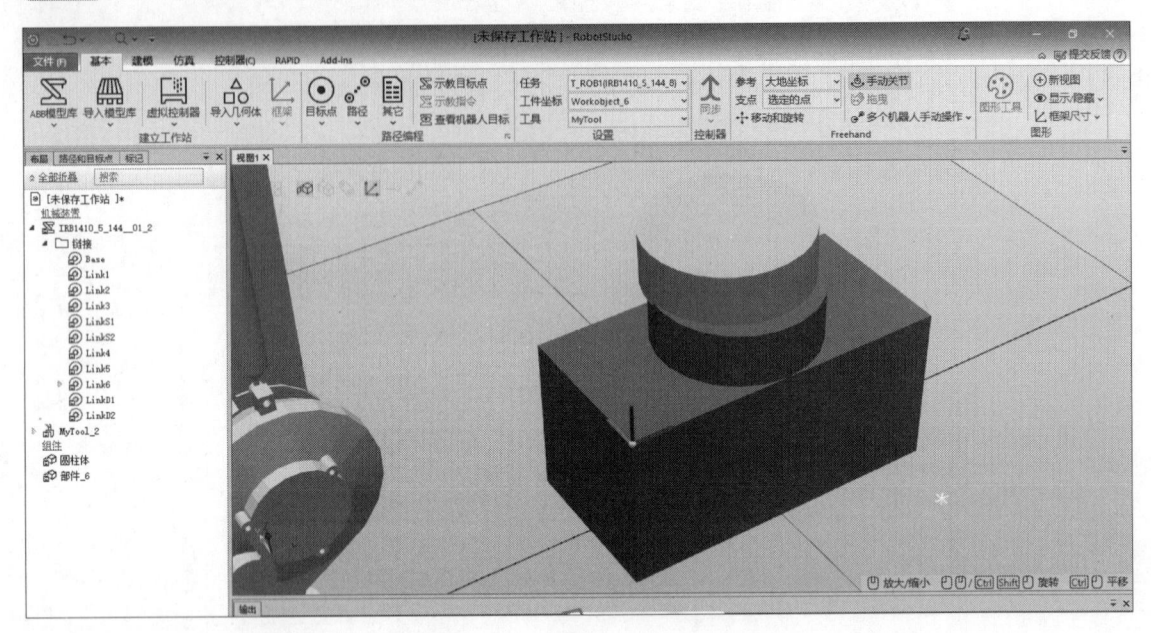

图2.65　已创建的工件坐标系

2.3.2　运动指令

用户在视图显示区域中所看到的机器人运动轨迹程序，是通过编写RAPID程序指令进行控制的。在RobotStudio 2024仿真软件中，工业机器人的运动轨迹同样是通过编写RAPID程序指令来进行相应动作的控制的。本小节将主要介绍RobotStudio 2024仿真软件中创建运动轨迹的相关运动指令格式及其使用方法。

1）运动指令 MoveJ

当机器人运动无须沿直线路径时，MoveJ指令可用于将机械臂迅速从一点移动至另一点。即机械臂和外轴沿非线性路径运动至目标位置，且机器人各个关节轴同时到达目标位置。

指令格式：

```
MoveJ ToPoint Speed Zone tool [ \WObj ]
```

示例：

```
MoveJ p1,v200, z30,tool2;
```

含义：将工具的中心点tool2沿非线性路径移动至位置p1，运动速度数据为v200，且区域数据为z30。

2）运动指令 MoveL

指令MoveL用于将工具中心点（Tool Center Point，TCP）沿直线运动至目的位置坐标。当TCP保持固定时，则该指令也可用于调整工具方位。

备注：TCP坐标是指工具坐标系的原点，也就是工具的特定点，例如焊枪的尖端、喷枪的出口等。它代表了工具在空间中的具体位置。

指令格式：

MoveJ ToPoint Speed Zone tool [\Wobj]

示例：

MoveL p10,v1000,fine,tool1;

含义：工具的TCP tool1沿直线运动至目标点p10的位置并停止，运动速度为v1000mm/s，fine表示精确到位，即机器人在到达目标位置时会缓慢减速并准确停在该位置。

3）运动指令 MoveC

指令MoveC主要用于将工具中心点TCP沿圆周运动至目的位置坐标，使机器人做圆周运动。

指令格式：

MoveC CirPoint ToPoint Speed Zone tool [\Wobj]

示例：

```
MoveL p1,v500,fine,tool;
MoveC p2,p3,v500,z20,tool;
MoveC p4,p1,v500,fine,tool;
```

以上示例代码表示通过两个MoveC指令实现一个完整的圆。一个圆弧需要三个点完成，起始点P1、终止点P3和圆弧点P2。圆弧点是指相关起点与终点间的圆弧上的某个位置。若要获得最好的准确度，圆弧点P2宜放在起始点P1与终止点P3的正中间处，其圆弧角不宜超过240°，各点位置关系与运动轨迹如图2.66所示。

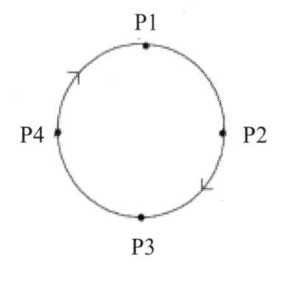

图2.66 使用两个MoveC指令实现圆轨迹

2.3.3 创建机器人运动轨迹

在RobotStudio 2024中创建工业机器人运动轨迹之前，需要首先确定机器人的运动点位，进而规划工业机器人的运动轨迹。在创建轨迹前，用户需要结合机器人运动安全操作，来确定机器人运动轨迹的点位，如图2.67所示。

接下来进行机器人运动轨迹规划，从原点P10→进入点P20后画圆形（P30→P40→P50→P60），然后回到原点P10。

备注：进入点P20的主要作用是防止工业机器人碰撞工件，它是一个目标缓冲点。因此，P20的坐标位置设置在接触工件第一点的正上方一定距离处，用于实现机器人工具的减速缓冲功能。

在RobotStudio 2024中，创建机器人运动轨迹的具体操作步骤如下。

步骤01 在"基本"选项卡的"路径编程"组中，单击"路径"图标，在下拉菜单中选择"空路径"菜单，即可在"路径与目标点"中创建Path_20，如图2.68所示。

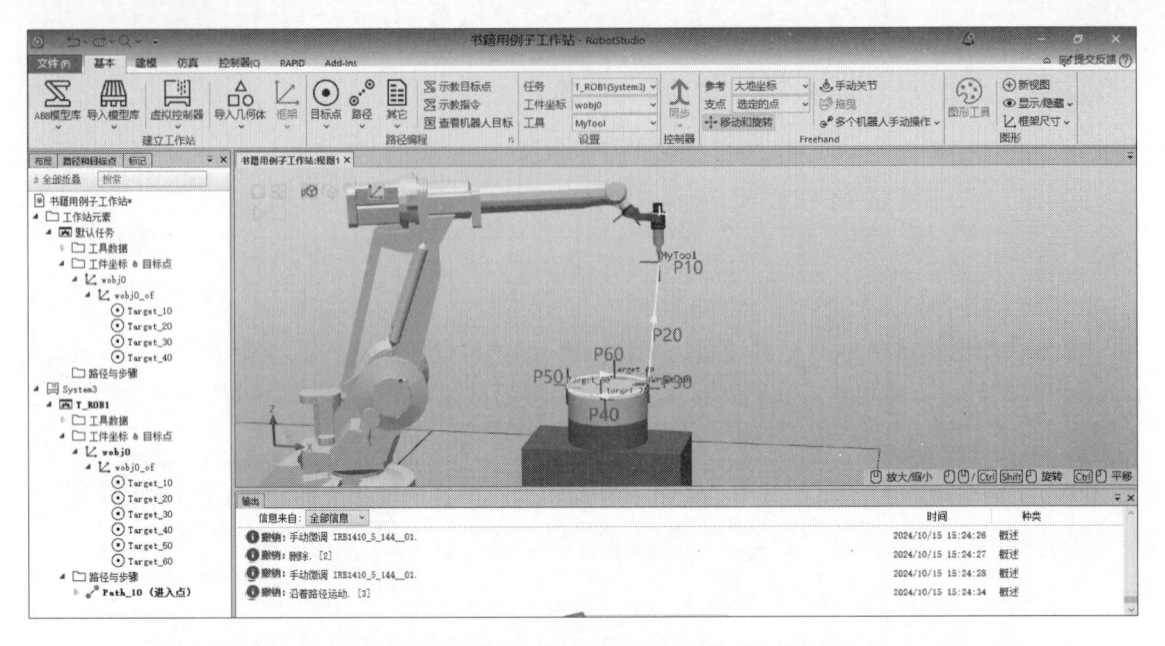

图2.67 确定运动轨迹的点位

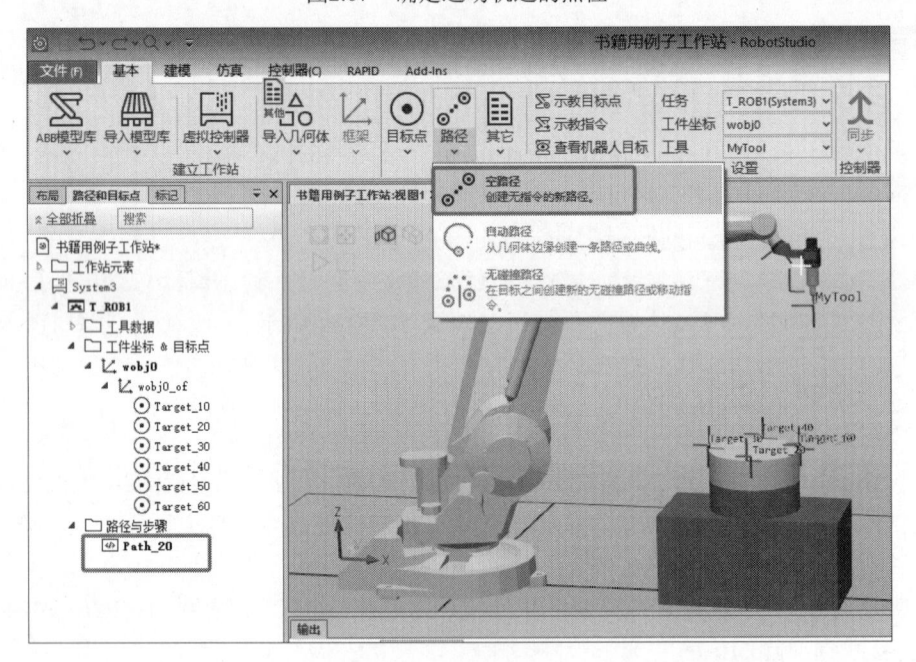

图2.68 创建空路径

步骤02 确认当前选择的工具对象，可通过以下方法进行：确认"基本"选项卡中"设置"组中，当前所选择的工具是否为当前机器人所安装的工具对象，如图2.69所示。

步骤03 用户也可以在界面左侧的"布局"管理器中使用鼠标选中当前机器人工具，如图2.70所示。

步骤04 在"基本"选项卡的Freehand中单击"手动关节"，向下拉动绿色的箭头，使工具垂直于工件平面，如图2.71所示。

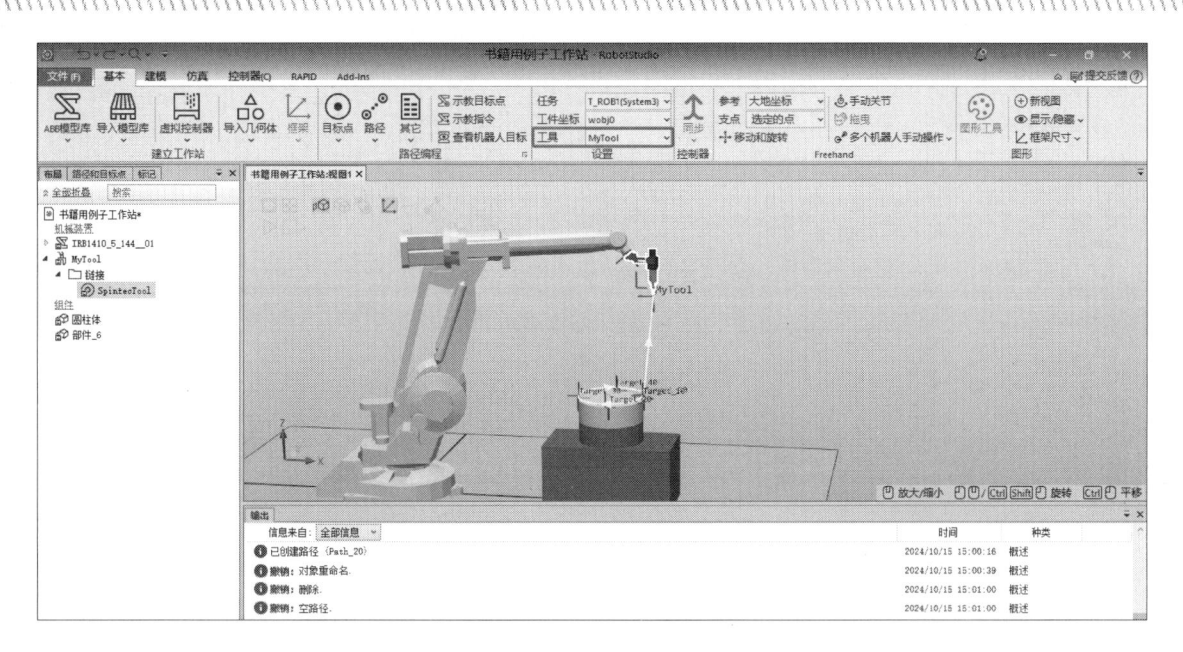

图2.69　确认工具对象

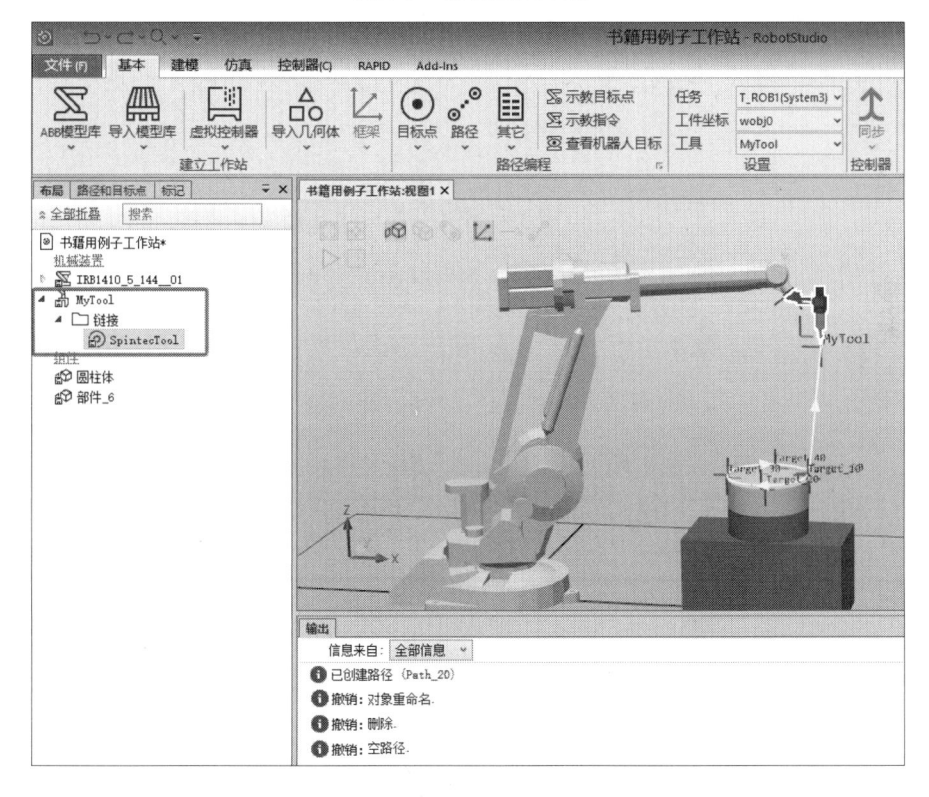

图2.70　通过"布局"管理器选择工具对象

步骤 05　单击"基本"选项卡Freehand组中的"移动和旋转"。此时，机器人工具中心点（TCP）位置会出现红、绿、蓝三色坐标轴，用户拖动对应轴使工作末端到达P10点位，如图2.72所示。

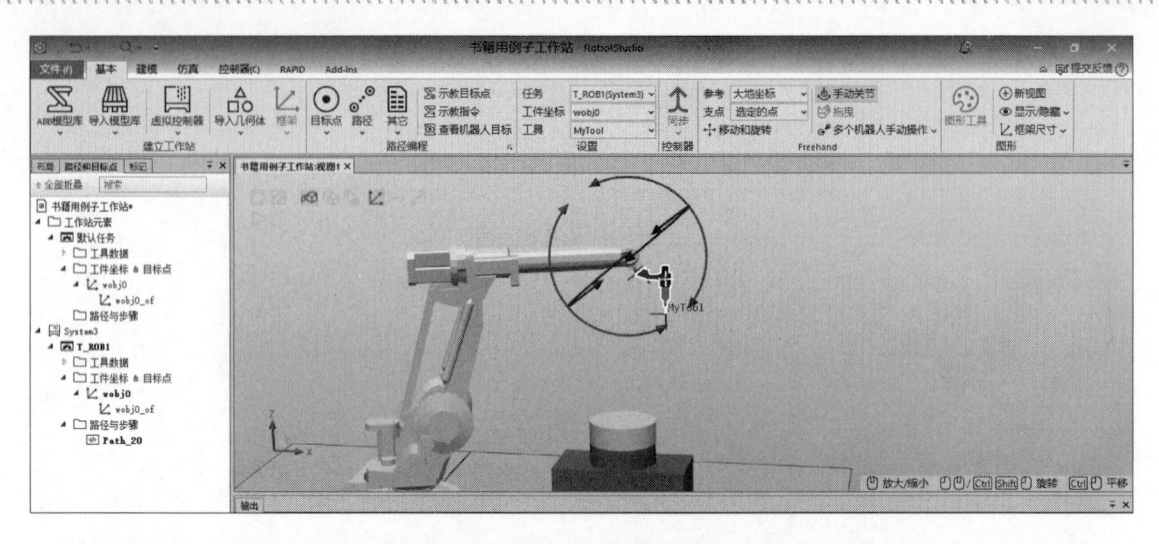

图2.71　使用手动关节调节工具

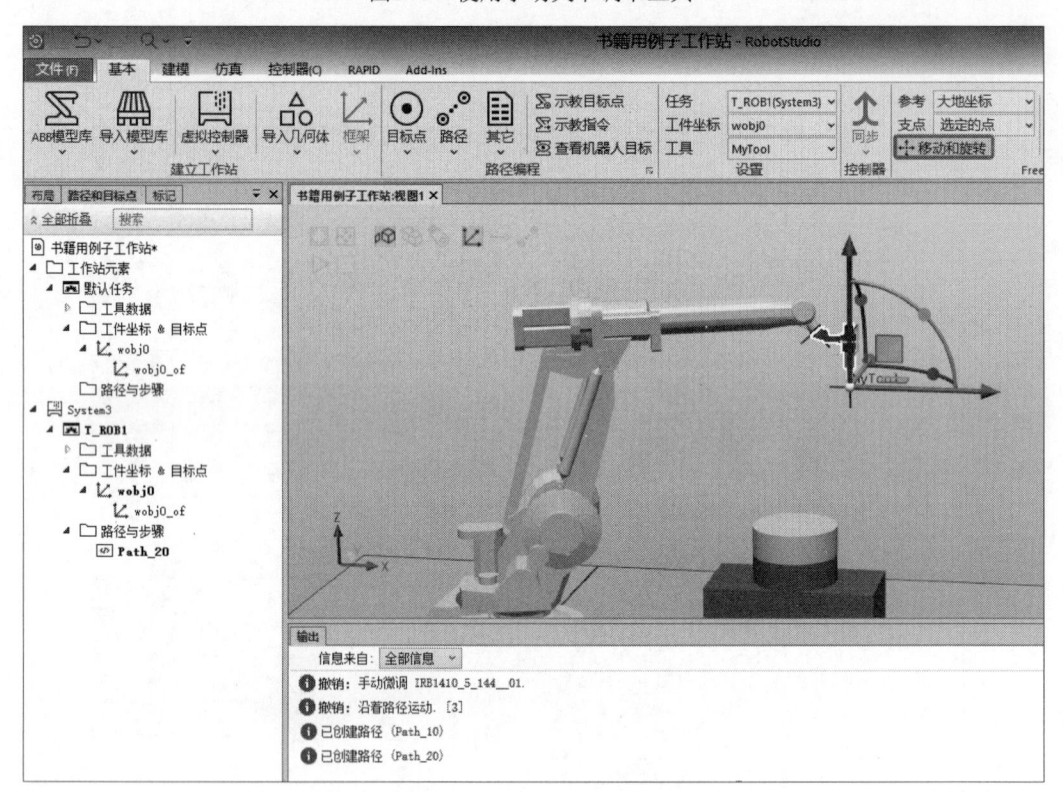

图2.72　手动移动和旋转

步骤06　在软件界面的右下方状态栏中，用户可以对运动指令及参数进行设置和修改，如图2.73所示。注意，单击相应指令按钮，在本示例中设定为MoveL v500 z10 MyTool\WObj=wobj0。

步骤07　在"基本"功能选项卡中，单击"示教指令"图标，即可在窗口左侧的"路径和目标点"选项卡中展开"路径与步骤"下方Path_20的下级内容，可以看到MoveL Target_10，如图2.74所示。

第 2 章　构建工业机器人工作站

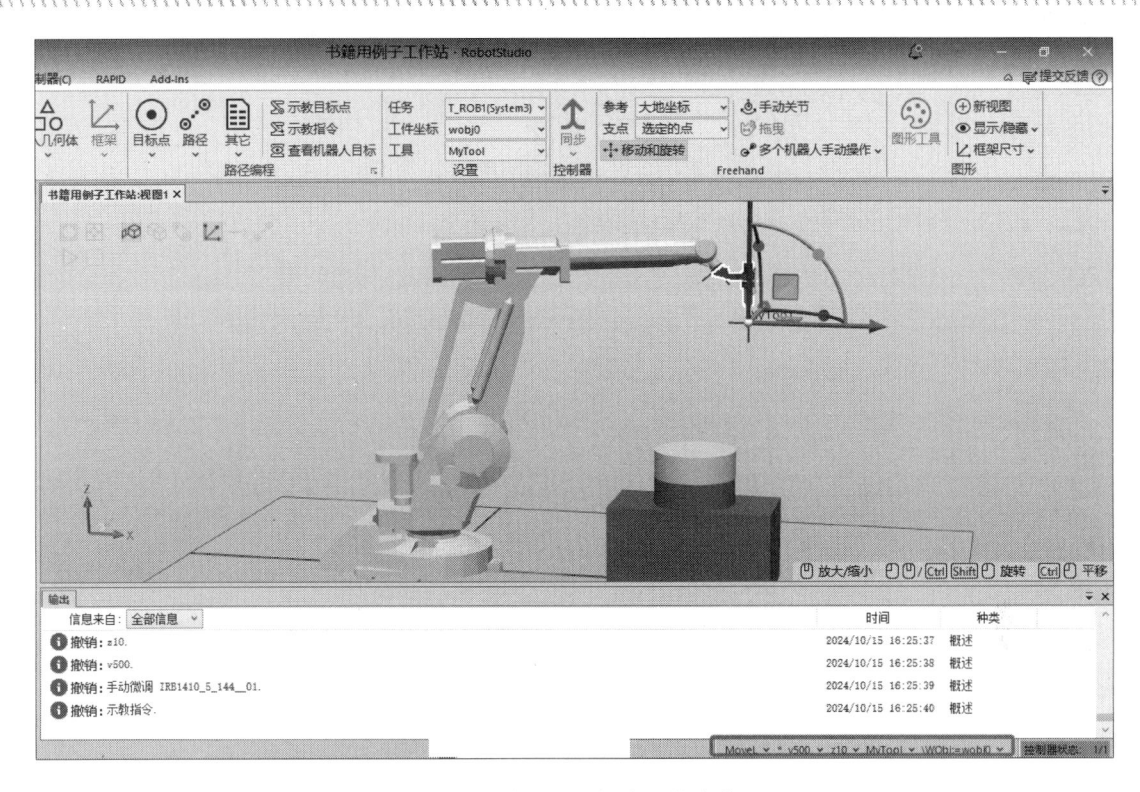

图2.73　修改运动指令及其参数

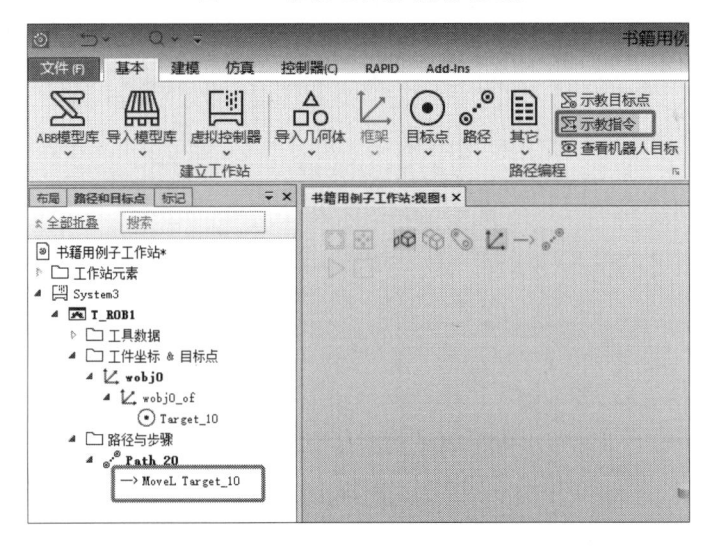

图2.74　查看路径信息

步骤 08　在"移动和选择"功能模式下,将机器人工具中心的坐标移动到P20点位置坐标,如图2.75所示。

备注：在这里介绍一个机器人缓冲点操作的技巧。用户可以先将机器人工具坐标中心拖动定位到 P30,然后拖动蓝色箭头向上移动一段距离,并将此位置设置为P20缓冲点坐标。

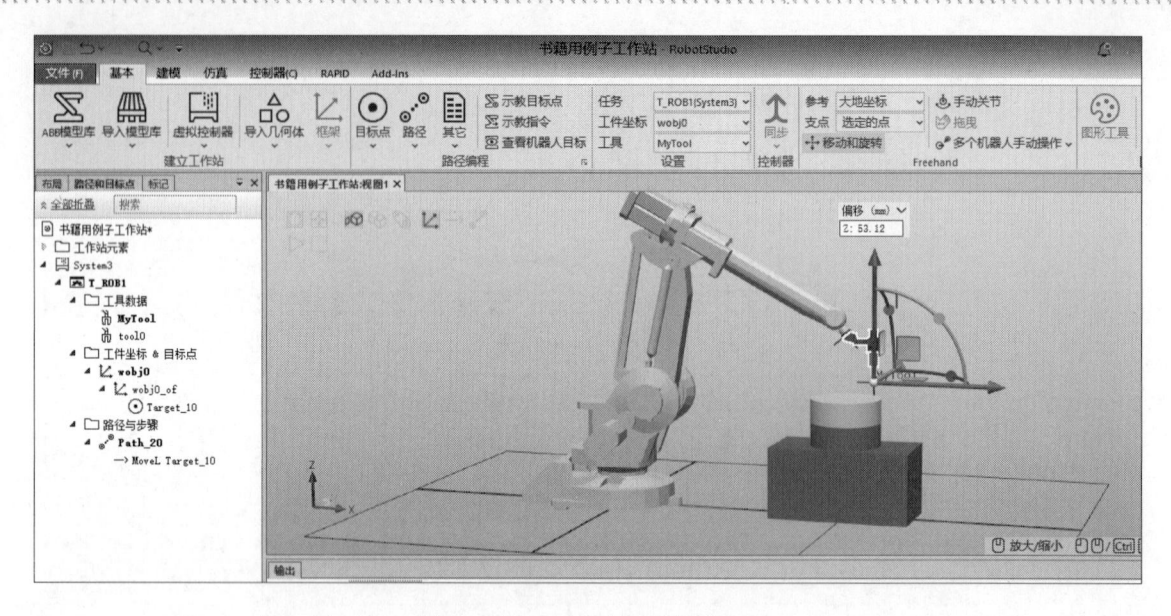

图2.75 移动工具中心坐标到P20

步骤09 在"基本"功能选项卡中,单击"示教指令"图标,即可在窗口左侧的"路径和目标点"选项卡中展开"路径与步骤"下方Path_20的下级内容,可以看到MoveL Target_20指令,如图2.76所示。

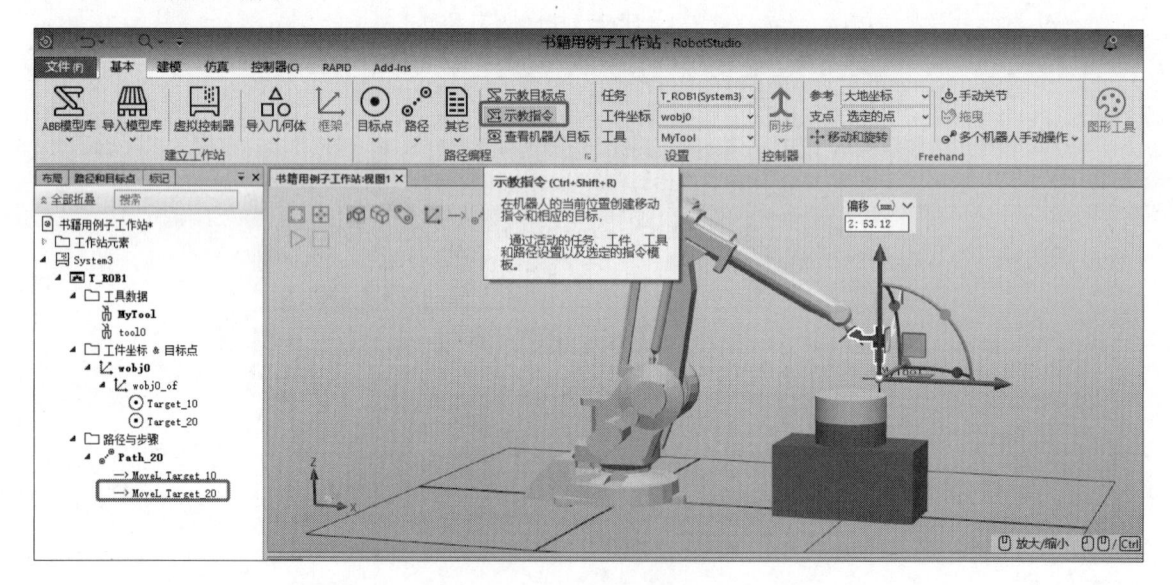

图2.76 示教指令功能

步骤10 在"移动和旋转"功能模式下,将机器人工具中心点TCP坐标移动到P30点,如图2.77所示。

步骤11 在窗口右下方状态栏修改运动指令和参数为MoveL v500 z10 MyTool \WObj = wobj0,然后单击"基本"选项卡下"路径编程"功能组中的"示教指令"功能,如图2.78所示。

第 2 章　构建工业机器人工作站

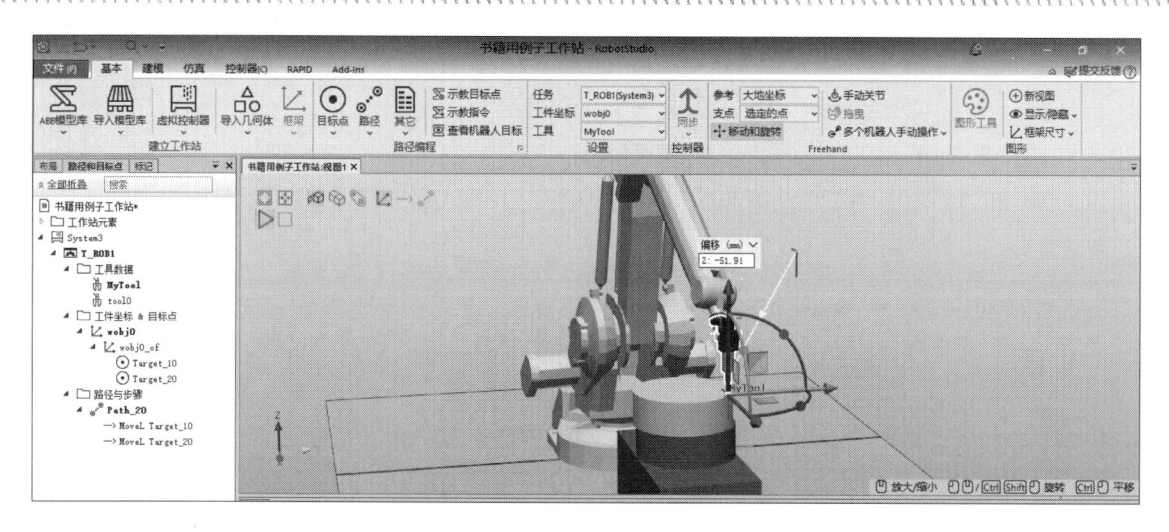

图2.77　移动工具中心点到P30

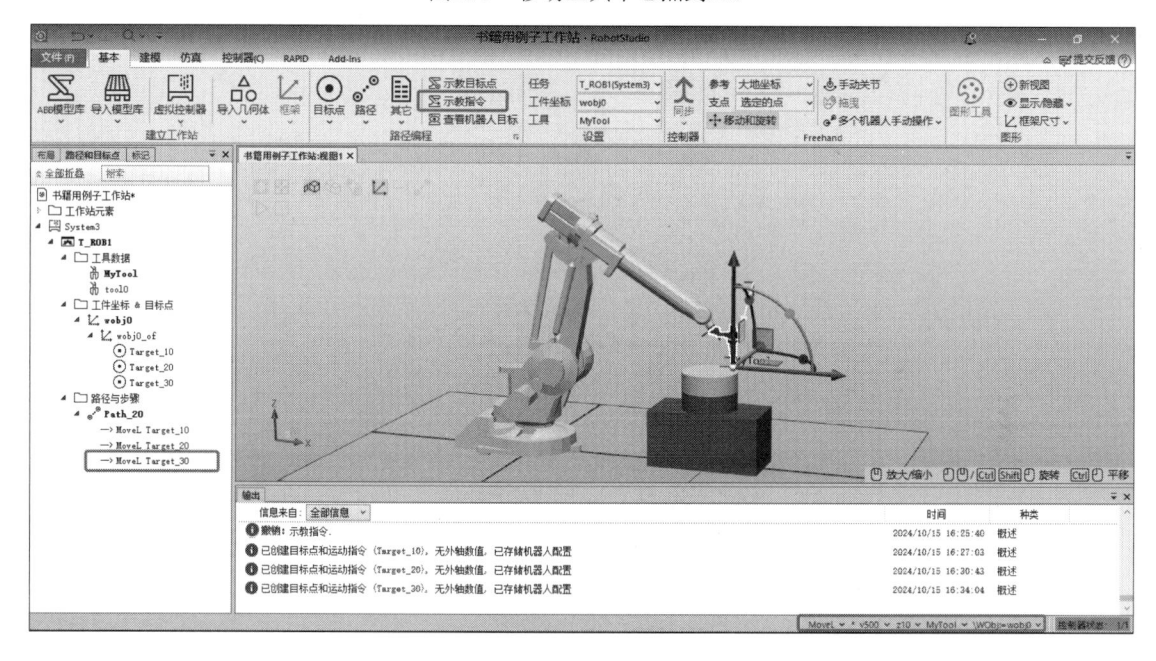

图2.78　修改运动指令并单击示教指令

步骤⑫ 在"移动和旋转"功能模式下，将机器人工具中心点TCP坐标移动到P40点，在窗口右下方状态栏修改运动指令和参数为MoveL v500 z10 MyTool \WObj=wobj0，单击"示教指令"，如图2.79所示。

步骤⑬ 在"移动和旋转"功能模式下，将机器人工具中心点TCP坐标移动到P50点，在窗口右下方状态栏修改运动指令和参数为MoveL v500 z10 MyTool \WObj=wobj0，单击"示教指令"，如图2.80所示。

步骤⑭ 在"移动和旋转"功能模式下，将机器人工具中心点TCP坐标移动到P60点，在窗口右下方状态栏修改运动指令和参数为MoveL v500 z10 MyTool \WObj=wobj0，单击"示教指令"，如图2.81所示。

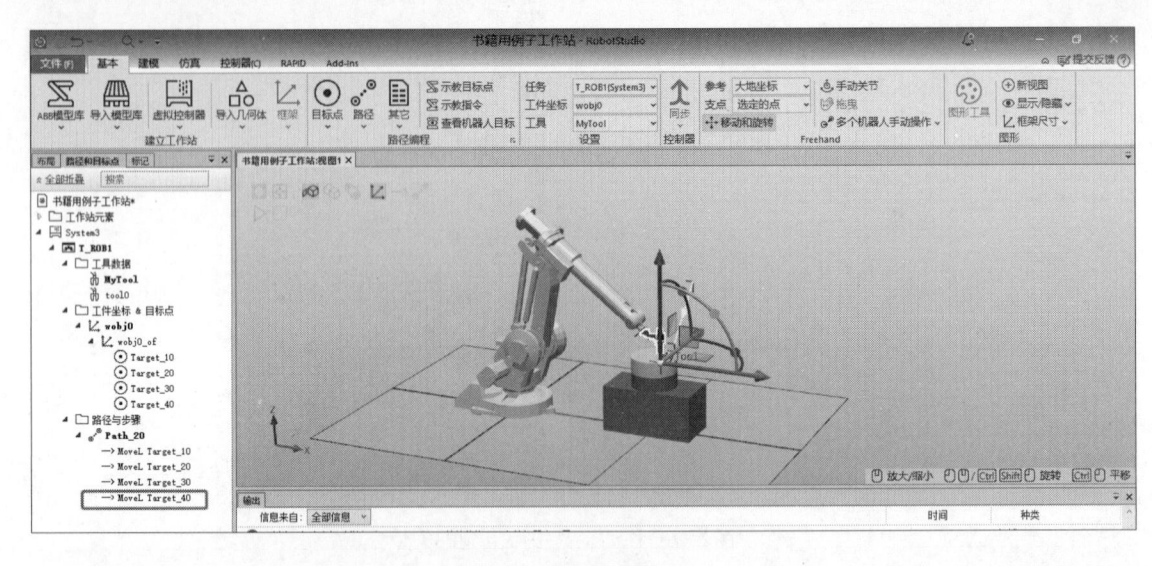

图2.79　示教P40路径指令

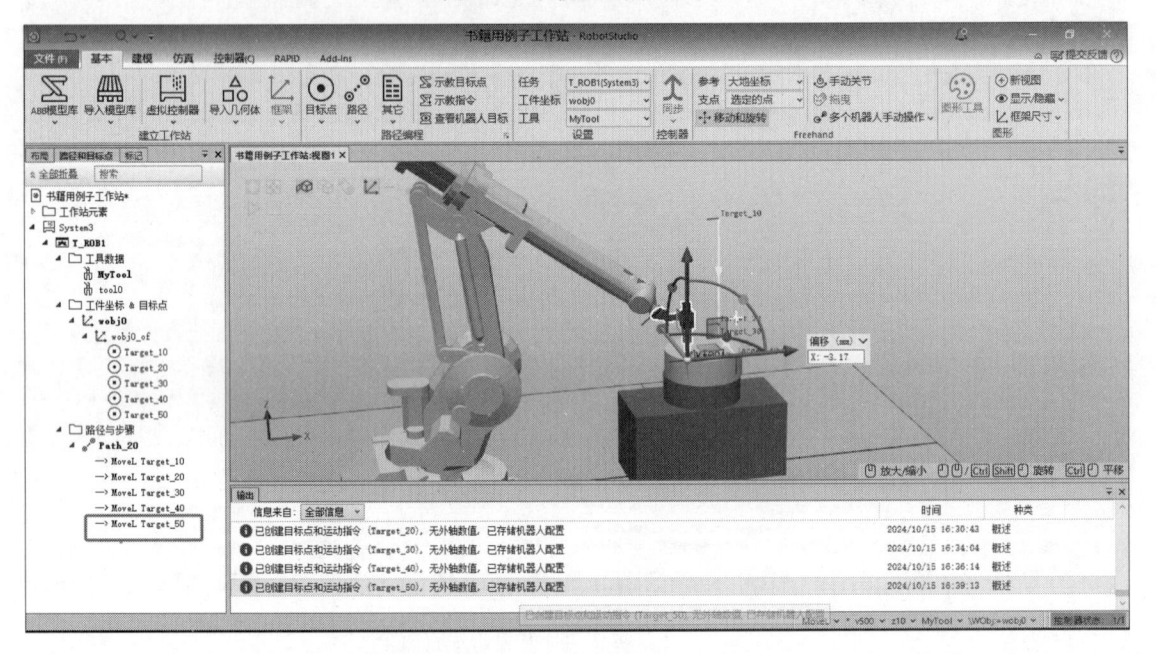

图2.80　示教P50路径指令

步骤15　在界面左侧的"路径和目标点"选项卡下"路径与步骤"的Path_20下级中，在指令MoveL Target_30上右击，在弹出的快捷菜单中单击"复制"命令，如图2.82所示。

备注：用户将机器人工具中心点移动到P60坐标后，需要继续运动至P30点坐标形成闭环，由于P30已经存在，因此直接复制即可。

步骤16　在界面左侧的"路径和目标点"选项卡下"路径与步骤"的Path_20下级中，在指令MoveL Target_60上右击，在弹出的快捷菜单中单击"粘贴"命令，如图2.83所示。

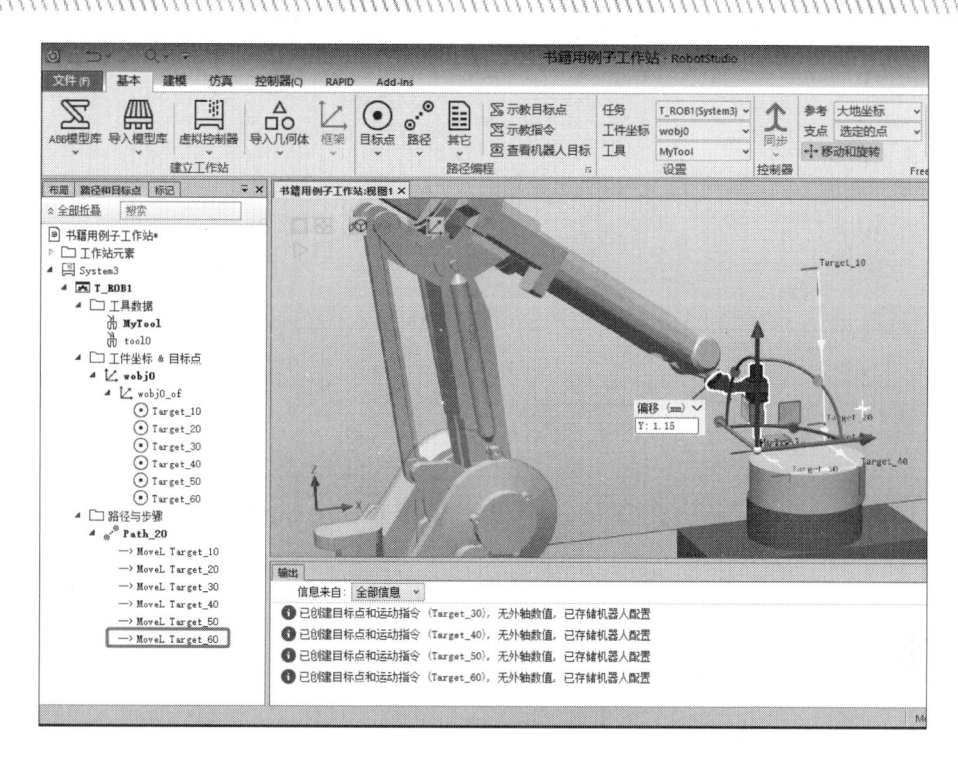

图2.81 示教P60路径指令

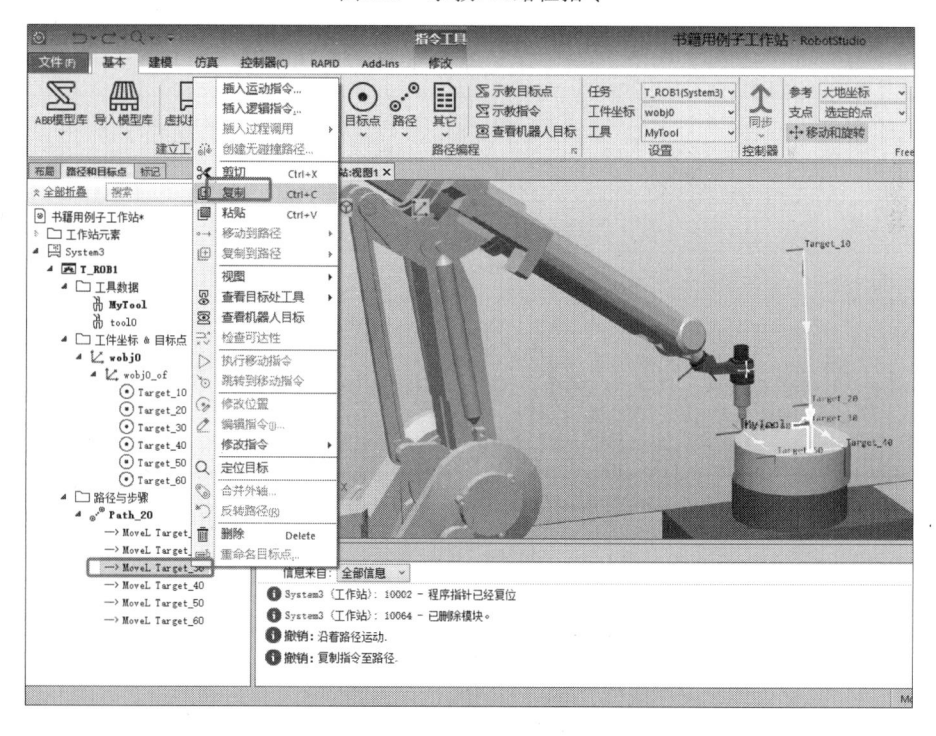

图2.82 复制路径指令

步骤17 此时软件会弹出"创建新目标点"对话框,由于不需要新创建目标点,而直接使用已经设置的P30点坐标,因此在这里直接单击"否(N)"按钮即可,如图2.84所示。

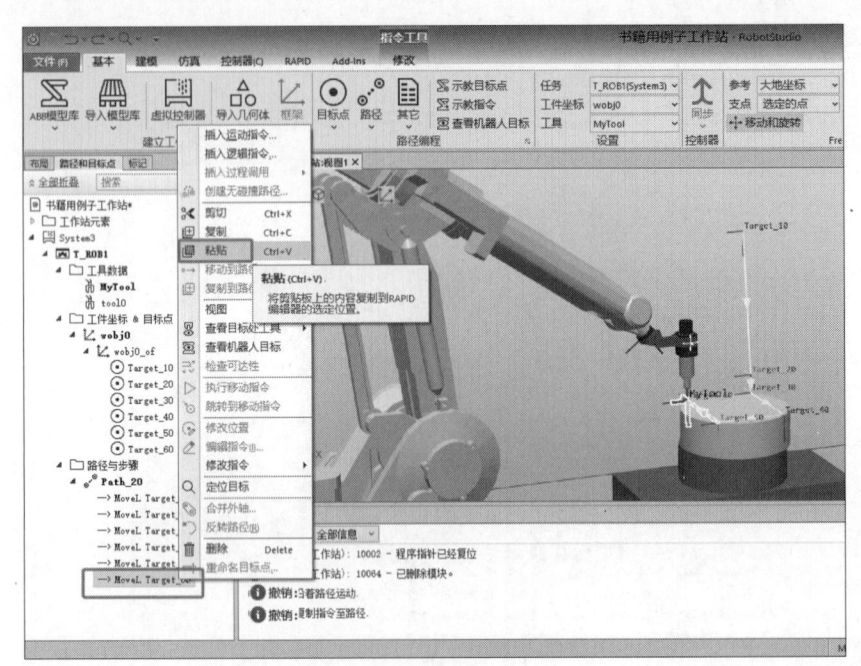

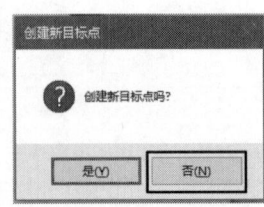

图 2.83　粘贴路径指令　　　　　图 2.84　确认是否创建新目标点

步骤⑱ 重复**步骤⑭~步骤⑯**，将P10点复制到路径规划的最后，作为原点回归，如图2.85所示。

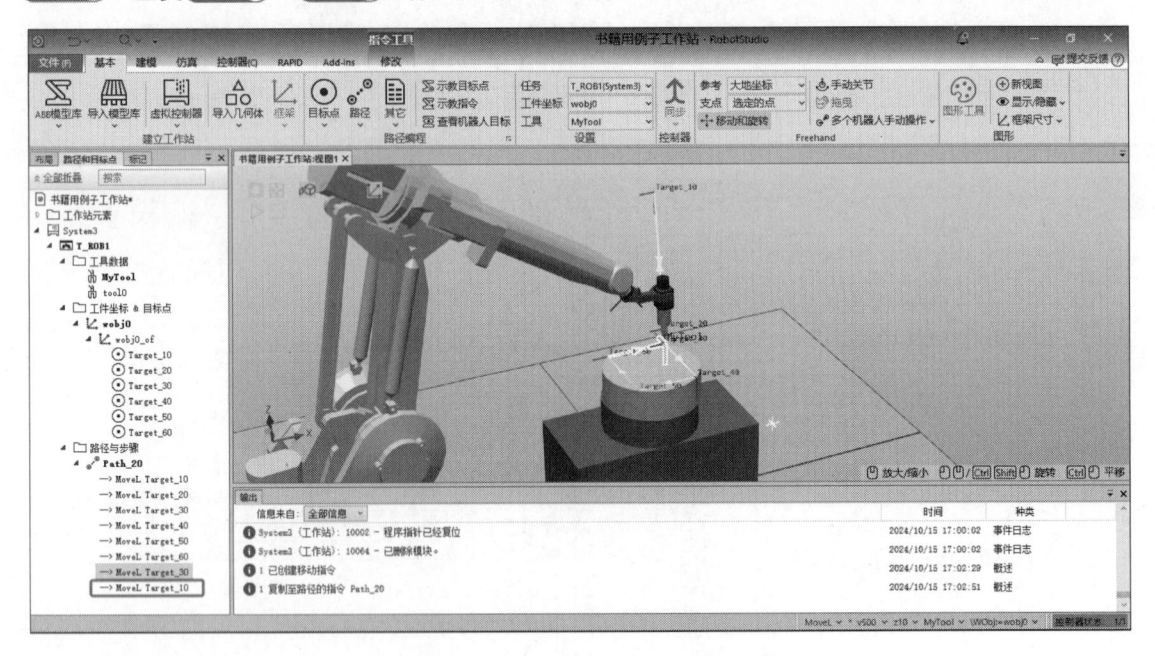

图2.85　粘贴P10作为原点回归

步骤⑲ 至此，机器人工具的基本路径已规划完成，如图2.86所示。

备注：用户按照上述步骤操作完成后，可以看到路径并不是工件外形路径，可以使用MoveC指令完成路径修改。

第 2 章 构建工业机器人工作站

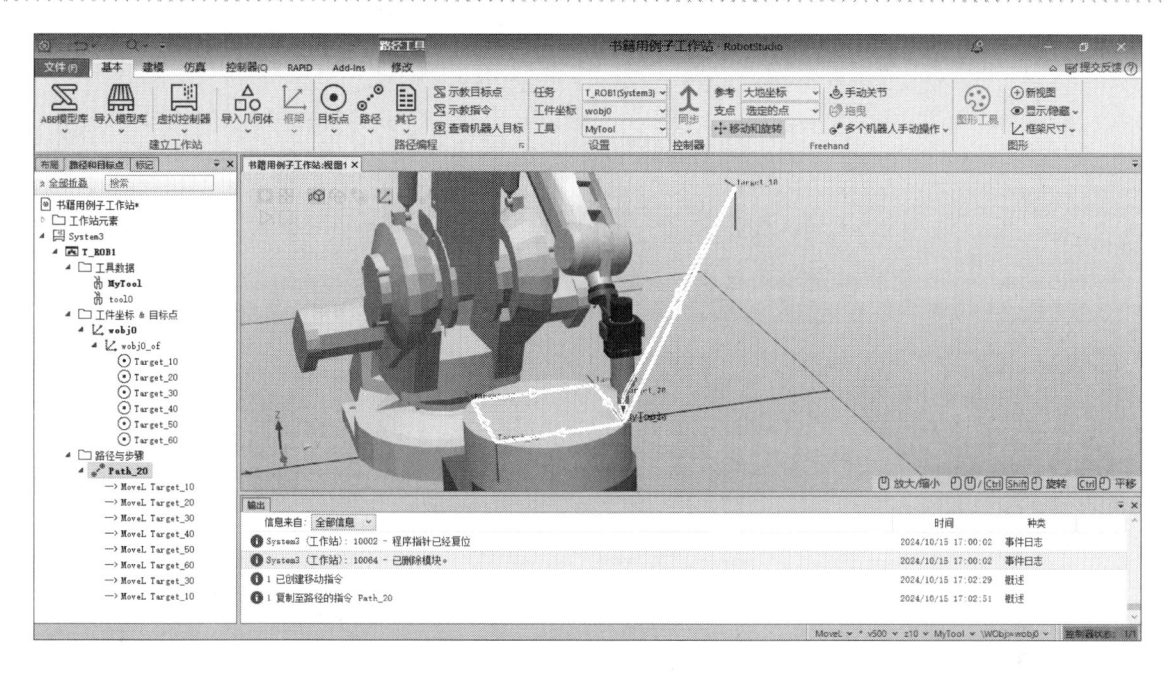

图2.86 基本路径已规划完成

步骤 20 在"路径与步骤"中按住Ctrl键，使用鼠标左键复选P40和P50点位后，右击，打开快捷菜单，选择"修改指令"菜单下的"转换为MoveC"选项，如图2.87所示。

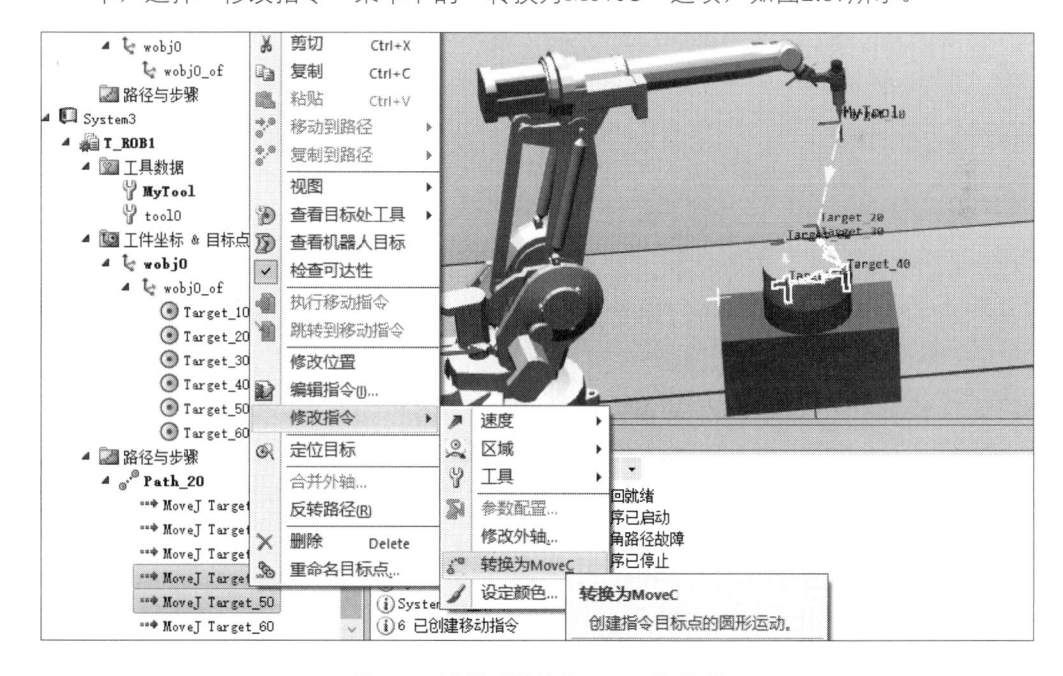

图2.87 选择"转换为MoveC"选项

备注：执行完转换功能后，用户可以在"路径与步骤"中看到MoveL指令已经转换成MoveC指令，并且在视图区内的P40～P50段的路径也相应变成了圆弧路径，如图2.88所示。注意，不能将第一个点（圆弧起点）P30作为圆弧指令的参数传入，否则将报错。

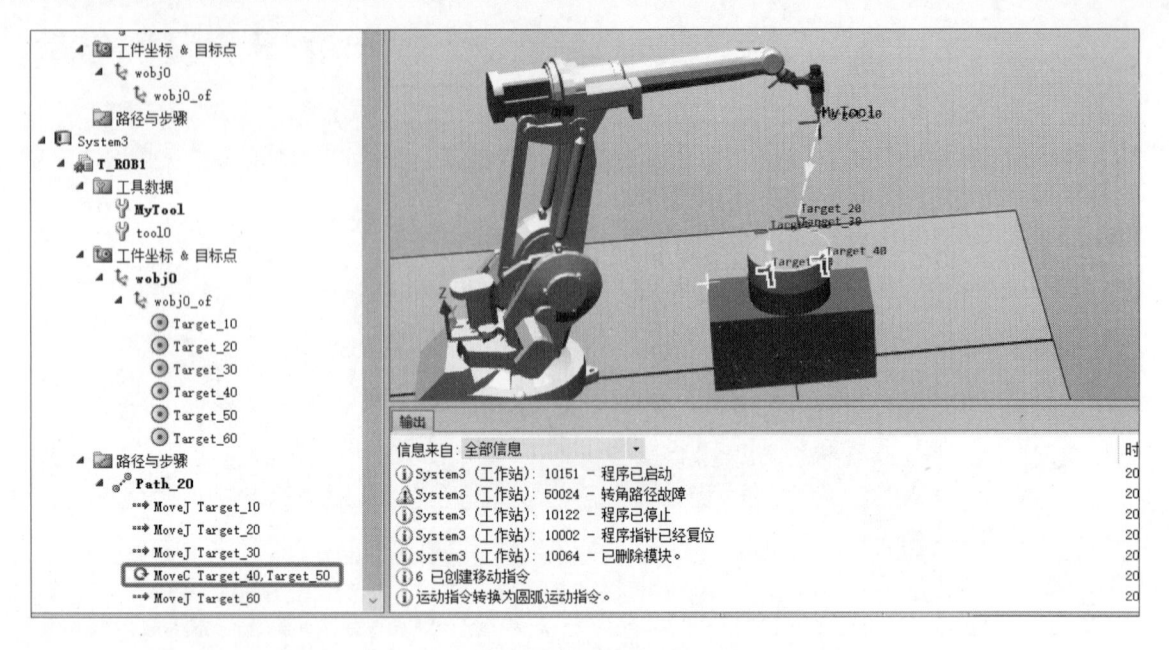

图2.88 圆弧路径完成

步骤㉑ 重复**步骤⑲**，将点位P60与起始点位P30也使用"转换为MoveC"功能将直线段转换成圆弧路径，如图2.89所示。

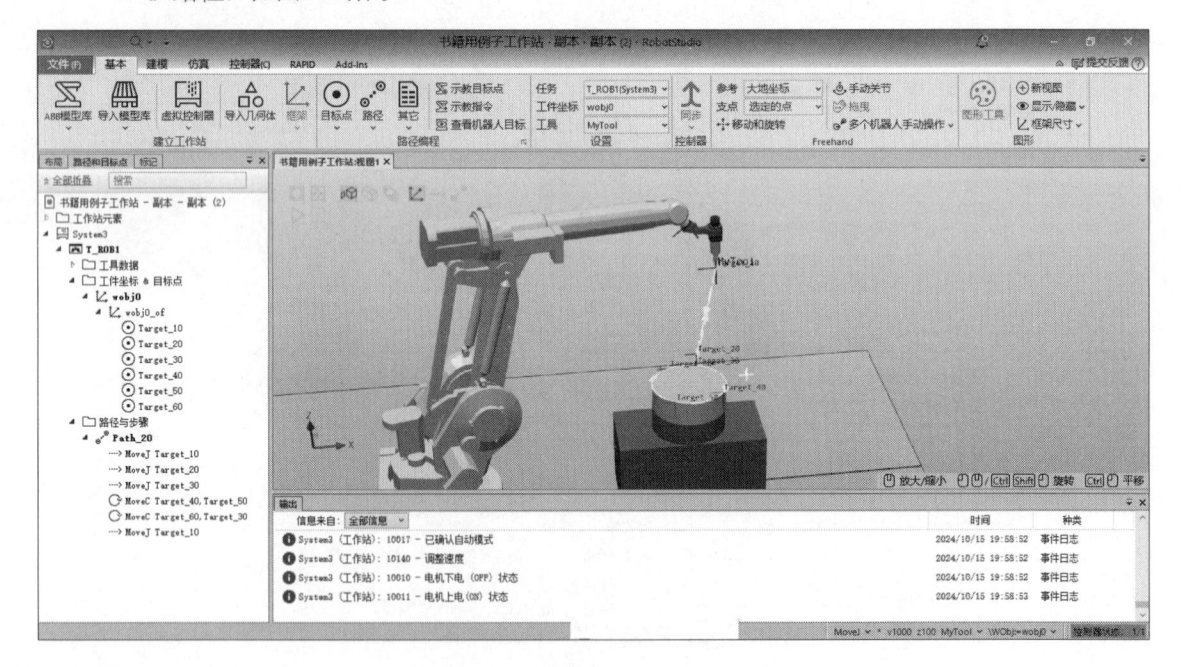

图2.89 将直线段转换为圆弧

步骤㉒ 用户在"路径和目标点"选项卡中，将鼠标放在Path_20上右击，在弹出的快捷菜单中，单击"沿着路径运动"即可查看完整的路径轨迹运动动画并进行动态检查，如图2.90所示。

第 2 章 构建工业机器人工作站

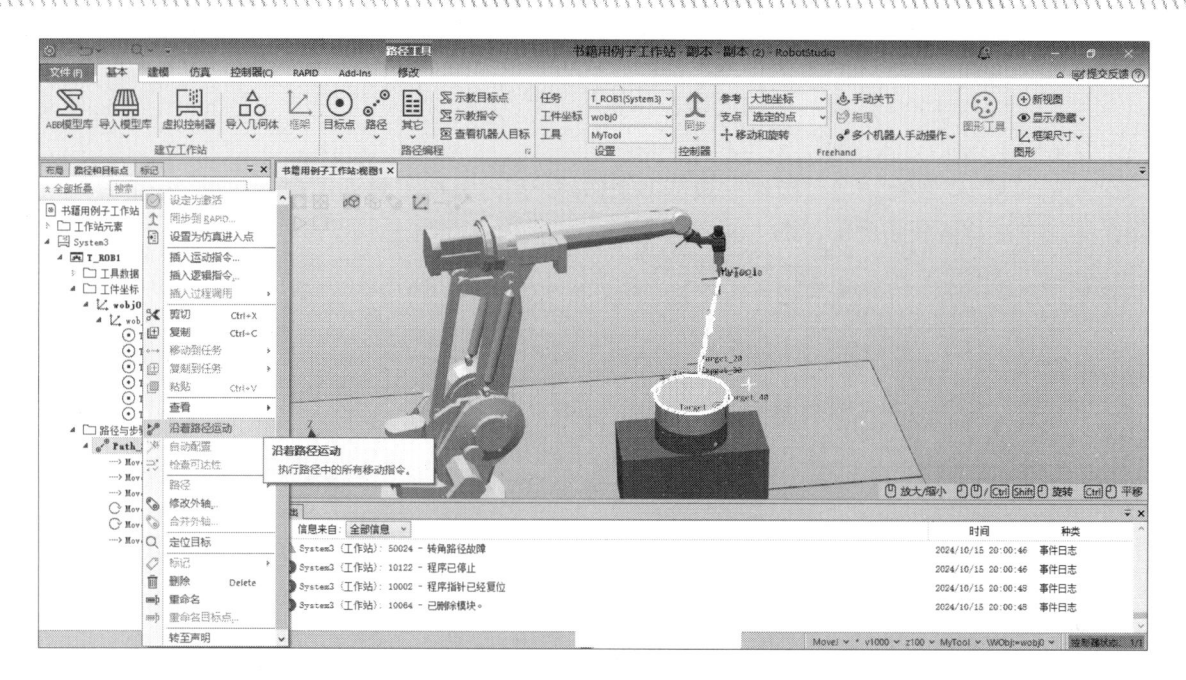

图2.90 使工具沿着路径运动

备注：用户在创建机器人轨迹指令程序时，需要特别注意以下情况：

（1）在手动状态下使用"移动或旋转"功能时，要注意观察各关节轴是否会接近极限而无法拖动，这时要适当作出姿态的调整。观察关节轴角度的方法可参考2.2.2节中精确手动的操作步骤。

（2）在示教轨迹的过程中，如果出现机器人无法到达工件的情况，适当调整工件的位置再进行示教操作。在示教的过程中，要适时调整视角，这样可以更好地观察。进行路径编程时可使用键盘上的Shift键或Ctrl键同时选中若干指令。

（3）使用MoveC指令时，工件坐标的第一个点位不允许作为该指令的参数使用，否则会报错。

2.4 仿真运行机器人并录制视频

截至目前，用户已经构建了基本的工作站，并且创建完成了机器人工具运动的规划路径。本节将继续介绍工作站和运动路径仿真以及如何生成仿真录像。

2.4.1 工作站同步设定

在RobotStudio 2024仿真软件中，为了保证虚拟控制器中的数据与工作站的数据一致，需要将虚拟控制器与工作站数据进行同步，这里将使用到软件中的同步RAPID功能。

RAPID是ABB机器人编程所使用的编程语言，可以用于对机器人进行编程控制，实现各种复杂的动作和任务。用户可以通过添加自定义函数和模块来扩展其功能并根据特定的应用需求编写自定义的函数和模块，并将其集成到RAPID程序中，提高编程效率和灵活性。

同时，RAPID也支持与其他编程语言和软件进行集成，例如C、C++、Python等，从而实现更复杂的系统集成和控制。

首先，用户需要确定已经构建完成基本工作站、创建完成工具运动规划路径。接下来将主要介绍工作站数据同步到RAPID并进行仿真设定的具体操作步骤如下。

步骤01 在"基本"功能选项卡中，单击"同步"→"同步到RAPID…"功能，如图2.91所示。

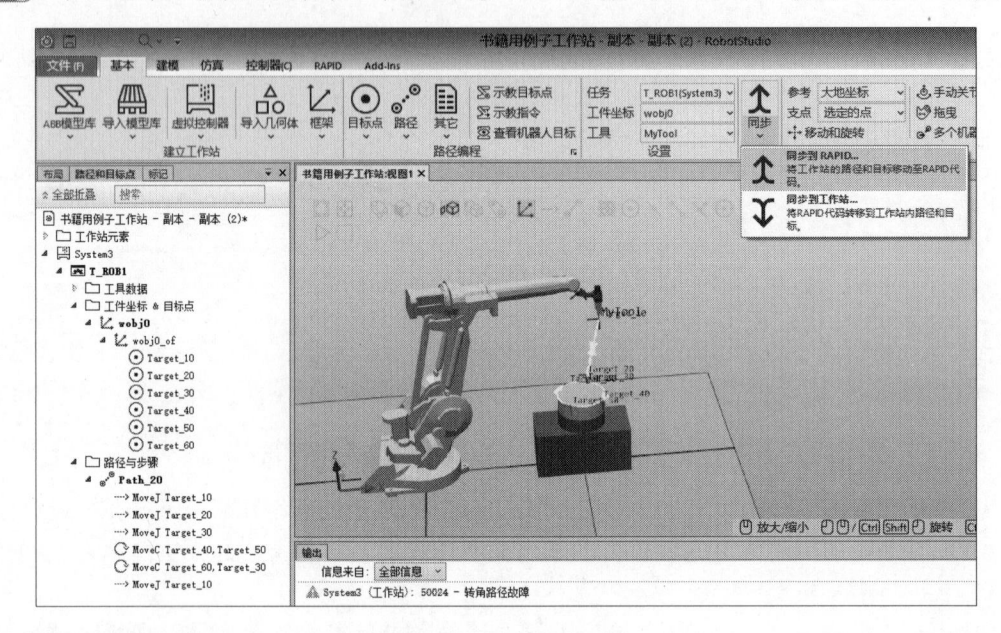

图2.91 选择同步功能

备注：若在工作站中修改了数据，则需要再次执行"同步到RAPID…"功能，否则需要执行"同步到工作站…"功能。

步骤02 在弹出的"同步到RAPID"对话框中，将"同步"下的复选框全部勾选后，单击"确定"按钮即可完成同步，如图2.92所示。

图2.92 设置同步选项

第 2 章　构建工业机器人工作站

- 步骤 03　在"仿真"功能选项卡中,单击"仿真设定"图标,如图2.93所示。
- 步骤 04　在"仿真设定"对话框中,单击"仿真对象"中的T_ROB1,然后在右侧的"T_ROB1的设置"中,选择"进入点"为先前生成的路径名称Path_20,完成设置后,单击"关闭"按钮退出仿真设定窗体,如图2.94所示。
- 步骤 05　在"仿真"功能选项卡中,单击"仿真控制"功能组中的"播放"按钮,即可在"视图"中播放机器人运动轨迹的动画,如图2.95所示。

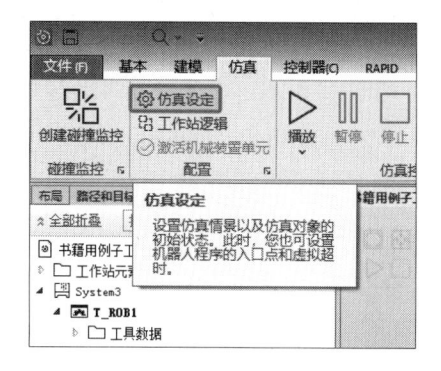

图2.93　打开"仿真设定"功能

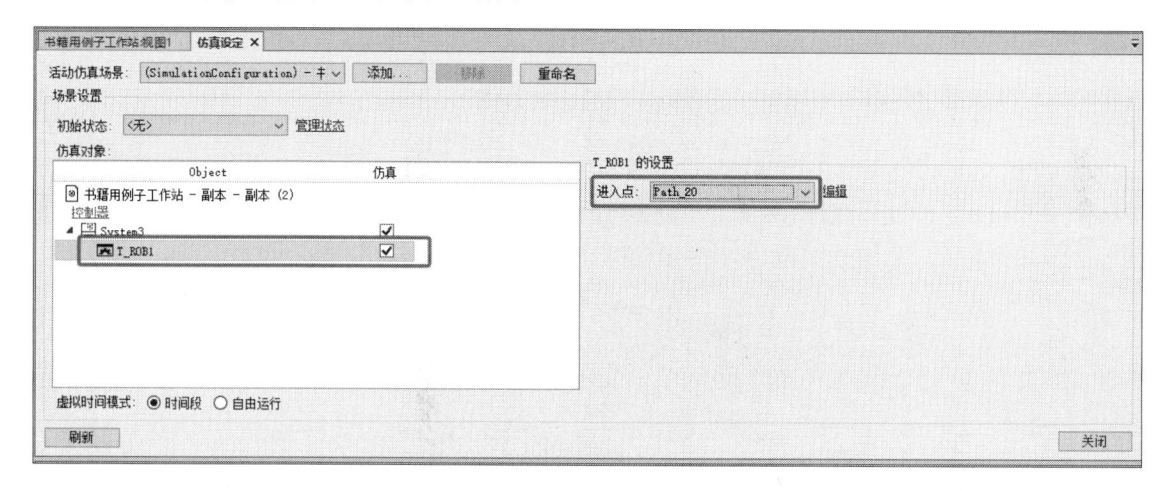

图2.94　设定仿真参数

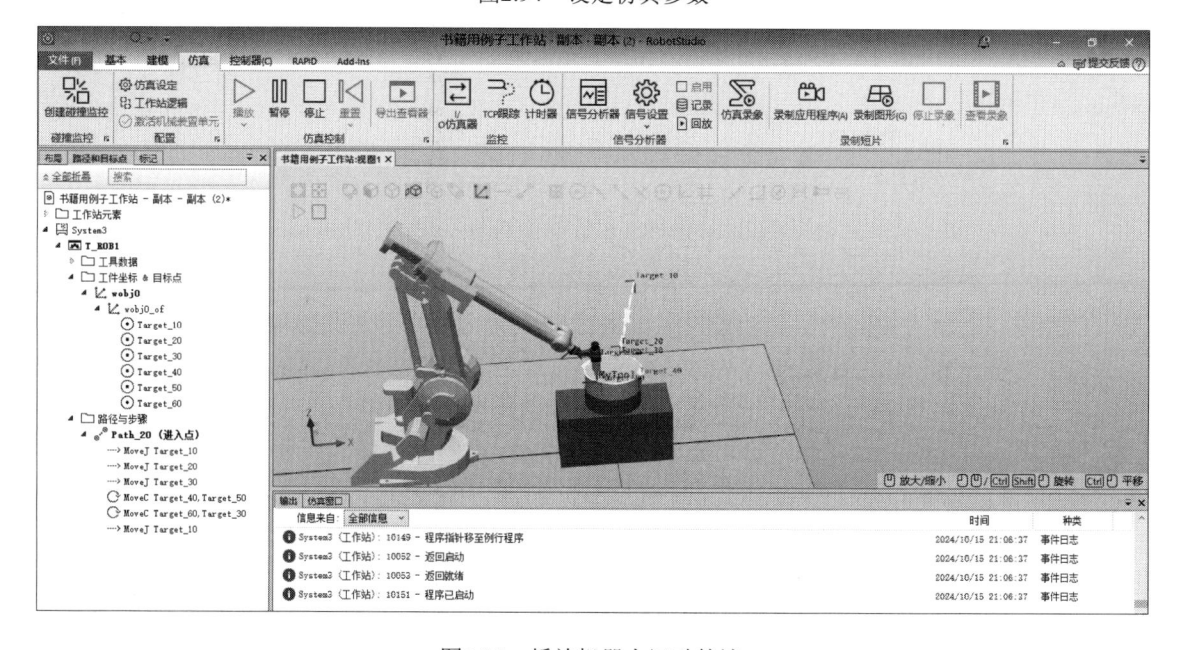

图2.95　播放机器人运动轨迹

用户通过以上5个步骤，即可完成RobotStudio 2024仿真设定及机器人工作站仿真动画的播放。

2.4.2 录制仿真视频

RobotStudio 2024提供了强大的视频录制功能，方便用户在未安装该软件的计算机上查看机器人工作站的运行情况。用户可以录制机器人运行的视频，或者录制整个软件窗口的操作过程。

1. 录制运行视频

首先，用户在"仿真"功能选项卡中，单击"录制短片"功能组的"仿真录像"按钮，如图2.96所示。

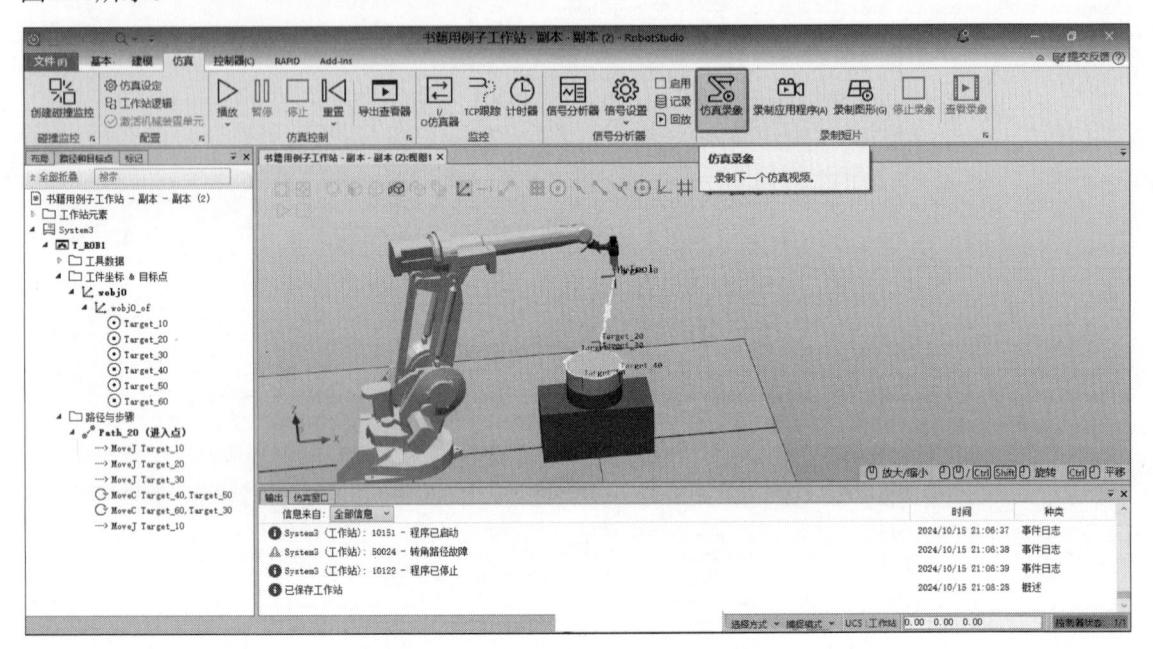

图2.96　仿真录像功能

然后，在"仿真"功能选项卡中，单击"仿真控制"功能组的"播放"按钮，在视图区域中软件会播放机器人的运动轨迹动画并在输出窗口中输出程序已启动的信息，如图2.97所示。

当"视图"中播放完毕机器人的运动轨迹，用户可以单击"停止录像"，并在"仿真"功能选项卡中单击"查看录像"，查看刚刚录制的视频，如图2.98所示。

用户单击"查看录像"功能后，会自动弹出MP4播放器或网页浏览器进行播放。如图2.99所示为通过浏览器播放视频的抓图。

RobotStudio将录制完成的视频保存在默认路径中，如果用户需要修改保存路径，则可以单击"录像设定"按钮进行修改，如图2.100所示。

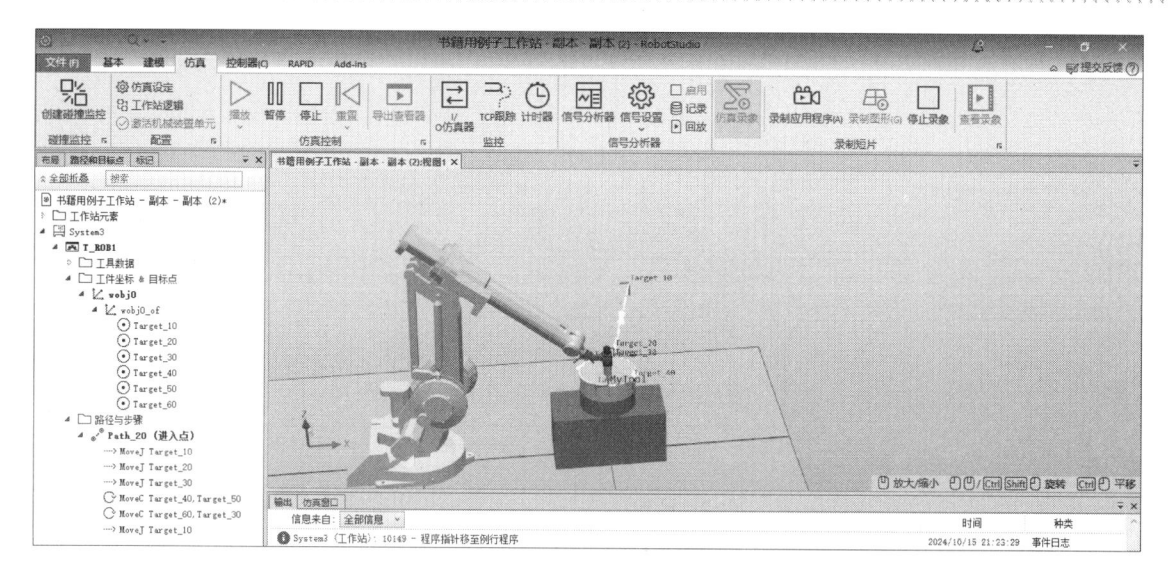

图2.97 播放机器人运动轨迹

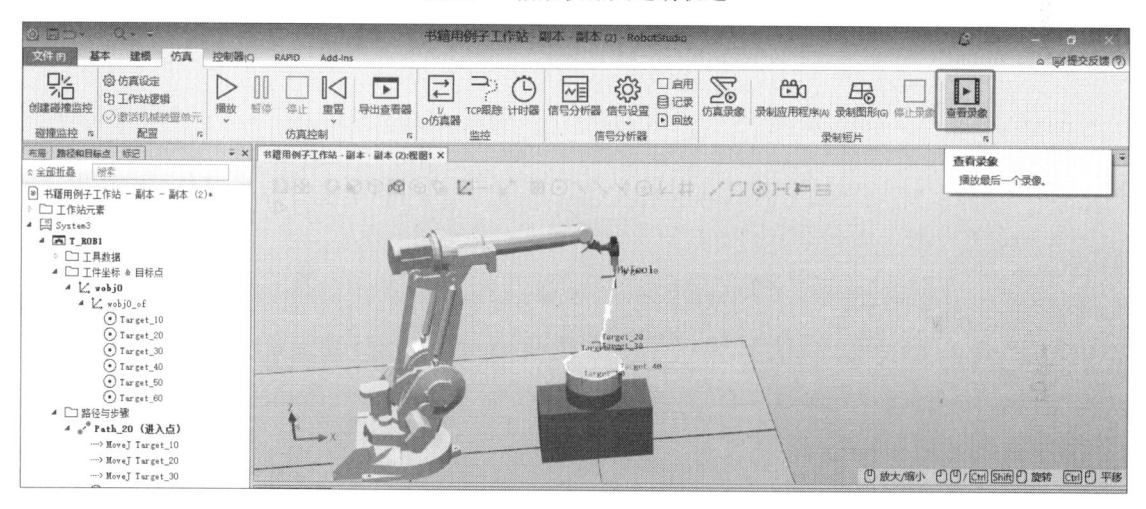

图2.98 查看录像功能

图2.99 播放录制视频界面

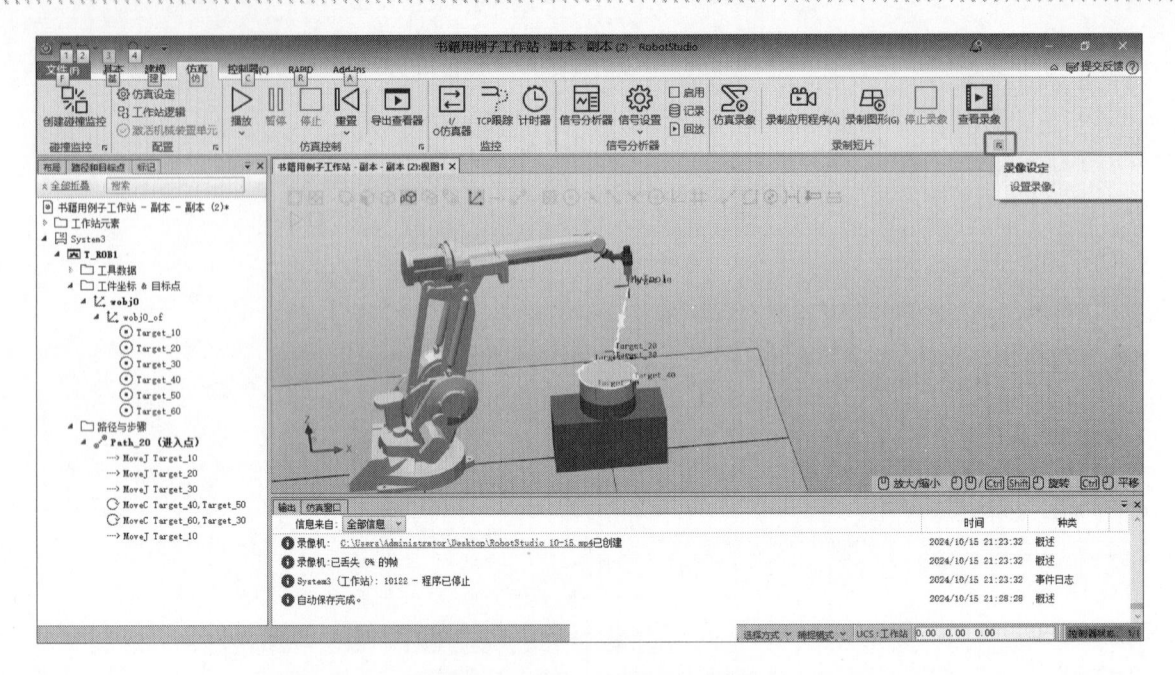

图2.100　单击"录像设定"按钮

在"选项"对话框中，可以修改录像的保存路径、格式以及分辨率等，如图2.101所示。

备注：为提高与各种版本RobotStudio的兼容性，在RobotStudio中进行任何保存的操作时，更改的保存路径和文件名称均应使用英文字符。

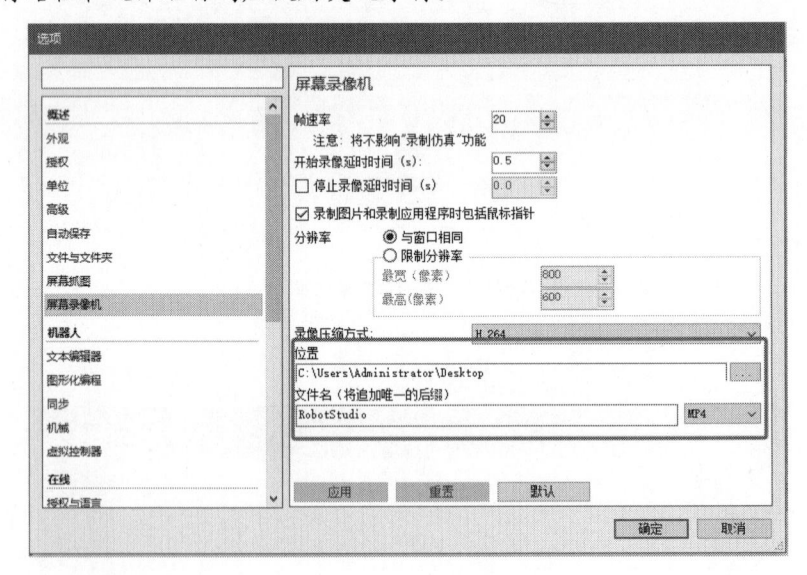

图2.101　"选项"对话框

2. 录制软件窗口操作视频

用户除了将机器人轨迹动画录制成视频外，还可以录制整个软件窗口的操作视频。首先在"仿真"功能选项卡的"录制短片"功能组中单击"录制应用程序"按钮，如图2.102所示。

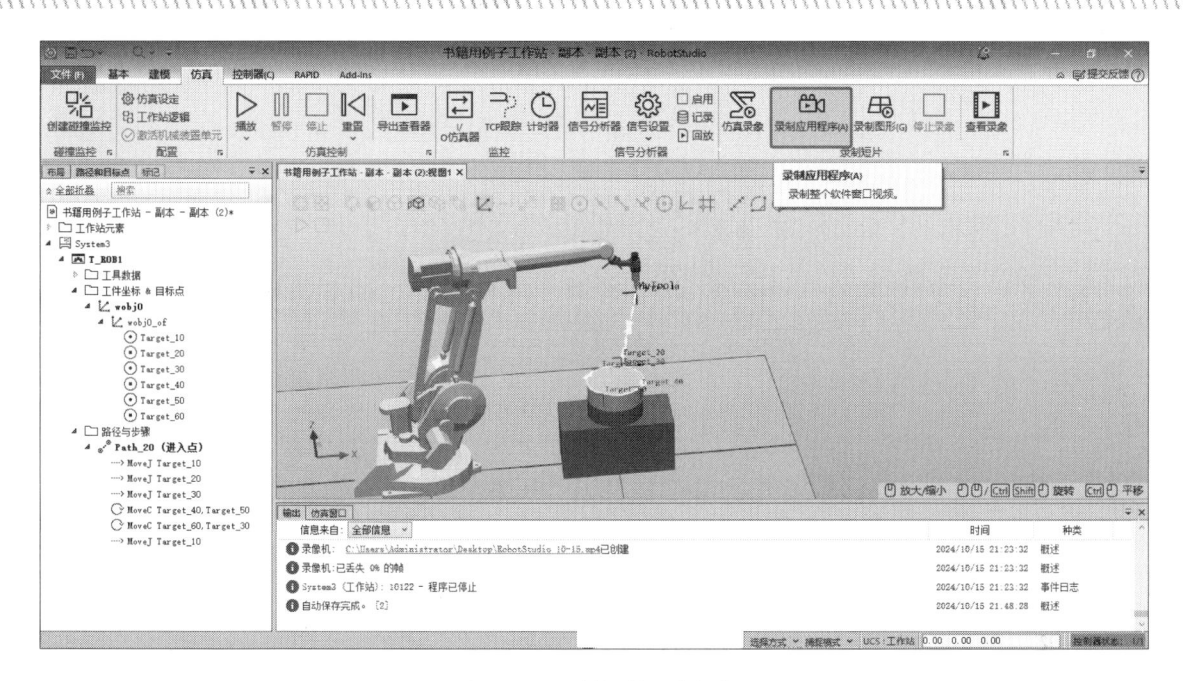

图2.102　录制软件操作视频

用户单击"录制应用程序"按钮后,可以选择播放运动轨迹或在软件中进行三维视图操作。所有软件操作都将被录制为视频。用户操作完成后,单击"停止录像"按钮。如果用户需要查看录制的软件操作视频,可以单击"查看录像"按钮,此时将弹出操作视频的播放界面,如图2.103所示。

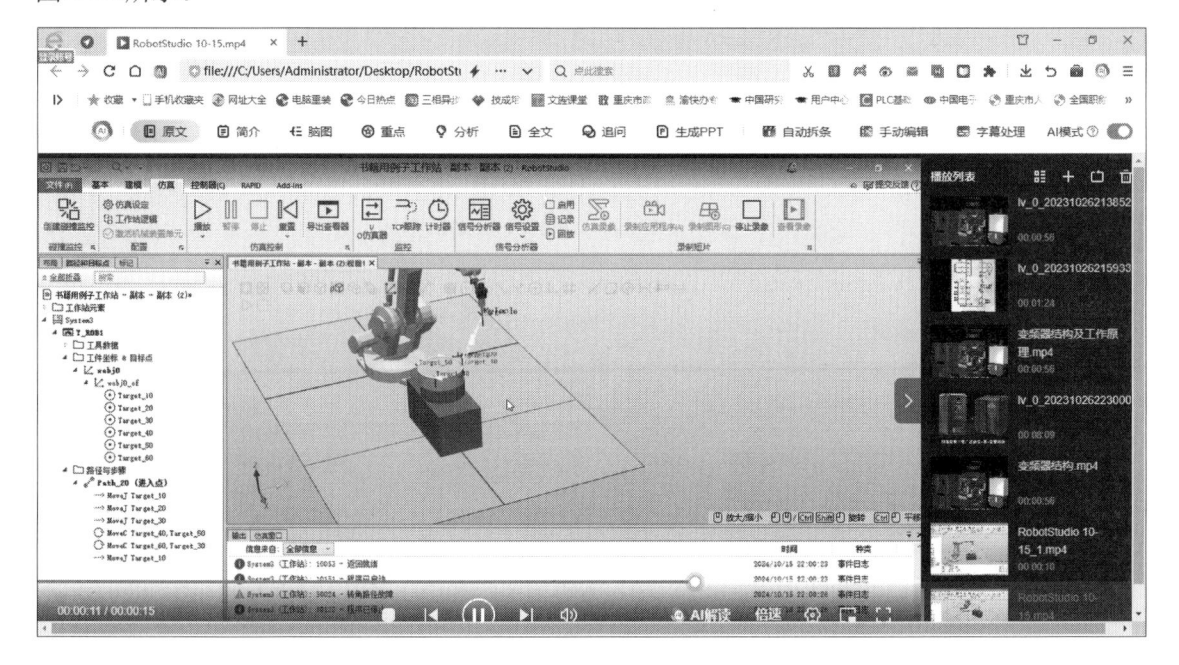

图2.103　操作视频播放界面

备注：在"录制应用程序"功能中，用户在软件界面中的所有操作，包括移动鼠标、打开菜单、使用功能按钮等，均会被录制下来。

2.5 小　　结

本章主要介绍了在RobotStudio 2024仿真软件中，创建基本工作站、布局工作站环境、建立机器人系统、机器人手动操作、工件坐标创建以及机器人运动轨迹创建等操作要点。通过具体的操作步骤，对相关知识点进行了讲解和演示，并对操作过程中容易混淆的操作顺序及难点进行了重点介绍。

第 3 章 工作站对象建模实践

导言

在RobotStudio 2024仿真软件中，为用户提供了基本建模功能。如果用户对机器人周边模型精度要求不高，可以使用等同实际模型大小的基本模型进行代替，从而节约仿真验证的时间，如图3.1所示。

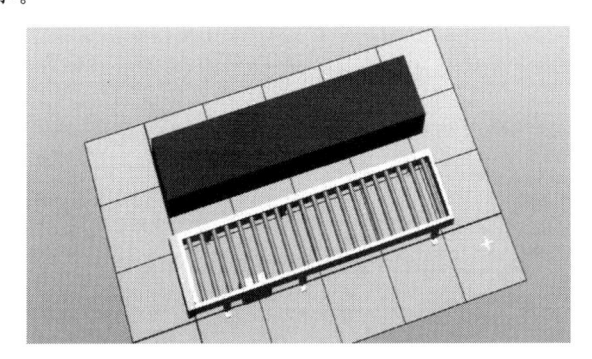

图3.1 使用长方体替代实际模型

如果用户需要精准细致的模型，则可以通过第三方建模软件进行建模后，以*.sat、*.igs等格式导入RobotStudio中完成机器人工作站建模和布局。

通过本章的学习，读者能够了解RobotStudio 2024的基本建模功能，熟练使用测量工具，并掌握自行创建机械装置及自定义工具对象等相关操作。

本章主要涉及的知识点有：

- 使用建模功能创建 3D 模型
- 3D 模型的相关配置
- 测量模型各类尺寸
- 创建机械装置
- 创建工具

3.1 基本建模功能

RobotStudio 2024为用户提供了基本模型创建以及与CAD操作相关的功能选项。本节为了使用户快速了解RobotStudio的建模功能，将重点介绍在RobotStudio 2024仿真软件中如何创建操作台的3D模型、模型相关的操作及其保存和调用。

3.1.1　创建操作台 3D 模型

本小节主要以操作台模型为例，对如何在RobotStudio 2024仿真软件中创建3D模型进行操作说明。首先对操作台模型组成对象进行说明：使用一个圆柱体代替桌腿，矩形体来代替桌面。其中，圆柱体的半径（R）为150mm、高度（H）为500mm。矩形体的长度（L）为500mm、宽度（W）为500mm、高度（H）为10mm。

用户定义好操作台各组成对象的尺寸后，在RobotStudio中的具体创建步骤如下。

步骤01 在计算机桌面上，双击快捷键图标，启动RobotStudio 2024软件，如图3.2所示。

图3.2　启动RobotStudio 2024

步骤02 单击"新建"→"工作站"后，单击"创建"按钮创建工作站，如图3.3所示。

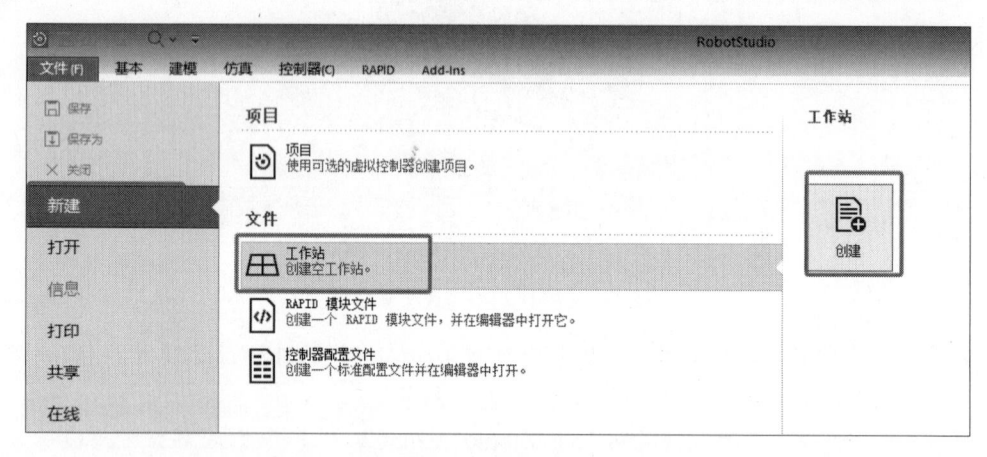

图3.3　创建工作站

步骤03 用户在"建模"功能选项卡中，单击"创建"功能组的"固体"下拉菜单，然后选择"圆柱体"，如图3.4所示。

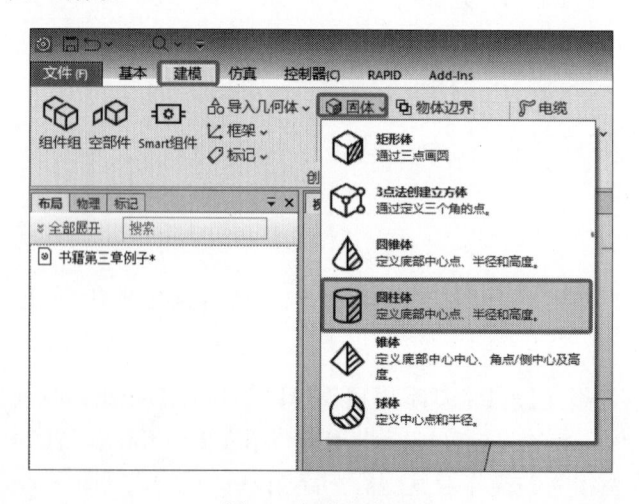

图3.4　创建圆柱体

步骤 04 在弹出的"创建圆柱体"对话框中,"参考"选择"大地坐标","基座中心点"指圆柱体的底圆心在大地坐标下的位置,"半径"输入150,"高度"输入500后,单击"创建"按钮,即可完成圆柱体的创建,如图3.5所示。用户在"视图"区域中,可实时看到创建的圆柱体。

备注:圆柱体底圆圆心的位置坐标即为大地坐标的原点,如图3.6所示。

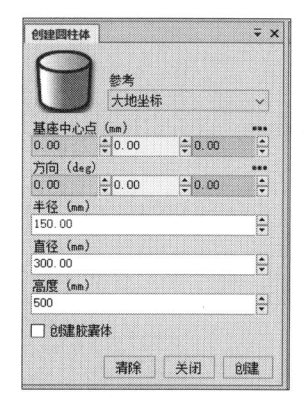

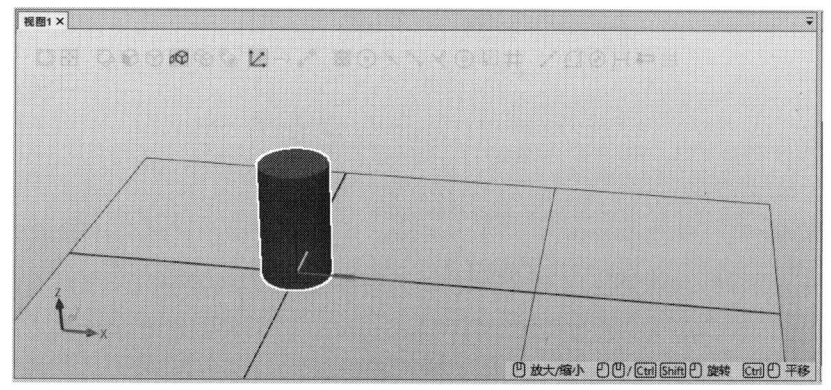

图3.5 设置圆柱体参数　　　图3.6 圆柱体底圆圆心的位置坐标为大地坐标的原点

步骤 05 在"建模"功能选项卡中,单击"创建"功能组的"固体"下拉菜单,选择"矩形体",如图3.7所示。

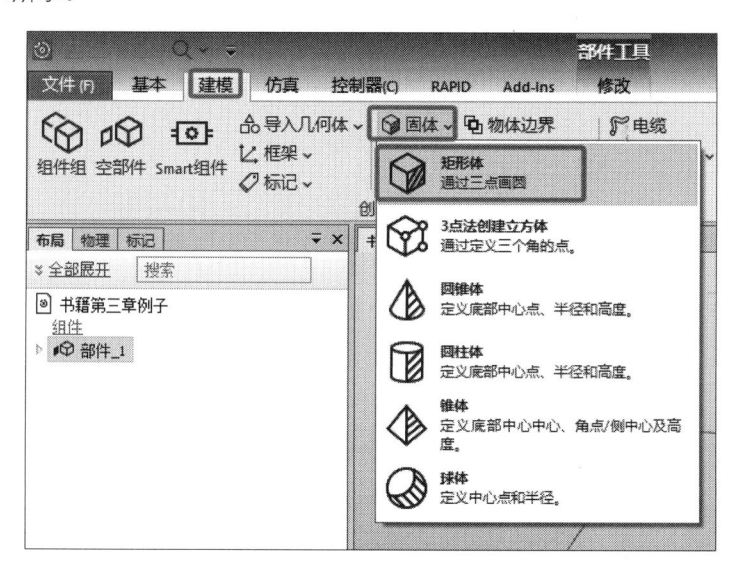

图3.7 创建矩形体

步骤 06 在弹出的"创建方体"对话框中,"参考"选择"大地坐标","角点"指所创建的方体顶点在大地坐标下的位置,默认为原点,"长度"输入500,"宽度"输入500,"高度"输入10后,单击"创建"按钮,即可完成矩形体的创建,如图3.8所示。

步骤 07 通过上述步骤,圆柱体和矩形体都已经创建完成,如图3.9所示。

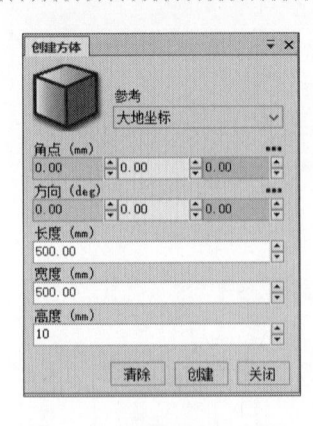

图3.8 设置矩形体参数　　　　　　　　图3.9 创建圆柱体和矩形体完成

备注：

（1）矩形体的角点位置在大地坐标系的原点坐标位置。

（2）注意观察软件视图区内创建完成的圆柱体和矩形体的位置，比较"创建圆柱体"中的"基座中心点"和"创建方体"中的"角点"，两个对象的基点坐标都是同一坐标，掌握这一点对今后快速准确地创建3D模型非常有帮助。

用户在使用RobotStudio软件创建3D模型的过程中，键盘、鼠标的操作技巧如表3.1所示。

表3.1　RobotStudio创建3D模型键盘、鼠标的操作技巧

项目/鼠标形态	键盘鼠标组合	描　　述
选择项目	鼠标左键	只需单击要选择的项目即可。若要选择多个项目，则按住Ctrl键的同时单击新项目
旋转工作站	Ctrl + Shift + 鼠标左键	① 按住Ctrl + Shift键及鼠标左键的同时，拖动鼠标对工作站进行旋转。 ② 三键鼠标，可以使用中间键和右键替代键盘组合
平移工作站	Ctrl + 鼠标左键	按住Ctrl键和鼠标左键的同时，拖动鼠标对工作站进行平移
缩放工作站	Ctrl + 鼠标右键	① 按住Ctrl键和鼠标右键的同时，将鼠标拖至左侧可以缩小，将鼠标拖至右侧可以放大。 ② 三键鼠标，还可以使用中间键替代键盘组合
使用窗口缩放	Shift + 鼠标右键	按住Shift键和鼠标右键的同时，将鼠标拖过要放大的区域
使用窗口选择	Shift + 鼠标左键	按住Shift键和鼠标左键的同时，将鼠标拖过该区域，以便选择与当前选择层级匹配的所有项目

3.1.2　3D模型操作

在3.1.1节中，操作台示例的桌腿和桌面3D模型已创建完成，并且均可以在布局和视图中对创建的对象进行查看和操作。当用户使用鼠标选中"布局"中的"部件_1"时，"视图"区域中的圆柱体会呈高亮显示，说明"部件_1"为圆柱体。以同样的方法选中"部件_2"，"视

图"区域中的矩形体会高亮显示,这说明"布局"中的对象与"视图"中的对象是一一对应的,如图3.10所示。

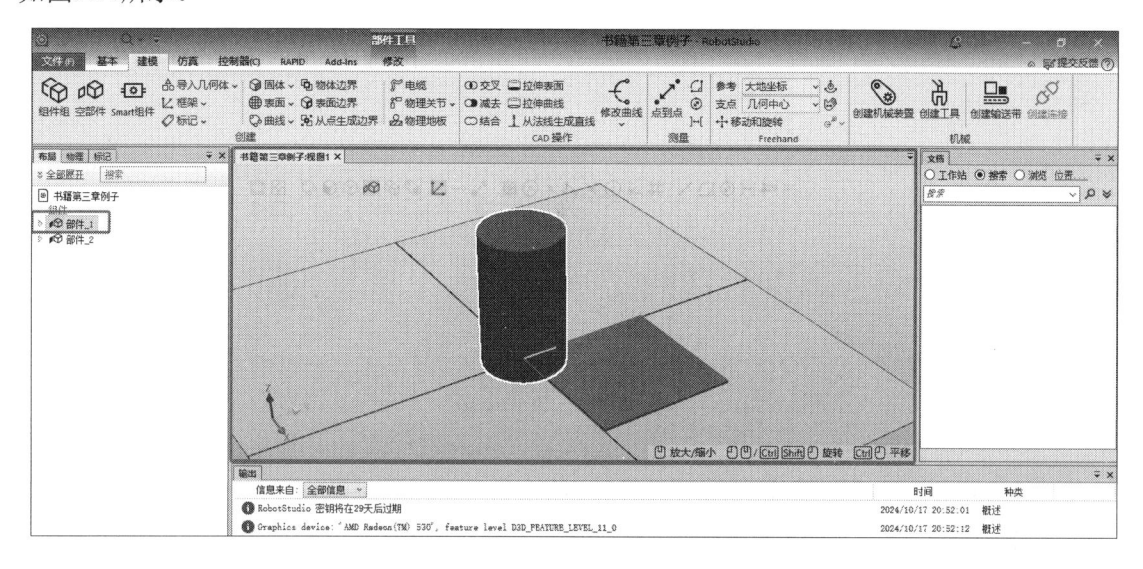

图3.10 高亮显示对象

备注:如果用户需要将"部件_1"和"部件_2"组合创建的3D模型用于其他项目或者增强模型的可移植性,建议将两个部件名称修改为组成对象名称"桌腿"和"桌面"。用户单击选中对象后,再次单击即可将所选中的对象名称变为编辑状态,如图3.11所示。

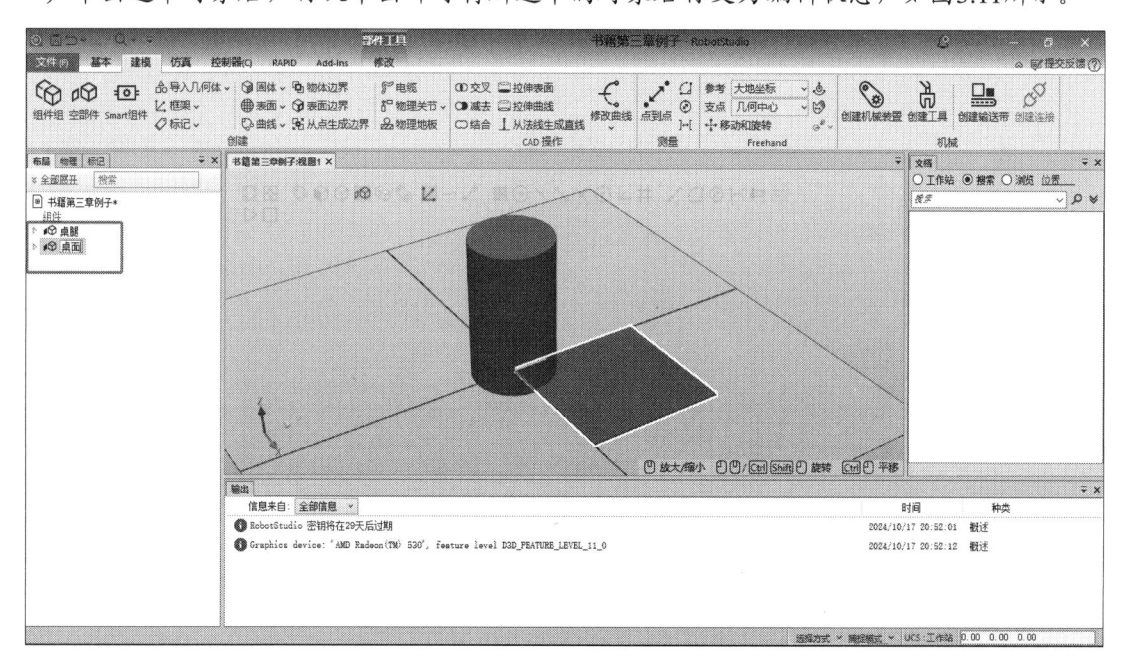

图3.11 修改模型组成对象名称

接下来,用户即可将创建好的矩形体桌面放置到圆柱体桌腿上,组合成操作台模型。具体的操作步骤如下。

步骤01 在"布局"管理器中右击"桌面"组件对象，或者在视图区域右击桌面物体对象，然后在弹出的快捷菜单中，依次选择"位置"→"放置"→"一个点"，如图3.12和图3.13所示。

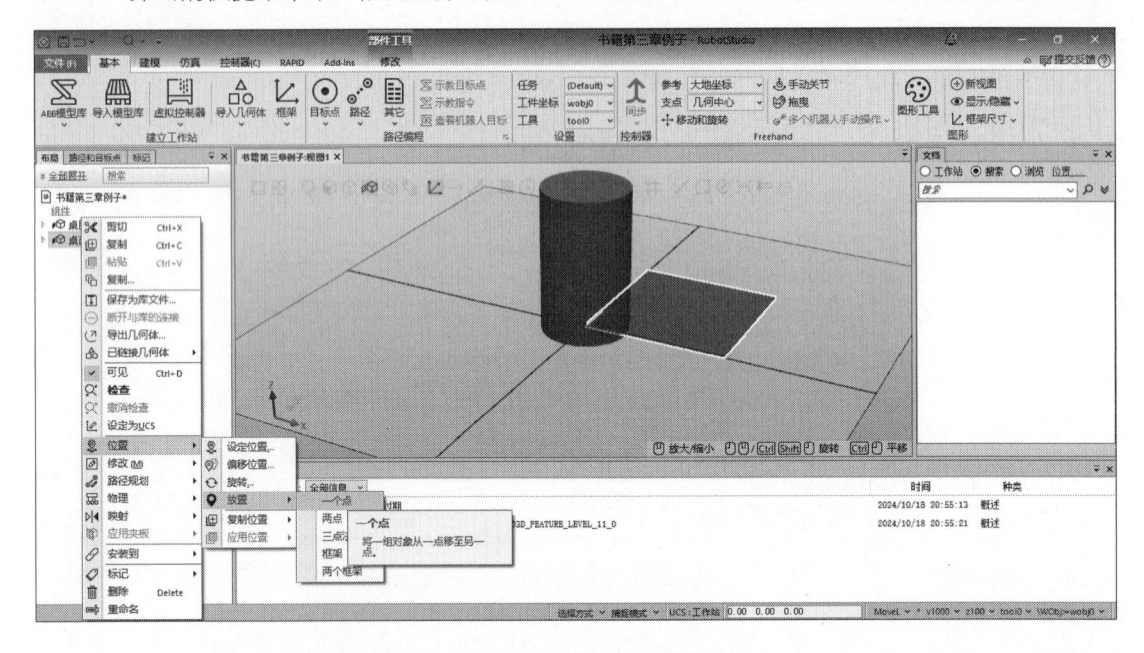

图3.12　在"布局"管理器中选择

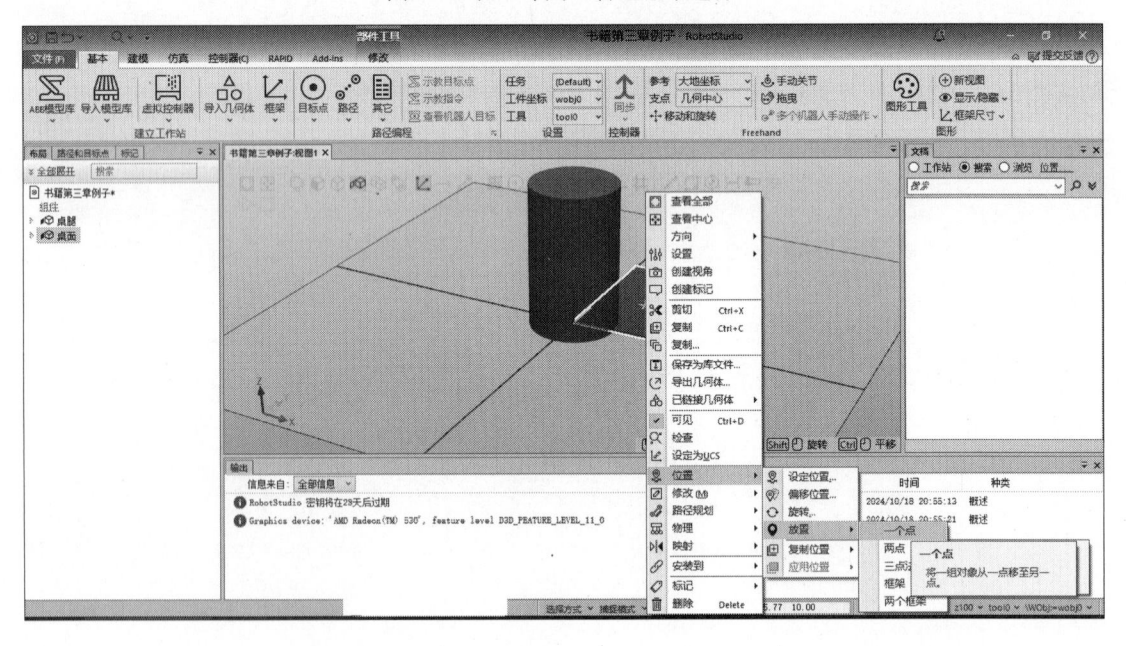

图3.13　在视图区域右击选择

步骤02 用户为了能够准确捕捉到组件对象的坐标，在视图区内分别选择"桌面"和"桌腿"，然后选择"捕捉中心"，如图3.14所示。

步骤03 在"布局"中选中"桌面"对象，右击，在弹出的快捷菜单中依次选择"位置"→"放置"→"一个点"，将出现"放置对象：桌面"对话框，如图3.15所示。

第 3 章 工作站对象建模实践

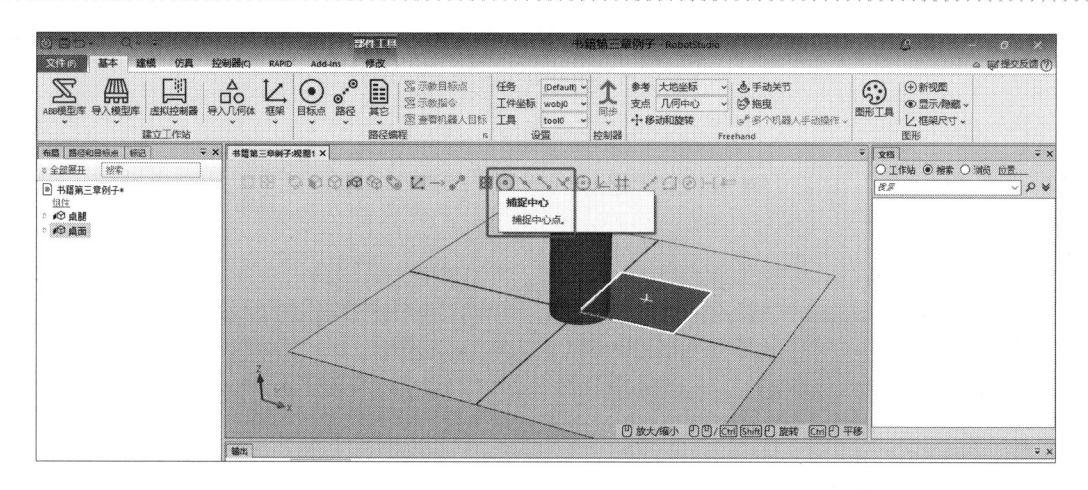

图3.14 选择"捕捉中心"

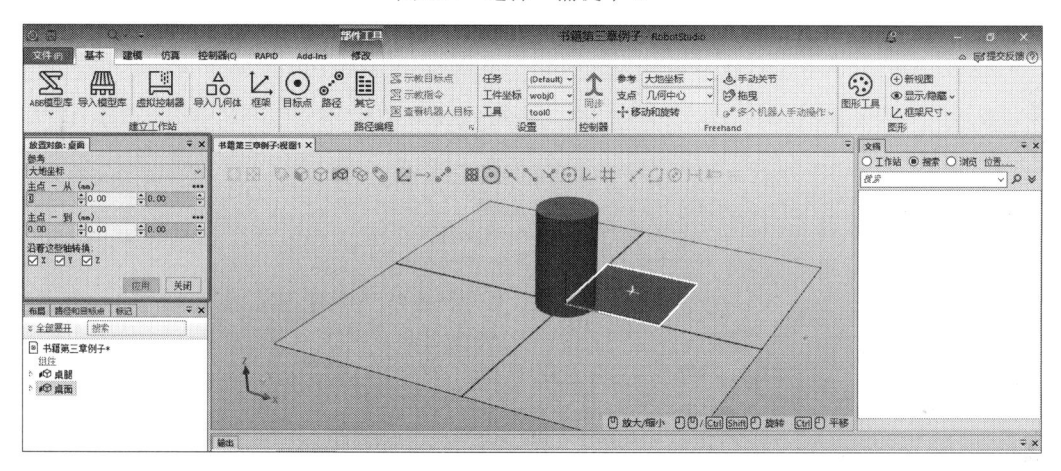

图3.15 "放置对象：桌面"对话框

步骤 04 在"视图"区域按顺序分别单击第一点和第二点，"主点－从"和"主点－到"的坐标值已经自动拾取，单击"应用"按钮完成操作台模型组合，如图3.16所示。

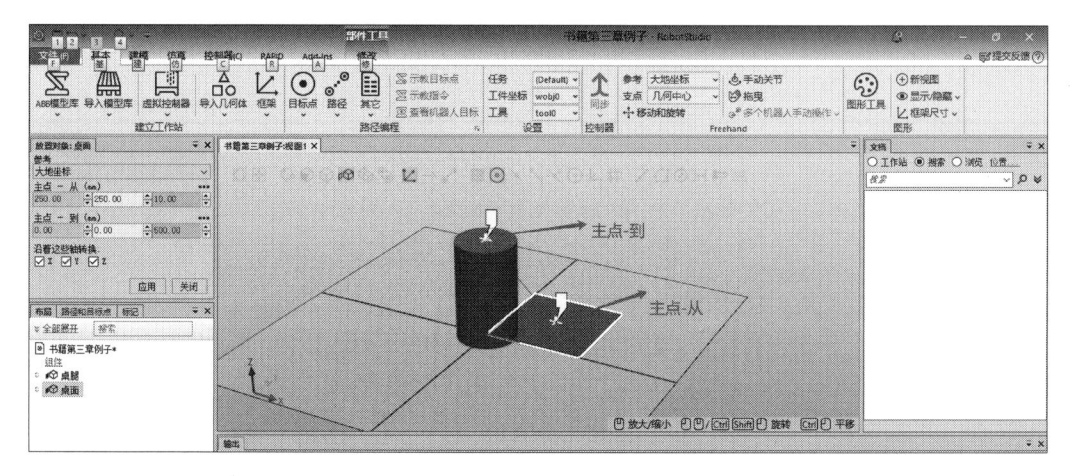

图3.16 拾取点坐标值

步骤05 "桌面"对象已放置到"桌腿"对象上组合成操作台模型,如图3.17所示。

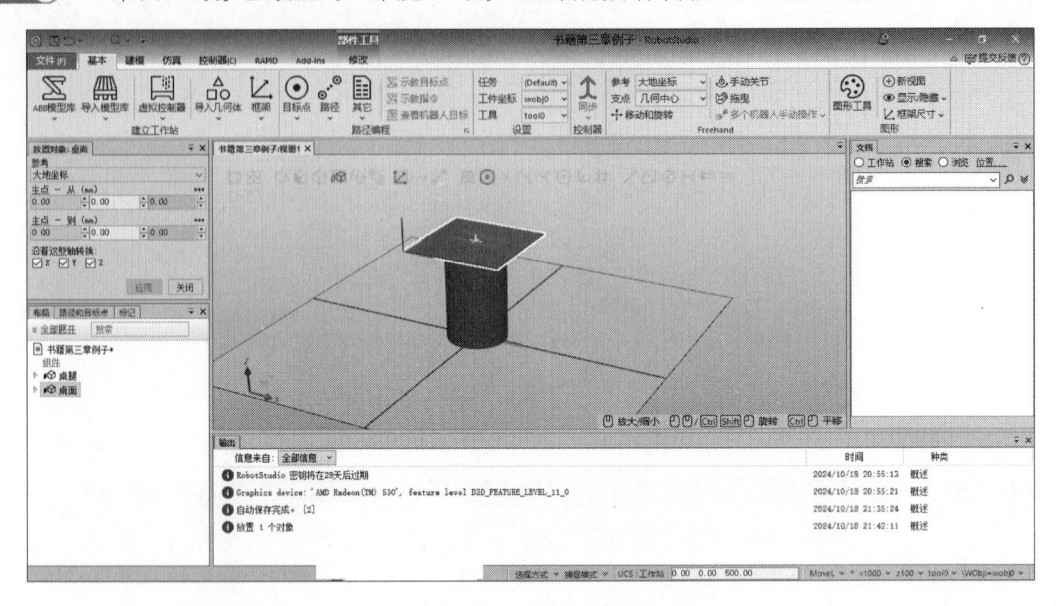

图3.17 组合操作台模型

经过以上操作步骤,用户已经完成操作台3D模型的创建。为了使操作台模型更为真实,可以为模型设置材料属性以及纹理等操作,具体操作步骤如下。

步骤01 在"布局"管理器中右击"桌面"对象,在弹出的快捷菜单中单击"修改"中的"图形显示…"选项,如图3.18所示。

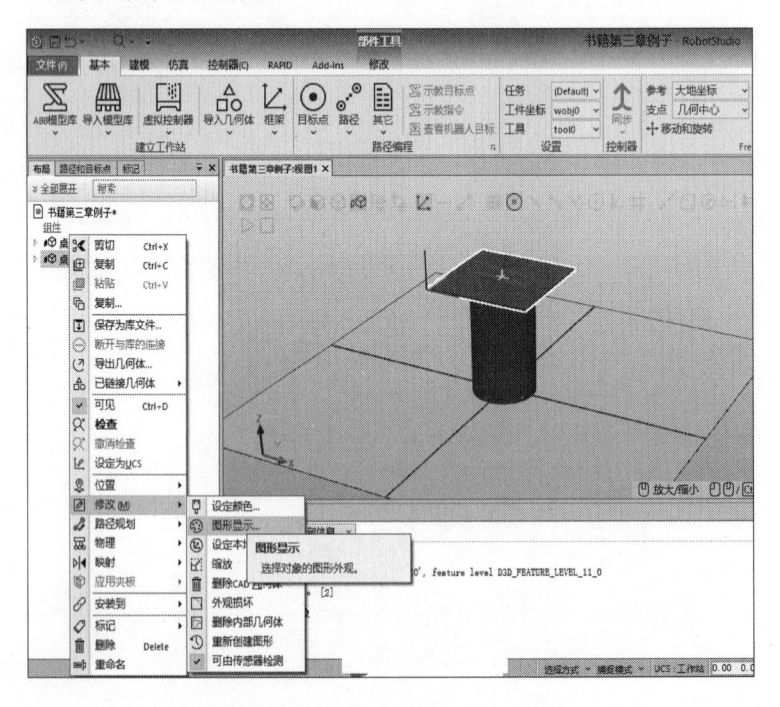

图3.18 选择"图形显示…"选项

步骤 02　在弹出的"图形外观－桌面"对话框中,单击"材料"选项卡下的"应用材料"按钮,即可展开应用材料的材料名称及其属性等,如图3.19所示。

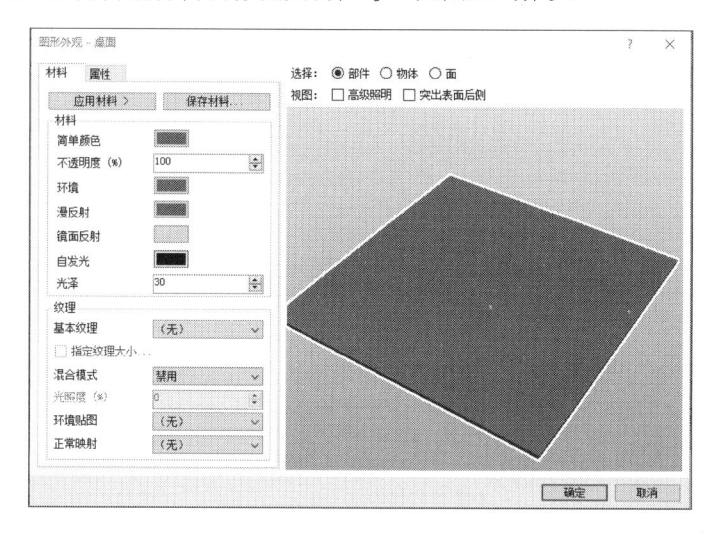

图3.19　"图形外观－桌面"对话框

备注:在"图形外观－桌面"对话框中,用户可以根据需要进行材料其他属性、纹理、环境贴图等3D模型的设置。

步骤 03　在"图形外观－桌面"对话框中,单击"材料"选项卡中的"应用材料"按钮,选择"金属"标签组中的"青铜",然后单击"确定"按钮,设置完成后返回主界面,如图3.20所示。

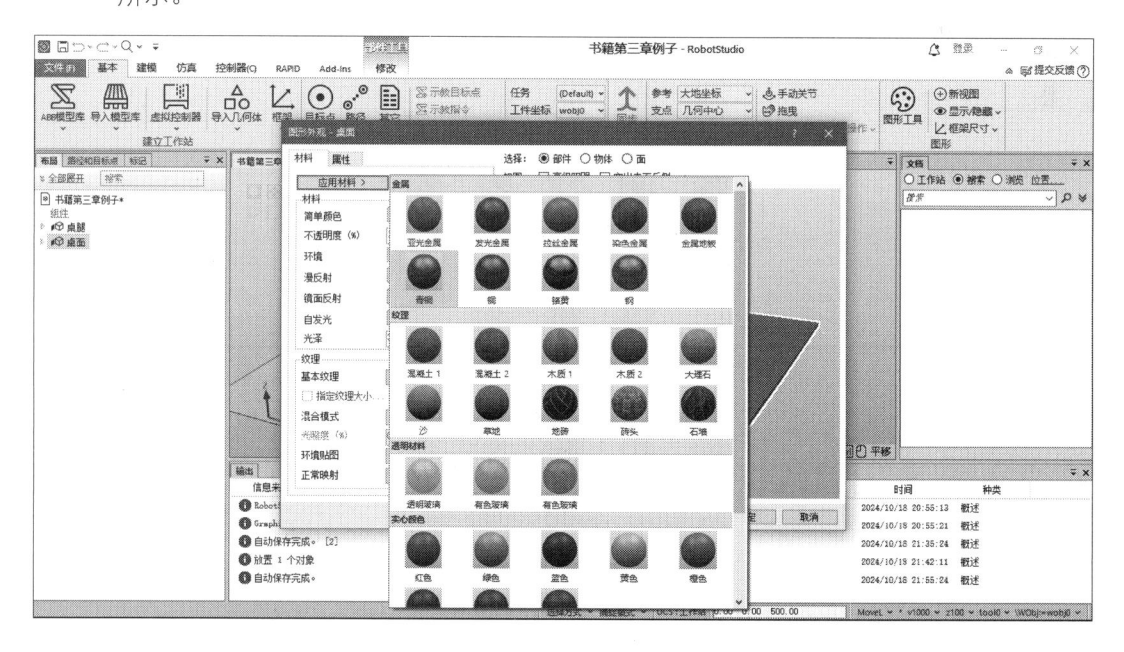

图3.20　设置材料属性参数

步骤 04　青铜材质的桌面已设置完成,如图3.21所示。接下来通过上述步骤对桌腿设置材料属性。

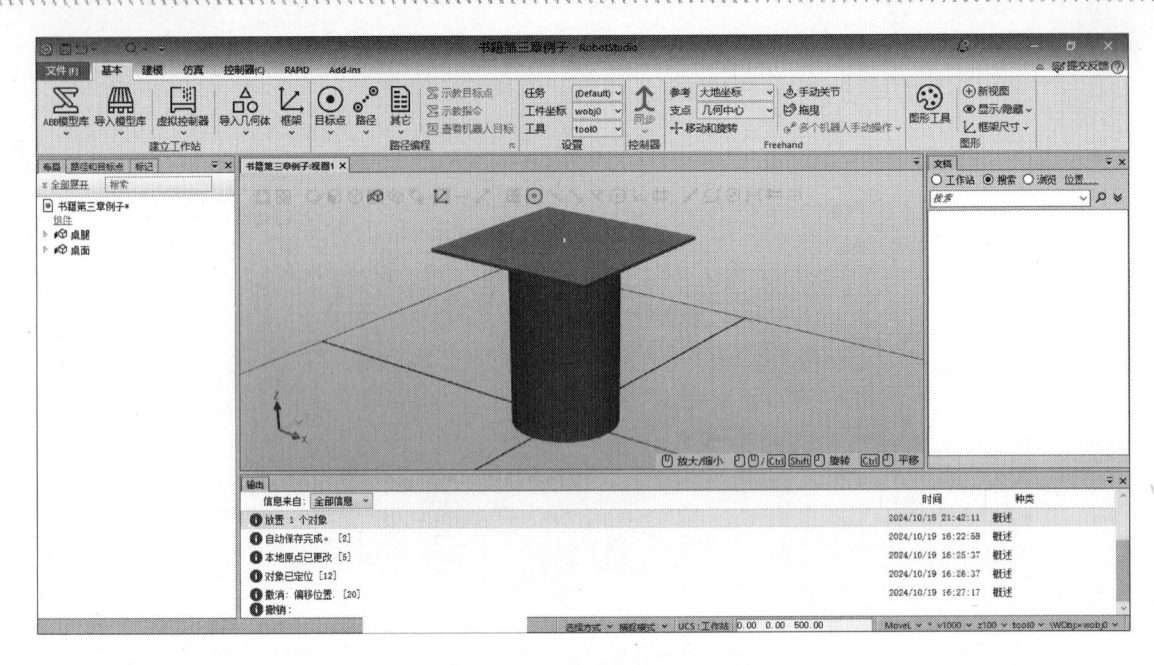

图3.21 青铜材质桌面设置完成

步骤05 将桌腿的纹理选择为"砖头",如图3.22所示。

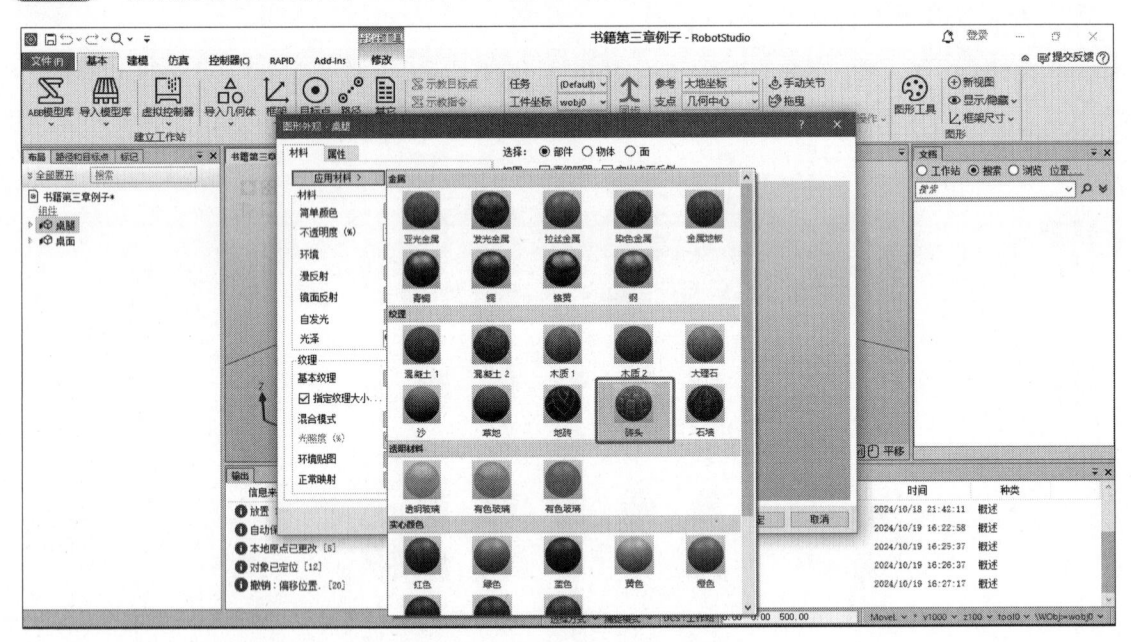

图3.22 选择桌腿的纹理

备注:为了方便用户直观查看,这里将纹理设置为"砖头"。

步骤06 桌腿材料属性选择完成后,用户可以在"图形外观-桌腿"对话框中进行预览,同样可以使用快捷键查看3D视图操作,完成后可以单击"确定"按钮返回主界面,如图3.23所示。

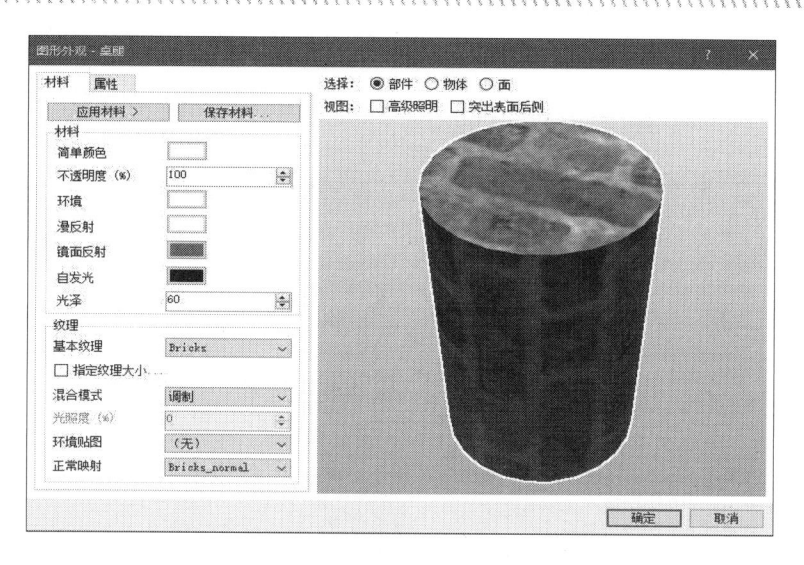

图3.23　预览设置效果

步骤 07　截至当前，已经完成了青铜桌面、砖头桌腿的操作台模型创建，如图3.24所示。

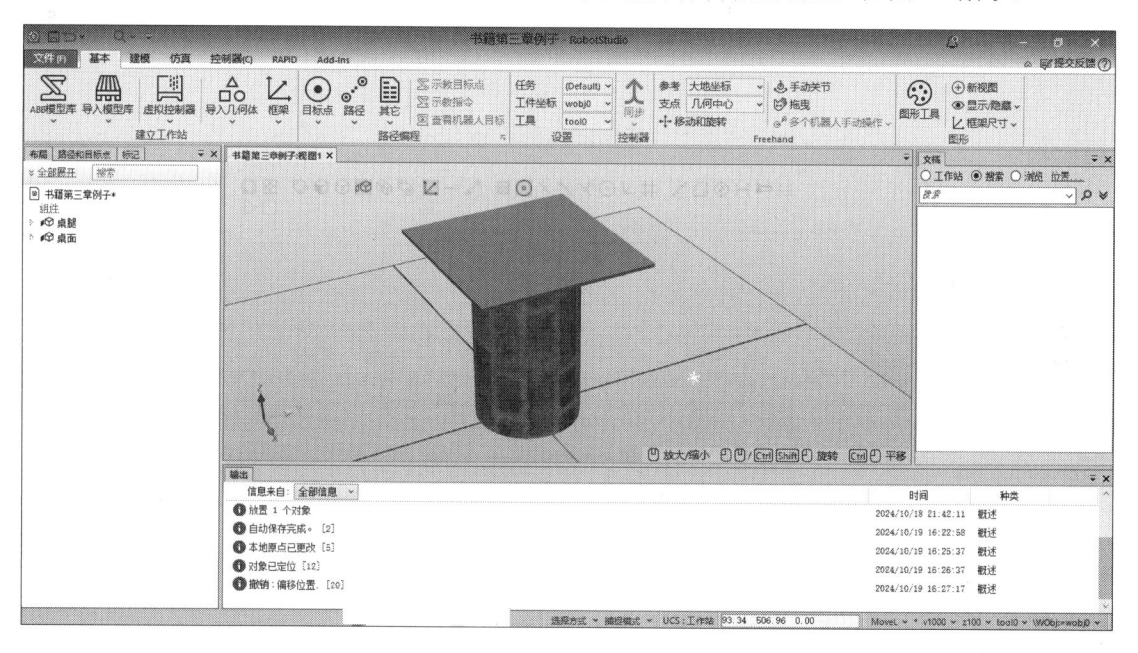

图3.24　设置完成的操作台模型

备注：以上材料、纹理设置主要是为了使用户能够直观地看到操作后的效果，在实际应用中，用户可以根据需要按照以上操作步骤设置材料的相关属性。

3.1.3　3D 模型的组合、保存和调用

在3.1.2节中，主要向用户介绍了操作台3D模型的组建操作步骤。本小节主要讲述创建好的3D模型如何进行组合、保存和调用。

首先，用户需要将3.1.2节中创建的3D模型"桌面"和"桌腿"进行组合，成为一个操作台模型整体。在RobotStudio软件中，打开"建模"功能选项卡，在"CAD操作"功能组中选择"结合"功能指令，打开"结合"对话框，如图3.25所示。

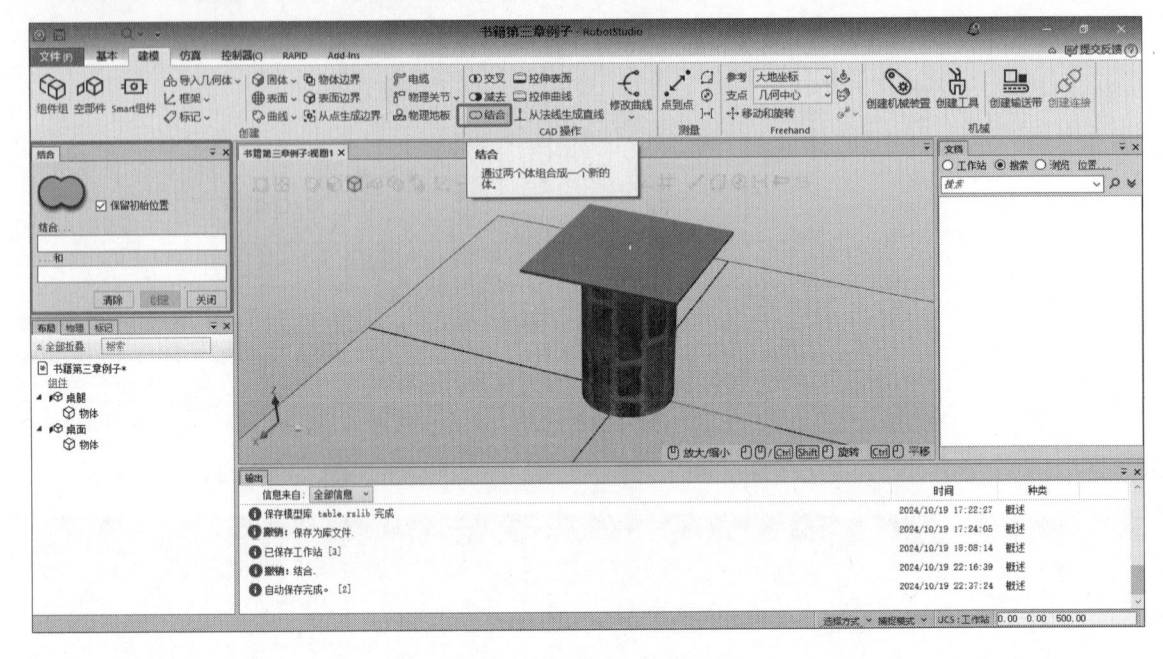

图3.25 模型组合功能

在"结合"对话框中，单击第一个编辑框后，再在视图区中选中桌面对象，然后使用同样的操作在第二个编辑框中选择桌腿对象，如图3.26所示。

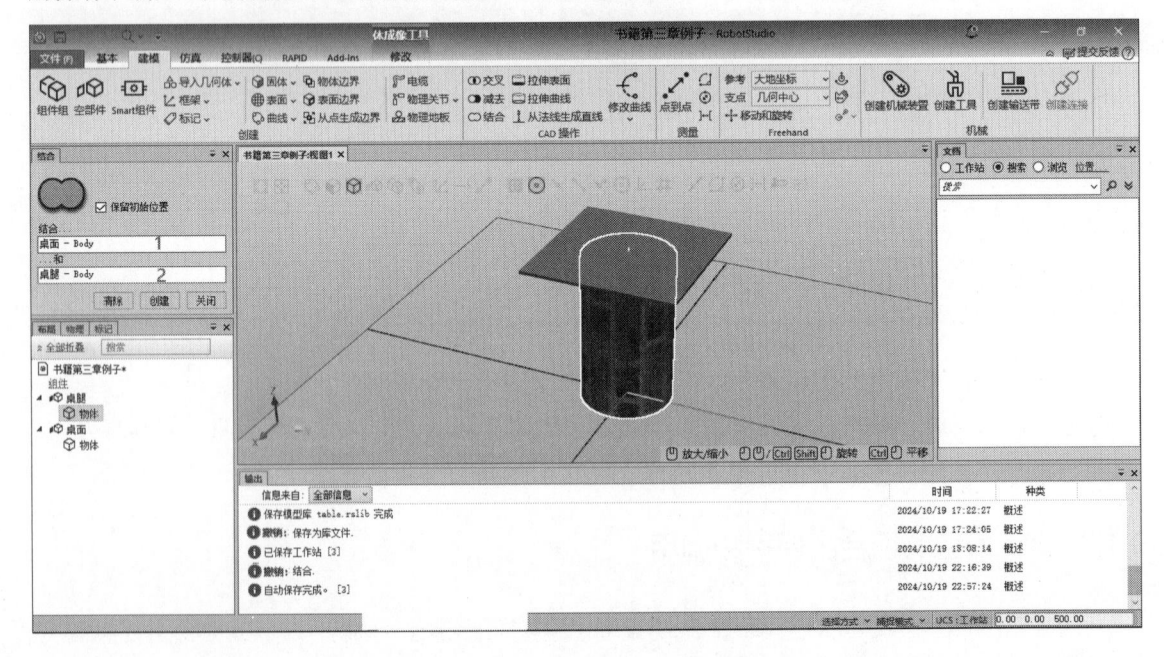

图3.26 将桌面和桌腿对象进行组合

接下来，在"结合"对话框中，单击"创建"按钮，完成视图区两个对象的组合，并且在"布局"管理器中更新组件列表，多出来一个新的整体模型"部件_2"，如图3.27所示。

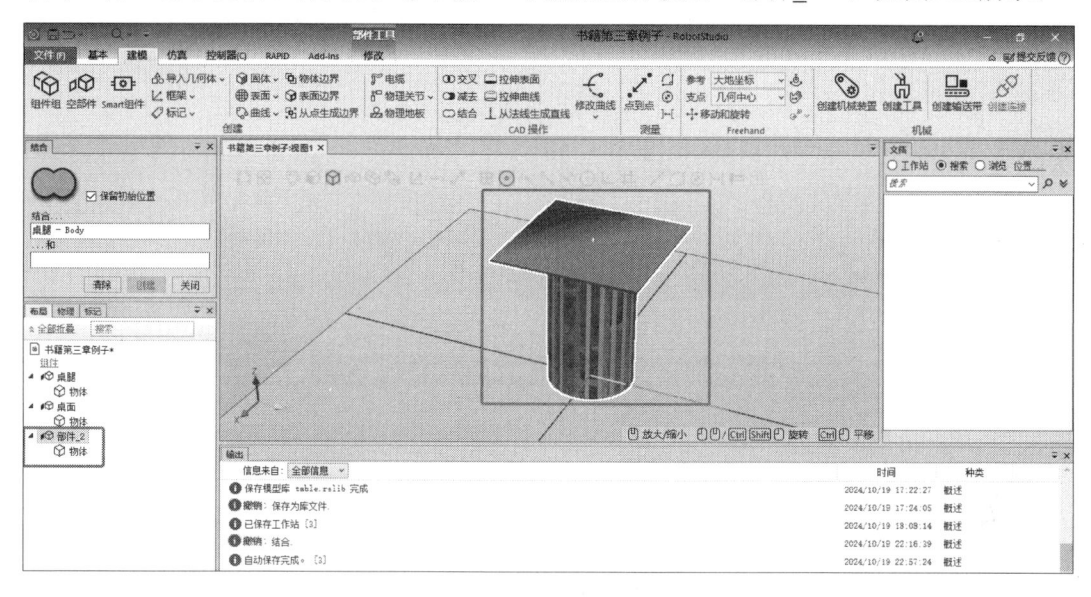

图3.27　结合对象模型

当用户在"布局"管理器中选中"部件_2"时，同时在视图区内可以看到3.1.2节创建的"桌面"和"桌腿"两个对象均处于选中状态，说明"部件_2"是这两个对象组合成的整体模型的新名称。接下来保存模型整体，具体操作步骤如下。

步骤01　在"布局"管理器中右击"部件_2"对象，在弹出的快捷菜单中选择"重命名"选项，将该对象名称修改为table，如图3.28和图3.29所示。

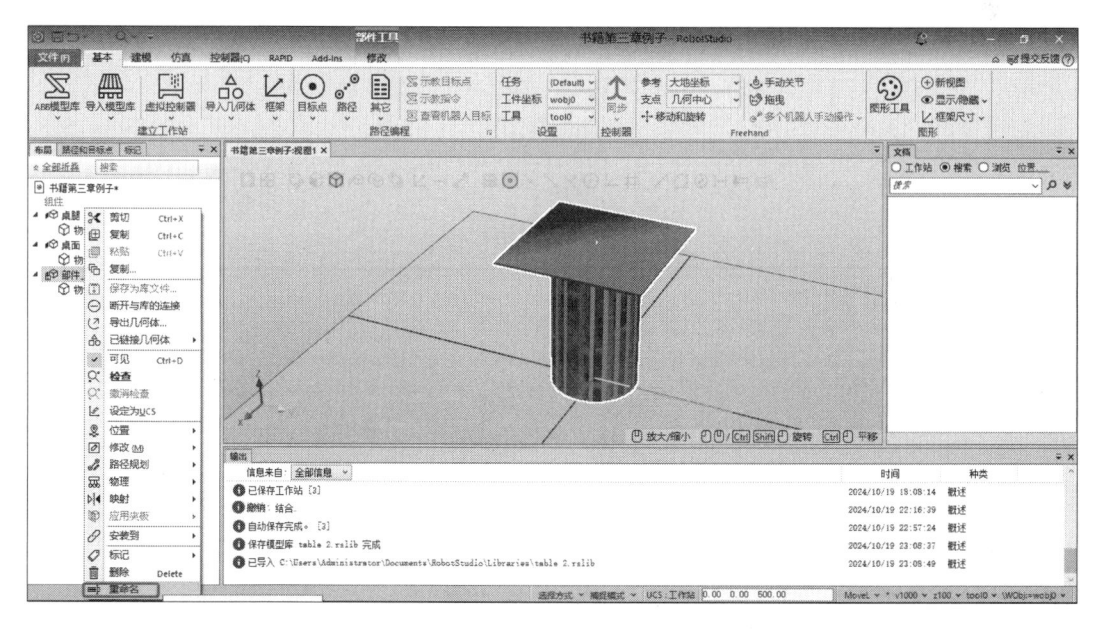

图3.28　选择"重命名"选项

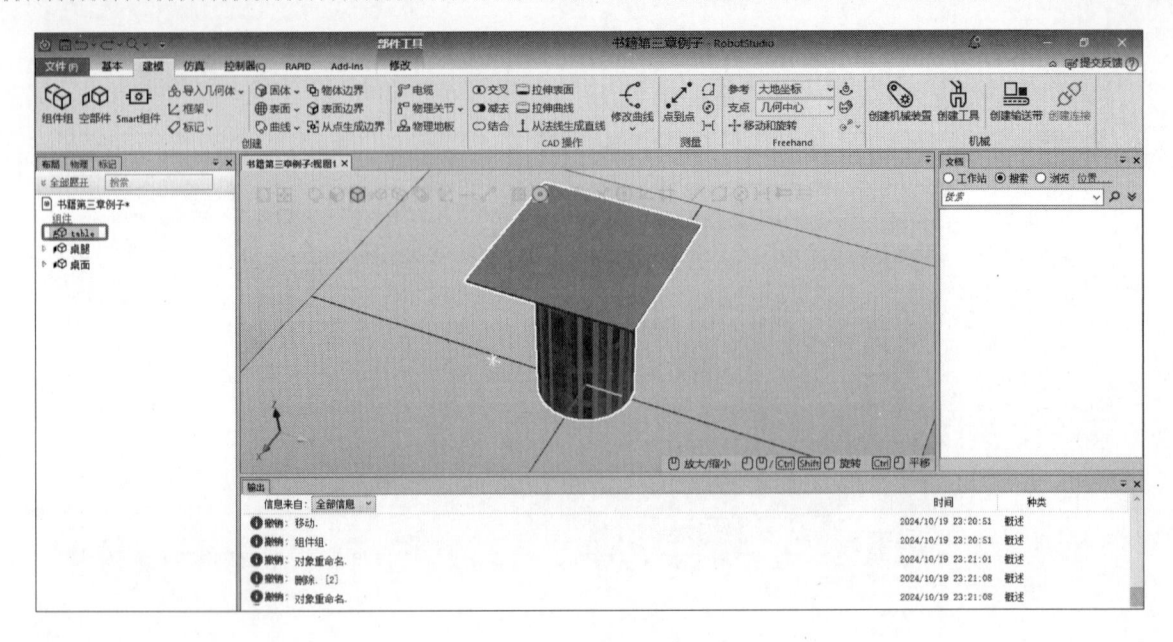

图3.29　重命名为table

步骤02　在"布局"管理器中，右击table，在弹出的快捷菜单中选择"导出几何体…"选项，如图3.30所示。

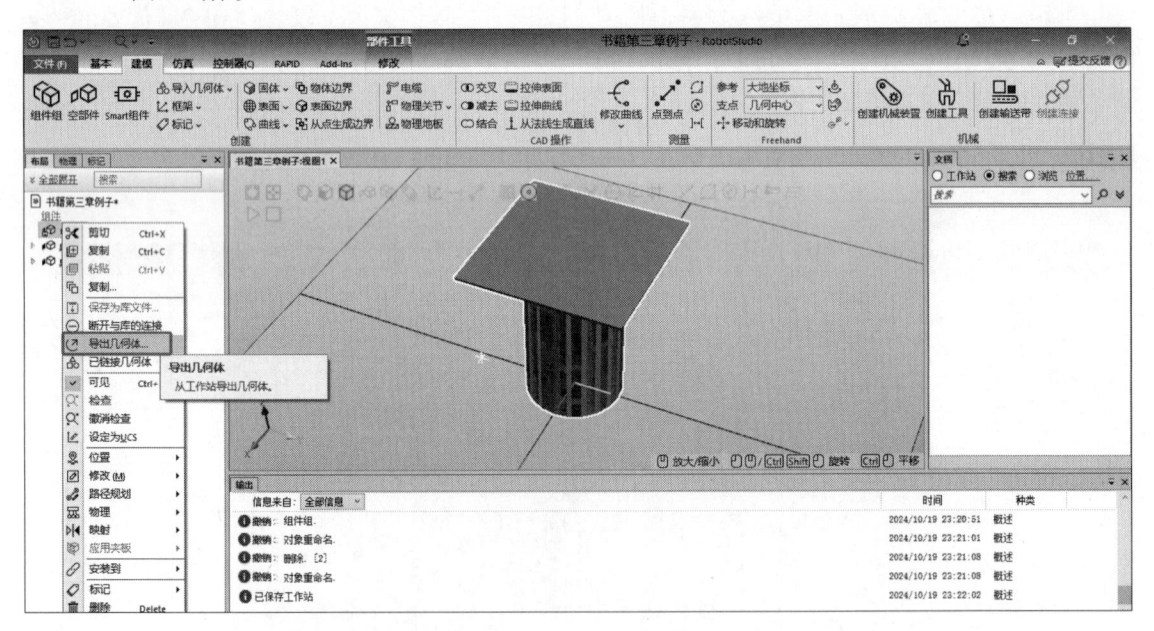

图3.30　选择"导出几何体"选项

步骤03　在"导出几何体"对话框中，在"格式"下拉列表中选择IGES格式后，单击"导出"按钮，即可将模型以IGES为后缀名导出保存，如图3.31所示。

备注：用户可以根据自身需要选择导出模型的后缀名。

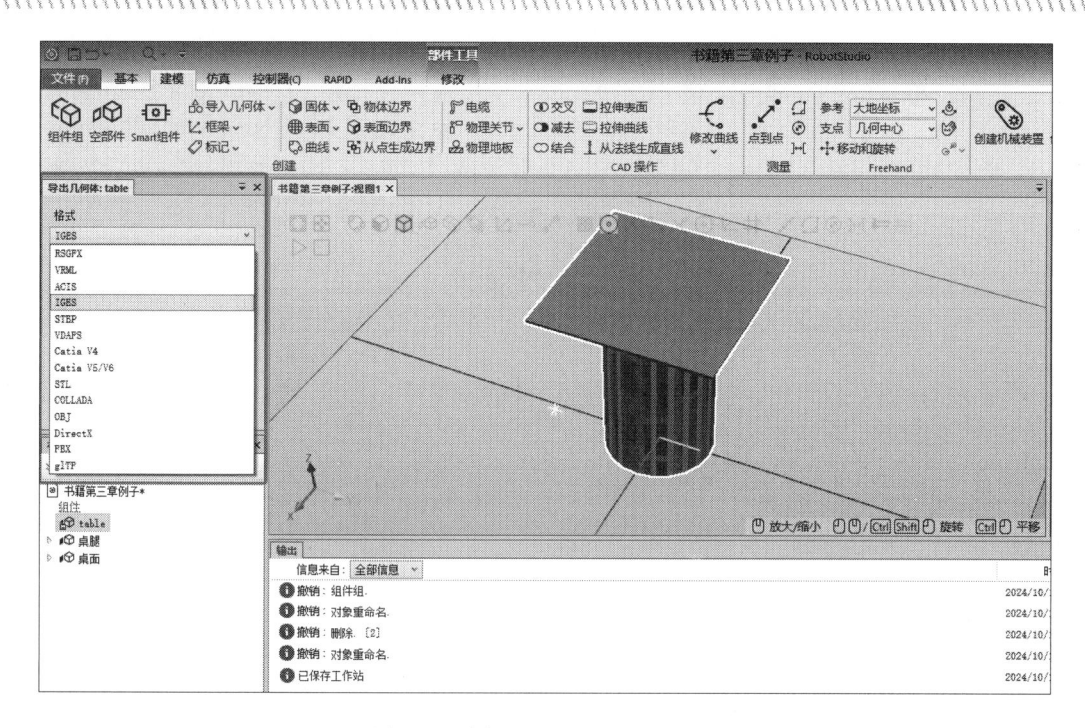

图3.31 选择导出几何体的后缀名

步骤04 在弹出的"另存为"对话框中,选择导出保存的路径和文件名称后,单击"保存"按钮,如图3.32所示。

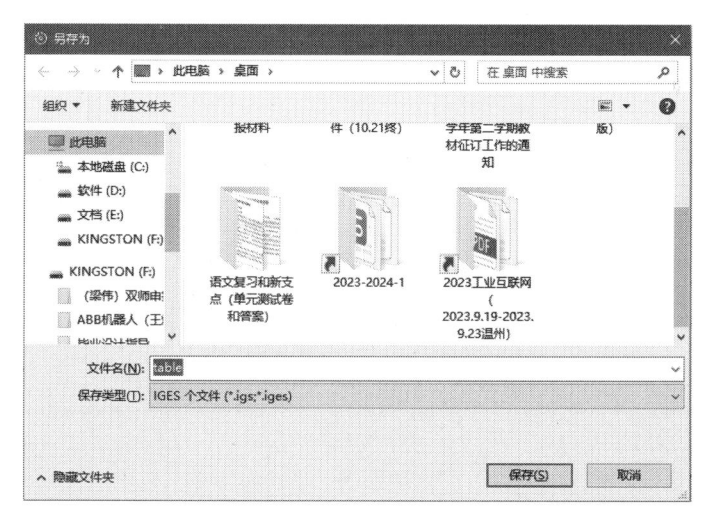

图3.32 保存几何体

步骤05 等待导出进度条完成后,用户可在保存路径中查看到已创建的table.igs文件,如图3.33和图3.34所示。

备注:在上述**步骤03**中,用户选择导出文件后缀名的作用主要是使RobotStudio与其他三维软件(如SolidWorks、UG等)能够共用模型及其操作。在导出模型时,用户可以根据自身实际需求选择合适的文件格式,以便模型在其他软件中使用。

77

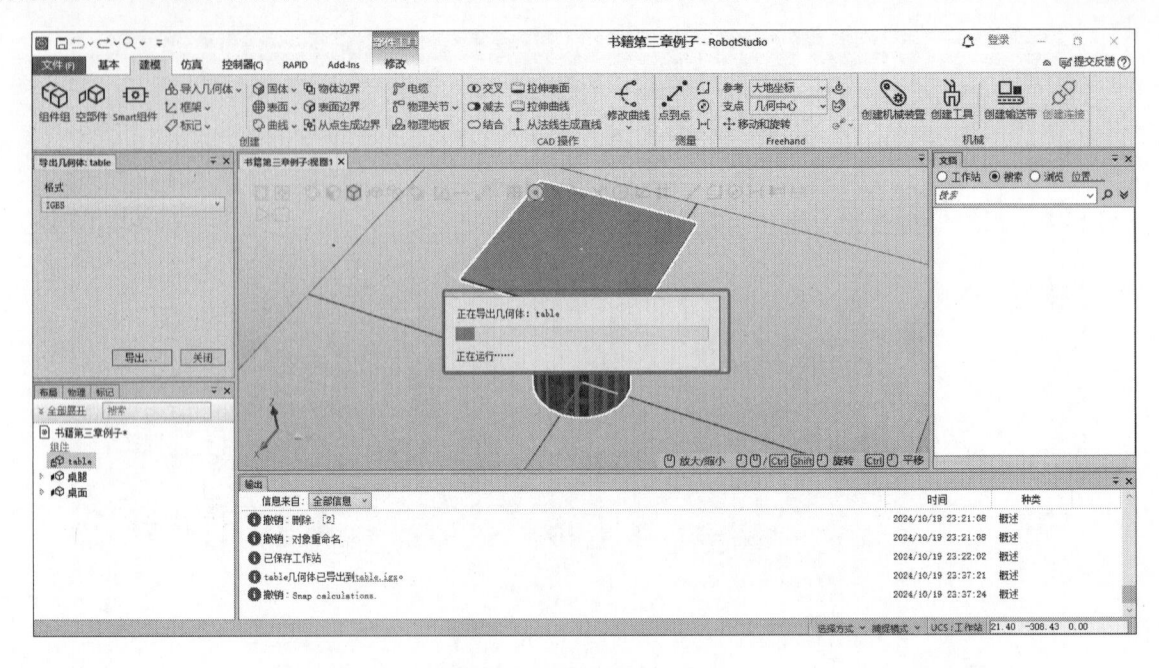

图3.33　几何体导出保存中

如果用户需要重新导入已创建的模型或者是其他三维软件制作保存的模型文件，则在RobotStudio中，在"基本"或"建模"功能选项卡中单击"导入几何体"按钮，如图3.35所示。

图3.34　几何体已保存到指定路径

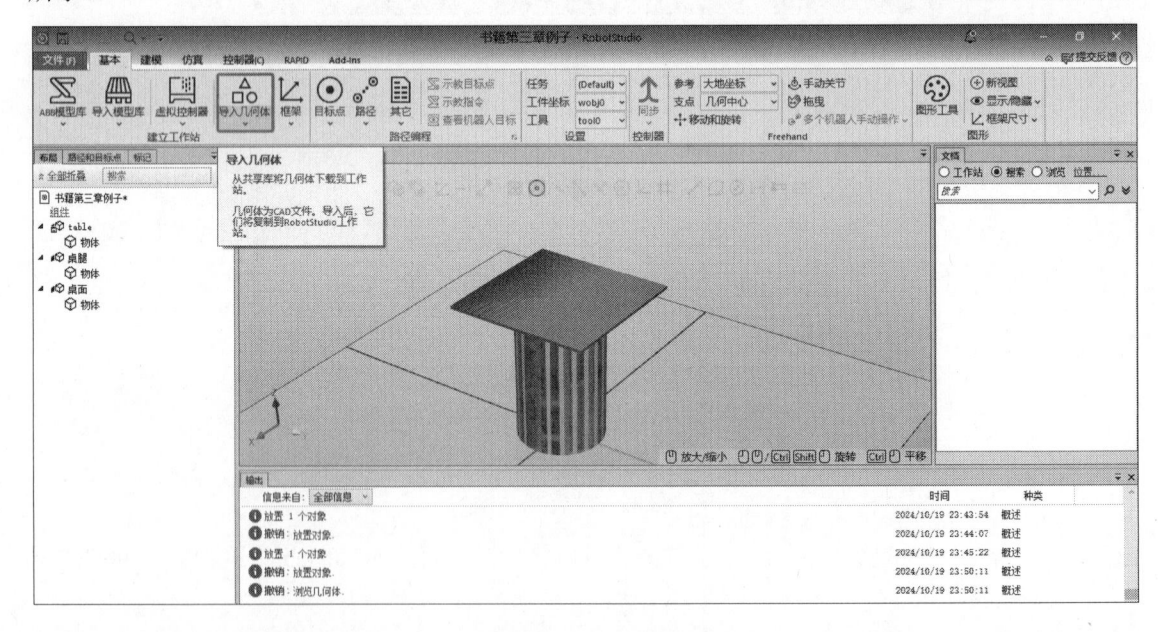

图3.35　导入几何体

用户在弹出的"浏览几何体…"对话框中，选择模型所在路径，找到需要导入的模型文件后，单击"打开"按钮，如图3.36所示。

第 3 章　工作站对象建模实践

图3.36　打开模型导入

打开所选择的模型后,等待导入进度条完成,用户即可在"布局管理器"中看到导入的模型对象table_4,如图3.37所示。

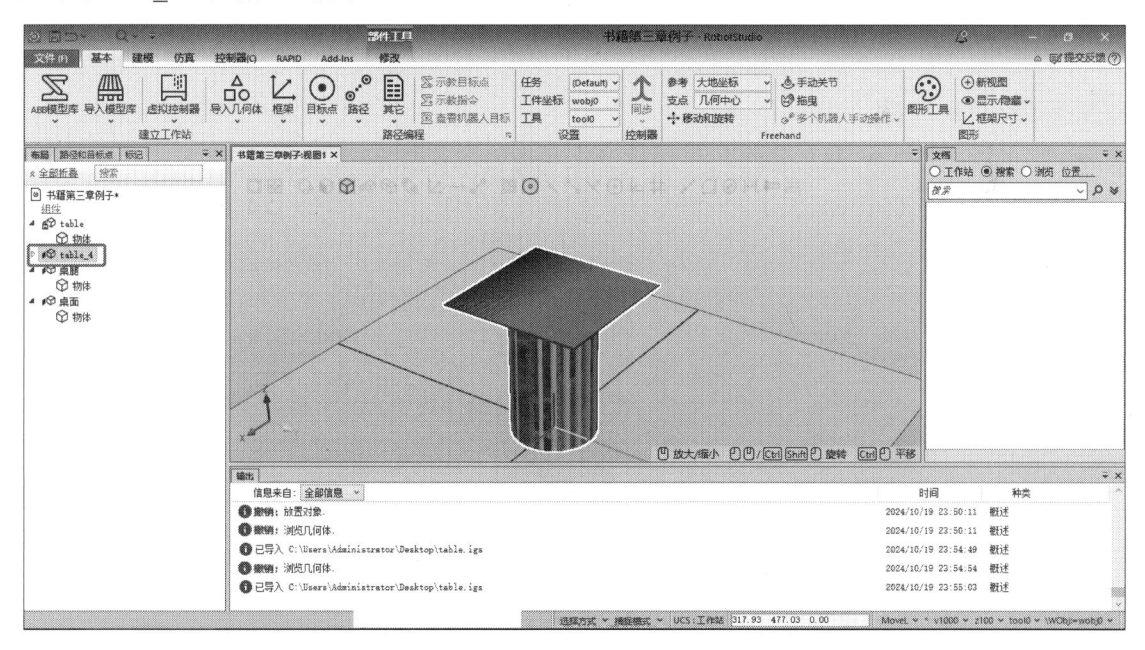

图3.37　导入的模型对象

用户导入后的模型对象操作与之前介绍的RobotStudio 3D模型对象的操作方法一致。例如,将刚导入的模型对象table_4放置到新的坐标位置,在该对象名称上右击,依次选择"位置"→"放置"→"一个点",如图3.38所示。

79

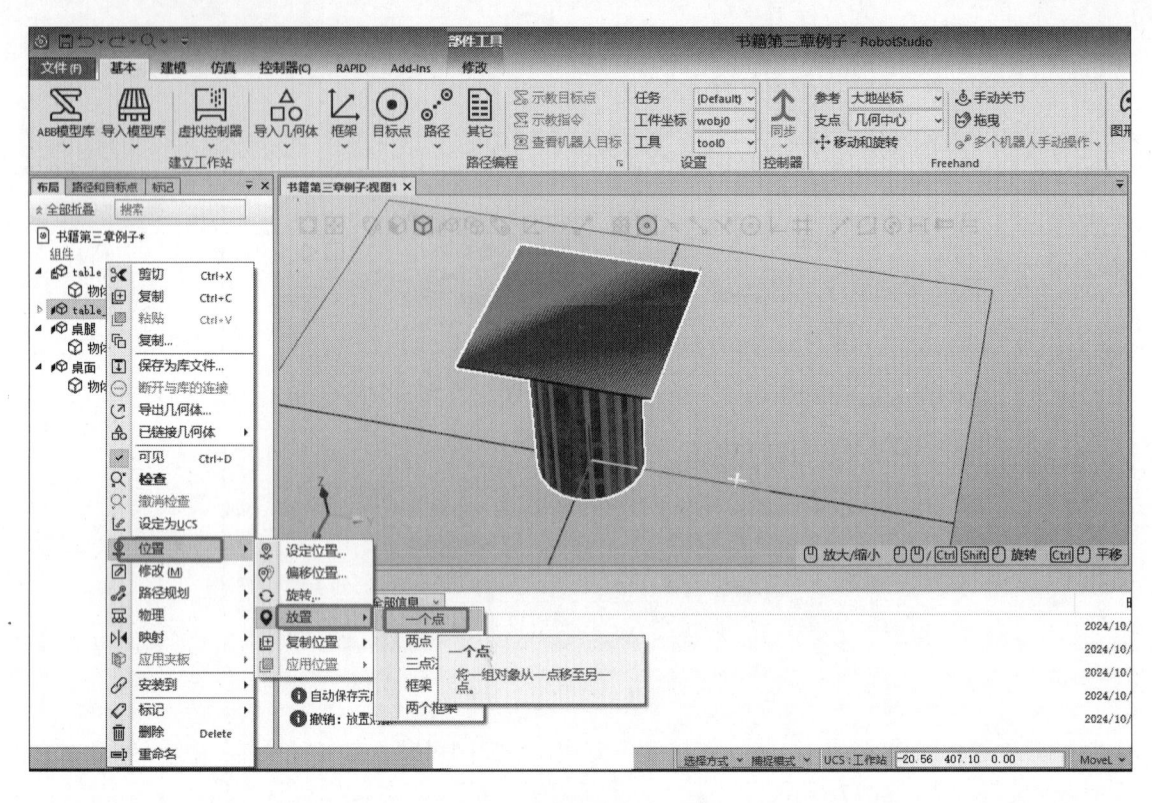

图3.38 重新放置导入模型

在打开的"放置对象：table_4"对话框中，用户选择主点的坐标平移位置，即可将新导入的模型进行重新放置，如图3.39所示。

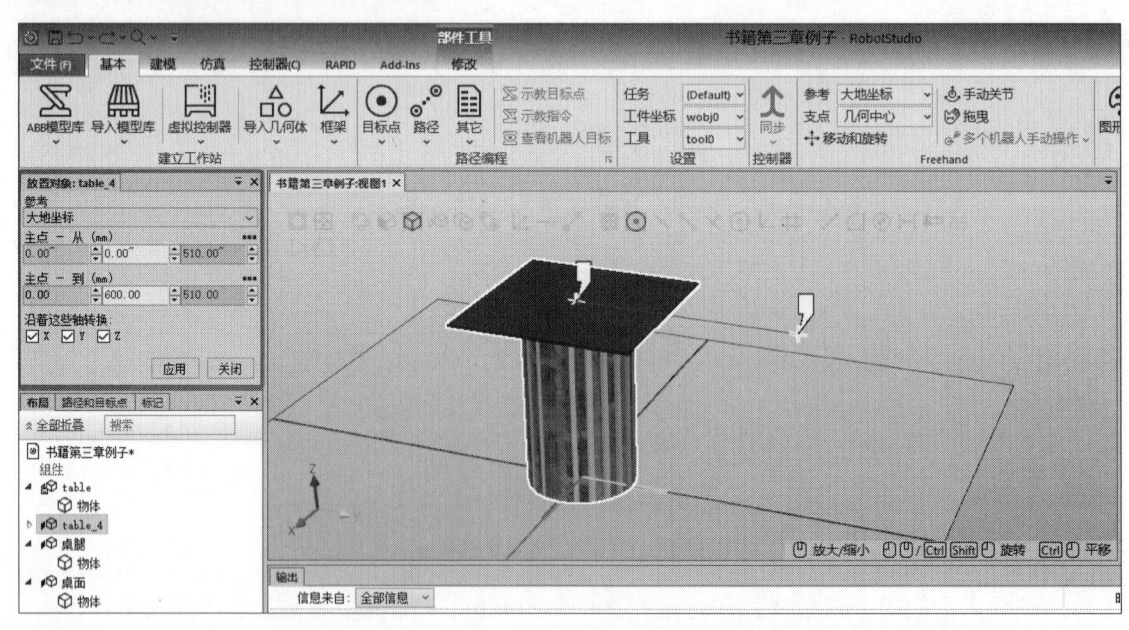

图3.39 平移新导入的模型对象

在图3.39中，用户可以看到"放置对象"对话框中主点坐标和重新放置所需的点位坐标表示是沿着Y轴平移的，X轴坐标不变，而Z轴方向上的坐标仍然是510mm，然后在Y轴方向上平移600mm。坐标位置编辑完成后，单击"应用"按钮，完成新导入模型对象的平移放置，如图3.40所示。

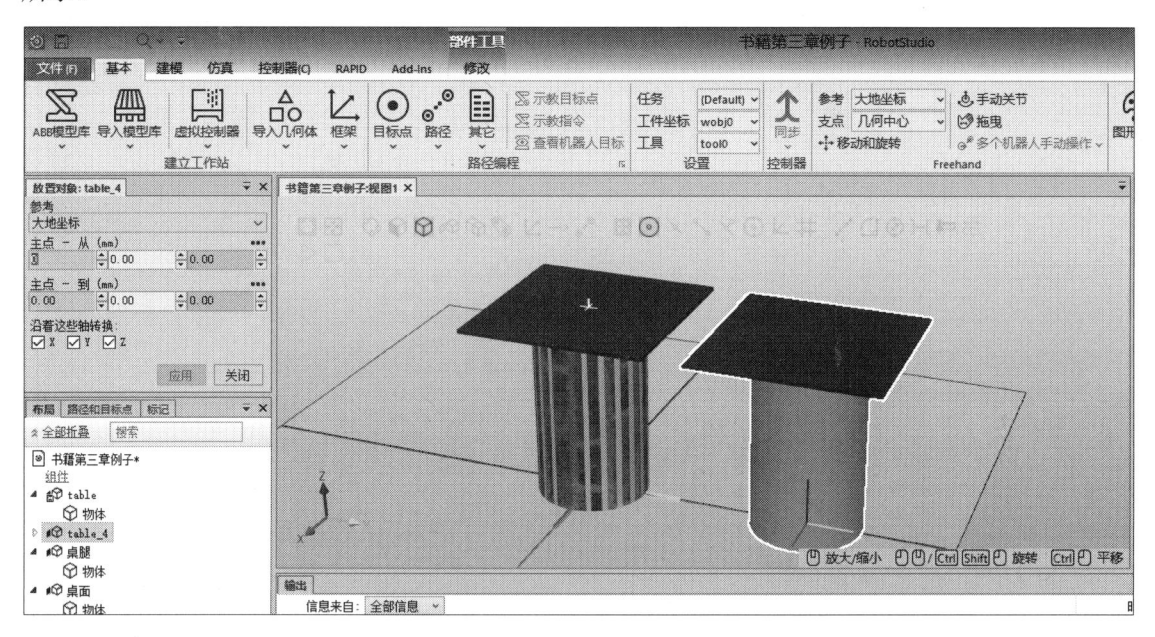

图3.40　完成新导入模型对象的平移放置

备注：在视图区中，用户可以看到两个操作台模型，其中左侧的是使用桌面和桌腿组合对象后的整体对象table，右侧的是保存table为几何体后又重新导入的几何体模型table_4。

通过以上步骤，用户可以实现3D模型的组合，使分散的组件对象组合成为一个整体，并按照所需的后缀名进行导出，保存成为一个独立的模型文件。同时，用户可以通过"导入几何体"功能，将已导出的几何体或者其他三维软件所制作的三维模型文件导入RobotStudio仿真软件中进行使用。

备注：为了提高与各种版本RobotStudio的兼容性，建议在RobotStudio中进行任何保存操作时，保存的路径和文件名均使用英文字符。

3.2　测量工具的使用

在RobotStudio仿真软件中进行建模和虚拟仿真时，用户经常需要测量模型之间的距离或者组件对象自身的尺寸等，所以RobotStudio仿真软件自带了4种测量工具，可以实现点到点、角度、直径、最短距离的测量。本节将主要介绍RobotStudio 2024仿真软件中测量工具的类型，以及如何正确使用测量工具进行测量操作。

3.2.1 测量长度

首先在RobotStudio中新建一个工作站，然后在新工作站中通过"建模"功能选项卡中"创建"功能组的"固体"指令创建一个矩形体模型，如图3.41所示。

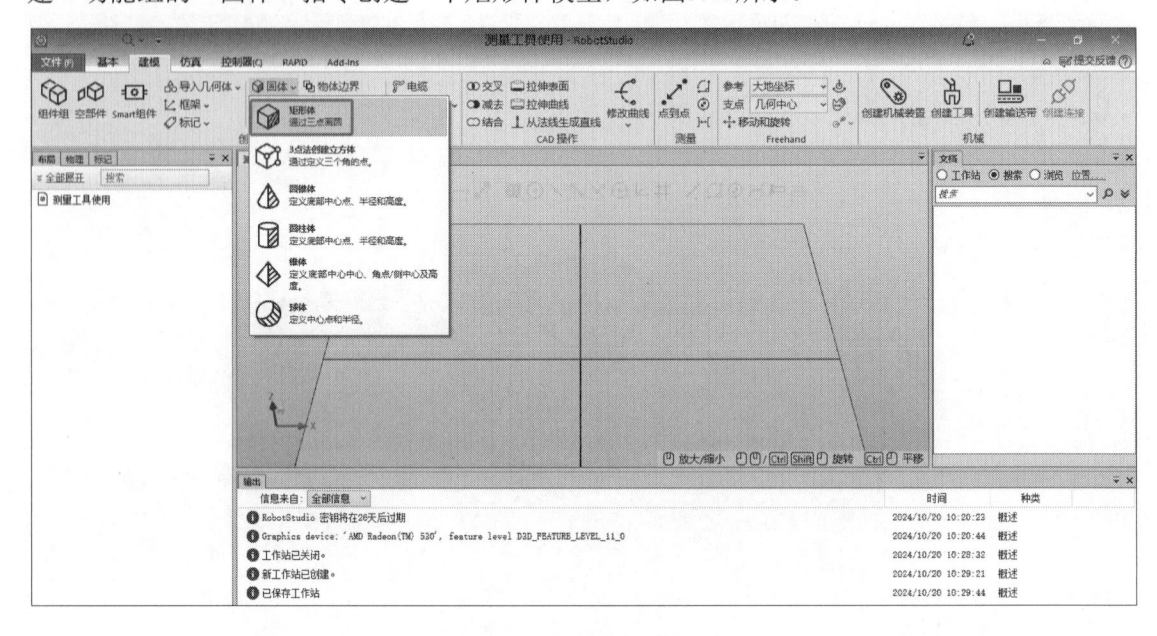

图3.41 创建矩形体

在打开的"创建方体"对话框中，输入模型的长、宽、高分别为500mm、200mm、100mm，然后单击"创建"按钮完成对象创建，如图3.42所示。

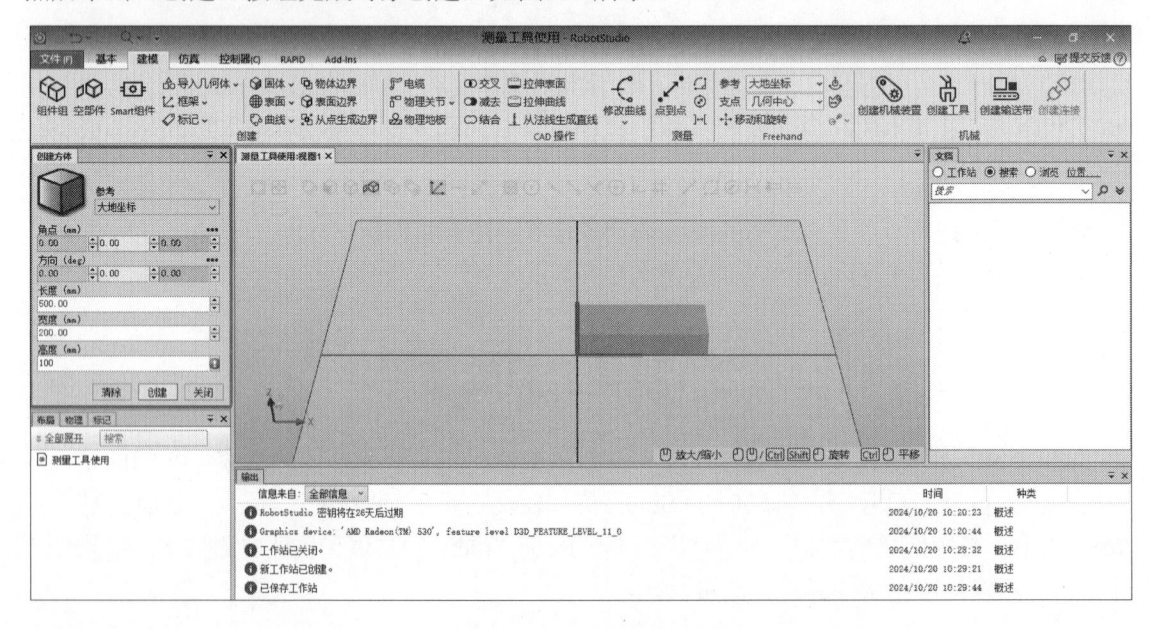

图3.42 输入尺寸创建对象

长方体模型创建完成之后，用户在"建模"功能选项卡的"测量"功能组中选择"点到点"测量，并且在视图区内选择捕捉模式，"捕捉末端"便于准确测量，如图3.43所示。

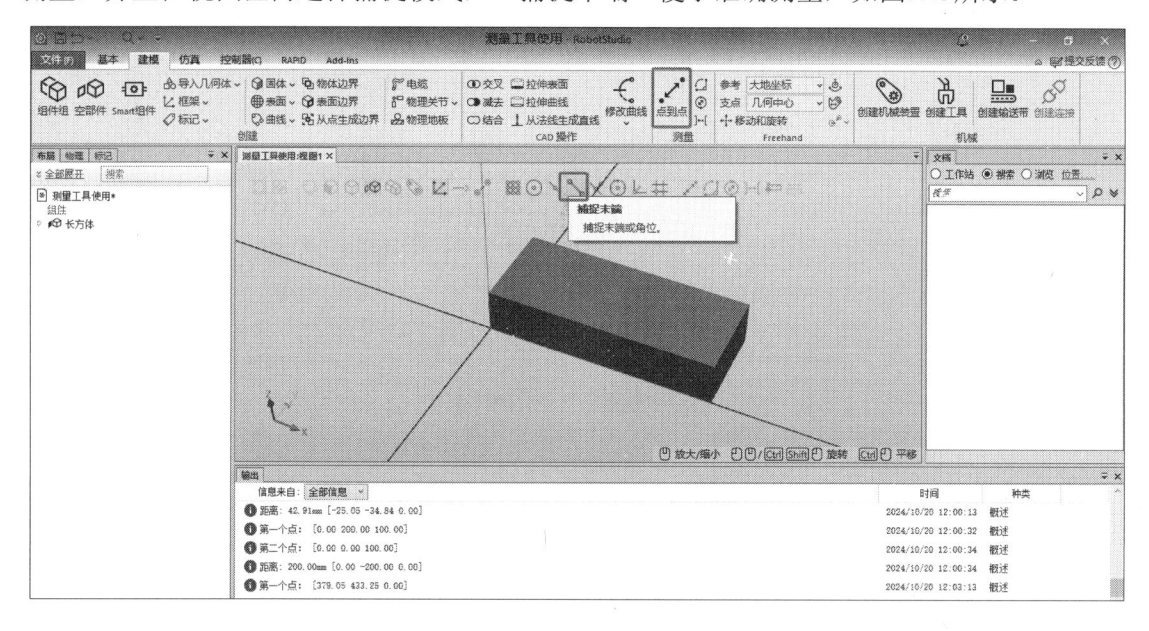

图3.43　点到点测量

备注：用户除了在"建模"功能选项卡中使用"测量"功能，也可以在软件的状态栏中进行选择和使用，如图3.44所示。

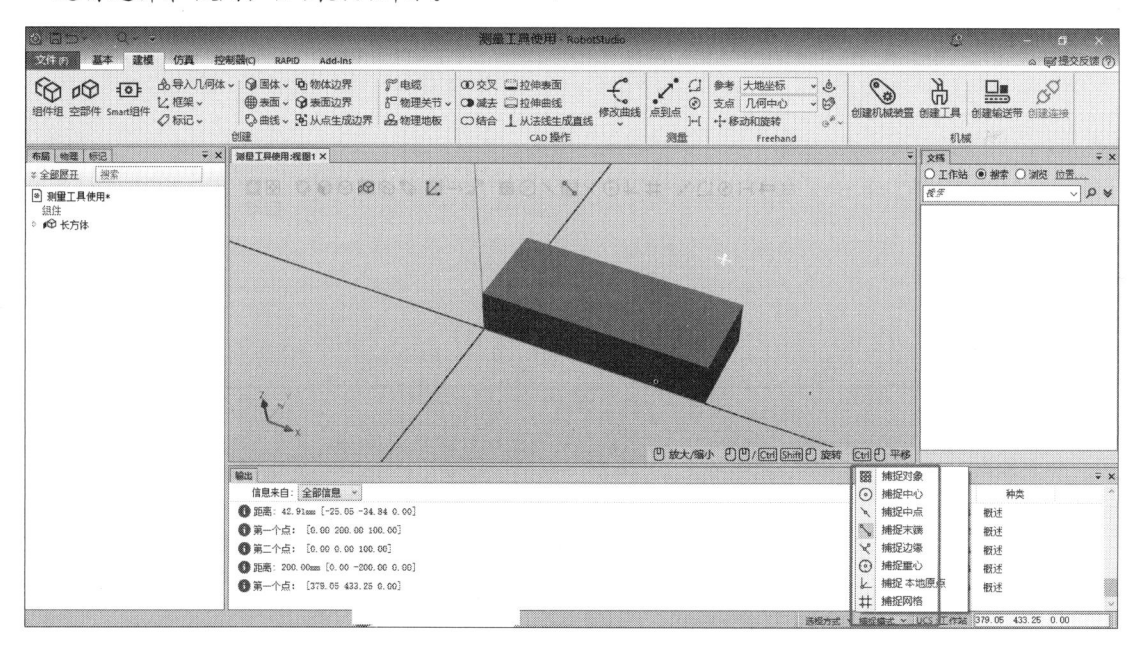

图3.44　在状态栏选择捕捉模式

用户选择"捕捉末端"的捕捉模式对长方体模型的长、宽、高3个尺寸进行测量，如图3.45~图3.47所示。

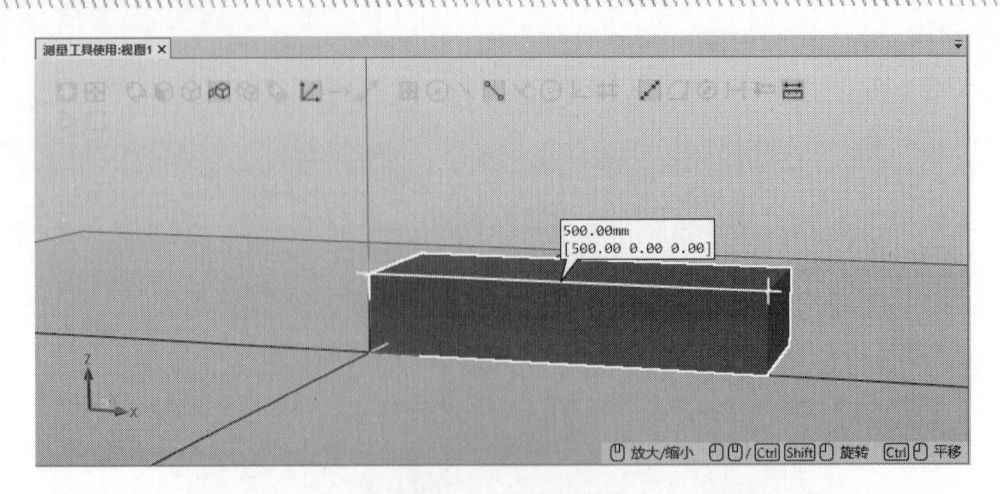

图3.45　长度测量

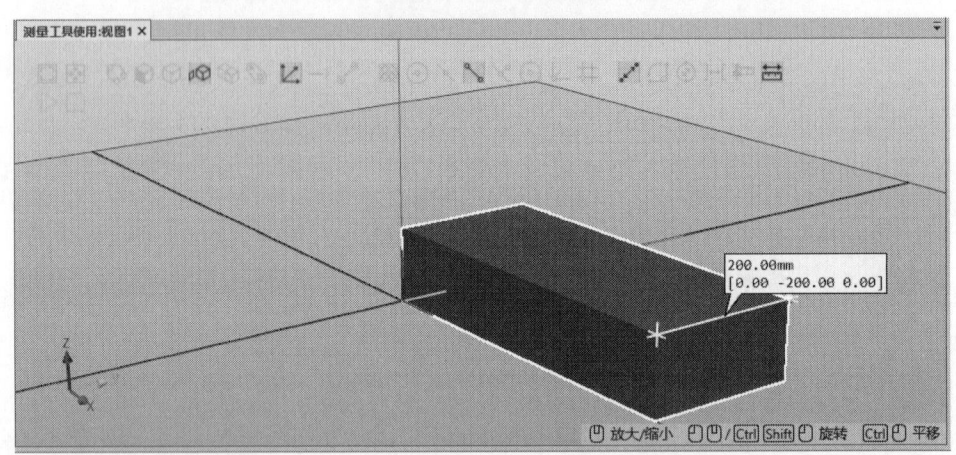

图3.46　宽度测量

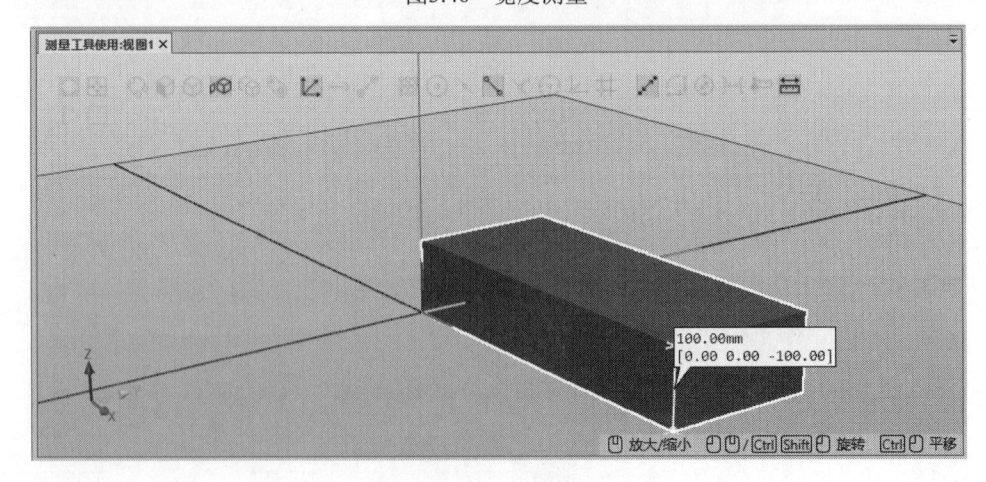

图3.47　高度测量

综上所述，使用RobotStudio仿真软件中的"点到点"测量功能，可以测量模型对象上任意两点之间的长度。

3.2.2 测量直径

在仿真软件中创建一个半径为100mm、高度为500mm的圆柱体模型，为了与3.2.1节中创建的长方体角点坐标位置错开，在Y轴上偏移-200mm的坐标创建该圆柱体，如图3.48所示。

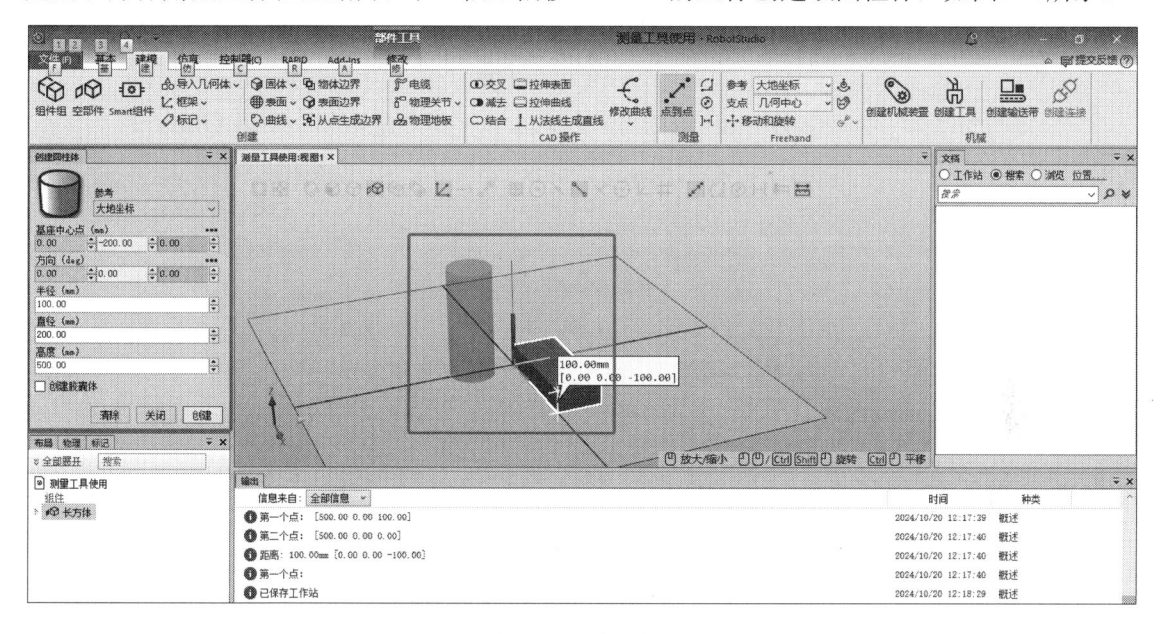

图3.48 创建圆柱体

在"建模"选项卡的"测量"功能组中单击"测量直径"图标，接着在视图区内选择捕捉模式为"捕捉边缘"，在圆柱体底面圆的圆周上任意选择3个点测量底圆的直径，如图3.49所示。

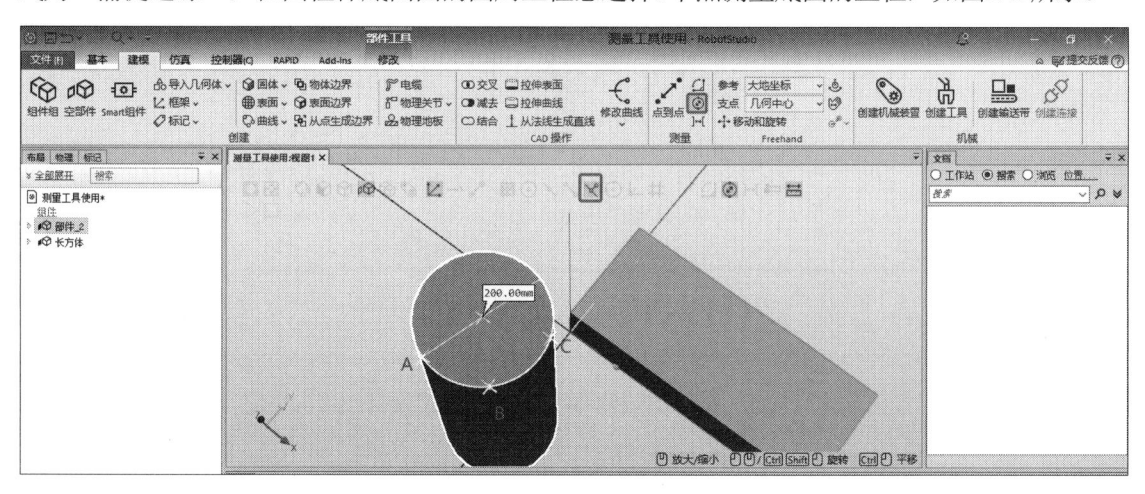

图3.49 测量圆柱体底面圆直径

备注：用户在测量圆的半径时，需要使用"捕捉边缘"捕捉模式在圆周上选取3个点，才能完成该圆的直径测量。

3.2.3　测量角度

在RobotStudio仿真软件中，使用"建模"功能选项卡下的"固体"功能创建一个圆锥体，如图3.50所示。然后在打开的"创建圆锥体"对话框中，输入圆锥体的底面圆半径200mm，高度500mm，单击"创建"按钮，创建圆锥体，如图3.51所示。

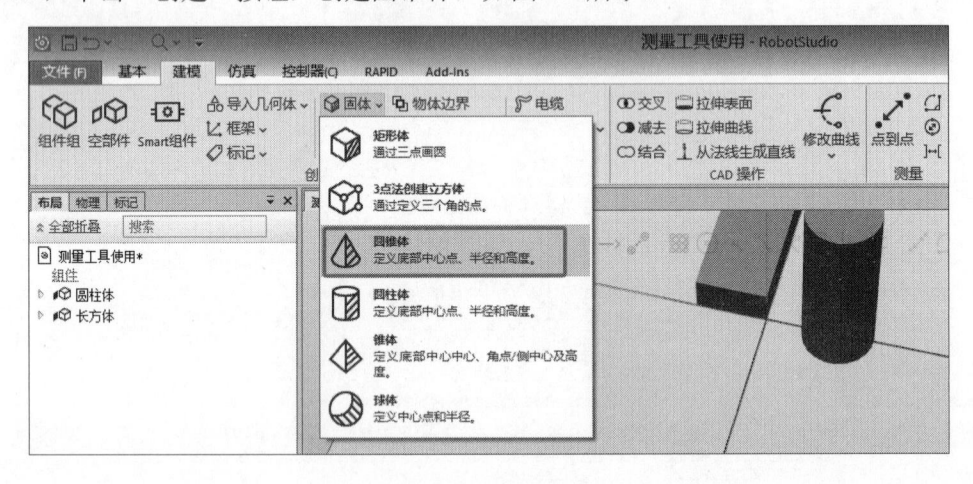

图3.50　创建圆锥体

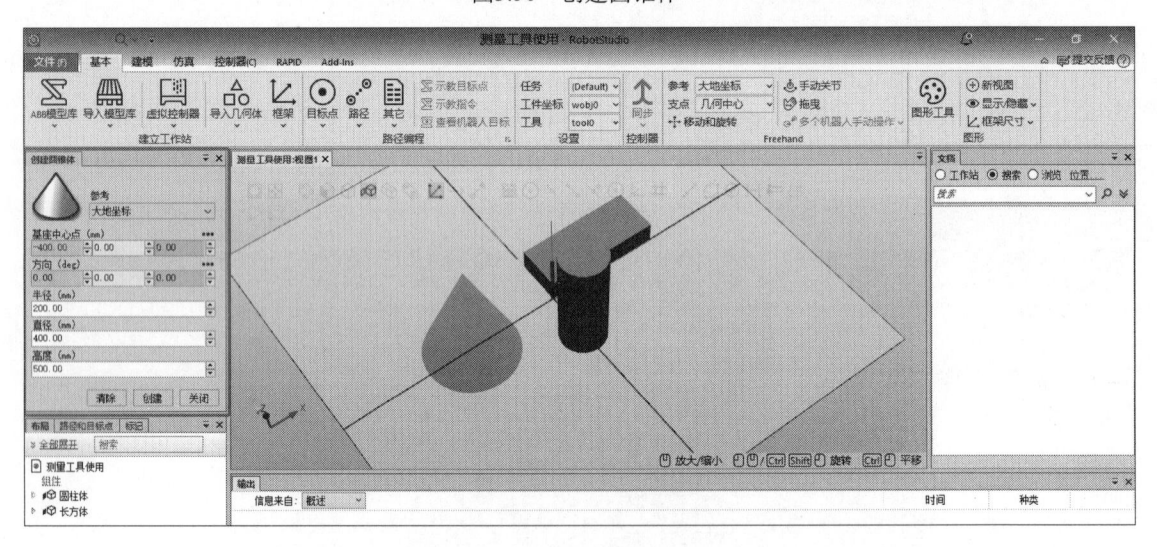

图3.51　按尺寸创建圆锥体

在"建模"功能选项卡的"测量"功能组中，单击"角度"图标。然后在圆锥体上选择三点位置坐标，即可测量这三点所构成的角度。例如，在视图区内选择捕捉模式为"捕捉末端"，捕捉圆锥体的顶点，再选择"捕捉边缘"，捕捉圆锥底面圆的边缘上两点，即可测量这三点所构成的顶端角的角度值，如图3.52所示。

用户使用该功能可以按照上述步骤测量任意角度。例如，测量已创建长方体的角度，如图3.53所示。

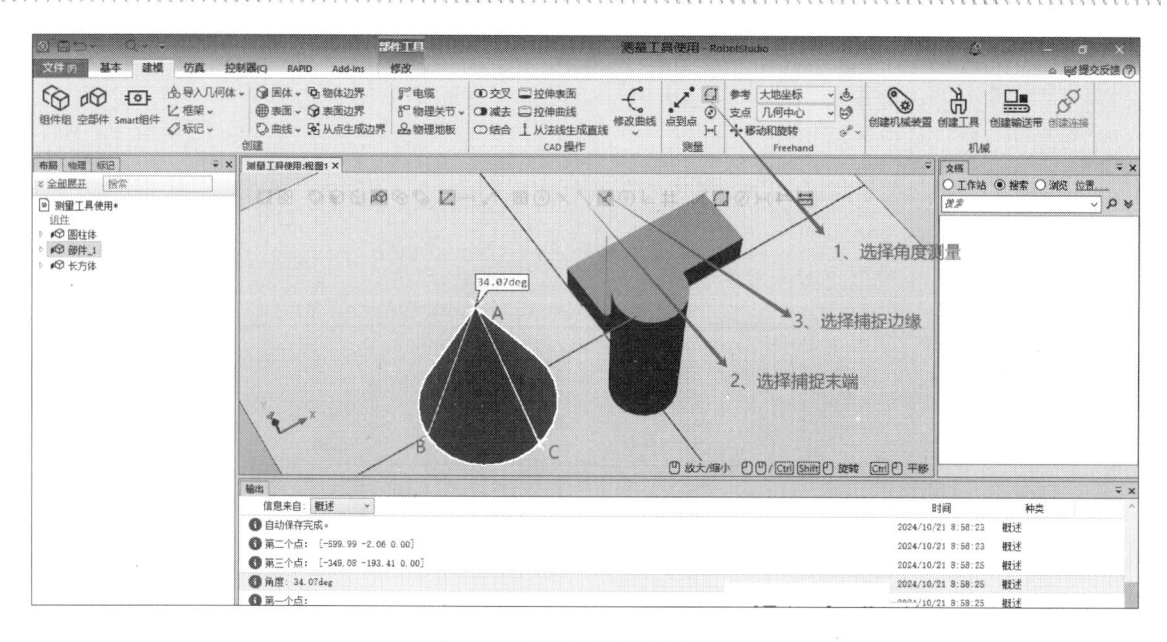

图3.52 测量圆锥体顶端角度

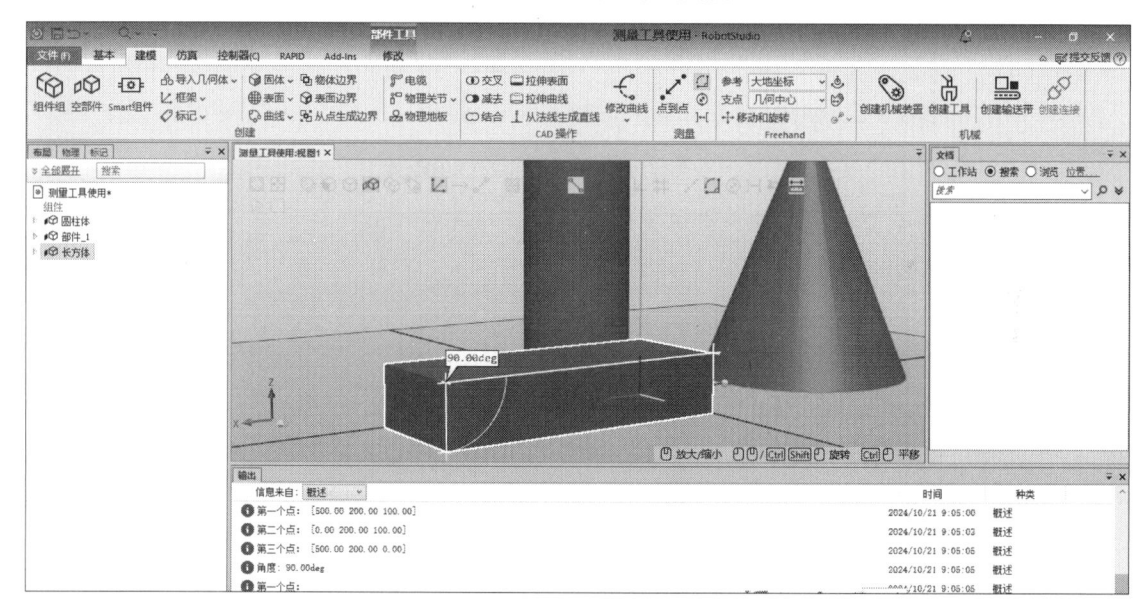

图3.53 测量长方体任意角的角度

备注：对于捕捉模式的选择，用户根据实际操作需求和捕捉对象进行选择，没有固定和必需的捕捉模式。

3.2.4 测量物体间距

在RobotStudio仿真软件中，为方便用户在创建工作站及周边环境时能够清晰地了解物体之间的最短间距，RobotStudio中的"测量"功能还提供了测量物体之间最短间距的方法。

首先,在软件"建模"功能选项卡的"测量"功能组中,选择"最短距离"功能图标,再选择捕捉模式为"捕捉末端",然后使用鼠标分别选择要测量的两个物体上的任意一点即可,如图3.54所示。

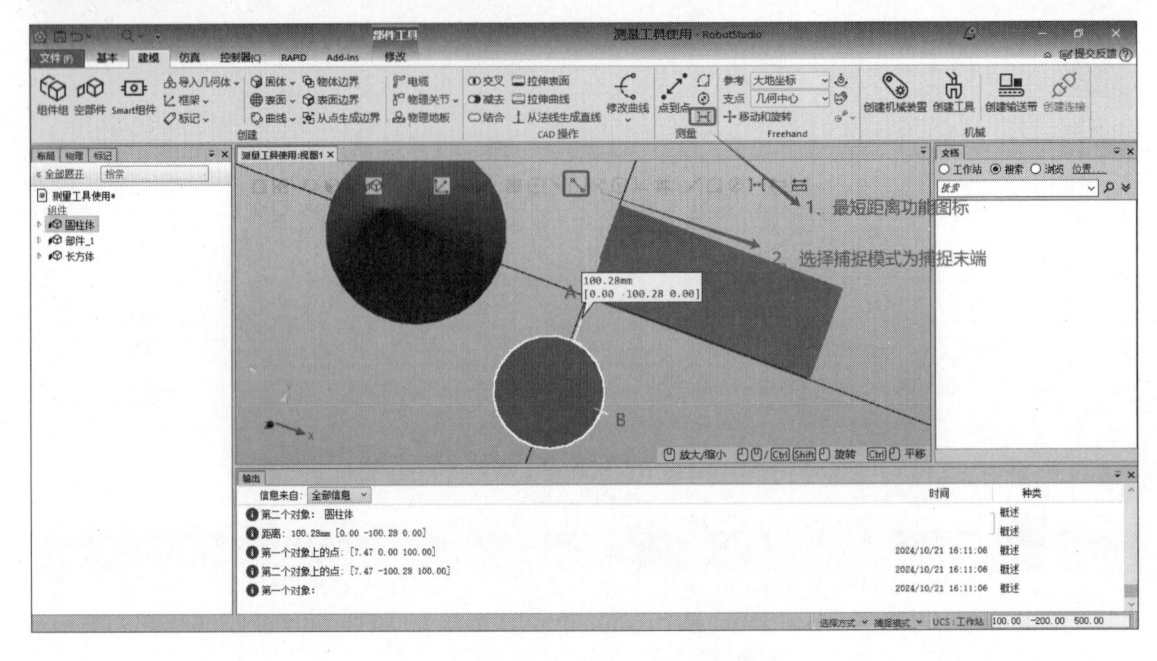

图3.54 测量两个物体之间的最短距离

备注:测量技巧主要体现在用户能够运用各种捕捉模式正确地进行测量,这需要多加练习,以便熟练掌握使用技巧。

3.3 创建机械装置

用户在使用RobotStudio虚拟仿真的过程中,为了更好地展示工作站工作效果,会为机器人周边的模型制作动画效果。例如,传送带的传送货物、夹具的开合和门的开关动作等。本节将以数控机床滑门装置的创建为实例(见图3.55),介绍如何导入创建机械装置所需的3D模型、建立模型的滑动机械运动特性以及如何将创建的机械装置保存为库文件等相关知识。

图3.55 数控机床滑门装置

3.3.1　导入3D模型

在实际生产活动中，数控机床及机床门的精度要求非常高，所以在本实例中已经通过第三方软件（比如SolidWorks、UG等）创建好模型。本小节主要介绍如何将第三方软件已创建好的数控机床和机床门这两个3D模型导入RobotStudio仿真软件中，并进行适当调整，以便后续使用。具体的操作步骤如下。

步骤01 打开RobotStudio 2024仿真软件，选择"工作站"，单击"创建"按钮，完成空工作站的创建，如图3.56所示。

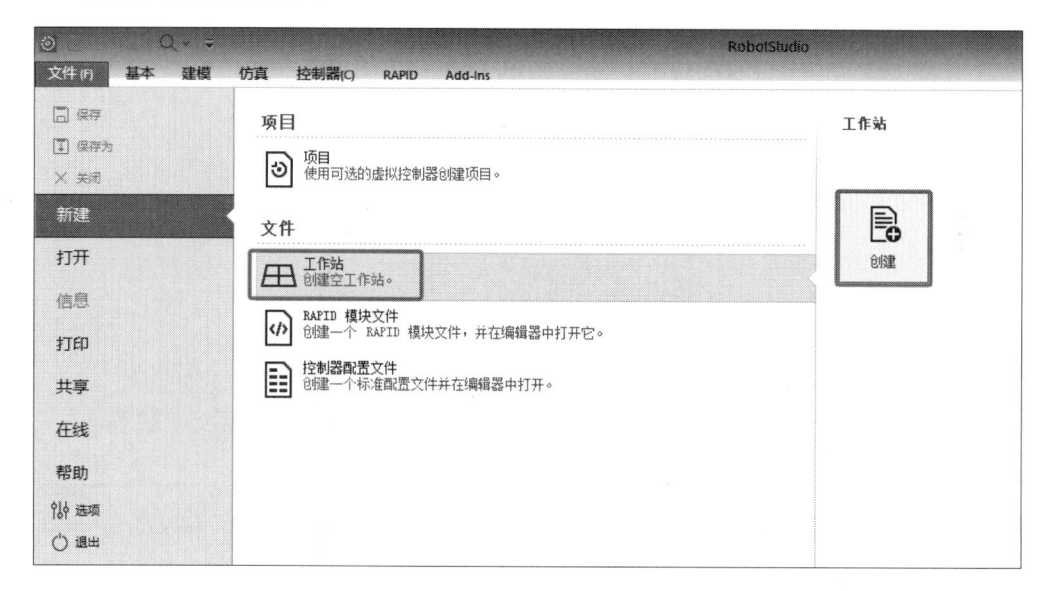

图3.56　创建空工作站

步骤02 在"基本"或"建模"功能选项卡中，单击"导入几何体"按钮展开功能菜单，选择"浏览几何体…"选项，如图3.57所示。

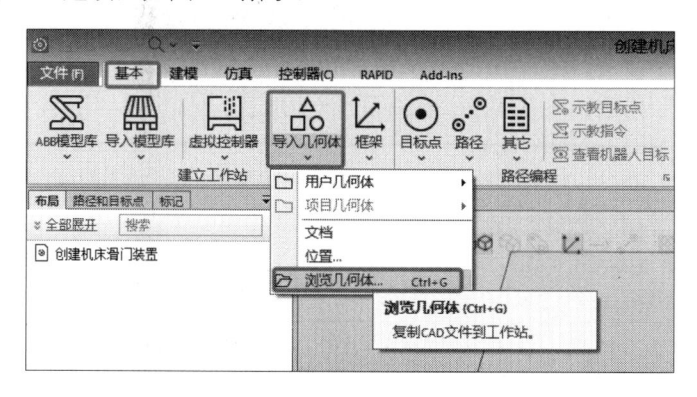

图3.57　选择"浏览几何体…"选项

步骤03 在打开的"浏览几何体…"对话框中，选择"文件名"为"数控机床.SAT"的文件后，单击"打开"按钮或双击文件名即可打开该文件，如图3.58所示。

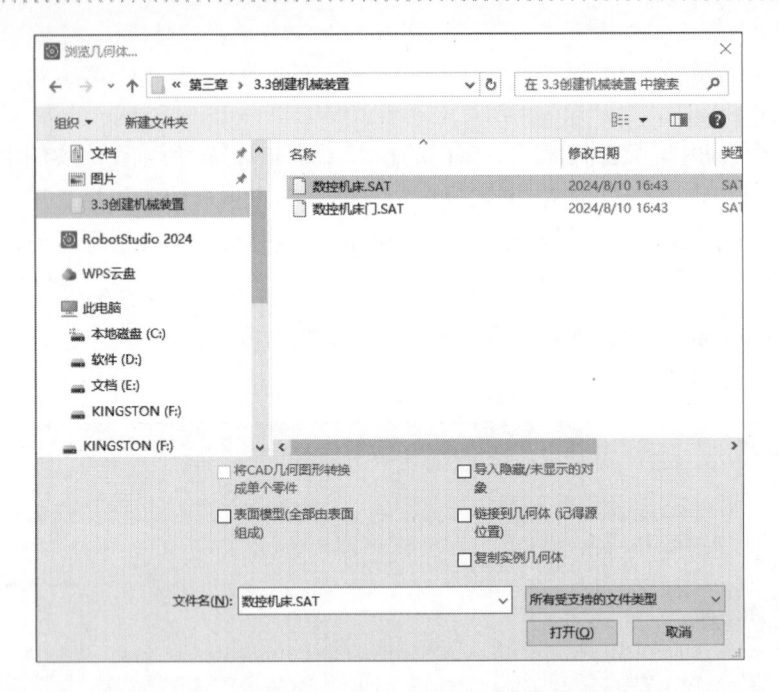

图3.58　选择几何体文件

步骤04　用户在"布局"和"视图"中都能看到新导入的数控机床，如图3.59所示。

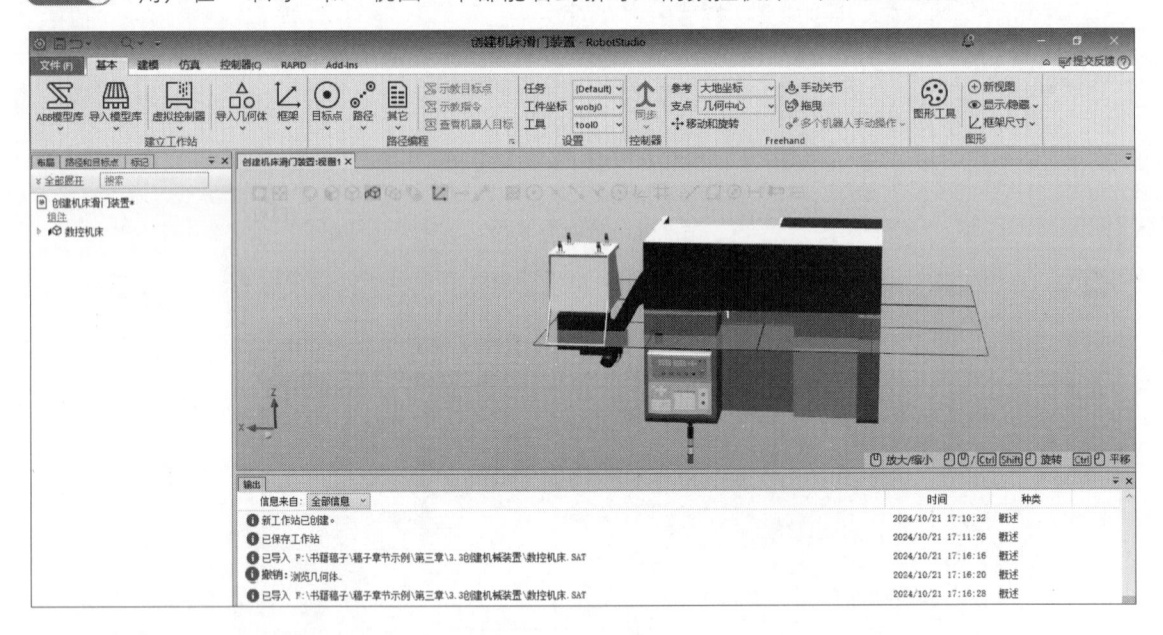

图3.59　导入的数控机床

备注：刚导入的数控机床模型在视图中显示是倒置的，在后面的步骤中会介绍如何操作使其正常摆放。

步骤05　在"基本"功能选项卡中，单击"导入几何体"按钮，选择"浏览几何体..."继续导入"数控机床门.SAT"，如图3.60所示。

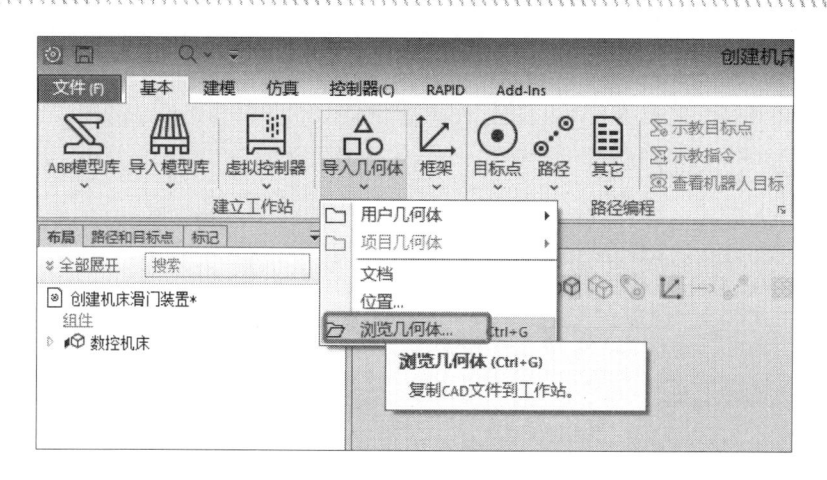

图3.60 选择"浏览几何体…"选项

步骤06 在"浏览几何体…"对话框中,选择"文件名"为"数控机床门.SAT"的文件后,单击"打开"按钮,将数控机床门模型导入仿真平台,如图3.61所示。

图3.61 选择数控机床门

步骤07 用户在"布局"和"视图"中能够看到已导入的数控机床门,如图3.62所示。

通过上述操作步骤,用户已经将数控机床以及机床门导入RobotStudio仿真软件中,但是从视图区中可以看到导入的对象是倒置的,所以用户将模型导入后,还需要进行相应的调整和布置,才能够运用到项目中。

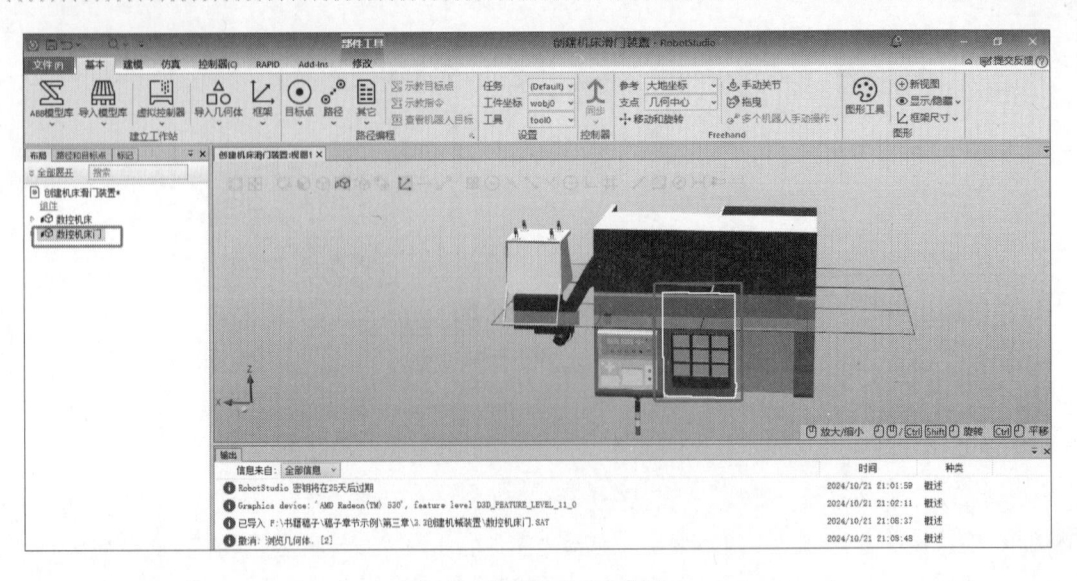

图3.62　数控机床门已导入

3.3.2　3D模型布置

用户在3.3.1节中导入的数控机床在RobotStudio软件的视图区内是倒置的，若要使用这个数控机床，则需要进行调整和布置。本小节将主要介绍如何对3D模型进行位置调整、对象组件相对布置等相关操作。

现在需要将数控机床摆正，将数控机床门放到数控机床上合适的位置，具体操作步骤如下。

步骤01　在"布局"管理器中，右击"数控机床"，在弹出的快捷菜单中选择"位置"中的"旋转…"选项，如图3.63所示。

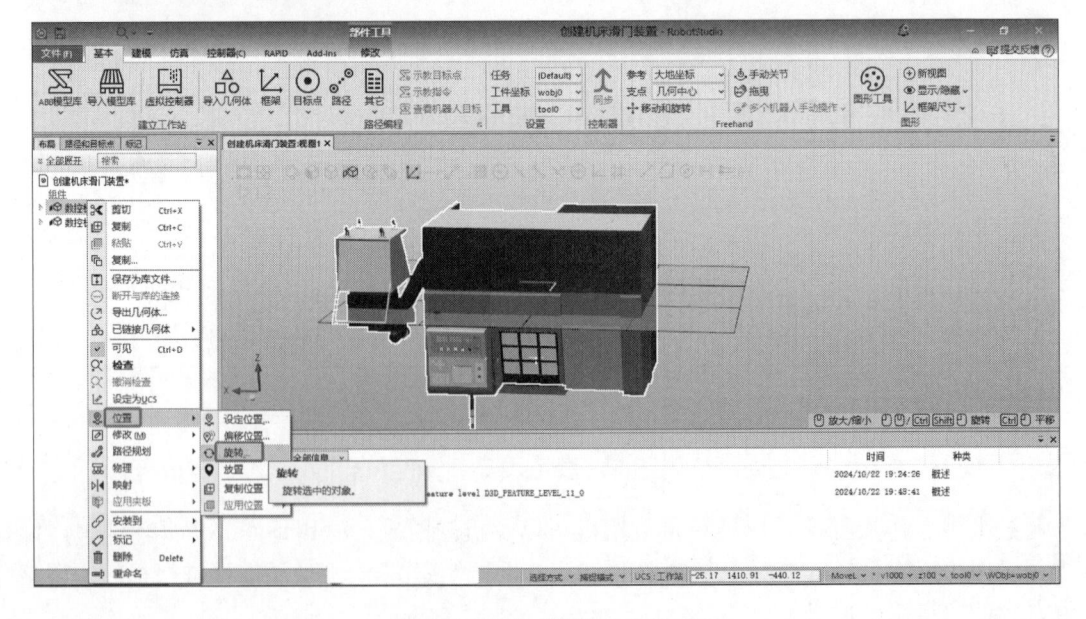

图3.63　选择"旋转…"选项

第 3 章　工作站对象建模实践

步骤 02　在打开的"旋转：数控机床"对话框中，参考坐标选择"大地坐标"，旋转（deg）参数设置为180并选中X单选按钮，其他选项保持默认设置即可。设置完成后，单击"应用"按钮，如图3.64所示。注意，视图区内倒置的模型绕X轴旋转180度。

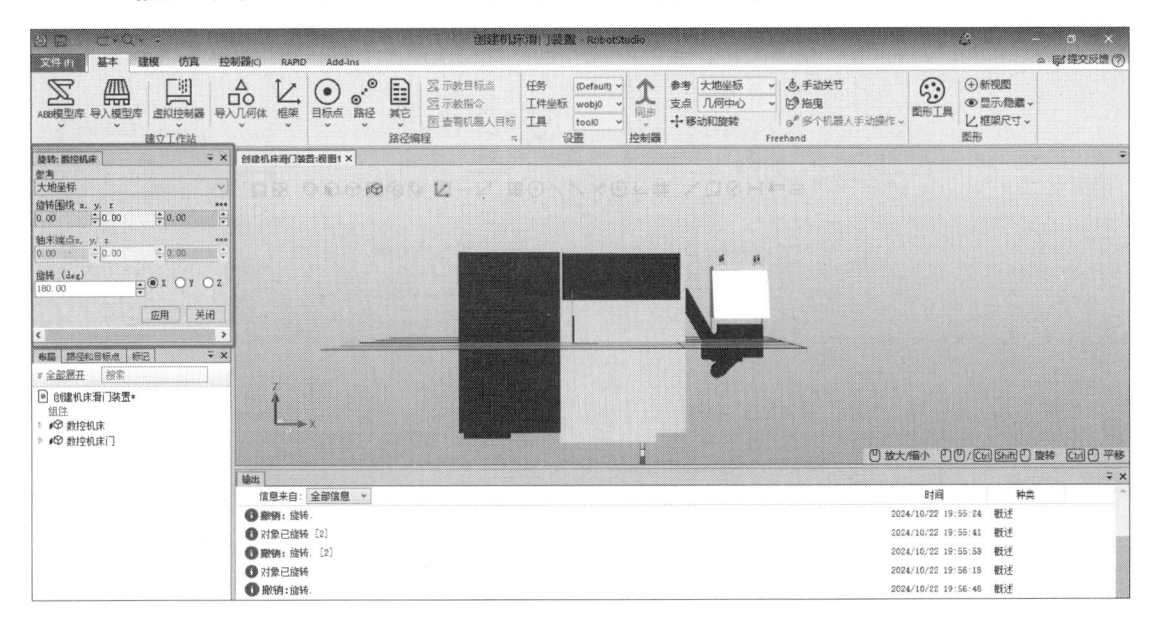

图3.64　设置旋转参数

步骤 03　数控机床模型位置已摆正，如图3.65所示。

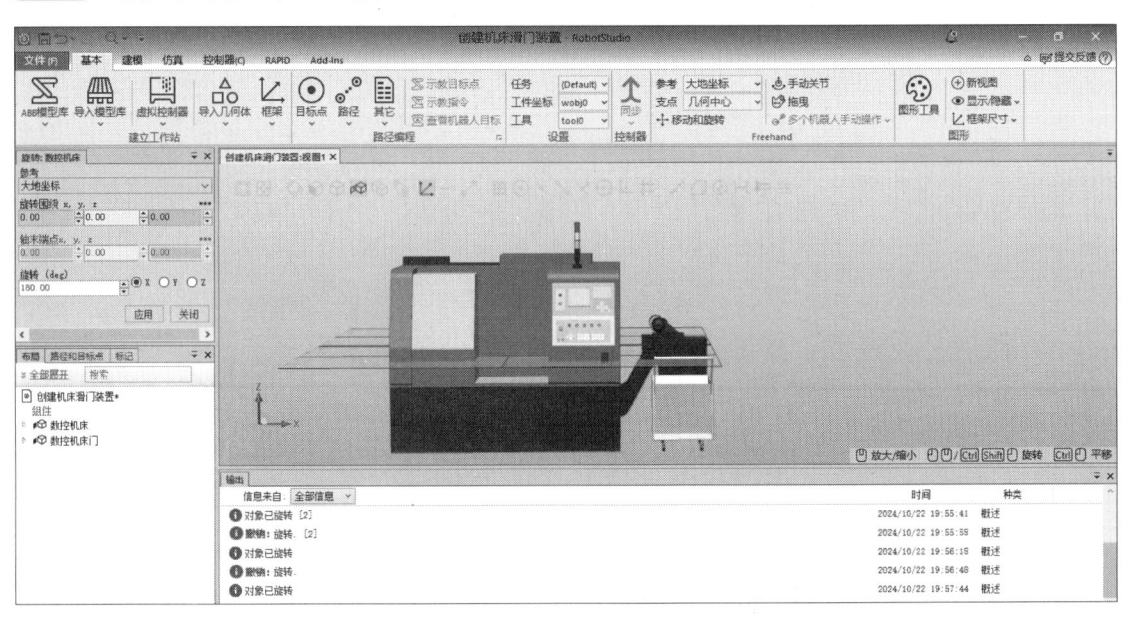

图3.65　数控机床模型位置已摆正

步骤 04　在"布局"管理器中，右击"数控机床门"，在弹出的快捷菜单中选择"位置"中的"旋转…"功能，如图3.66所示。

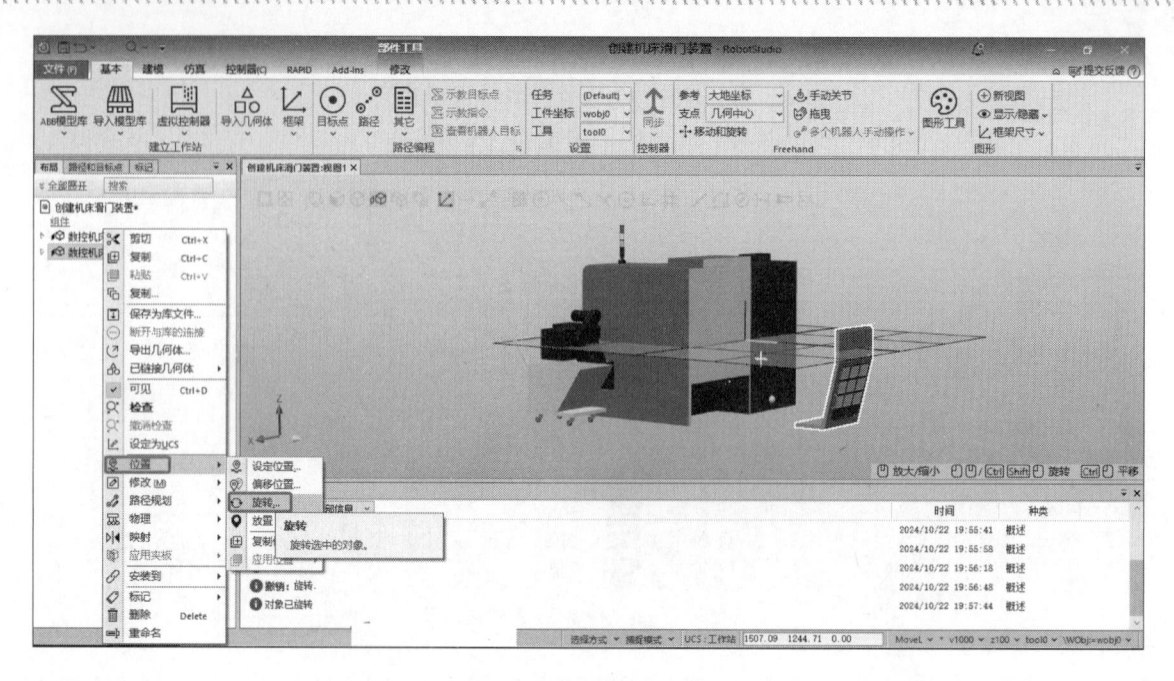

图3.66 旋转数控机床门

步骤05 在打开的"旋转：数控机床门"对话框中，参考坐标选择"大地坐标"，旋转（deg）参数设置为180并选中X单选按钮，其他选项保持默认设置即可。设置完成后，单击"应用"按钮，如图3.67所示。数控机床门模型已放置在数控机床上，如图3.68所示。

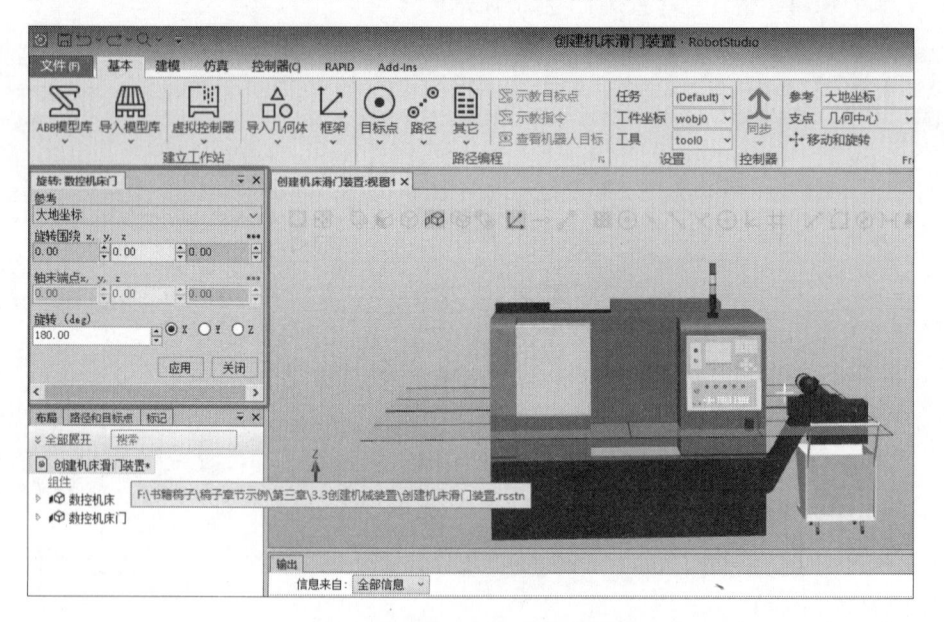

图3.67 设置机床门旋转参数

通过以上步骤，用户已经将数控机床及机床门重新布置完成了，主要是根据布置要求对模型对象围绕坐标轴进行相应的操作。如果导入的机床门不在指定位置，那么用户也可以通过之前章节中介绍的一点、两点以及三点法等进行放置。

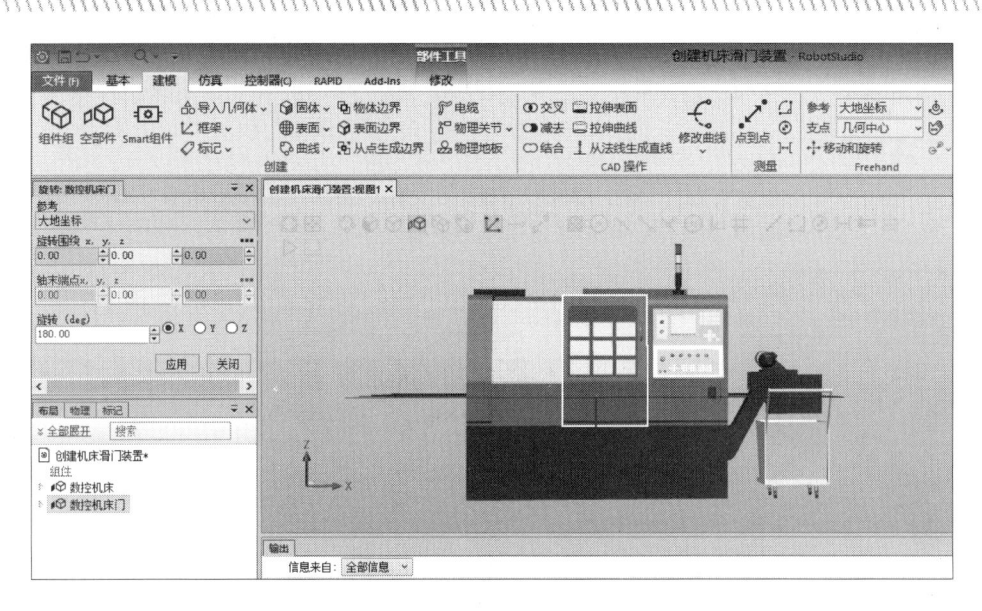

图3.68　数控机床门已摆正

3.3.3　建立机械运动特性

在3.3.2节中,用户已经将机床门放置到数控机床指定的位置上,本小节将继续介绍如何将机床门设置成滑动效果。具体操作步骤如下。

步骤 01　在"建模"功能选项卡中,单击"创建机械装置"按钮,如图3.69所示。

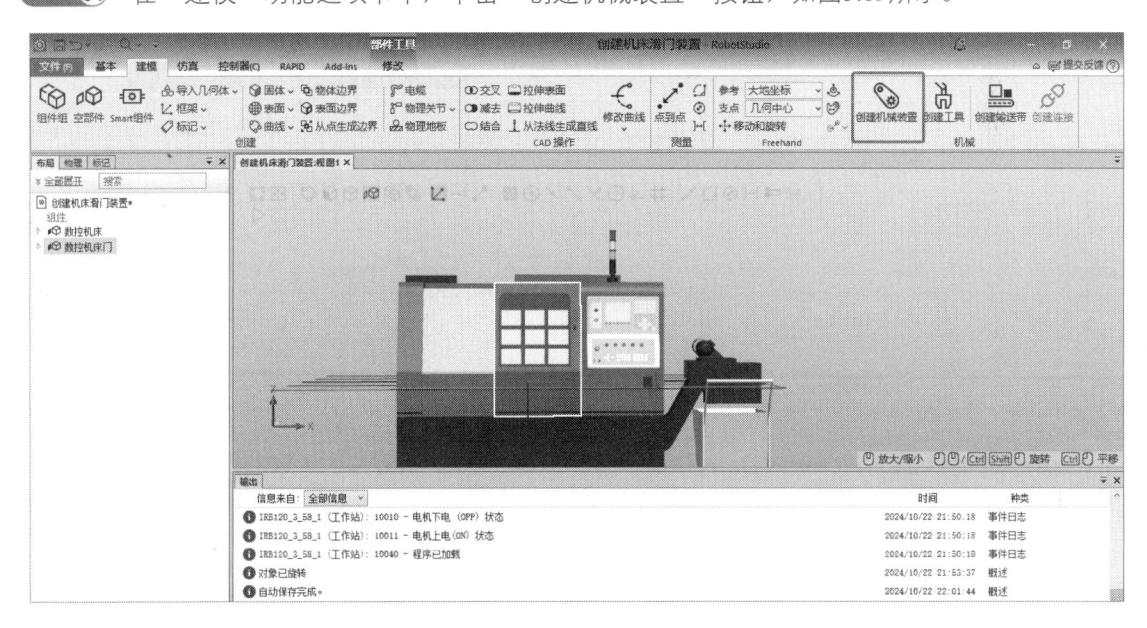

图3.69　单击"创建机械装置"按钮

步骤 02　如图3.70所示,在"创建机械装置"对话框中,修改"机械装置模型名称"为"数控机床滑门装置",在"机械装置类型"下拉菜单中选择"设备"后双击"链接"。

步骤 03 如图3.71所示，在弹出的"创建 链接"对话框中，设置链接名称为L1，所选组件为"数控机床"，勾选"设置为BaseLink"复选框，单击添加箭头，将所选组件数控机床添加到主页后，单击"应用"按钮。

步骤 04 如图3.72所示，继续在"创建 链接"对话框中，设置链接名称为L2，所选组件为"数控机床门"，单击添加箭头，将所选组件数控机床门添加到主页后，单击"确定"按钮。

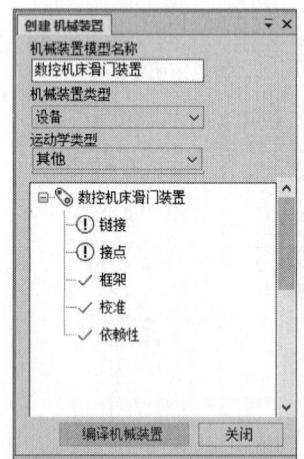

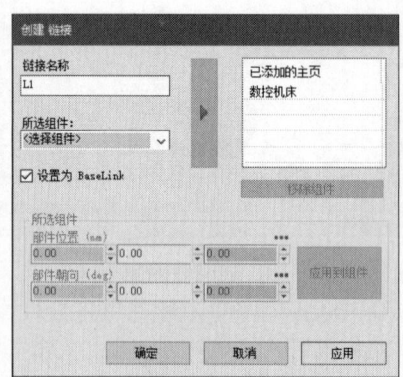

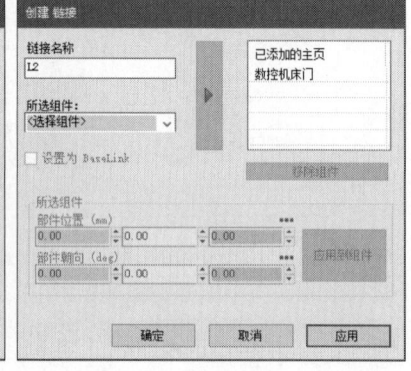

图 3.70 设置机械装置名称及类型　　图 3.71 设置数控机床链接参数　　图 3.72 设置数控机床门链接参数

步骤 05 创建的链接如图3.73所示，然后鼠标左键双击"接点"图标。

步骤 06 在"创建 接点"对话框中，关节名称为默认的J1，关节类型选中"往复的"单选按钮，如图3.74所示。

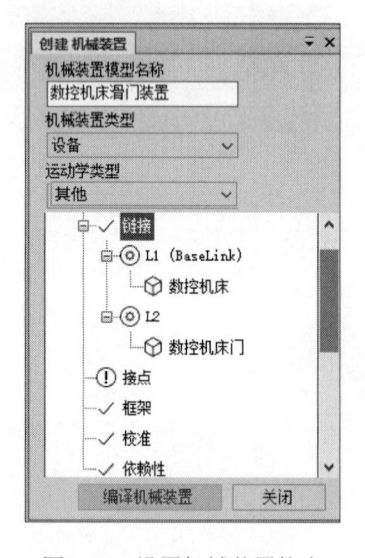

图 3.73 设置机械装置接点　　图 3.74 设置接点参数

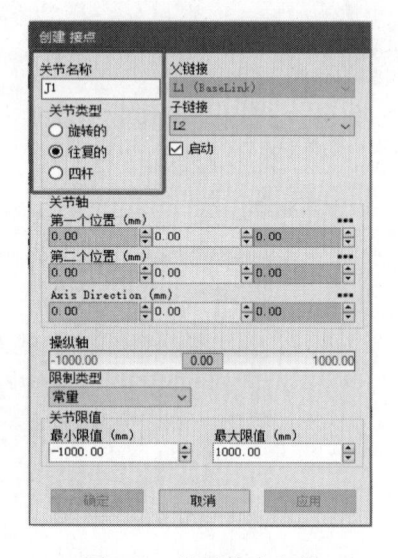

步骤 07 在视图区内，捕捉模式选择"捕捉末端"和"选择部件"功能选项，如图3.75所示。

步骤 08 在"创建 接点"对话框中，单击"关节轴"中"第一个位置（mm）"第一个方框，如图3.76所示。

第 3 章 工作站对象建模实践

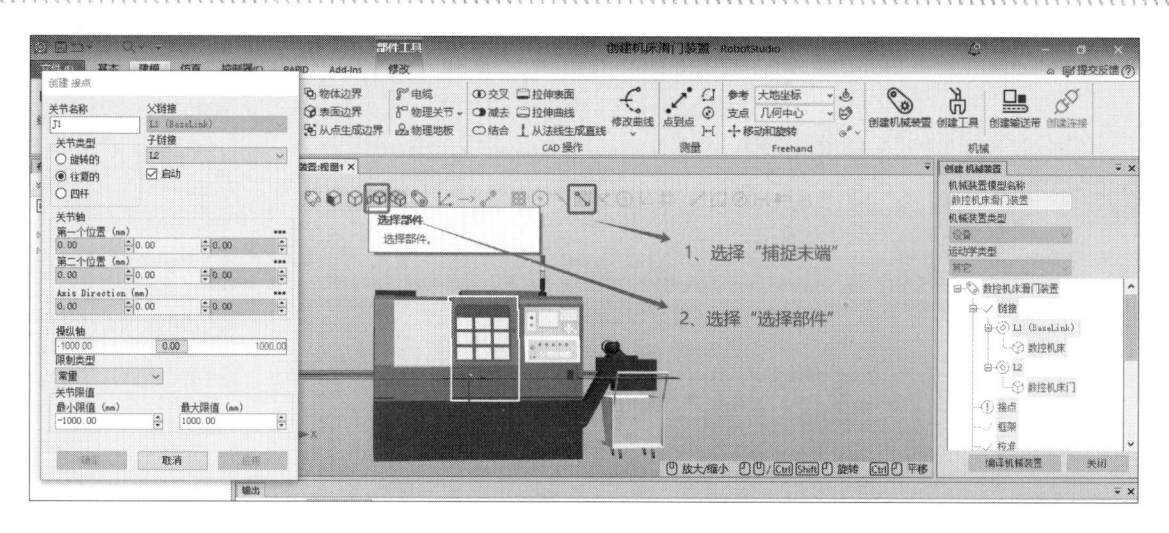

图3.75 选择"捕捉末端"和"选择部件"功能

步骤 09 依次单击"视图"中数控机床上的A、B点，如图3.77所示。

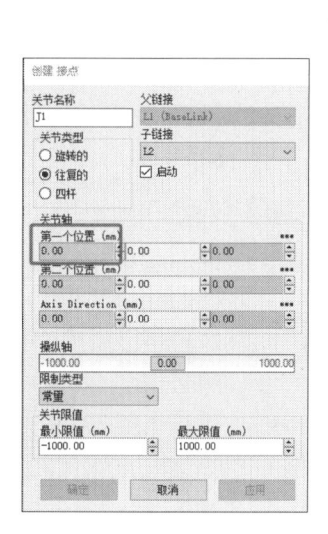

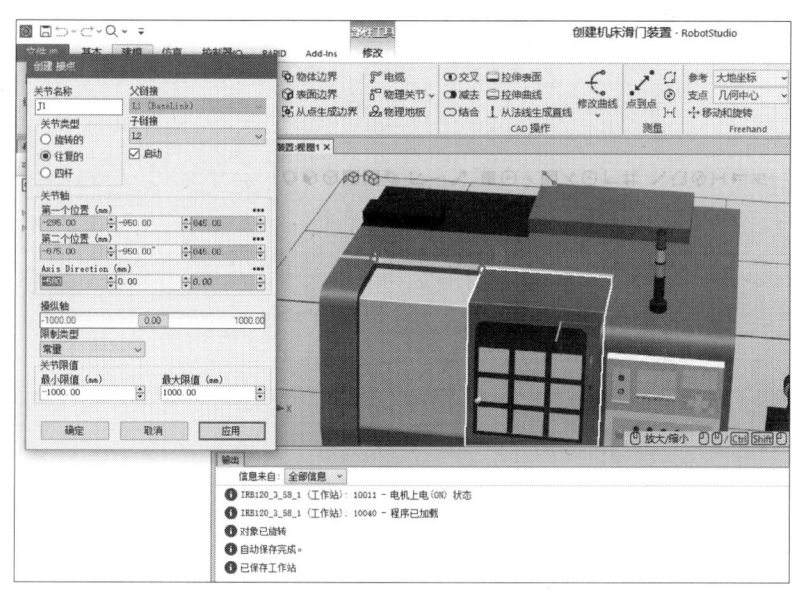

图 3.76 设置关节轴参数 　　　　　图 3.77 捕捉点坐标值

步骤 10 A、B两点单击完成后，将自动拾取"关节轴"第一个位置和第二个位置的坐标值。在"关节限值"中，最小限值输入0，最大限值输入580，单击"确定"按钮完成，如图3.78所示。

备注：上面输入的580为A、B两点坐标值的差，也就是机床门能够移动的最大限值。

步骤 11 单击"创建机械装置"中的"编译机械装置"按钮。此时会出现关节映射和姿态等信息，如图3.79所示。

步骤 12 鼠标左键双击"创建机械装置"标题栏，即可使该窗口成为活动窗口，如图3.80所示。

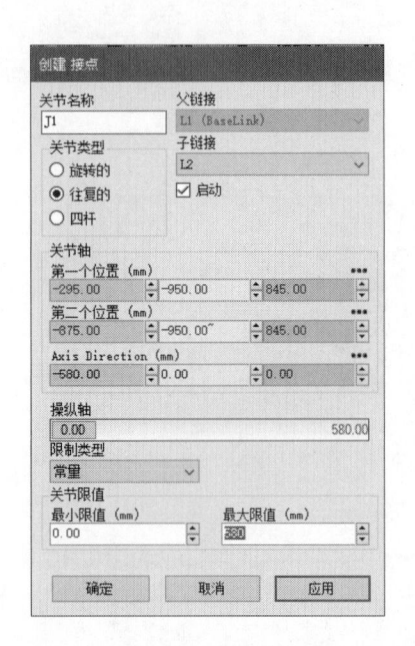

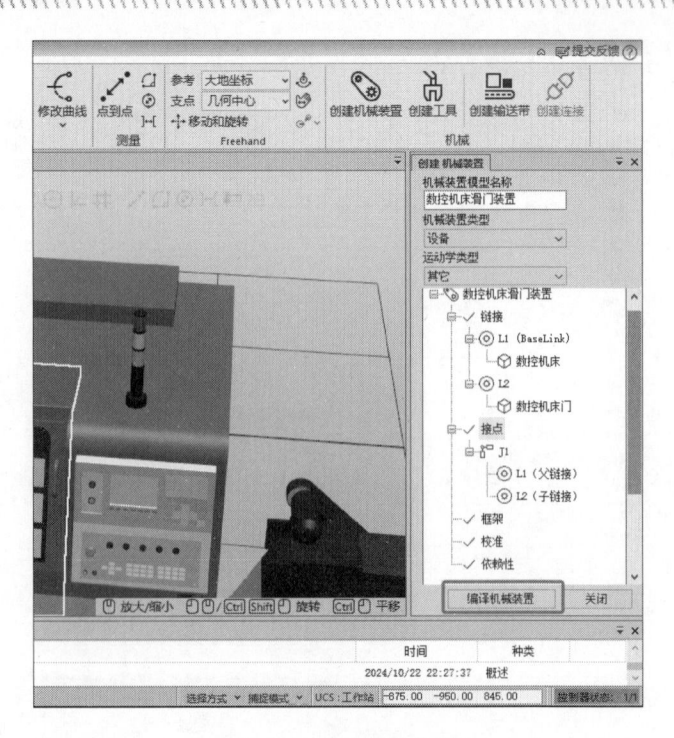

图 3.78　设置限值　　　　　　　　　　　　　图 3.79　编译机械装置

步骤⑬ 将鼠标放在窗口下边沿使其变为双向箭头后,按住鼠标左键拉长"创建机械装置"窗口,直到可以看到"姿态"中的"添加"按钮,然后单击"添加"按钮,如图3.81所示。

图 3.80　使"创建机械装置"窗口成为活动窗口　　　　图 3.81　添加姿态参数

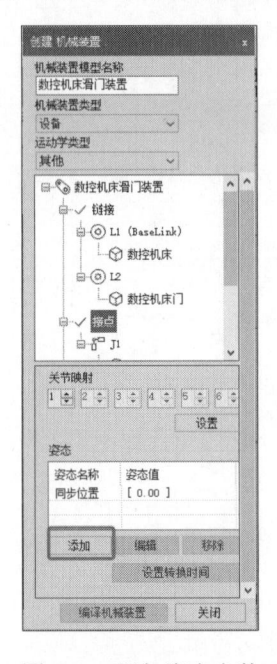

步骤⑭ 在弹出的"创建姿态"对话框中,设置"姿态名称"为默认的"姿态1",将滑块拖到580的一端位置,单击"确定"按钮,如图3.82所示。

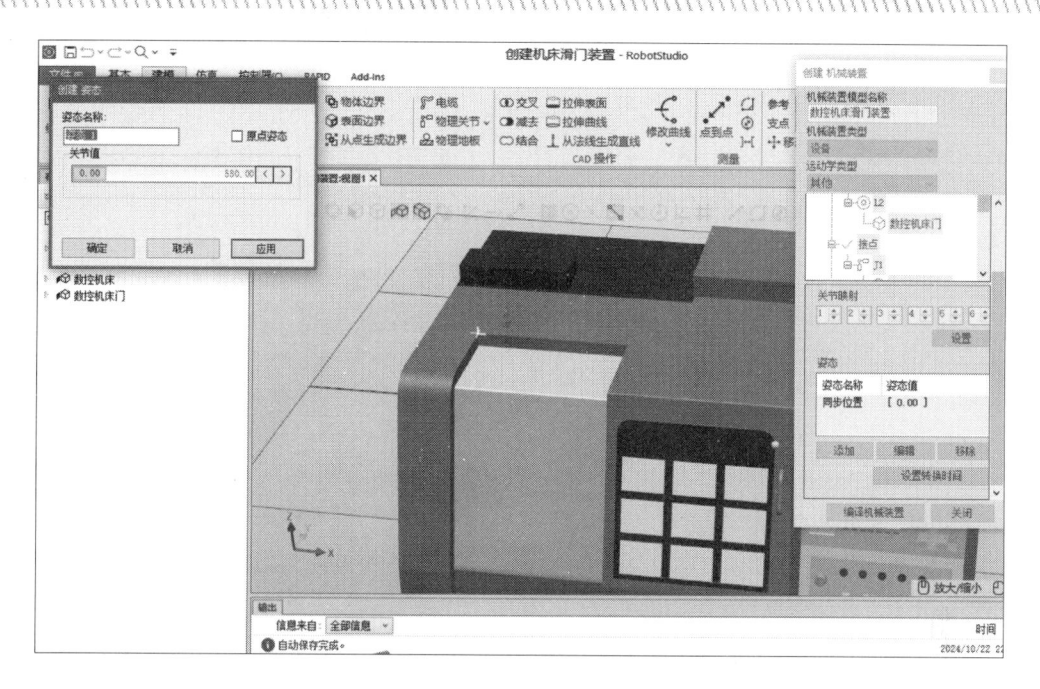

图3.82　设置姿态参数

步骤15　然后单击"创建机械装置"窗口中的"设置转换时间"按钮，如图3.83所示。

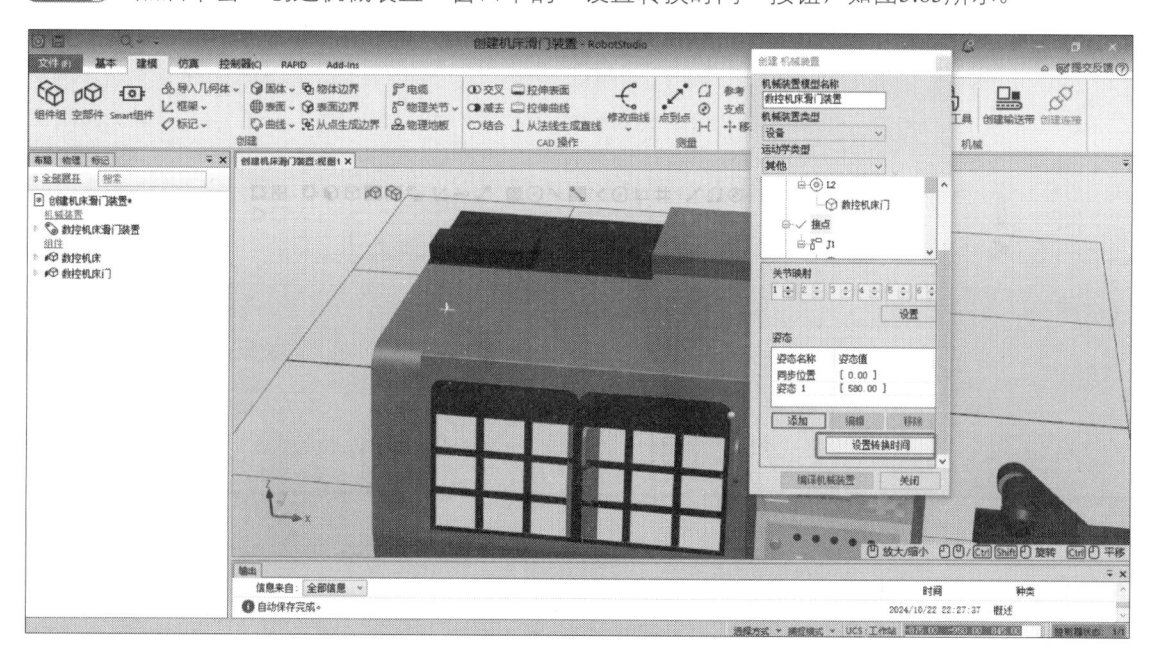

图3.83　设置转换时间

步骤16　在"设置转换时间"窗口中，设定门在两个位置滑动的时间均为3s，完成后单击"确定"按钮。再关闭"创建机械装置"对话框，如图3.84所示。

步骤17　在"建模"选项卡中选择"手动关节"后，使用鼠标左键拖动数控机床门即可呈现滑动的效果，如图3.85所示。

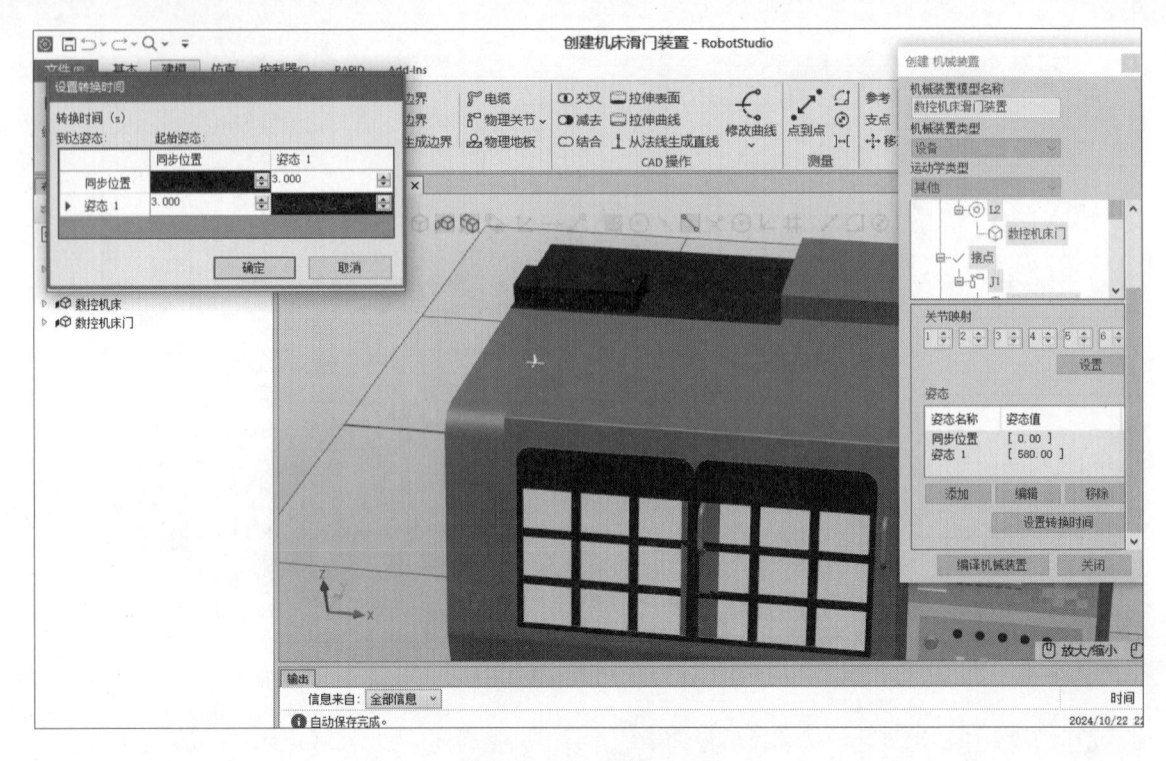

图3.84 设定转换时间

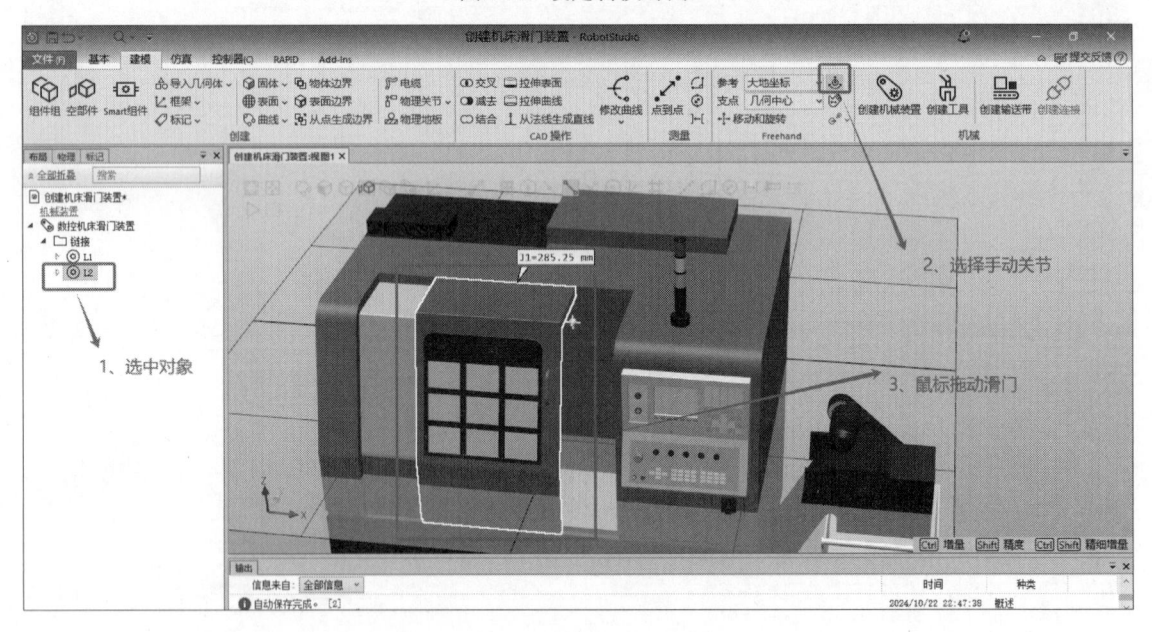

图3.85 测试机床门滑动效果

用户通过上述操作步骤，将两个分别导入的模型组合在一起，并实现了其中一个模型在另一个模型指定的位置进行滑动的效果，为创建自定义模型库文件打好了基础。读者可以按照上述步骤多操作，多练习。

3.3.4 保存为库文件

上述数控机床滑门装置创建完成之后,用户可以将其作为库文件进行保存,以便于在其他工作站中进行调用。首先,在"布局"管理器中,右击"数控机床滑门装置",在弹出的快捷菜单中单击"保存为库文件…",如图3.86所示。

图3.86 保存为库文件

在弹出的"另存为"对话框中,选择保存路径,然后单击"保存"按钮完成库文件的保存,如图3.87所示。

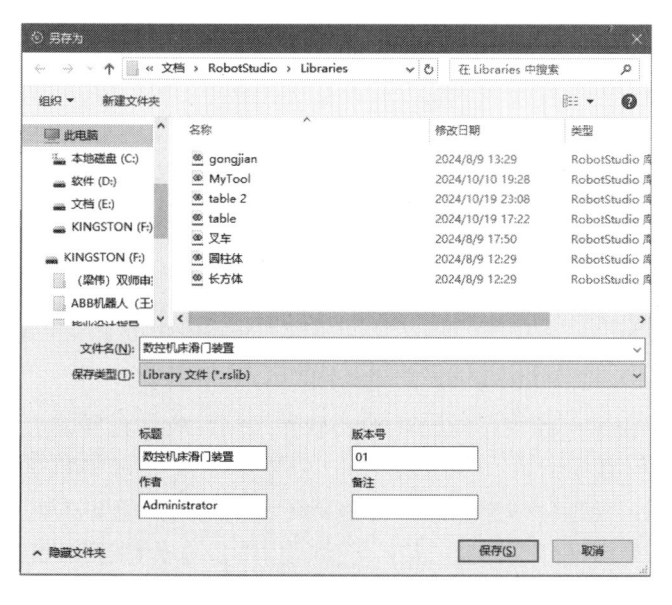

图3.87 "另存为"对话框

用户通过保存库文件的方式将其保存在软件的用户库路径中,使得创建好的模型可以在不同工作站中进行重复调用。在RobotStudio中,在"基本"功能选项卡下选择"导入模型库"的"用户库"即可导入,如图3.88所示。用户也可以将自定义创建好的模型保存库文件时选择其他保存路径。

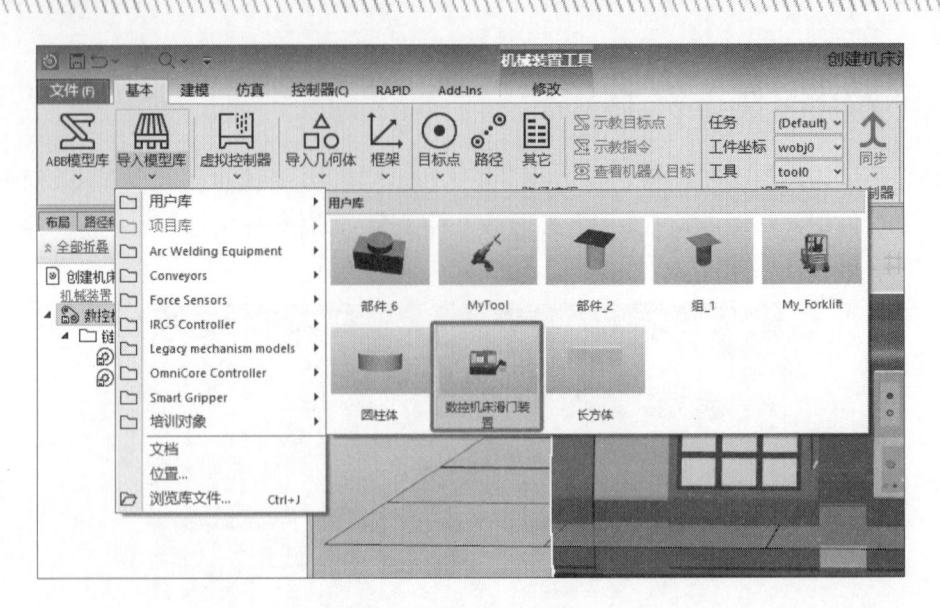

图3.88　通过用户库导入

3.4　创建工具

一般情况下，用户在创建工作站时，如果RobotStudio模型库中没有所需要的工具，就需要用户自定义工具。自定义工具要求能够与RobotStudio模型库中的工具一样，能够在导入后自动安装到机器人法兰盘末端并保证坐标方向一致，以及能够在工具的末端自动生成工具坐标系，从而避免工具方面的仿真误差。其中，自定义创建的工具3D模型，如果需要使用精度较高且复杂的3D模型，用户可以使用第三方绘图软件制作后导入。

本节将介绍如何把一个已创建完成的工具（名称为grip2.rslib）导入工作站中，设置好法兰盘安装原点以及TCP点坐标，并将其自定义为具有机器人工作站特性的工具。在操作过程中，用户将学习设定工具的本地原点、创建工具坐标系框架以及创建工具等操作方法。

3.4.1　设定工具本地原点

用户自定义的3D模型可能由不同的3D绘图软件绘制而成，需要转换成特定的文件格式导入RobotStudio 2024软件中。在导入过程中，可能会出现图形特征丢失的情况，并且在RobotStudio中进行图形处理时，某些关键特征是无法处理的。例如，工具末端的图形特征丢失，就不能准确地捕捉到这个工具的末端，导致捕捉特定工具点位失败。

本小节特意选取了一个缺失图形特征的工具模型进行举例。在操作过程中，用户会遇到类似的问题，我们将针对此类问题介绍相应的解决方法。

1. 隐藏地面

导入模型后，用户会发现有一部分模型在模拟地面以下，而在图形处理过程中，为了避免模拟工作站地面特征影响用户的视线及捕捉功能，先将地面设定为隐藏，具体操作步骤如下。

步骤01 首先通过"基本"功能选项卡的"导入模型库"导入grip2.rslib工具模型，如图3.89所示。

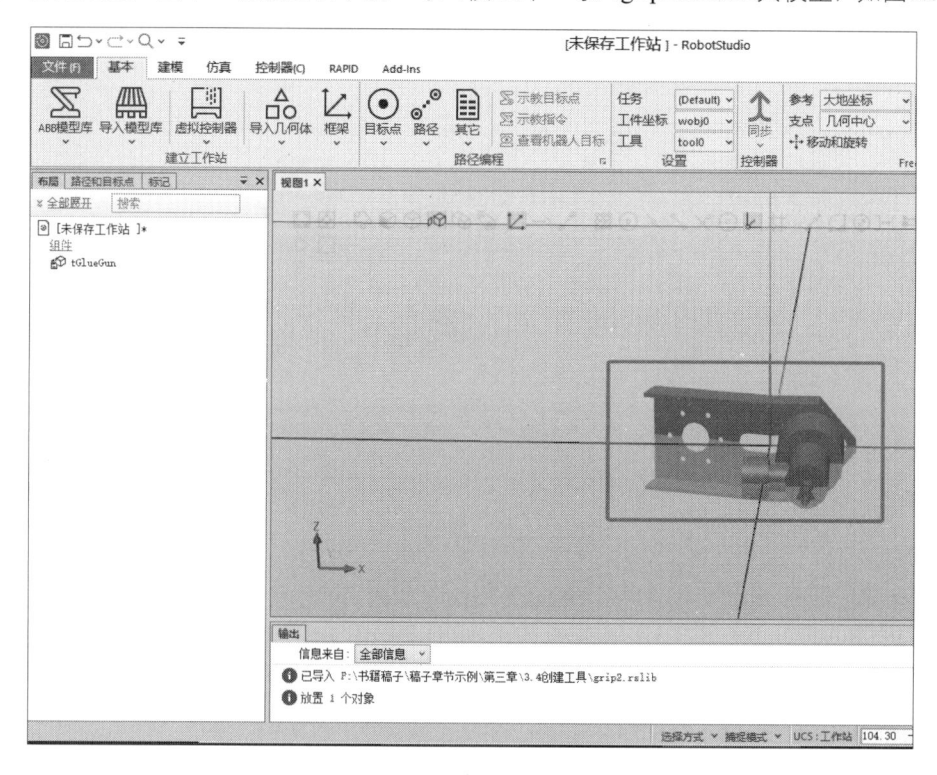

图3.89　导入工具模型

步骤02 在地面上右击，选择"设置"，取消勾选"显示地面"即可隐藏地面，如图3.90和图3.91所示。用户将视图区地面隐藏之后，回到"基本"功能选项卡，观察一下工具模型，如图3.92所示。

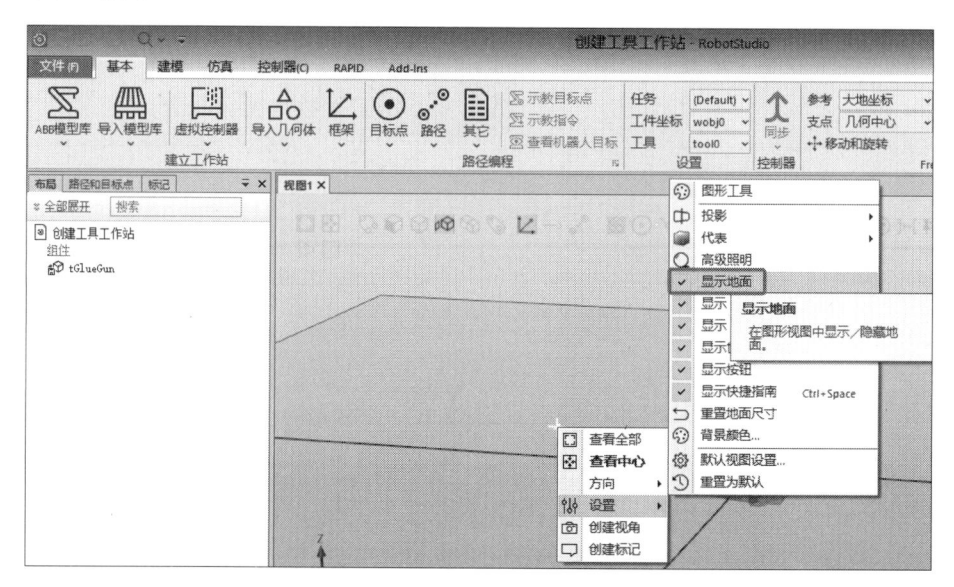

图3.90　取消显示地面

103

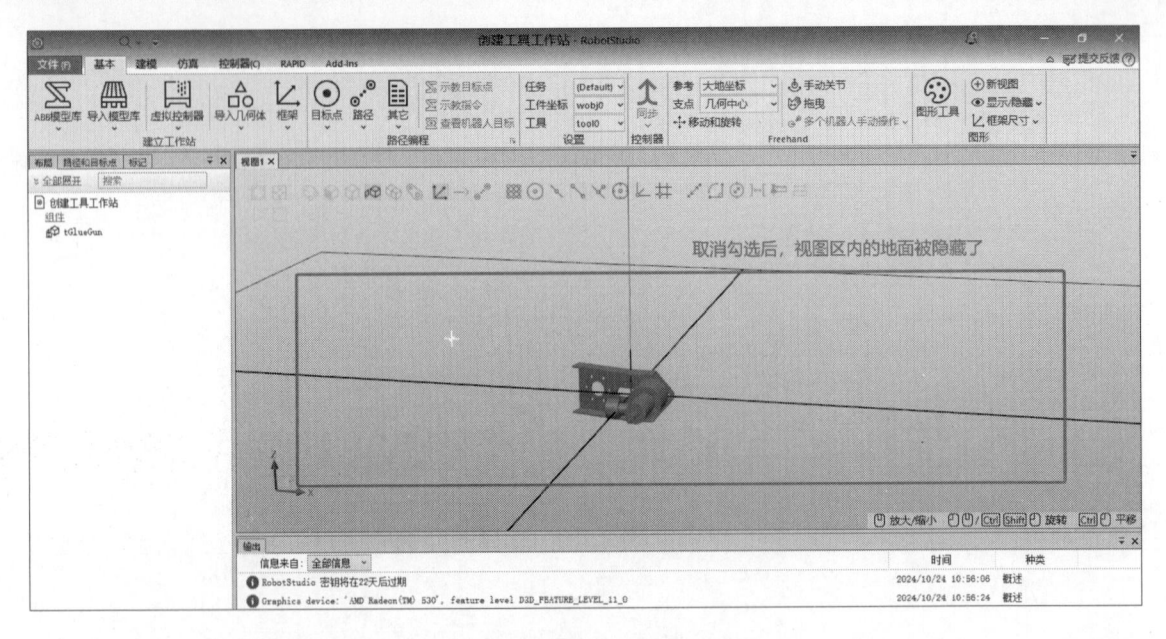

图3.91　地面已隐藏

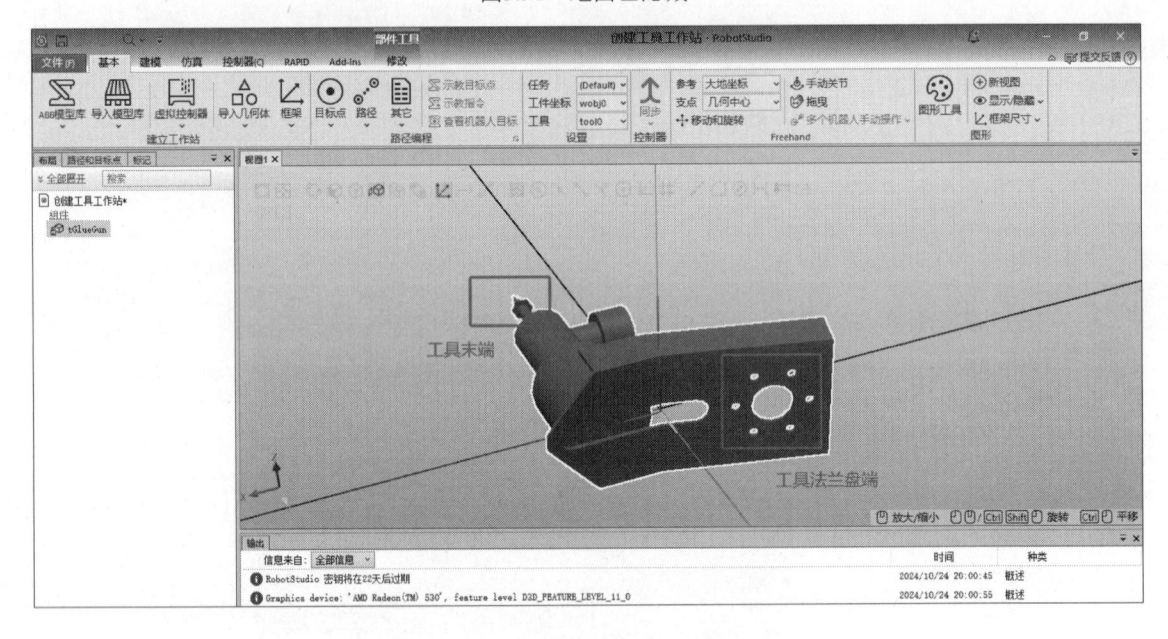

图3.92　工具模型法兰盘及工具末端

在RobotStudio中，模型工具安装过程的原理是将工具模型的本地坐标系与机器人法兰盘坐标系（Tool0）重合。工具末端的坐标系框架即作为机器人的工具坐标系。因此，用户需要对工具模型进行以下两步图形处理：首先，在工具法兰盘端创建本地坐标系框架；其次，在工具末端创建工具坐标系框架。通过这两个操作步骤，用户自定义的工具模型将具备与系统库中默认工具模型相同的属性。

2. 调整 3D 模型位置

首先放置一下工具模型的位置，使其法兰盘所在面与大地坐标系正交，以便于处理坐标系的方向，具体操作步骤如下。

步骤 01 在"建模"选项卡中，单击"测量"组的"点到点"按钮，如图3.93所示。

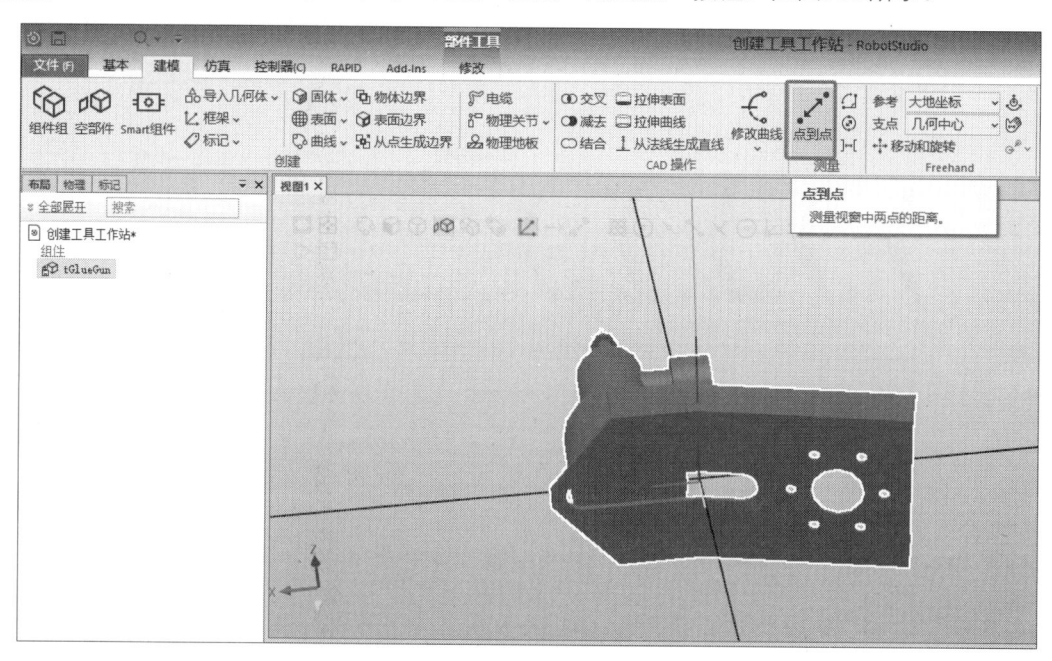

图3.93　选择点到点测量功能

步骤 02 选择"选择部件"和"捕捉末端"两种捕捉模式，如图3.94所示。

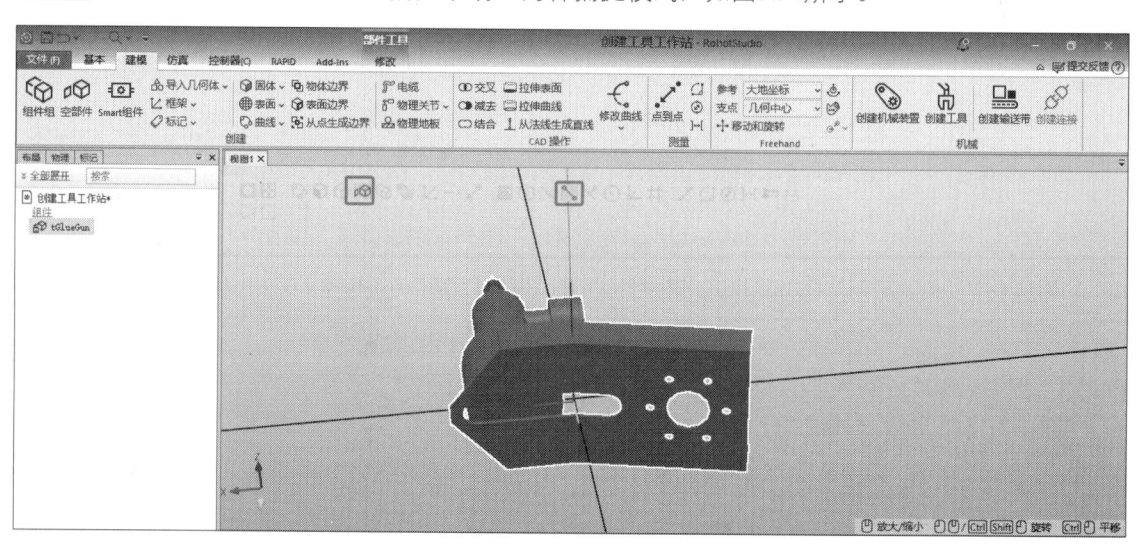

图3.94　选择捕捉模式

步骤 03 依次单击A、B点。测量得出A、B点的距离为100mm，如图3.95所示。

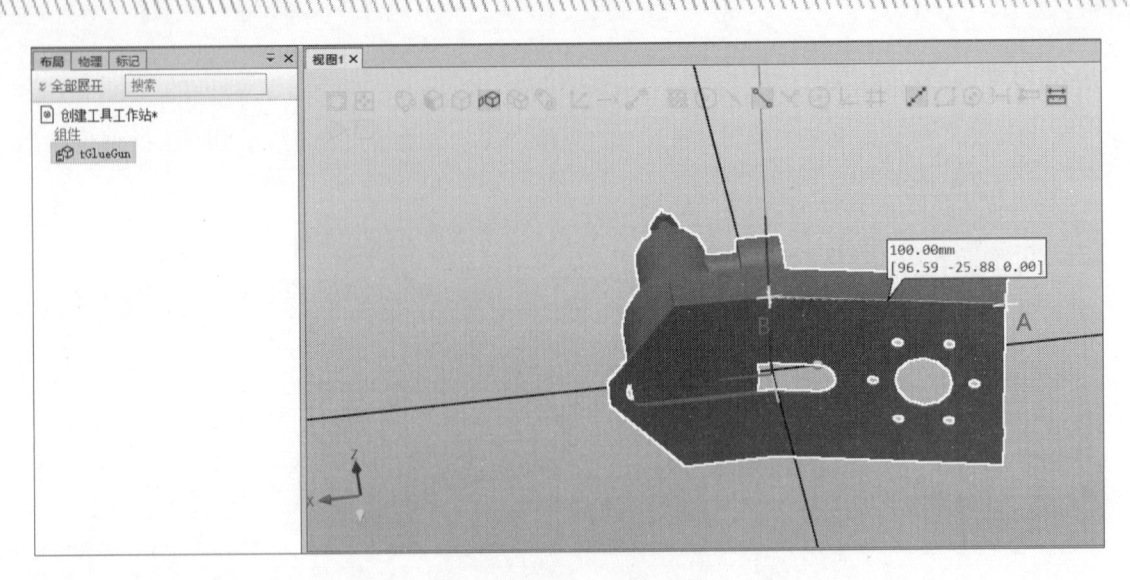

图3.95 测量A、B点的距离

步骤04 在布局管理器中,右击grip2,在弹出的快捷菜单中,依次展开"位置""放置",选择"两点",如图3.96所示。

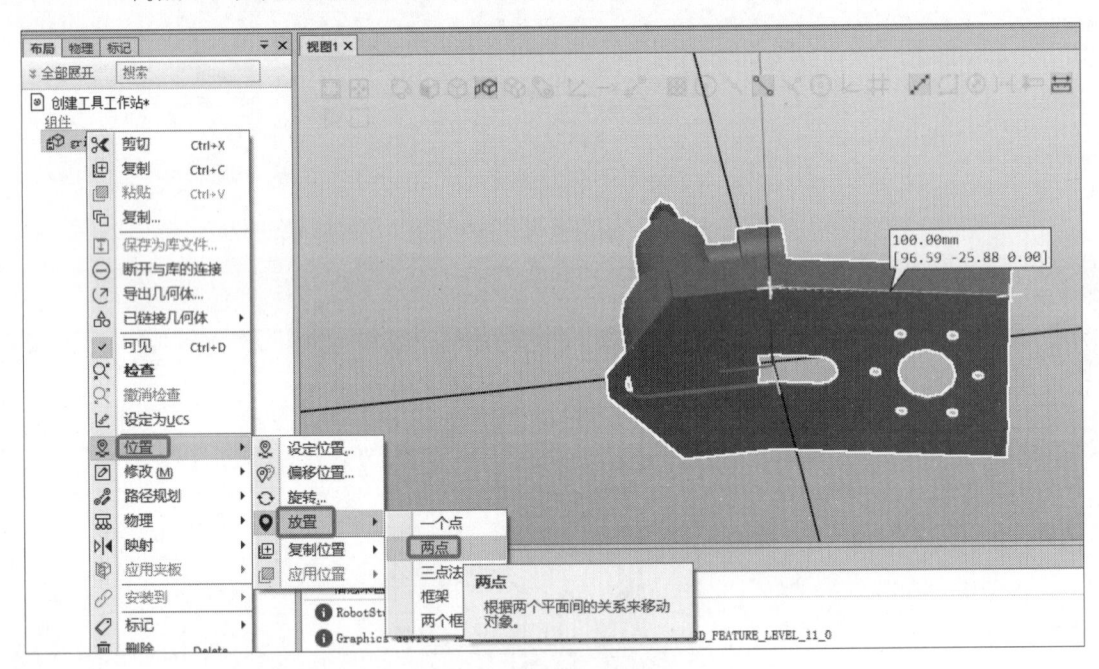

图3.96 选择两点法放置

步骤05 在"放置对象:grip2"对话框中,参考坐标为大地坐标,单击"主点-从(mm)"第一个框后,再单击视图对象上的A点,如图3.97所示。

步骤06 在"放置对象:grip2"对话框中,单击"X轴上的点-从(mm)"第一个框后,再单击视图对象上的B点,如图3.98所示。

第 3 章 工作站对象建模实践

图3.97 选择第一点坐标值

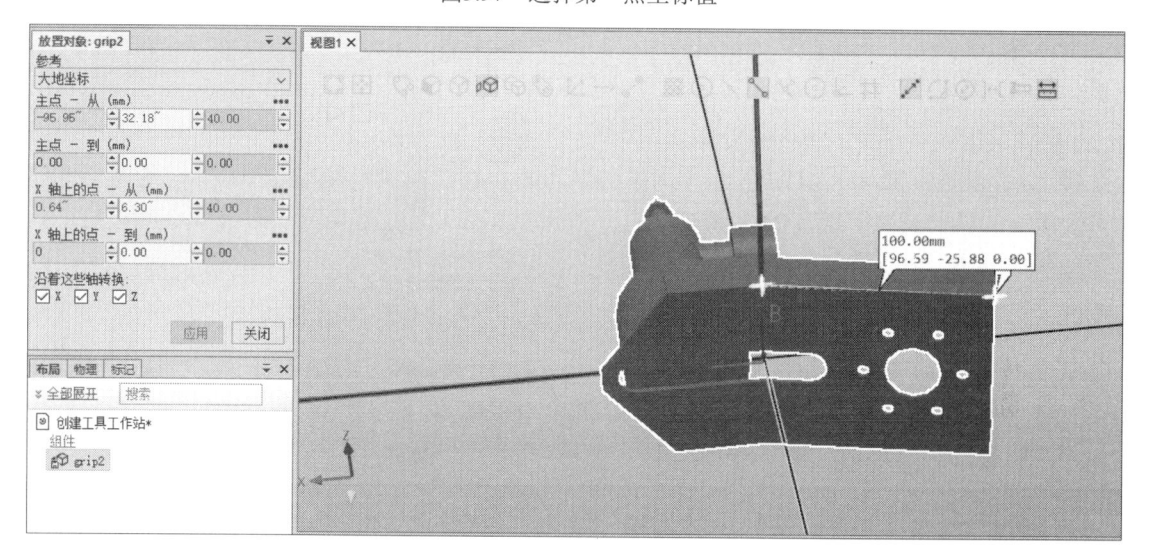

图3.98 选择第二点

步骤 07 在"放置对象：grip2"对话框中，在"X轴上的点 – 到 (mm)"第一个框中输入100后，单击"应用"按钮，如图3.99所示。

以上操作步骤主要是将工具法兰盘所在平面的上边缘与工作站大地坐标系的X轴重合，工具grip2的最终位置如图3.100所示。

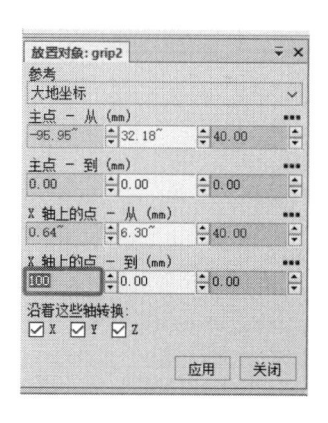

图3.99 设置到点坐标数据

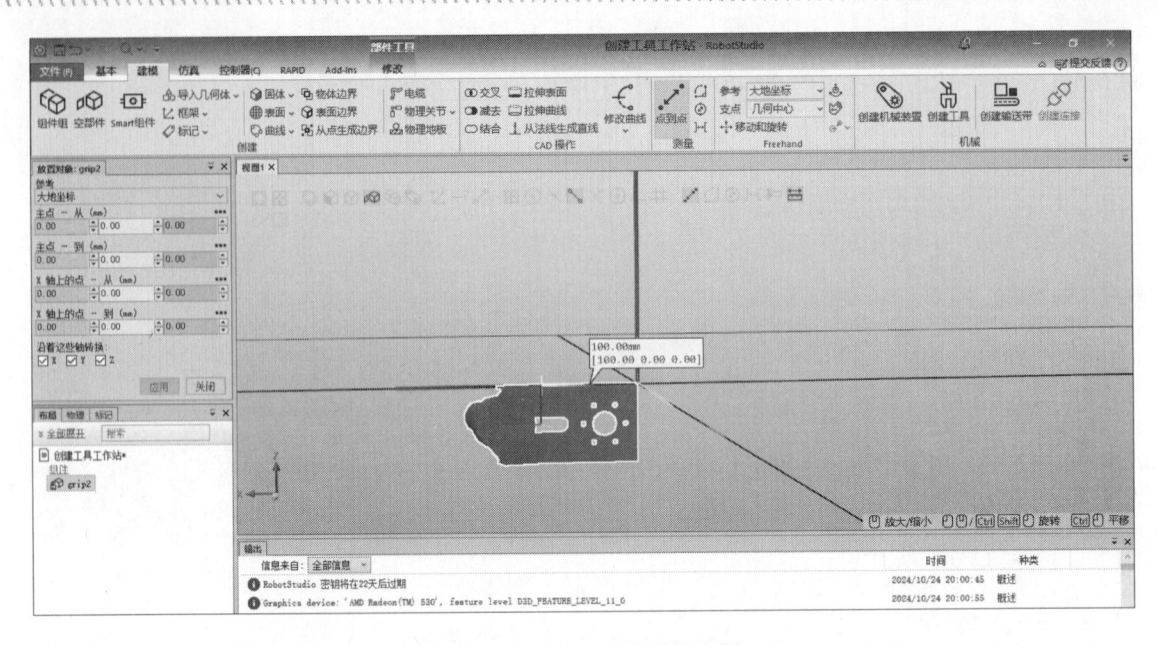

图3.100 工具grip2的最终位置

3. 创建工具本地原点

接下来，用户需要将工具法兰盘圆孔中心作为该模型的本地坐标系的原点，但是由于该模型特征丢失，导致无法用现有的捕捉工具捕捉到此中心点，因此更换另一种方式进行捕捉。具体操作步骤如下。

步骤01 在"建模"功能选项卡中，单击"表面边界"按钮，如图3.101所示。

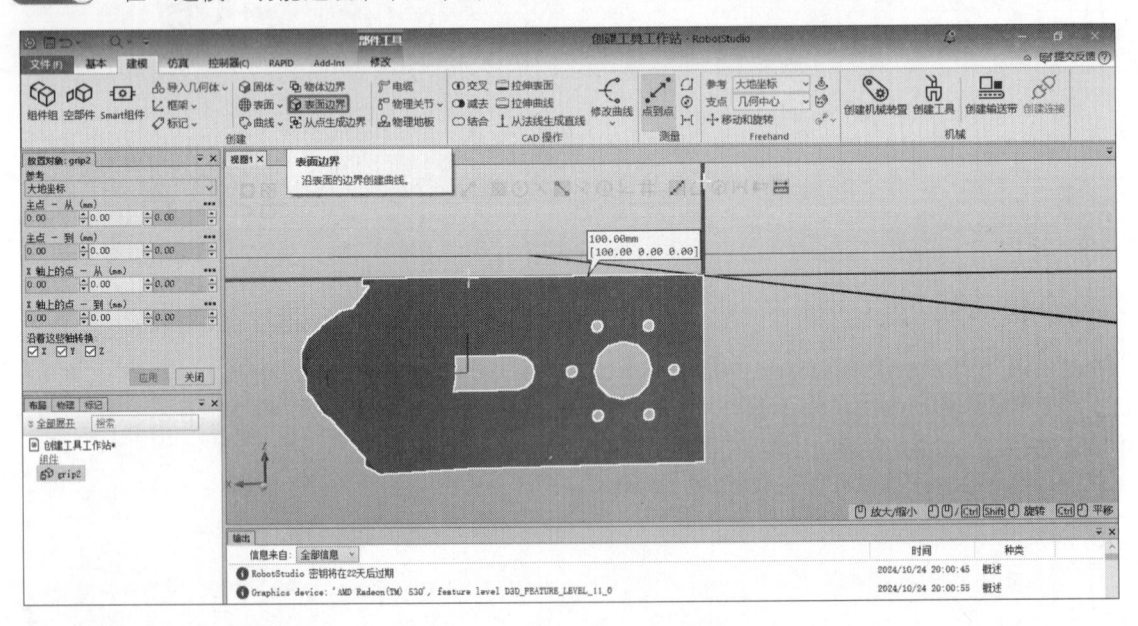

图3.101 单击"表面边界"按钮

步骤02 高亮显示所选表面，如图3.102所示。

第 3 章　工作站对象建模实践

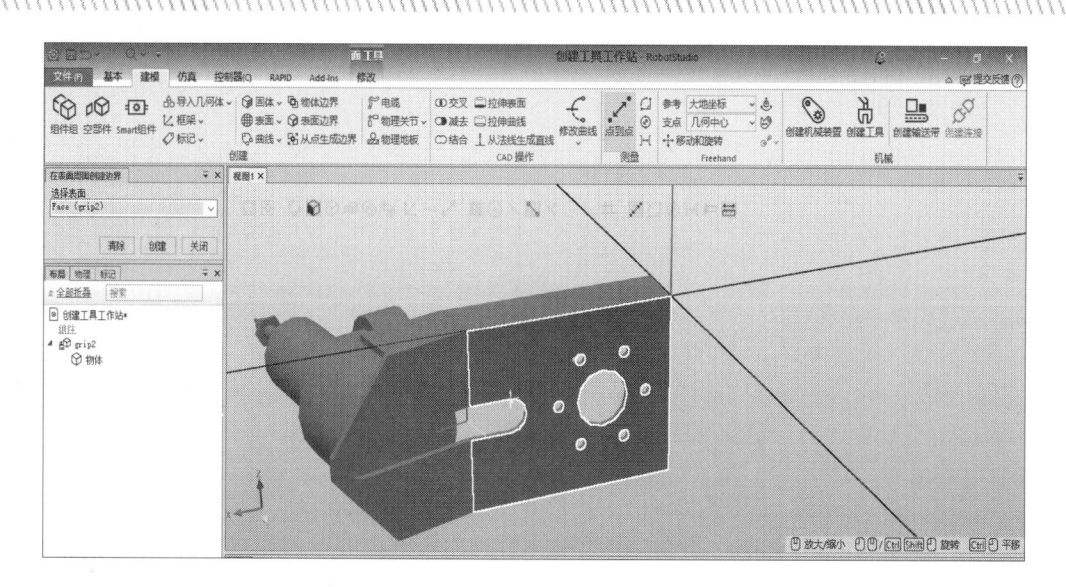

图3.102　高亮显示所选表面

步骤 03　在打开的"在表面周围创建边界"对话框中，单击"创建"按钮，如图3.103所示。

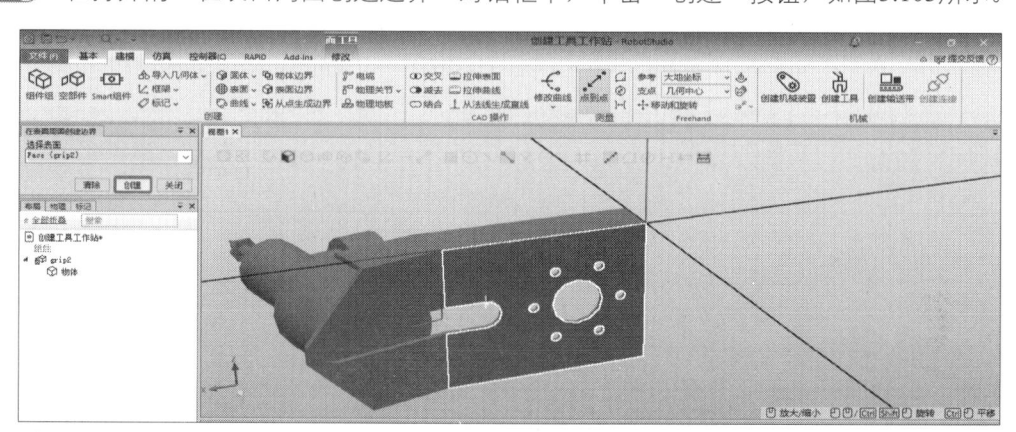

图3.103　创建表面边界

步骤 04　在"布局"中右击grip2，在弹出的快捷菜单中选择"断开与库的连接"，如图3.104所示。

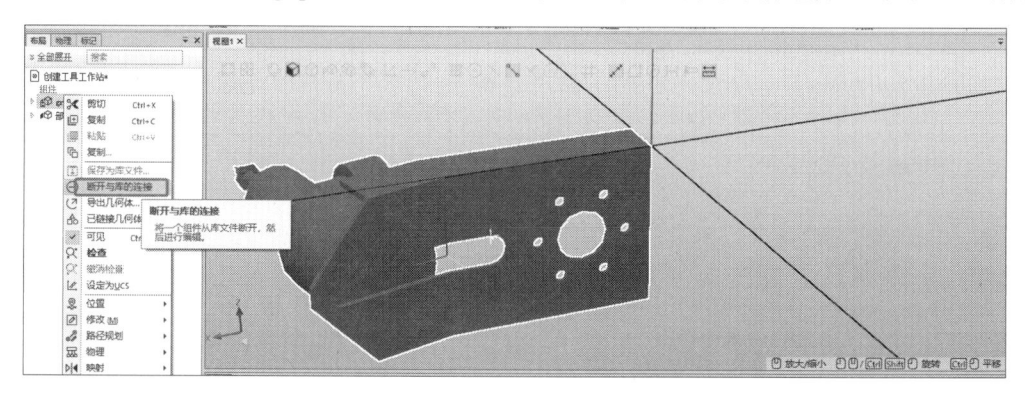

图3.104　选择"断开与库的连接"

109

步骤 05 在"布局"中再次右击grip2,在弹出的快捷菜单中依次选择"修改"→"设定本地原点",如图3.105所示。

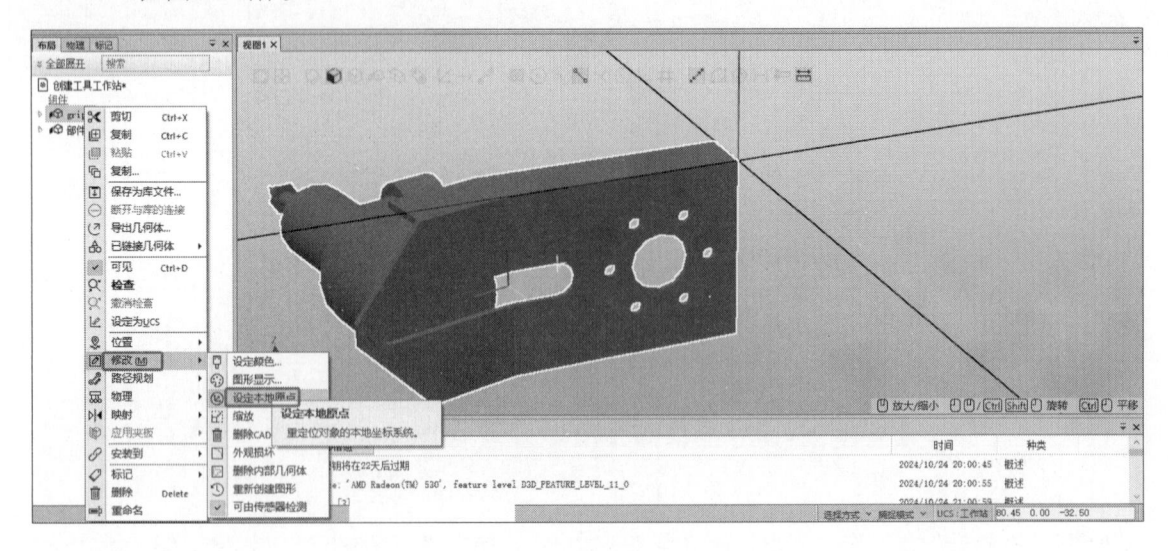

图3.105 设定本地原点

步骤 06 选择"选择表面"和"捕捉中心"两种捕捉模式,如图3.106所示。

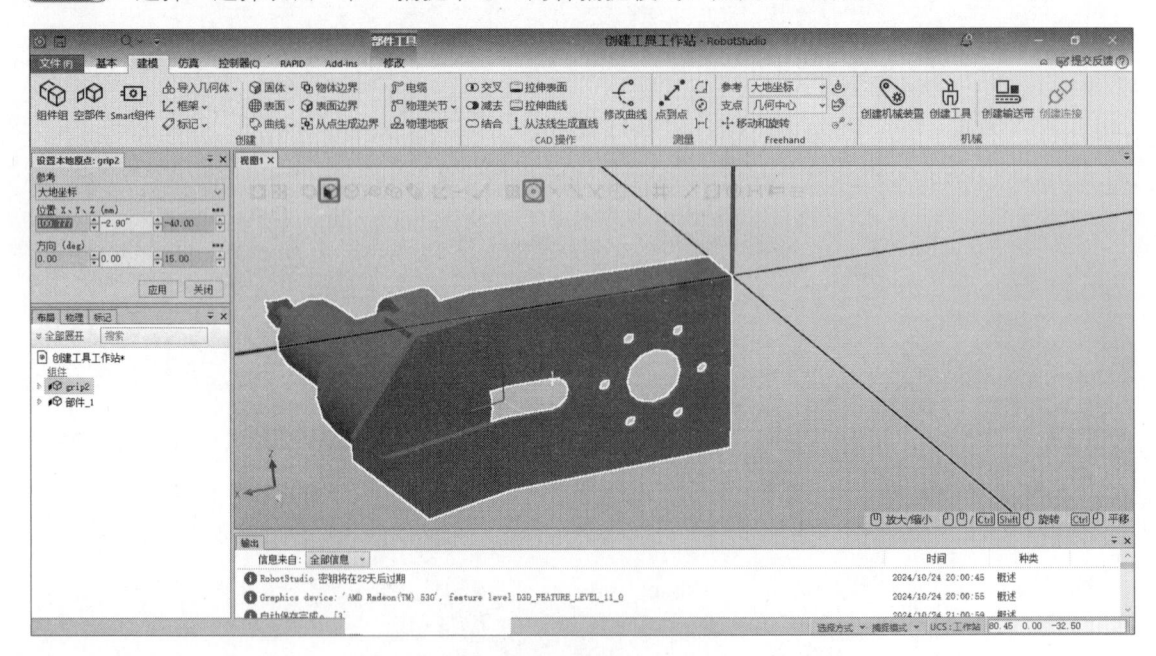

图3.106 选择捕捉模式

步骤 07 当鼠标靠近红圈附近,捕捉到圆心后单击,拾取圆心坐标,然后单击"应用"按钮,如图3.107所示。

步骤 08 在"布局"中右击grip2,在弹出的快捷菜单中依次选择"位置"→"设定位置…",如图3.108所示。

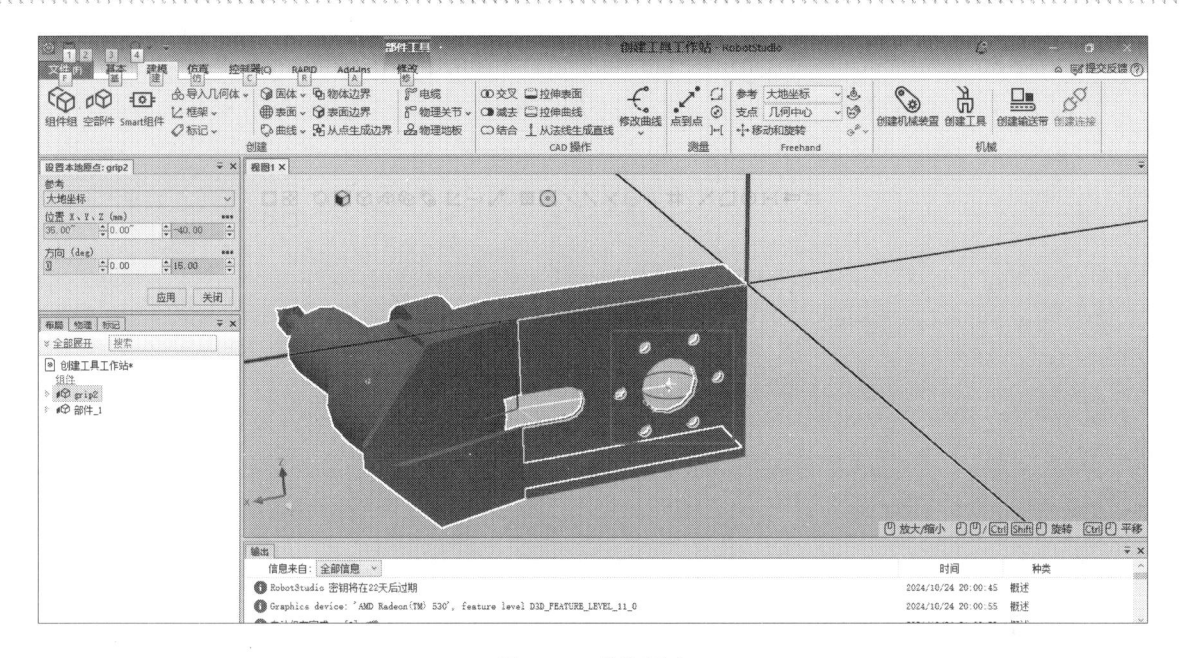

图3.107 拾取圆心

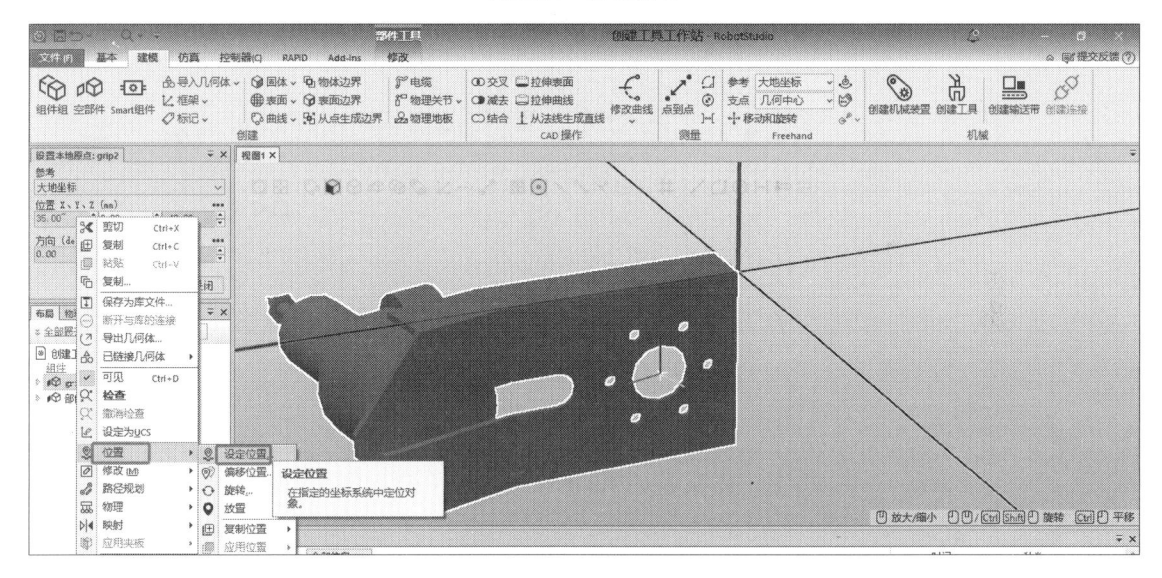

图3.108 设置工具位置

- 步骤 09 在"设定位置：grip2"对话框中，按照图3.109修改，单击"应用"按钮。按照上述步骤操作完成后，模型在视图区的位置如图3.110所示。
- 步骤 10 在"设定位置：grip2"对话框中，修改方向为（−90，0，180）后，单击"应用"按钮，即可调整工具模型grip2的姿态，如图3.111所示。
- 步骤 11 调整后的工具模型姿态如图3.112所示。注意，工具末端须放置在X轴负方向。

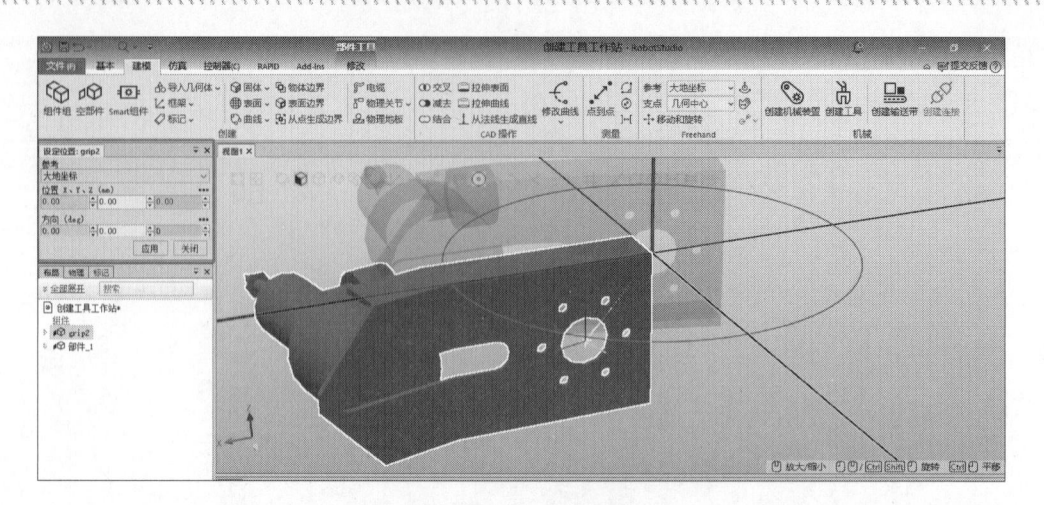

图3.109　设定工具位置坐标值

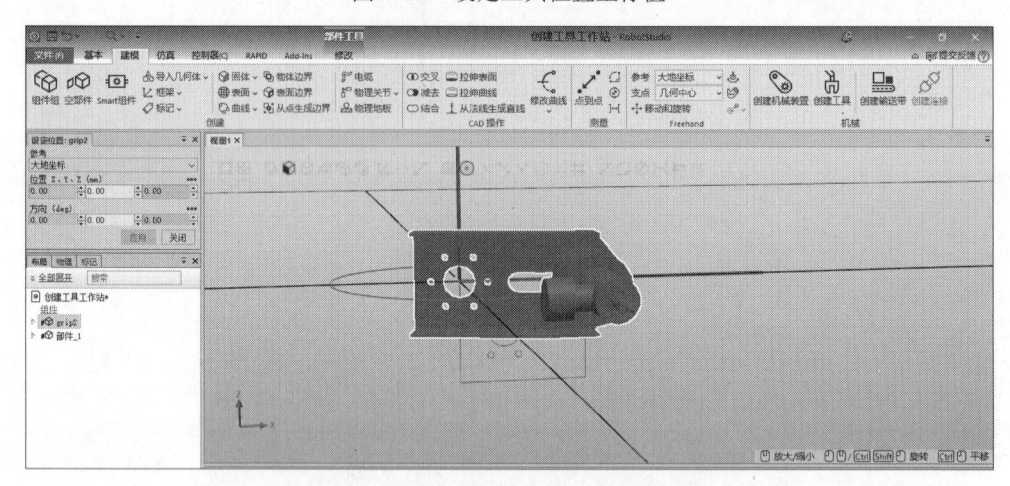

图3.110　设置位置后的最终工具

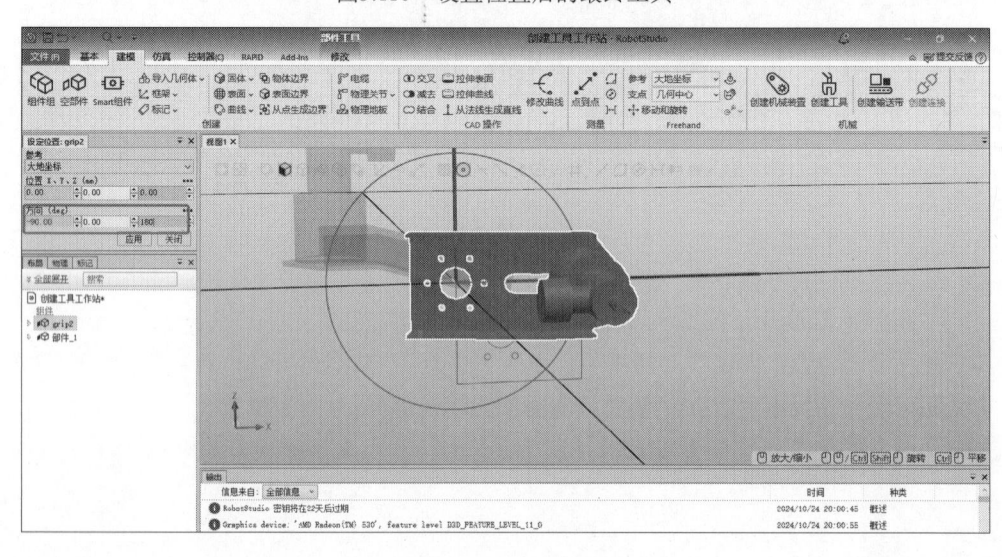

图3.111　设定工具姿态

第 3 章 工作站对象建模实践

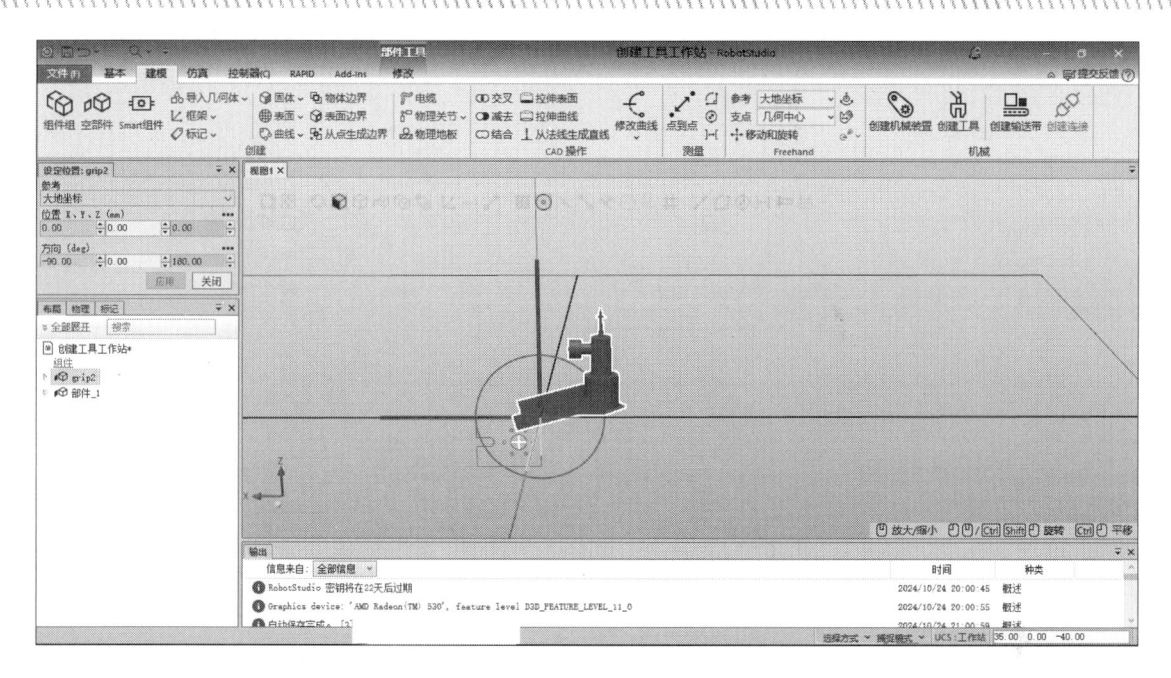

图3.112 调整后的工具模型姿态

步骤⑫ 在"布局"中右击grip2,在弹出的快捷菜单中依次选择"修改"→"设定本地原点…",如图3.113所示。

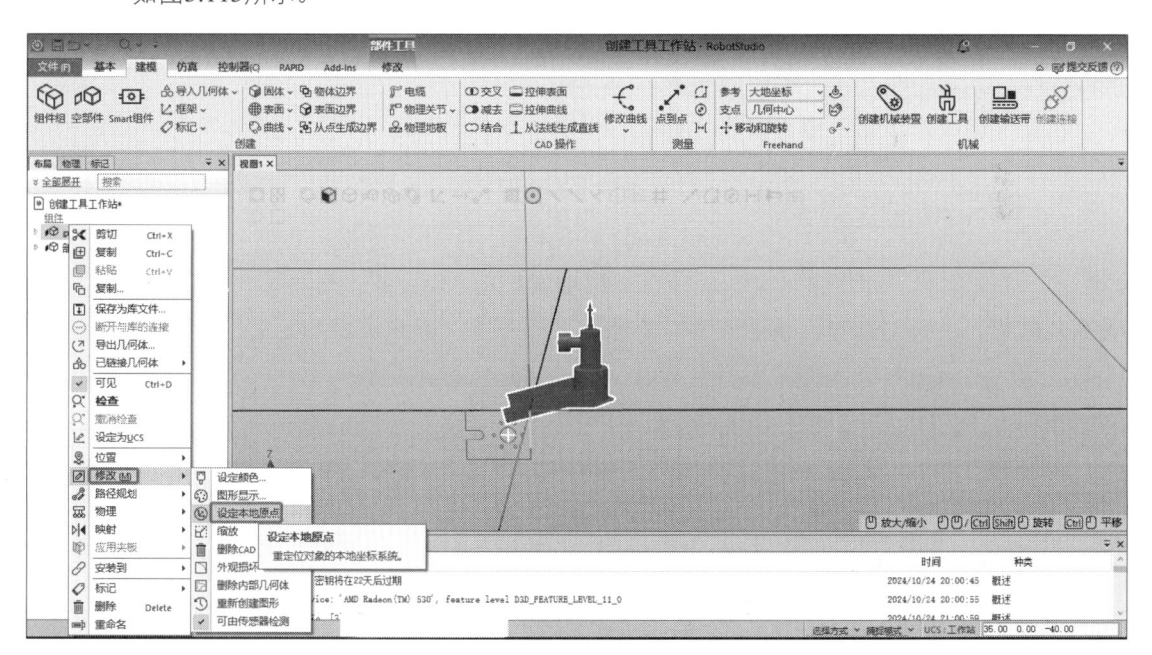

图3.113 设定工具模型的最终本地原点

步骤⑬ 位置和方向全改为0后,单击"应用"按钮完成设定,如图3.114所示。

备注:如果用户操作完成后,发现工具法兰盘平面与X轴有夹角,则可以操作使工具绕Y轴旋转-15°后进行微调即可。

113

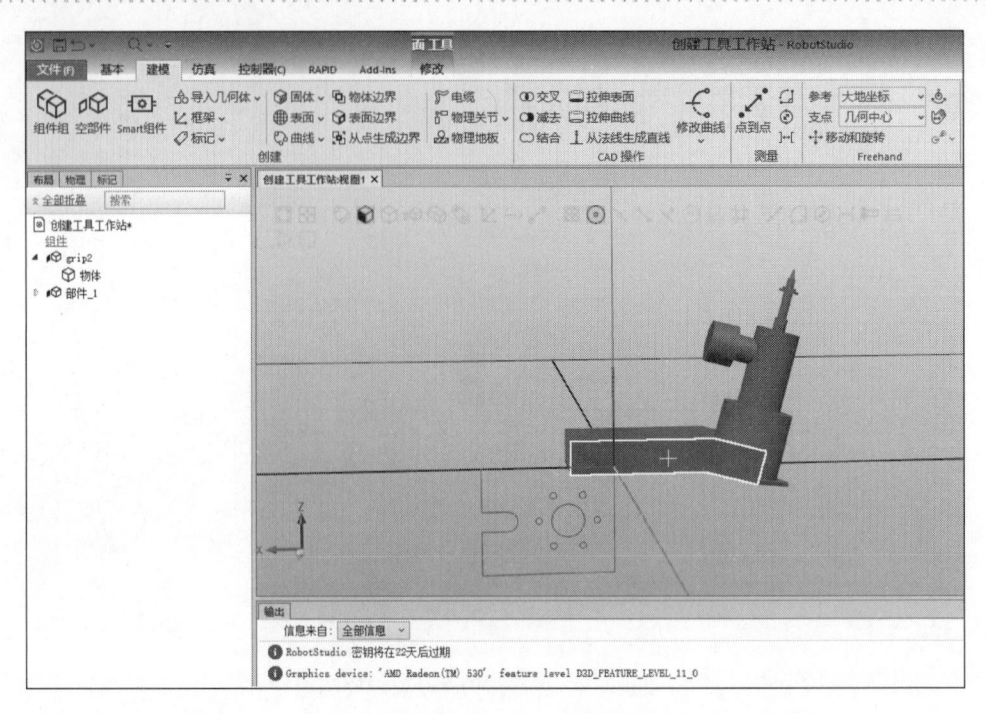

图3.114 修改本地原点设置参数

对于设定工具本地坐标系的方向，在多数情况下可以参考以下经验：工具法兰盘表面与大地水平面重合，工具末端位于大地坐标系X轴的负方向。这样可以确保当工具安装到机器人法兰盘末端时，其工具姿态处于最佳状态。

通过上述操作步骤，用户已经完成了该工具模型本地坐标系的原点及坐标系方向的设定。

3.4.2 创建工具坐标系框架

接下来，用户需要在工具末端创建一个坐标系框架，在之后的操作中，此框架将作为工具坐标系框架。由于创建坐标系框架时需要捕捉原点，而工具末端特征丢失，导致难以捕捉到。因此，在这里采用3.4.1节中同样的方法进行捕捉，具体操作步骤如下。

步骤 01 在"建模"功能选项卡中，单击"表面边界"按钮，如图3.115所示。

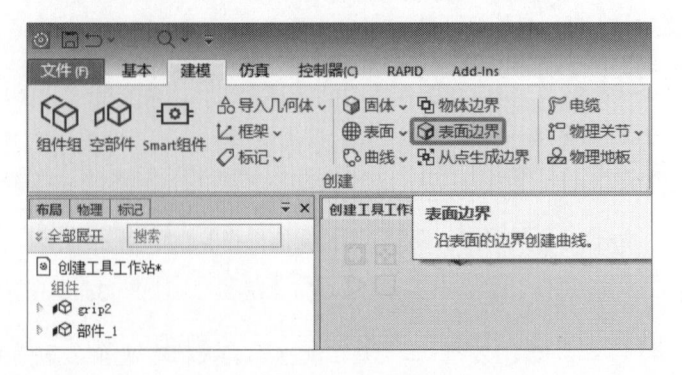

图3.115 单击"表面边界"按钮

步骤 02 高亮显示所选表面，如图3.116所示。

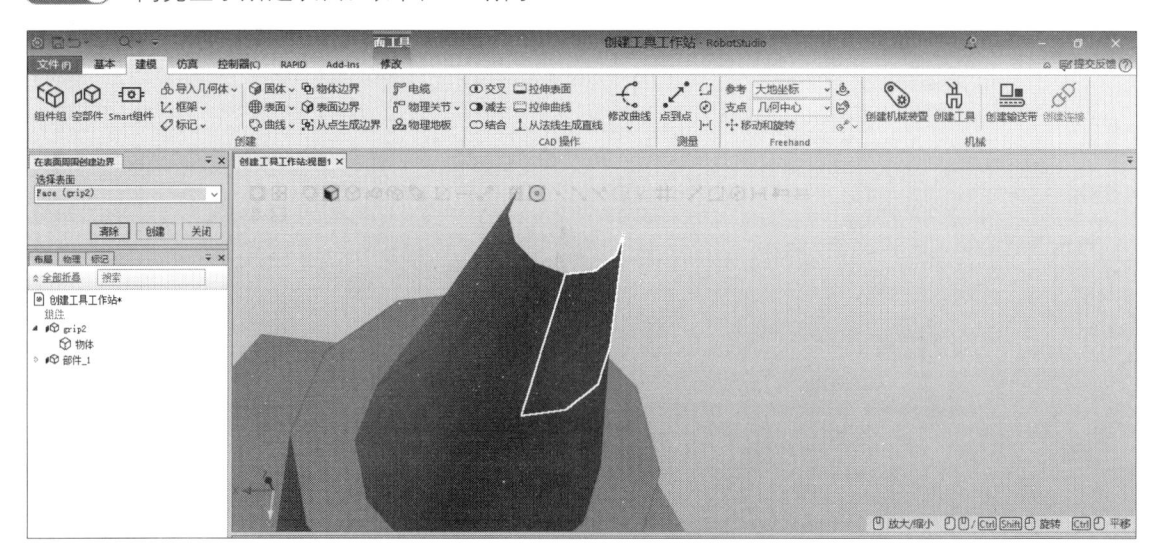

图3.116 高亮显示所选表面

步骤 03 在打开的"在表面周围创建边界"对话框中，单击"创建"按钮，如图3.117所示。

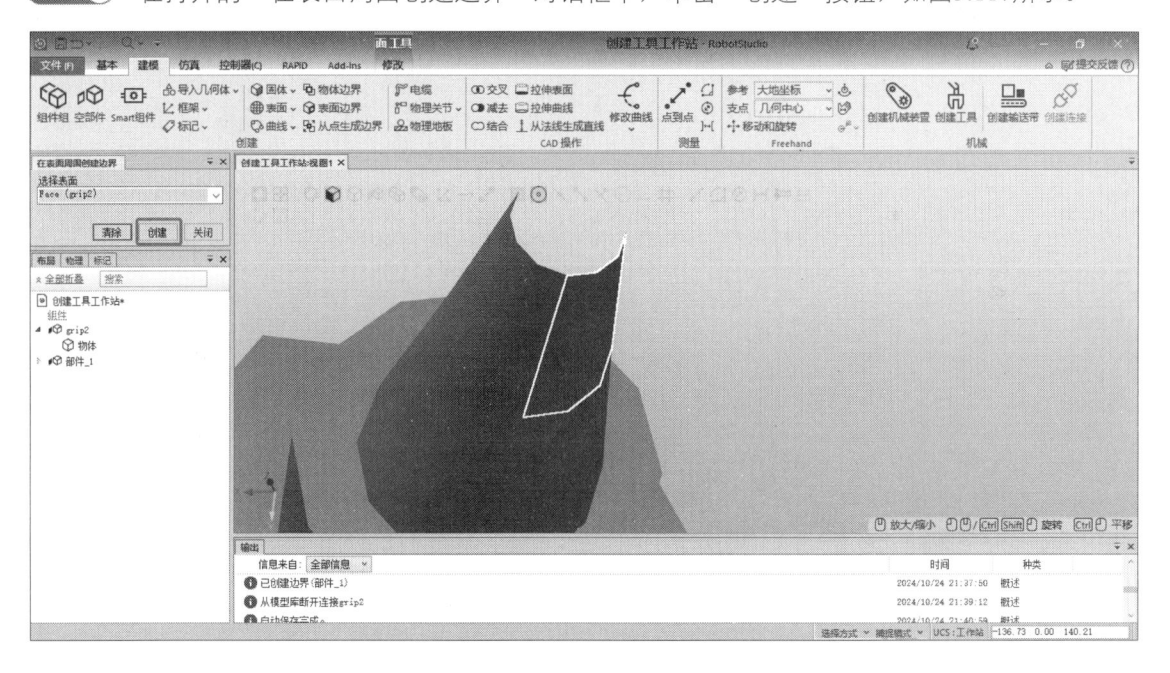

图3.117 创建表面边界

步骤 04 在"建模"功能选项卡中，依次选择"框架"→"创建框架"，如图3.118所示。
步骤 05 选择捕捉模式"捕捉圆心"，在"创建框架"对话框中，单击"框架位置"第一个框后，在"视图"中捕捉工具末端圆心后单击，自动拾取"框架位置"在大地坐标下的位置后，方向为0，单击"创建"按钮即可完成框架的创建，如图3.119所示。框架创建完成后，结果如图3.120所示。

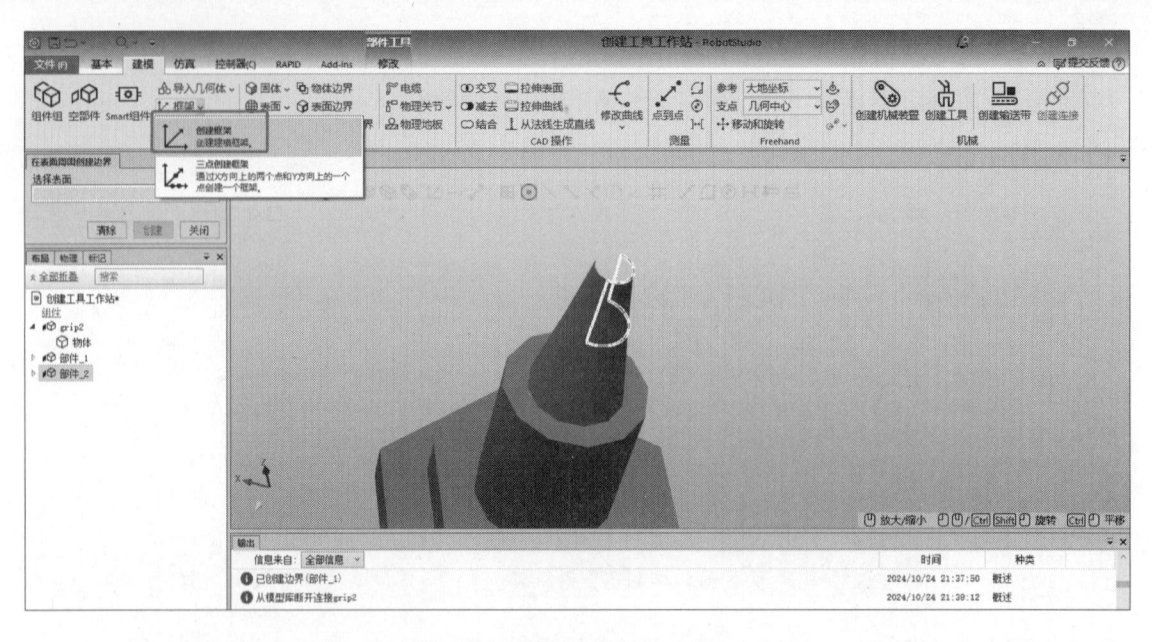

图3.118　选择"创建框架"选项

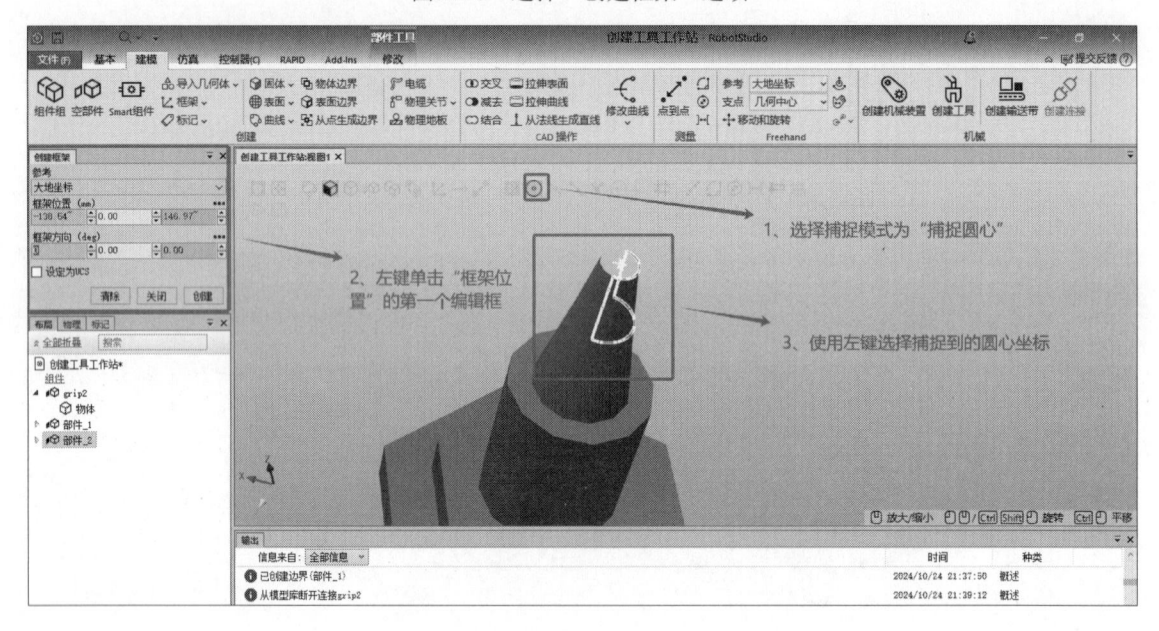

图3.119　捕捉坐标值并创建坐标框架

步骤06 在"创建框架"对话框中单击"关闭"按钮,然后在"布局"管理器中,右击"框架1",在弹出的快捷菜单中选择"设定为表面的法线方向",如图3.121所示。

步骤07 在弹出的"设定为表面的法线方向:框架_1"对话框中,单击"表面或部分"下的方框后,在视图区内捕捉工具末端表面或者平行面后,单击"应用"按钮,完成框架法线方向设定,如图3.122所示。

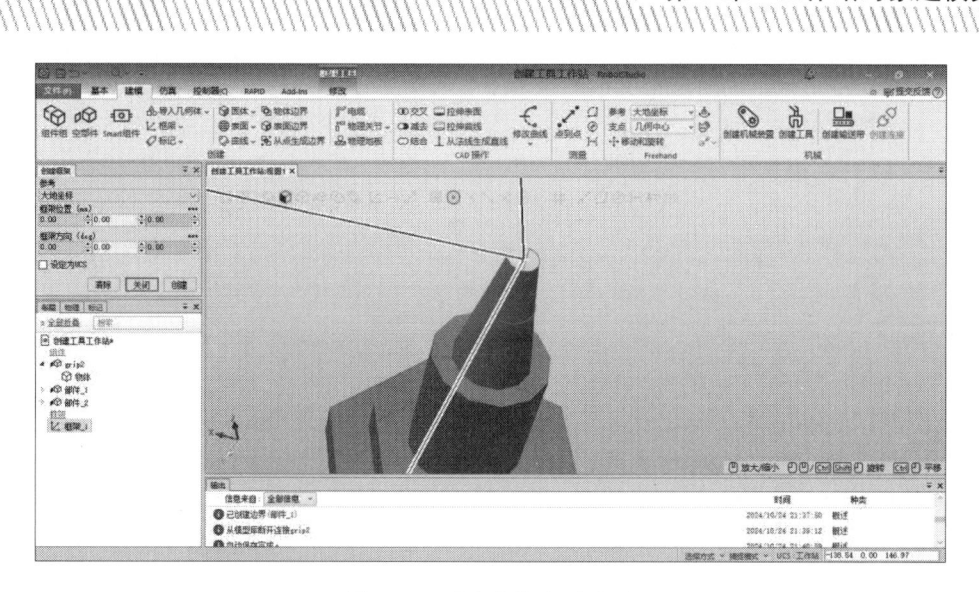

图3.120 坐标框架创建完成

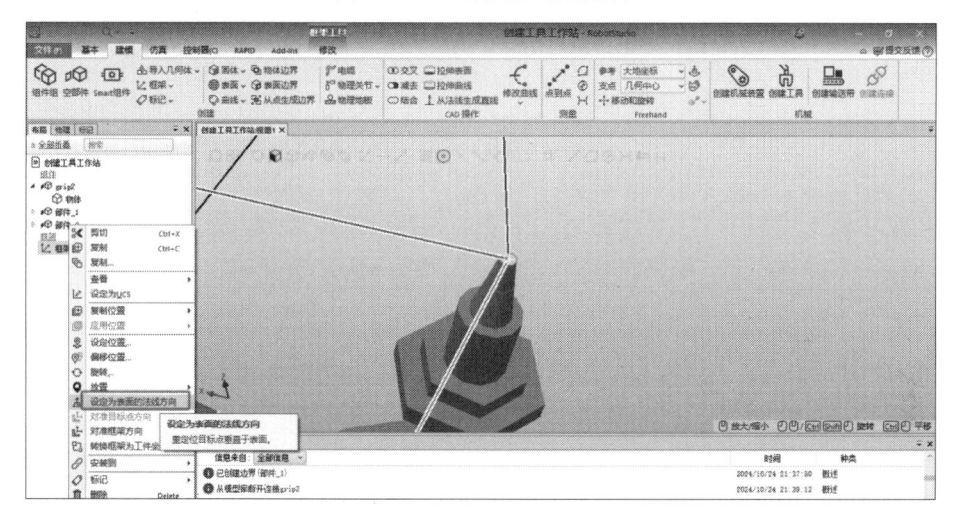

图3.121 选择"设定为表面的法线方向"

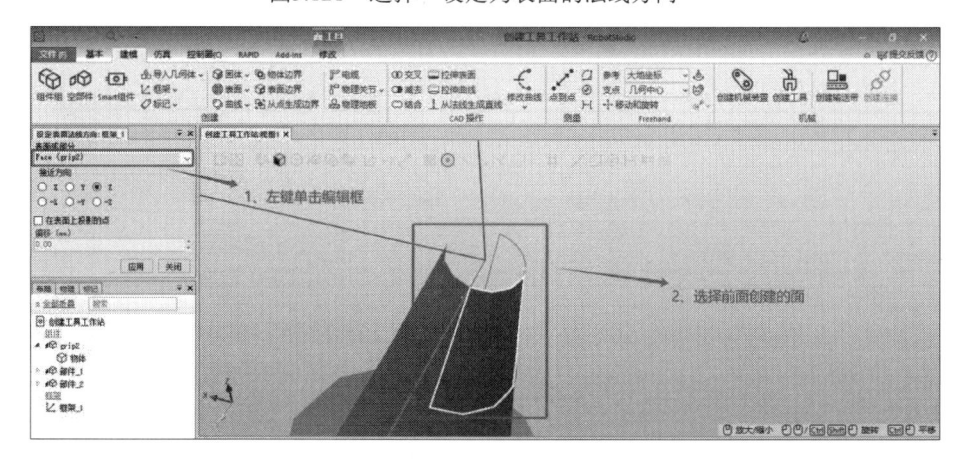

图3.122 设定参数值

用户按照以上操作步骤就完成了该框架Z轴方向垂直于工具中心坐标原点所在面的设定，至于其X轴和Y轴的朝向，只要保证前面所设定的模型本地坐标系是正确的，X、Y轴采用默认的方向即可。创建的框架如图3.123所示。

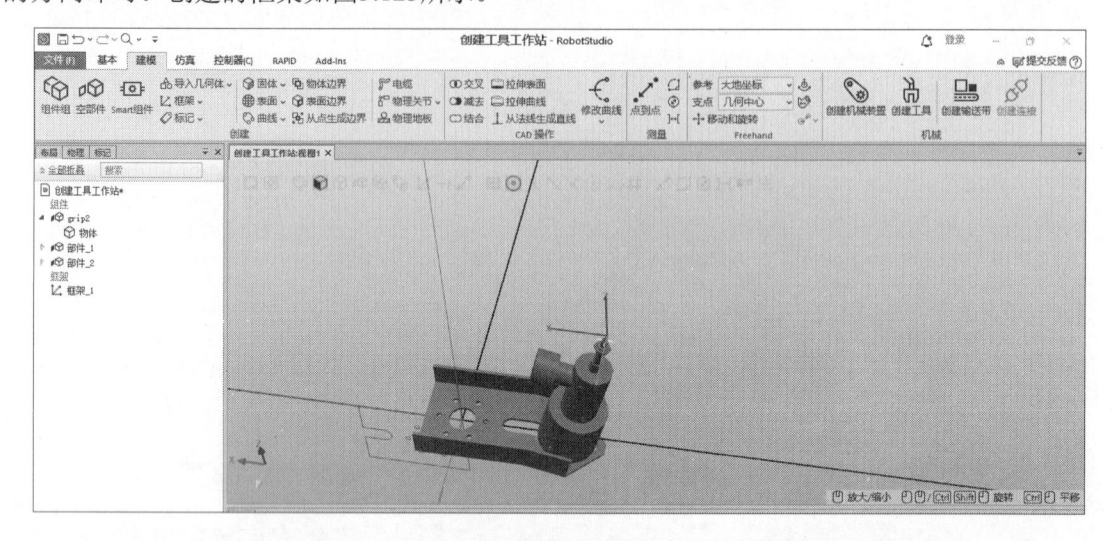

图3.123　工具模型

在实际应用过程中，工具坐标系原点一般与工具末端有一段间距。例如，焊枪中的焊丝伸出的距离，或者激光切割枪、涂胶枪需与加工表面保持一定距离等。用户在上述完成的模型中还需将此框架沿着其本身的Z轴正向移动一定距离就能够满足实际的使用要求。

步骤08　在"布局"管理器中，右击"框架1"，在弹出的快捷菜单中选择"设定位置…"，如图3.124所示。

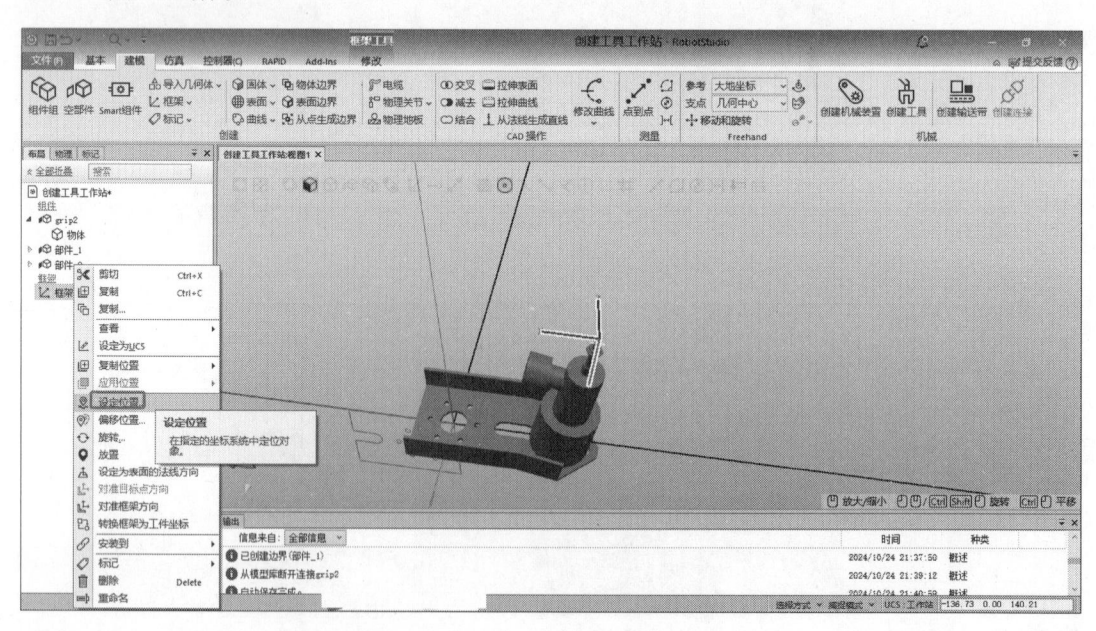

图3.124　选择"设定位置…"选项

第 3 章　工作站对象建模实践

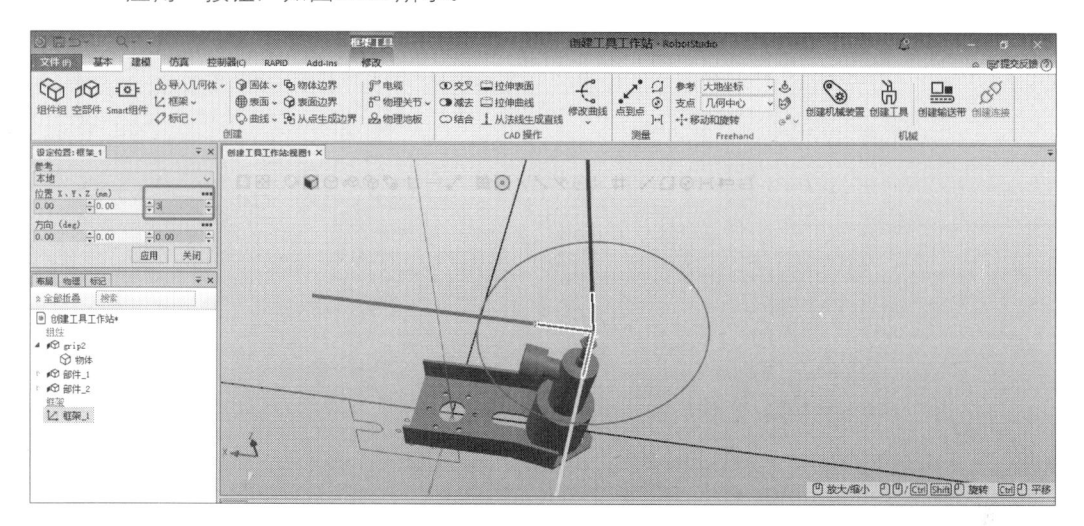

步骤09　在"设定位置：框架_1"对话框中，参考"本地"坐标系，在Z轴编辑框中输入3，单击"应用"按钮，如图3.125所示。

图3.125　输入设置参数

步骤10　单击"应用"按钮后，先前的框架就在Z方向上向外偏移了3mm，如图3.126所示。

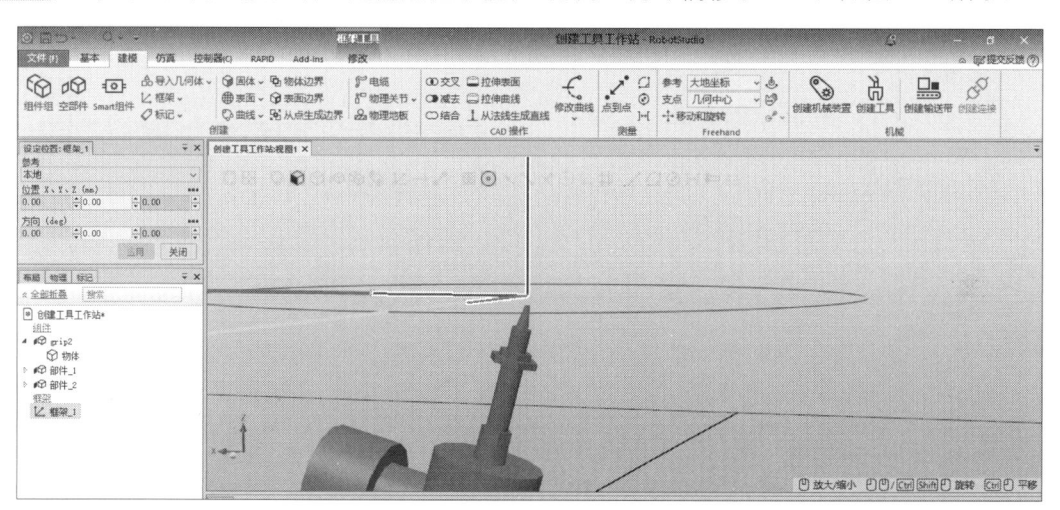

图3.126　坐标框架在Z轴上偏移

备注：以上**步骤09**中，设定位置中的Z轴偏移数值，用户可以根据自身实际生产工艺或者设备需要进行设定修改。

3.4.3　创建工具

用户设定完自定义工具部件的相关参数后，接下来可以将其创建成为RobotStudio的工具对象，具体操作步骤如下。

步骤01　在"建模"功能选项卡中，单击"创建工具"按钮，如图3.127所示。

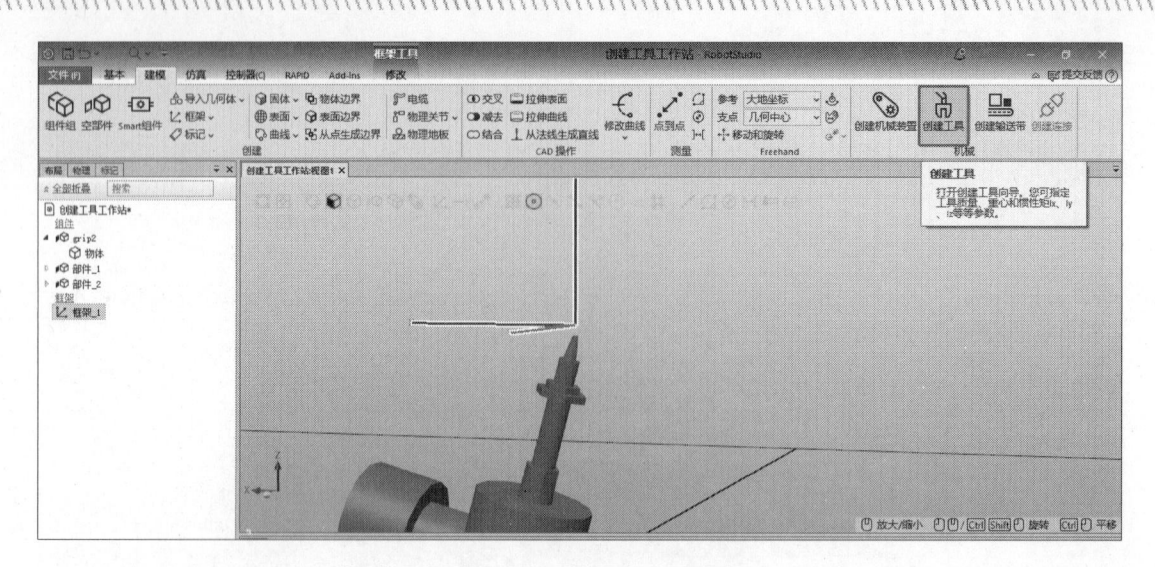

图3.127　单击"创建工具"按钮

步骤 02 在弹出的"创建工具"对话框中，Tool名称修改为grip2，"选择组件"选中"使用已有的部件"单选按钮，单击"下一个"按钮，如图3.128所示。

步骤 03 在"创建工具"对话框中，"TCP名称"采用默认的grip2。在"数值来自目标点/框架"下拉菜单中选择"框架_1"，单击导向按钮将grip2加入TCP(s)，然后单击"完成"按钮，如图3.129所示。

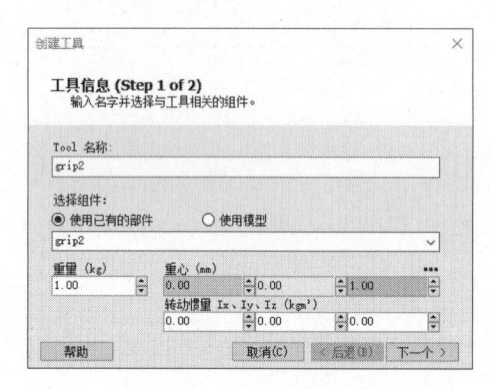

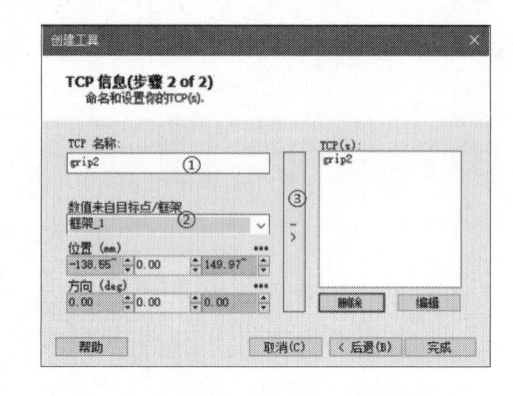

图 3.128　修改工具参数　　　　图 3.129　设置工具 TCP(s)点参数信息

如果在一个工具上，用户需要创建多个工具坐标系，那么可根据实际情况以及3.4.2节中的操作步骤，创建多个坐标系框架，然后在此视图中将所有的TCP依次添加到右侧窗口中。这样就完成了工具的创建过程。

3.4.4　保存验证工具特性

接下来将布局中其他部件删除，并保存为库文件以备其他工作站调用，具体操作步骤如下。

步骤 01 在"布局"管理器中，选中"部件_1""部件_2""框架_1"，然后右击，选择"删除"或者在键盘上按Delete键，删除多余部件，如图3.130所示。

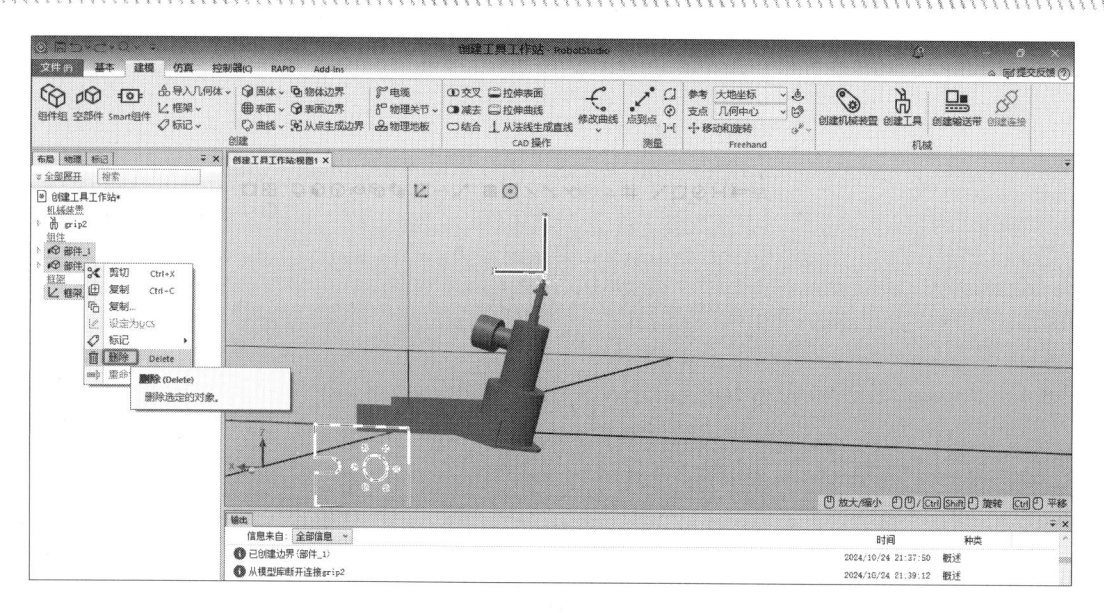

图3.130 删除多余部件

> **步骤 02** 在"布局"管理器中，在工具grip2上右击，在弹出的快捷菜单中选择"保存为库文件..."选项，如图3.131所示。

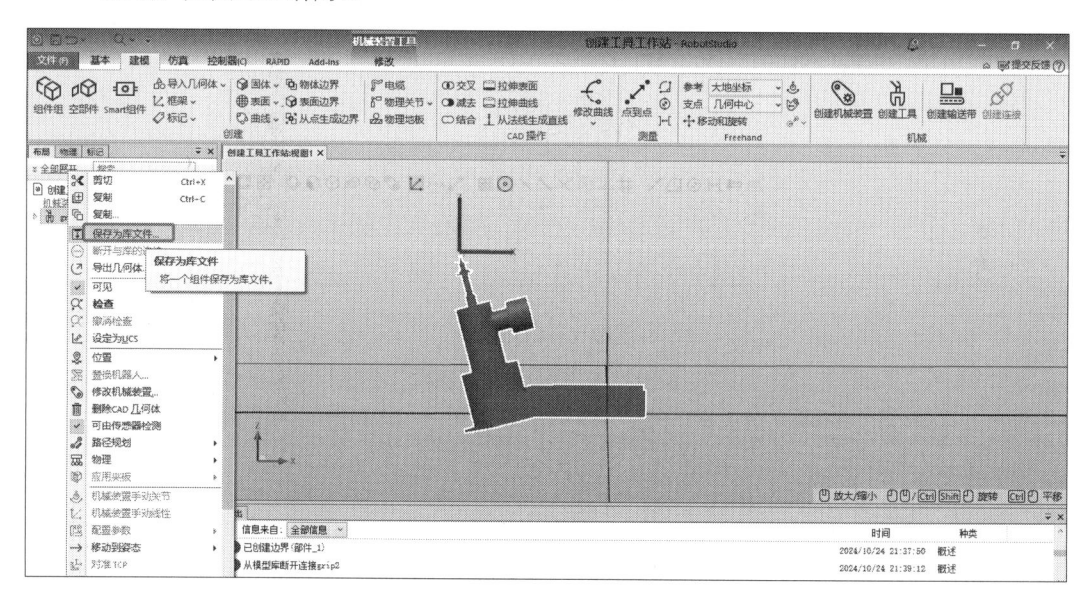

图3.131 选择"保存为库文件..."选项

> **步骤 03** 在弹出的"另存为"对话框中，修改文件名为grip后。单击"保存"按钮，如图3.132所示。

> **步骤 04** 接下来，用户对新创建的工具进行验证。首先单击"ABB模型库"，选中型号为IRB1410的机器人导入工作站，如图3.133所示。

> **步骤 05** 在"布局"管理器中，选中grip2后，按住鼠标左键往机器人IRB1410上拖，直到出现方框，松开鼠标左键，如图3.134所示。

图3.132　保存文件

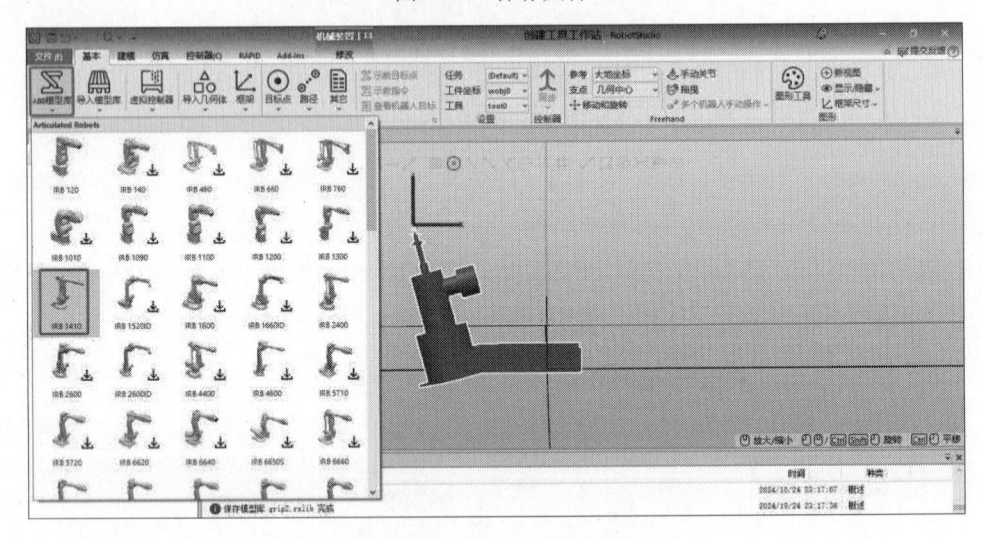

图3.133　导入机器人模型

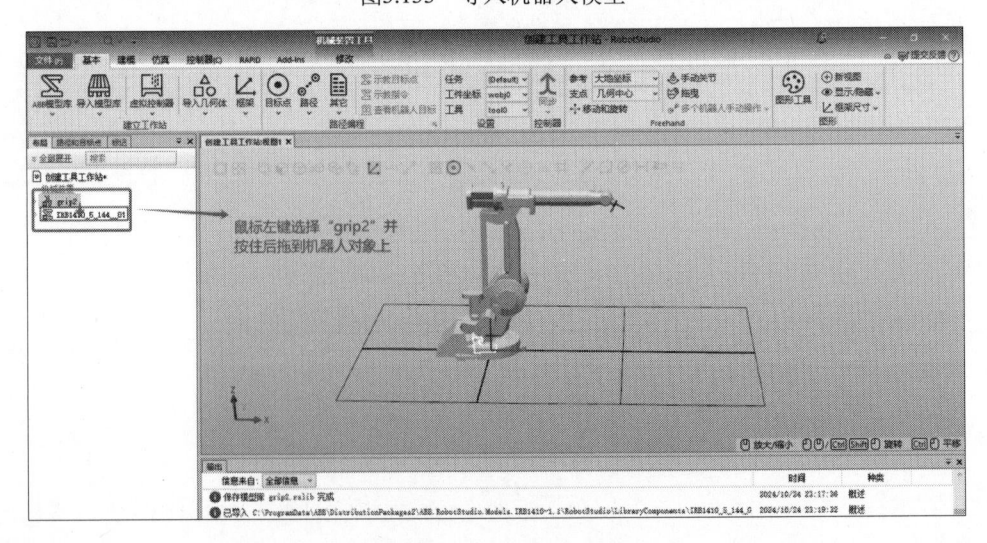

图3.134　安装机器人工具

步骤 06　在弹出的"更新位置"对话框中，单击"是(Y)"按钮，便可将工具安装到机器人上，如图3.135所示。

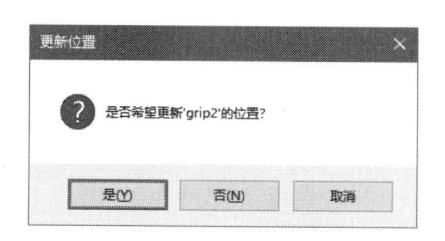

图3.135　选择更新位置

步骤 07　如图3.136所示，已成功将工具安装到机器人上。

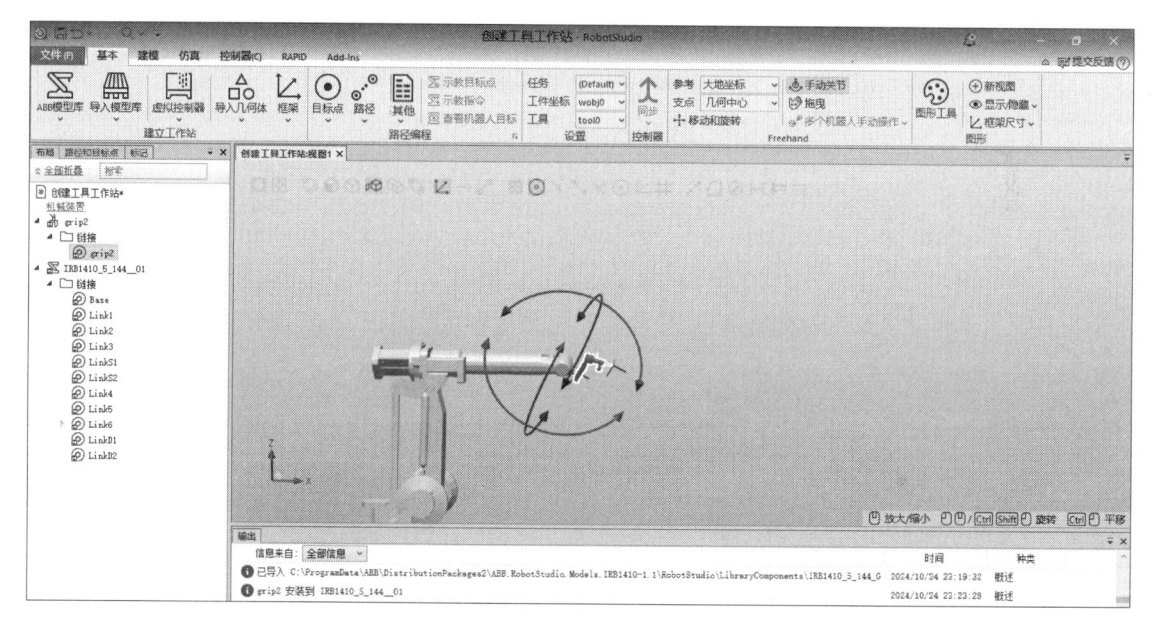

图3.136　所创建的工具已安装到机器人上

通过以上验证步骤，用户已经将自定义的工具对象模型成功设定参数、工具坐标、框架坐标以及保存为库文件供工作站进行调用，并且已经与RobotStudio 2024中自带的工具对象模型具有一样的功能了。

3.4.5　练习

（1）在一个工作站中创建如下参数设定的3D模型，保存名为CeLiang的工作站。

① 在角点（0, 0, 0）处创建一个蓝色的矩形体：长（L）为1000mm、宽度（W）为800mm、高度（H）为100mm。

② 在角点（0, -400, 0）处创建一个橙色的圆柱体：半径（R）为200mm、高度（H）为400mm。

③ 在角点（-500, 500, 0）处创建一个黄色的四棱锥体：中心到角点的距离为300mm、高度（H）为400mm。

④ 测出椎体侧边长度、圆柱的高度和底角角度。

⑤ 将它们组合如图3.137所示，并保存为库文件。

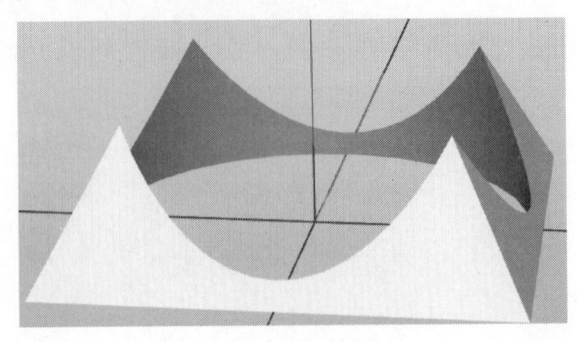

图3.137 练习工具

（2）创建如图3.138所示的传送带滑台装置。3D模型参数如下：

① 在角点（0，0，0）处创建一个蓝色的矩形体：长（L）为2500mm、宽度（W）为500mm、高度（H）为100mm。

② 在角点（0，50，100）处创建一个绿色的矩形体：长（L）为300mm、宽度（W）为400mm、高度（H）为200mm。

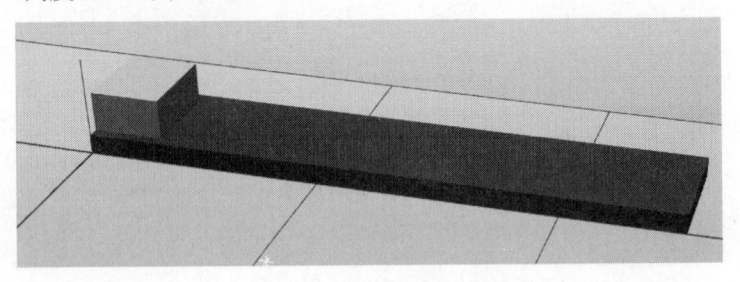

图3.138 传送带滑台装置

第 4 章　复杂运动轨迹的创建与调试

导言

一般情况下，对于简单的直线和圆弧轨迹运动，用户可以通过现场示教器生成工业机器人的运动轨迹。然而，对于不规则工件形状或复杂的轨迹曲线，采用现场手动示教编程不仅耗时耗力，还难以达到生产精度要求，更无法满足日益高效的生产需求。本章将主要介绍工业机器人离线编程中自动生成运行轨迹的具体操作步骤。

本章主要涉及的知识点有：

- 掌握创建工业机器人的曲线路径
- 掌握机器人目标点的调整
- 掌握机器人轴配置参数的调整
- 掌握机器人离线轨迹编程辅助工具的使用

4.1　创建工业机器人的曲线路径

工业机器人离线编程中自动生成运行轨迹的精度很高，在磨具的打磨、抛光、去毛刺的工艺中应用非常广泛。本节将以图4.1所示的摩托车外壳工件为例，介绍如何根据三维模型的曲线特征以及RobotStudio的自动生成路径功能，自动生成工件打磨的运动轨迹。

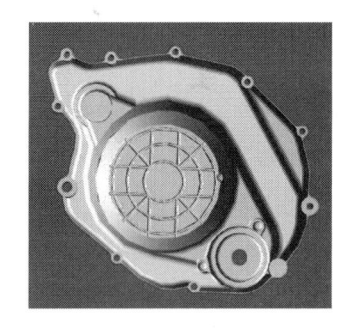

图4.1　摩托车外壳工件

4.1.1　解包基本工作站

RobotStudio仿真软件为方便用户操作、共享第三方资源，提供了将相关的资源文件打包或者解包为工作站包的功能，以便于共享和使用。本小节将主要介绍如何解压缩工作站包来打开和获取第三方文件和资源。本小节工作站资源名称为TASK4_1_1，存放在本章配套资源文件下。

在RobotStudio仿真平台中打开工作站包并进行解压缩的具体操作步骤如下。

步骤01　打开RobotStudio软件，依次选择"共享"→"解包"选项，如图4.2所示。

步骤02　在弹出的"解包"对话框中，单击"下一个"按钮，选择解包文件路径，如图4.3所示。

步骤03　在"解包"对话框中，选择完解包文件路径及目标文件夹路径后，单击"下一个"按钮，如图4.4所示。

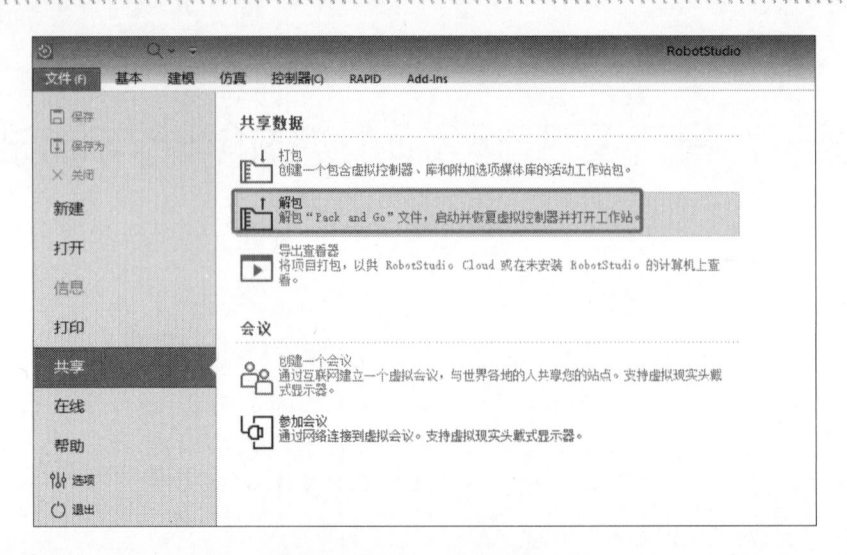

图4.2 选择"解包"选项

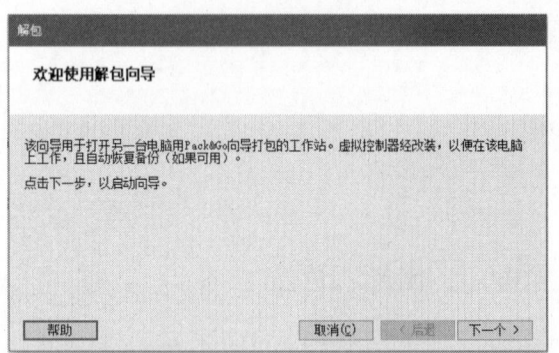

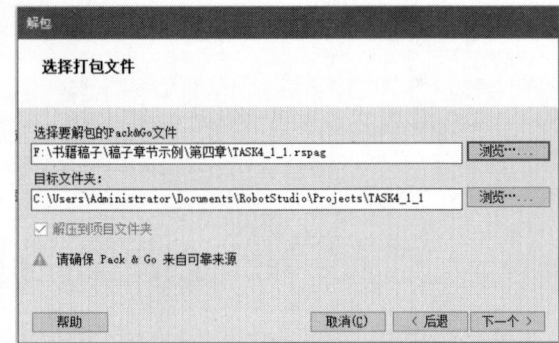

图 4.3 "解包"对话框

图 4.4 选择解包文件路径

备注："目标文件夹"路径名称中不能包含中文字符、目标文件夹下不能为空，否则都会提示错误，如图4.5所示。"解压到项目文件夹"复选框默认为勾选状态。

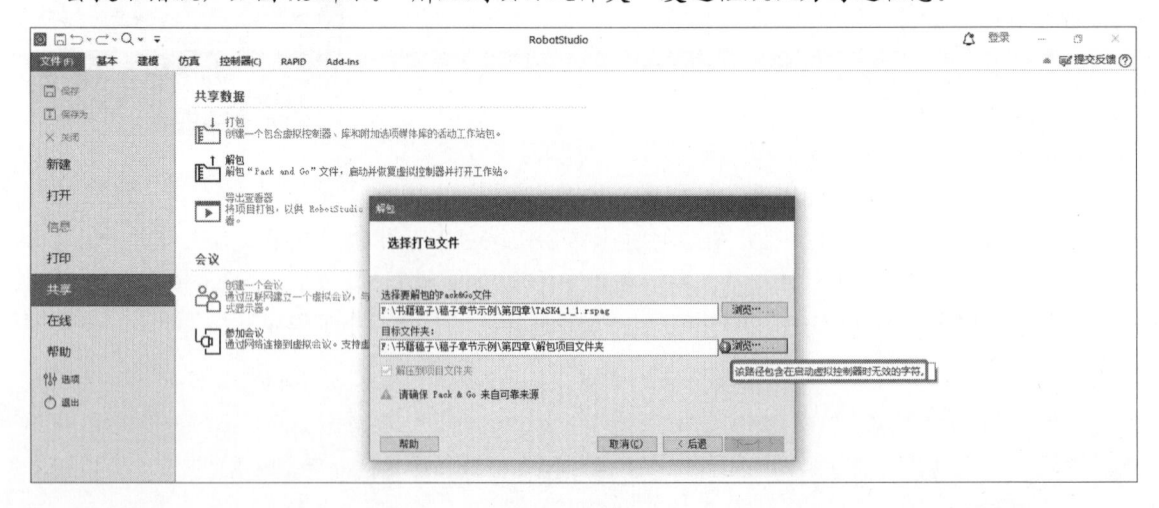

图4.5 错误提示

第 4 章 复杂运动轨迹的创建与调试

步骤 04 在"解包"对话框中,选择"RobotWare版本"为默认版本6.08.00.00后,单击"下一个"按钮,如图4.6所示。

步骤 05 单击"完成"按钮,开始解包工作站,如图4.7所示。

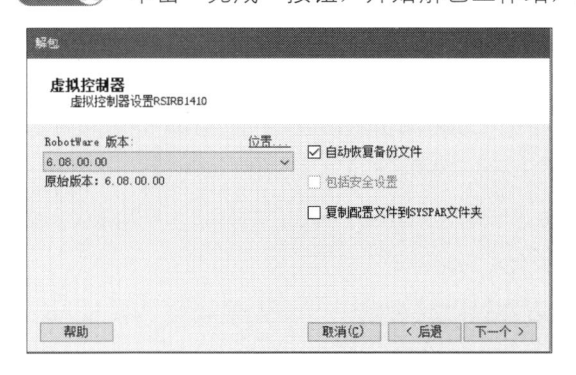

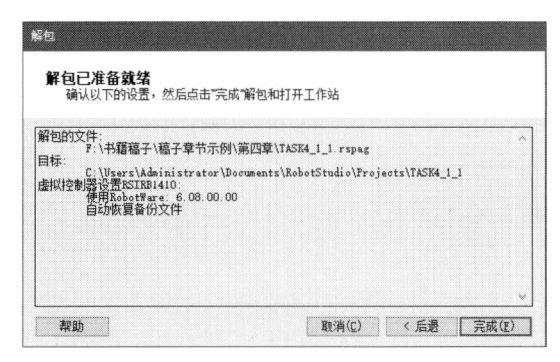

图 4.6 选择默认控制器版本

图 4.7 解包信息

步骤 06 等待工作站文件解包完成后,单击"关闭"按钮,如图4.8所示。

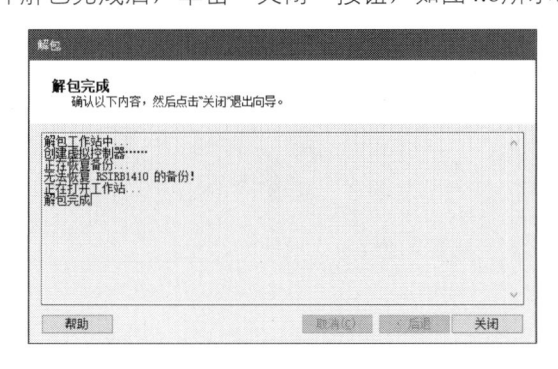

图4.8 解包完成

步骤 07 解包工作站成功后,用户可以在"视图"和"布局"中查看相应的对象和名称,如图4.9所示。

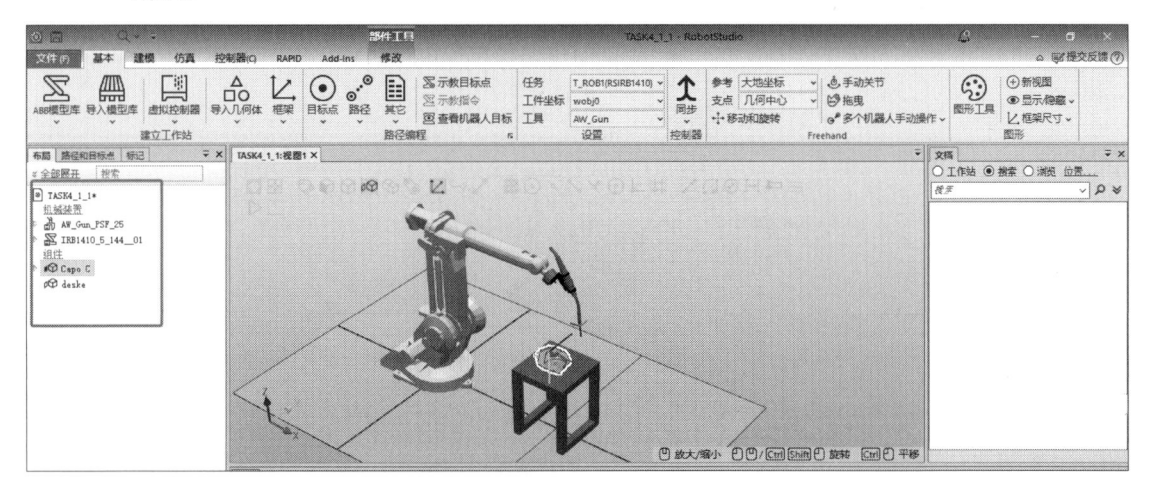

图4.9 在"视图"和"布局"中查看相应的对象和名称

127

通过以上几个操作步骤，用户将压缩后的工作站包解压并导入了RobotStudio。接下来可以在RobotStudio软件中对导入的工作站进行操作了。

4.1.2 创建打磨运动曲线

在导入工作站后，用户就可以创建机器人的打磨运动轨迹了。本小节将结合创建工件坐标的方法，介绍创建工件打磨运动曲线的操作步骤如下。

步骤01 单击"基本"选项卡中的"其他"下拉按钮，选择"创建工件坐标"选项，如图4.10所示。

步骤02 在软件左侧打开的"创建工件坐标"对话框中，修改"名称"为Wobj1，然后单击选中"取点创建框架..."，右侧将出现下拉箭头，如图4.11所示。

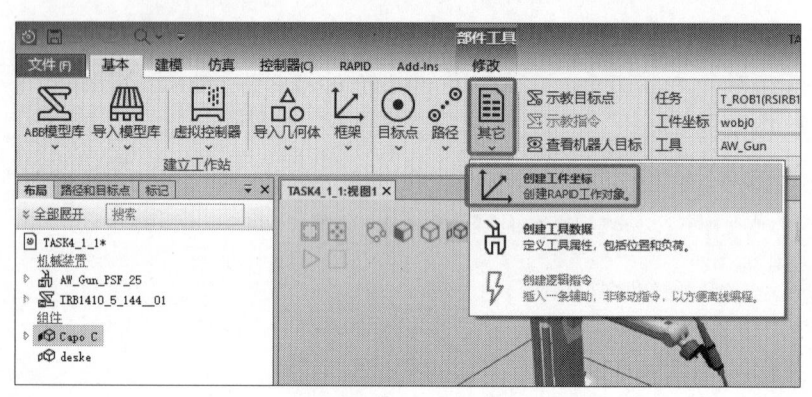

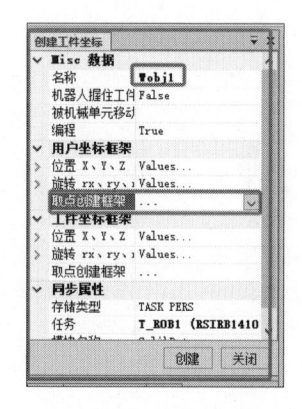

图 4.10 选择"创建工件坐标"选项

图 4.11 修改工件坐标名称并取点创建框架

步骤03 单击下拉箭头后，出现浮窗，在浮窗上选中"三点"单选按钮，如图4.12所示。

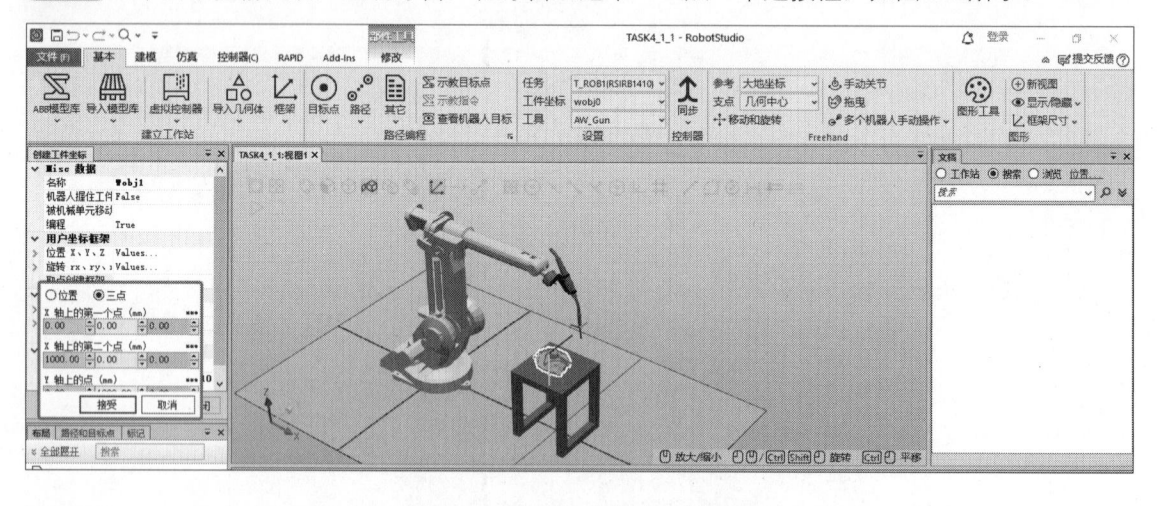

图4.12 选中"三点"取坐标框架

步骤04 在视图区内将捕捉模式选择为"捕捉末端"，如图4.13所示。

步骤05 在浮窗中，单击"X轴上的第一个点"编辑框，如图4.14所示。

步骤06 然后在视图中依次选取一、二、三点并自动拾取坐标值，如图4.15所示。

第 4 章 复杂运动轨迹的创建与调试

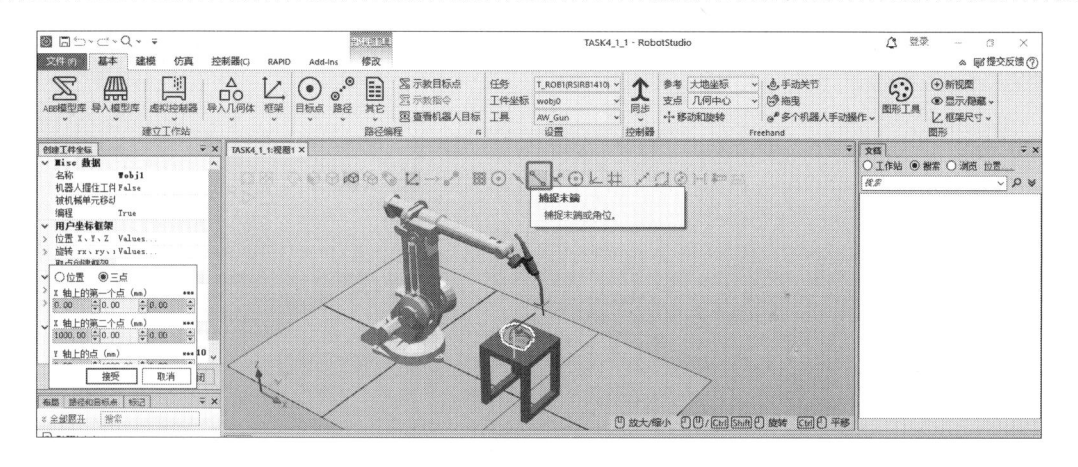

图4.13 选择捕捉模式为"捕捉末端"

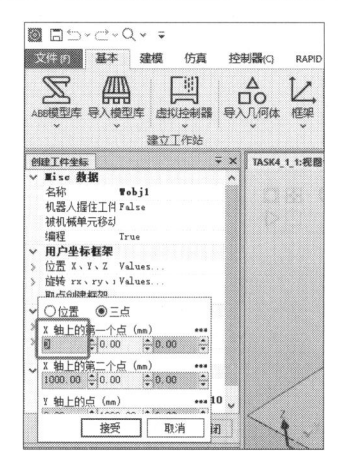

图4.14 在浮窗中选择第一个编辑框

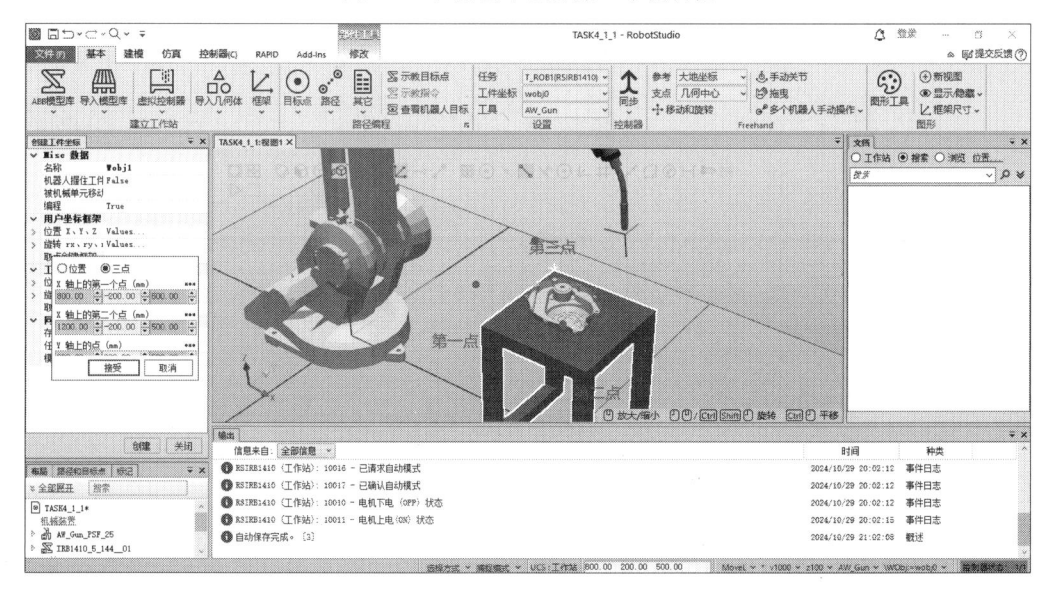

图4.15 取点拾取坐标值

129

步骤 07　自动拾取坐标值后，单击"接受"按钮后，再单击"创建工件坐标"对话框中的"创建"按钮，完成工件坐标的创建，如图4.16所示。

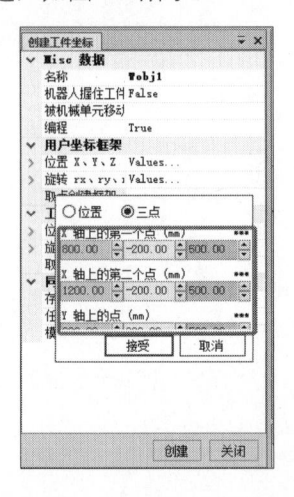

图4.16　拾取坐标值并创建

步骤 08　如图4.17所示，工件坐标已创建完成。

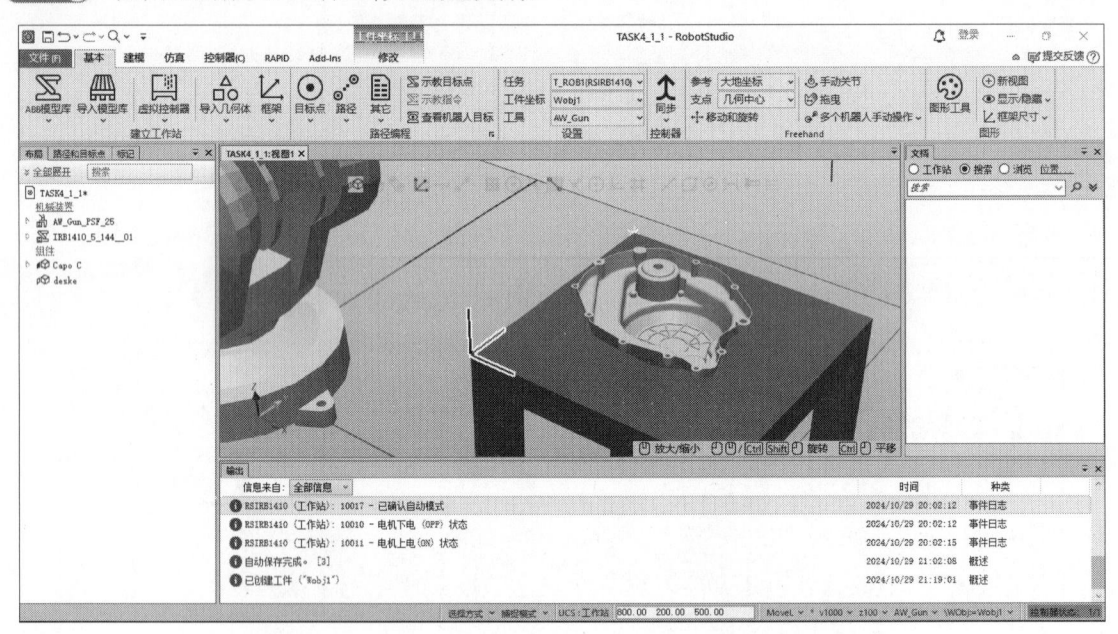

图4.17　创建工件坐标系完成

步骤 09　单击"建模"功能选项卡中的"表面边界"按钮，软件左侧将打开"在表面周围创建边界"对话框，如图4.18所示。

步骤 10　在视图区内将捕捉模式切换为"选择表面"，如图4.19所示。

步骤 11　在"在表面周围创建边界"对话框中，单击"选择表面"编辑框，再单击视图区域中的A点。此时，软件将拾取对象Capo C的表面。单击"创建"按钮，从工件表面边界生成曲线，如图4.20所示。

第 4 章 复杂运动轨迹的创建与调试

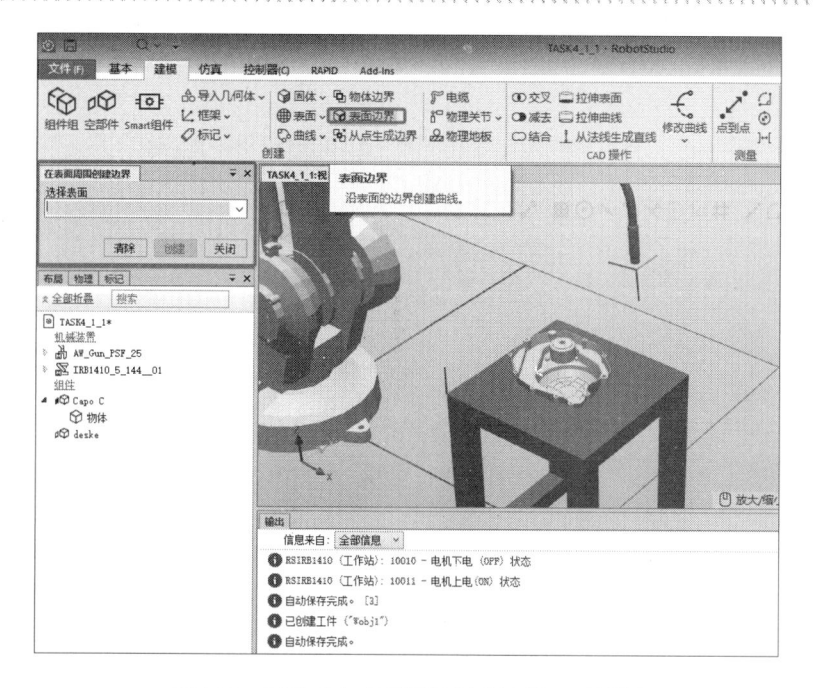

图4.18 打开"在表面周围创建边界"对话框

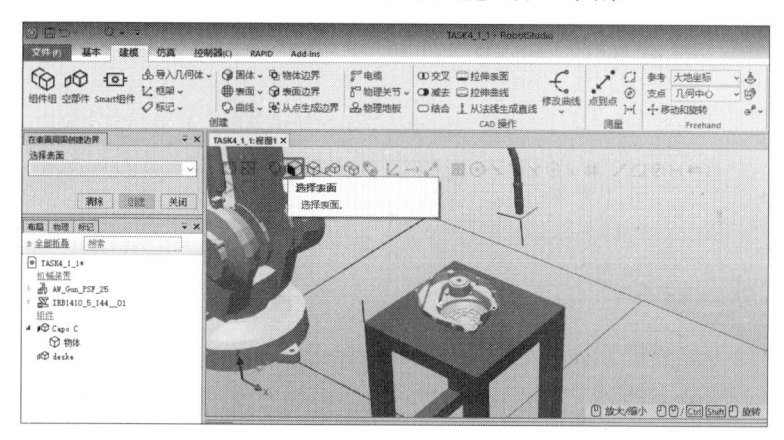

图4.19 切换捕捉模式为"选择表面"

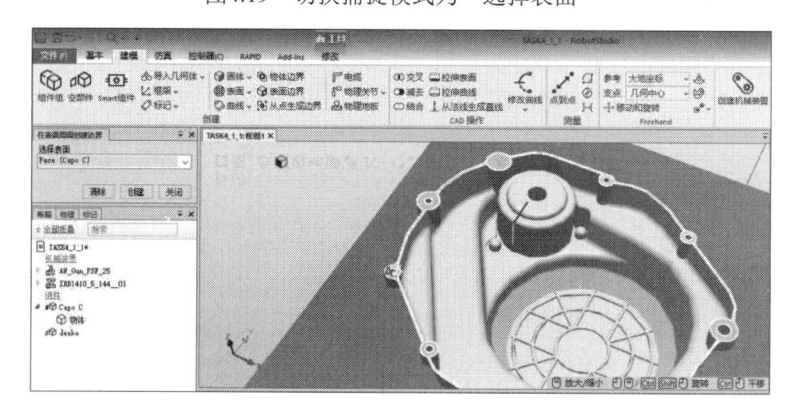

图4.20 从工件表面边界生成曲线

步骤12 用户在"布局"管理器中可以看到增加了一个"部件_1"对象,即为Capo C的表面边界创建的曲线,如图4.21所示。

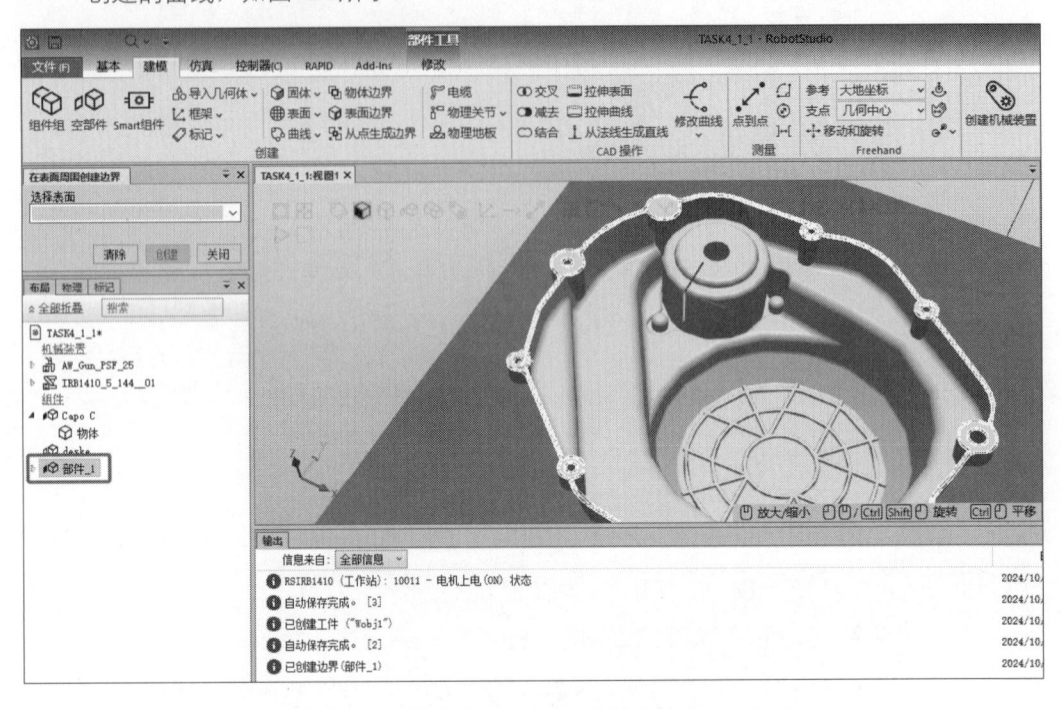

图4.21 "布局"管理器中增加创建的部件对象

用户通过上述步骤操作后,已经按照摩托车工件三维模型的表面特征成功创建模型的不规则边界。

4.1.3 自动生成曲线运动路径

工件三维模型的边界创建完成之后,用户可以通过这个边界上的各个点位坐标来自动生成工业机器人曲线运动路径,具体操作步骤如下。

步骤01 单击"基本"功能选项卡,依次选择"路径"→"自动路径",软件界面左侧将打开"自动路径"对话框,如图4.22所示。

步骤02 首先选择捕捉模式为"选择曲线"和"捕捉边缘"。然后按住Shift键,在视图区内使用鼠标捕获并单击4.12节中创建的表面边界曲线,如图4.23所示。

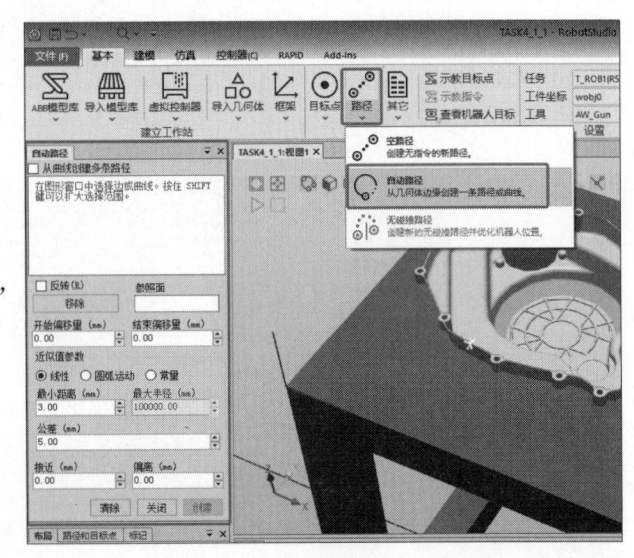

图4.22 "自动路径"对话框

第 4 章 复杂运动轨迹的创建与调试

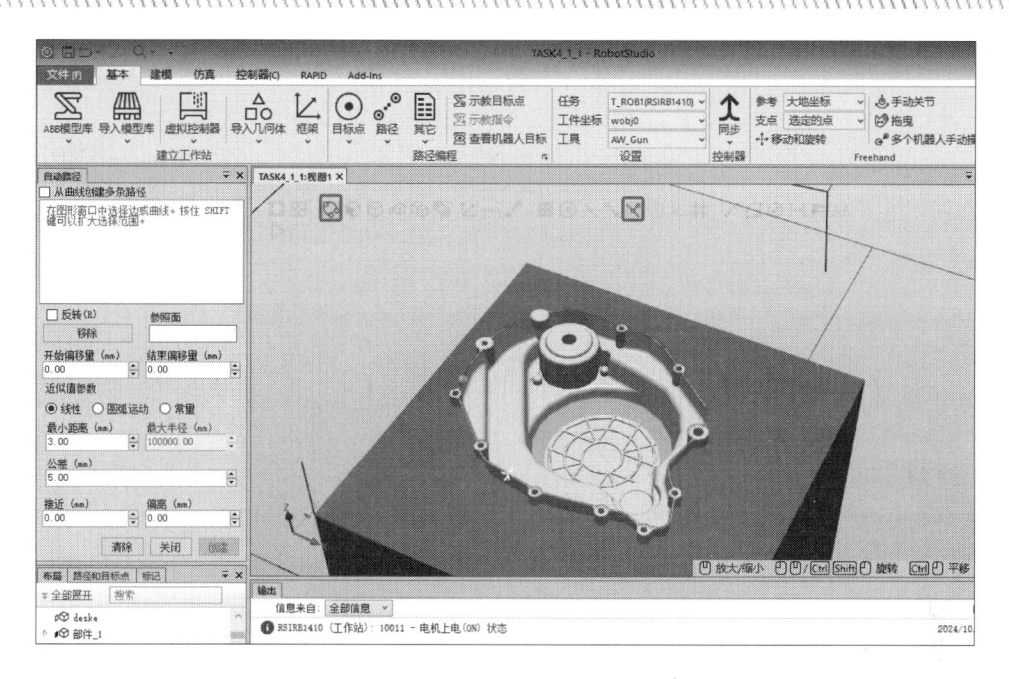

图4.23 选择捕捉模式为"选择曲线"和"捕捉边缘"

备注：在"自动路径"对话框中，用户如果只需要创建一条路径，则不需要勾选"从曲线创建多条路径"复选框，如图4.24所示。

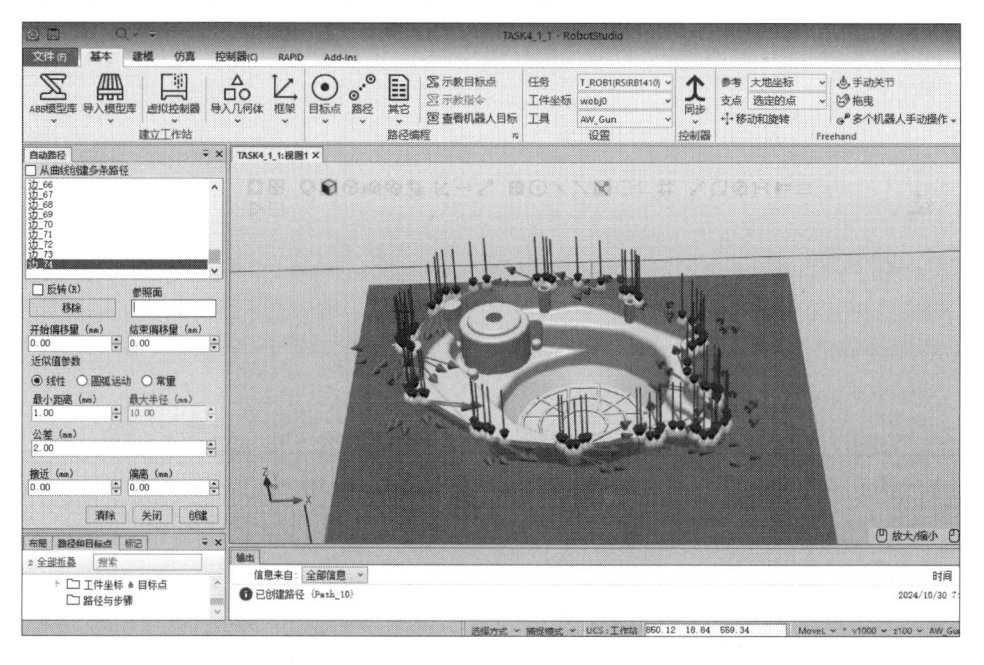

图4.24 "自动路径"对话框

步骤03 在"自动路径"对话框中，参照面输入(Face)–Capo C。在"近似值参数"中，选中"圆弧运动"单选按钮，并设置最小距离为1mm、最大半径10mm、公差为2mm。设置完成后，单击"创建"按钮，如图4.25所示。

133

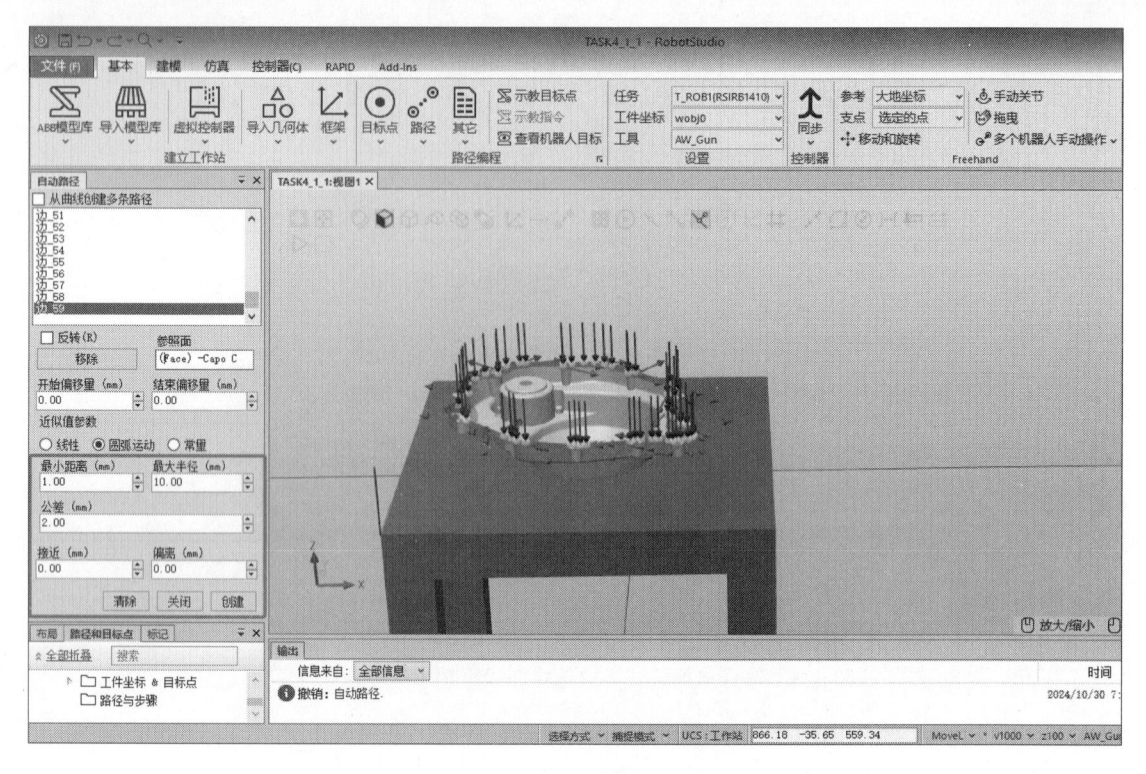

图4.25 设置自动路径参数

步骤04 关闭"自动路径"对话框,然后在左侧的"路径与目标点"中,打开"路径与步骤"左侧的三角形,用户可以看到创建的自动连接名称为Path_10,并且在视图区域可以看到该路径的情况,如图4.26所示。

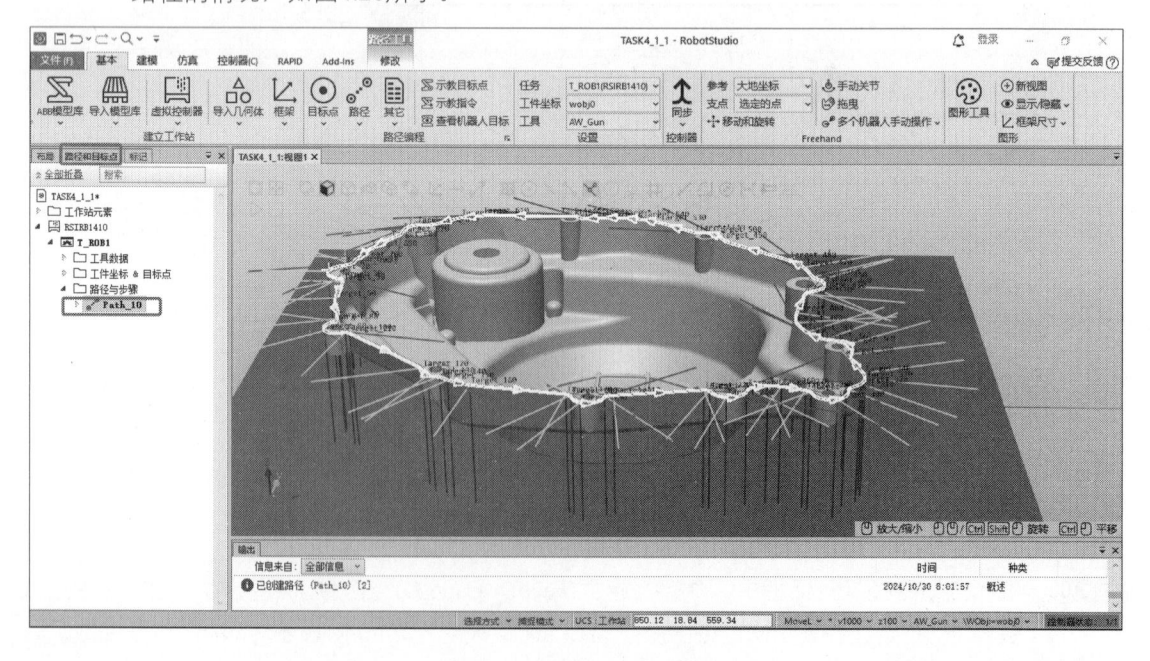

图4.26 创建Path_10完成

用户在创建自动路径时，"自动路径"对话框如图4.24所示。"自动路径"对话框中的各个参数的功能含义如表4.1所示。

表4.1 "自动路径"对话框各参数的功能含义

功能选择或输入数值	用　　途
反转	轨迹运行方向置反，默认为顺时针运行，反转后则为逆时针运行
参照面	生成的目标点Z轴方向与选定表面处于垂直状态
最小距离	设置两个生成点之间的最小距离，即小于该最小距离的点将被过滤掉
公差	设置生成点所允许的几何描述的最大偏差
最大半径	在将圆周视为直线前确定圆的半径大小，即可将直线视为半径无限大的圆
线性	为每个目标生成线性移动指令
环形	在描述圆弧的选定边上生成环形移动指令
常量	使用常量距离生成点
最终偏移	设置距离最后一个目标的指定偏移
起始偏移	设置距离第一个目标的指定偏移
Approach（接近）	在距离第一个目标指定距离的位置，生成一个新目标
Depart（远离）	在距离最后一个目标指定距离的位置，生成一个新目标

另外，在自动创建路径的过程中，用户需要根据不同的工件曲线特征，对自动路径设置参数选择不同的近似值参数类型。通常情况下选择"圆弧运动"，这样在处理曲线时，线性部分执行线性运动，圆弧部分执行圆弧运动，不规则曲线部分则执行更为细分的分段式线性运动。而"线性"和"常量"都是固定模式，即全部按照选定的模式对曲线进行处理，如果使用不当，则会产生大量的多余点位或者路径精度不满足工艺要求。

备注：用户可以尝试在"自动路径"对话框中设置不同的参数，来观察自动生成的工业机器人运动路径有何不同，从而进一步理解各参数类型下自动生成路径的特点。

在本小节中，用户通过自动路径功能自动生成了机器人运动路径Path_10。在本章后续的各节中将对这个自动生成的运动路径继续进行处理，并转换成机器人代码，完成机器人轨迹程序的编写。

4.2　机器人目标点调整及轴配置参数

在4.1节中，用户已经根据工件边缘曲线自动生成了一条机器人的运行轨迹Path_10，如图4.27所示。

用户可以看到某些指令后面出现⚠或⊗两种符号，这表示机器人难以到达目标点姿态。本节将主要介绍如何调整自动生成的目标点姿态，从而使工业机器人能够准确到达各个目标点，进一步完善程序并进行仿真。

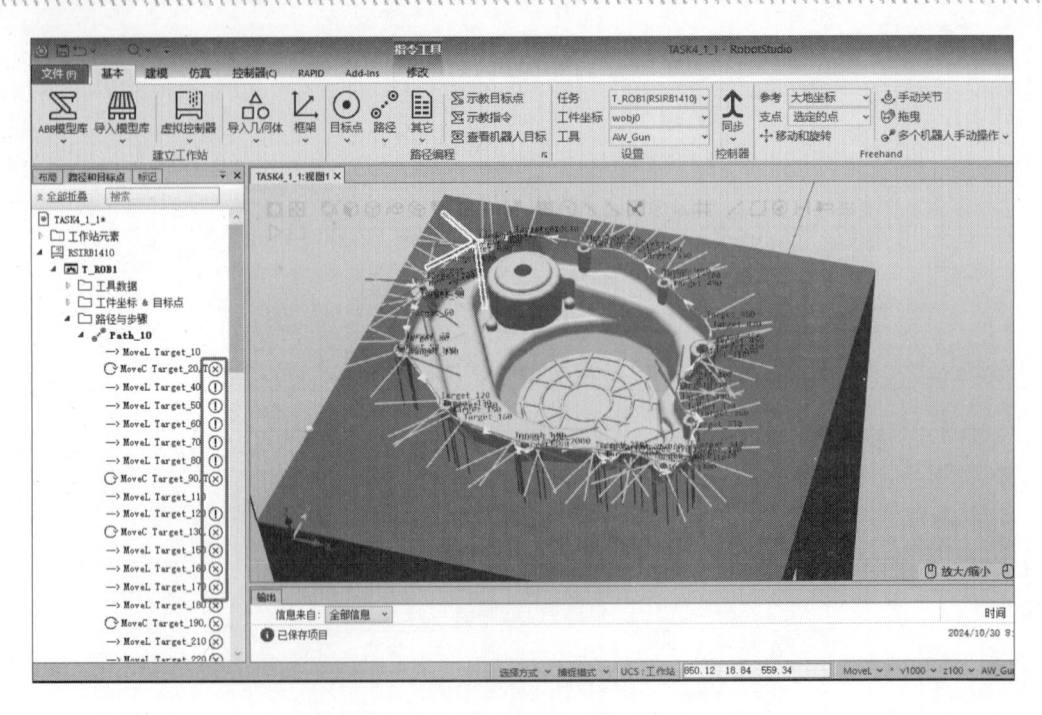

图4.27 自动生成的运动轨迹Path_10

4.2.1 机器人目标点调整

针对上述指令中出现❗或❌可能无法实现目标的提示，用户需要在RobotStudio软件中对这些指令涉及的点位进行相应的调整。在本小节中，将介绍机器人目标点调整的具体步骤。

步骤01 在左侧"路径和目标点"管理器中，依次展开RSIRB1410→T_ROB1→"工件坐标&目标点"→wobj0→wobj0_of，即可看到自动生成的各个目标点，如图4.28所示。

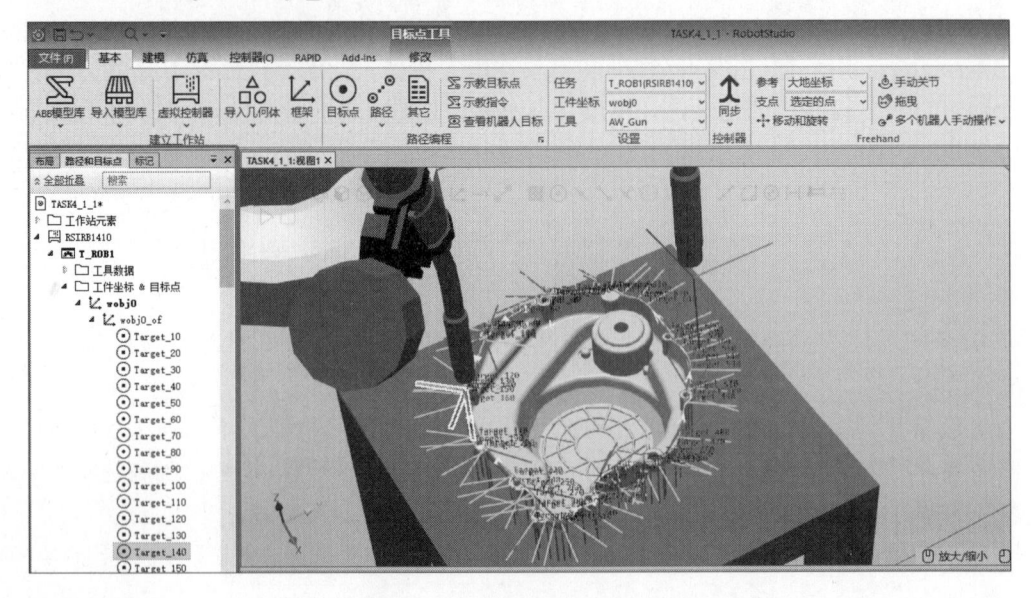

图4.28 自动生成的各个目标点

第 4 章 复杂运动轨迹的创建与调试

步骤 02 在左侧"路径和目标点"管理器中，右击目标Target_120，在弹出的快捷菜单中依次选择"查看目标处工具"→AW_Gun_PSF_25，如图4.29所示。

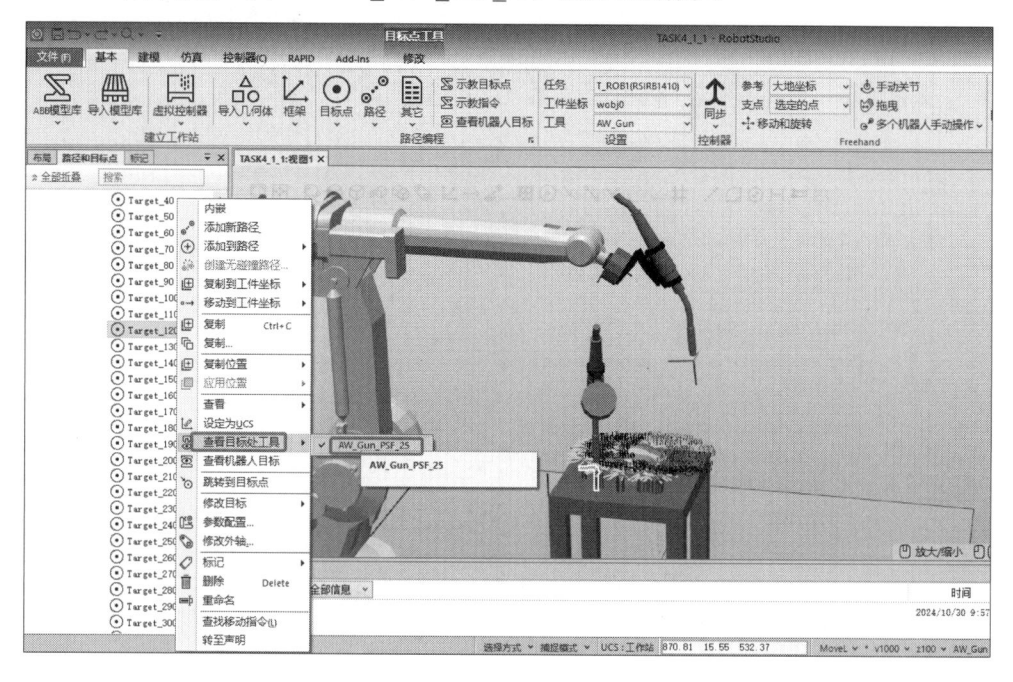

图4.29 查看目标处工具

步骤 03 在"视图"区域中，可以看到所选点位Target_120处会显示出工业机器人所用的工具，如图4.30所示。

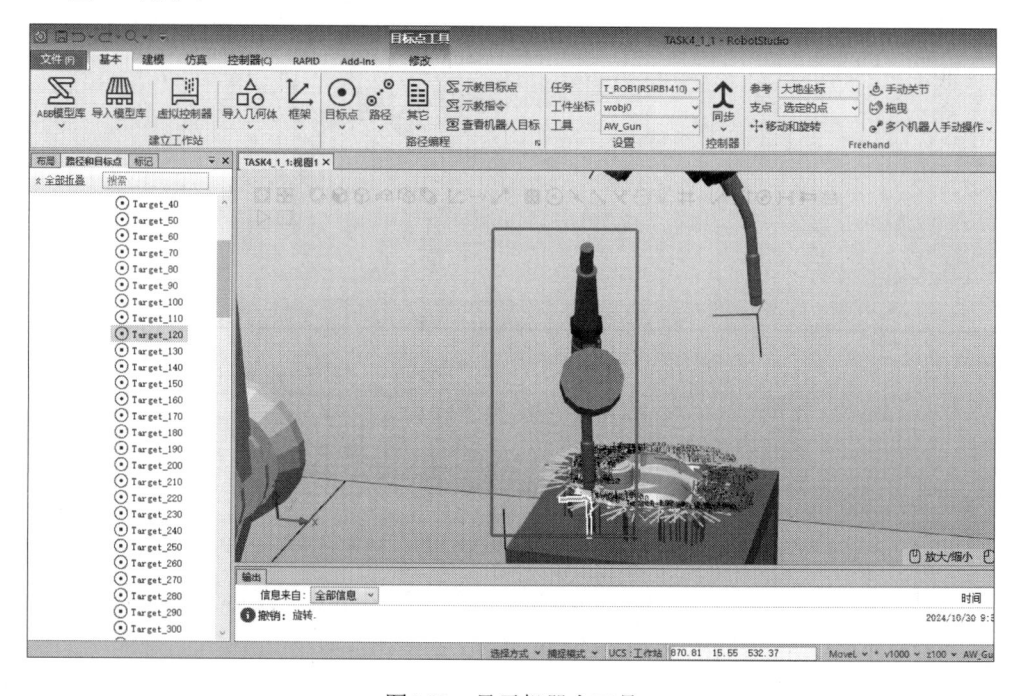

图4.30 显示机器人工具

137

步骤04 在左侧"路径和目标点"管理器中,右击目标点Target_120,在弹出的快捷菜单中依次选择"修改目标"→"旋转…",将打开"旋转:Target_120"对话框,如图4.31和图4.32所示。

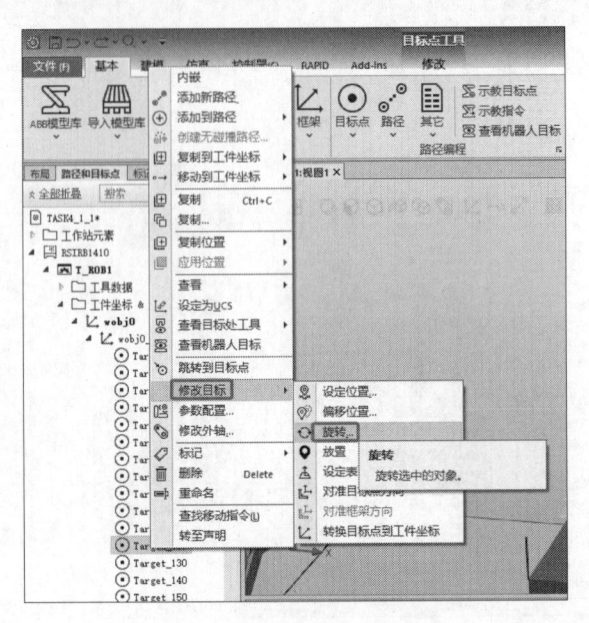

图4.31 选择"旋转…"选项

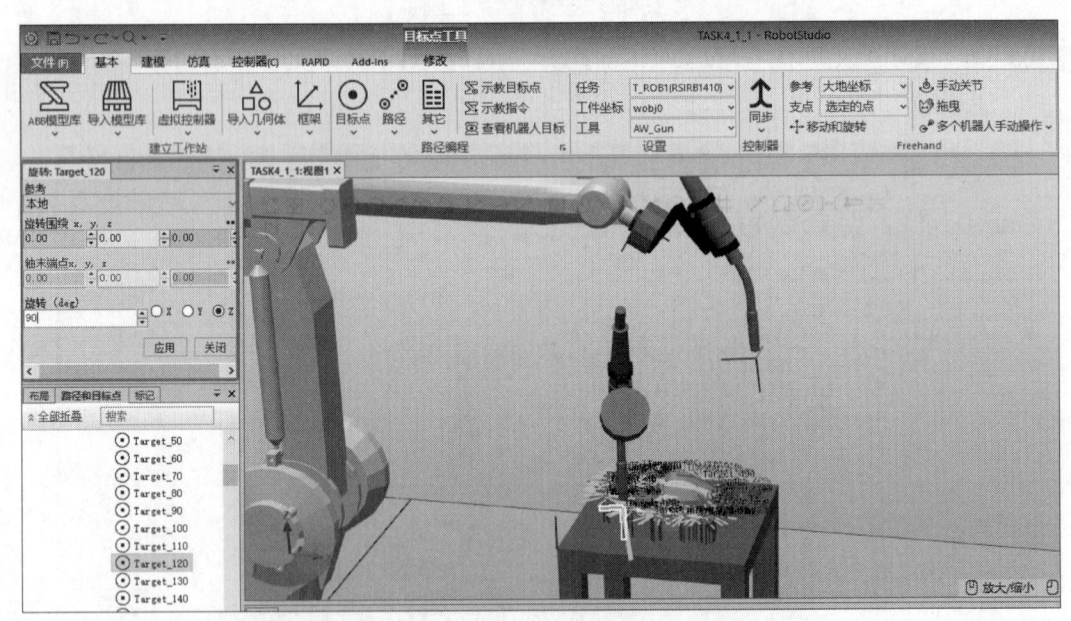

图4.32 "旋转:Target_120"对话框

步骤05 在"旋转:Target_120"对话框中,用户依次选择参考"本地"坐标,旋转围绕原点(0,0,0),绕Z轴旋转角度为90°,单击"应用"按钮,如图4.33所示。

用户在该目标点处的工具只需要绕着本身的Z轴旋转90°即可。

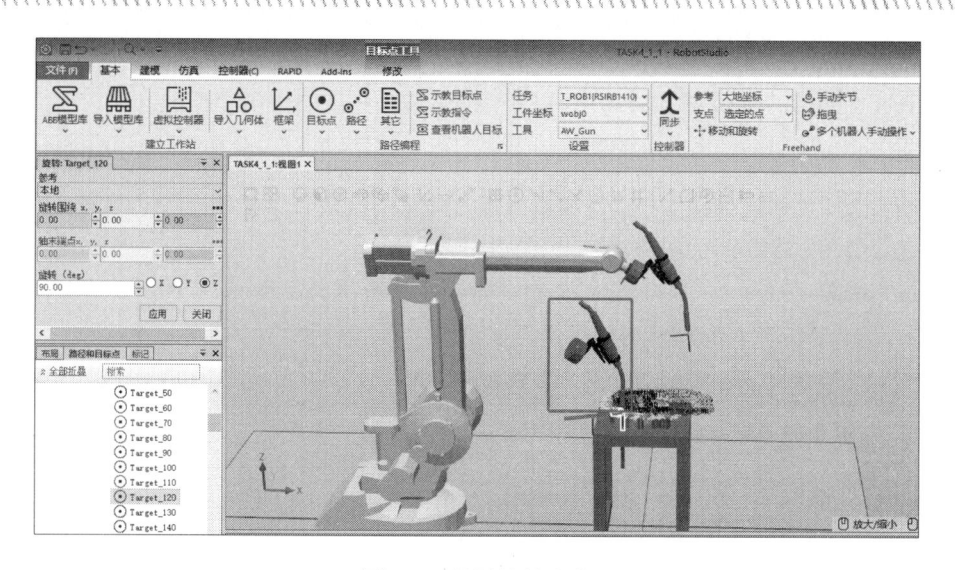

图4.33　设置旋转参数

备注：本次示例中自动生成的各个点位均需要进行调整，用户需要继续修改其他目标点，本次任务共44个目标点。如果用户逐个进行修改，则费时费力，可以采用批量修改的办法。

备注：如果视图中目标点Z轴方向均为工件上表面的法线方向，则无须再对Z轴方向进行调整。然后查看各目标点的X轴方向是否一致。用户从以上调整目标点Target_120的操作可知，自动生成的其他目标点的X轴方向与目标点Target_120的X轴方向一致，即机器人工具的安装法兰盘均朝向机器人一侧。

步骤06　在左侧"路径和目标点"管理器中，单击点位Target_10，再按住键盘上的Shift键不放，然后单击最后一个点位Target_720，即可选择所有目标点，如图4.34所示。

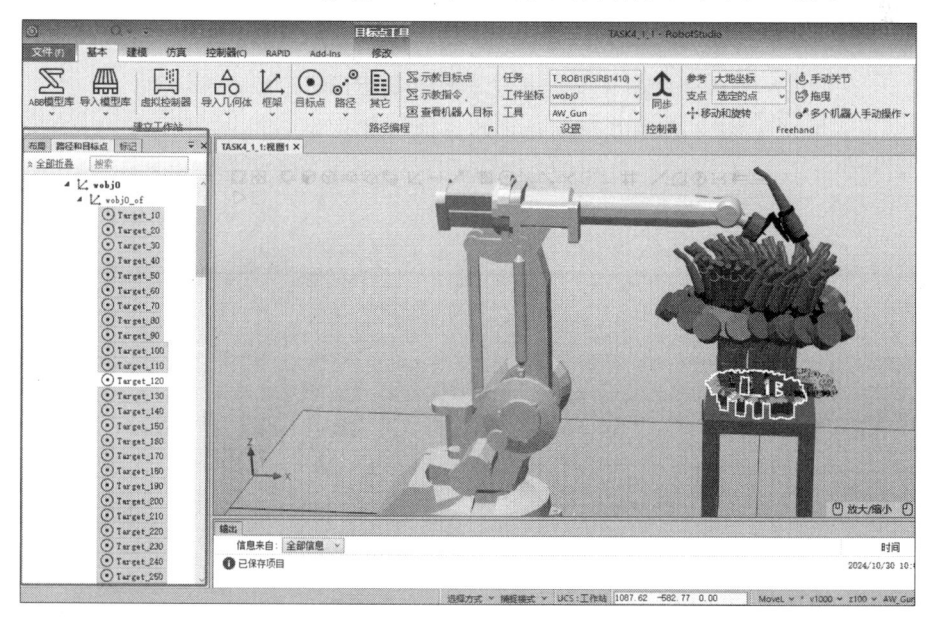

图4.34　选择所有目标点

备注： 由于Target_120这个点位已经进行了调整，因此在全选目标点后，再按住Ctrl键，单击Target_120，移除该点位的选中状态。

步骤 07 在软件界面左侧"路径和目标点"管理器中，右击选中的目标点，在弹出的快捷菜单中依次选择"修改目标"→"对准目标点方向"，打开"对准目标点：（多种选择）"对话框，如图4.35所示。

步骤 08 在"对准目标点：（多种选择）"对话框中，参考项选择Target_120点，对准轴选择X轴，锁定轴选择Z轴，然后单击"应用"按钮，如图4.36所示。

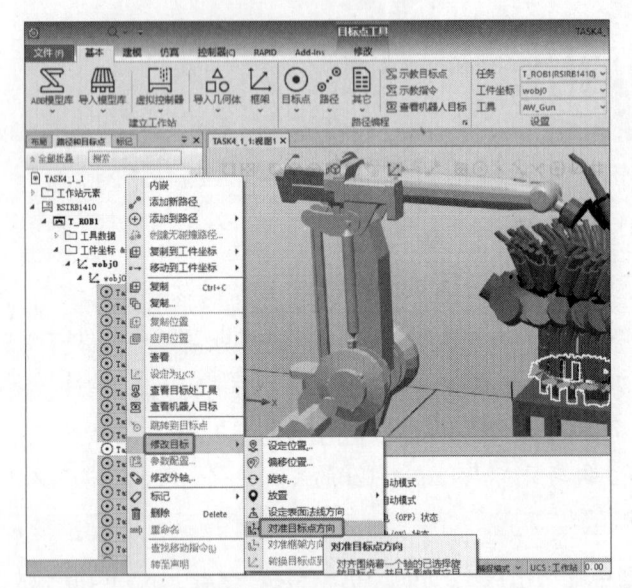

图4.35 选择"对准目标点方向"选项　　　　　图4.36 设置对准目标点参数

步骤 09 用户所选择的目标点的X轴方向均对准了目标点Target_120的X轴方向，如图4.37所示。

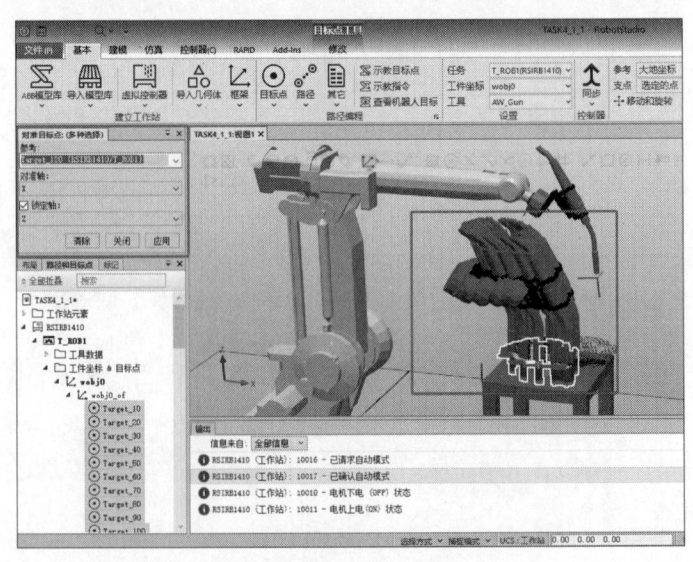

图4.37 所选目标点均对准X轴方向

通过以上操作步骤，用户可以在视图区内看到所选的全部目标点的方向均已调整完成，即所有目标点处工具的法兰盘均朝向了机器人所在方向，这使得工业机器人更容易到达该目标点。此时用户可以查看"路径与步骤"中的Path_10路径指令上的①或⊗提示图标是否消失，如图4.38所示。若提示图标没有消失，则需要继续按照上述步骤调整轴配置参数。

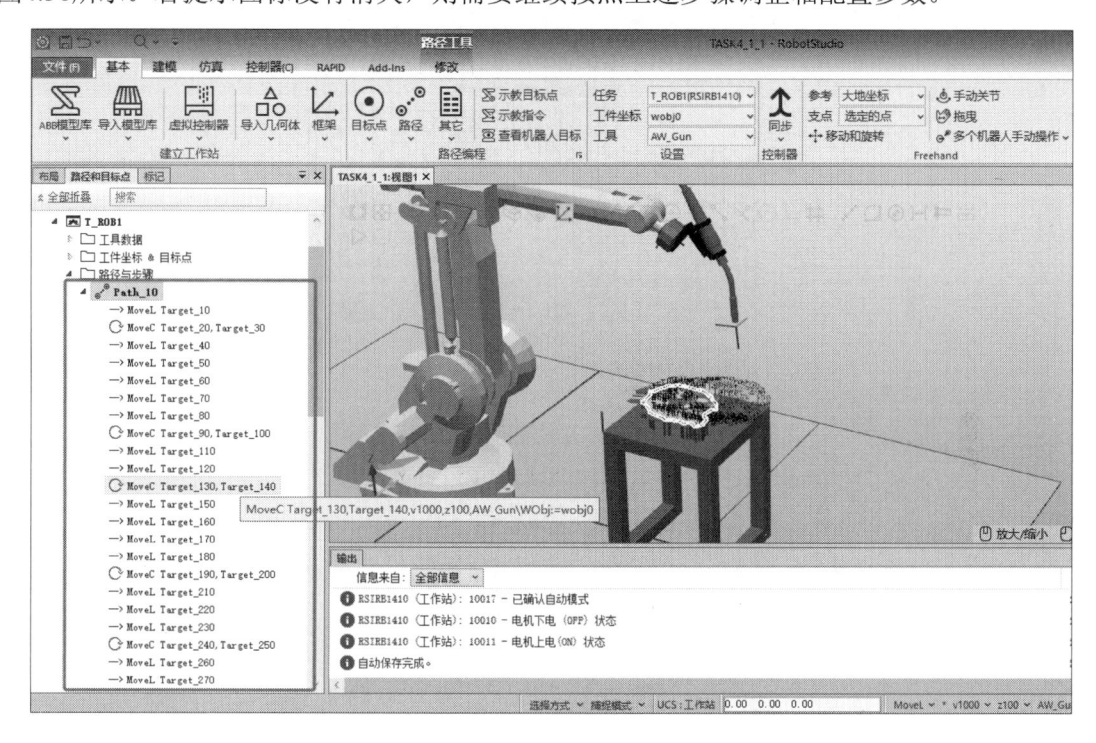

图4.38 查看路径指令上的提示是否取消

4.2.2 轴配置参数调整

现在，用户已将目标点定义并存储为WorkObject坐标系内的坐标。当机器人到达目标点时，工业机器人虚拟控制器会计算出各轴的位置，一般会有多个配置机器人轴的解决方案。对于4.2.1节中将机器人或工具微动调整到所需位置之后的示教目标点而言，所使用的配置值都将存储在目标点位中。

在工业机器人TCP到达目标点的过程中，需要机器人的所有关节轴进行配合，因此根据自动生成的目标点来调整各轴就需要多个轴参数进行配置。轴相关配置参数调整的具体操作步骤如下。

步骤01 在软件界面左侧"路径和目标点"管理器中选择目标点Target_10，右击，在弹出的快捷菜单中选择"参数配置…"，如图4.39所示。

步骤02 在打开的"配置参数：Target_10"对话框中，选择默认的配置参数Cfg1(0,0,0,0)，然后单击"应用"按钮，如图4.40所示。

备注："配置参数：Target_10"对话框中的"之前"表示目标点原来配置所对应的各关节轴的度数，"当前"则表示当前勾选轴配置所对应的各关节轴的度数。

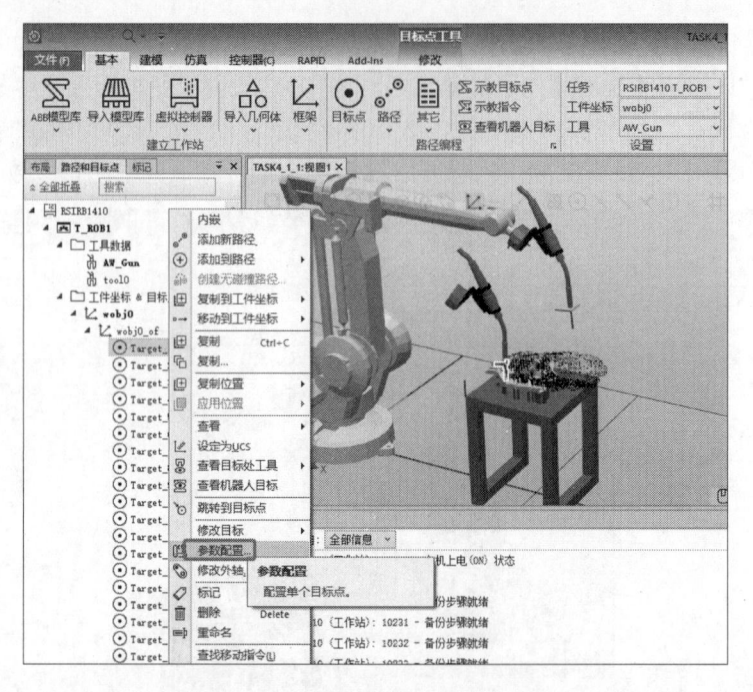

图4.39　选择"参数配置…"选项

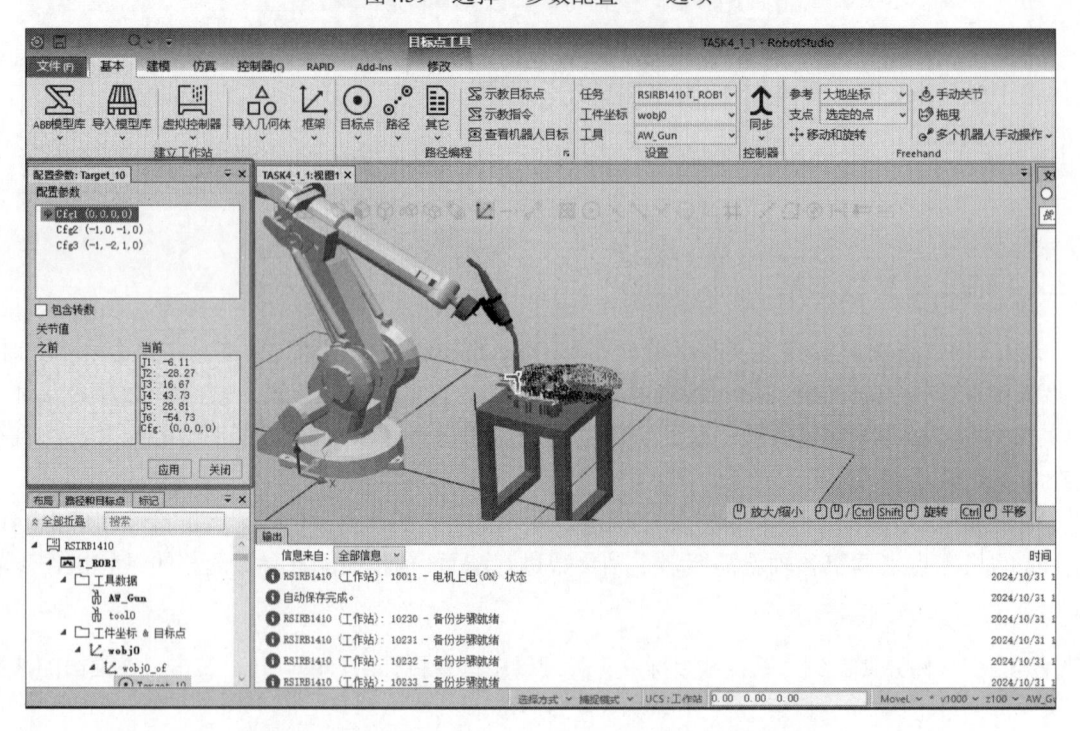

图4.40　"配置参数：Target_10"对话框选择轴配置参数

备注：用户除了为单个点进行轴参数配置外，还可以在"路径与步骤"管理器中，为路径Path_10中所有目标点自动调整轴配置参数,机器人会为各个目标点自动匹配轴配置的相关参数，然后按照运动指令运行。

第 4 章　复杂运动轨迹的创建与调试

步骤03　在"路径与目标点"管理器中，在"路径与步骤"中的路径Path_10上右击，在弹出的快捷菜单中依次选择"自动配置"→"线性/圆周移动指令"，如图4.41所示。用户选择后，可以看到视图区内机器人快速绕工件一周运动。

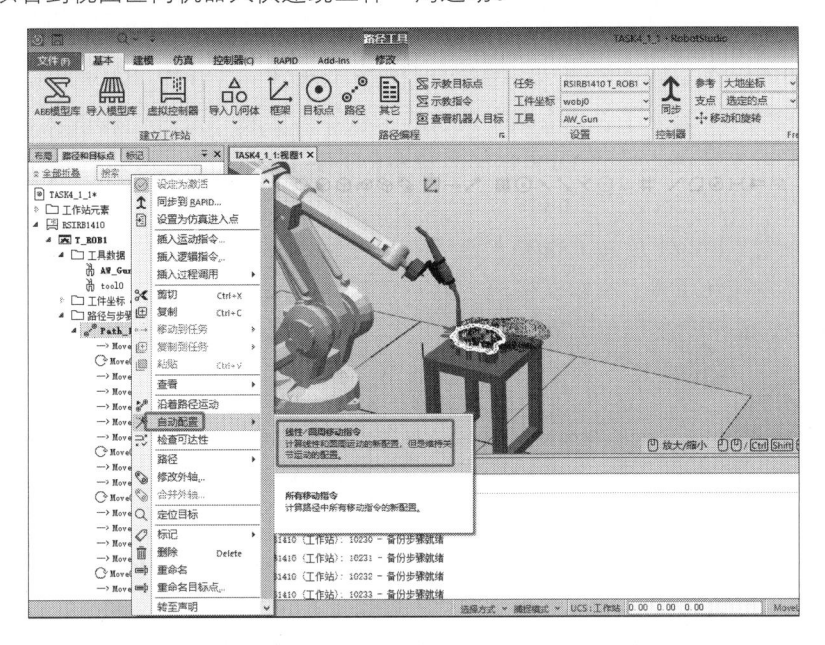

图4.41　选择"线性/圆周移动指令"

步骤04　在"路径与目标点"管理器中，单击展开"路径与步骤"中的路径Path_10，右击，在弹出的快捷菜单中选择"沿着路径运动"，如图4.42所示。选择完成后，用户也能在视图区内看到机器人按照目标点开始运动。

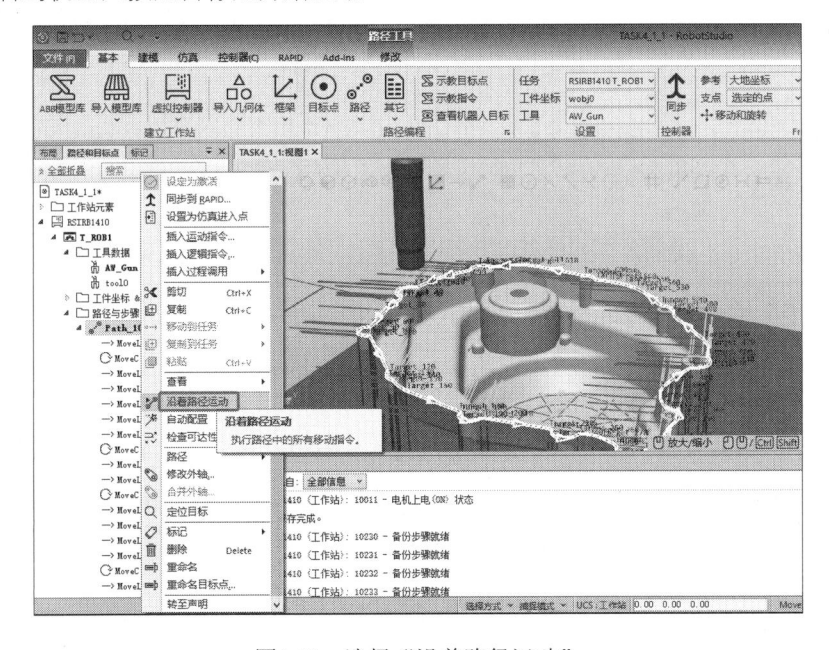

图4.42　选择"沿着路径运动"

通过以上操作步骤，用户可以在视图区内看到机器人沿着规划的运动路径运行一次，用户可以查看机器人的运动路径是否与规划的路径一致，从而判断以上操作的正确性。

4.2.3 仿真运行

以上工件曲线轨迹示教已经完成，但是需要注意，在实际工作中，为了避免机器人工具与工件碰撞以及运动轨迹的完整性，还需要继续添加机器人运行轨迹起始接近点、轨迹结束离开点以及工作结束后安全停止位置home点。本章示例为封闭的曲线，那么轨迹起始接近点和轨迹结束离开点可以是同一个位置EnterP点。

轨迹起始接近点EnterP是为了机器人在进入运行轨迹时能够调整运动速度，避免高速运转的机器人因为惯性碰伤工件，所以在接近起始点的时候再设置一个起始接近点EnterP提前减速。那么起始接近点EnterP就在Target_10正上方，所以相对于起始点Target_10而言，只是沿着其本身Z轴负方向偏移一定的距离，具体操作步骤如下。

步骤 01 在"路径与目标点"管理器中，依次展开"工件坐标&目标点"→wobj0，然后在wobj0_of下的目标点Target_10上右击，在弹出的快捷菜单中选择"复制"，如图4.43所示。也可以使用快捷键Ctrl+C。

步骤 02 在"路径与目标点"管理器中，在wobj0_of上右击，在弹出的快捷菜单中选择"粘贴"。也可以使用快捷键Ctrl+V，即可在wobj0_of粘贴了一个目标点Target_10_2，如图4.44所示。

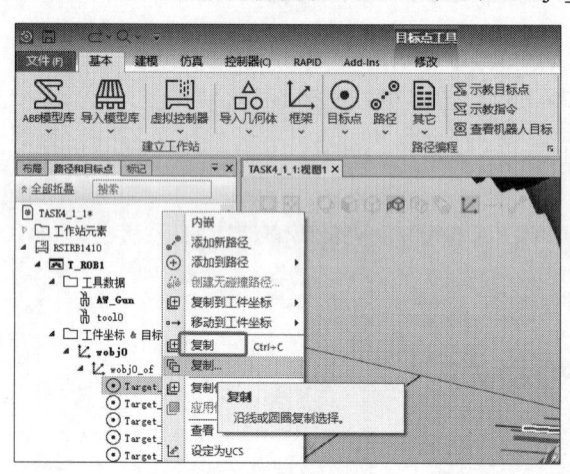

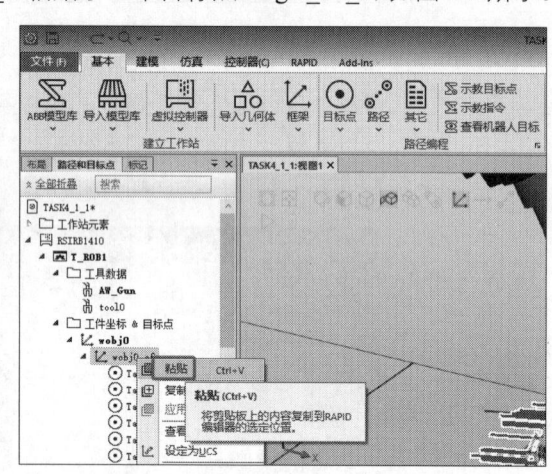

图 4.43 复制目标点　　　　　　　　　图 4.44 粘贴目标点

步骤 03 在"路径与目标点"管理器中，右击wobj0_of中的点位Target_10_2，在弹出的快捷菜单中选择"重命名"，如图4.45所示。

步骤 04 在"路径与目标点"管理器中，wobj0_of下的点位名称Target_10_2处于编辑状态，用户输入EnterP，按回车键，即可完成该点位的重命名，如图4.46所示。

步骤 05 在点位EnterP上右击，依次选择"修改目标"→"偏移位置"，如图4.47所示。

第 4 章 复杂运动轨迹的创建与调试

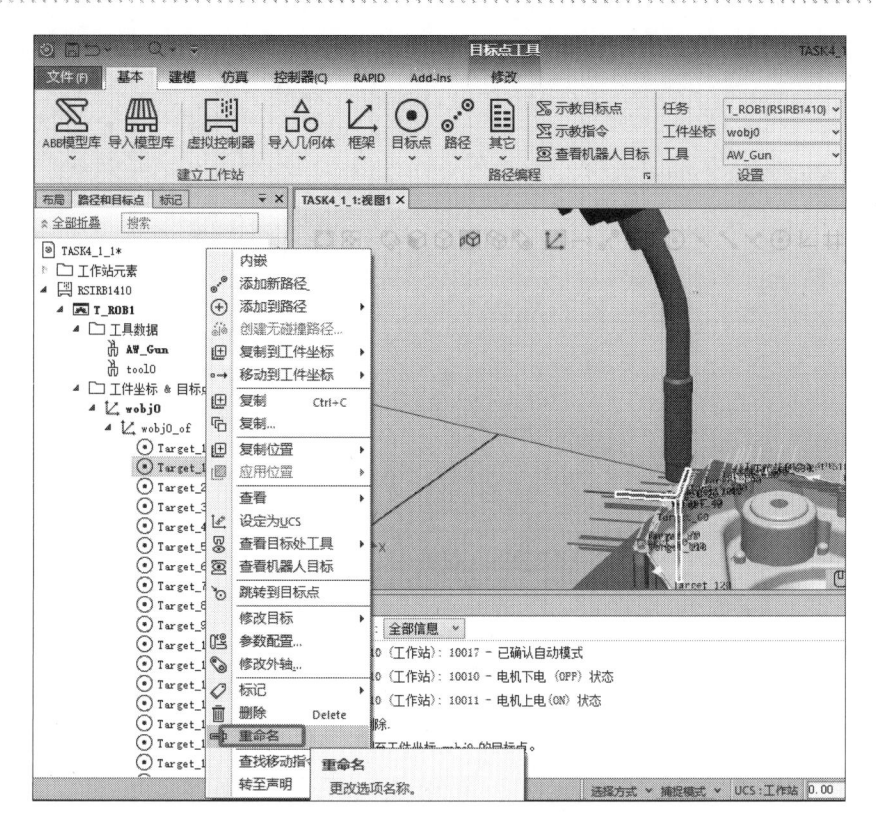

图4.45 选择"重命名"功能

图4.46 完成目标点位的重命名

步骤06 在打开的"偏移位置：EnterP"对话框中，选择参考坐标为本地，"转换（mm）"第3个编辑框输入-100，单击"应用"按钮，即可在目标点EnterP原位置向Z负方向偏移100mm，如图4.48所示。注意，上述-100是针对参考工具的坐标系而言的，其Z轴向下为正。

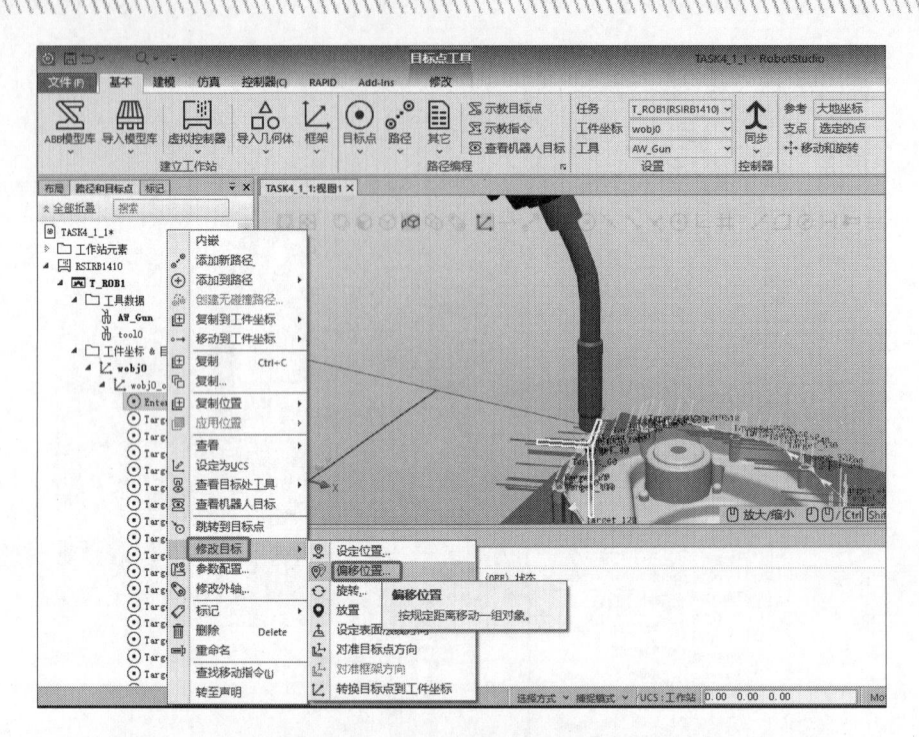

图4.47 选择"偏移位置..."选项

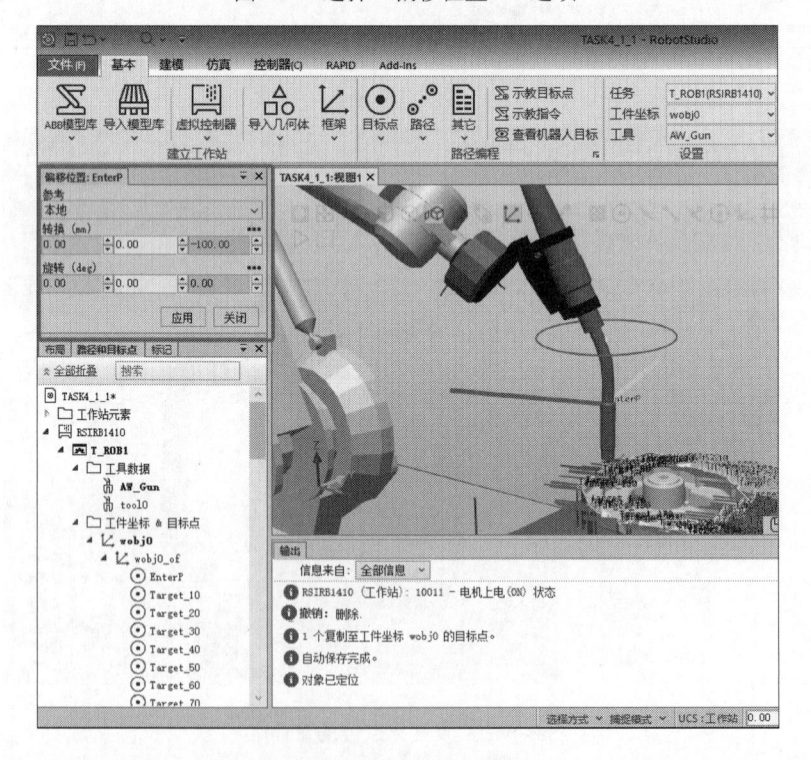

图4.48 输入偏移参数

步骤 07 在wobj0_of中，右击点位EnterP，在弹出的快捷菜单中依次选择"添加到路径"→Path_10→"<第一>"，即可将点位EnterP添加到路径Path_10中的第一行，如图4.49和图4.50所示。

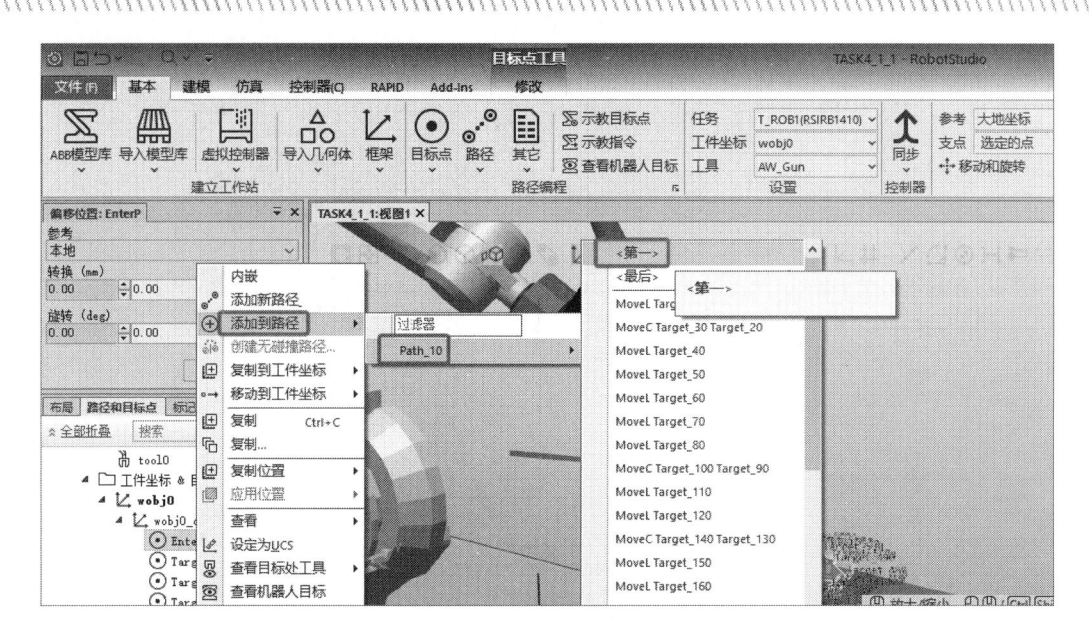

第 4 章 复杂运动轨迹的创建与调试

图4.49 添加点位到路径

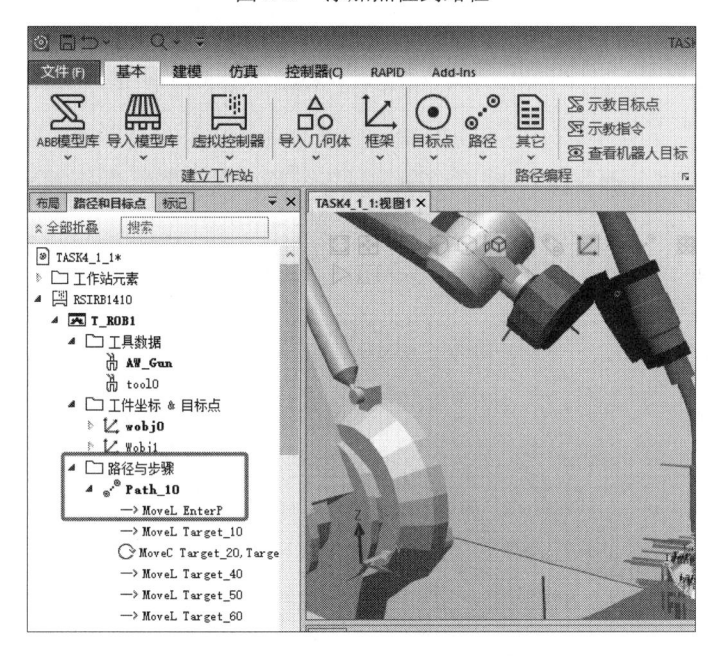

图4.50 添加到路径第一位置

步骤08 在"布局"管理器中，右击机器人IRB1410_5_144__01，在弹出的快捷菜单中依次选择"移动到姿态"→"回到机械原点"。用户可以在"视图"中看到机器人回到机械原点位置，如图4.51所示。

步骤09 在"基本"功能选项卡中，先在"设置"组的"工件坐标"选择Wobj1，单击"路径编程"组中的"示教目标点"图标后，即可在左侧"路径与目标点"中的wobj0_of工件坐标下生成目标点Target_730，如图4.52所示。

147

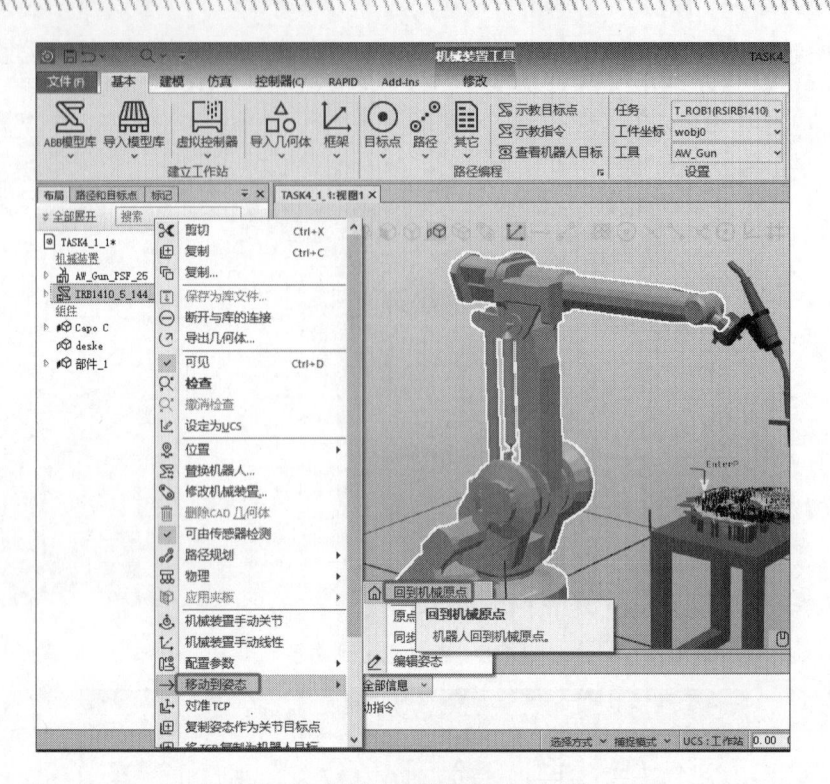

图4.51　机器人回到机械原点位置

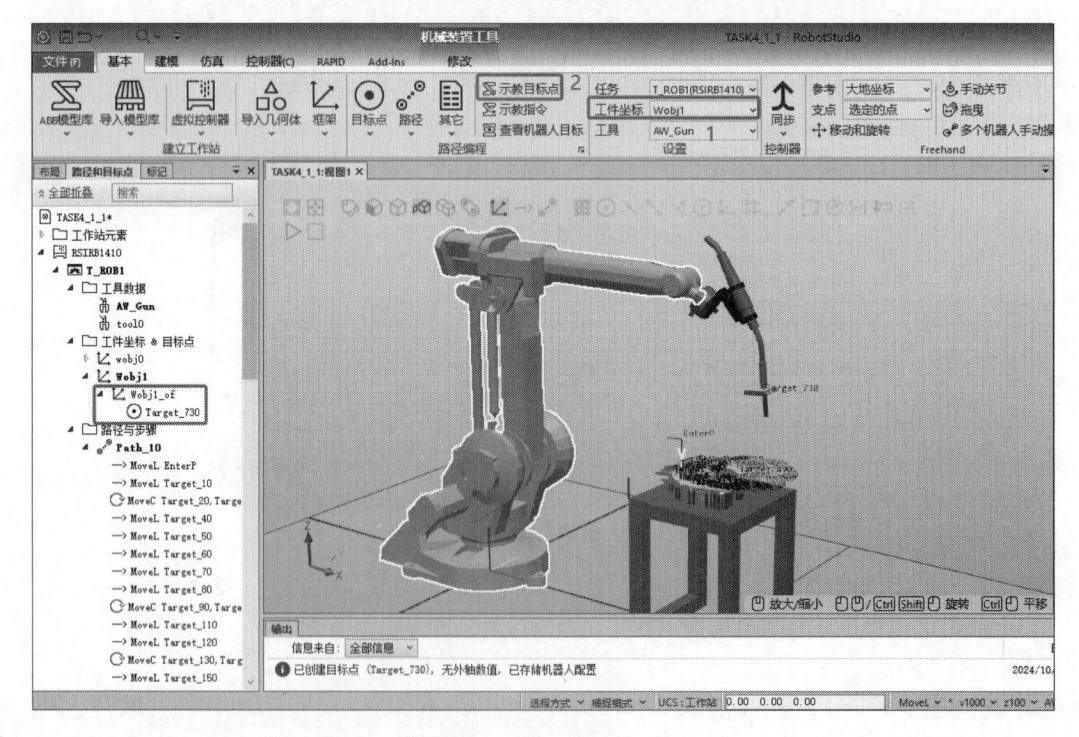

图4.52　示教并生成目标点

备注：如图4.52所示，Wobj1为之前所新建的工件坐标。

第 4 章 复杂运动轨迹的创建与调试

步骤⑩ 应用步骤③、步骤④的方法，将目标点Target_730重命名为home，如图4.53所示。

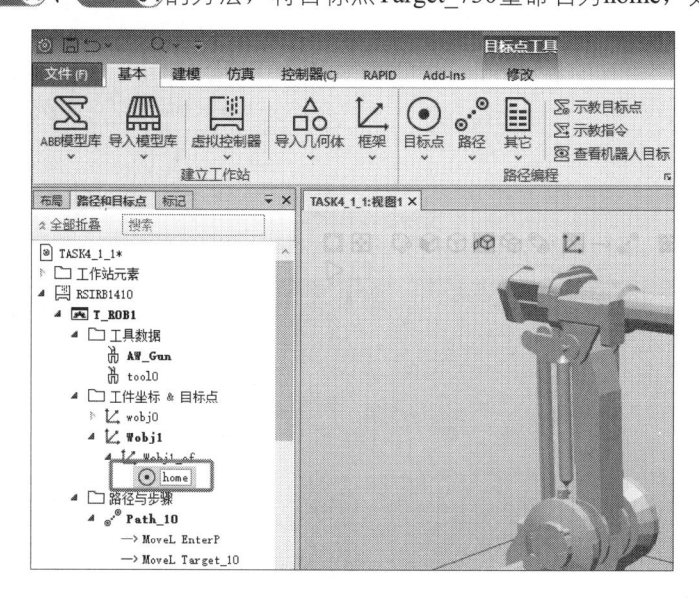

图4.53 将目标点Target_730重命名为home

步骤⑪ 在界面右下角修改指令和参数为MoveJ v300 z20 AW_Gun\WObj:=wobj1，如图4.54所示。

步骤⑫ 依次选择"路径与目标点"→wobj1 _of→home，右击，在弹出的快捷菜单中依次选择"添加到路径"→Path_10→"<第一>"，如图4.55所示。

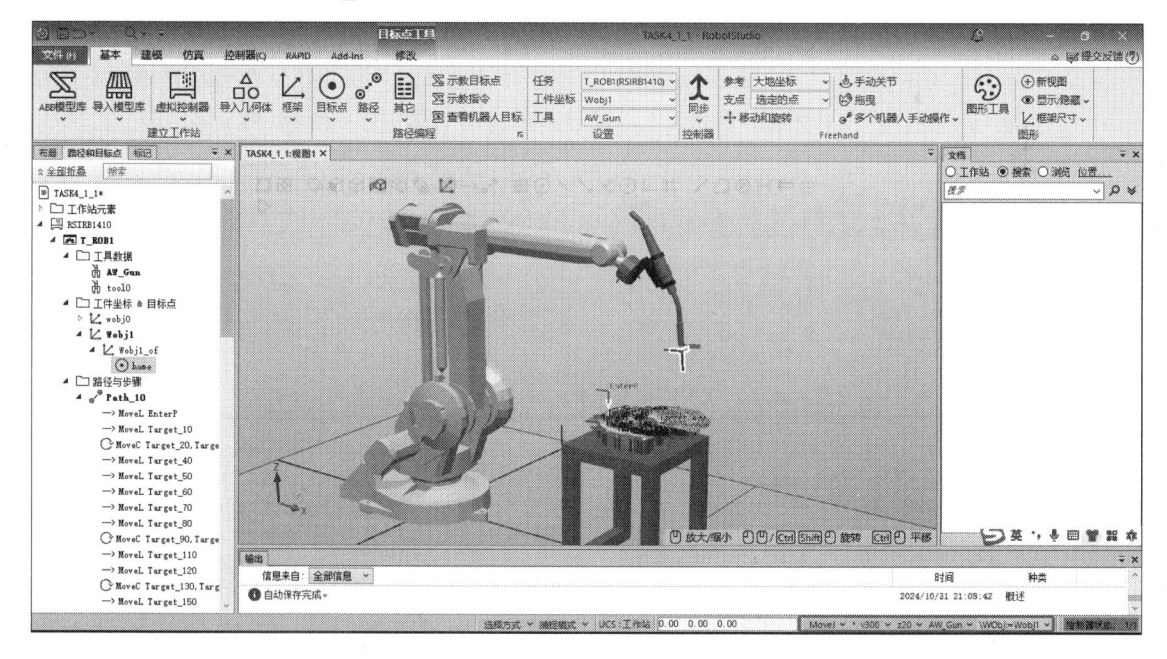

图4.54 修改指令和参数

步骤⑬ 在左侧"路径与目标点"管理器中依次选择"路径与步骤"→Path_10→MoveL Target_10并右击，在弹出的快捷菜单中选择"编辑指令"，如图4.56所示。

149

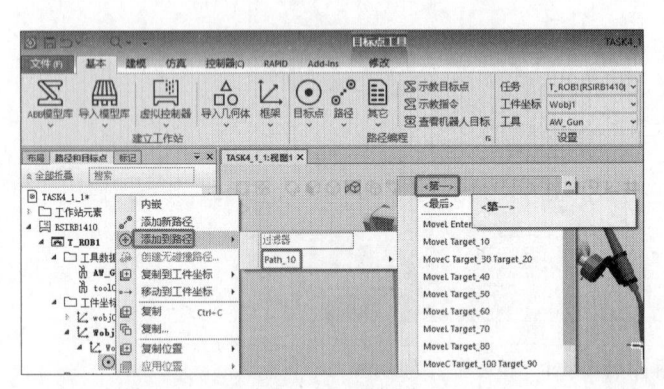

图4.55 添加home点到路径第一位置　　　　　图4.56 选择"编辑指令"

步骤14 在打开的"编辑指令：MoveL Target_10"对话框中，修改"动作类型"为Joint，Zone选择fine后，单击"应用"按钮，如图4.57所示。注意，区域参数fine表示精确到达点位。

步骤15 在"路径与目标点"管理器中，打开路径Path_10，按Shift键配合鼠标左键从MoveJ Target_10一直选择到MoveL Target_720，右击，在弹出的快捷菜单中依次选择"修改指令"→"速度"→v200，即将所选择指令的速度设置为200，如图4.58所示。

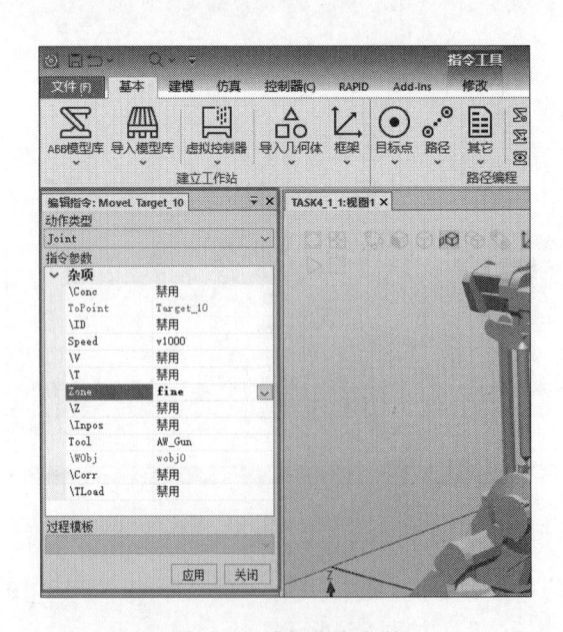

图4.57 编辑指令参数　　　　　　　　　　图4.58 批量修改指令

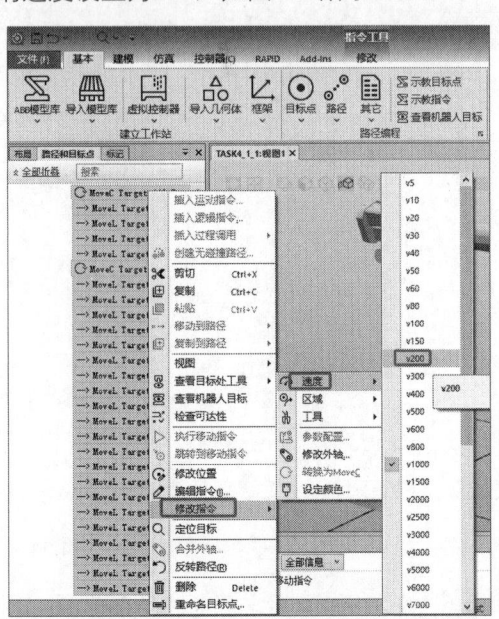

第 4 章 复杂运动轨迹的创建与调试

步骤 16 按照**步骤 15**的方法继续选中MoveJ Target_10到MoveL Target_720，右击，在弹出的快捷菜单中依次选择"修改指令"→"区域"→z5，如图4.59所示。

备注：使用Shift+鼠标左键组合即可按照顺序快速选择全部点位。

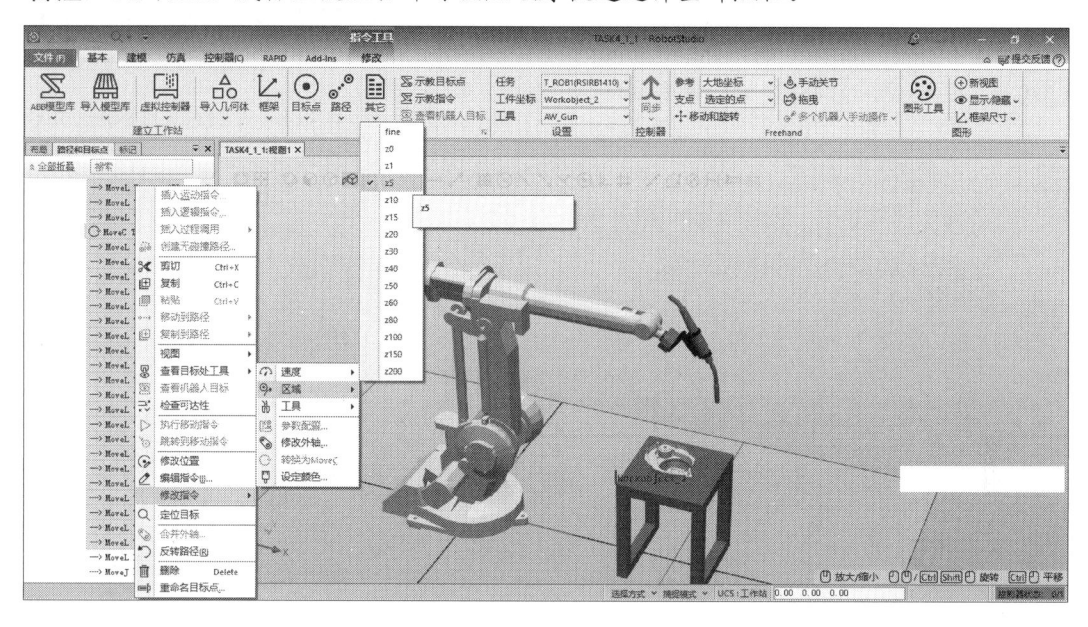

图4.59　修改指令参数

步骤 17 为了使机器人运动路径闭环，需要将EnterP点复制并粘贴到路径最后，使得机器人在路径完成后，能够回到路径进入点位置，如图4.60所示。

步骤 18 在当前路径的最后一条指令MoveL Target_720上右击，在弹出的快捷菜单中选择"粘贴"命令，如图4.61所示。

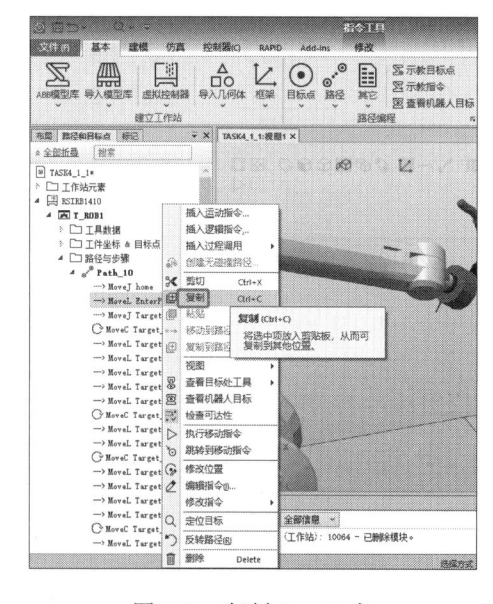

图 4.60　复制 EnterP 点

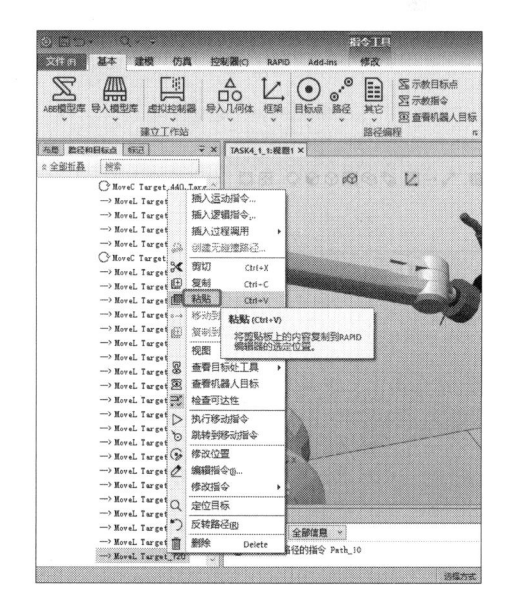

图 4.61　粘贴 EnterP 点到路径最后

步骤19 指令粘贴后，会弹出"创建新目标点"对话框，单击"否(N)"按钮，如图4.62所示。

备注：由于使用的是机器人进入路径的点位，所以在这里不需要新创建点位。

步骤20 用户可以在当前路径最后看到粘贴后的指令，如图4.63所示。

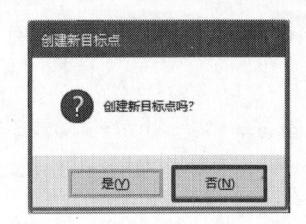

图4.62 "创建新目标点"对话框

步骤21 按照**步骤17**~**步骤20**，将home点也粘贴到当前路径的最后，作为机器人运行轨迹完成后的最终停留位置，如图4.64所示。

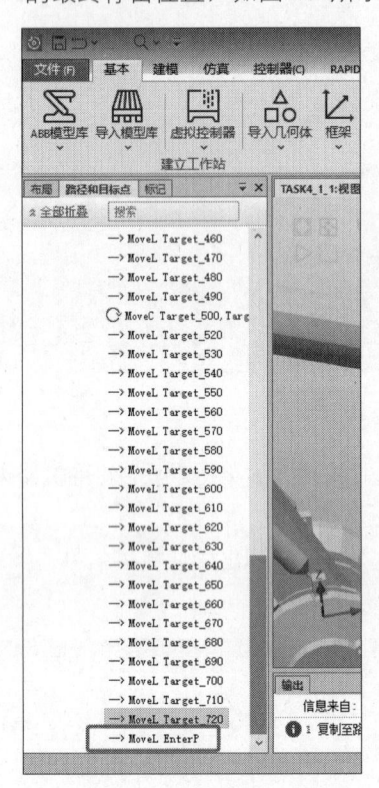

图4.63 路径指令粘贴　　　　　　　　图4.64 指令编辑

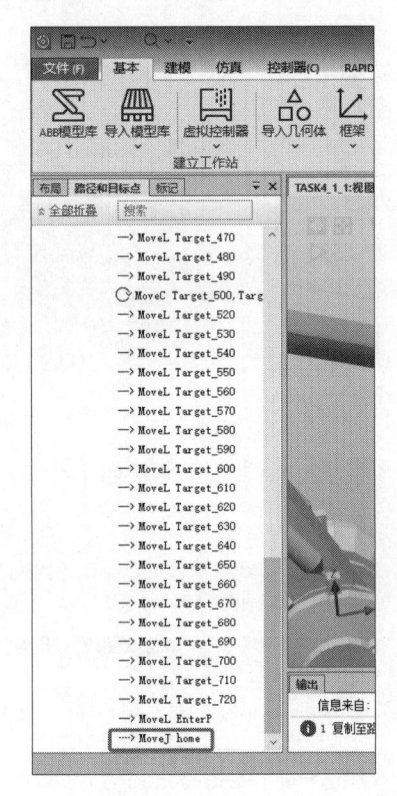

备注：在最后一条指令MoveL EnterP上右击选择"粘贴"。

用户按照以上步骤修改指令后，该路径上的所有指令如下：

```
MoveJ home,v300,z20,AW_Gun\WObj:=wobj1;
MoveL EnterP,v300,z20,AW_Gun\WObj:=wobj0;
MoveJ Target_10,v200, fine,AW_Gun\WObj:=wobj0;
MoveL Target_20,v200,z5,AW_Gun\WObj:=wobj0;
MoveL Target_30,v200,z5, AW_Gun\WObj:=wobj0;
MoveC Target_40,Target_50,v200,z5,AW_Gun\WObj:=wobj0;
MoveL Target_60,v200,z5, AW_Gun\WObj:=wobj0;
...
MoveL Target_650,v200, z5, AW_ Gun\WObj: =wobj1;
```

```
MoveC Target_660,Target_ 670,v200, z5, AW_ Gun\WObj:=wobj1;
MoveL Target_680,v200, z5, AW_ Gun\WObj: =wobj1;
MoveL Target_690,v200, z5, AW_Gun\WObj:=wobj1;
MoveC Target_700,Target_710,v200,z5, AW_Gun\WObj:=wobj1;
MoveL Target_720,v200,z5,AW_Gun\WObj:=wobj1;
MoveL Target_730,v200,z5,AW_Gun\WObj:=wobj1;
MoveL Target_740,v200,fine,AW_Gun\WObj:=wobj1;
MoveJ home,v300,z20,AW_Gun\WObj:=wobj0;
```

用户修改完所有指令后，需要再为Path_10自动配置一次轴配置参数。若有问题，则需要继续按照上述步骤进行调试。若无问题，则可以将Path_10同步到RAPID，转换为RAPID代码后再进行仿真设定，操作步骤如下。

步骤01 在"路径与目标点"管理器中，右击Path_10，在弹出的快捷菜单中依次选择"自动配置"→"线性/圆周移动指令"，用户可以看到机器人按照规划的运动路径运行，如图4.65所示。

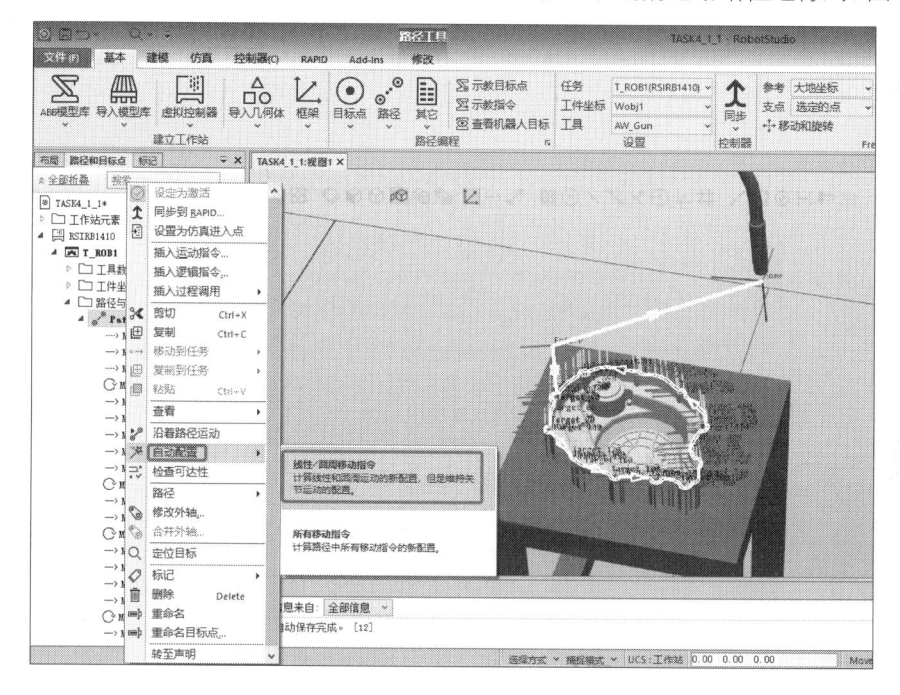

图4.65 选择"自动配置"功能

步骤02 在"基本"功能选项卡下的"同步"菜单中单击"同步到RAPID…"，如图4.66所示。

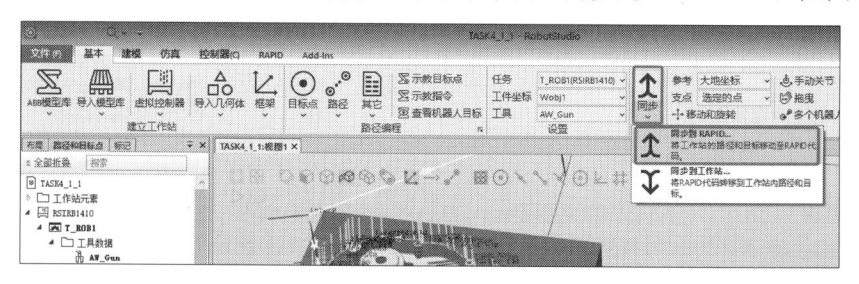

图4.66 选择"同步到RAPID…"功能

步骤03 在弹出的"同步到RAPID"对话框中,勾选所有同步内容,如图4.67所示。

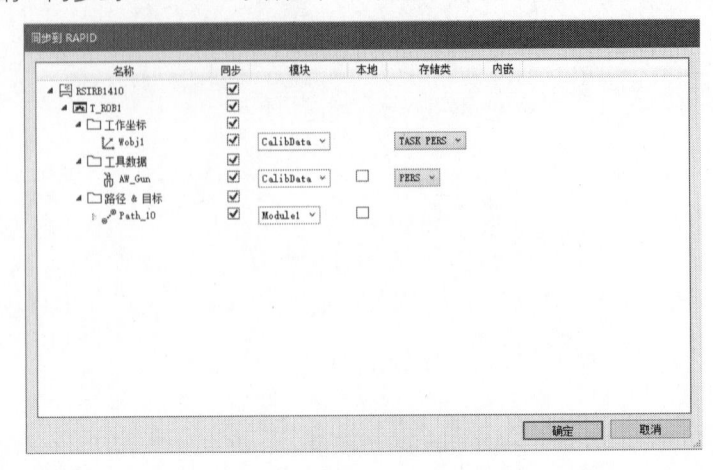

图4.67 勾选同步内容

步骤04 然后单击"确定"按钮开始同步。待同步完成后,用户可以在RAPID选项卡中查看Path_10代码,如图4.68所示。

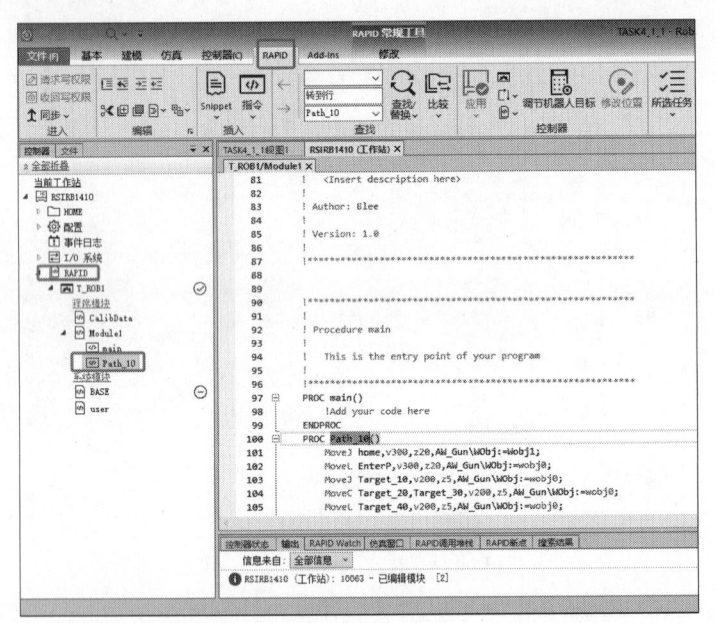

图4.68 查看代码

步骤05 在"仿真"功能选项卡中,单击"仿真设定"按钮,如图4.69所示。

步骤06 在"仿真设定"对话框中,单击"仿真对象"中的T_ROB1。在"进入点"下拉菜单中选择Path_10后,单击"关闭"按钮关闭该对话框,如图4.70所示。

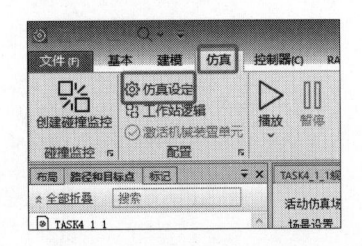

图4.69 "仿真设定"对话框

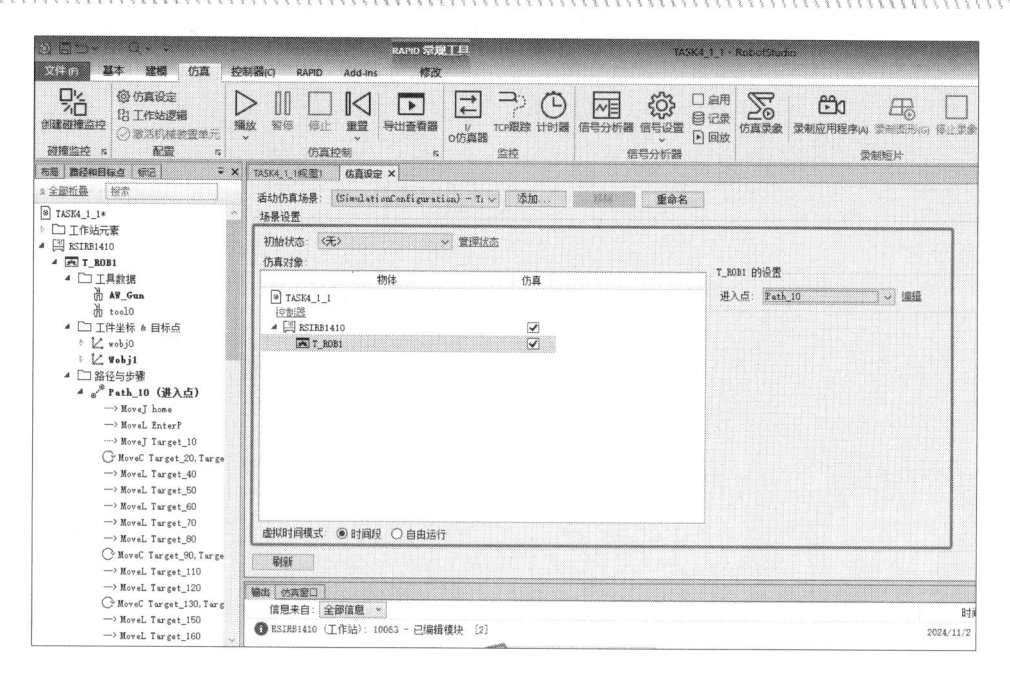

第 4 章 复杂运动轨迹的创建与调试

图4.70 设定仿真进入点

步骤07 在"仿真"功能选项卡中,单击"播放"按钮,用户即可在视图中播放创建的运动轨迹,如图4.71所示。

图4.71 单击"播放"按钮

步骤08 用户可以使用"仿真录像"或"录制应用程序"功能将机器人的运行轨迹录制为MP4视频,如图4.72所示。

155

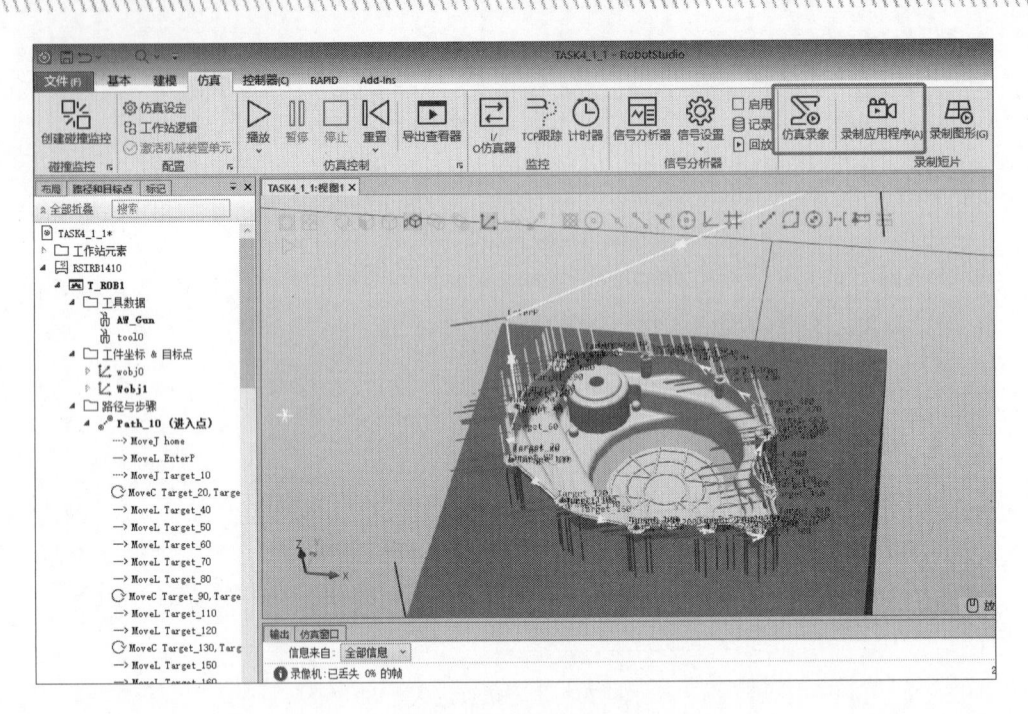

图4.72 录制仿真功能

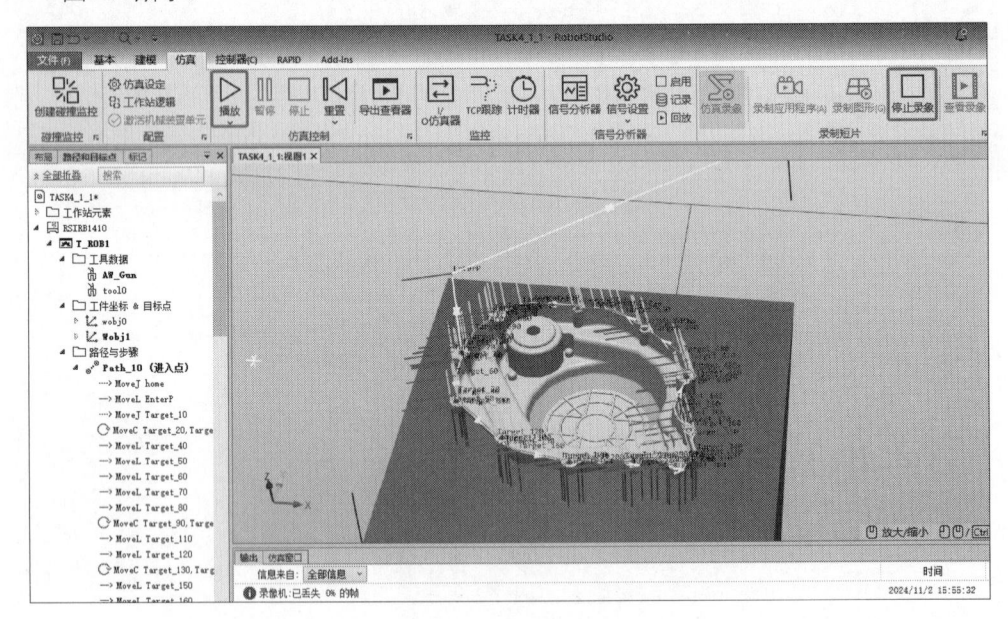

步骤09 用户单击"播放"按钮开始轨迹运行,完成后单击"停止录像"按钮完成视频录制,如图4.73所示。

图4.73 停止视频录制

步骤10 单击"查看录像"按钮可以查看并播放录制完成的MP4视频。单击"查看录像"按钮右下角的图标 ，如图4.74所示。可以设置录像视频保存路径、格式等相关信息,如图4.75所示。

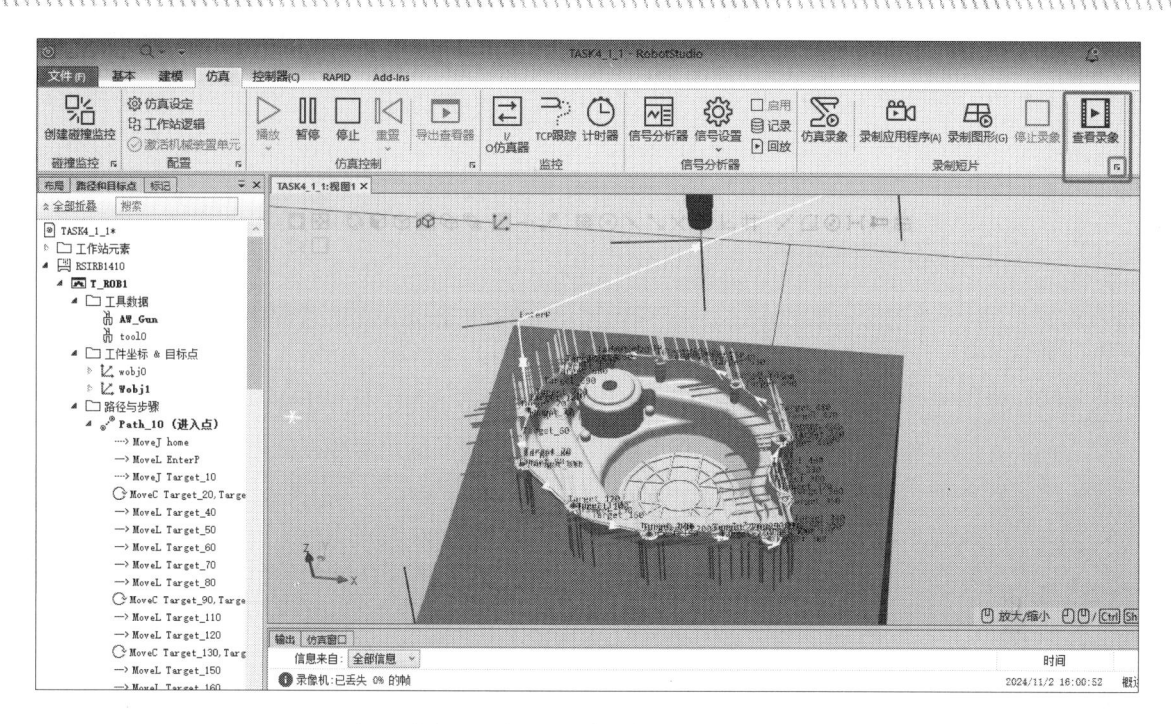

第 4 章　复杂运动轨迹的创建与调试

图4.74　打开录制参数及路径设置

图4.75　录制参数及路径设置

4.3　机器人离线轨迹编程辅助工具

在实际生产中，为了避免工业机器人的运动轨迹与周边环境发生干涉或碰撞，在仿真阶段规划好机器人运行轨迹后，通常需要使用碰撞监控功能来验证机器人轨迹是否会与周边设备发生干涉或碰撞。此外，当工业机器人完成运动轨迹后，用户需要对轨迹进行进一步分析，确认该规划轨迹是否完全满足实际生产需求。为此，可以通过TCP跟踪功能记录机器人运行轨迹，作为后续生产分析的资料；也可以利用计时器记录运行轨迹的时间，为后续生产节拍的计算提供数据支持。

本节将主要介绍机器人碰撞监控功能、TCP跟踪功能和计时器功能的作用及使用操作步骤。

4.3.1 创建机器人碰撞监控

虚拟仿真的一个重要任务是验证轨迹可行性，即验证机器人在运行过程中是否会与周边设备发生干涉或碰撞。在机器人应用过程中，例如喷漆、焊接、切割等，机器人工具实体尖端与工件表面的距离需保证在合理范围内，即既不能距离过大，也不能与工件发生碰撞，从而保证产品加工工艺需求。在RobotStudio软件的"仿真"功能选项卡中有专门用于检测碰撞的功能。

碰撞集包含两组对象ObjectA和ObjectB，用户可以将指定的两组对象放入其中以检测两组之间的干涉或碰撞情况。当ObjectA内的任何一个对象与ObjectB内的任何一个对象发生碰撞时，此碰撞将显示在图形视图中并记录在输出窗口内。用户可以在工作站内设置多个碰撞集，但每一个碰撞集只能包含两组对象。

在本小节中，将以检查机器人工具AW_Gun_PSF_25与工件Capo C之间的碰撞干涉为例，创建碰撞监控功能，具体操作步骤如下。

步骤01 在"仿真"功能选项卡中，单击"创建碰撞监控"，即可在"布局"窗口中生成"碰撞检测设定_1"，如图4.76和图4.77所示。

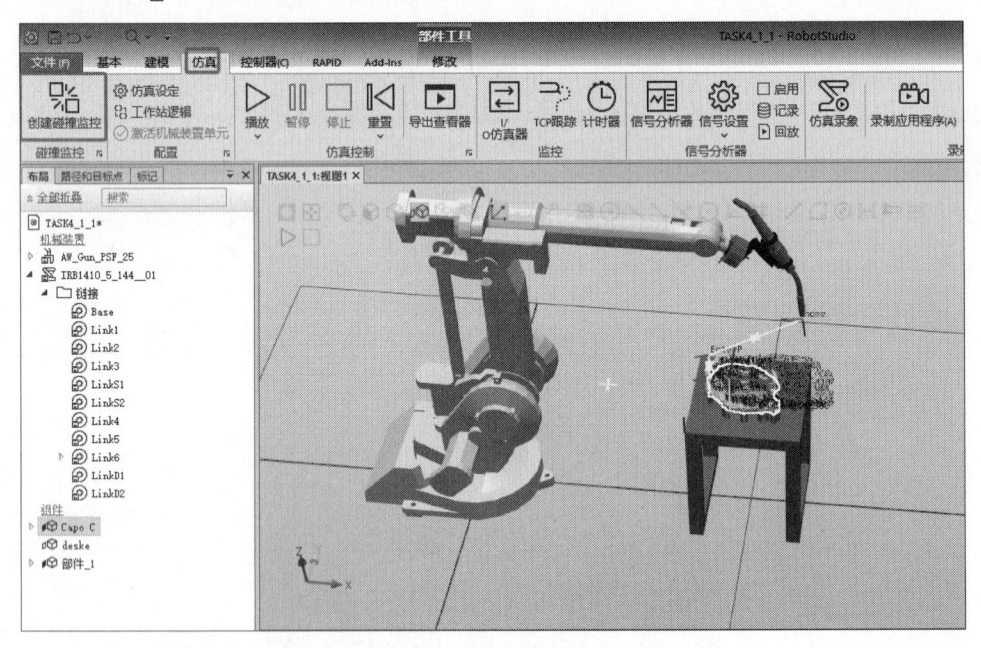

图4.76 打开碰撞监控

步骤02 在"布局"窗口中，展开"碰撞监控设定_1"，显示ObjectA和ObjectB，并用鼠标左键分别选中需要检测的对象工具AW_Gun_PSF_25和工件Capo C，不要松开左键，将其分别拖放到ObjectsA和ObjectsB中，如图4.78所示。

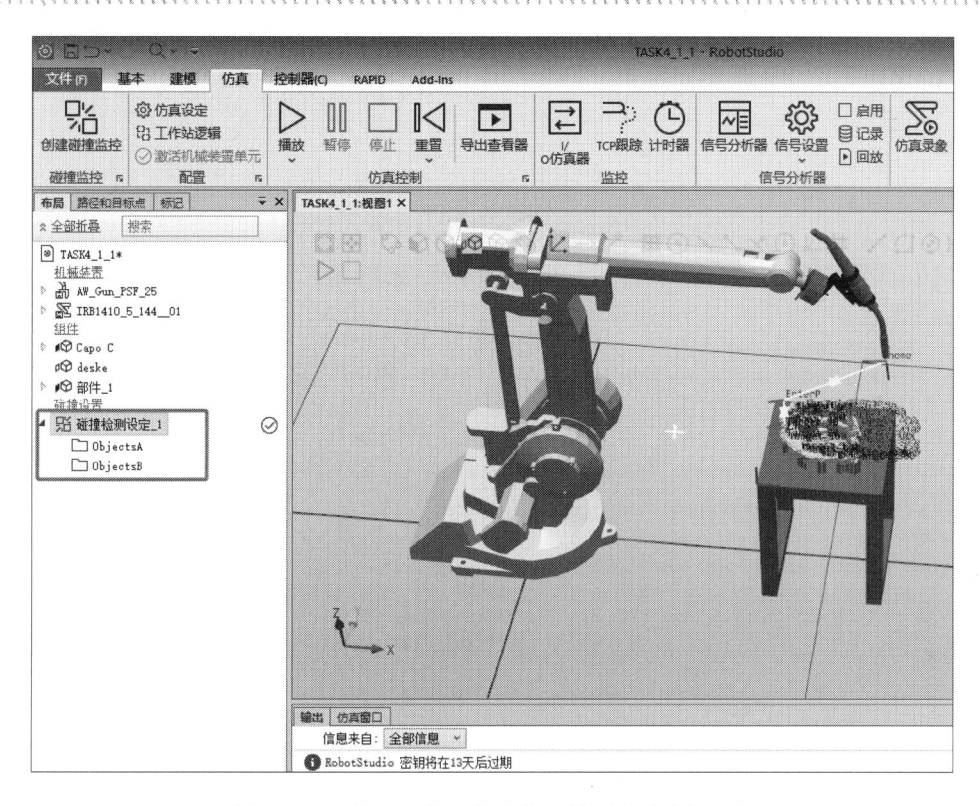

图4.77 "布局"窗口中生成"碰撞检测设定_1"

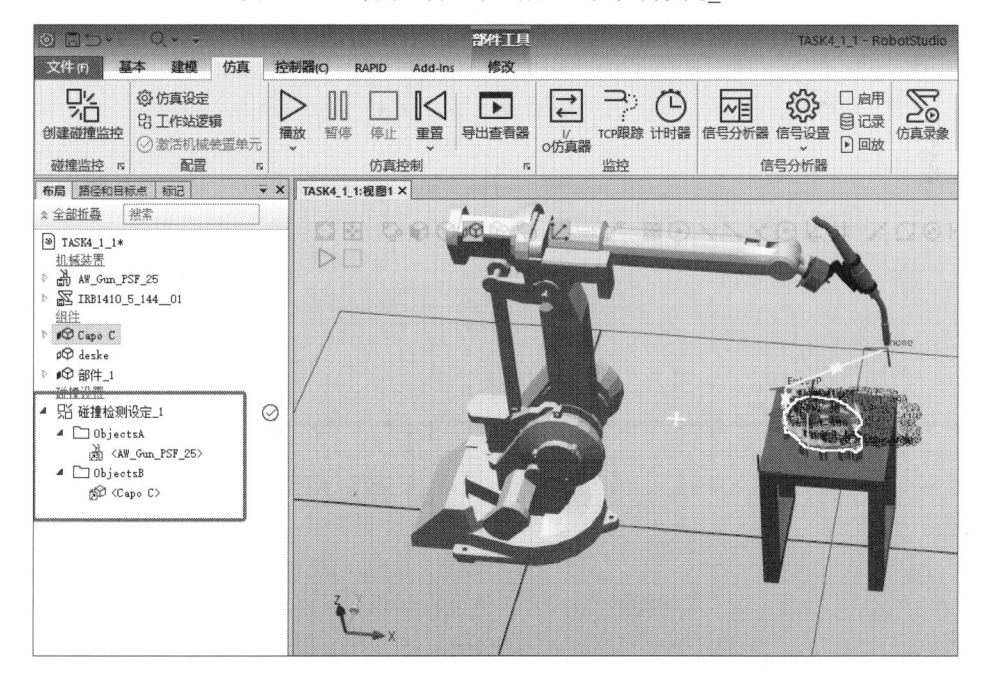

图4.78 添加碰撞检测对象

步骤 03 在"布局"管理器中,单击"碰撞检测设定_1",在弹出的快捷菜单中选择"修改碰撞监控"选项,如图4.79所示。

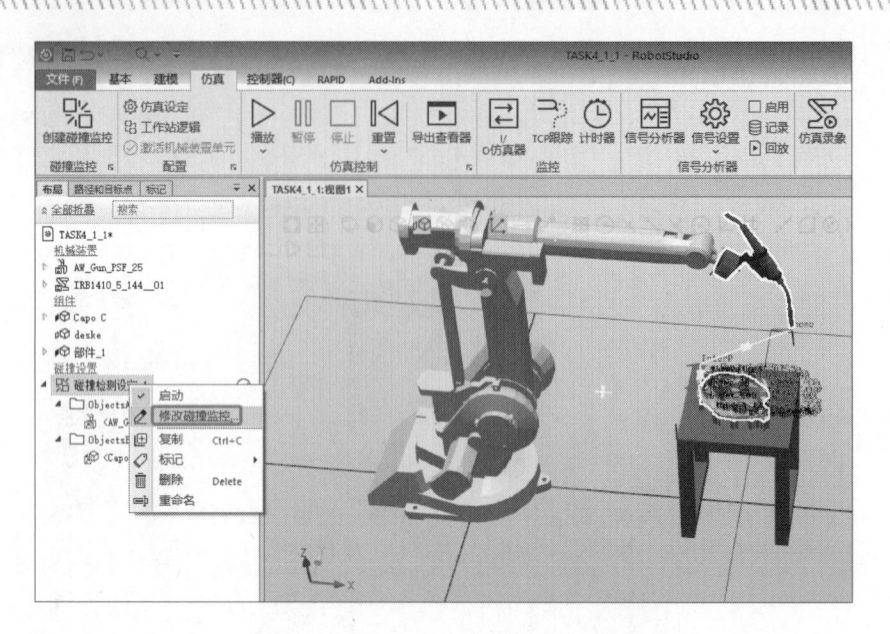

图4.79 选择"修改碰撞监控…"选项

步骤04 打开的"修改碰撞设置：碰撞检测设定_1"对话框如图4.80所示，该对话框中各功能含义如下。

- 接近丢失：ObjectA 和 ObjectB 两组对象的距离小于设定的数值时，会有颜色提示。
- 碰撞：ObjectA 和 ObjectB 两组对象之间发生碰撞时，会有颜色提示。设置完成后，单击"应用"按钮关闭该对话框。两种监控提示颜色均可以修改设置。

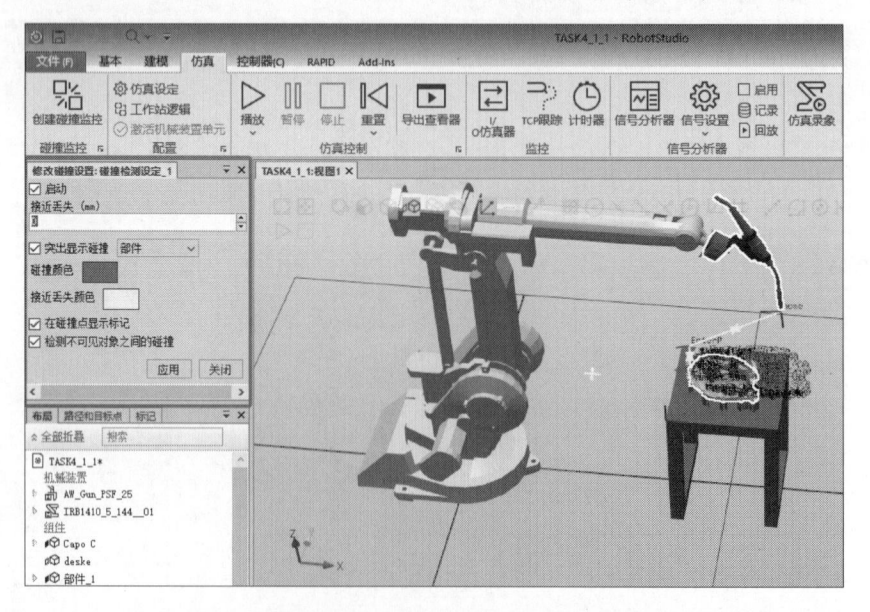

图4.80 "修改碰撞设置：碰撞检测设定_1"对话框

步骤05 先利用手动拖动的方式，拖动机器人工具与工件发生碰撞，查看一下碰撞监控效果。在"基本"功能选项卡中的Freehand中单击"移动和旋转"，如图4.81所示。

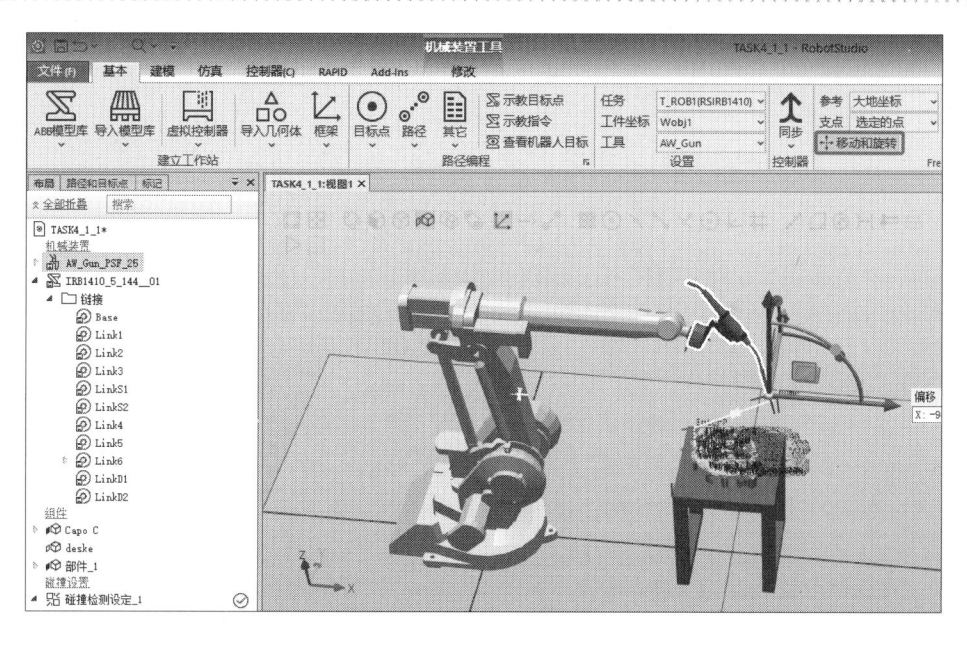

图4.81 选择"移动和旋转"

步骤 06 选中"布局"中的机器人工具AW_Gun_PSF_25，在视图区内工具末端将出现TCP框架，用户拖动红、绿、蓝箭头即可线性拖动，如图4.82所示。

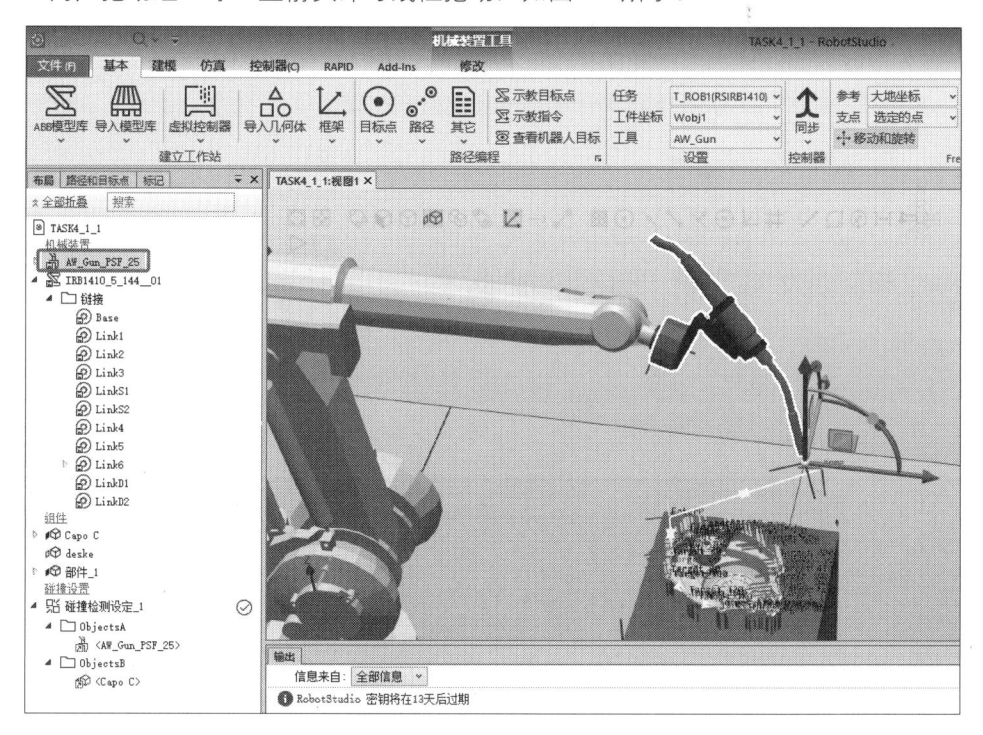

图4.82 线性拖动工具中心点

步骤 07 拖动工具与工件发生接触，显示碰撞颜色红色，出现碰撞点的坐标位置，输出框中显示相关碰撞信息，如图4.83所示。

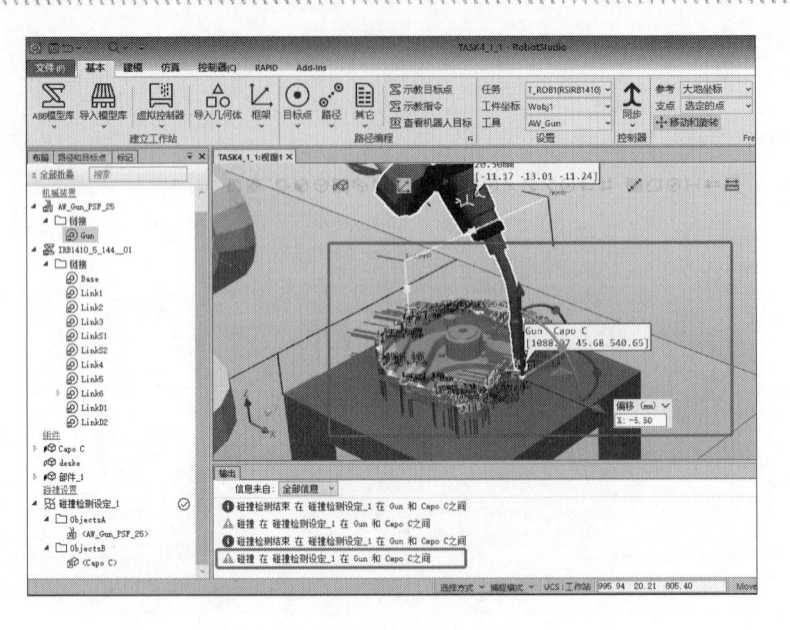

图4.83 碰撞检测效果

步骤08 接下来我们验证一下接近丢失。例如，用户在"修改碰撞设置：碰撞检测设定_1"对话框中，将"接近丢失（mm）"数值设置为15，单击"应用"按钮完成设置。机器人在执行整体轨迹的过程中，即可监控机器人工具与工件之间的距离，若低于设置值，则显示接近丢失颜色，如图4.84所示。

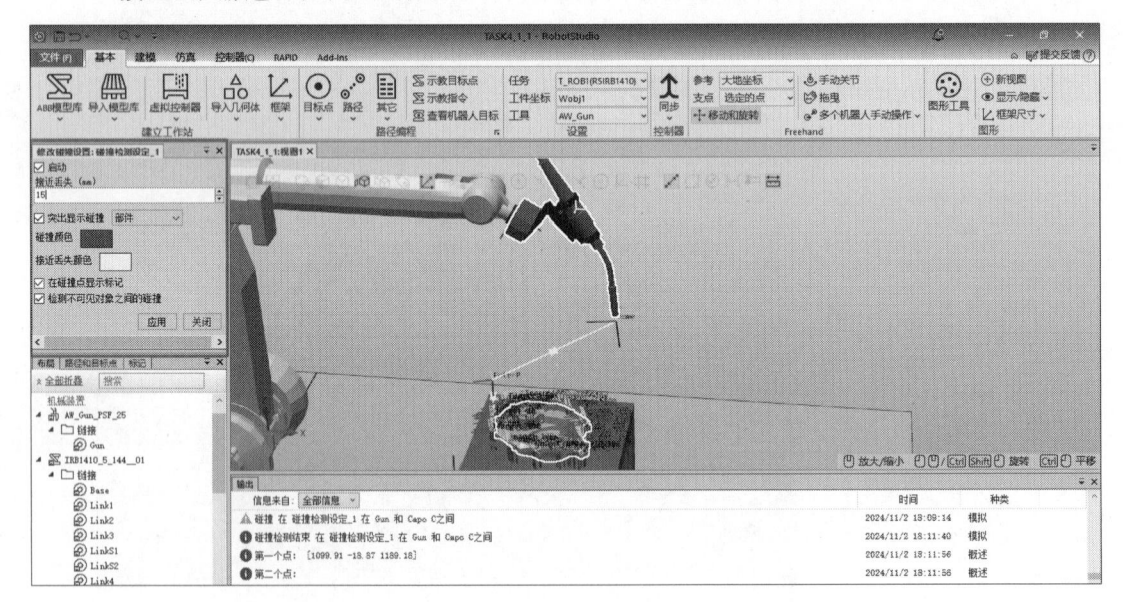

图4.84 在"修改碰撞设置：碰撞检测设定_1"对话框修改参数

步骤09 按照**步骤05**~**步骤07**的操作，拖动坐标移动工具，在接近丢失位置，工具和工件颜色均发生变化，并且输出框中也将显示相应的提示信息，如图4.85所示。

用户模拟仿真时，在初始接近过程中，工具和工件都是初始颜色，而当开始执行工件表面轨迹运行时，工具则显示接近丢失颜色为黄色。说明机器人在运行轨迹中，工具与工件的距离既不过远，也不会发生碰撞，满足实际生产工艺要求。

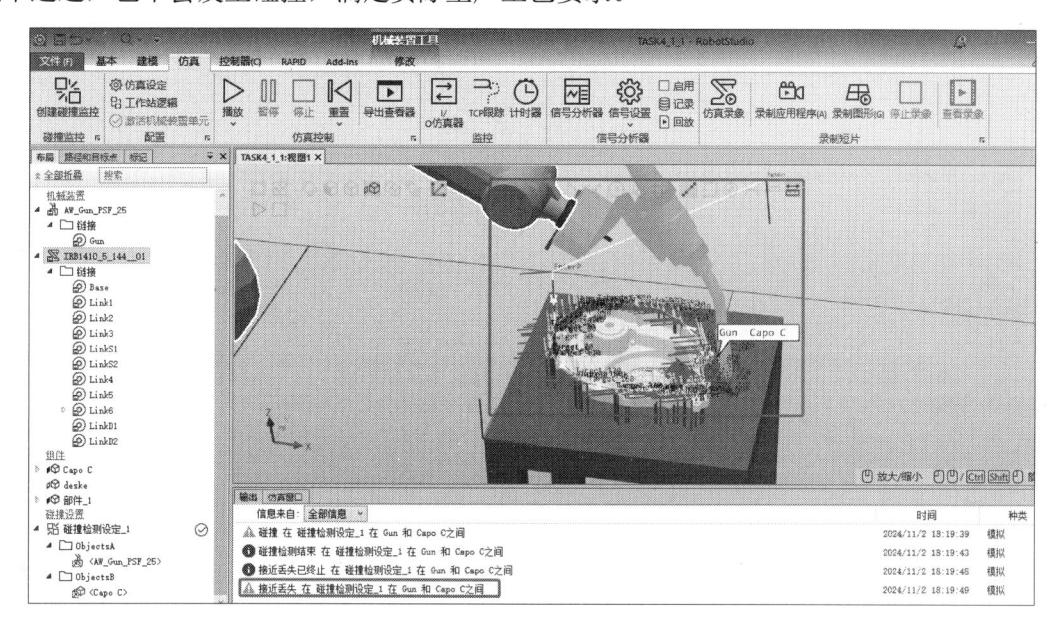

图4.85　显示提示信息

4.3.2　机器人TCP跟踪功能的使用

TCP是工业机器人工具中心点坐标，独立于机器人本体坐标。在机器人运行过程中，用户可以通过监控TCP的运动轨迹以及运动速度，以便分析时使用这些运动数据。在操作之前，先认识一下"TCP跟踪"窗口，如图4.86所示。

在"TCP跟踪"窗口中，主要功能选项及其作用说明如下。

- 启用 TCP 跟踪：选中此复选框可对选定机器人的 TCP 路径启动跟踪。
- 基础色：可以在此设置跟踪的颜色。
- 跟随移动的工件：选择此复选框可激活对移动工件的跟踪。
- 在模拟开始时清除轨迹：选择此复选框可在仿真开始时清除当前轨迹。
- 信号颜色：选中此复选框可对所选型号的 TCP 路径分配特定颜色。

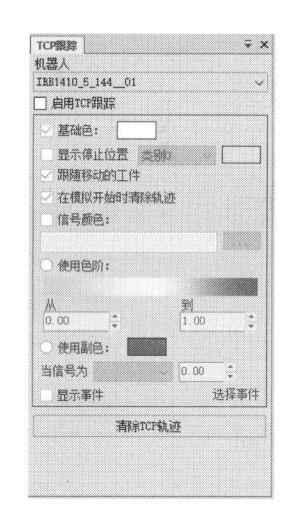

图4.86　"TCP跟踪"窗口

- 使用色阶：选择此单选按钮可定义跟踪上色的方式。当信号在 From（从）和 To（到）框中定义的值之间变化时，跟踪的颜色根据色阶产生变化。
- 使用副色：可以指定当信号值达到指定条件时跟踪显示的颜色。
- 显示事件：选择此复选框以沿着跟踪路线查看事件。
- 清除 TCP 轨迹：单击此按钮可从图形窗口中删除当前跟踪。

163

为了便于观察，用户需要先将之前的碰撞监控功能关闭，再开始TCP跟踪，具体操作步骤如下。

步骤01 在"修改碰撞设置：碰撞检测设定_1"对话框中，取消勾选"启动"复选框或者在"布局"窗口中，右击"碰撞检测设定_1"，在弹出的快捷菜单中取消勾选"启动"选项，如图4.87和图4.88所示。

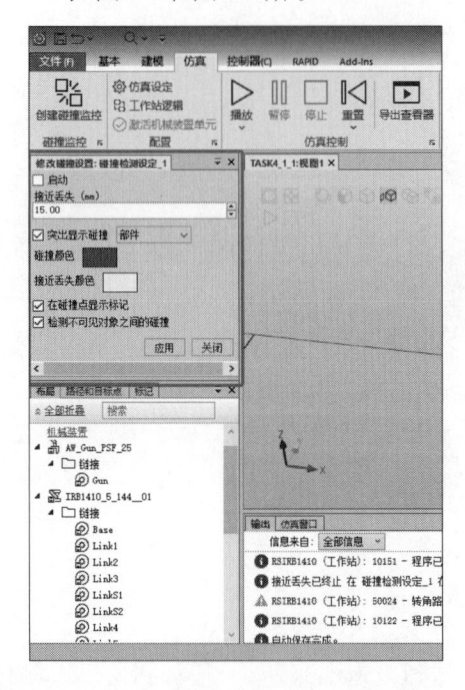

图4.87 在"修改碰撞设置：碰撞检测设定_1"对话框中取消勾选"启动"选项

图4.88 在快捷菜单中取消勾选"启动"选项

步骤02 单击"仿真"功能选项卡中"监控"功能组中的"TCP跟踪"按钮，如图4.89所示，可以打开"TCP跟踪"窗口。

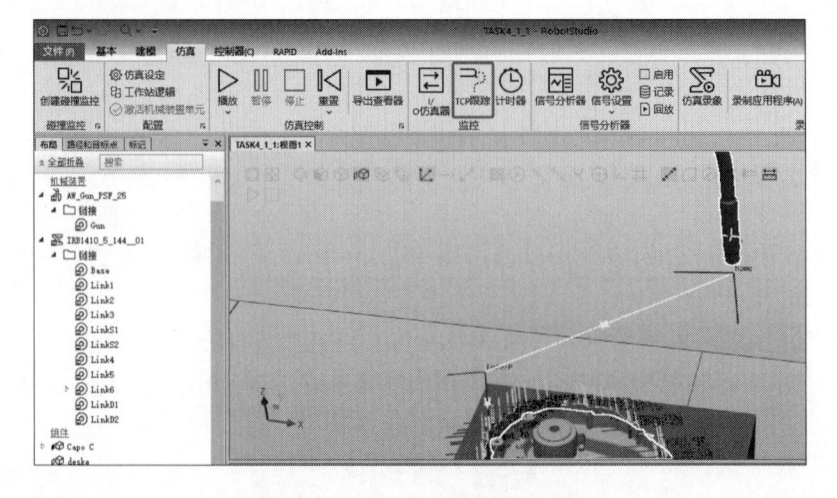

图4.89 单击"TCP跟踪"按钮

第 4 章　复杂运动轨迹的创建与调试

步骤 03　在窗口左侧弹出的"TCP跟踪"对话框中,勾选"信号颜色:"复选框或者单击"信号颜色:"编辑框后面的三个点,均会弹出"选择信号"对话框,如图4.90和图4.91所示。

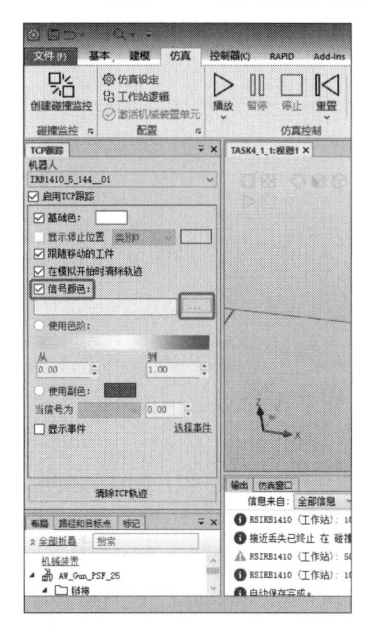

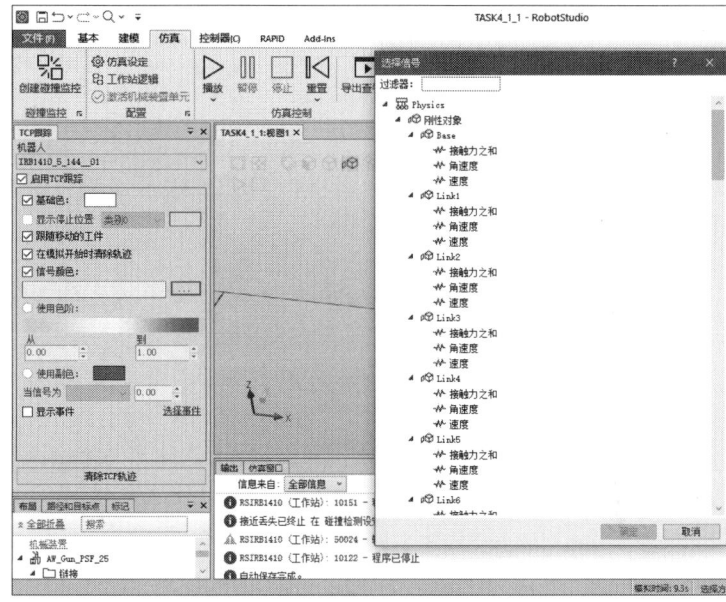

图 4.90　修改"TCP 跟踪"对话框参数　　　　图 4.91　"选择信号"对话框

步骤 04　在弹出的"选择信号"对话框中,选中"机械装置单元"下TCP中的"当前Wobj中的速度"后,单击"确定"按钮完成信号选择,如图4.92所示。

步骤 05　在"TCP跟踪"对话框中,选择"使用副色:"为红色,选择"当信号为 高于 200mm/s",如图4.93所示。

备注：在此示例中，本任务中进行如下监控：监控机器人速度是否超过200mm/s，当超过200mm/s时，显示为红色。

步骤 06　为了便于用户观察路径颜色,在"基本"功能选项卡中单击"显示隐藏",取消勾选"全部目标点/框架"和"全部路径",如图4.94所示。

步骤 07　在"仿真"功能选项卡中,通过播放功能显示创建的运动轨迹,注意观察路径的颜色,如图4.95所示。

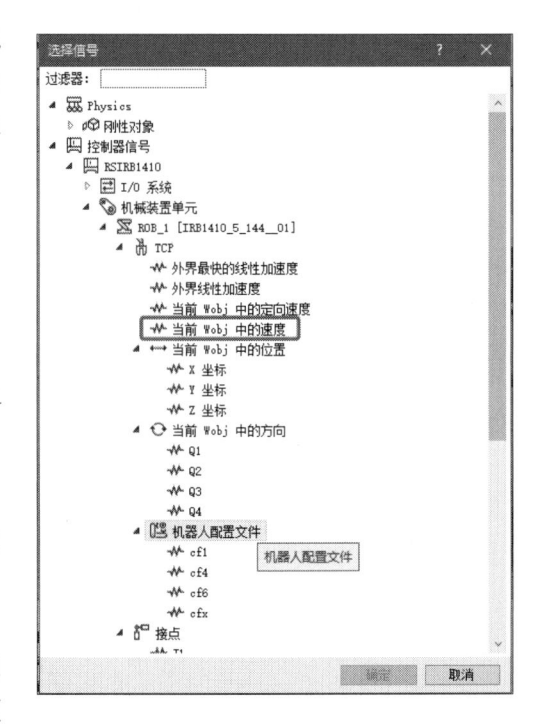

图4.92　信号选择

165

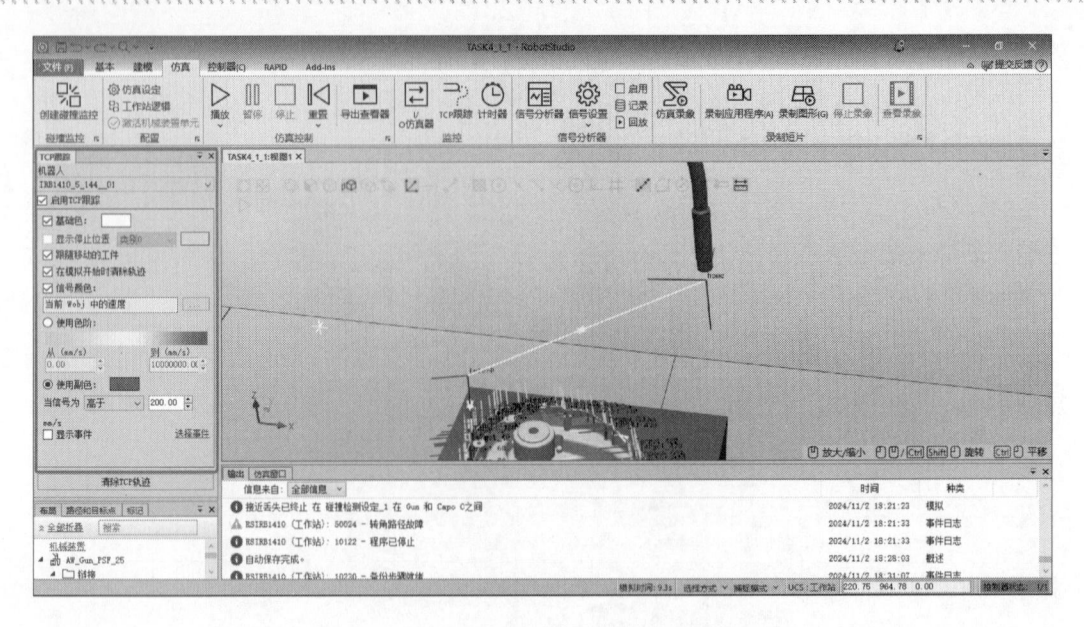

图4.93 在"TCP跟踪"对话框修改参数

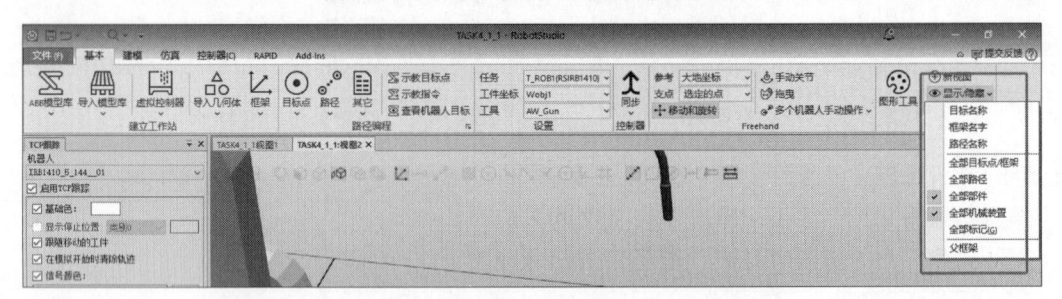

图4.94 取消勾选"全部目标点/框架"和"全部路径"

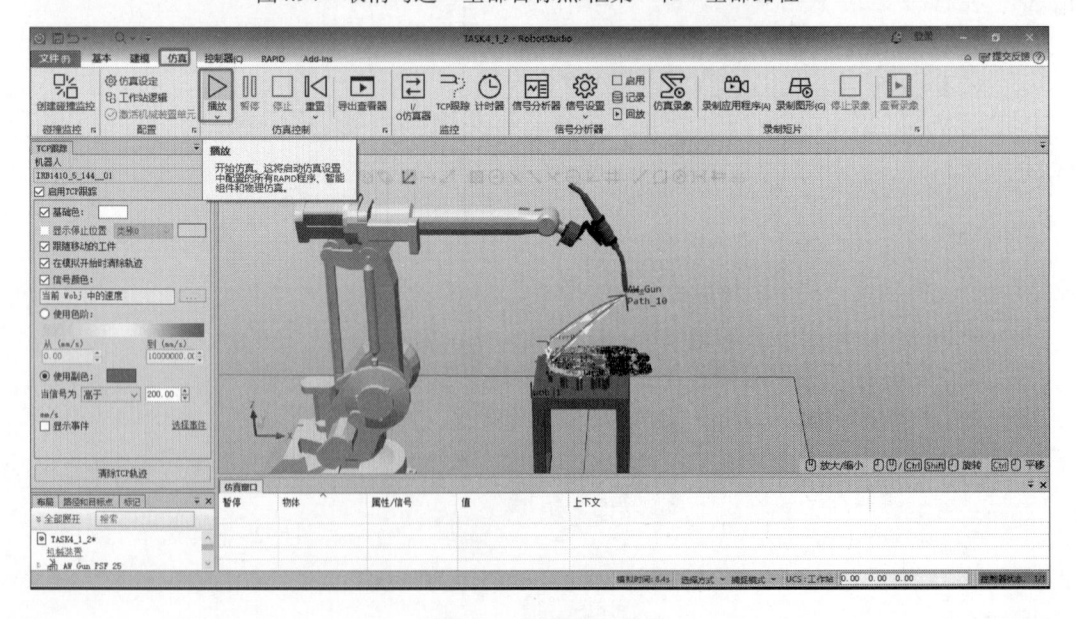

图4.95 观察路径颜色

第 4 章 复杂运动轨迹的创建与调试

备注：当路径中运动速度超过200mm/s时，会被标记为红色。

4.3.3 机器人计时器功能的使用

在实际生产过程中，用户设定生产线的生产节拍时，需要指导轨迹运行的时间，就可以使用机器人的计时器功能，具体操作步骤如下。

步骤01 单击"仿真"功能选项卡中监控组的"计时器"功能，如图4.96所示。

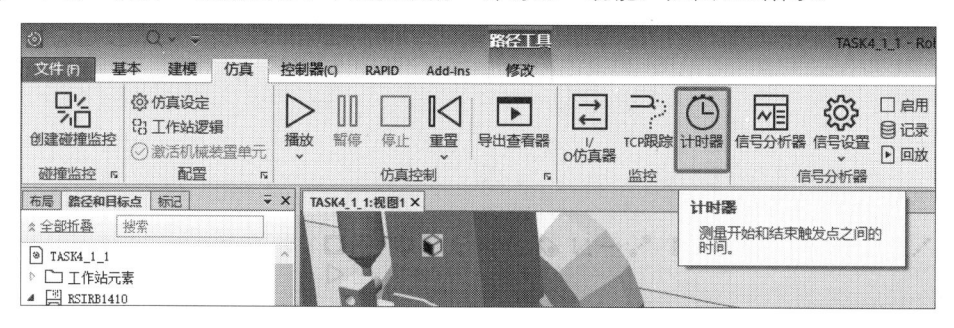

图4.96 打开计时器功能

步骤02 在窗口右侧弹出"计时器"对话框，如图4.97所示。

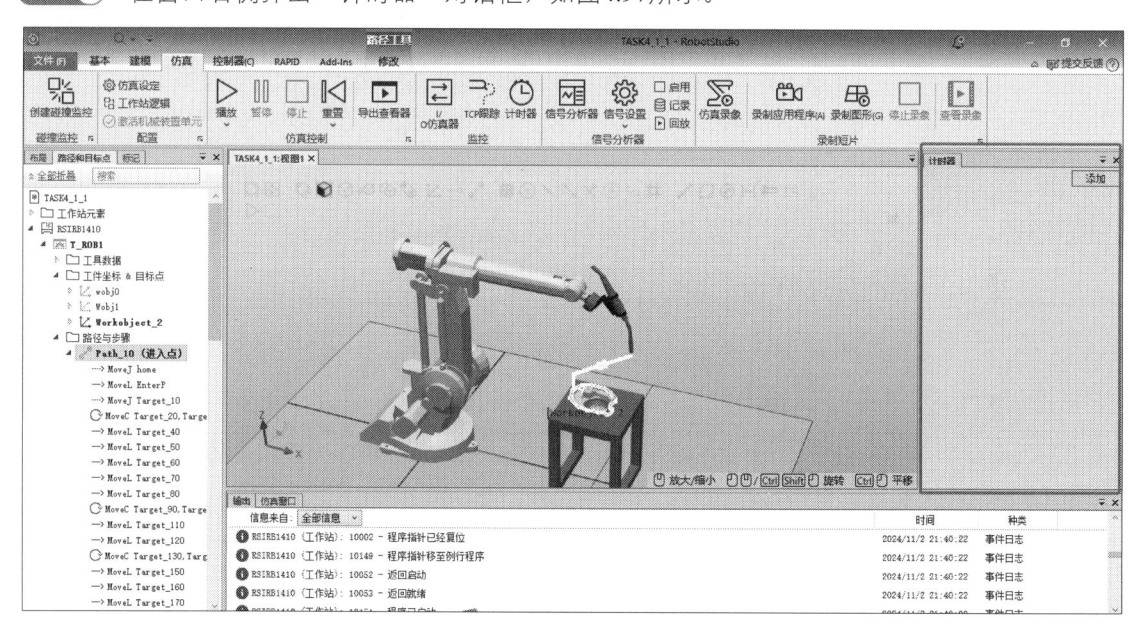

图4.97 "计时器"对话框

再单击"添加"按钮，将弹出Stopwatch对话框，如图4.98所示。

步骤03 在"仿真"功能选项卡中，单击"播放"按钮后，用户可在"视图"中播放创建的运动轨迹，Stopwatch对话框中会显示仿真运行的总时间和平均时间，如图4.99所示。

备注：通过工作站的运行总时间及平均运行时间，用户可以收集工作站的运行数据，并能不断优化工作站运行路径方案及其设置。

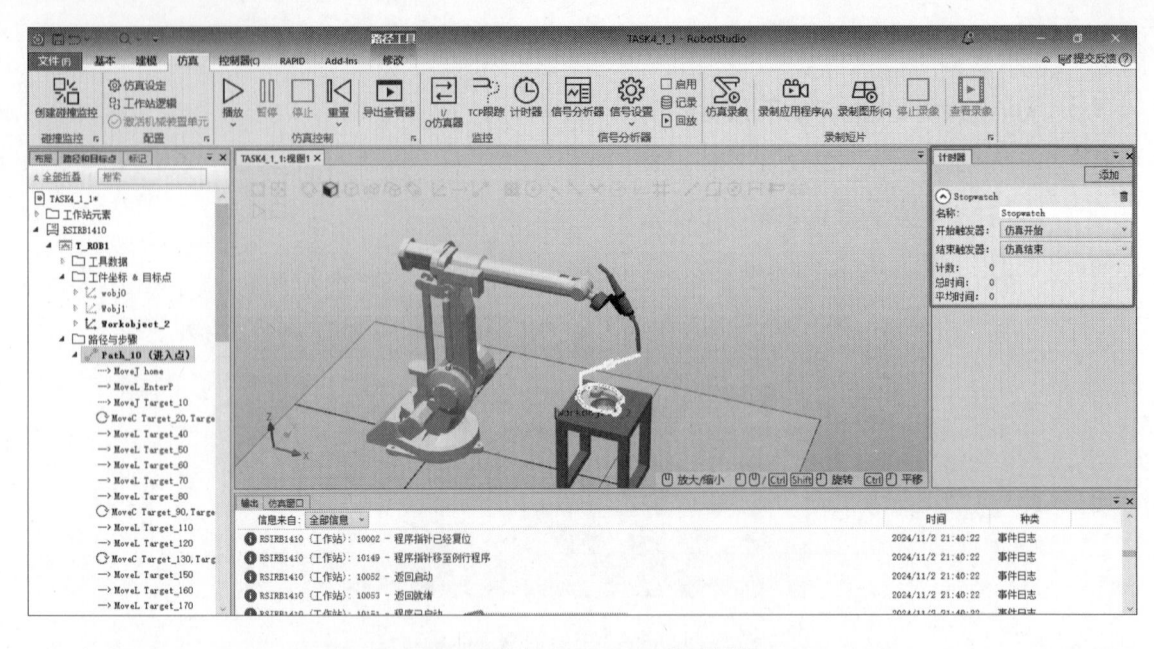

图4.98 弹出"Stopwatch"对话框

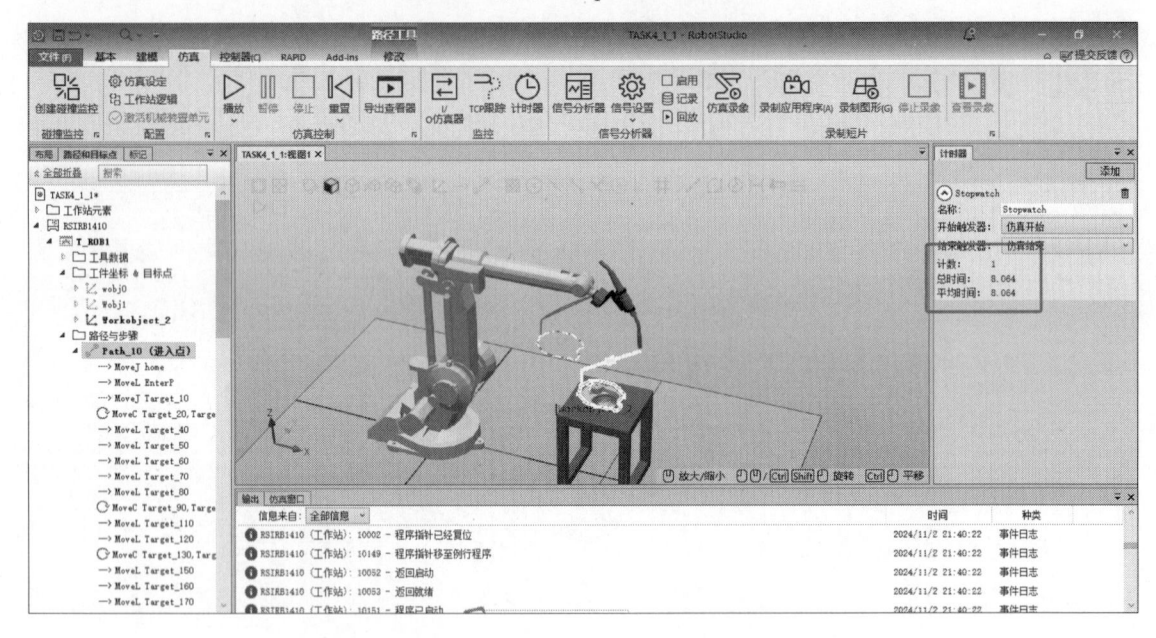

图4.99 仿真运行的总时间和平均时间

4.4 练　　习

（1）解包默认资源TASK4_1_2文件后，如图4.101所示。用户根据本章中讲解的操作步骤自行创建曲线轨迹。

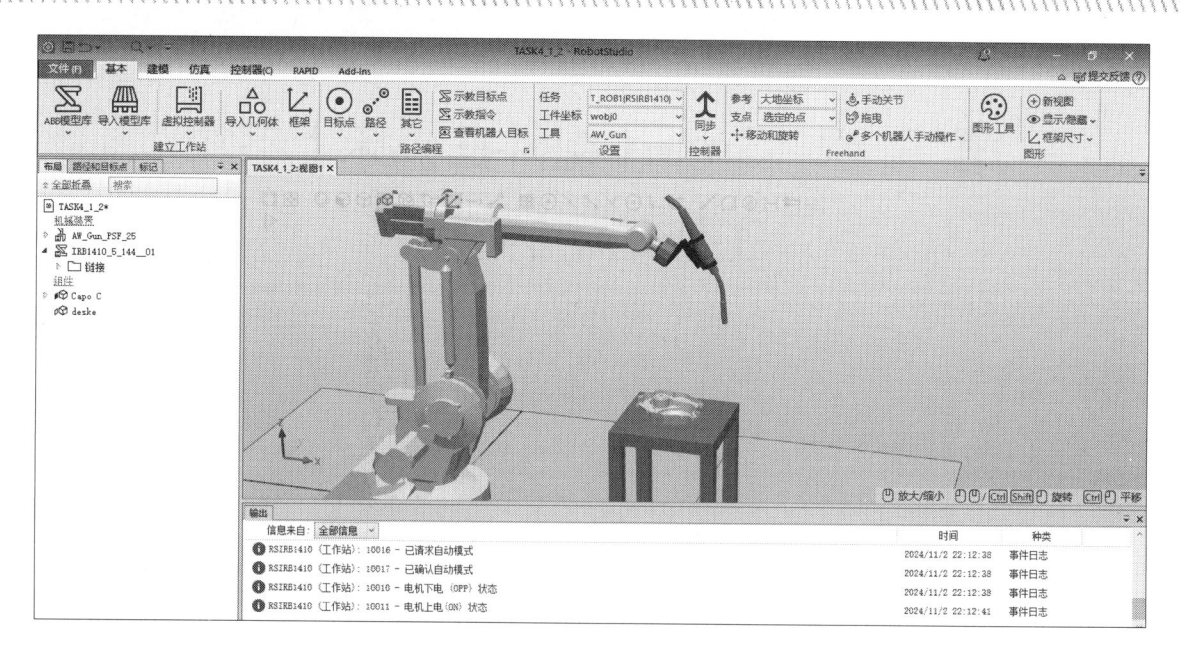

图4.101　TASK4_1_2工作站资源包

（2）创建碰撞监控，监控其TCP速度不超过200mm/s，否则显示红色。
（3）使用计数器功能显示机器人运动轨迹的运行总时间和平均时间。

第 5 章　Smart 组件在机床上下料工作站中的应用

> **导言**
>
> 工业机器人机床上下料工作站是机床制造系统中工业机器人的主要应用场景之一，也是实际生产制造中最常用的一类作业系统。对该类工业机器人工作站的仿真有助于帮助初学者理解该类工作站的工作流程，进而掌握设计该类机器人仿真工作站的基本方法，并能综合、巩固与提高之前章节中所涉及的工业机器人工作站仿真相关技术及知识点。
>
> 由于数控机床门的动画效果不仅在开关动作上，还在生产节拍的规划上都起到了关键作用。本章将以机床上下料工作站为例，主要介绍如何在RobotStudio 2024仿真平台上创建机床上下料工作站，以及如何使用Smart组件高效实现仿真动画效果，并对数控机床门的开关动作进行参数设定的相关操作方法。
>
> 本章主要涉及的知识点有：
>
> - 应用 Smart 组件设定机械装置关节姿态
> - 虚拟喷涂动作的设置
> - Smart 组件的信号连接
> - Smart 组件模拟动态运行
> - 设置 Smart 组件的出现与隐藏动作
> - 设置 Smart 输送线的动作
> - 设置 Smart 组件的拾取、释放动作

5.1　往复运动设置

在RobotStudio仿真平台中，机床门的打开和关闭动作是一种基本的往复运动。用户可以通过Smart组件的相关参数设定来实现动作信号的创建与连接。本节将主要介绍如何使用Smart组件完成机床门的关节参数设定以及信号连接等相关操作。

5.1.1　设定机械装置关节

数控机床门的打开和关闭动作对应着两种不同的姿态，用户需要首先对这两种姿态进行定义与参数设置。本小节将主要介绍如何使用Smart组件实现机床门动作姿态的关节定义与参数设置，具体操作步骤如下：

第 5 章　Smart组件在机床上下料工作站中的应用

步骤 01 打开RobotStudio，依次选择"文件"→"共享"→"解包"，如图5.1所示。解压资源文件中的工作站包TASK5-1-1，如图5.2所示。解包工作站可参考4.1.1节中的操作步骤进行。单击"下一个"按钮等待解压缩操作及工作站创建完成，然后单击"关闭"按钮关闭"解包"对话框，如图5.3所示。

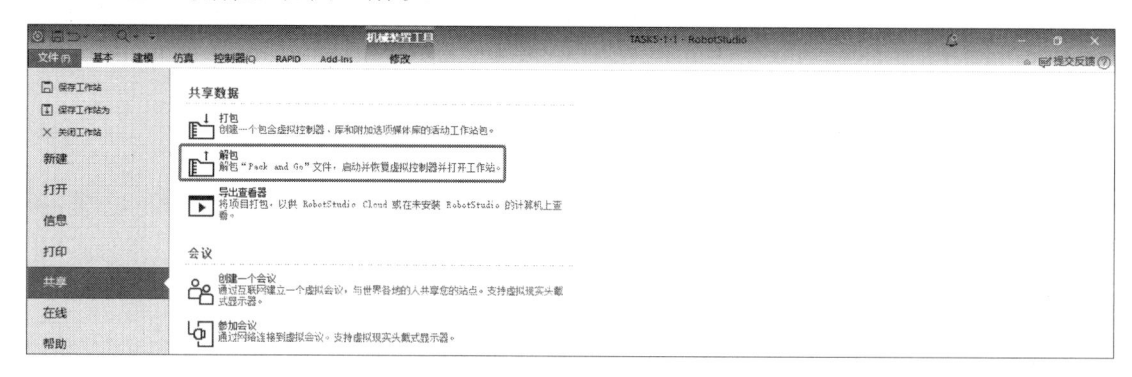

图5.1　打开解包功能

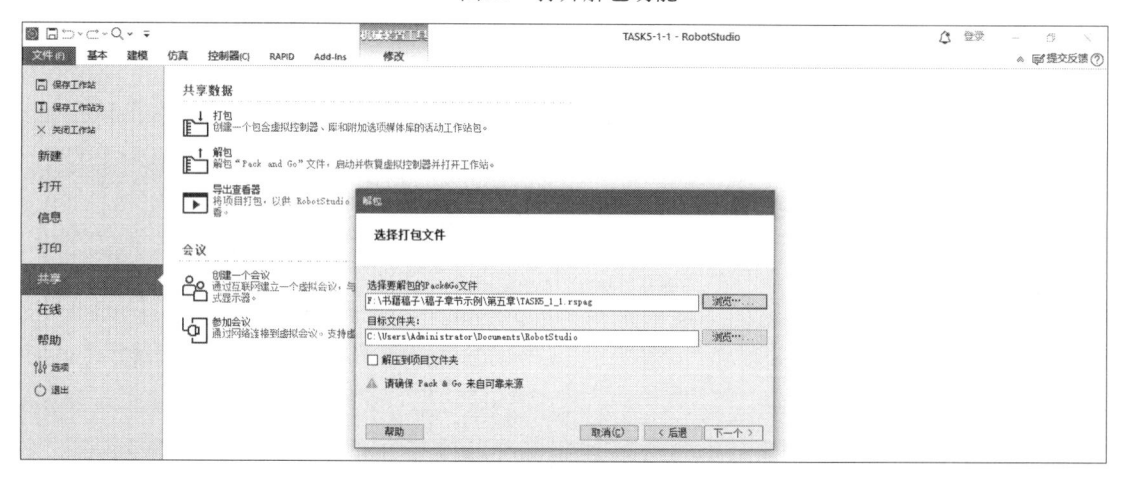

图5.2　开始解压资源包

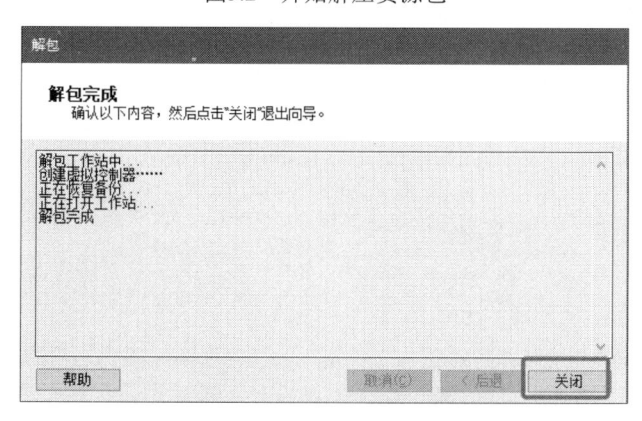

图5.3　关闭"解包"对话框

步骤 02 在"建模"功能选项卡中单击"Smart组件"，新建一个Smart组件，如图5.4所示。

171

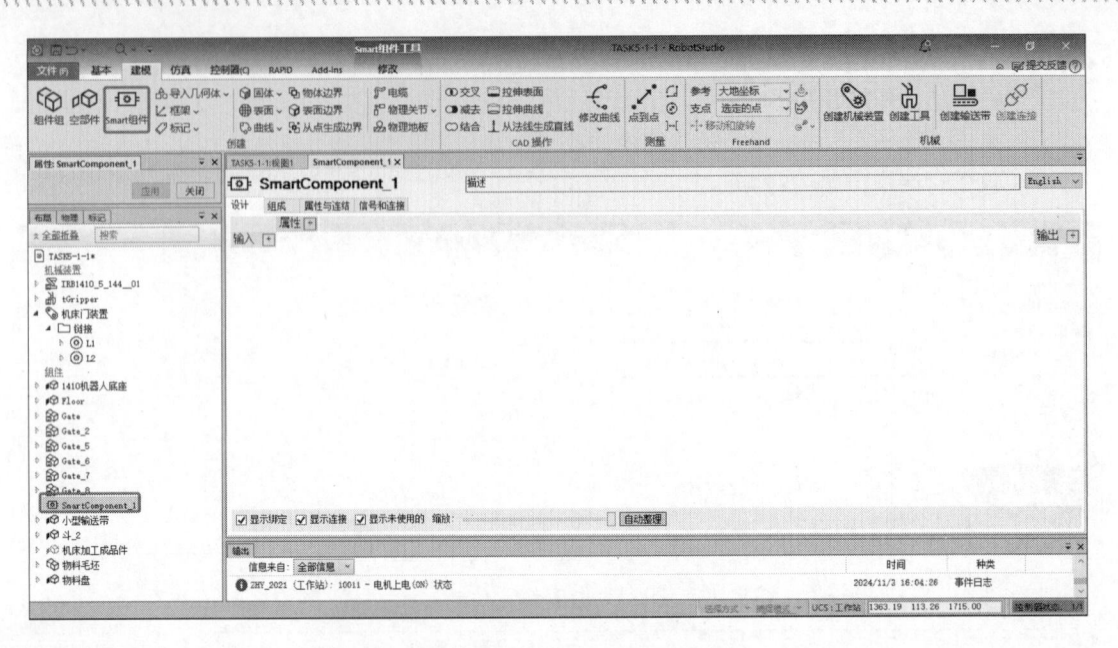

图5.4　新建Smart组件

步骤 03　在新建的Smart组件上右击，将其重新命名为"数控机床门动作"，如图5.5和图5.6所示。

图 5.5　选择重命名Smart组件对象　　　　图 5.6　重命名后的Smart组件对象

步骤 04　在视图区中，依次选择"组成"→"添加组件"，然后在"本体"选项中选择PoseMover选项，如图5.7所示。打开"属性：PoseMover[0]"对话框，将运动机械装置的关节设置到一个已定义的姿态，并进行相应的信号设置。

第 5 章 Smart 组件在机床上下料工作站中的应用

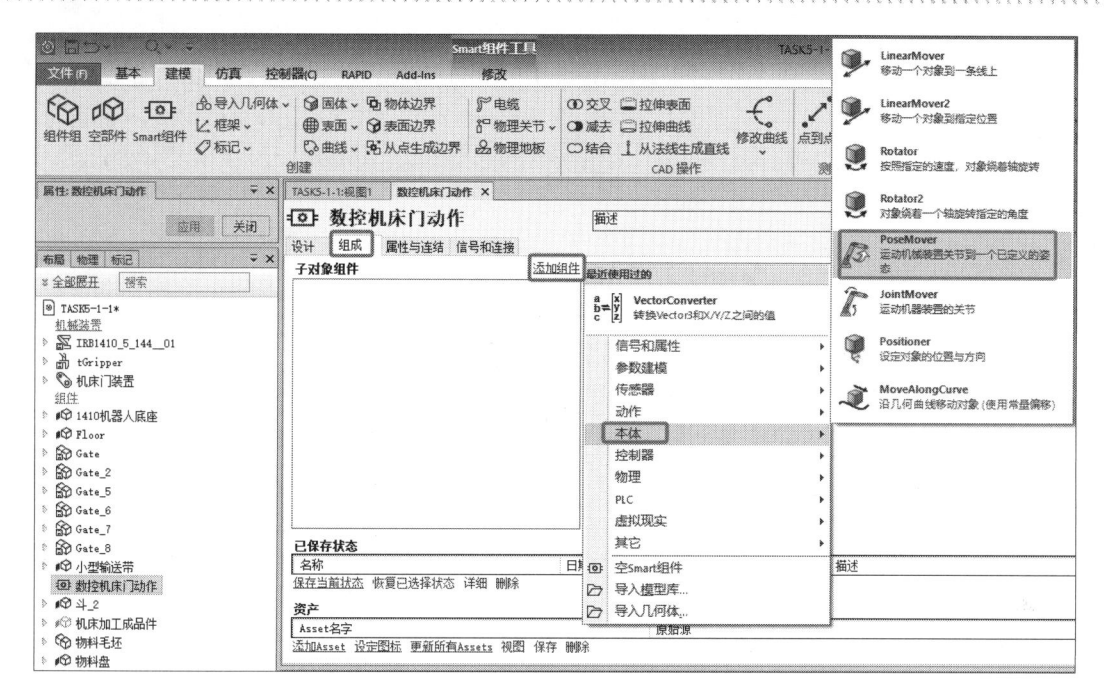

图5.7 选择PoseMover选项

步骤 05 在"属性：PoseMover[0]"对话框中设置相关参数，如图5.8所示。

在"属性：PoseMover[0]"对话框中，其选项作用及含义如下。

① 属性：

- Mechanism：指定要移动的机械装置。
- Pose：指定要移动到的姿势的编号。
- Duration：指定机械装置移动到指定姿态的时间。

② 信号：

- Execute：设定为Ture，表示开始或重新开始移动机械装置。
- Pause：暂停动作。
- Cancel：取消动作。
- Executed：当运动完成后为High状态。
- Executing：在运动过程中为High状态。
- Paused：当暂停时为High状态。

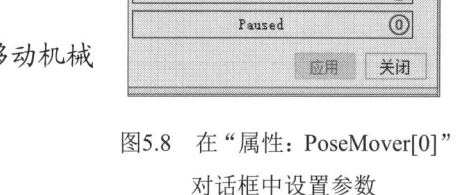

图5.8 在"属性：PoseMover[0]"对话框中设置参数

步骤 06 在"属性：PoseMover_1[SyncPose]"对话框的"属性"标签中，Mechanism选择"机床门装置"，Pose选择OPEN，在Duration(s)中设置机械移动时间为3秒，单击"应用"按钮完成属性设置，如图5.9所示。

173

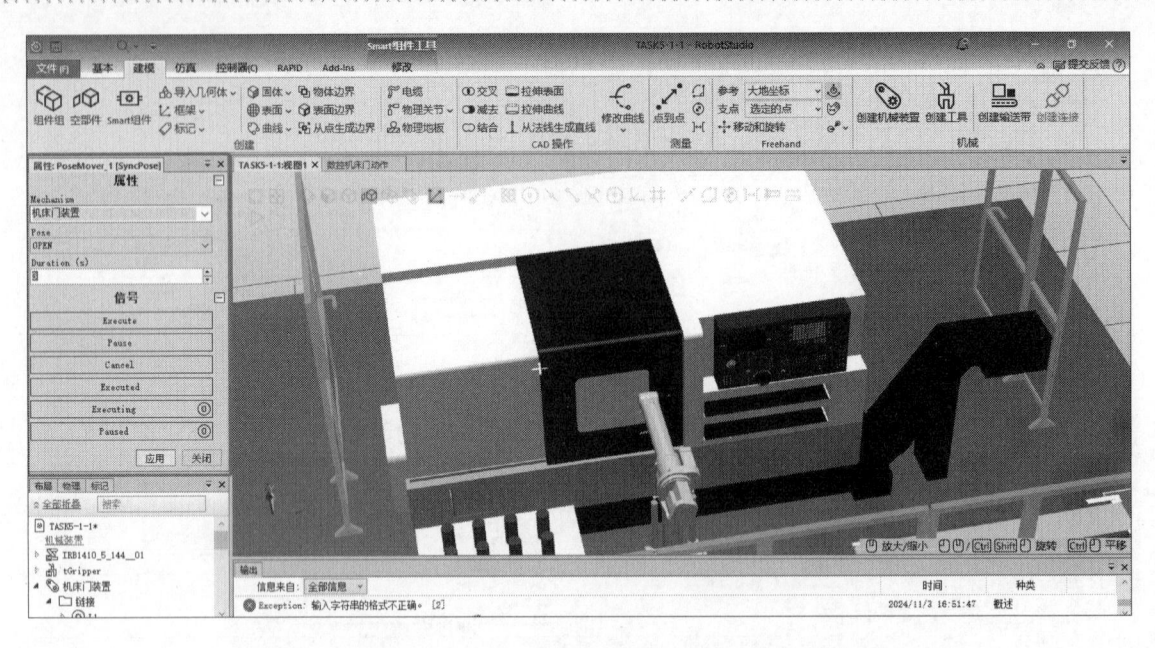

图5.9 "属性：PoseMover_1[SyncPose]"对话框的属性标签设置

步骤07 打开视图区的"数控机床门动作"属性页，再次单击"添加组件"，在"最近使用过的"处选择PoseMover，如图5.10所示。

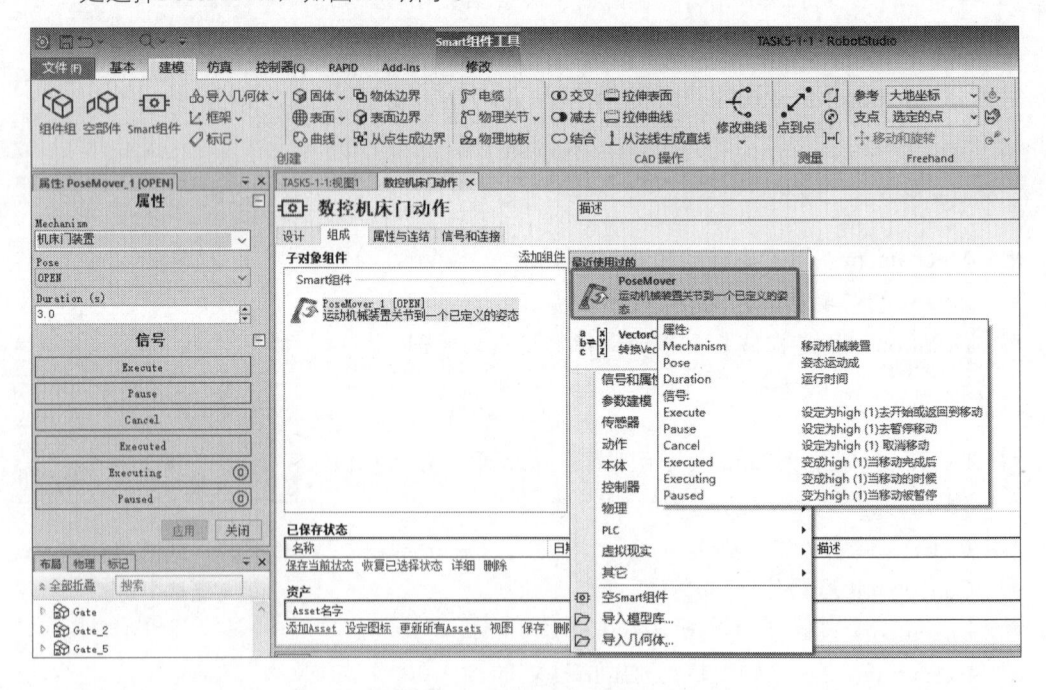

图5.10 选择最近使用的Smart组件PoseMover

步骤08 在"属性：PoseMover_5[SyncPose]"对话框的"属性"标签中，Mechanism选择"机床门装置"，Pose选择CLOSE，在Duration(s)中设置机械移动时间为3秒，单击"应用"按钮完成属性设置，如图5.11所示。

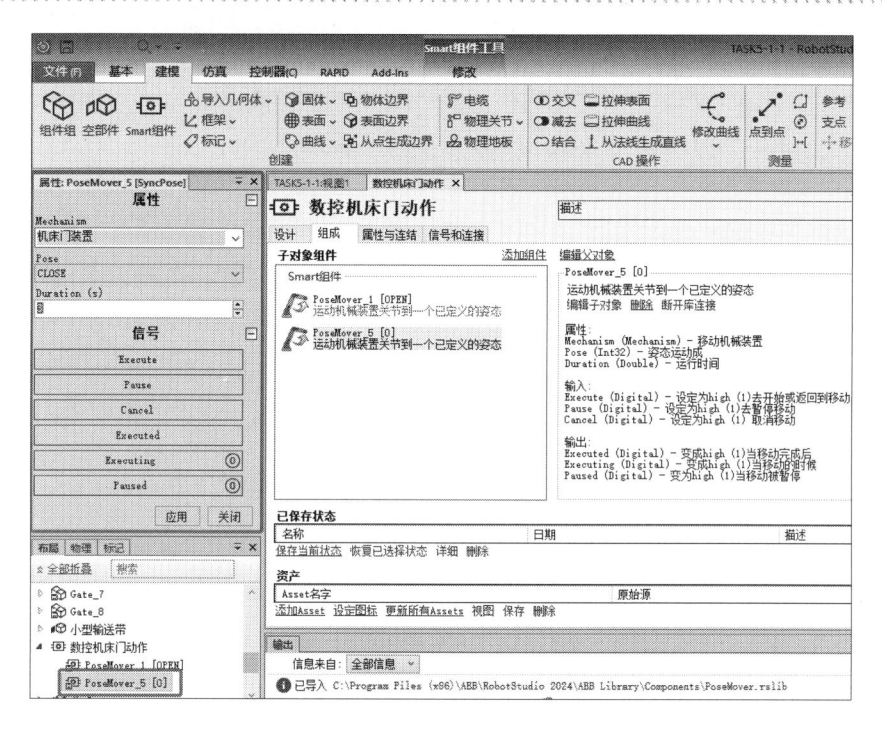

第 5 章　Smart 组件在机床上下料工作站中的应用

图5.11　设定PoseMover参数

备注：如果在"属性：PoseMover_5[SyncPose]"对话框中，Pose下拉框中无选项，用户可在"布局"管理器中双击对应的父对象名称来打开该对话框，如图5.12所示。

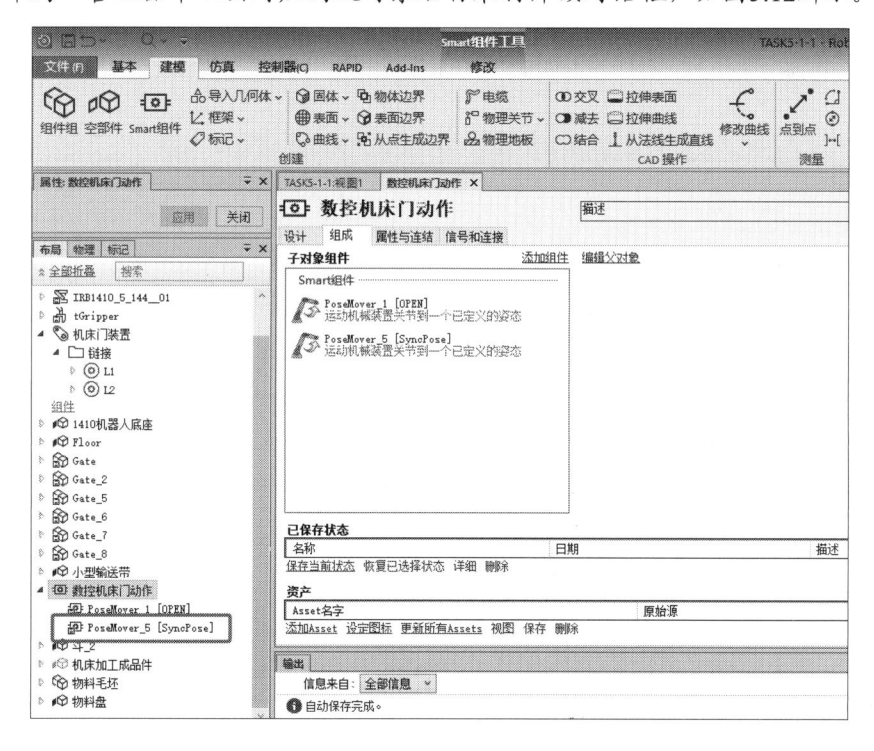

图5.12　双击父对象名称打开对话框

步骤 09 此时数控机床门的打开和关闭姿态已全部设置完成，如图5.13所示。

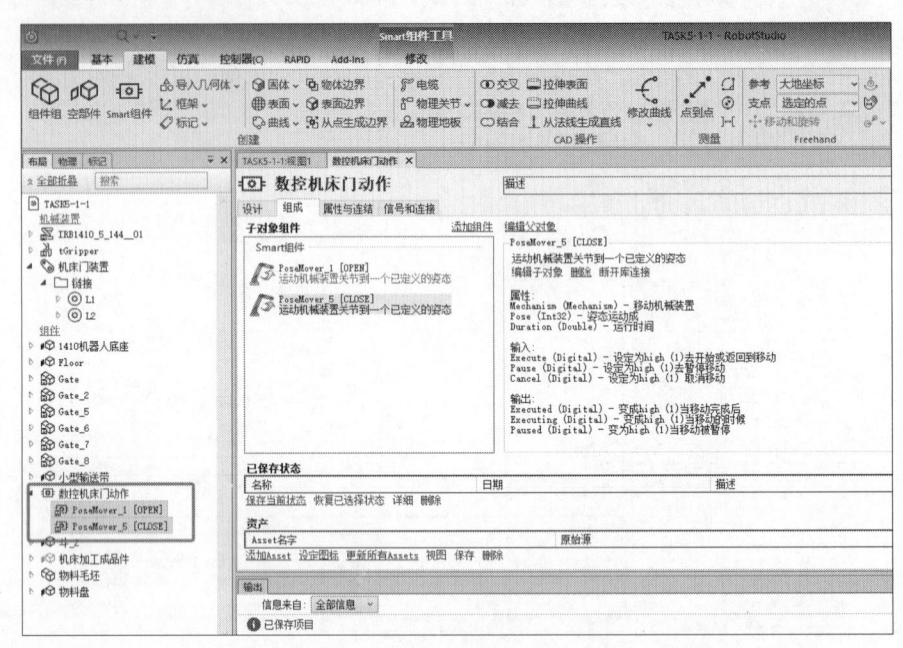

图5.13 数控机床门的打开和关闭姿态参数已设置完成

备注："布局"管理器中的对象"数控机床门动作"下的组件名称，可以通过右击菜单进行重新命名。

用户可以通过双击PoseMover_1和PoseMover_5分别查看或修改组件的属性设置对话框，如图5.14和图5.15所示。

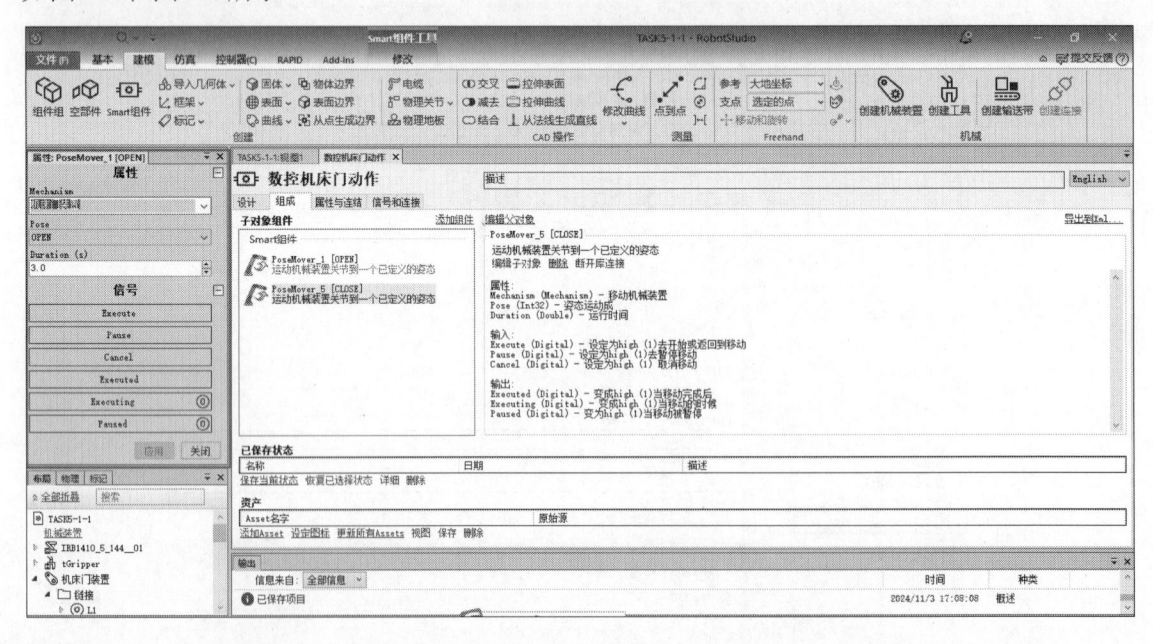

图5.14 在"属性：PoseMover_1[OPEN]"中进行机床门开门设置

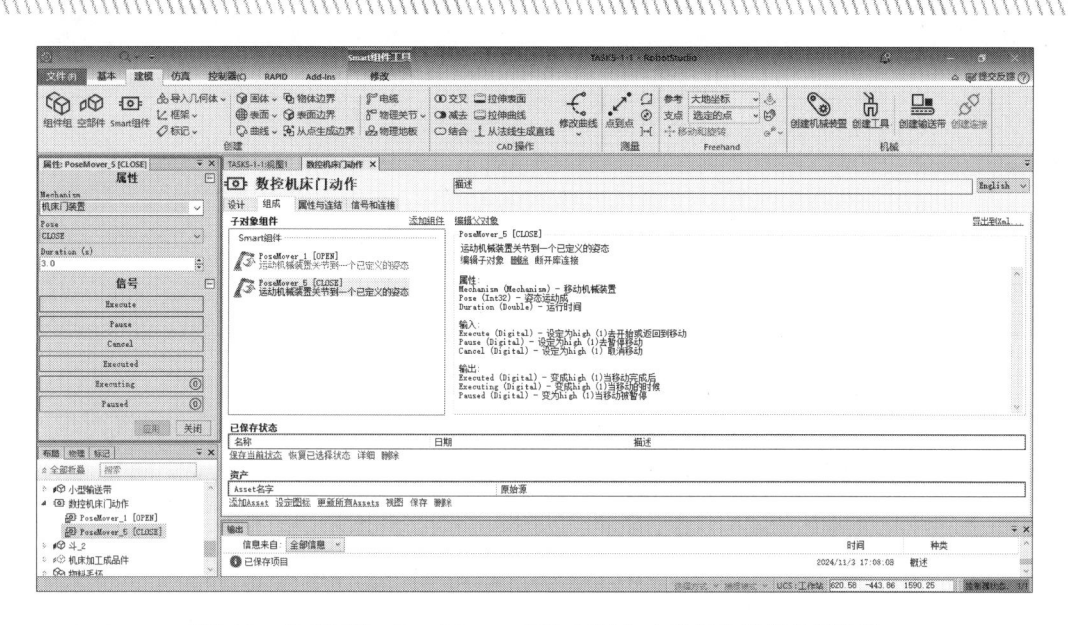

图5.15 在"属性:PoseMover_5[CLOSE]"中进行机床门关门设置

5.1.2 创建往复信号与连接

在完成Smart子组件的创建和关节姿态的定义后,用户可以在工作站中创建"I/O信号",用于实现Smart子组件对象之间或与外部设备的信号交互。此外,用户还可以创建"I/O连接",以设定I/O信号与Smart子组件对象信号之间的连接关系,或者实现各Smart子组件对象之间的信号连接关系。

在RobotStudio 2024中,Smart组件对象的信号和连接功能如图5.16所示。

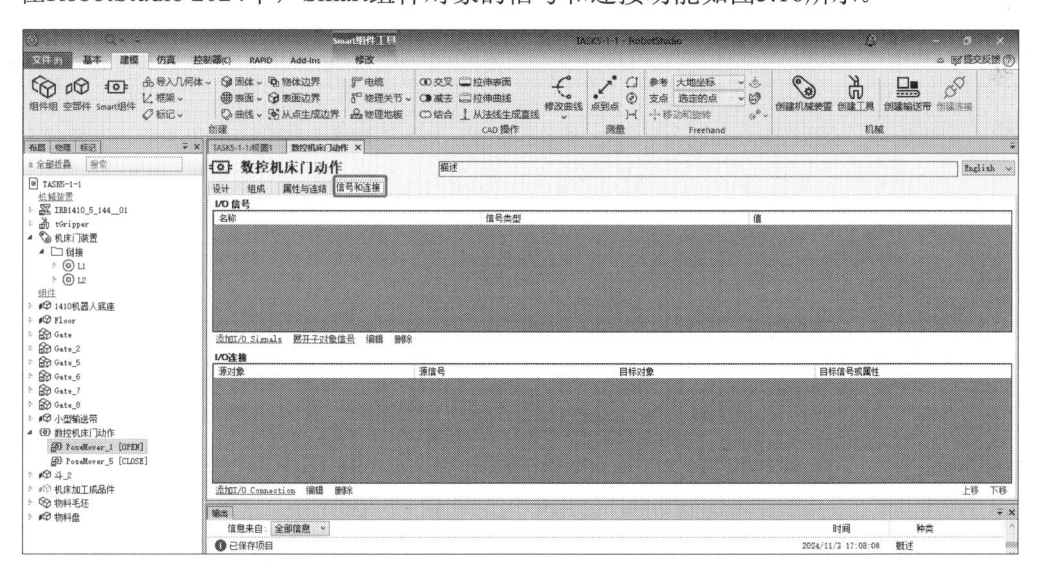

图5.16 Smart组件对象的信号和连接

I/O信号与连接功能可以在Smart组件窗口中的"信号和连接"选项卡中进行设置。具体的I/O信号与功能定义如表5.1所示。

表5.1　I/O信号与功能定义

I/O信号	功能定义
DI_Open	用于打开数控机床门
DI_Close	用于关闭数控机床门
Do_Moving	用于监控数控机床门的动作

接下来，开始添加和连接数字输入信号DI_Open、DI_Close以及Do_Moving，分别用于数控机床门打开、关闭以及监控。具体操作步骤如下。

步骤01 单击进入"信号和连接"选项卡，然后单击"添加I/O Signals"，如图5.17所示。

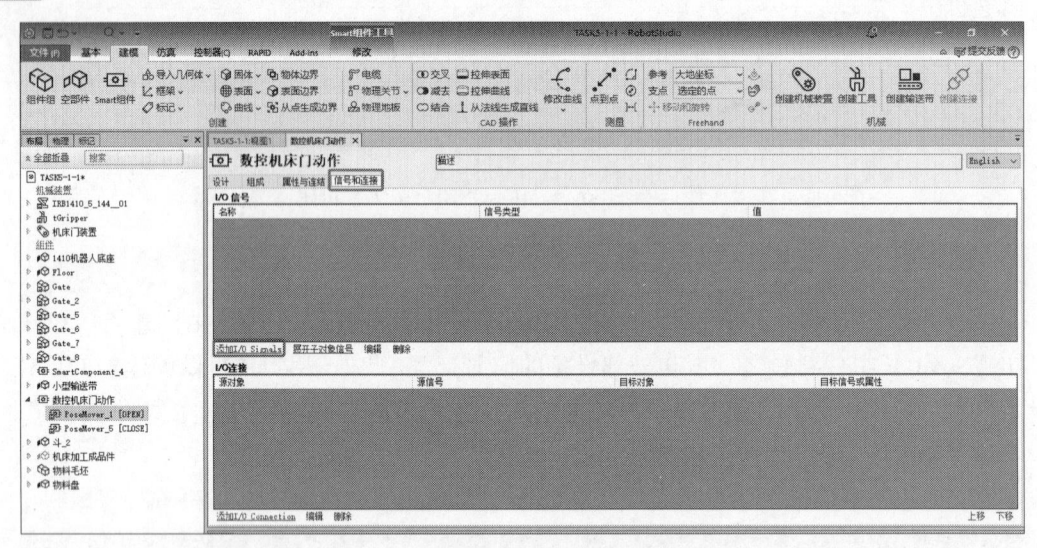

图5.17　在"信号和连接"选项卡添加信号

步骤02 在弹出的"添加I/O Signals"对话框中，选择"信号类型"为DigitalInput，设置信号名称为DI_Open，勾选"自动复位"复选框，单击"确定"按钮，如图5.18所示。其他选项保持默认设置即可。关于该对话框中的各个选项的含义可查看表5.1。

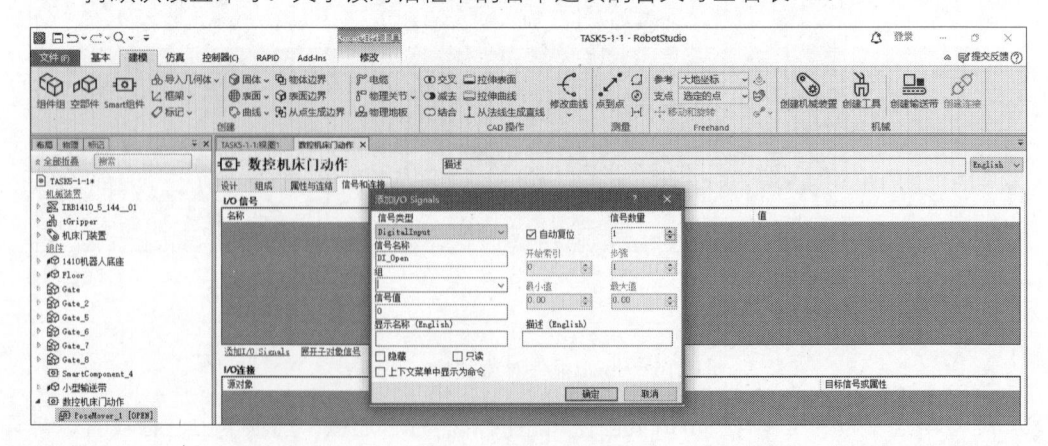

图5.18　设定信号参数

第 5 章　Smart 组件在机床上下料工作站中的应用

步骤 03　按照**步骤 01**、**步骤 02** 添加 DI_Close 关门信号，如图5.19和图5.20所示。

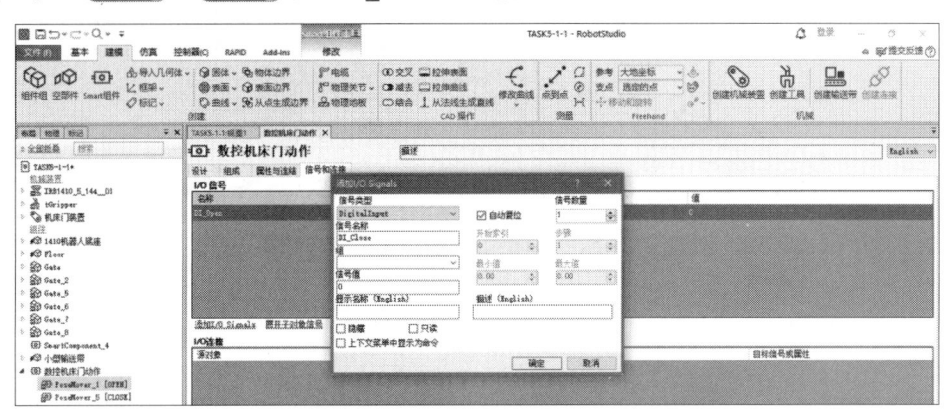

图5.19　添加关门信号

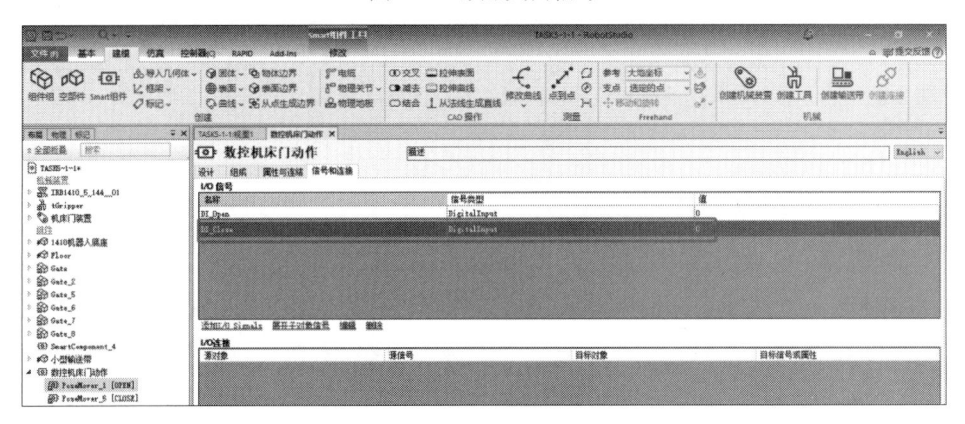

图5.20　添加信号完成后的列表

步骤 04　再添加一个数字输出信号 Do_Moving，用于监控数控机床门动作，按照**步骤 01**、**步骤 02** 添加即可，如图5.21和图5.22所示。

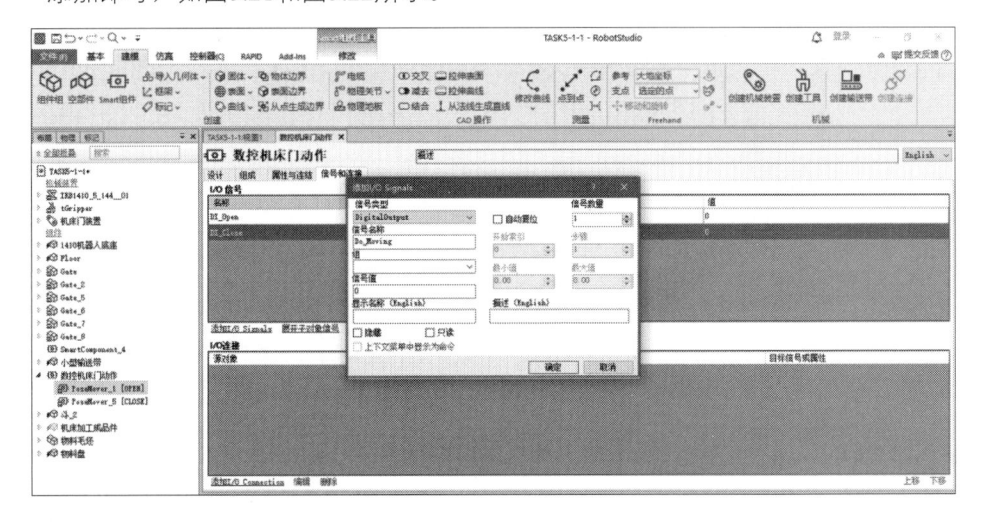

图5.21　添加监控信号

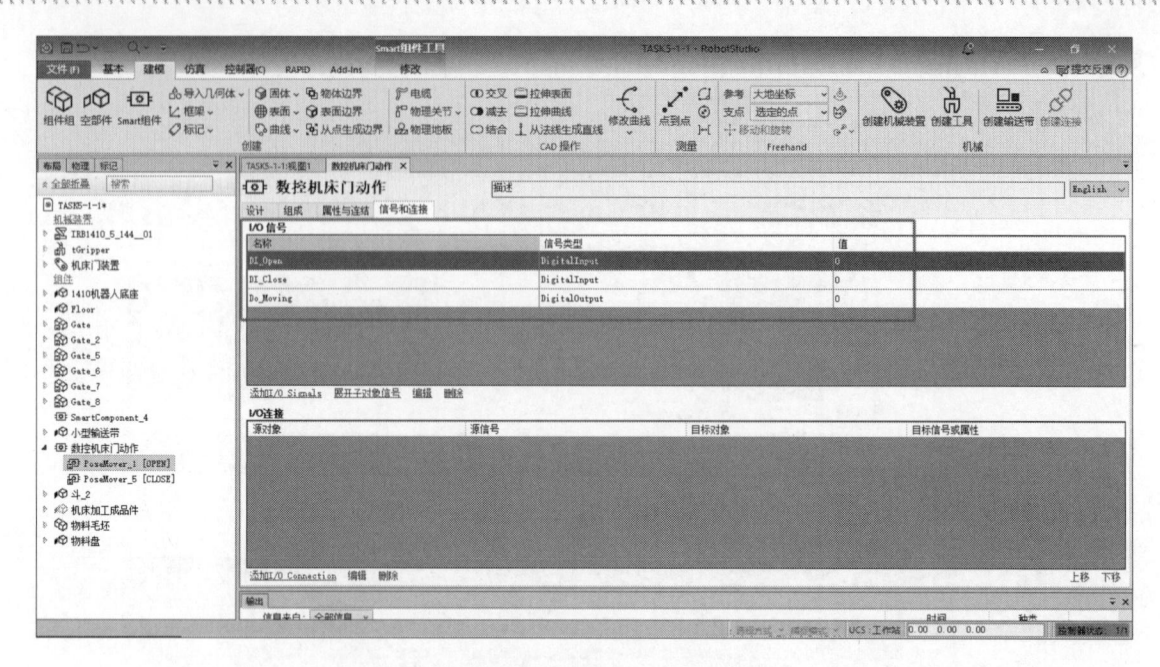

图5.22 添加监控信号后的列表

备注：在"添加I/O Signals"对话框中，选择"信号类型"为DigitalOutput，其他选项保持默认设置即可。

步骤 05 单击"添加I/O Connection"链接，如图5.23所示。

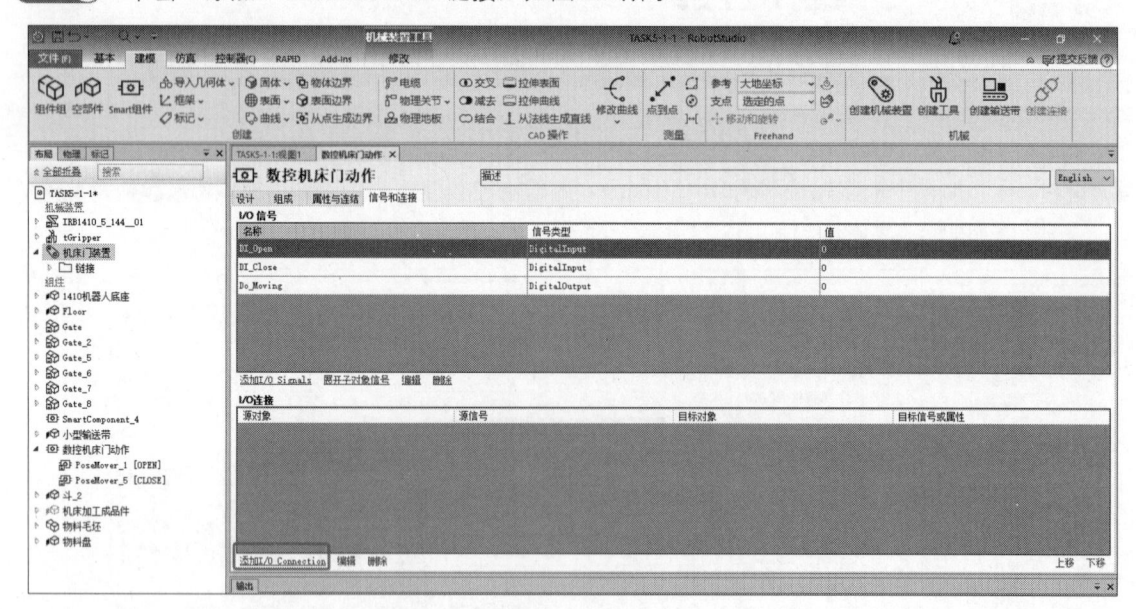

图5.23 单击"添加I/O Connection"链接

步骤 06 创建DI_Open连接，触发组件执行数控机床门的开门动作，选择源对象为"数控机床门动作"，源信号选择DI_Open，目标对象选择OPEN组件对象，目标信号或属性选择Execute，然后单击"确定"按钮，如图5.24所示。Execute表示执行。

第 5 章 Smart 组件在机床上下料工作站中的应用

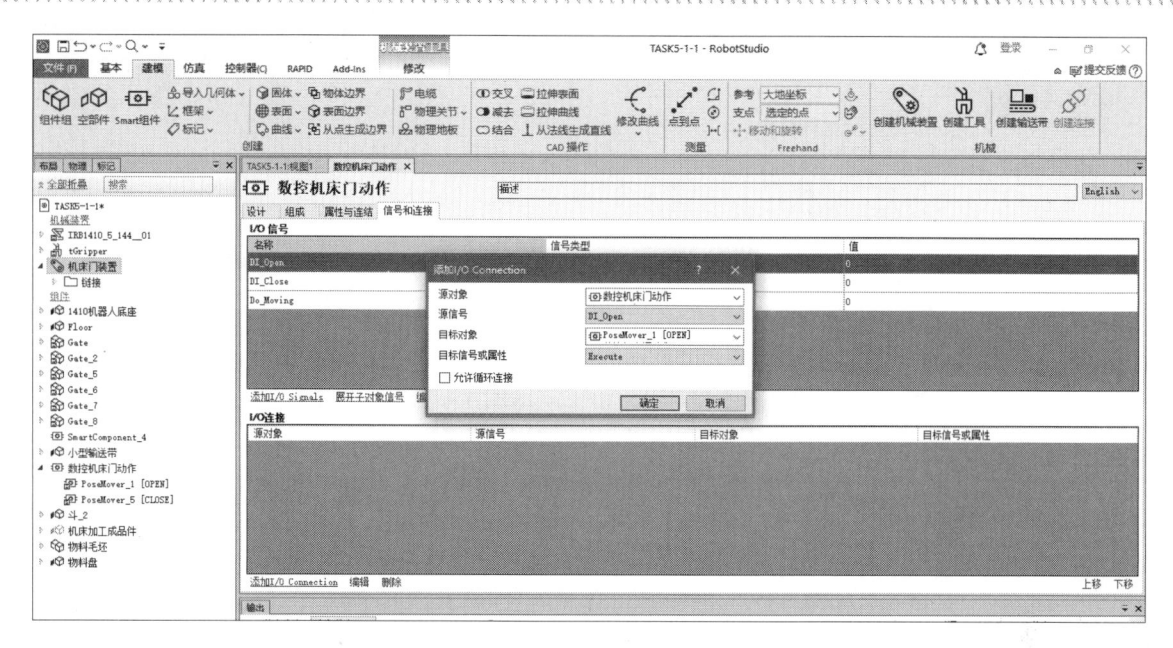

图5.24 创建DI_Open连接

步骤07 按照**步骤06**创建DI_Close连接，触发组件执行数控机床门的关门动作，选项值按图5.25进行选择。

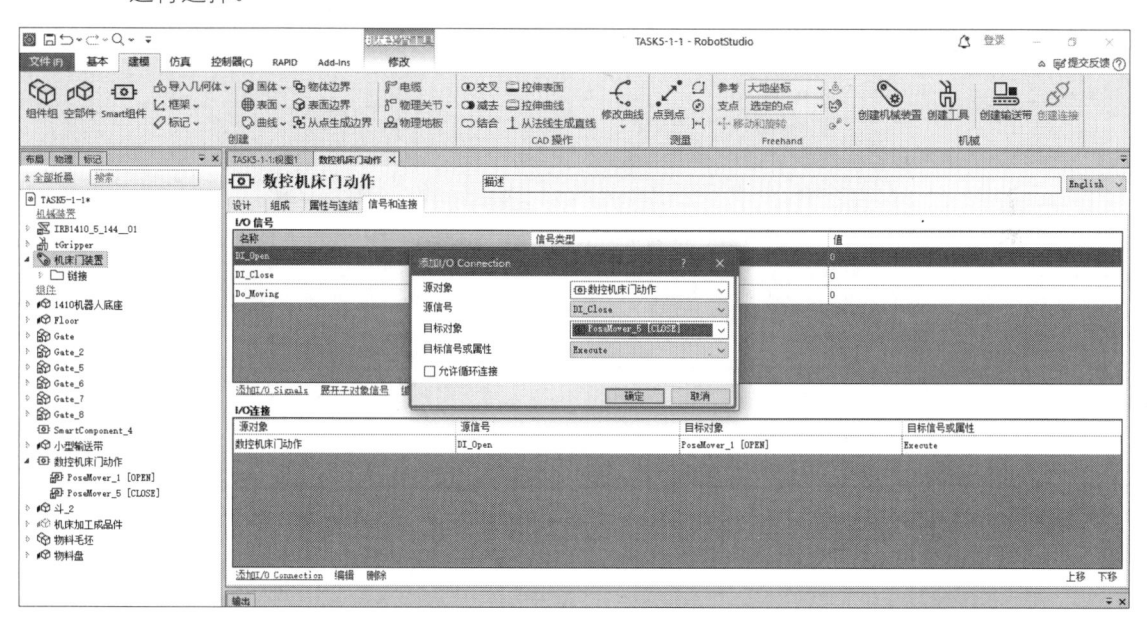

图5.25 创建DI_Close连接

步骤08 创建Do_Moving连接，被PoseMover_1[OPEN]组件中的Executing触发，输出开门动作状态，然后单击"确定"按钮，如图5.26所示。

步骤09 创建Do_Moving连接，被PoseMover_5[CLOSE]组件中的Executing触发，输出关门动作状态，然后单击"确定"按钮，如图5.27所示。

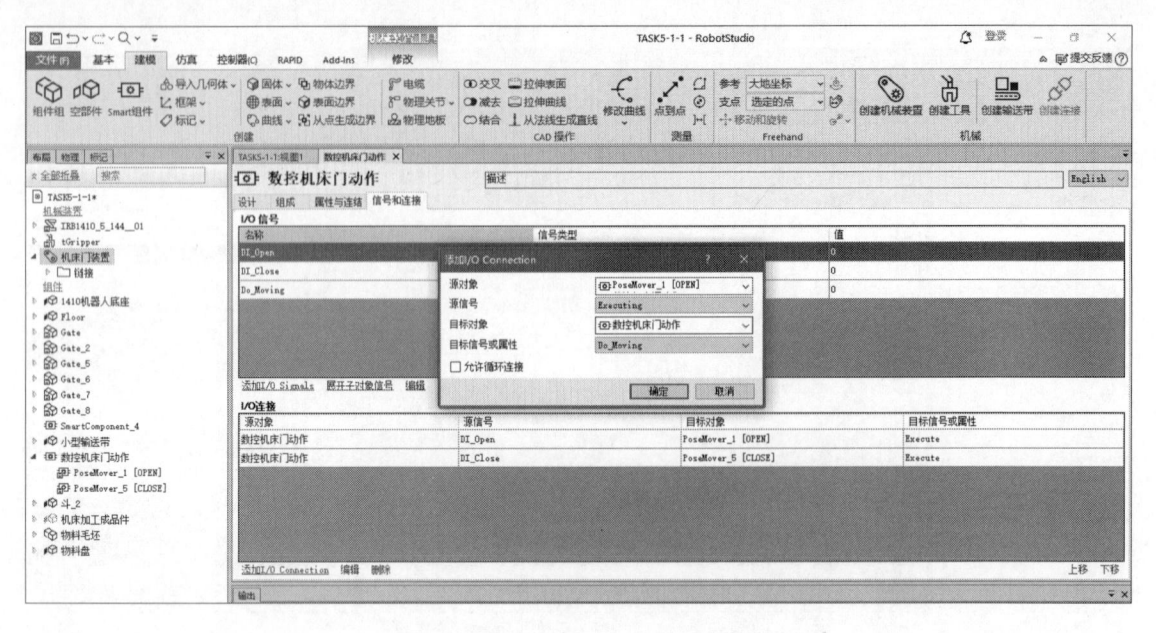

图5.26 创建Do_Moving开门信号连接

图5.27 创建Do_Moving关门信号连接

备注：设置I/O连接后，信号连接列表如图5.28所示。

步骤⑩ 用户可以单击"设计"选项卡，打开信号设计流程图查看并检查，如图5.29所示。

备注：上述 步骤02 中的"添加I/O Signals"对话框如图5.30所示。

在图5.30所示的"添加I/O Signals"对话框中，各选项含义如表5.2所示。

第 5 章 Smart 组件在机床上下料工作站中的应用

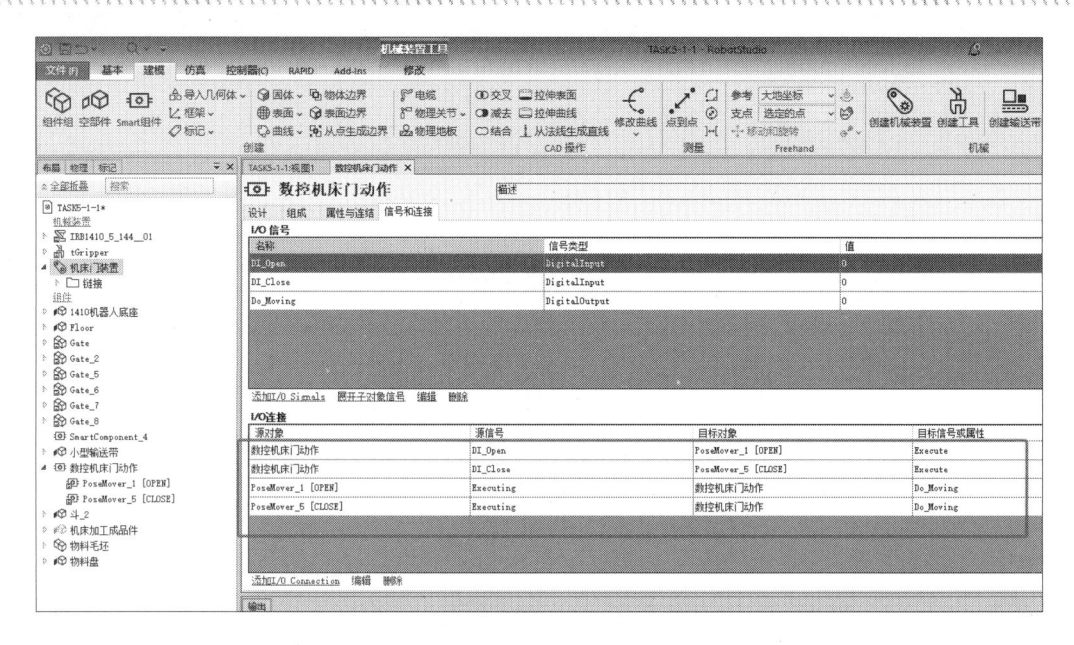

图5.28 设置I/O连接后的信号连接列表

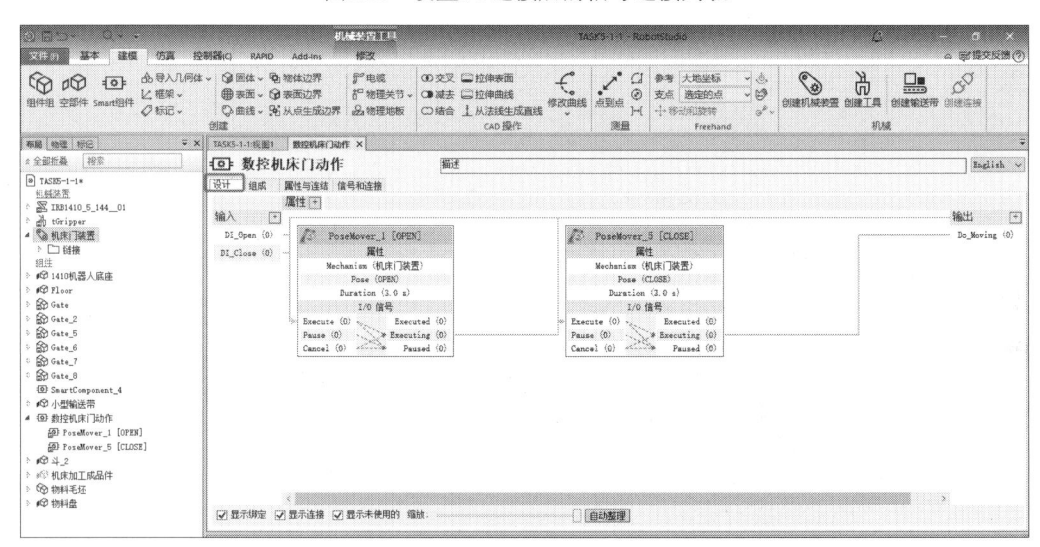

图5.29 打开信号设计流程图查看并检查

图5.30 "添加I/O Signals"对话框

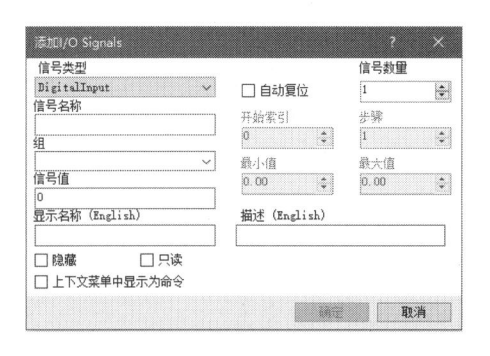

表5.2 "添加I/O Signals"对话框中各选项含义

选　项	含　义
自动复位	该信号具有瞬变行为，仅适用于数字信号，表示动作完成后信号值将自动被重置为0
信号值	指定信号的初始值
隐藏	选择属性在GUI的属性编辑器和I/O仿真器等窗口中是否可见
只读	选择属性在GUI的属性编辑器和I/O仿真器等窗口中是否可编辑

183

5.1.3 仿真调试

用户将信号创建并连接完成后，为了检验设置的效果，需要对工作站中的数控机床门动作进行调试，以验证数控机床门的开、关状态是否有效。具体操作步骤如下。

步骤01 进入"仿真"功能选项卡，单击"仿真设定"，取消勾选系统控制器后，单击"关闭"按钮，如图5.31所示。

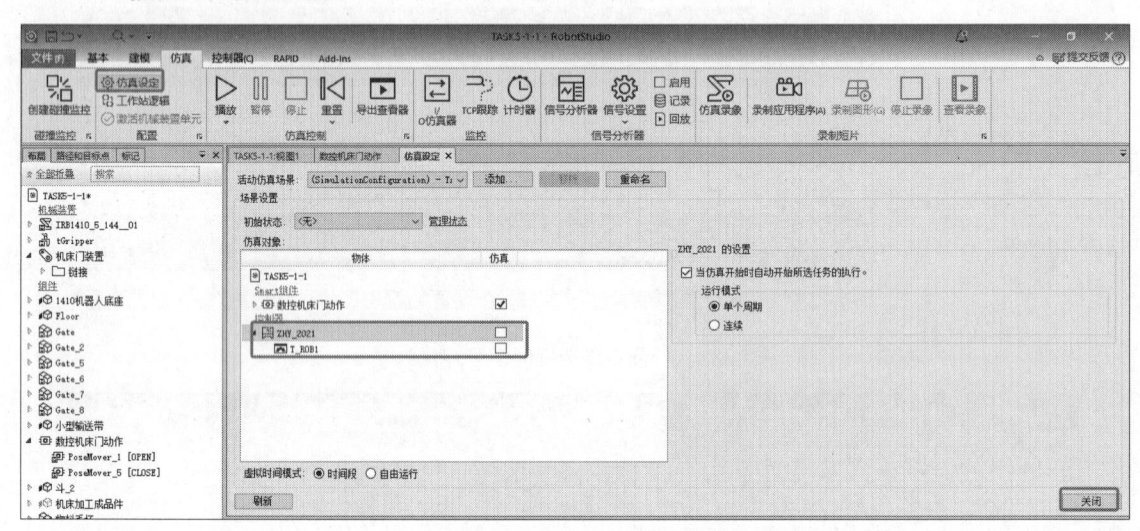

图5.31　取消勾选系统控制器

步骤02 单击"I/O仿真器"，软件界面右侧将打开"ZHY_2021个信号"对话框，如图5.32所示。

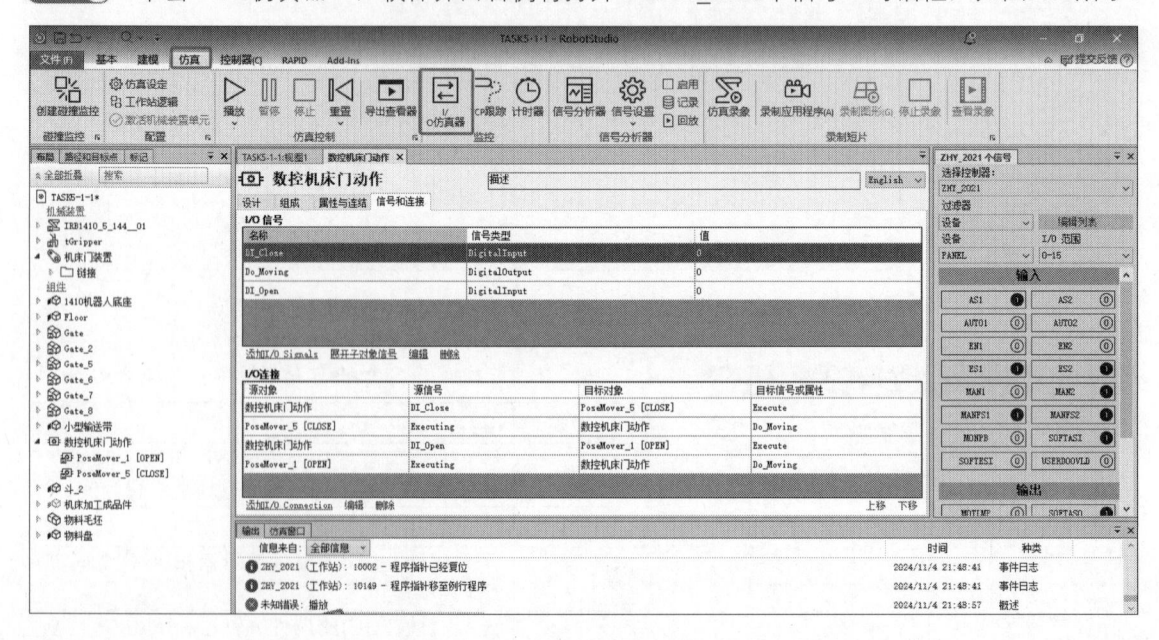

图5.32　单击"I/O仿真器"进行仿真

第 5 章　Smart 组件在机床上下料工作站中的应用

步骤 03　在"仿真"功能选项卡的"ZHY_2021个信号"对话框中，选择控制器为"数控机床门动作"，如图5.33所示。

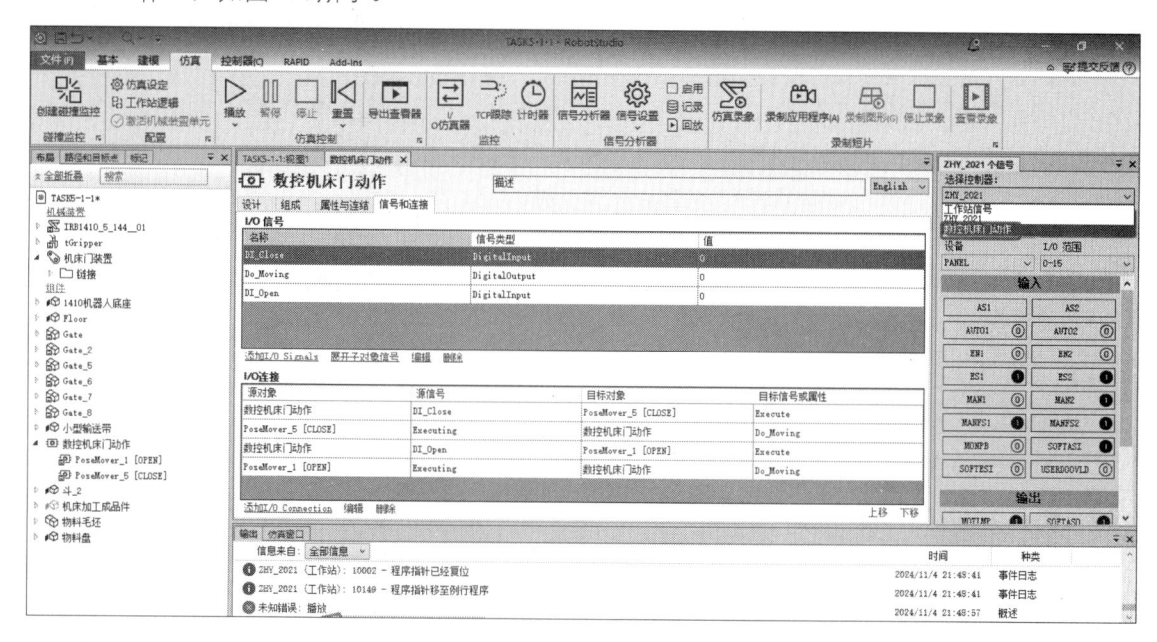

图5.33　选择控制器对象

步骤 04　返回视图区，打开机床视图并单击"播放"按钮，如图5.34所示。

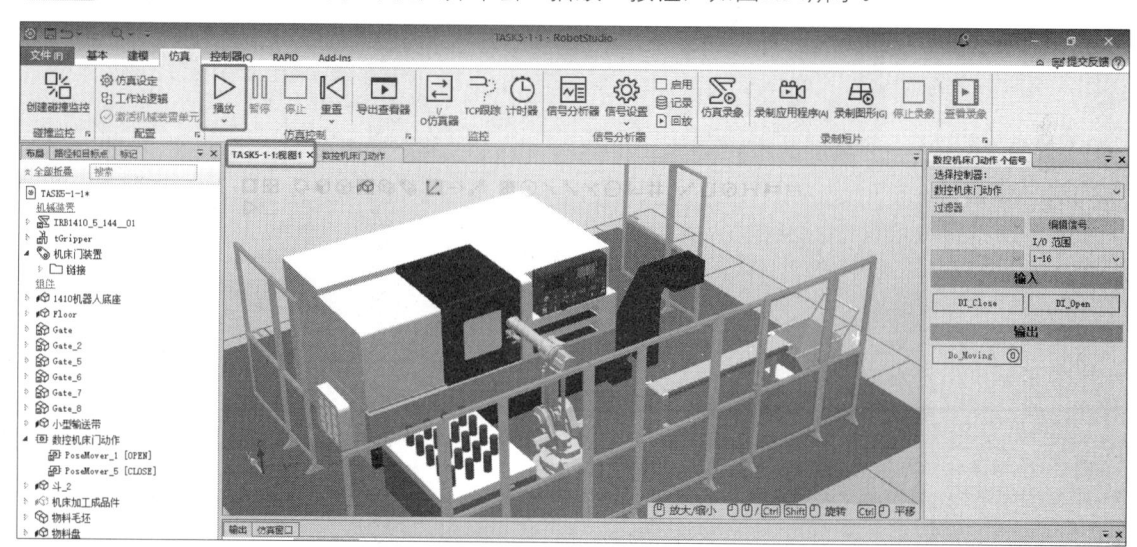

图5.34　播放仿真效果

步骤 05　在"仿真"功能选项卡的"ZHY_2021个信号"对话框中，单击DI_Open按钮，可以看到视图区中数控机床门的动作为开门动作，如图5.35所示。

步骤 06　在"仿真"功能选项卡的"ZHY_2021个信号"对话框中，单击DI_Close按钮，可以看到视图区中数控机床门的动作为关门动作，如图5.36所示。

185

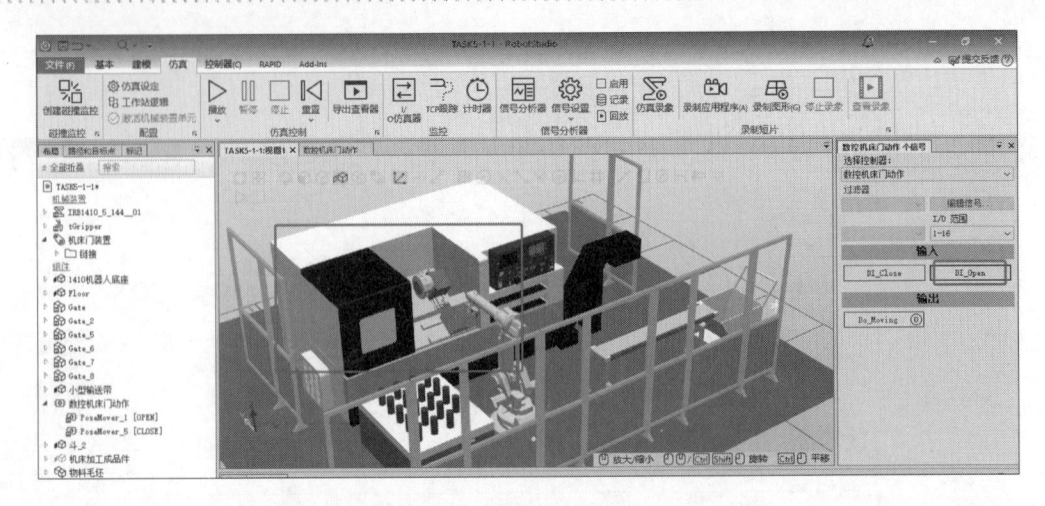

图5.35　机床开门动作

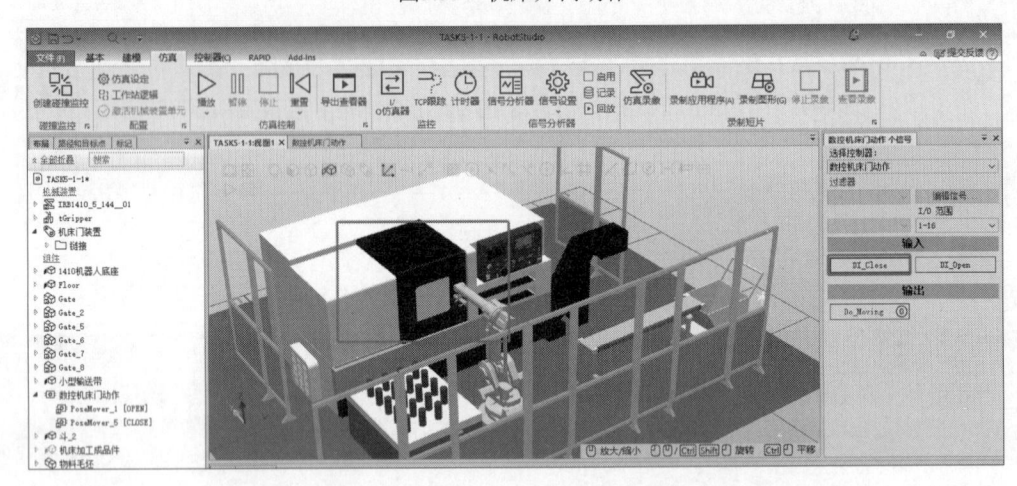

图5.36　机床关门动作

5.1.4　练习

（1）在本章练习资源中导入几何体table_and_fixture_140。

（2）再从"导入模型库"的"培训对象"中导入propeller到工作站，如图5.37所示。

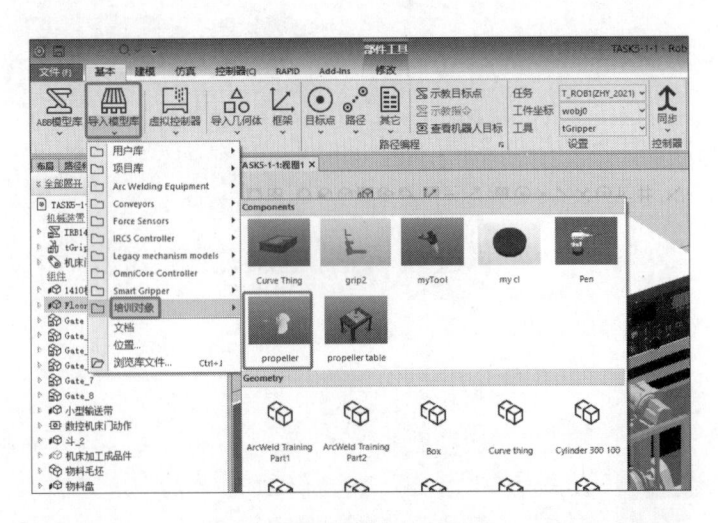

图5.37　导入propeller

（3）将propeller安装到table_and_fixture_140上，如图5.38所示。

图5.38　模型安装图示

（4）通过Smart组件设置propeller旋转动作。

5.2　喷涂动作的设置

用户在仿真平台上进行虚拟喷涂作业时，无法使用真实涂料来查看喷涂仿真效果。因此，在RobotStudio仿真平台上，我们应当采用喷涂状态的出现和消失的方法，以此实现虚拟喷涂的仿真效果，从而模拟真实的喷涂作业。例如，在工业机器人压铸行业中，需要对压铸成型的模具进行喷涂，因此需要对工业机器人的末端操作器进行多功能应用设计，以实现虚拟喷涂动作的设置。

本节将主要介绍如何创建用于喷涂效果的Smart组件及其相关设置。通过喷涂作业示例（见图5.39），为用户在仿真过程中无法使用真实材料进行虚拟仿真的作业类型提供虚拟处理方法。

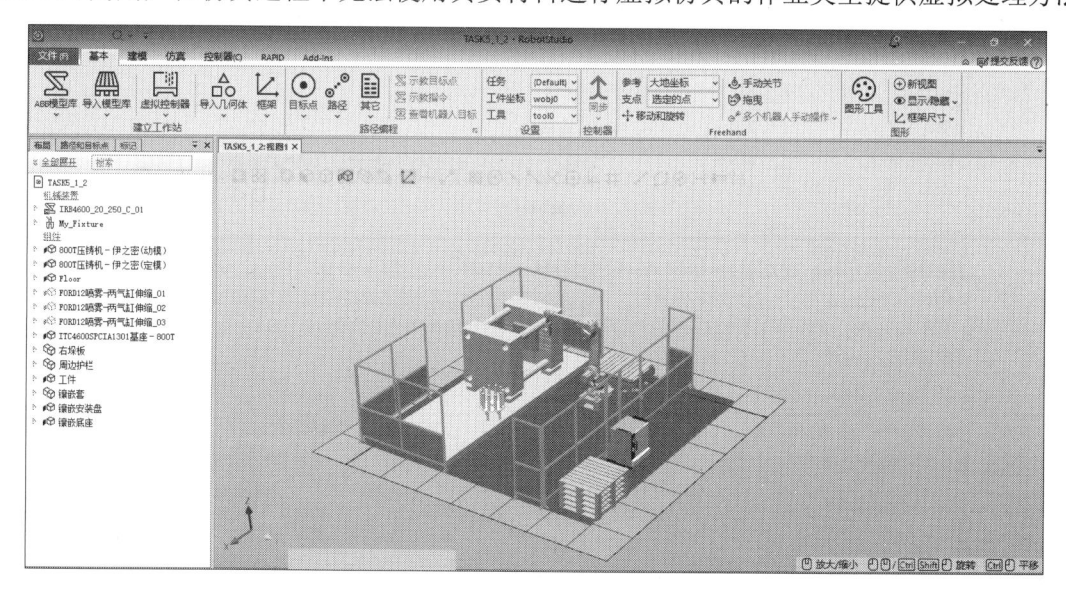

图5.39　工业机器人工作站布局图

5.2.1 创建喷涂效果Smart组件

为了模拟出喷涂作业的仿真效果,用户需要在RobotStudio中创建对应的Smart组件来模拟喷涂作业。本小节将主要介绍如何创建带喷涂功能的Smart组件来替代喷涂效果。

首先,在RobotStudio中打开工作站包资源TASK5-2,解压缩后创建Smart组件,具体操作步骤如下。

步骤01 打开RobotStudio,依次选择"文件"→"共享"→"解包",如图5.40所示。

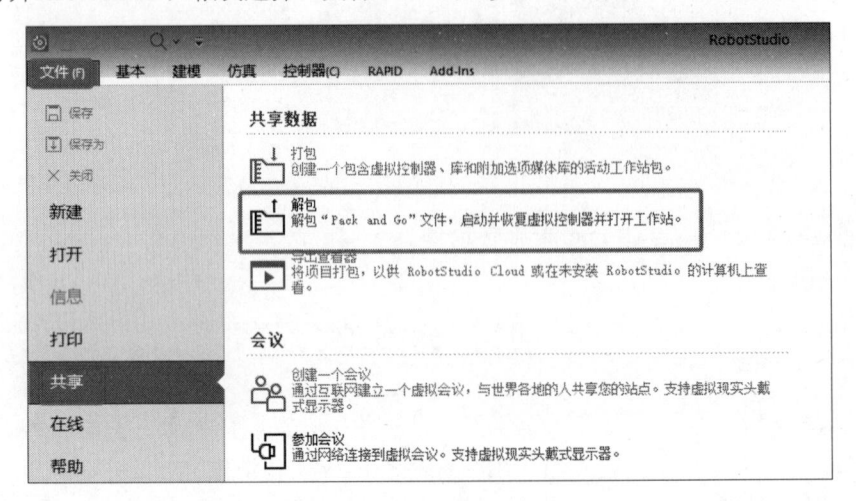

图5.40 选择解包功能打开

步骤02 在"解包"对话框中,单击"浏览……"按钮打开工作站包TASK5-2,然后单击"打开"按钮,如图5.41和图5.42所示。

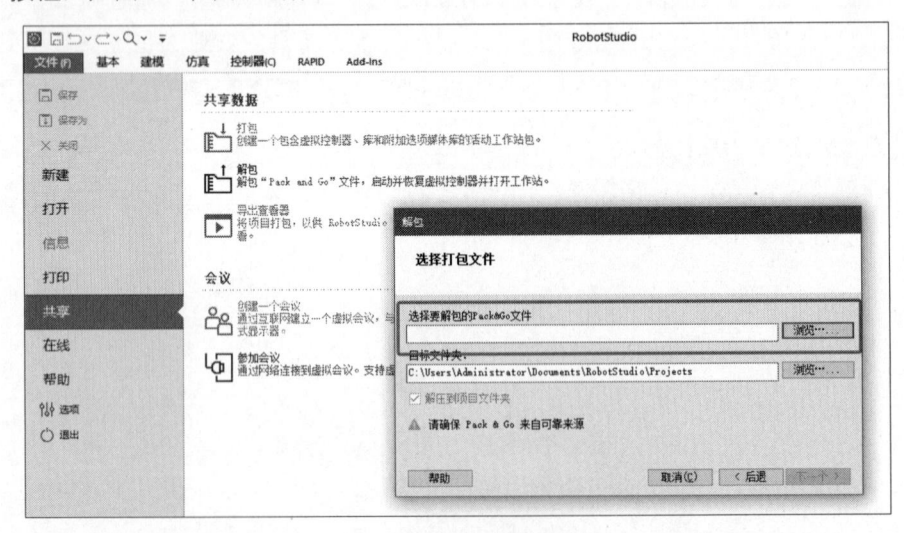

图5.41 选择工作站包路径

步骤03 单击"下一个"按钮,查看解包文件,选择信息后,单击"完成"按钮,如图5.43和图5.44所示。

第 5 章　Smart 组件在机床上下料工作站中的应用

图5.42　打开工作站资源包

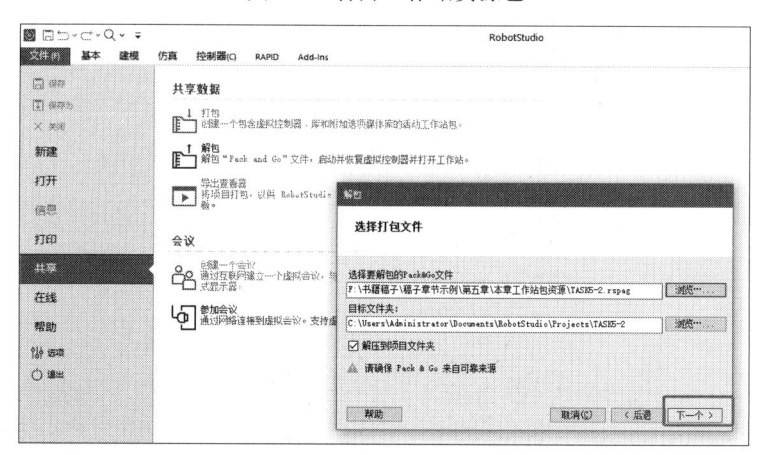

图5.43　单击"下一个"按钮

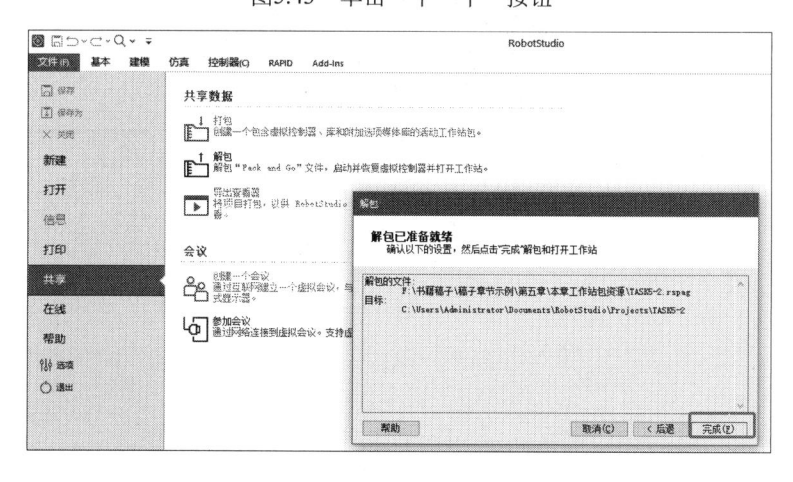

图5.44　查看解包文件和选择信息

步骤 04　接下来使用"建模"功能选项卡中"固体"下的"圆锥体"来创建喷涂效果,如图5.45所示。

步骤 05　在"创建圆锥体"对话框中,"半径(mm)"设置为30,"高度(mm)"设置为200,单击"创建"按钮,如图5.46所示。

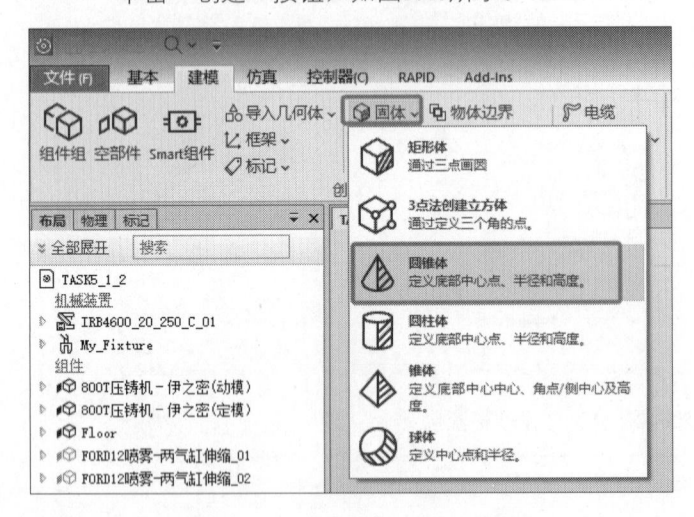

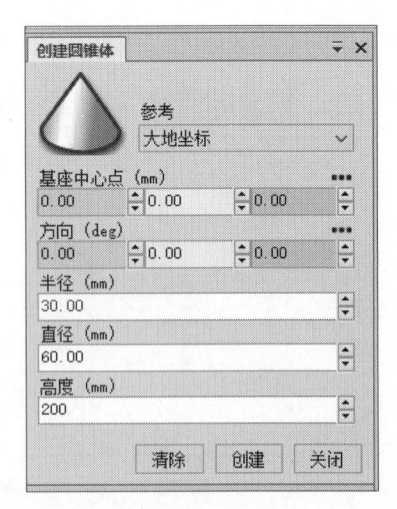

图5.45　选择创建圆锥体功能

图5.46　设置圆锥体参数

步骤 06　右击新建的圆锥部件"部件_1",重命名为"喷涂效果",如图5.47和图5.48所示。

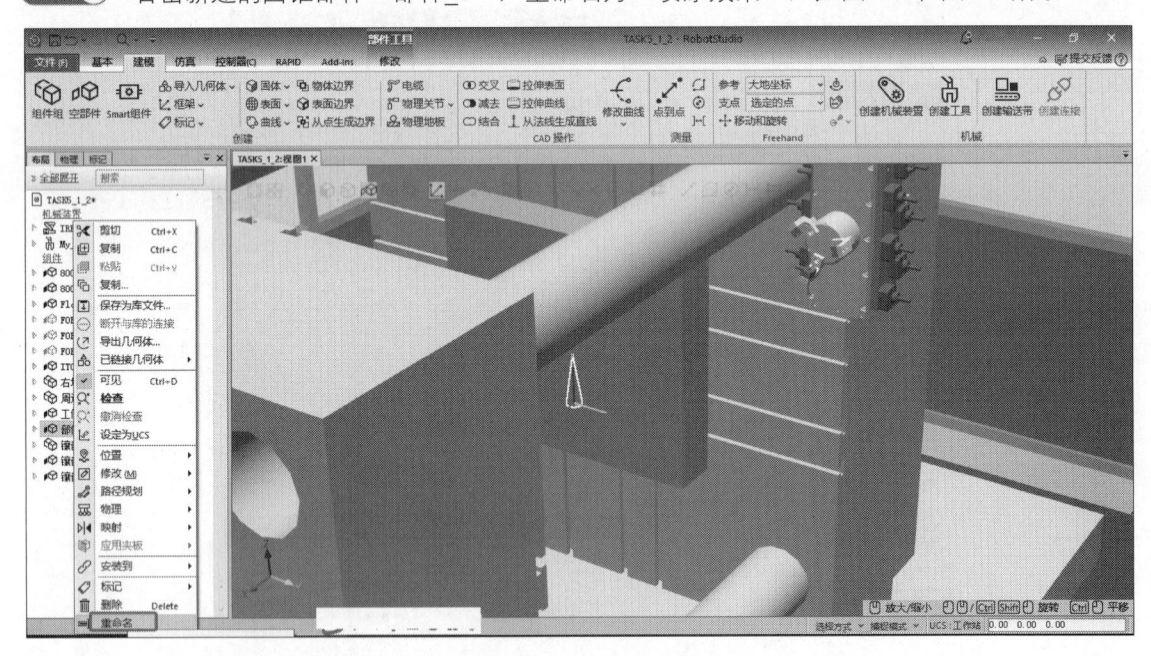

图5.47　重命名组件

步骤 07　右击"喷涂效果"部件,在弹出的快捷菜单中依次选择"位置"→"放置"→"一个点",如图5.49所示。

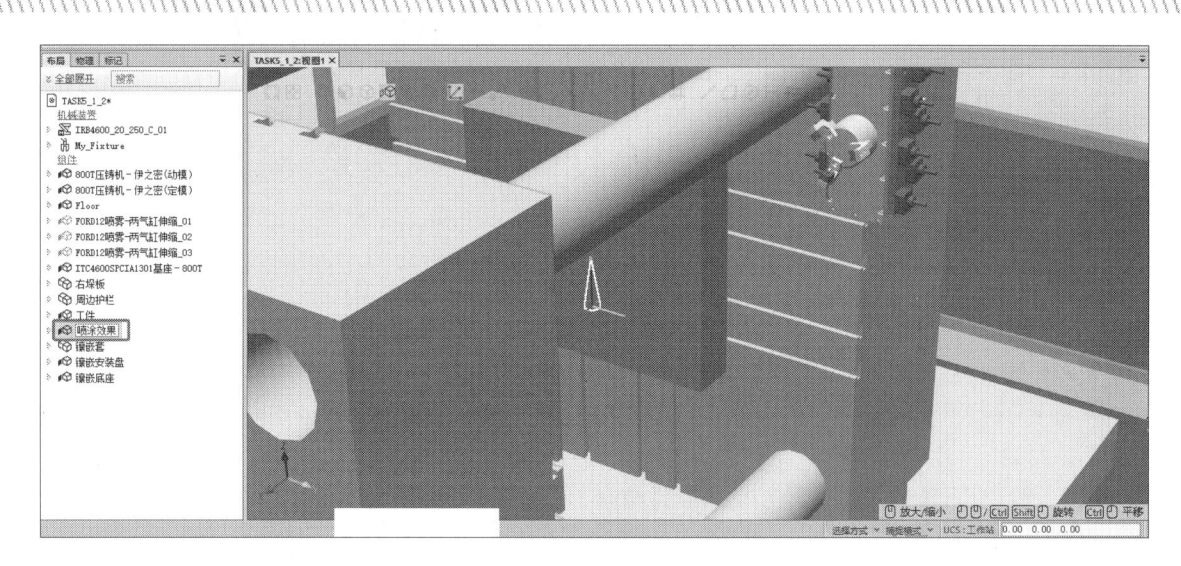

图5.48 已重命名为"喷涂效果"

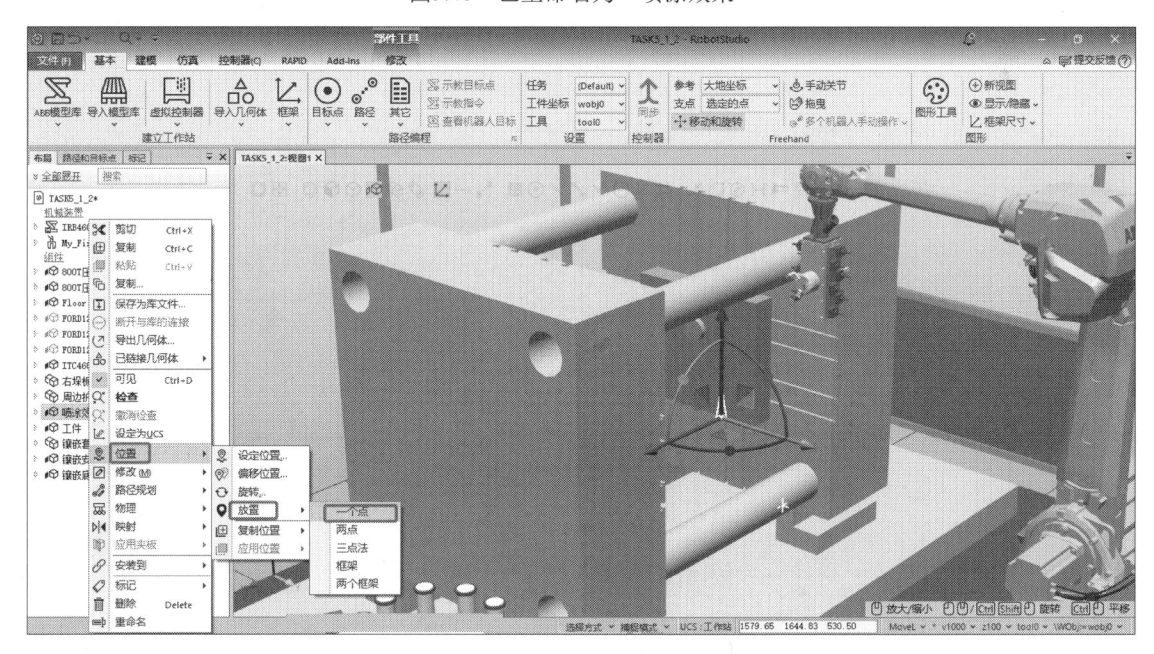

图5.49 选择放置"喷涂效果"部件

- 步骤 08 选择捕捉模式为"捕捉末端",在"放置对象:喷涂效果"对话框中,"参考"选择"大地坐标",单击"主点-从(mm)"第一个编辑框,然后在视图区内捕捉圆锥体顶点,如图5.50所示。
- 步骤 09 在"主点-到(mm)"的第一个编辑框中单击,然后使用"捕捉末端"模式捕捉操作器的末端位置,单击"应用"按钮,如图5.51所示。

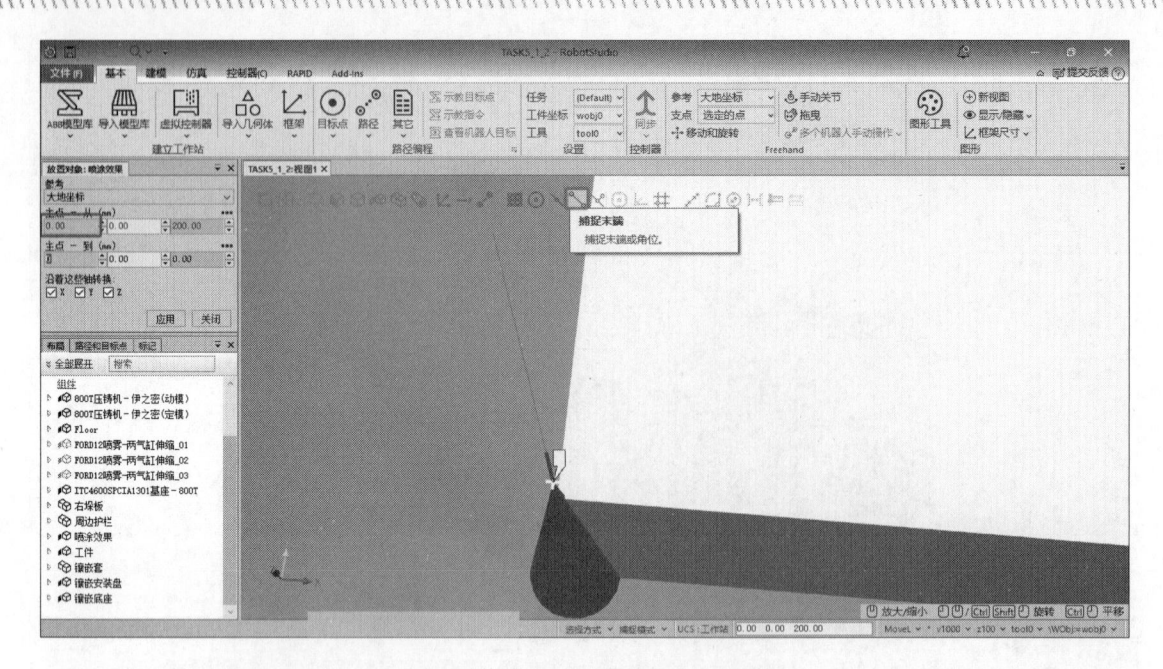

图5.50 在捕捉对象末端进行放置

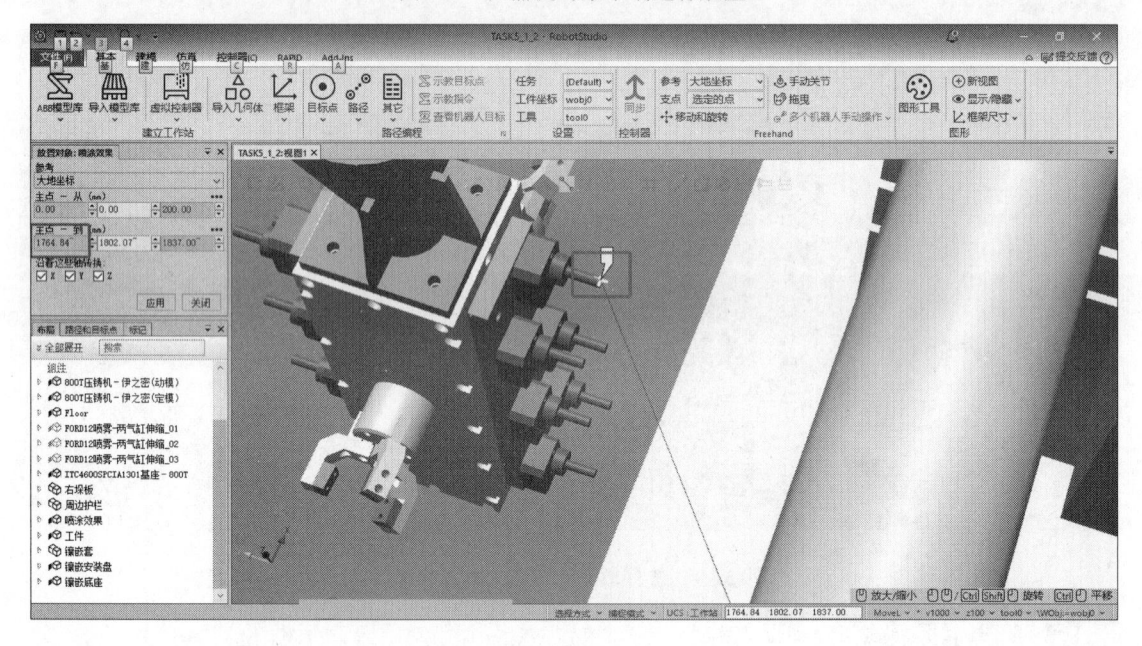

图5.51 捕捉执行器末端位置

步骤10 单击选中"喷涂效果"部件,然后选择"移动和旋转"功能,将圆锥体按照机器人末端操作器安装方向进行旋转操作,如图5.52所示。如果用户进行移动和旋转操作后,"喷涂效果"部件的顶点与机器人末端操作器圆心未重合,则可以按照上述 步骤07~步骤09 进行微调,如图5.53所示。

步骤11 选择"喷涂效果"部件右击,在弹出的快捷菜单中选择将喷涂效果"安装到"机器人末端操作器部件My_Fixture,如图5.54所示。

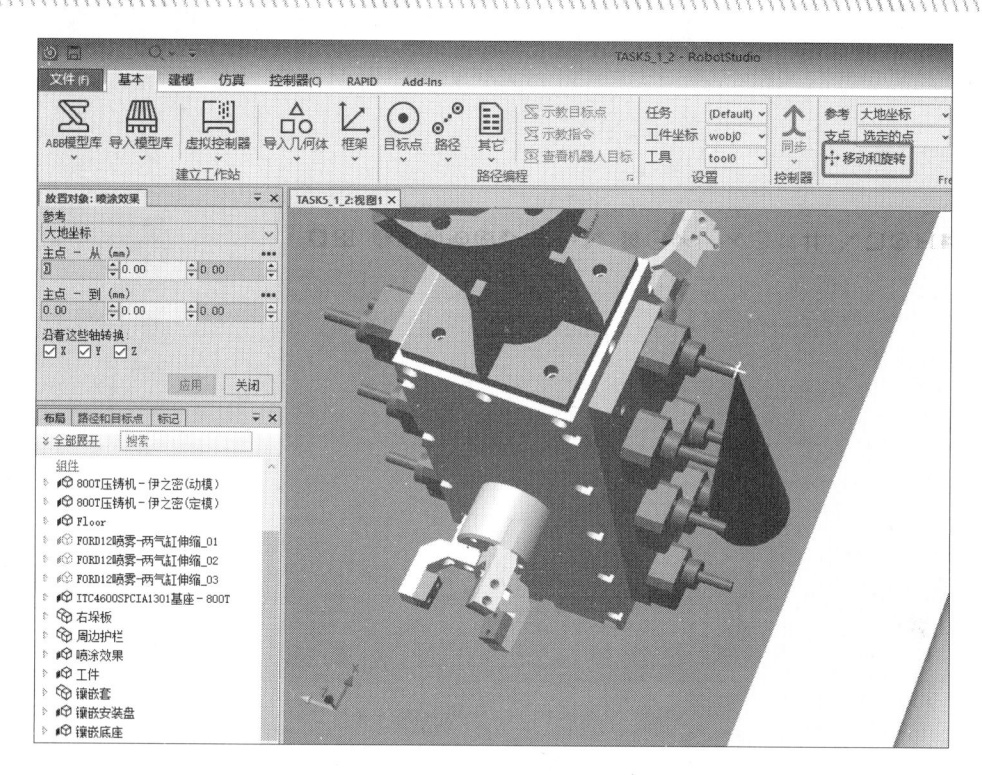

图5.52　旋转末端执行器

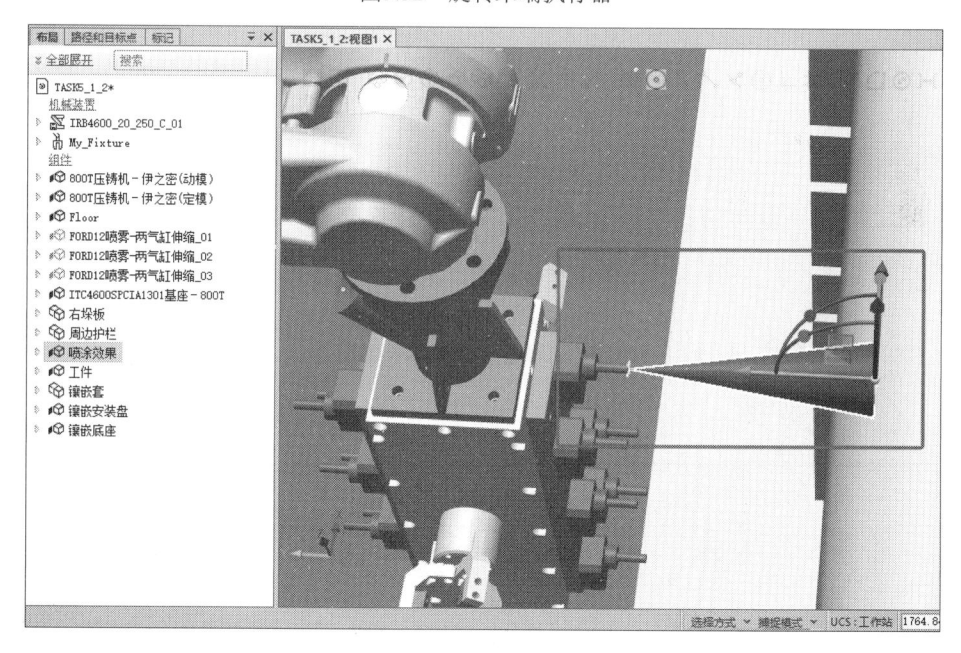

图5.53　微调对象组件

步骤⑫ 在弹出的"更新位置"对话框中，单击"是(Y)"按钮完成安装操作，如图5.55所示。

备注： 步骤⑪~步骤⑫的安装操作主要是为了使"喷涂效果"部件与机器人末端操作器成为一体，便于后续操作。

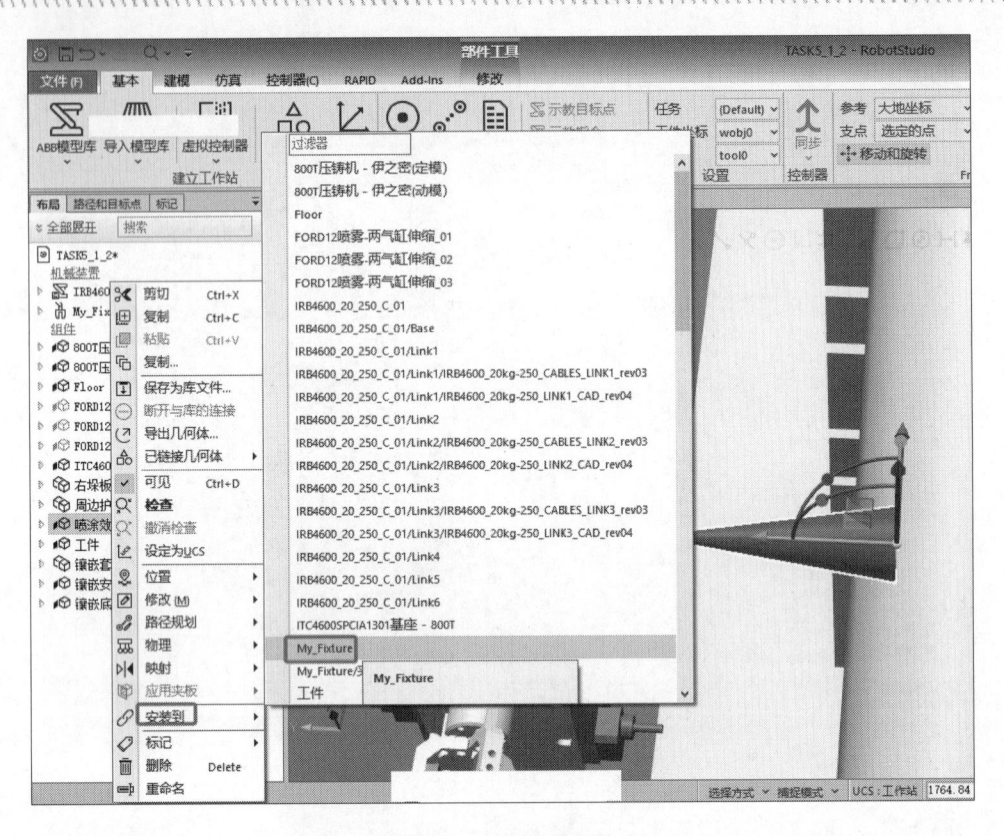

图5.54 安装操作部件

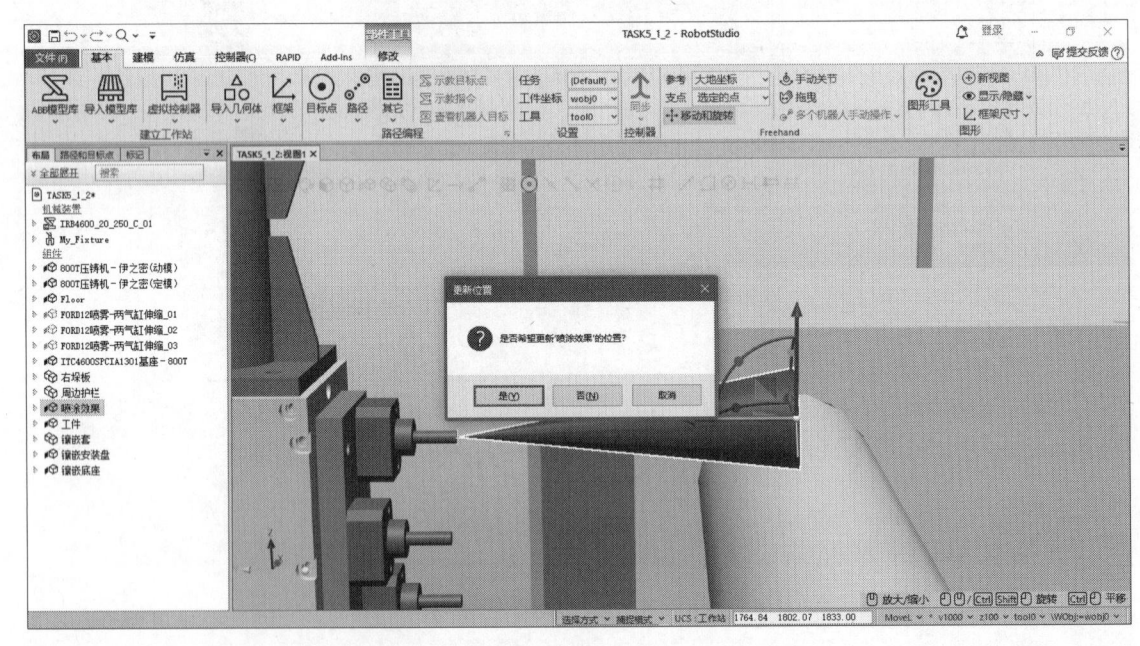

图5.55 更新组件对象的位置以完成安装

步骤13 右击"喷涂效果"部件,在弹出的快捷菜单中依次选择"修改"→"设定颜色...",将"喷涂效果"设置为绿色,如图5.56和图5.57所示。

第 5 章 Smart 组件在机床上下料工作站中的应用

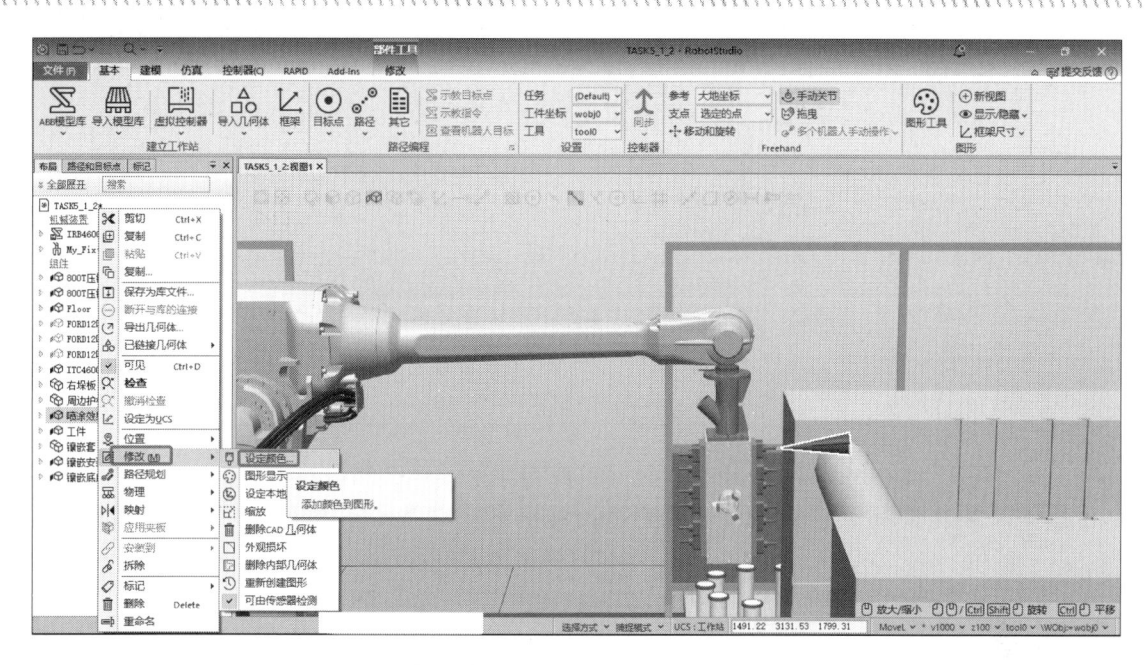

图5.56 选择设定喷涂效果颜色

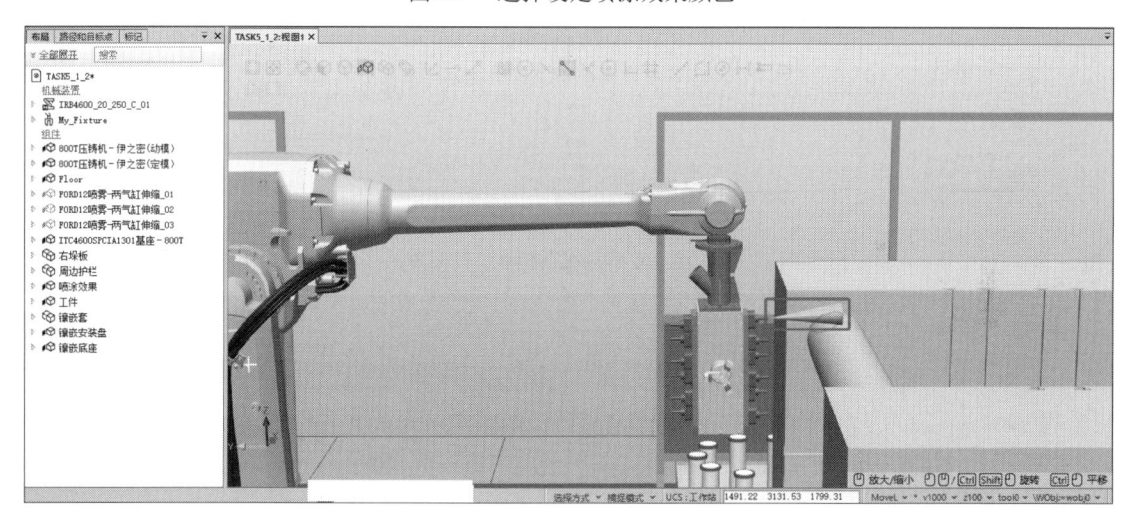

图5.57 设定喷涂效果为绿色

步骤14 在"建模"功能选项卡中单击"Smart组件",将创建的Smart组件重命名为"喷涂动作",如图5.58所示。

步骤15 在"喷涂动作"组件视图中,依次选择"组成"→"添加组件"→"动作"→Show,如图5.59所示。

步骤16 按照 步骤15 再次添加对象的动作组件Hide,如图5.60所示。

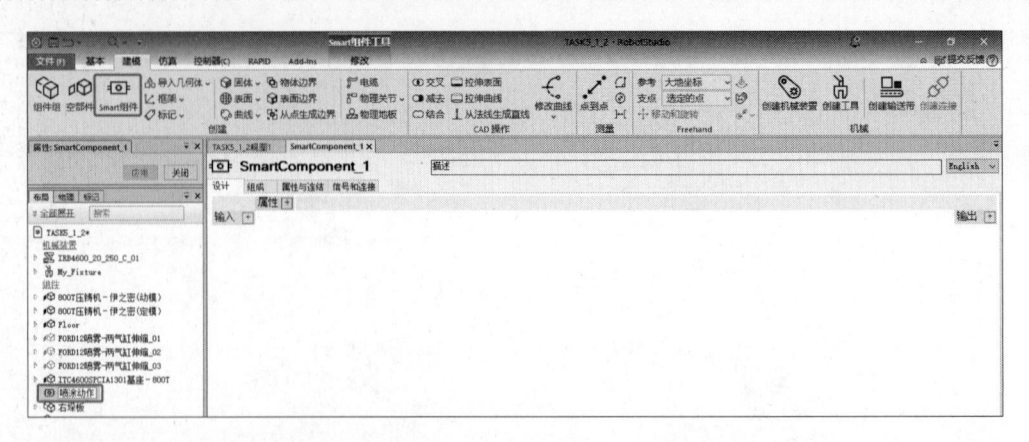

图5.58 创建并重命名Smart组件为"喷涂动作"

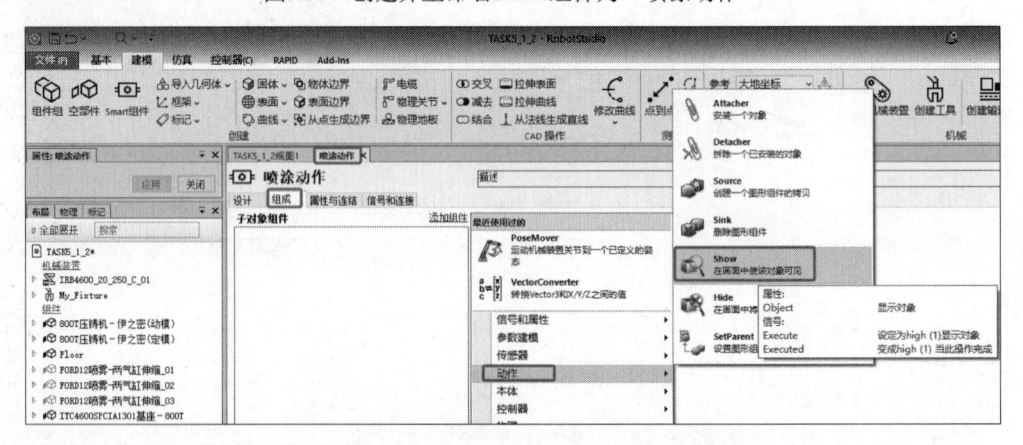

图5.59 选择新建Smart组件对象

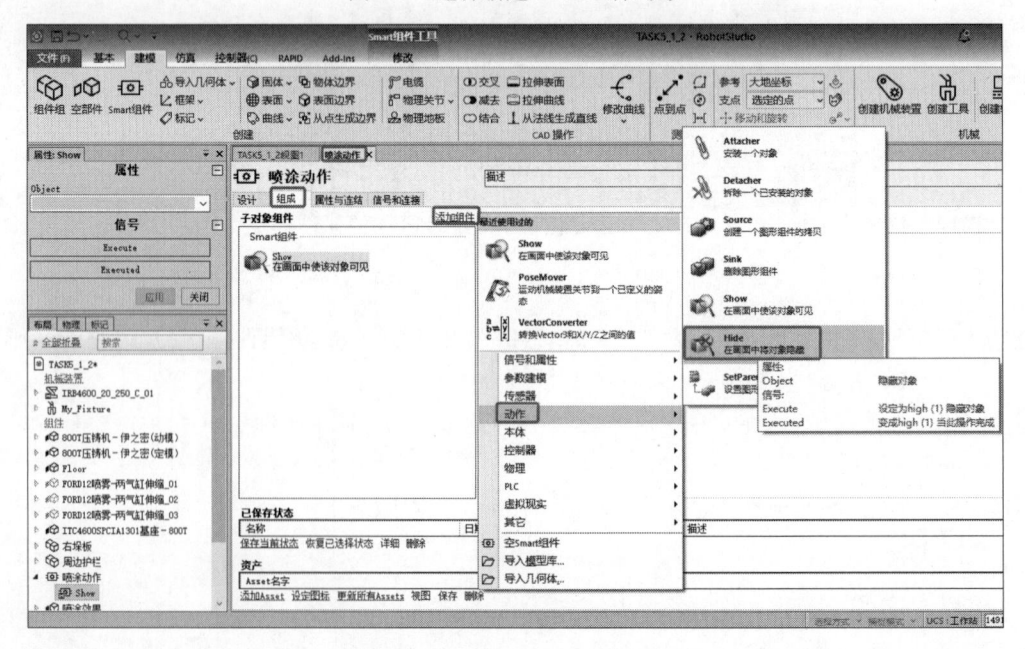

图5.60 添加对象动作组件Hide

步骤 17 完成以上步骤之后，会在"喷涂动作"设计中生成两个动作功能框，如图5.61所示。

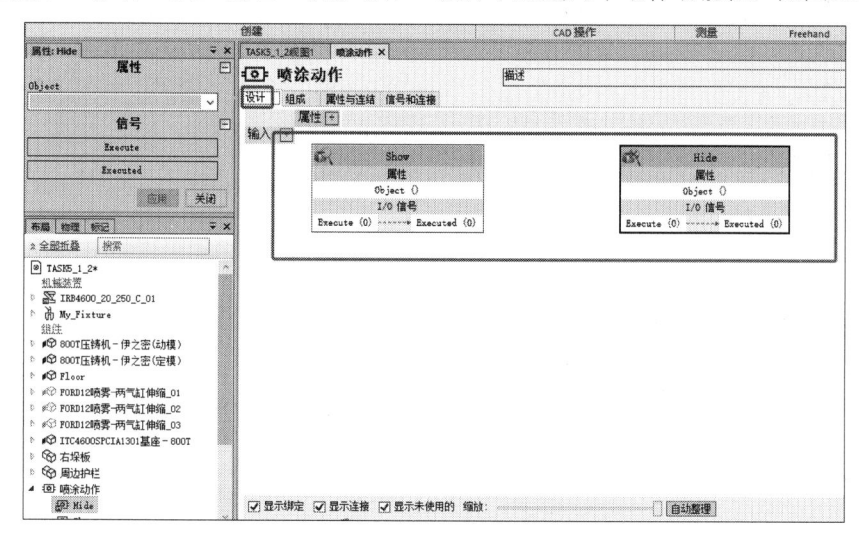

图5.61 动作组成逻辑结构

本小节的重点是对"喷涂效果"部件的位置进行摆放，如果位置摆放方向不正确，就会导致安装到机器人末端工具的位置出现偏差，影响仿真效果。因此，用户在进行 **步骤 07**～**步骤 12** 时，应该按照步骤认真完成并对位置进行适当微调以免影响仿真效果。

5.2.2 创建属性连结和I/O信号连接

在5.2.1节中，用户添加了Show和Hide两个Smart动作组件。本小节将主要介绍如何将这两个动作组件进行属性连结和I/O信号连接。

首先，右击组件对象Show，在弹出的快捷菜单中选择"属性"，如图5.62所示。

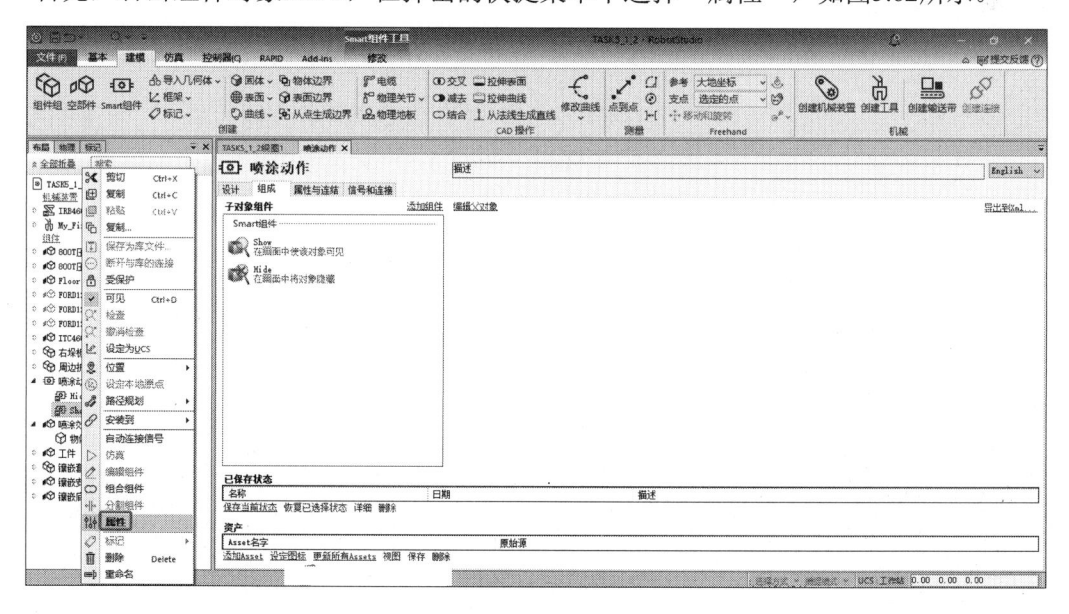

图5.62 打开组件对象属性

然后，在打开的组件对象Show和Hide的属性对话框中进行设置，如图5.63所示。

图5.63 "属性：Hide"对话框

备注：组件对象Show和Hide的属性对话框选项及含义是相同的。

在图5.62所示的组件对象Show和Hide属性对话框中，各选项含义如表5.3所示。

表5.3 组件对象Show和Hide属性对话框各选项含义

信 号	含义及功能
Object	指定要显示或隐藏的对象
Execute	设置该信号为high(1)，则显示或隐藏对象
Executed	操作完成后，该信号变为high(1)

接下来，添加信号DI_SHOW和DI_HIDE，分别表示显示和隐藏喷涂效果并进行信号连接，具体操作步骤如下。

步骤01 单击"信号和连接"选项卡，选择"添加I/O Signals"链接，如图5.64所示，打开I/O Signals对话框。

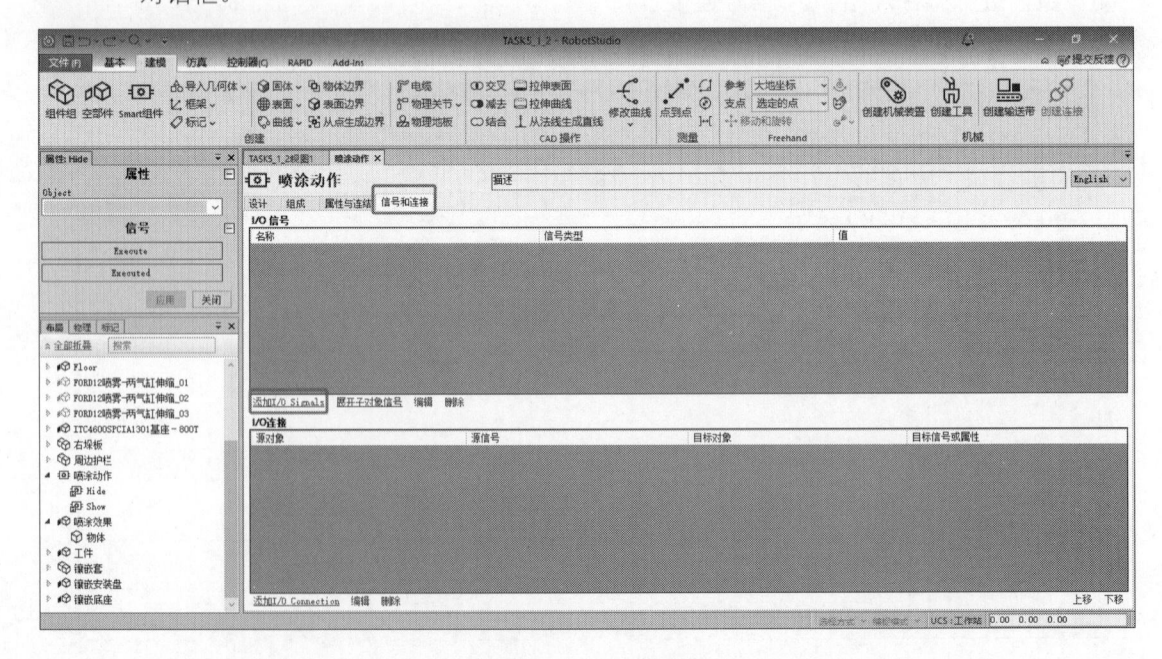

图5.64 添加I/O信号

第 5 章　Smart 组件在机床上下料工作站中的应用

步骤 02　添加DI_SHOW信号并勾选"自动复位"复选框，单击"确定"按钮，如图5.65所示。

步骤 03　添加DI_HIDE信号并勾选"自动复位"复选框，单击"确定"按钮，如图5.66所示。

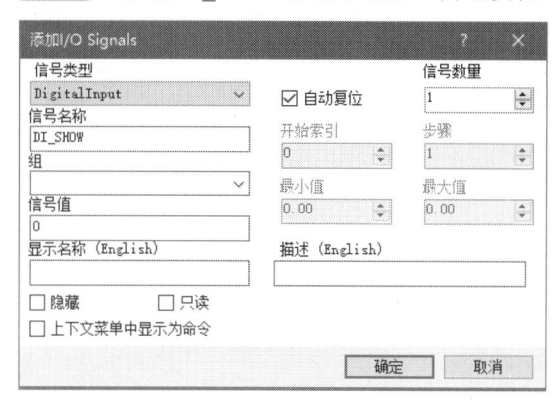

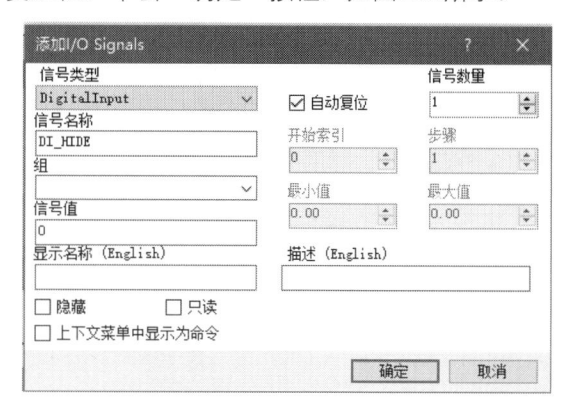

图 5.65　设置 DI_SHOW 信号　　　　　　　图 5.66　设置 DI_HIDE 信号

步骤 04　添加I/O信号完成后，检查"I/O信号"列表中生成的两个信号，如图5.67所示。

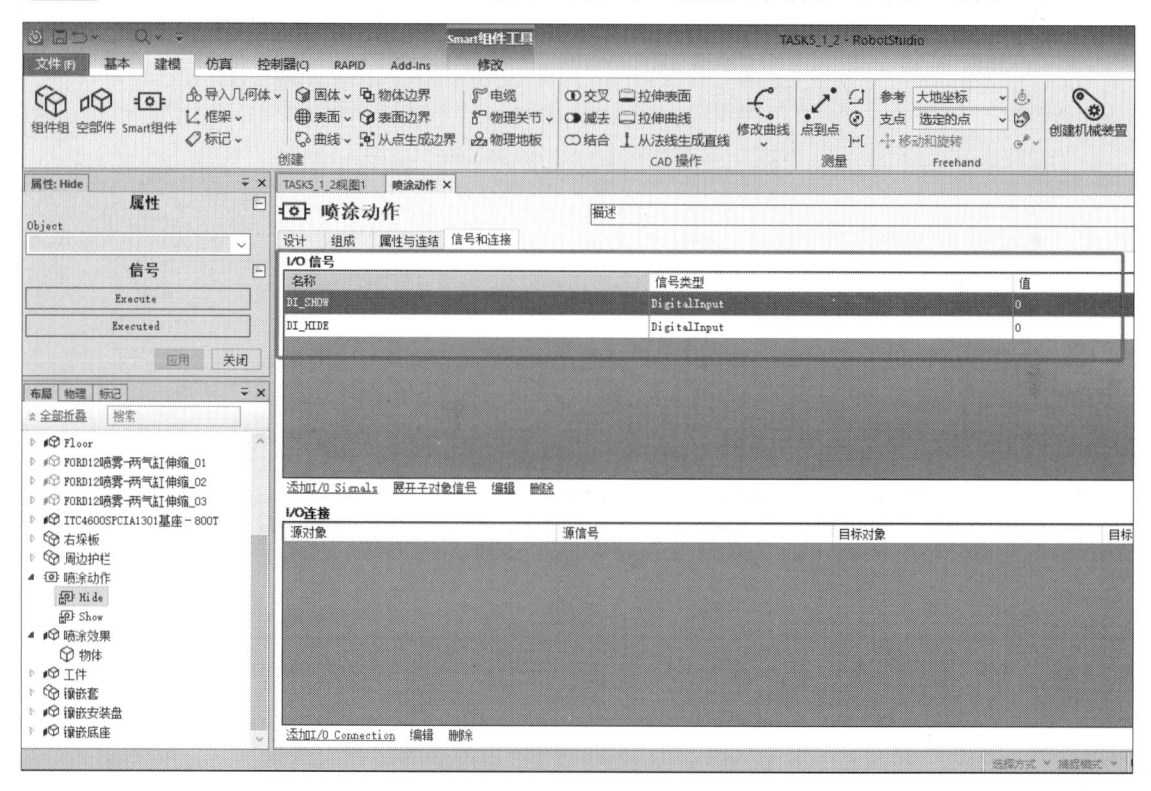

图5.67　检查"I/O信号"列表

步骤 05　在"信号和连接"下的"I/O连接"中，单击"添加I/O Connection"链接，如图5.68所示。

步骤 06　将创建的信号DI_SHOW与Show组件对象的Execute动作事件进行连接以完成喷涂状态显示的效果，再单击"确定"按钮，如图5.69所示。

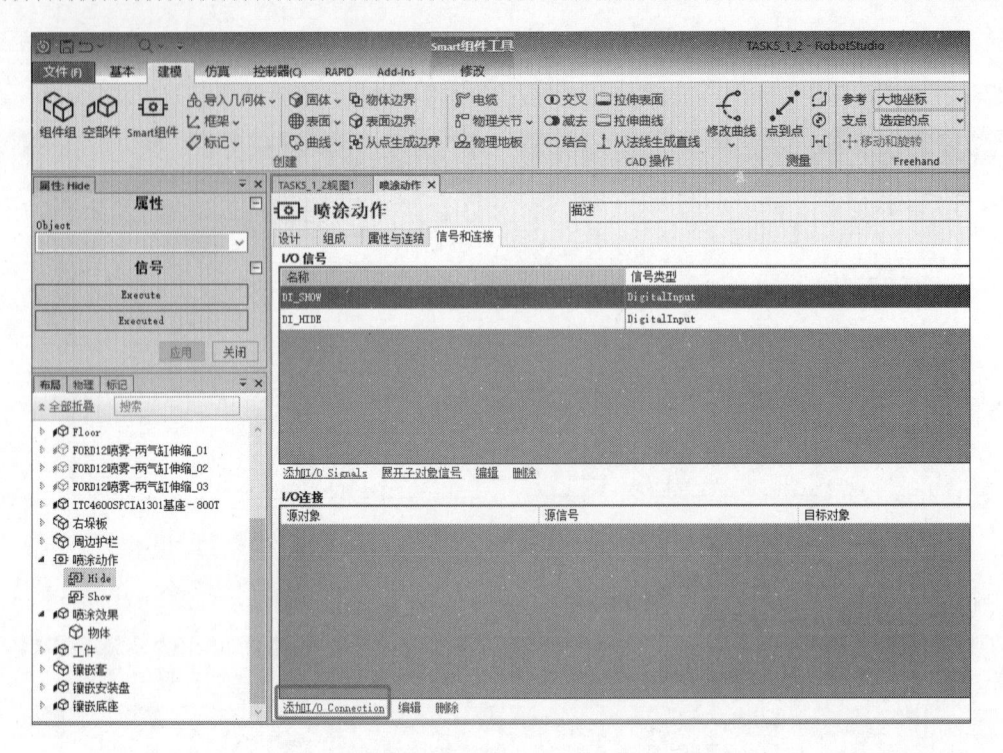

图5.68　单击"添加I/O Connection"链接

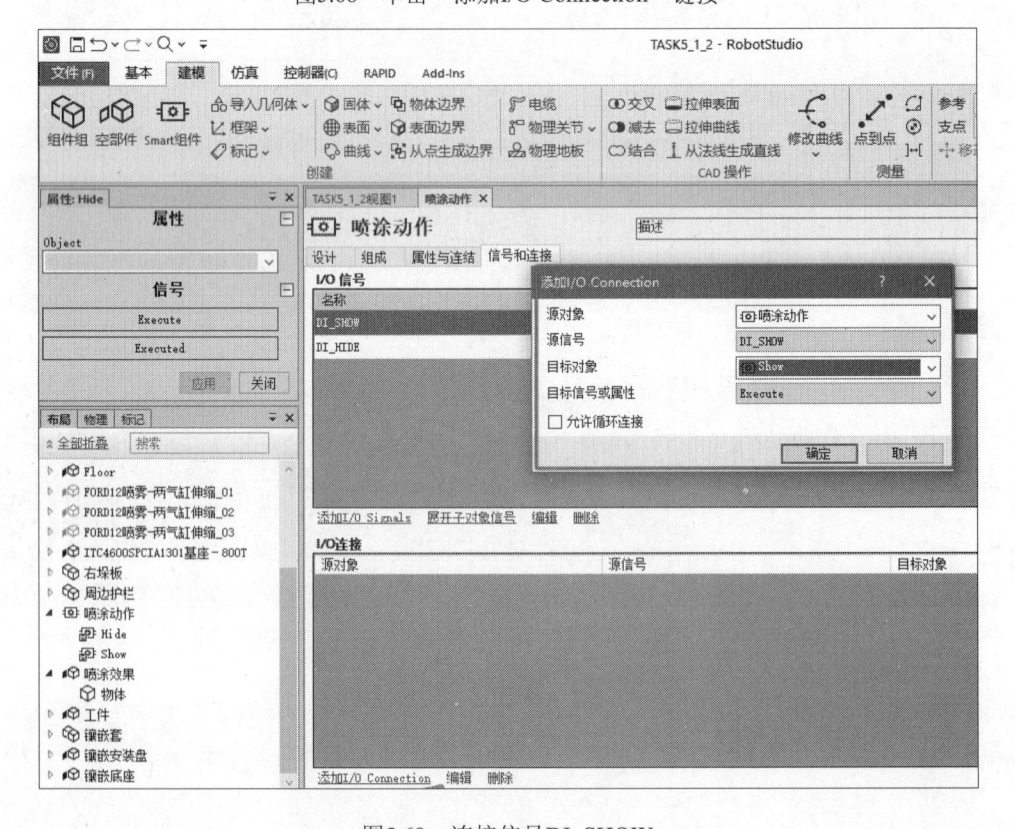

图5.69　连接信号DI_SHOW

第 5 章 Smart 组件在机床上下料工作站中的应用

步骤 07 将创建的信号DI_HIDE与Hide组件对象的Execute动作事件进行连接，以完成喷涂状态隐藏的效果，再单击"确定"按钮，如图5.70所示。

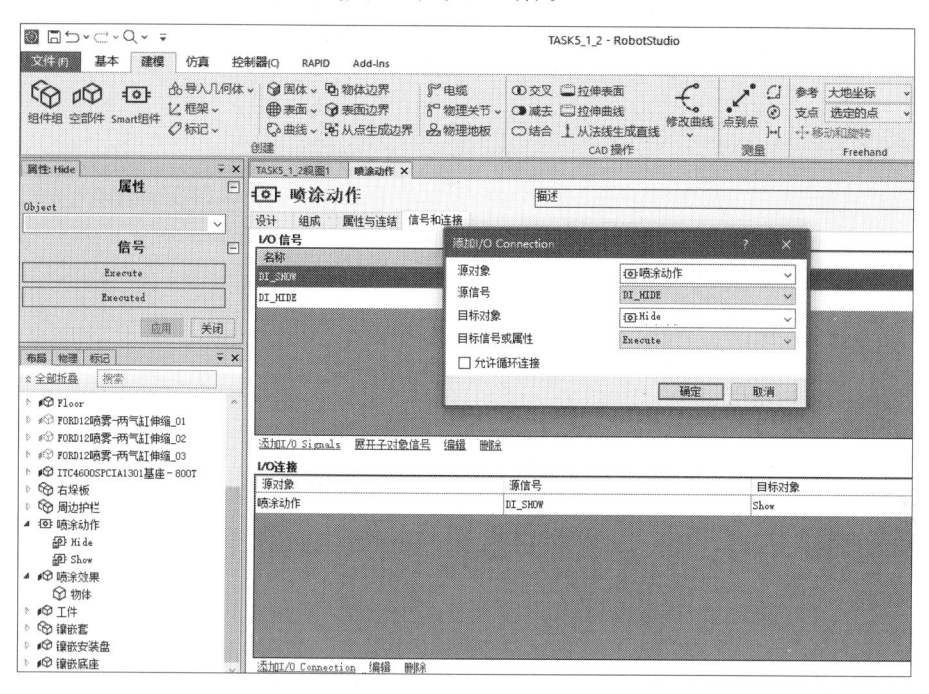

图5.70 连接信号DI_HIDE

步骤 08 用户可以通过"设计"选项卡查看属性与信号连接状态，如图5.71所示。

图5.71 查看属性与信号连接状态

201

5.2.3 仿真调试

用户创建好信号并设置完属性连结和I/O信号连接之后，可以仿真模拟喷涂作业的动画效果，具体操作步骤如下。

步骤01 在"仿真"功能选项卡中选择"I/O仿真器"，如图5.72所示。

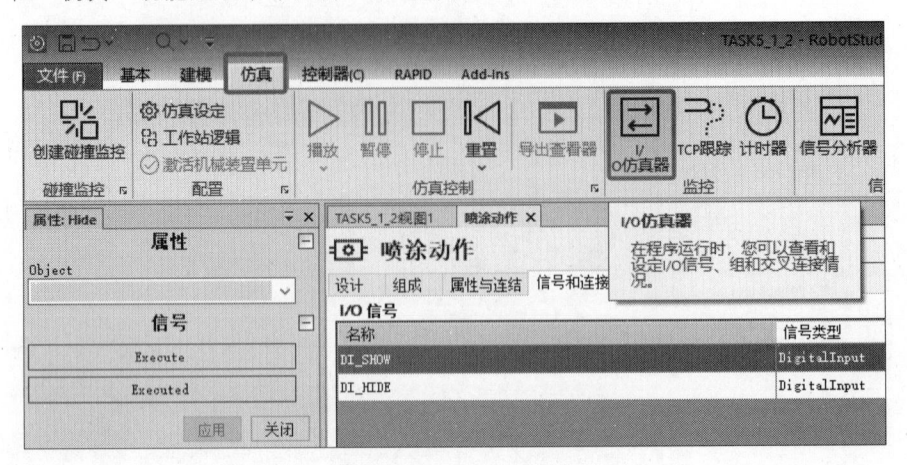

图5.72 选择"I/O仿真器"

用户选择"I/O仿真器"后，将打开"工作站信号"对话框，如图5.73所示。

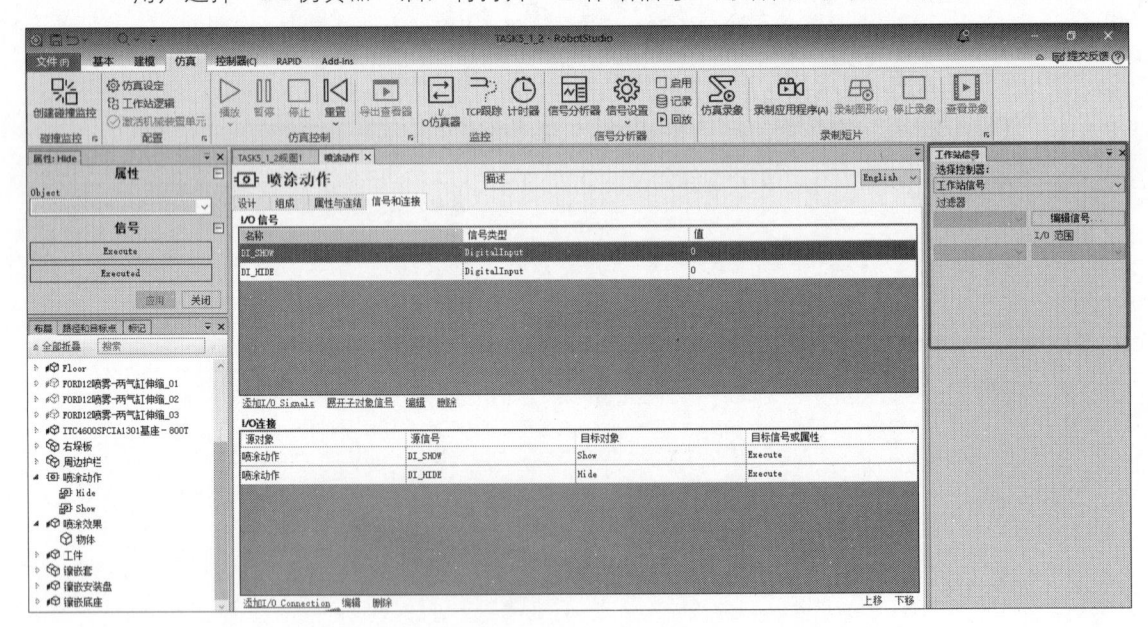

图5.73 打开"工作站信号"对话框

步骤02 在"选择控制器"中选择"喷涂动作"，如图5.74所示。

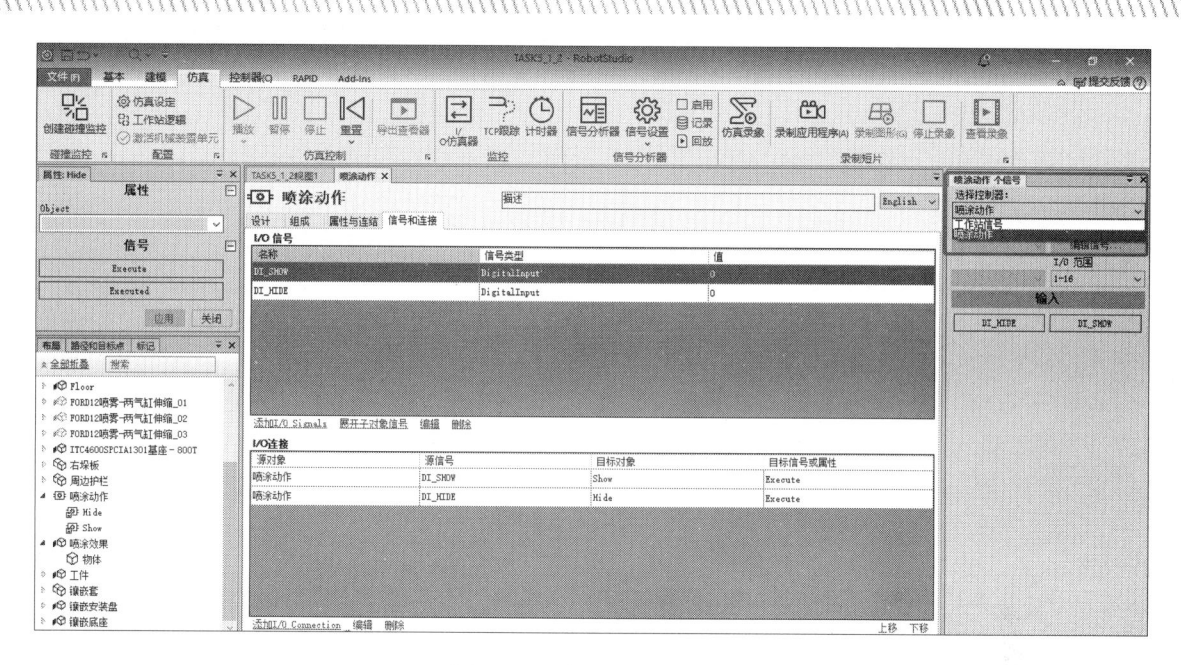

第 5 章　Smart 组件在机床上下料工作站中的应用

图5.74　选择"喷涂动作"

步骤 03 检查"仿真"功能选项卡中"播放"按钮是否呈灰色，如果是，则需要安装控制器，如图5.75所示。

备注：如果"播放"按钮可用，则直接跳转到 **步骤 05** 即可。

步骤 04 单击"基本"选项卡，选择"从布局..."安装控制器，如图5.76所示。在"从布局创建控制器"对话框中直接单击"下一个"按钮到最后一步，单击"完成"按钮等待控制器安装完成，如图5.77所示。

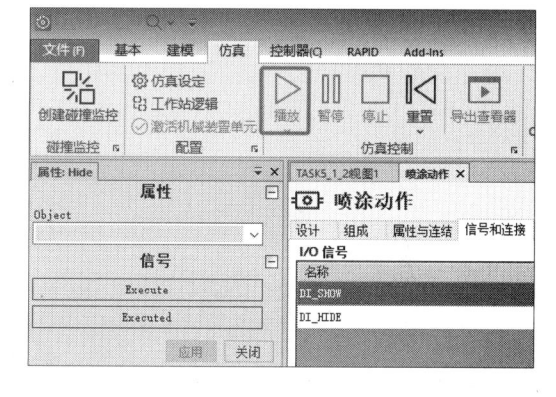

图5.75　检查"播放"功能是否可用

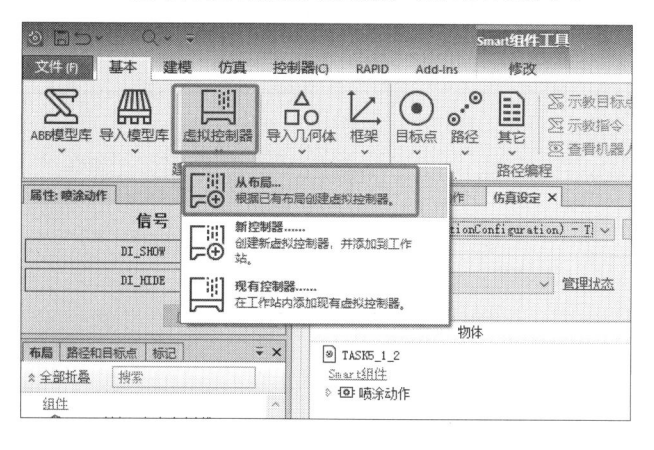

图 5.76　选择"从布局..."安装控制器

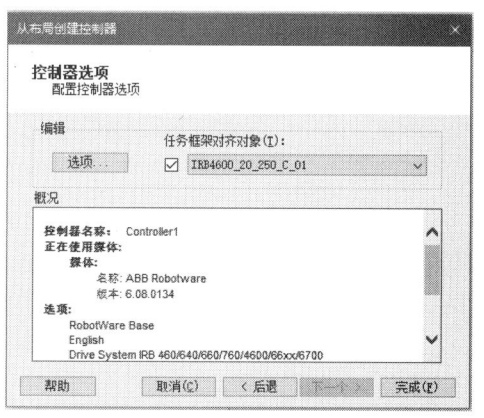

图 5.77　安装控制器

203

步骤 05 返回视图区，选择"仿真"功能选项卡中的"播放"按钮进行仿真，并在对话框中单击DI_HIDE按钮隐藏喷涂效果，如图5.78和图5.79所示。

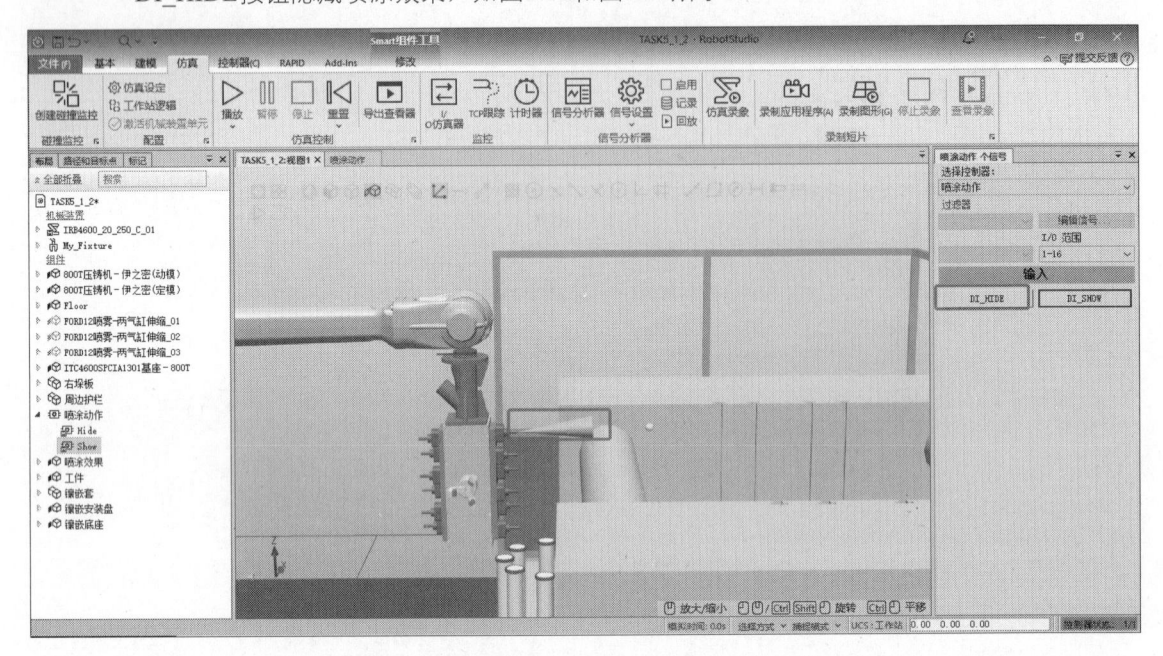

图5.78 播放仿真喷涂效果

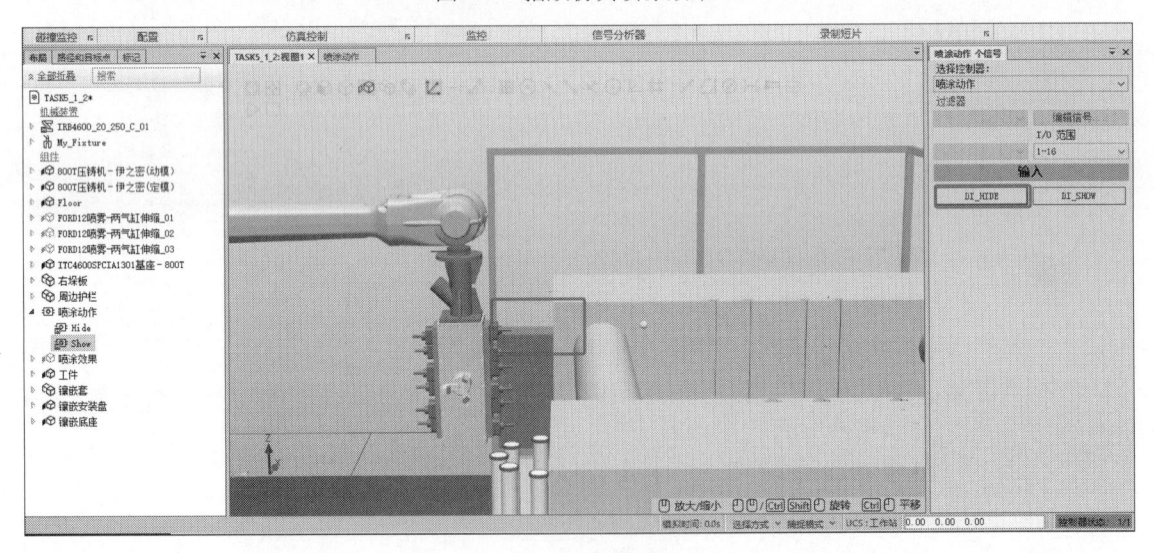

图5.79 隐藏喷涂效果

步骤 06 单击DI_SHOW按钮显示喷涂效果，如图5.80所示。

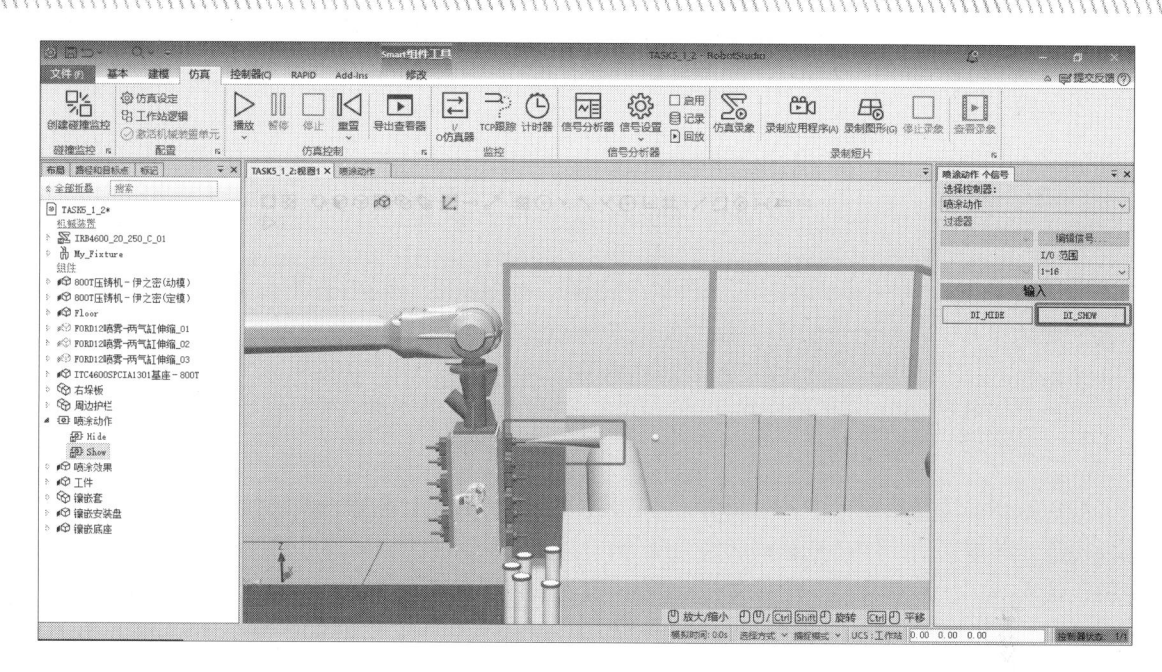

图5.80　显示喷涂效果

5.2.4　练习

（1）解压工作站包资源TASK5-2，导出"FORD12喷雾-两气缸伸缩_01""FORD12喷雾-两气缸伸缩_02""FORD12喷雾-两气缸伸缩_03"，如图5.81所示。

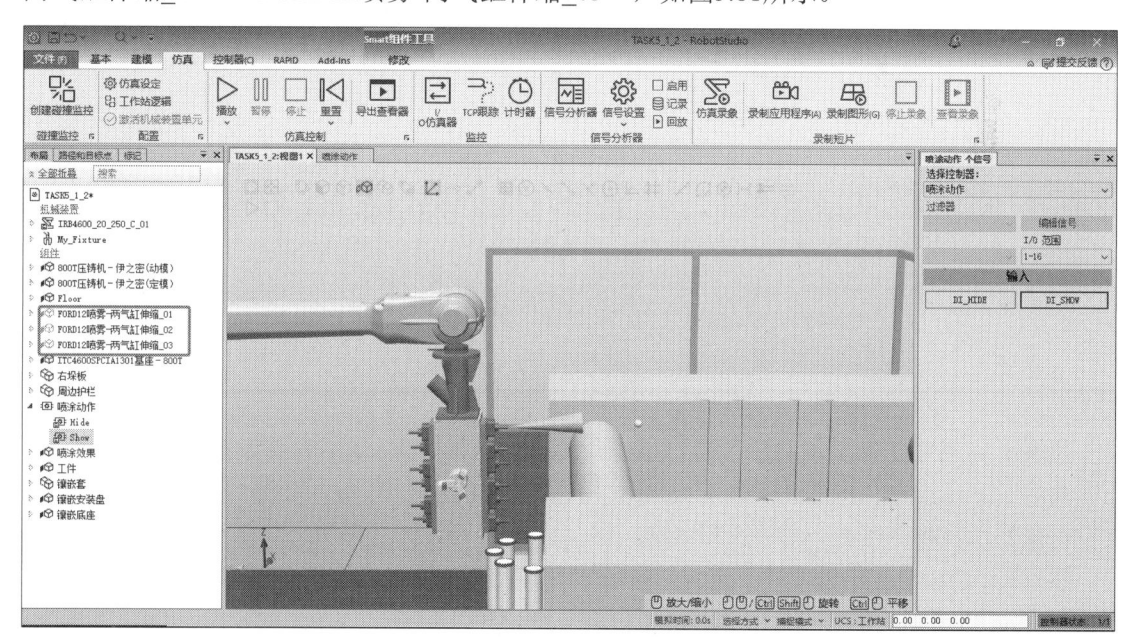

图5.81　工作站包资源解压

（2）将"FORD12喷雾-两气缸伸缩"创建成工业机器人所使用的工具。
（3）将创建好的喷涂夹具安装到IRB2600机器人上。

（4）通过Smart组件设置，要求喷涂夹具张开后立即实现喷涂动作，喷涂动作完成后，立即关闭喷涂夹具。

5.3　输送线动作设置

输送线是工业生产场景中常见的自动化设备，在RobotStudio仿真平台中也提供了多种关于输送线的操作。本节的机床上下料工作站示例中会使用输送线来输送物料，因此，本节将主要介绍RobotStudio仿真平台输送线动作设置的相关操作方法。

5.3.1　设定输送线产品

在RobotStudio仿真平台中，Smart组件输送链动态仿真效果包括输送线前段自动生成产品、产品随输送线向前运动、产品到达输送线末端停止运动、产品被队列剔除后输送线前段再次生成产品等，依次循环。本小节将介绍如何使用Smart组件来设定输送线上的产品及其属性。

请用户按照前面解包工作站资源的操作步骤，将本小节的工作站包资源文件TASK5-3进行解压后，启动并恢复控制器打开工作站，如图5.82所示。

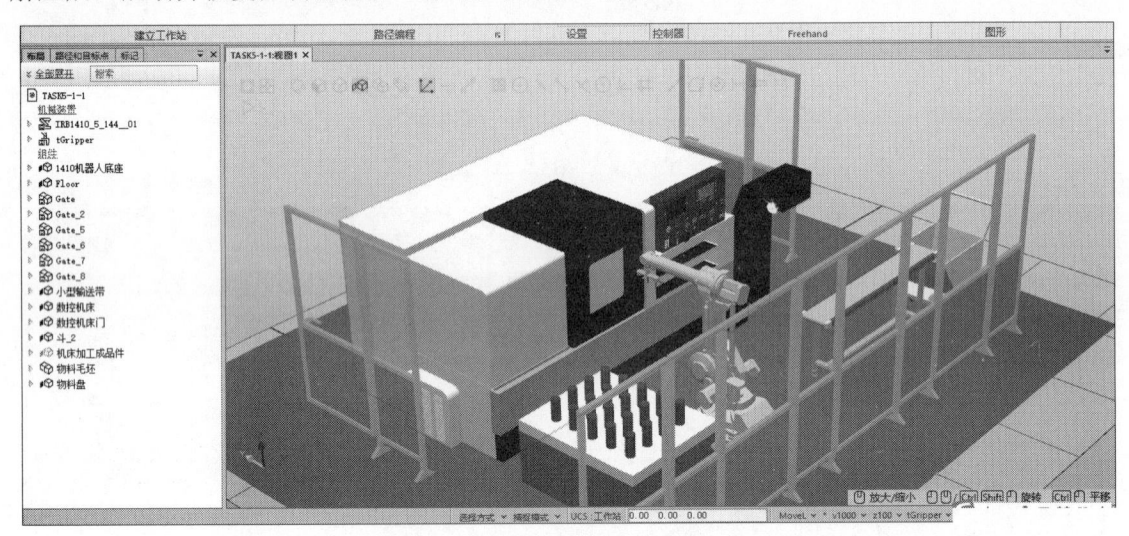

图5.82　TASK5-3解压后的工作站

待解压完成并打开工作站后，用户可以在工作站中添加Smart组件并设置其属性。首先，在"布局"管理器中右击"机床加工成品件"，在弹出的快捷菜单中勾选"可见"选项，将该组件对象显示在视图区内，如图5.83所示。

然后在"建模"功能选项卡中选择"Smart组件"，创建后将该组件命名为"输送链动作"，如图5.84所示。

接下来，为新创建的Smart组件"输送链动作"添加Source源组件，在"组成"选项卡页面依次单击"添加组件"→"动作"→Source，如图5.85所示。

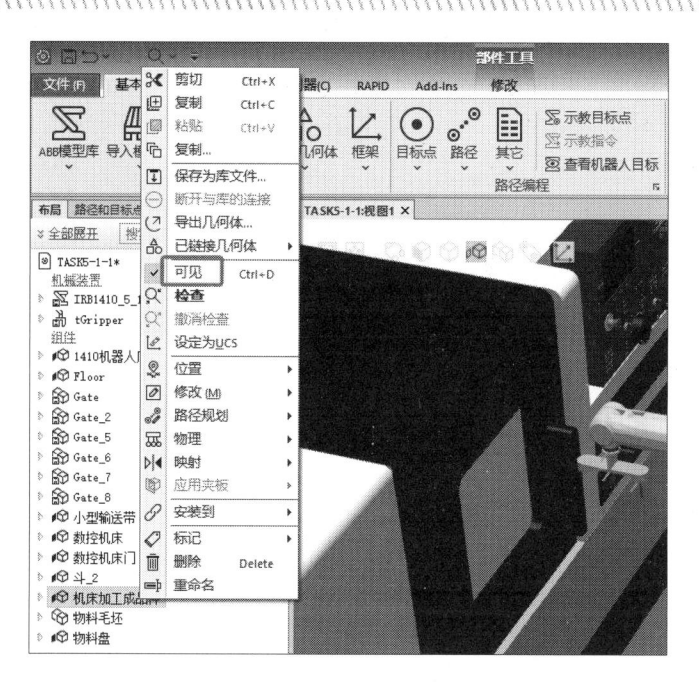

图5.83 "机床加工成品件"组件对象显示在视图区

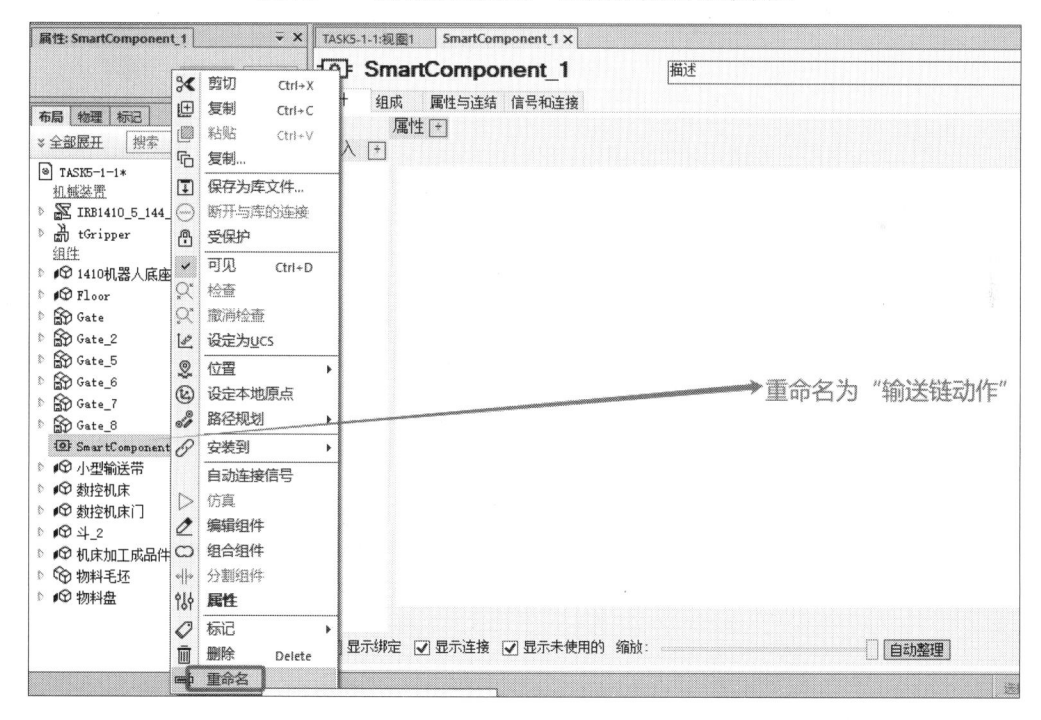

图5.84 将Smart组件重命名为"输送链动作"

添加源组件后,将弹出"属性:Source"对话框,如图5.86所示。

在图5.86所示的"属性:Source"对话框中,各选项的功能含义如表5.4所示。

用户在"属性:Source"对话框中,将需要复制的对象Source选择为"机床加工成品件","信号"选择Execute,如图5.87所示。

207

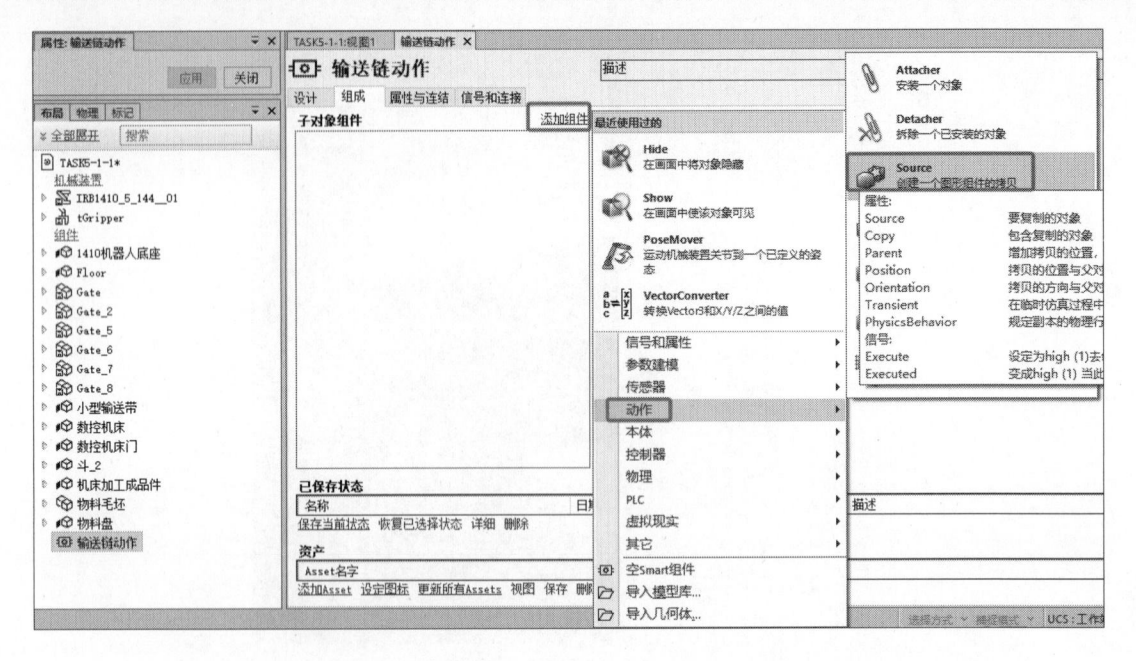

图5.85　添加Source源组件

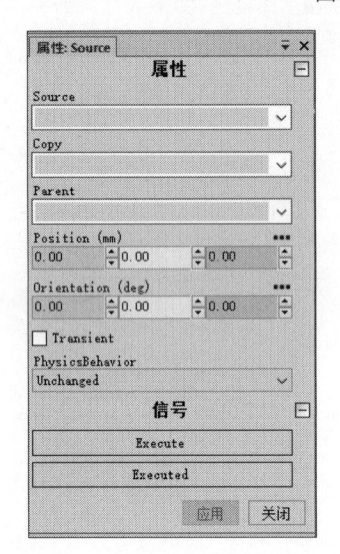

图 5.86　"属性：Source"对话框

图 5.87　信号选择 Execute

表5.4　"属性：Source"对话框选项含义及功能

属　　性	含义及功能
Source	指定要复制的对象
Copy	指定复制
Parent	指定要复制的父对象。如果未指定，则复制与源对象相同的父对象
Position	指定复制相对于其父对象的位置
Orientation	指定复制相对于其父对象的方向
Transient	如果在仿真时创建了副本，将其标识为瞬时的，这样的副本不会被添加到撤销队列中，且在仿真停止时自动被删除。这样可以避免在仿真过程中过分消耗内存

(续表)

属　性	含义及功能
Execute	设该信号为Ture创建对象的副本
Executed	当完成时发出脉冲

设置完成后，单击"应用"按钮完成Source源组件的属性设置。Execute信号每被触发一次，就会自动生成一个产品源的复制品。

5.3.2　设定输送带限位传感器

输送带限位传感器主要用于检测输送带在运行过程中物料或输送带自身位置是否达到预定的极限位置。其目的是防止物料溢出输送带，避免发生输送带过度运行导致脱轨、损坏等情况。在输送带末端设定对应的限位传感器，其具体操作步骤如下。

步骤01 在"布局"管理器中，右击"输送链动作"，在弹出的快捷菜单中选择"编辑组件"，右侧视图区中将打开"输送链动作"页面，如图5.88和图5.89所示。

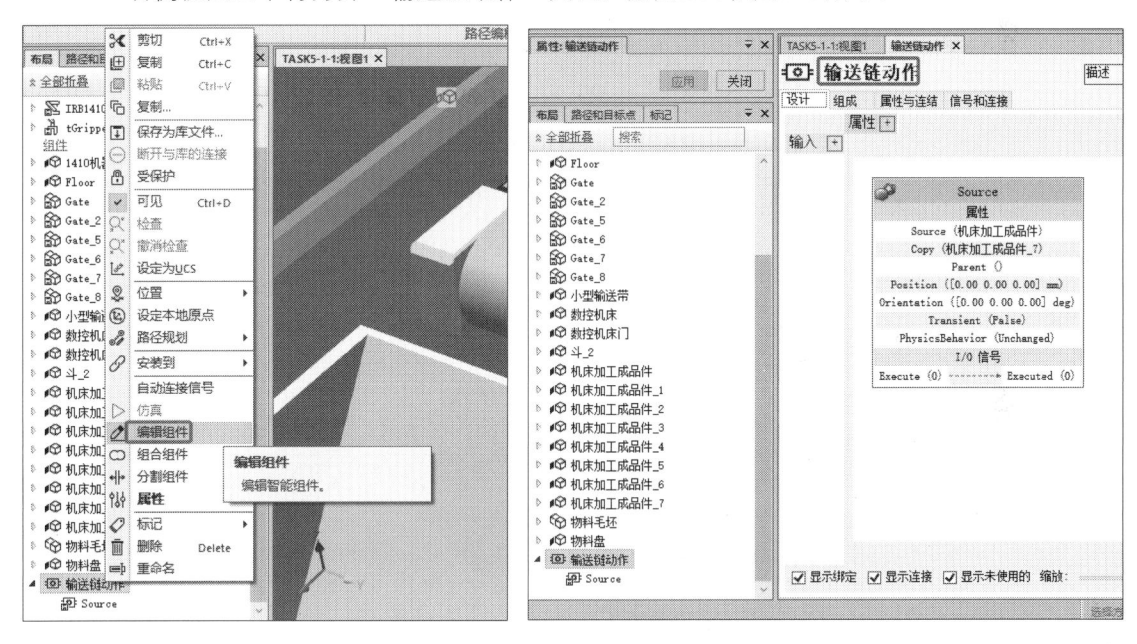

图5.88　打开"编辑组件"功能　　　　图5.89　打开"输送链动作"页面

步骤02 在"组成"属性页面中单击"添加组件"后，依次选择"传感器"→PlaneSensor，用于检测被监测对象与平面的交互情况，如图5.90所示。

步骤03 返回视图区，在"建模"选项卡的"测量"功能中选择"点到点"测量，并选择捕捉模式为"捕捉边缘"，然后在视图区内测量输送线的宽度为236mm，如图5.91和图5.92所示。

步骤04 打开"属性：PlaneSensor"对话框，如图5.93所示。

备注：用户也可以在"布局"管理器中右击PlaneSensor打开其属性对话框。

图5.90　新建检测传感器

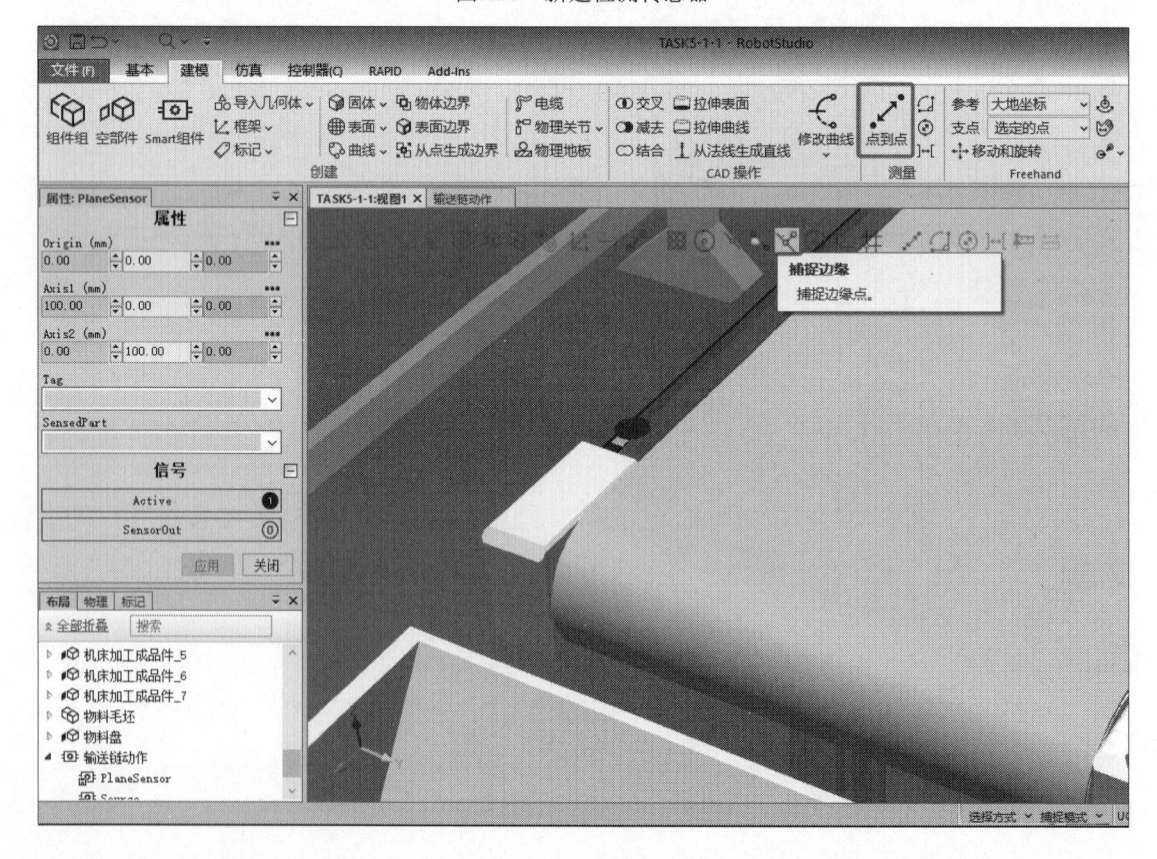

图5.91　选择测量宽度

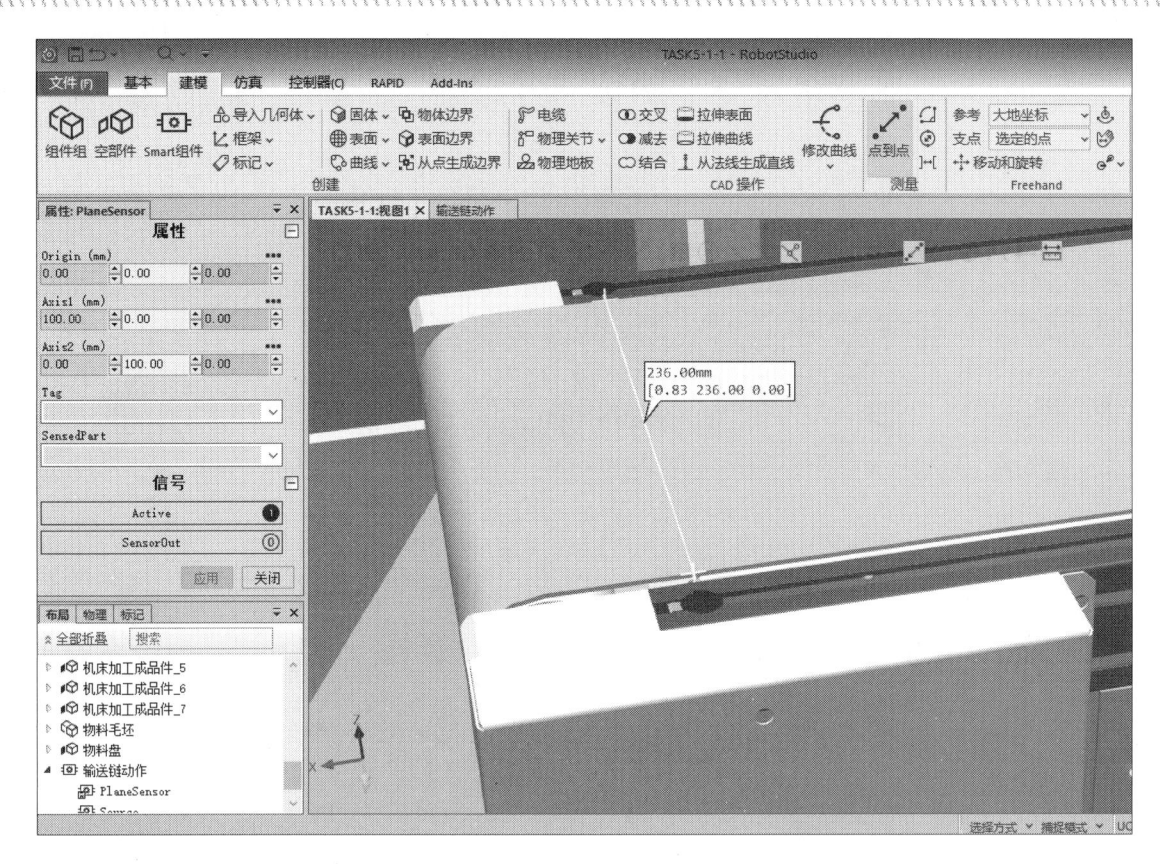

图5.92　测量输送线的宽度

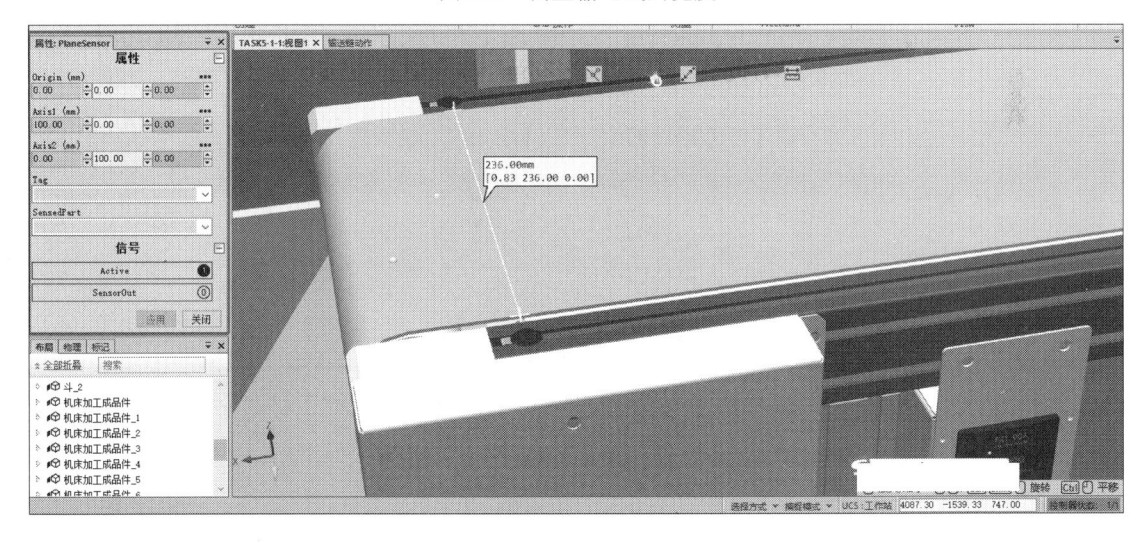

图5.93　"属性：PlaneSensor"对话框

步骤 05　创建监测平面，在"属性：PlaneSensor"对话框中，设置A点位置作为原始平面坐标Origin的第一点，然后在平面1坐标Axis1中的Y轴坐标处输入测量的输送带宽度236mm，再在平面2坐标Axis2中的Z轴坐标处输入100mm，最后单击"应用"按钮完成属性设置，如图5.94~图5.96所示。

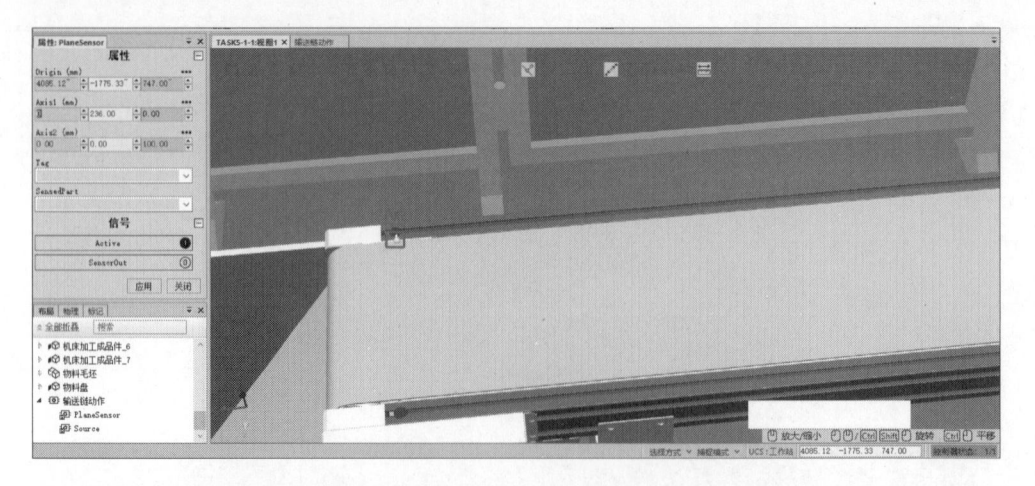

图5.94 选择第一点"A点"

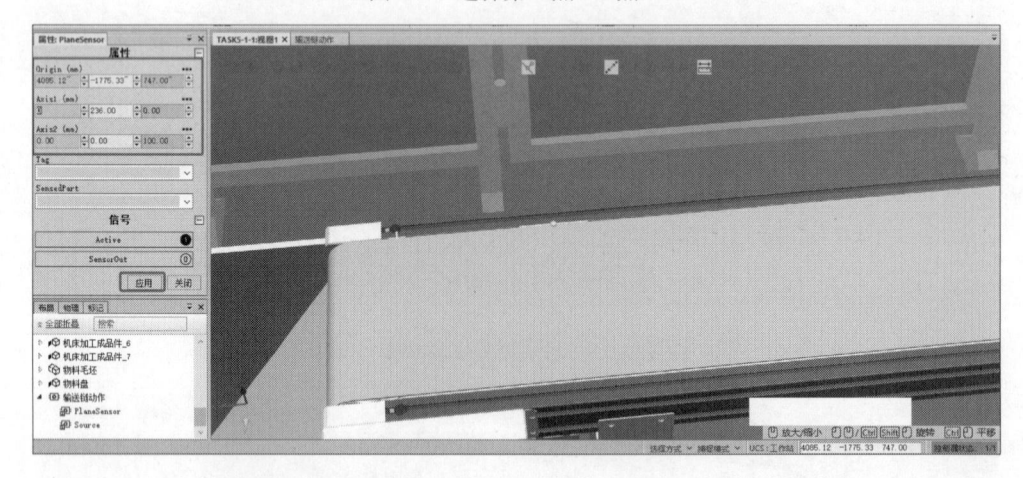

图5.95 输入传送带的宽度236mm和监测平面的高度100mm

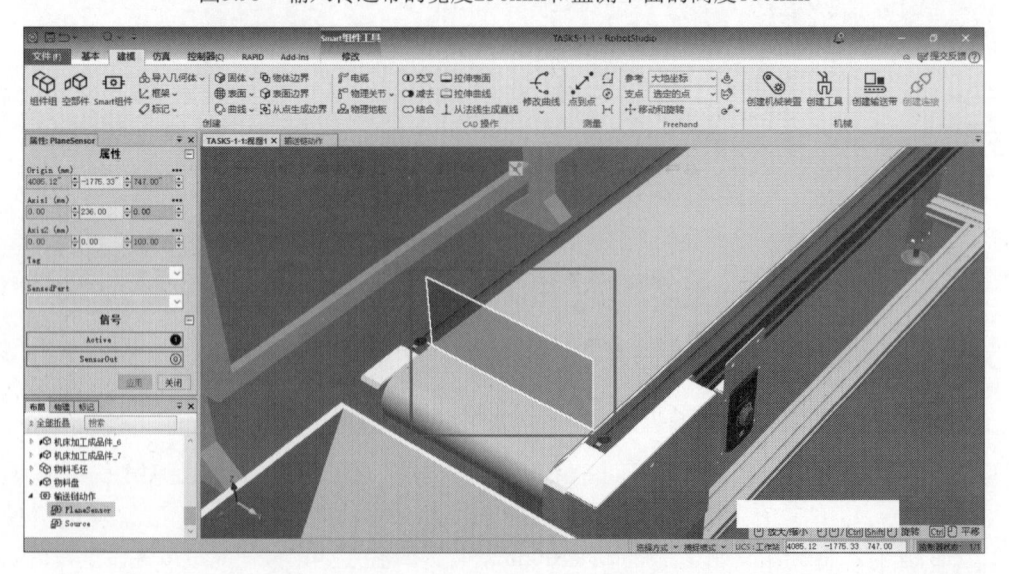

图5.96 创建完成的监测平面

备注：Axis1坐标含义为从A点沿着Y轴方向创建236mm长度的坐标点，Axis2坐标含义为沿着Z轴方向创建高度为100mm的坐标点。

步骤 06 在"布局"管理器中，右击"小型传送带"组件对象，在弹出的快捷菜单中选择"修改"，然后取消勾选"可由传感器检测"选项，此时该组件对象就不能被传感器检测，从而提高传感器的检测效率，如图5.97所示。

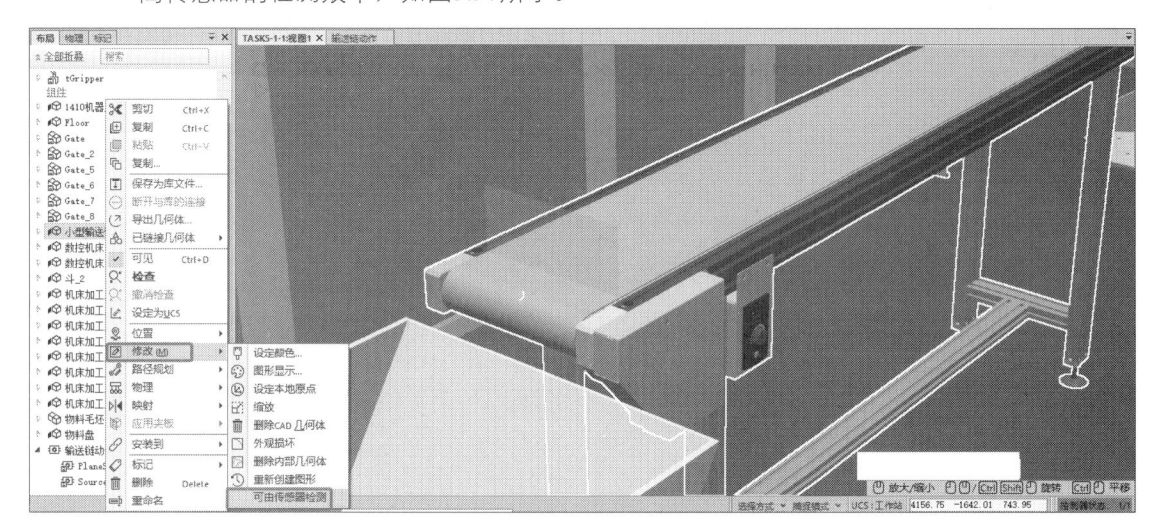

图5.97　取消传送带被传感器检测到

用户完成设置后，平面传感器已安装到输送线上，如 **步骤05** 所示。由于虚拟传感器一次只能检测一个物体，因此需要确保所创建的传感器不会与周边设备接触，否则将无法检测到运动至输送链末端的产品。因此，用户在创建传感器时应避开周边设备，并在可能与该传感器接触的周边设备属性设置中，取消勾选"可由传感器检测"功能，如 **步骤06** 所示。

备注：在创建监测交互平面时，用户需要特别注意第一点选取的坐标位置及坐标轴方向，根据选取的坐标点来判断和选择Axis1和Axis2的坐标点。

5.3.3　设定物体的直线运动

输送线输送产品是直线运动。用户需要在工作站中设置输送产品的相关参数，包括产品、方向及速度等。本小节将主要介绍如何添加组件来实现产品的直线运动。在RobotStudio 2024中，用于实现直线运动的组件LinearMover主要用于设置对象沿一条直线运动，该组件的各属性如图5.98所示。

如图5.98所示，LinearMover组件的各属性参数含义及功能如表5.5所示。

图5.98　LinearMover组件属性设置对话框

表5.5 LinearMover组件属性参数

属　　性	含义及功能
Object	指定要移动的对象
Direction	指定要移动对象的方向
Speed	指定移动速度
Reference	指定参考坐标系，可以是Global、Local或Object
ReferenceObject	如果将Reference设置为Object，则指定参考对象
Execute	将该信号设为True开始移动对象，设为False时停止

接下来，用户需要在工作站中添加LinearMover组件对象，具体操作步骤如下。

步骤01　在"布局"管理器中，右击"输送链动作"，在弹出的快捷菜单中选择"编辑组件"，可以打开"输送链动作"组件页面，如图5.99所示。

图5.99　打开"输送链动作"组件页面

步骤02　在"输送链动作"组件页面中，依次单击"组成"→"添加组件"→"本体"→LinearMover，将组件LineMover_2添加至Smart组件列表中，如图5.100和图5.101所示。

步骤03　在LinearMover_2属性对话框中，设置需要输送的物件为"机床加工成品件"，并设置方向及速度等参数，如图5.102所示。

设置完成后，单击Execute按钮触发信号1，然后单击"应用"按钮完成设置。

图5.100　添加组件LinearMover

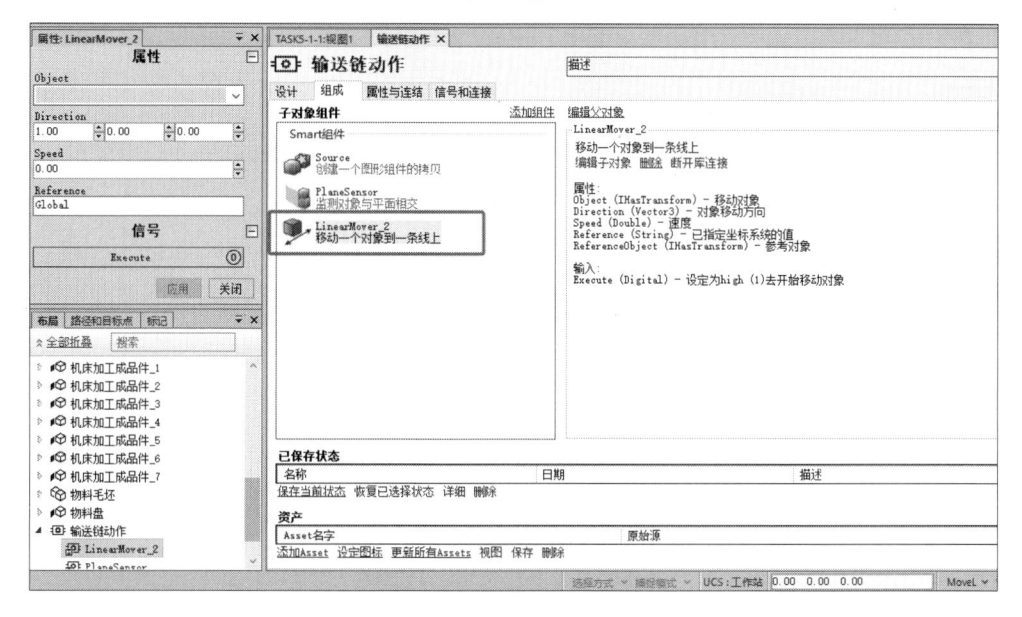

图5.101　添加组件LinearMover_2

备注：如图5.102所示，在参数Direction中，第一个编辑框数据1000表示输送链运动方向为X轴正方向，如图5.103所示。

图5.102　设置LinearMover_2属性

215

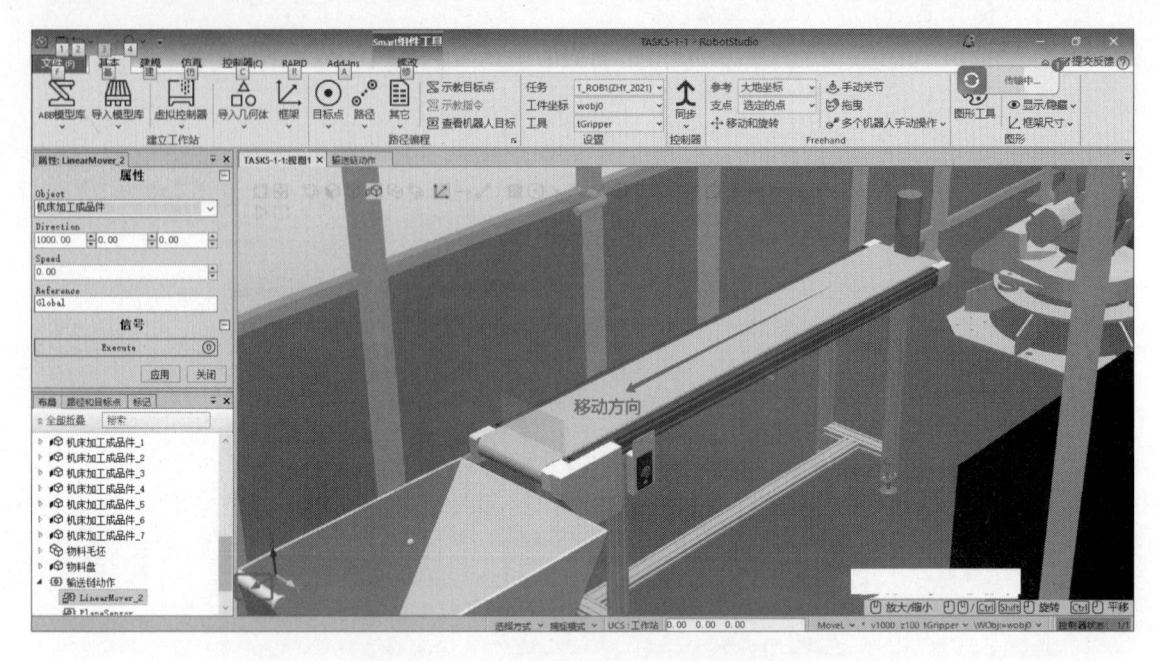

图5.103 输送链运动方向为X轴的正方向

通过上述操作步骤，用户已经完成添加LinearMover组件对象，并设置了其属性参数，其输送的对象为"机床加工成品件"，输送速度为300，输送方向为X轴正方向。

5.3.4 设定删除物体动作

当输送对象"机床加工成品件"输送到输送链末端时，应当将其删除，以此循环。在RobotStudio中，实现对象删除的组件对象为Sink，其属性参数如图5.104所示。

图5.104 设置Sink属性

如图5.104所示，在"属性：Sink"对话框中，各属性参数含义及功能如表5.6所示。

表5.6 Sink属性参数含义及功能

属　　性	含义及功能
Object	指定要删除的对象
信　　号	含义及功能
Execute	若设定该信号为high(1)，则移除指定对象
Executed	当移除对象完成后，该信号为high(1)

接下来，在"输送链动作"页面中，添加Sink组件对象并设置其属性参数，具体操作步骤如下。

步骤01 在"输送链动作"组件页面中，依次单击"组成"→"添加组件"→"动作"→Sink，如图5.105所示。

将组件Sink添加至Smart组件列表中，如图5.106所示。

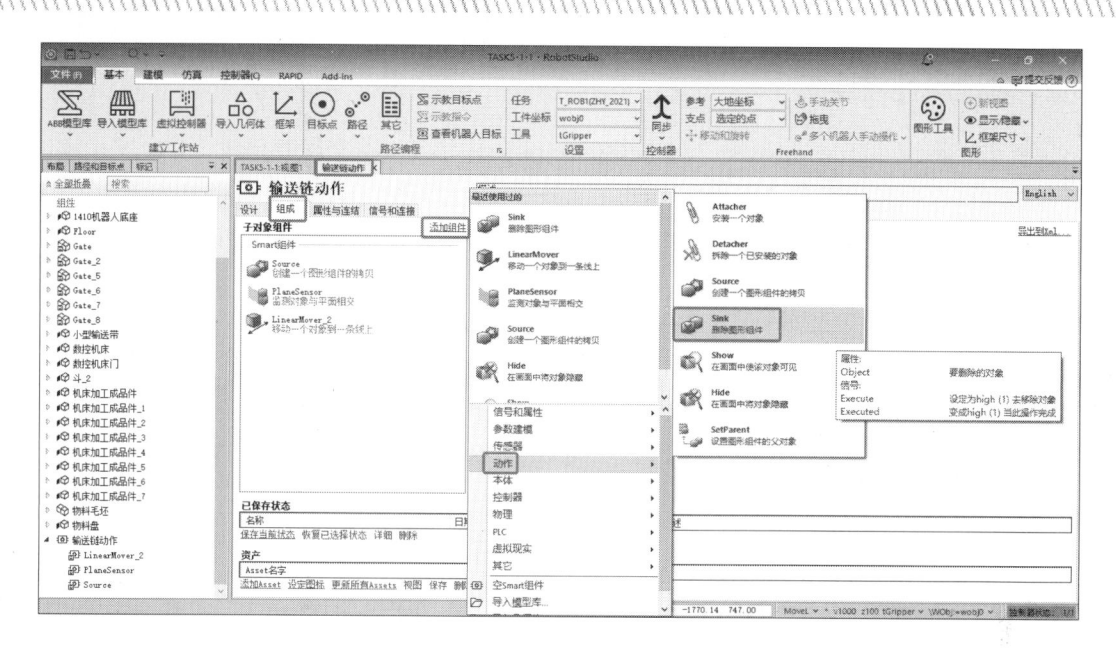

图5.105　选择Smart组件Sink

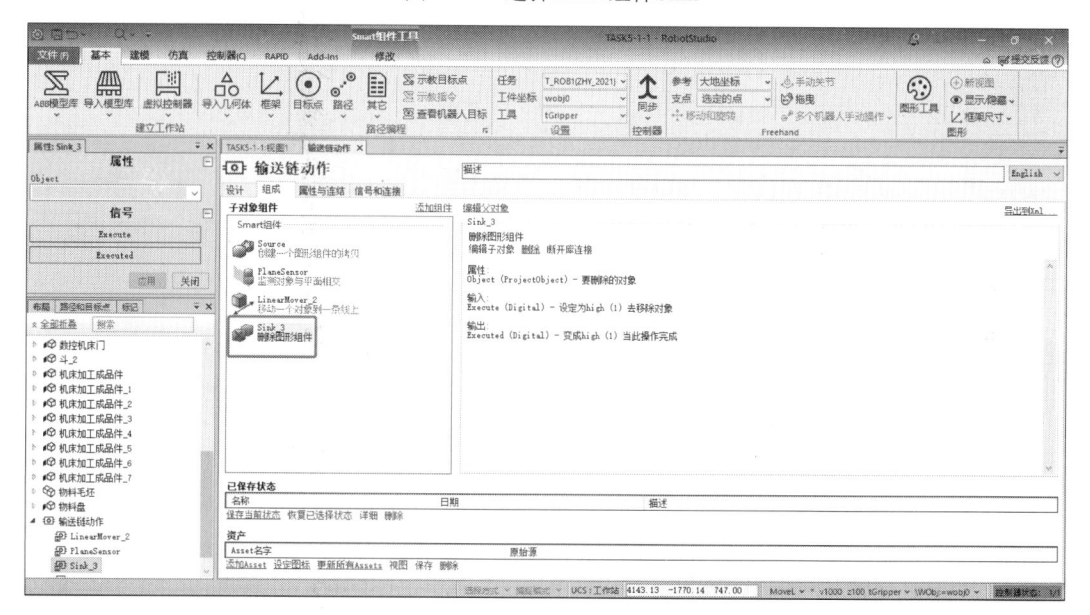

图5.106　将组件Sink_3添加至Smart组件列表

步骤02 设置Sink属性参数Object为"机床加工成品件",作为要删除的对象,信号设置为Execute,表示在该信号为high(1)时移除对象"机床加工成品件",然后单击"应用"按钮完成设置,如图5.107所示。

通过上述步骤,用户将Sink组件的删除对象参数指定为"机床加工成品件",并且在信号Execute为high(1)时删除该指定对象。

图5.107　设置Sink_3属性

217

5.3.5 创建属性与连结

用户已经将组件LinearMover_2、PlaneSensor、Sink_3及Source创建完成,并设置了这些组件对象的属性及信号等参数,如图5.108所示。

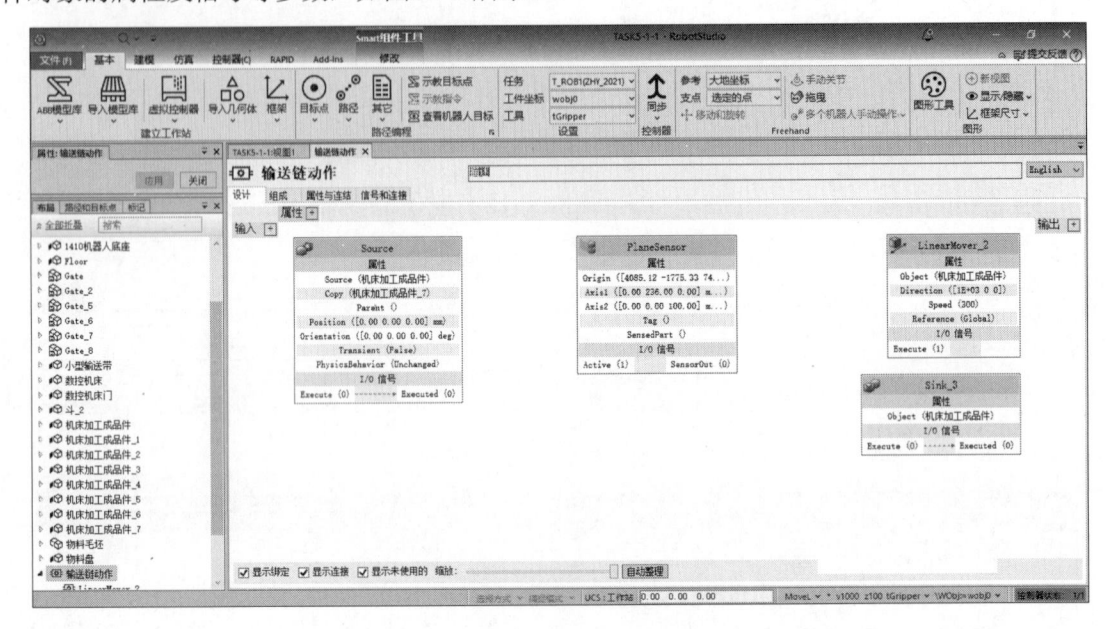

图5.108 Smart组件对象添加及属性参数设置完成

接下来,将添加的Smart组件对象的属性参数进行连结,操作步骤如下。

步骤01 在"输送链动作"页面中,打开"属性与连结"属性页,如图5.109所示。

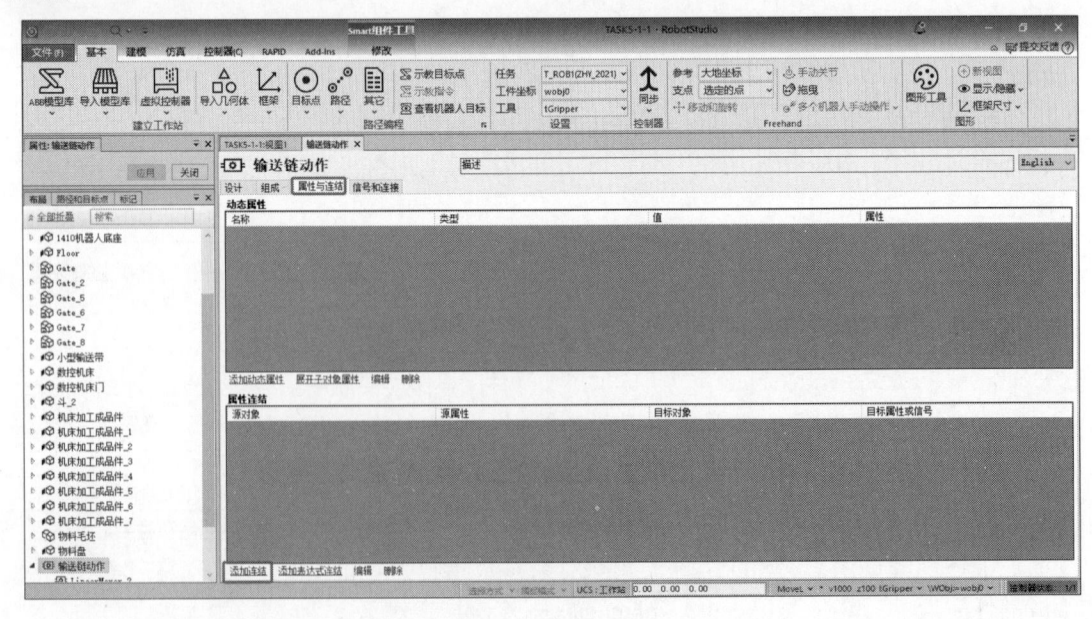

图5.109 打开"属性与连结"属性页

然后单击"添加连结",打开"添加连结"对话框,如图5.110所示。

步骤02 设置源对象为Source、源属性为Copy,表示复制Source对象"机床加工成品件";设置目标对象为LinearMover_2、目标属性或信号为Object,表示将对象"机床加工成品件"进行直线移动,然后单击"确定"按钮完成属性连结,如图5.111所示。

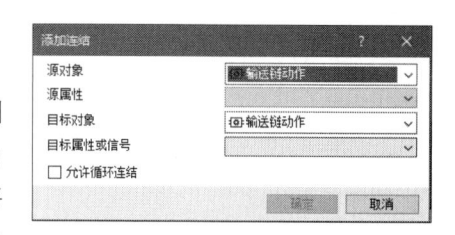

图5.110 "添加连结"对话框

步骤03 再次单击"添加连结"打开"添加连结"对话框,设置源对象为LinearMover_2、源属性为Object、目标对象为Sink_3、目标属性或信号为Object,表示直线移动指定对象后删除指定对象,如图5.112所示。

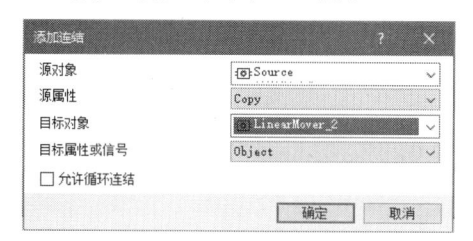

图5.111 设置连结属性1

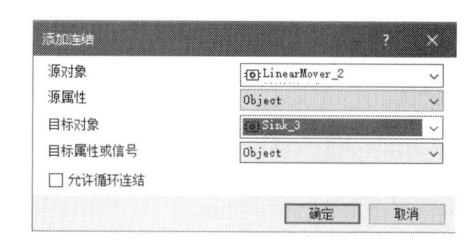

图5.112 设置连结属性2

步骤04 属性连结完成后,页面如图5.113所示。

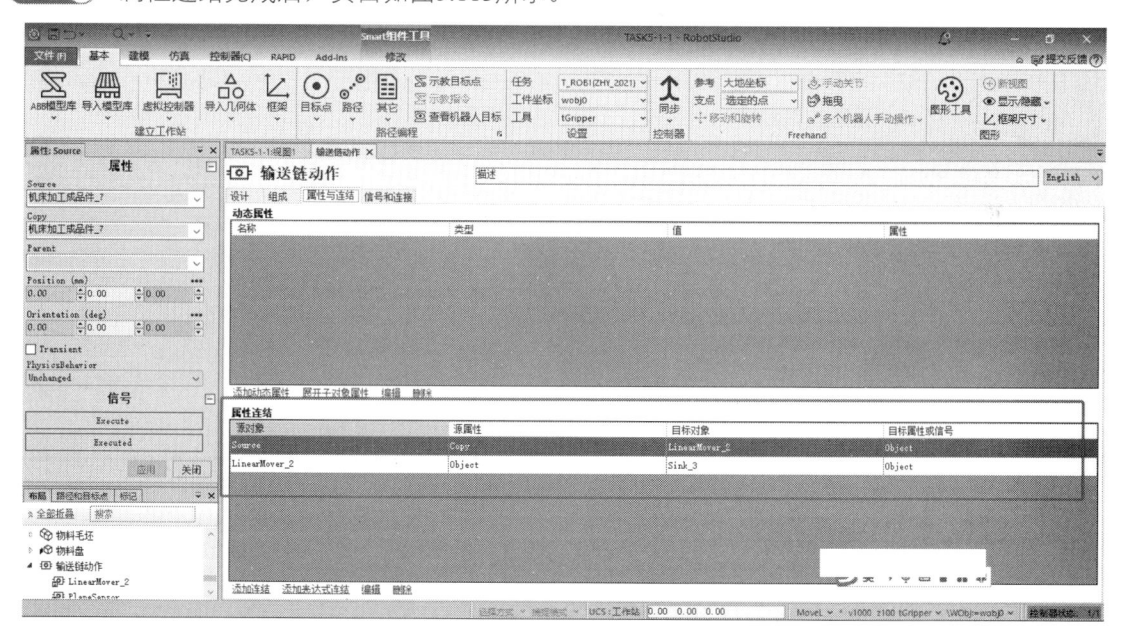

图5.113 设置后的"属性与连结"页面

步骤05 打开"设计"属性页,可以看到各组件对象之间的属性连结情况,如图5.114所示。

备注:属性与连结在机器人编程和仿真中起着至关重要的作用,它们定义了机器人的行为及与其他组件的交互方式。

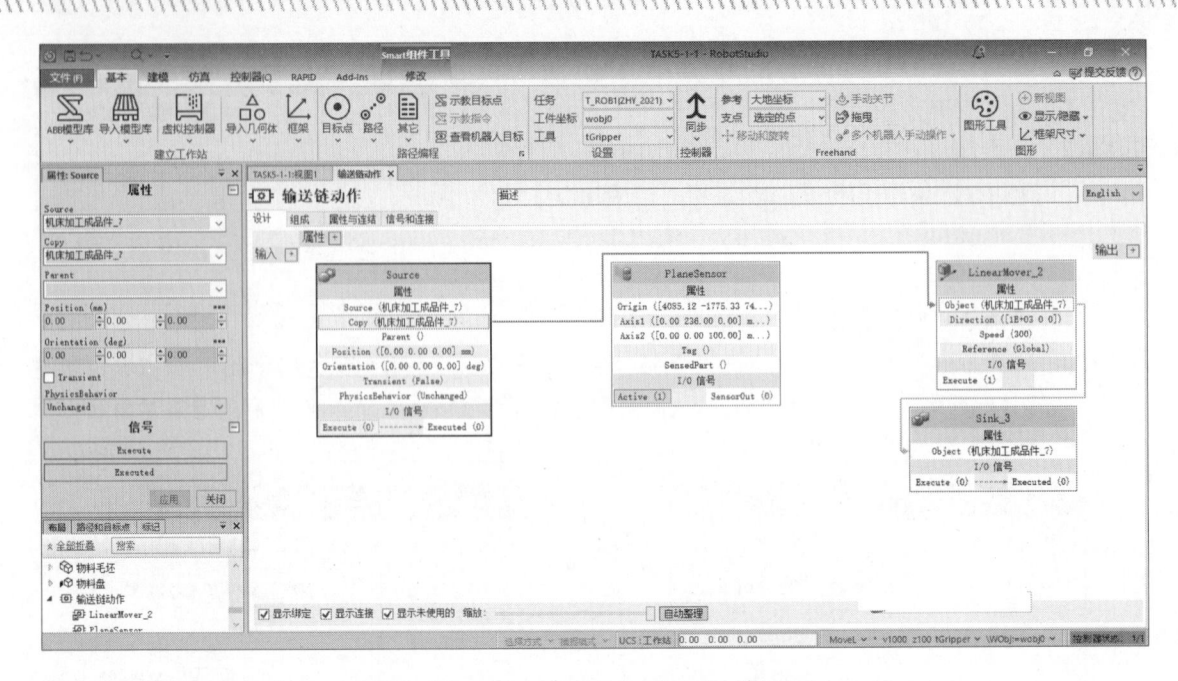

图5.114 "设计"属性页中的属性连结情况

5.3.6 创建输送信号和连接

组件对象的属性连结之后,即可进行信号与连接操作,具体操作步骤如下。

步骤01 打开"输送链动作"管理页面,选择"信号和连接"属性页,单击"添加I/O Signals",打开"添加I/O Signals"对话框,如图5.115所示。

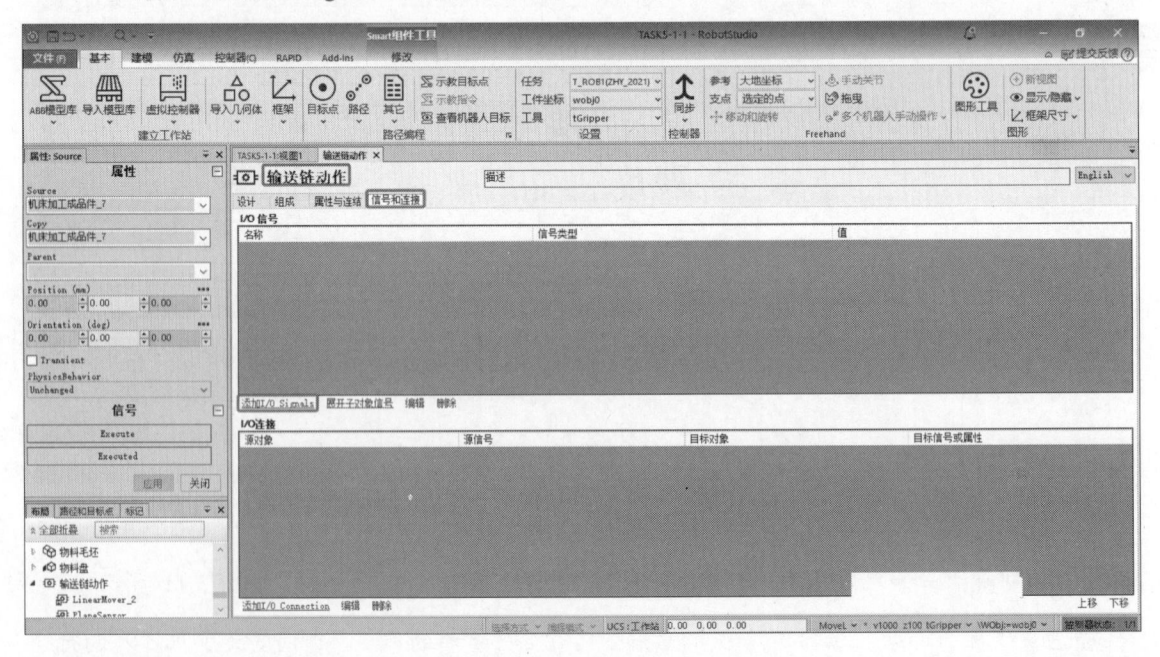

图5.115 打开"添加I/O Signals"对话框

第 5 章 Smart 组件在机床上下料工作站中的应用

步骤 02 添加I/O信号DI_Start，类型选择为DigitalInput表示输入信号，勾选"自动复位"复选框，然后单击"确定"按钮完成I/O信号的添加，如图5.116所示。

步骤 03 在"信号和连接"页面中单击"添加I/O Connection"，如图5.117所示，打开"添加I/O Connection"对话框。

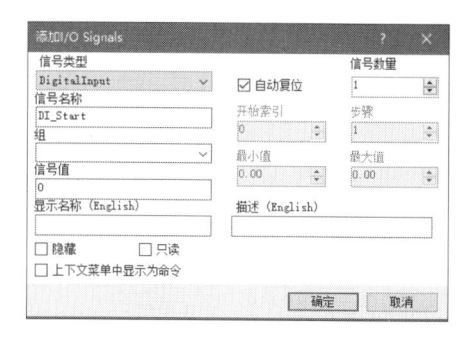

图5.116 设定信号参数

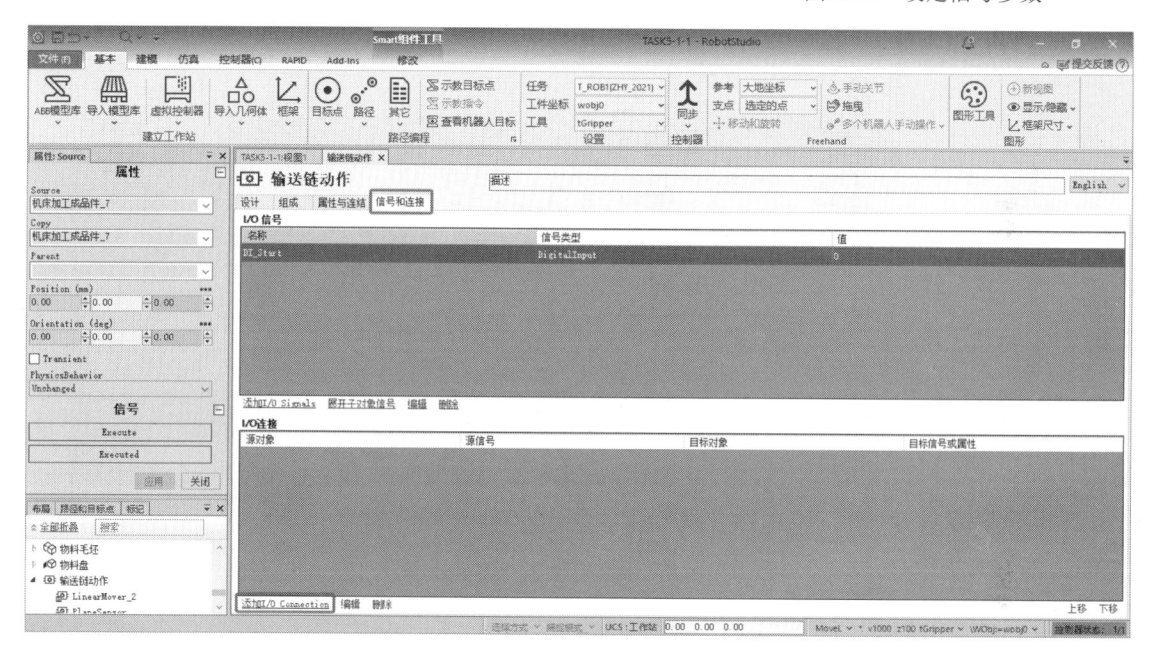

图5.117 打开"添加I/O Connection"对话框

步骤 04 在"添加I/O Connection"对话框中，源对象选择"输送链动作"，源信号选择DI_Start，目标对象选择Source，目标信号或属性选择Execute，单击"确定"按钮完成设置，如图5.118所示。

步骤 05 继续添加I/O连接，设定信号连接参数，如图5.119所示。

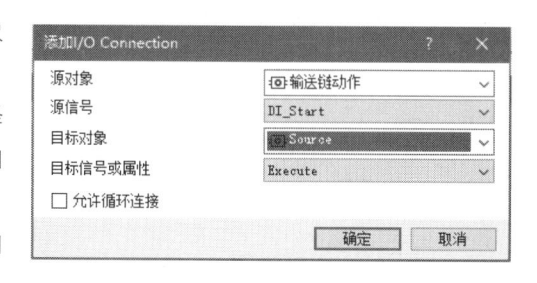

图5.118 设定信号连接参数

备注：源信号SensorOut表示传感器输出。

步骤 06 继续添加I/O连接，如图5.120所示。
步骤 07 "添加I/O Connection"设置完成后，"信号和连接"属性页面如图5.121所示。
步骤 08 在"输送链动作"的"设计"属性页中可以查看各组件对象的连接图，如图5.122所示。

221

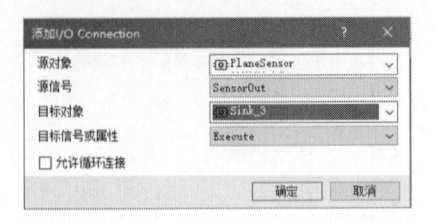

图 5.119　继续设定信号连接参数

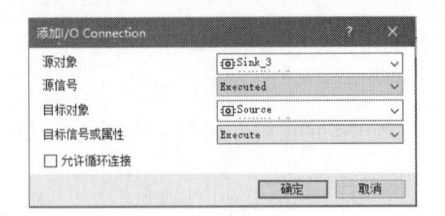

图 5.120　设定对象 Sink_3 信号连接参数

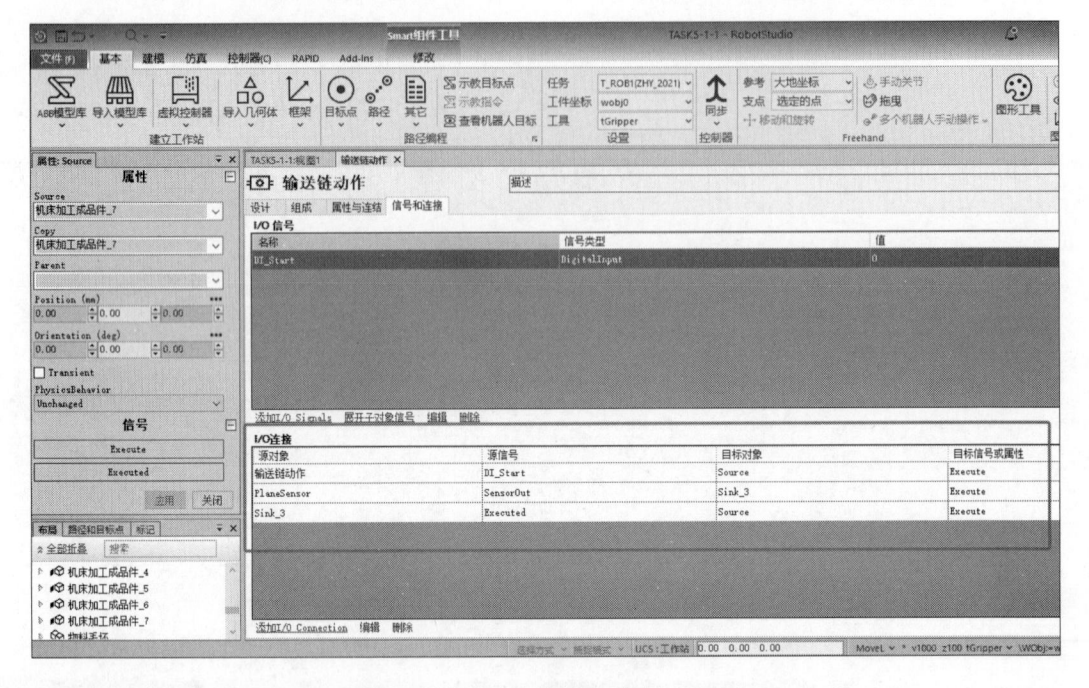

图5.121　"信号和连接"属性页面列表

通过上述操作步骤，用户已经将添加的组件对象进行了I/O信号的连接操作，可以通过"设计"属性页进行总览和检查。

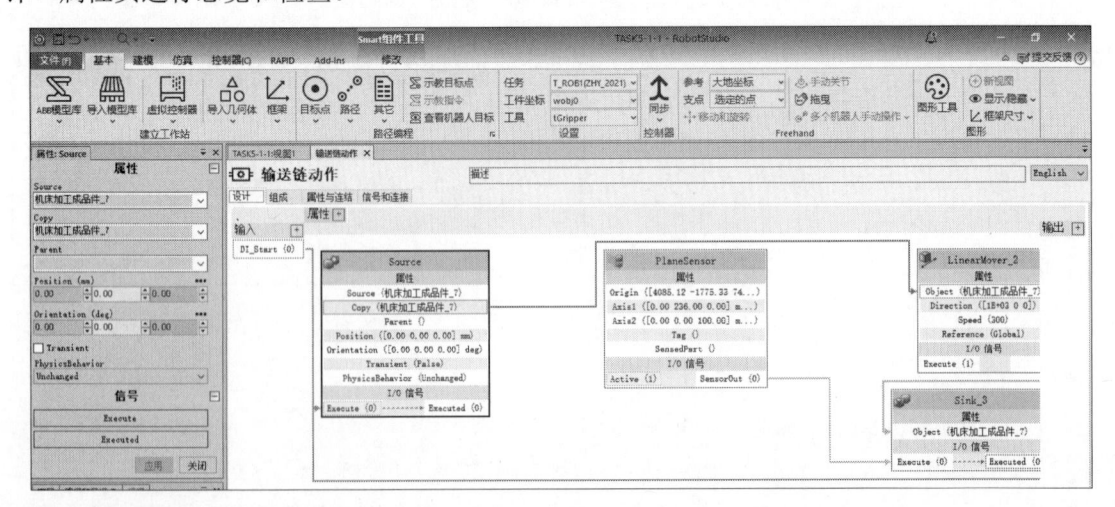

图5.122　"输送链动作"的"设计"属性页连接情况

5.3.7 输送链仿真调试

在本小节中,将对上述添加的输送链组件中的属性连结和I/O信号连接情况进行仿真和调试,具体操作步骤如下。

步骤01 在"仿真"功能选项卡中,单击"仿真设定",如图5.123所示,打开"仿真设定"页面。

步骤02 在"仿真设定"页面中取消勾选控制器后,单击"关闭"按钮,如图5.124所示。

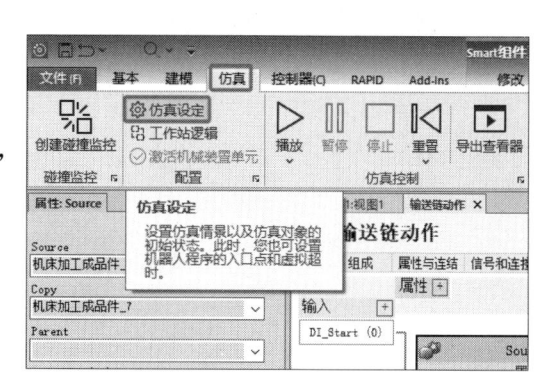

图5.123 打开"仿真设定"页面

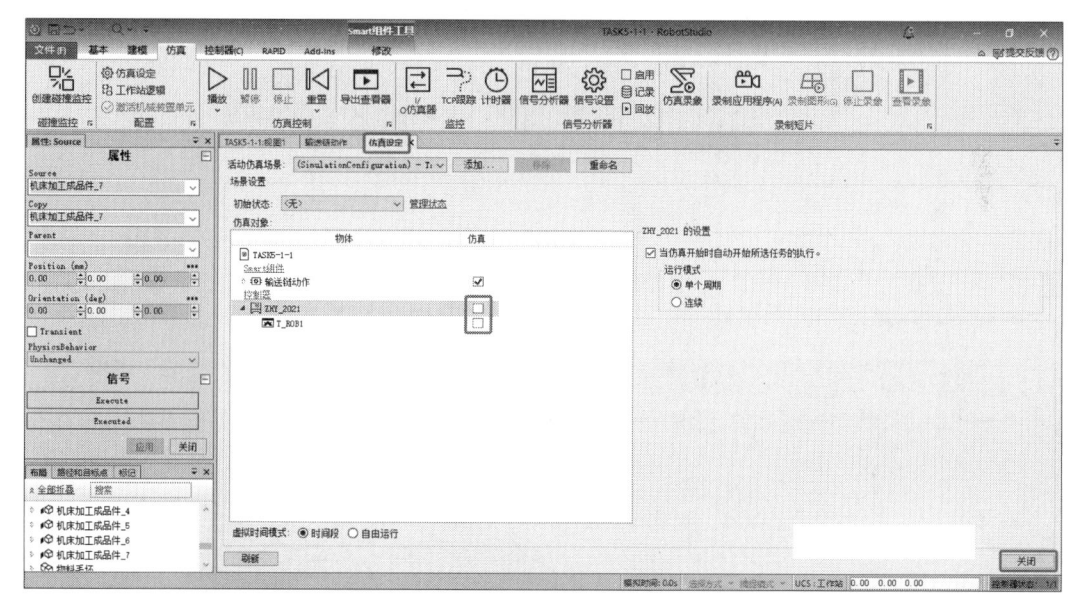

图5.124 取消勾选控制器

步骤03 切换到视图,单击"I/O仿真器",打开"输送链动作 个信号"对话框,选择控制器为"输送链动作",如图5.125和图5.126所示。

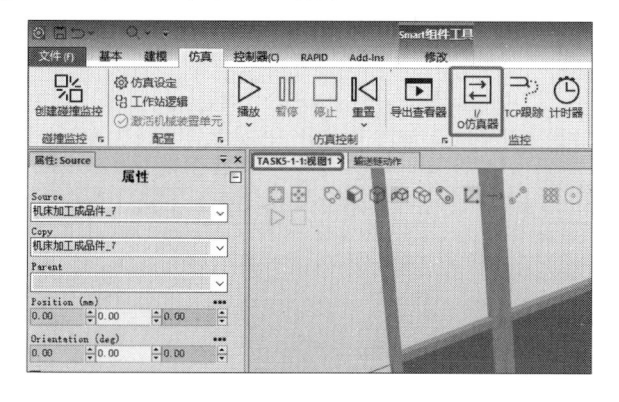

图5.125 "打开I/O仿真器"功能

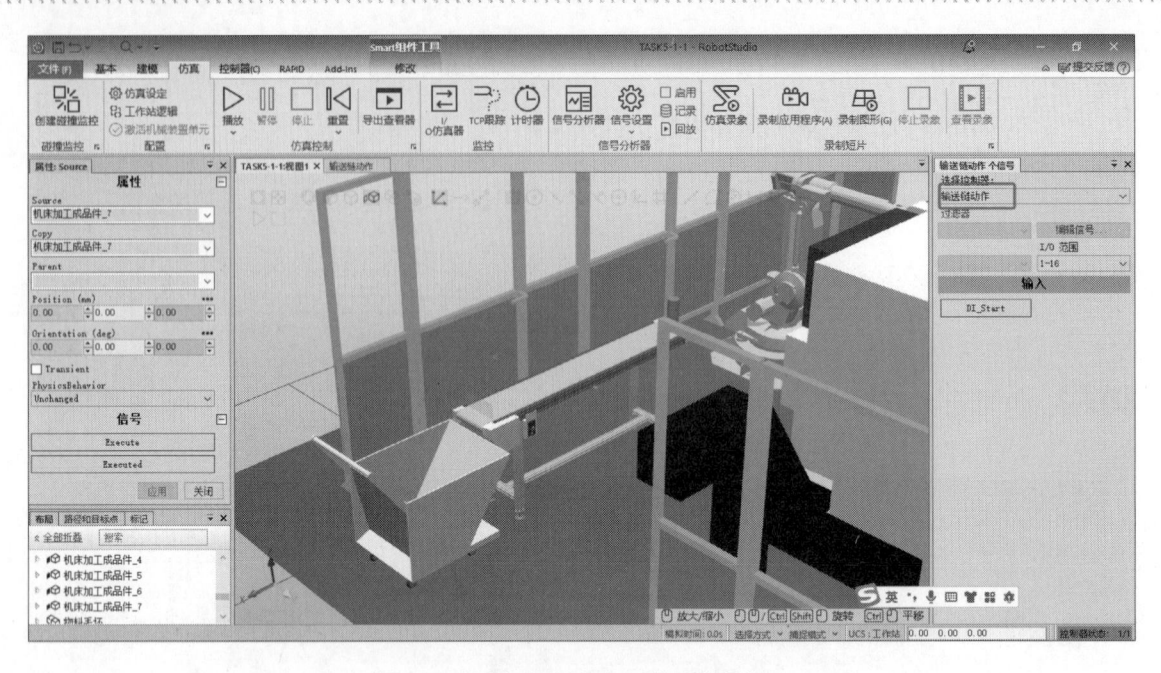

图5.126 选择控制器为"输送链动作"

步骤 04 单击"播放"按钮，再单击DI_Start按钮，即可看到输送链输送机床加工成品件，如图5.127和图5.128所示。

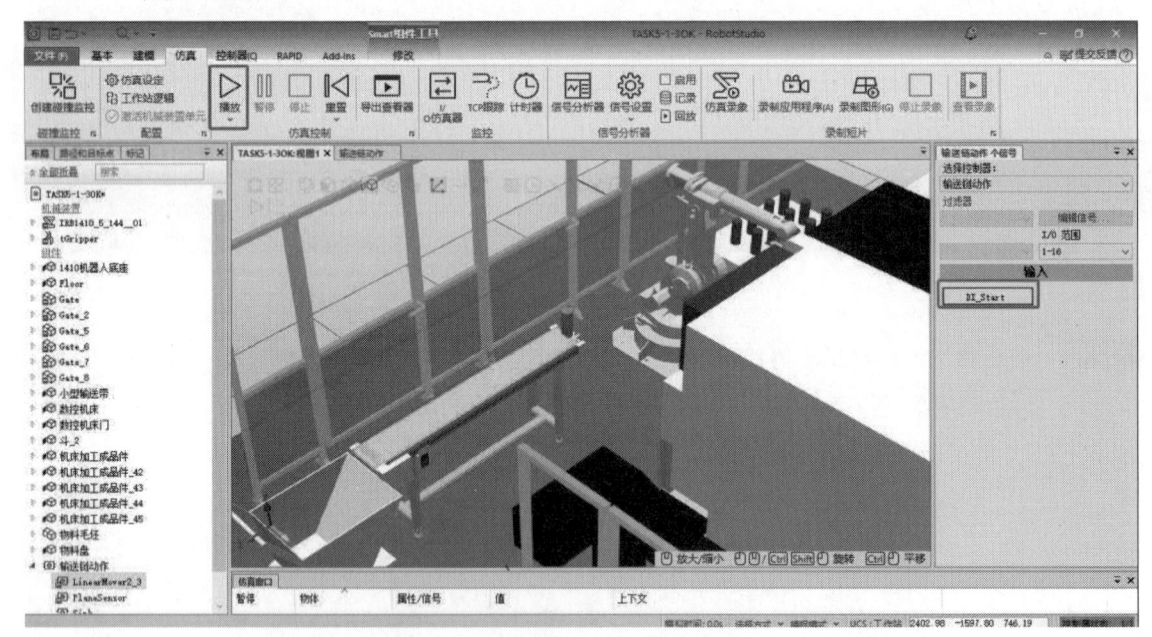

图5.127 选择播放并单击DI_Start信号

步骤 05 在"文件"选项卡中选择"共享"，对工作站进行打包，这样就可以与他人分享工作站包资源，如图5.129所示。

第 5 章 Smart 组件在机床上下料工作站中的应用

图 5.128 播放仿真效果

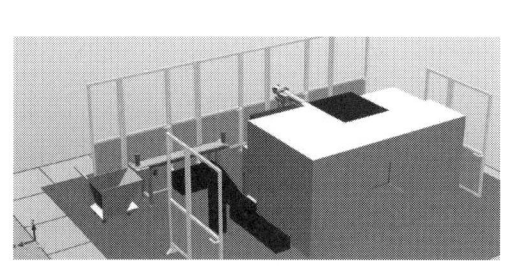

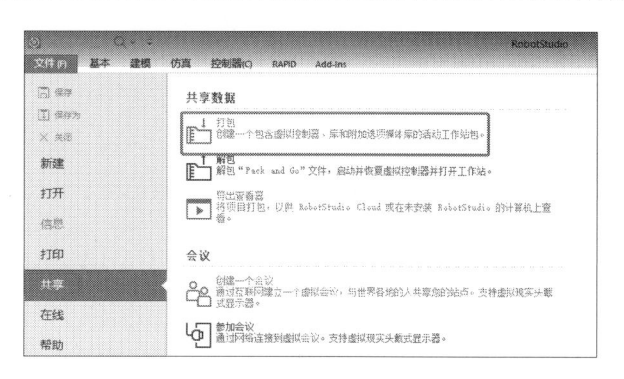

图 5.129 打包工作站功能

5.3.8 练习

（1）在"导入模型库"界面的设备中，导入4台"输送链Guide"进行摆放，如图5.130和图5.131所示。

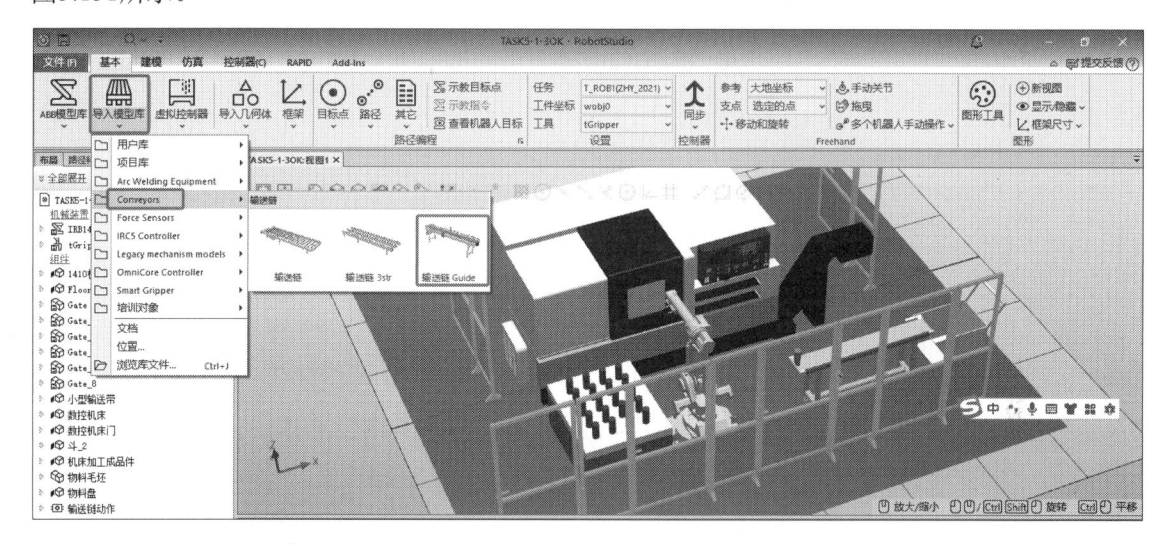

图5.130 导入输送链Guide

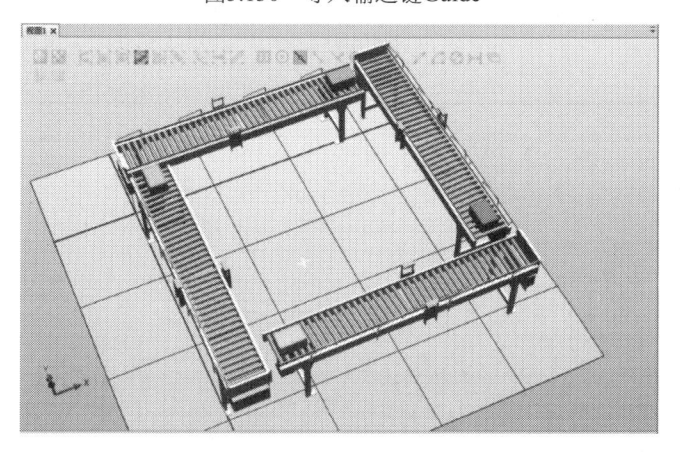

图5.131 摆放输送链Guide

（2）在"建模"界面的"固体"中，创建4个方形模块，分别放置到4条输送链的始端，模块尺寸为：长300mm、宽200mm、高150mm。

（3）通过Smart组件设置，要求4条输送链同时启动运行，在4条输送链末端被传感器检测到后进行Sink动作。

5.4 拾取动作设置

工业机器人末端操作器是一种用于抓取和握紧专用工具进行操作的部件。在RobotStudio软件中，为了达到动画效果，可通过Smart组件来进行设置。本节将通过工业机器人数控机床上下料案例，使用专用的末端操作器来进行工件的拾取和释放。基于此末端操作器来创建一个具有Smart组件特性的工具，其动态效果包括在物料盘中拾取物料、在放置位置释放物料等。

5.4.1 设定检测传感器

首先，在机器人末端操作器上设定检测传感器，具体操作步骤如下。

步骤01 解包工作站包资源文件TASK5-1-4。解包并打开TASK5-1-4工作站后，用户可以看到机器人末端操作器，如图5.132所示。

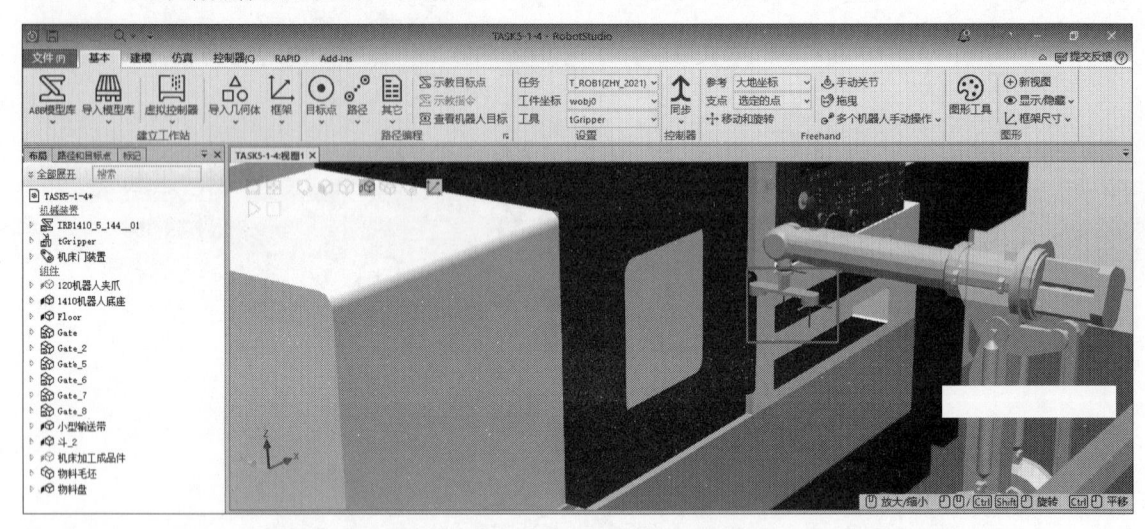

图5.132 解包并打开TASK5-1-4工作站

步骤02 在"建模"功能选项卡中单击"Smart组件"，新建一个Smart组件并右击，选择"重命名"，将其重命名为"拾取动作"，如图5.133~图5.135所示。

备注：也可以在新建的Smart组件名上单击一次对其选中，然后再次单击对其进行重命名。

步骤03 在"布局"中选择末端操作器tGripper（见图5.136）并右击，选择"拆除"选项（见图5.137），将弹出"更新位置"对话框。

第 5 章　Smart 组件在机床上下料工作站中的应用

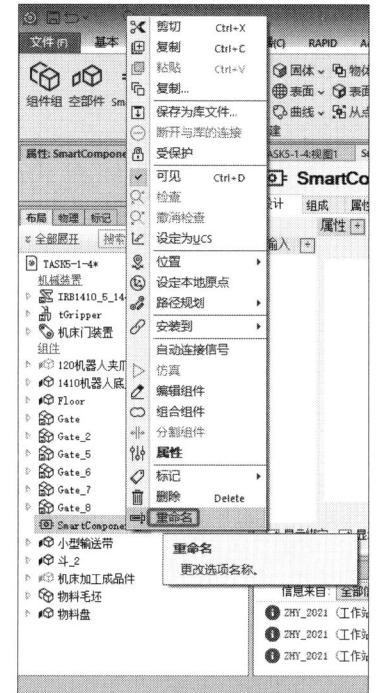

图 5.133　添加 Smart 组件　　　图 5.134　重命名 Smart 组件　　　图 5.135　Smart 组件完成重命名

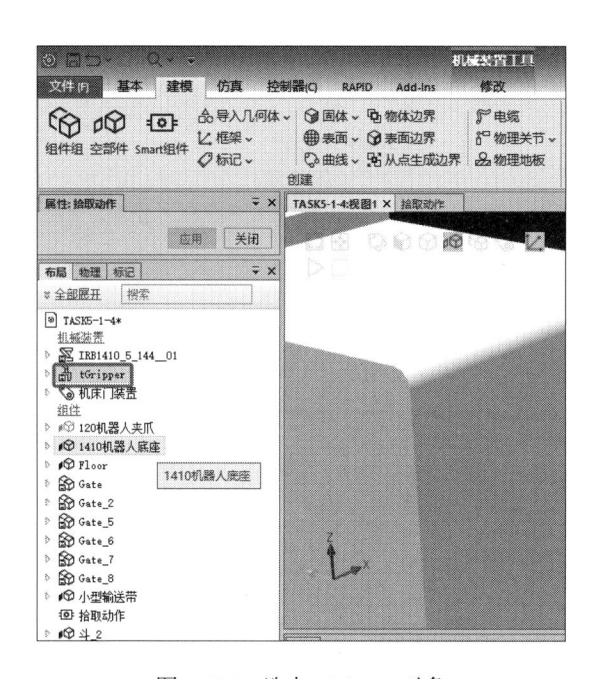

图 5.136　选中 tGripper 对象　　　　　　　图 5.137　选择"拆除"选项

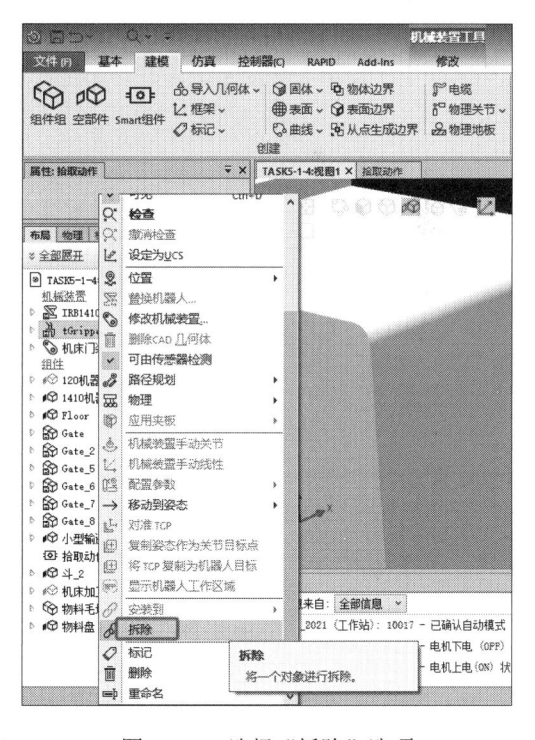

步骤04　在弹出的"更新位置"对话框中，单击"否"按钮，表示保持tGripper的当前位置不变，如图5.138所示。

227

图5.138 "更新位置"对话框

备注：若在"更新位置"对话框中单击"是(Y)"按钮，则tGripper将放置到安装前的位置。

步骤05 在"布局"窗口中，右击tGripper，在弹出的快捷菜单中依次选择"安装到"→"拾取动作"，将tGripper安装到刚才新建的Smart组件上，如图5.139所示。

图5.139 将tGripper安装到Smart组件上

备注：用户也可用鼠标左键按住tGripper直接拖动到"拾取动作"上松开，tGripper即可被安装到Smart组件的"拾取动作"上，如图5.140所示。

第 5 章　Smart 组件在机床上下料工作站中的应用

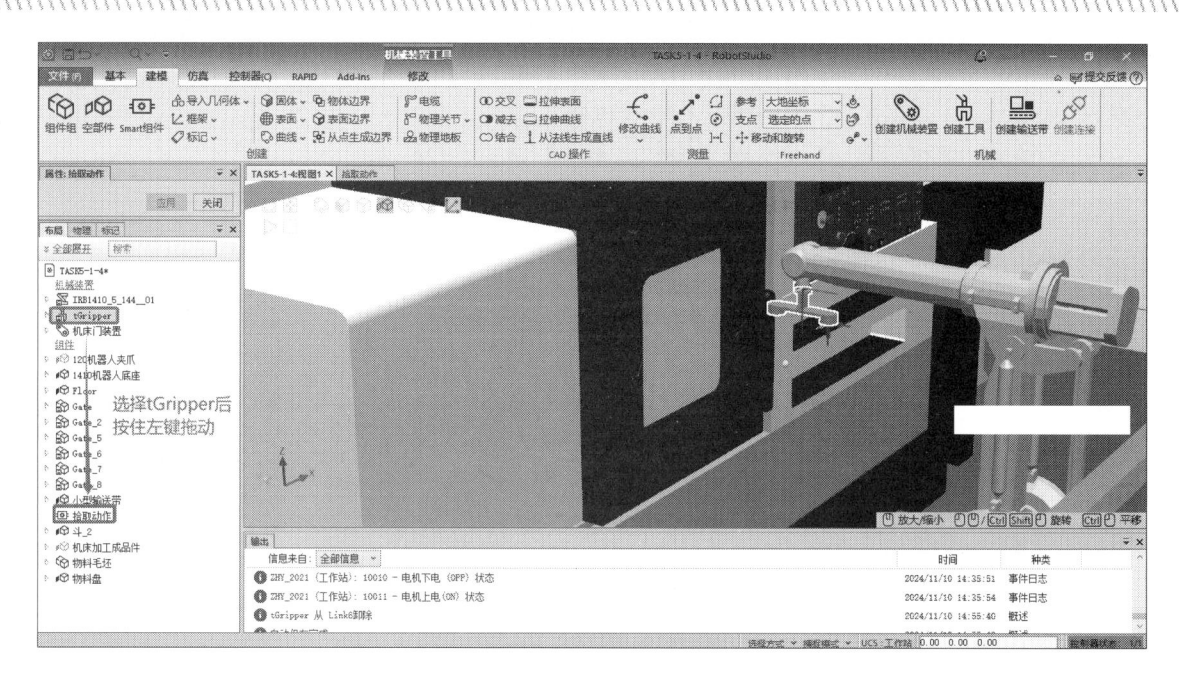

图5.140　通过拖动进行安装

步骤 06　将tGripper安装到Smart组件的"拾取动作"上后，用户可以在Smart组件编辑窗口的"组成"选项卡或者"布局"窗口的"拾取动作"下看到tGripper，如图5.141所示。

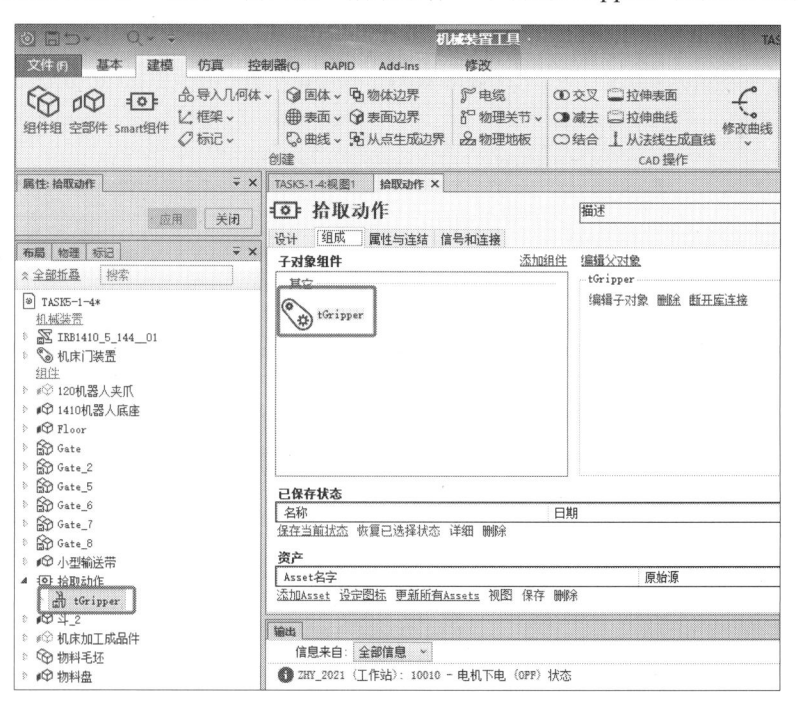

图5.141　查看子组件对象

步骤 07　在"拾取动作"页面的"组成"选项卡的"子对象组件"列表中，右击tGripper并在弹出的快捷菜单中选择"设定为Role"，如图5.142所示。

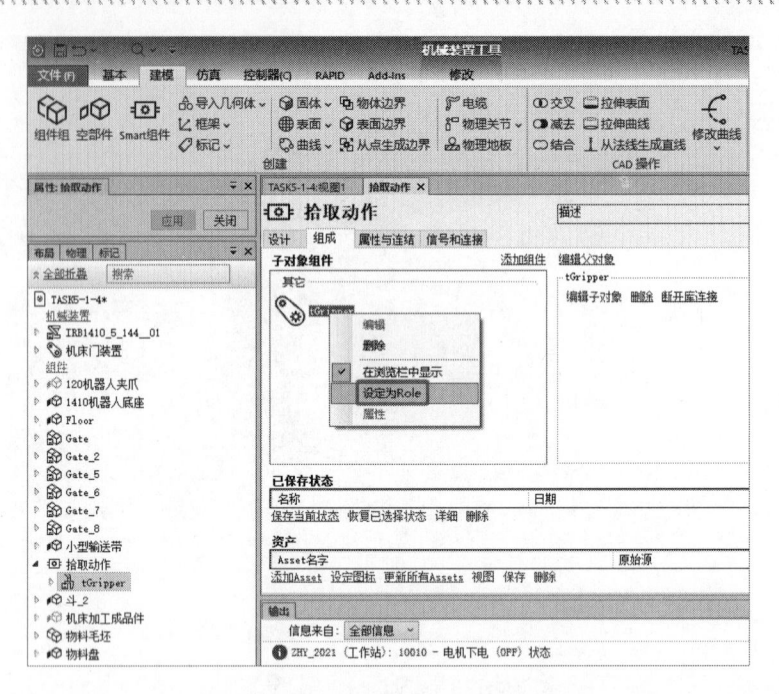

图5.142　将对象tGripper设定为Role

步骤08 单击"添加组件",在"传感器"中选择LineSensor,打开"属性:LineSensor"对话框,如图5.143和图5.144所示。

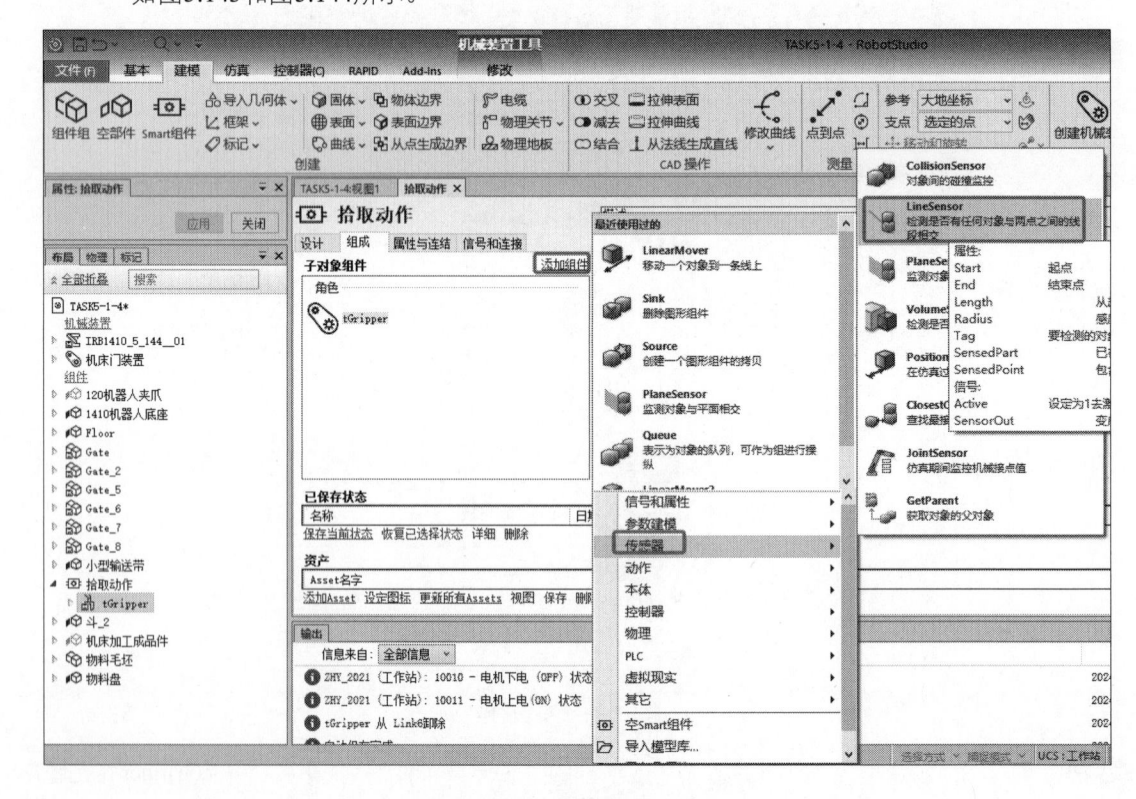

图5.143　传感器选择LineSensor

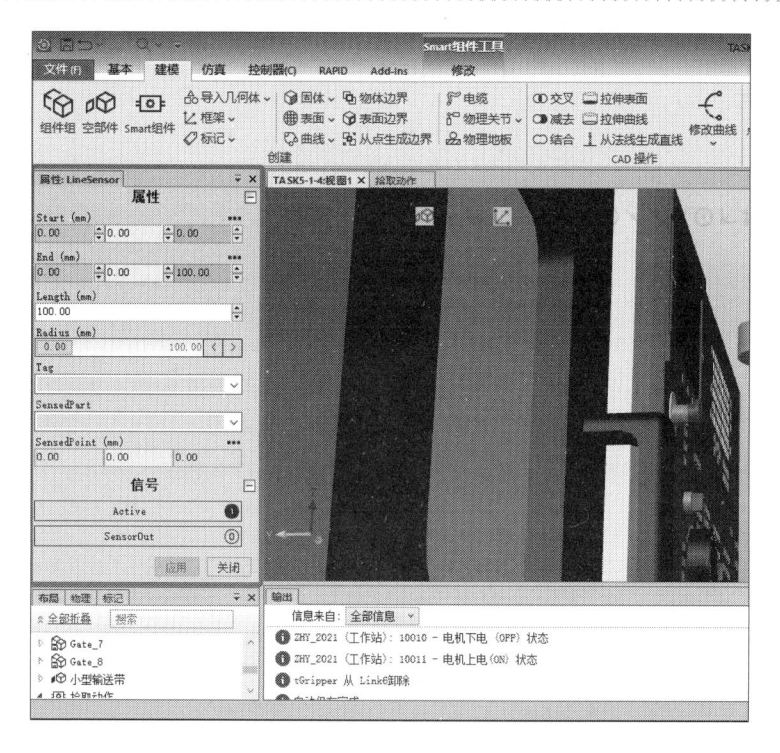

图5.144 "属性：LineSensor"对话框

步骤09 返回视图区，捕捉模式选择"捕捉中心"，在"属性：LineSensor"对话框中单击"Start(mm)"的第一个编辑框，捕捉末端工具的中心A点位置，如图5.145所示。

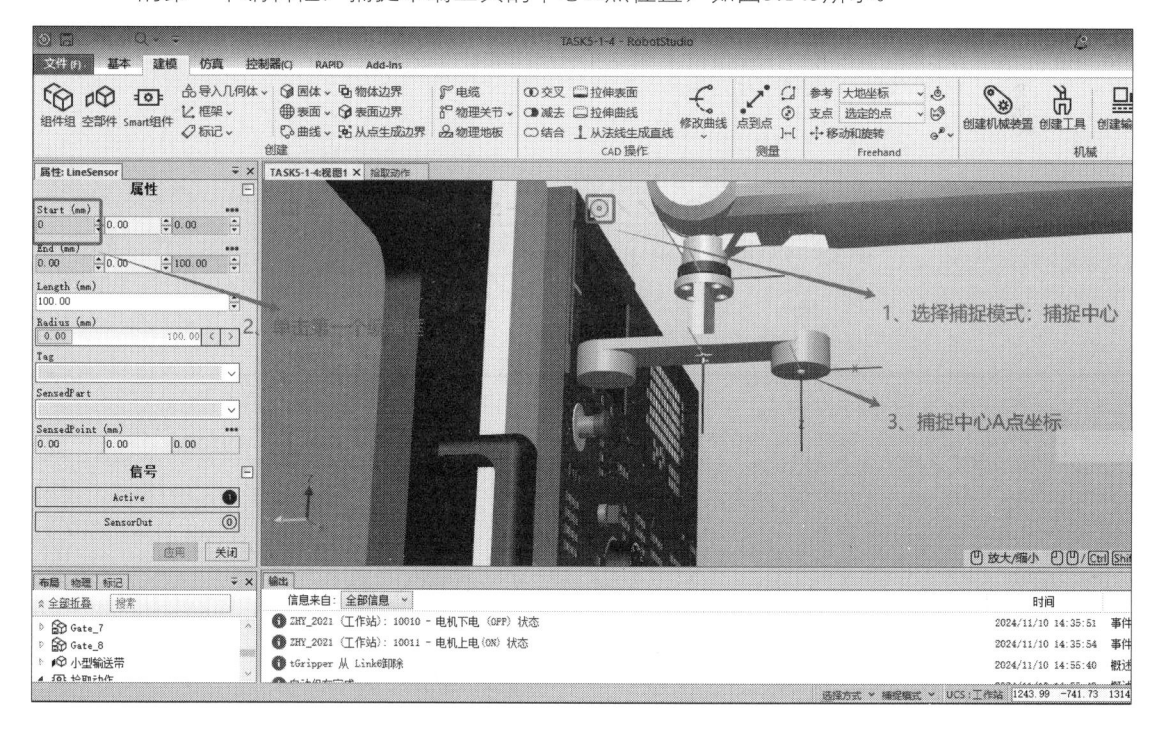

图5.145 设置并捕捉A点

设置结束点"End（mm）"的坐标值与起始点"Start（mm）"的坐标值一致，并设置Rdius（mm）为3.55，将信号Active开启为1，单击"应用"按钮完成传感器的设置，如图5.146所示。

备注：感应半径通过拖动滑块或后面的图标 <|> 来进行数值调整。

步骤⑩ 在"布局"管理器中，单击选中传感器LineSensor，同时在视图区内也会出现该传感器，如图5.147所示。

步骤⑪ 为了使末端操作器tGripper不影响传感器的检测，要求其不被传感器检测到。在"布局"管理器中，右击tGripper，在弹出的快捷菜单中取消勾选"可由传感器检测"选项，如图5.148所示。

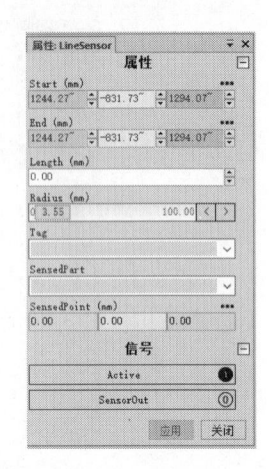

图5.146 设置感应半径及信号

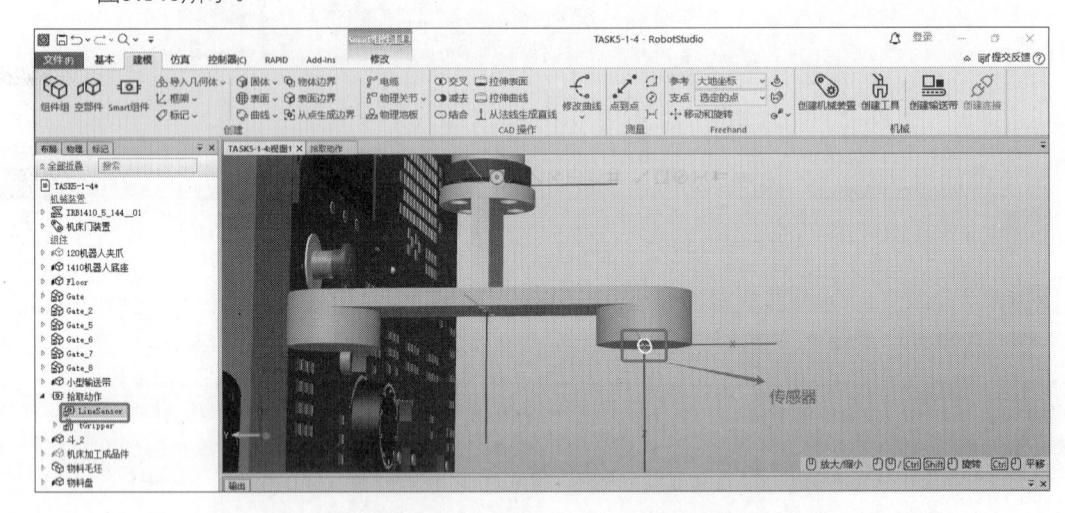

图5.147 视图区内显示传感器

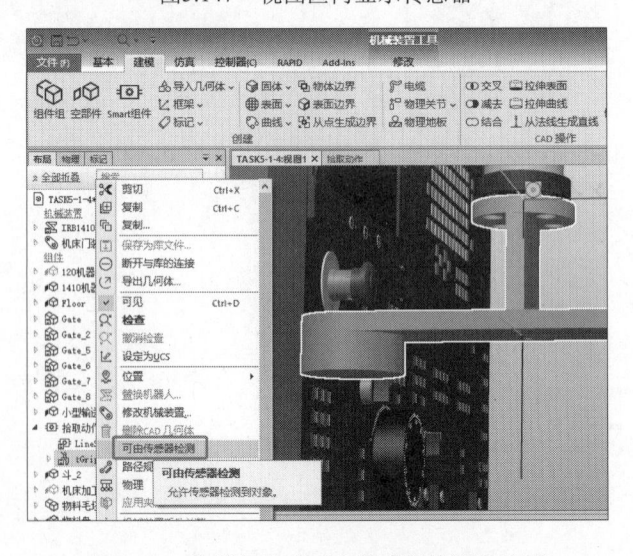

图5.148 取消勾选"可由传感器检测"选项

第 5 章　Smart 组件在机床上下料工作站中的应用

步骤 12　末端操作器加装传感器已完成，现在需要将末端操作器整体安装到工作站机器人上。在"布局"管理器中，右击"拾取动作"，将组件对象"拾取动作"安装到IRB1410_5_144_01（T_ROB1）上，如图5.149所示。

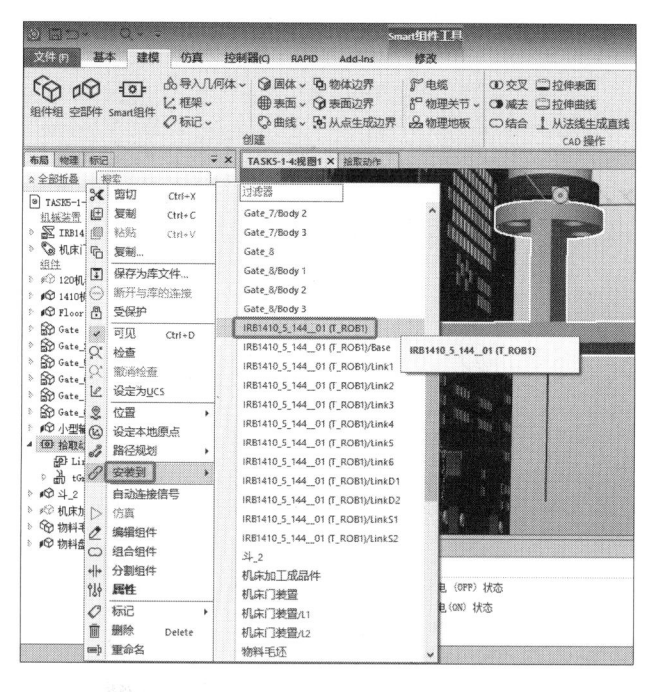

图5.149　安装到机器人

步骤 13　在弹出的"更新位置"对话框中，选择"否"按钮，不更新末端操作器的安装位置，完成安装操作，如图5.150所示。

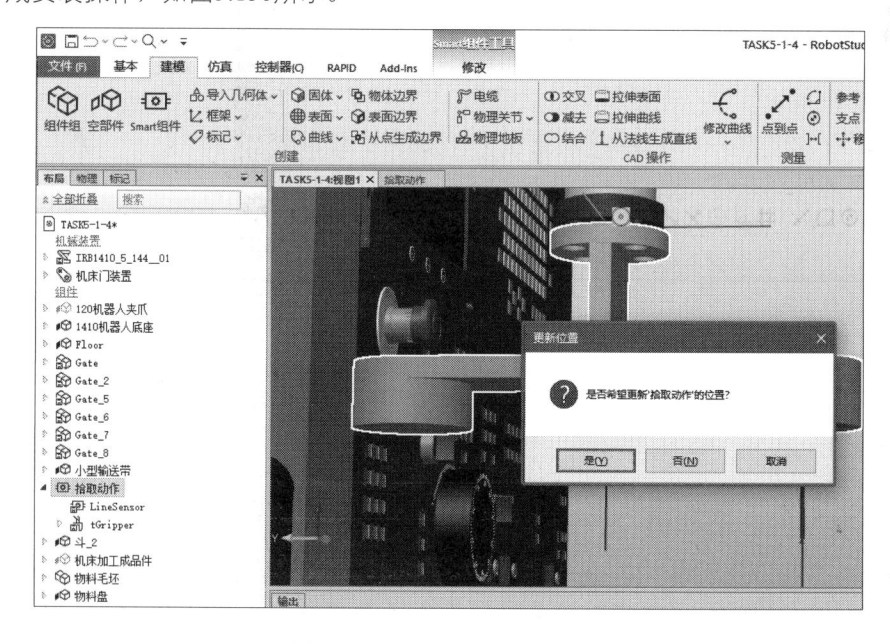

图5.150　"更新位置"对话框

233

步骤 14 由于机器人工具数据已存在，因此系统会提示是否替换机器人工具数据，单击"是(Y)"按钮，更新机器人工具数据，如图5.151所示。

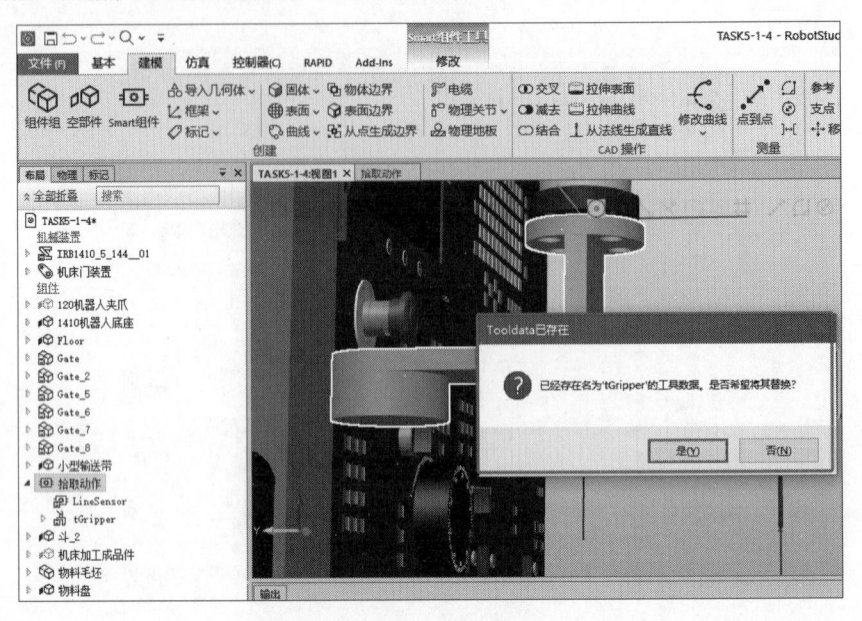

图5.151 提示机器人工具数据已存在

上述**步骤 07**的操作目的是将Smart工具"拾取动作"当作机器人的工具进行使用。因此，将其"设定为Role"可以让Smart组件获得Role的属性，即使Smart组件"拾取动作"具有机器人工具的属性。

在**步骤 09**中，由于在当前工具姿态下，其传感器检测终点End只是相对于起始点Start在大地坐标系的Z轴负方向偏移一定距离，所以可以参考起始点Start直接输入终点End的数值。此外，关于虚拟传感器的使用还有一项限制，即当物体与传感器接触时，如果接触部分完全覆盖了整个传感器，则传感器不能检测到与之接触的物体。

换言之，若要传感器准确检测到物体，则必须保证在接触时传感器的一部分在物体内，一部分在物体外部。因此，为了避免在吸取产品时该传感器完全浸入物体内部，可以将终点的Z轴坐标值减小，保证在拾取产品时该传感器一部分在产品内，这样才能准确地检测到该产品。

5.4.2 设定拾取动作

机器人末端工具的传感器设定完成后，接下来进行末端工具拾取动作的设定，这涉及Smart组件中的拾取动作子组件Attacher和释放动作子组件Detacher。其中，拾取动作子组件Attacher属性设置对话框如图5.152所示。

拾取动作子组件Attacher属性设置对话框中各属性参数含义及功能如表5.7所示。

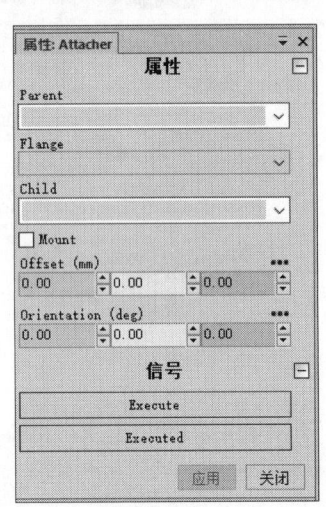

图5.152 拾取动作子组件Attacher属性设置对话框

表5.7　子组件Attacher属性参数含义及功能

属　　性	含义及功能
Parent	指定子对象要安装在哪个对象上
Flange	指定要安装在机械装置的哪个法兰上（编号）
Child	指定要安装的对象
Mount	如果为True，则表示子对象装配在父对象上
Offset	当使用Mount时，指定相对于父对象的位置
Orientation	当使用Mount时，指定相对于父对象的方向
信　　号	含义及功能
Execute	设定为high(1)，则进行安装
Executed	当完成安装后，被设定为high(1)

释放动作子组件Detacher的属性设置对话框如图5.153所示。

图5.153　释放动作子组件Detacher的属性设置对话框

释放动作子组件Detacher的属性设置对话框中各属性参数含义及功能如表5.8所示。

表5.8　释放动作子组件Detacher的属性参数含义及功能

属　　性	含义及功能
Child	指定要拆除的对象
KeepPosition	如果为False（未勾选），被安装的对象将返回其原始位置
信　　号	含义及功能
Execute	设该信号为high(1)，移除安装的物体
Executed	当完成时，该信号变为high(1)

末端工具拾取动作及设定的具体操作步骤如下。

步骤01　单击"添加组件"，在"动作"中选择Attacher，如图5.154所示。

步骤02　在"属性：Attacher_2"对话框中，设定安装的父对象，选择Smart工具"拾取动作"，然后设定安装子对象，但由于子对象不是一个特定的物体，因此在这里暂不设定，如图5.155所示。

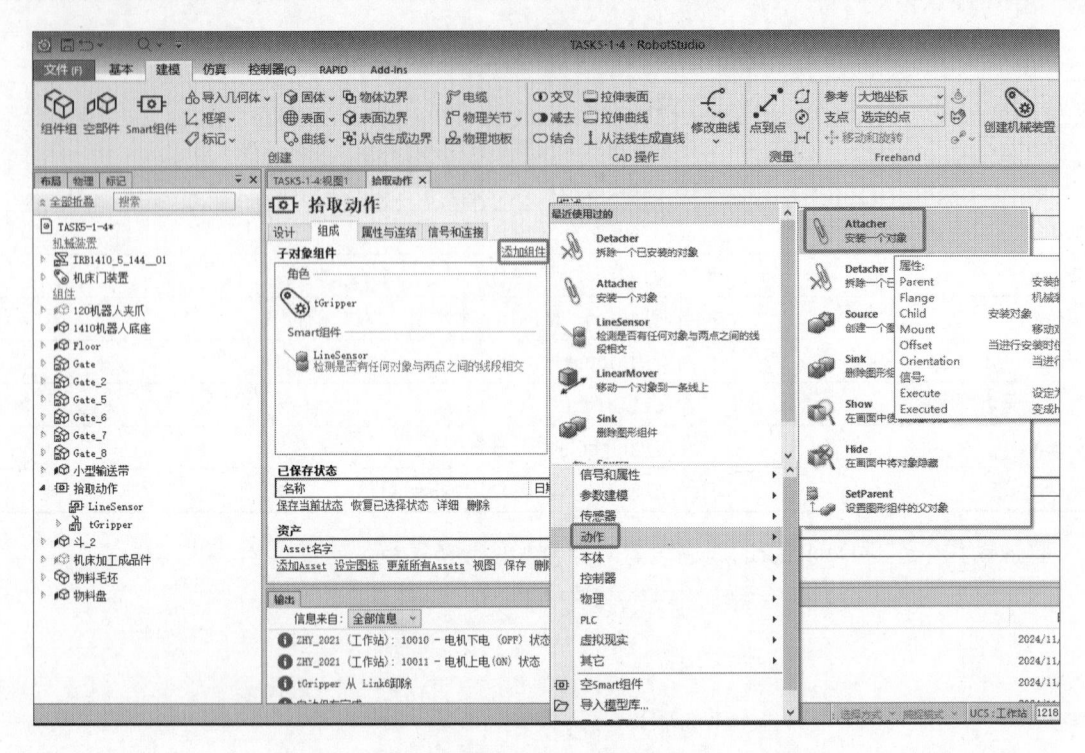

图5.154　选择Attacher组件

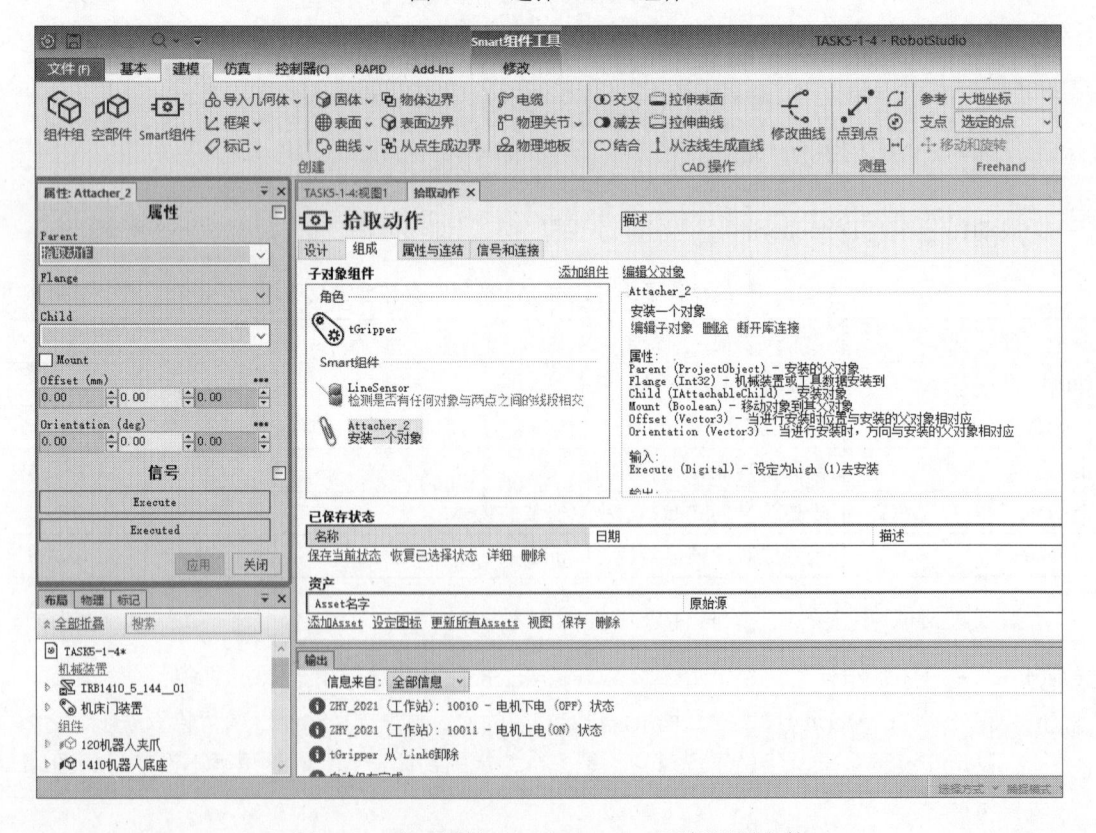

图5.155　在"属性：Attacher_2"对话框设置参数

步骤 03 单击"添加组件",在"动作"中选择Detacher,如图5.156所示。

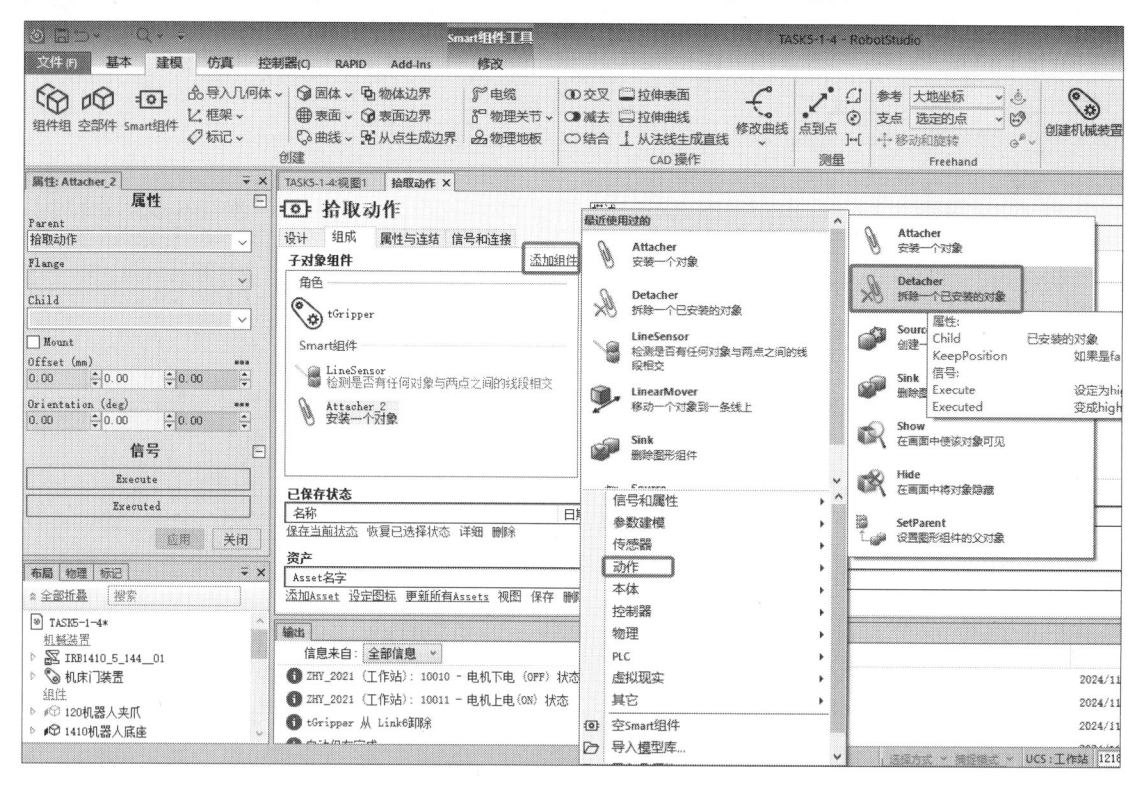

图5.156　选择Detacher组件

步骤 04 设定拆除子对象,由于对象不是一个特定的物体,暂不设定,因此这里保持默认设置即可,如图5.157所示。

备注:在上述设置过程中,拾取动作子组件Attactcher和释放动作子组件Detacher中关于子对象Child暂时都未设定,是因为在本任务中我们处理的工具并不是同一个产品,所以无法在此处直接指定子对象。我们会在属性与连结中关联此内容。

图5.157　Detacher组件属性对话框

5.4.3　创建动作属性与连结

在5.4.2节中,用户已经将拾取动作子组件Attactcher和释放动作子组件Detacher添加到"拾取动作"中,本小节将主要介绍使用图形编辑方式对组件动作属性进行连结,具体操作步骤如下。

步骤 01 选择"设计"界面。将鼠标放置在LineSensor属性下的SensedPart()上时,鼠标指针会从三角形状变成笔的形状,如图5.158所示。

步骤 02 使用鼠标把传感器检测到的物体关联到Acttacher和Detacher的Child()的属性,如图5.159所示。

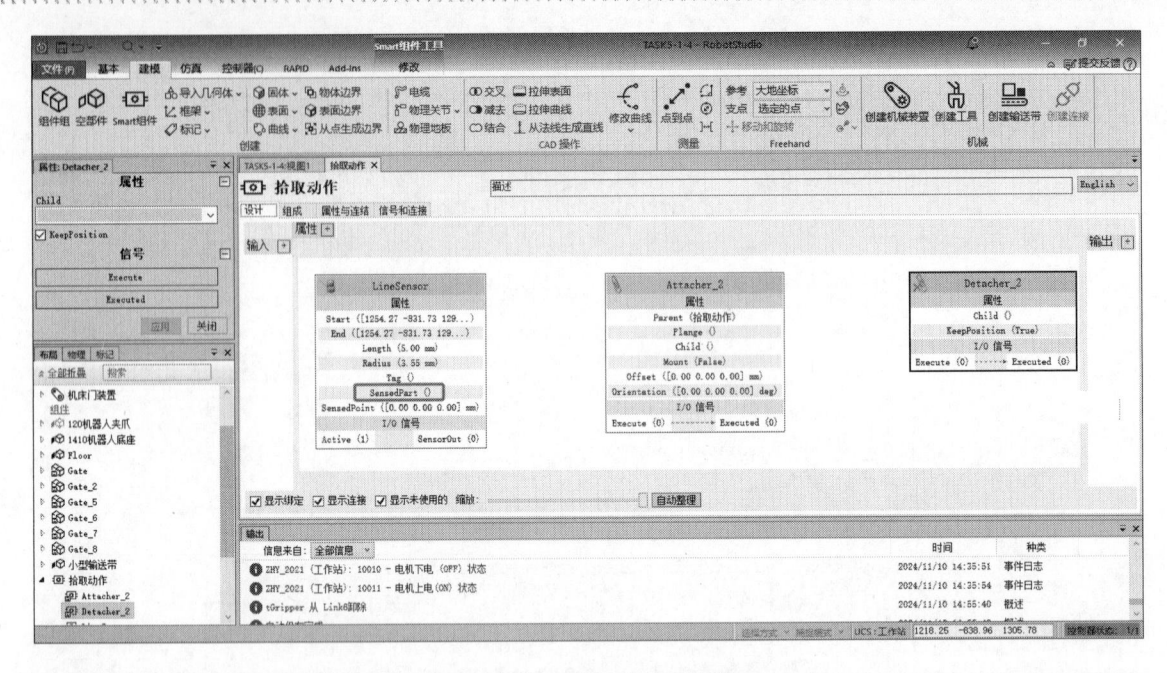

图5.158 "设计"界面连接

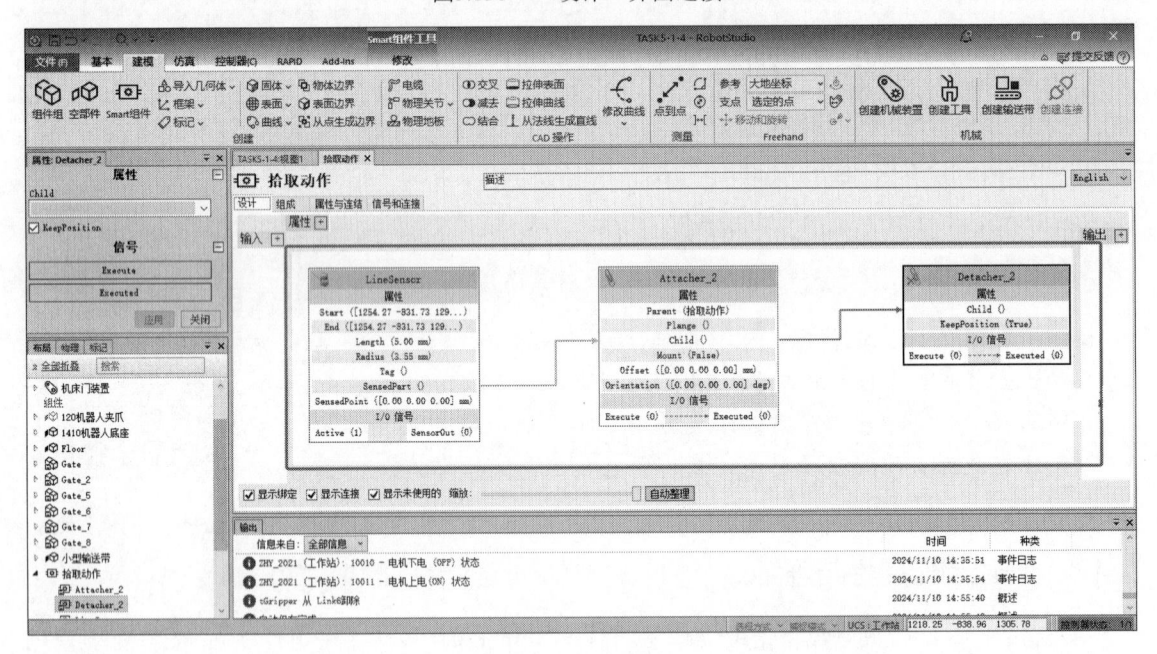

图5.159 关联属性

步骤 03 返回"属性与连结"页面,可以查看属性连结情况,即拾取动作的子对象和传感器的子对象关系,如图5.160所示。

接下来梳理一下机器人动作,当机器人的工具运动到产品的拾取位置,末端工具上的传感器LineSensor检测到数控机床待加工件A,末端工具将工件A作为要拾取的对象进行拾取之后,机器人末端工具运动到放置位置时执行释放动作,将工件A作为释放对象放下。

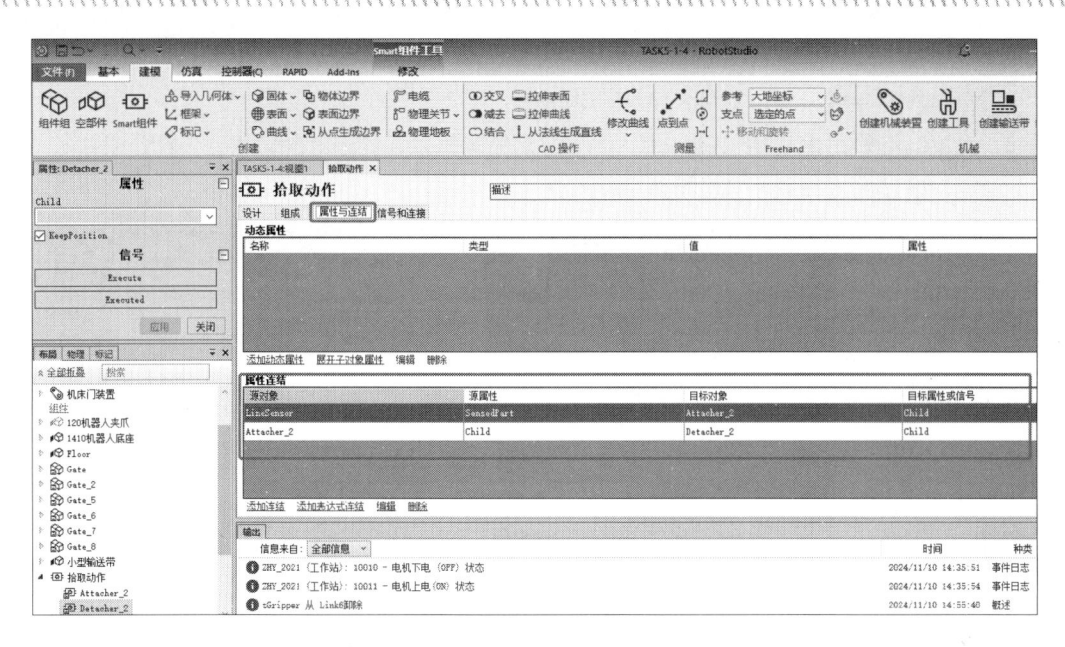

图5.160　查看属性连结情况

5.4.4　创建拾取信号和连接

在本示例中，实现信号控制Smart组件"拾取动作"的拾取和释放动作，需要再创建两个数字输入信号，分别为DI_Pick_up和DI_Pick_off，作用及动作说明如下：

- 创建数字输入信号DI_Pick_up，用于控制夹具拾取，置1打开拾取动作。
- 创建数字输入信号DI_Pick_off，用于控制释放动作，置1打开释放动作。

具体操作步骤如下。

步骤01　在"信号和连接"界面，单击"添加I/O Signals"链接，如图5.161所示。

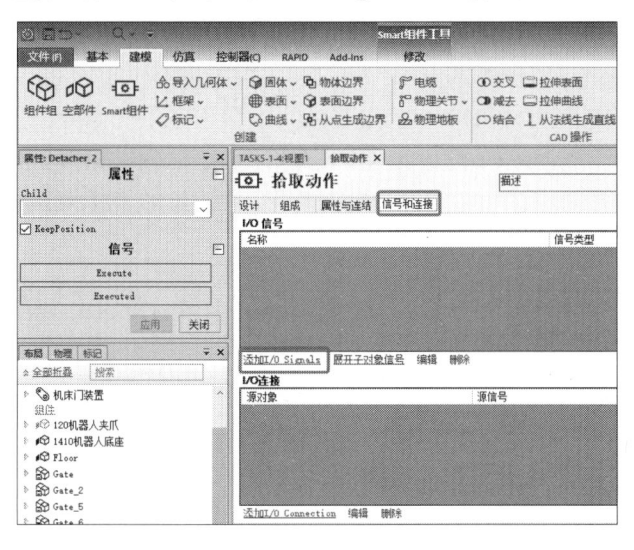

图5.161　单击"添加I/O Signals"链接

步骤02 设置数字输入信号DI_Pick_up，用于控制夹具拾取，勾选"自动复位"复选框并单击"确定"按钮完成设置，如图5.162所示。

步骤03 设置数字输出信号DI_Pick_off，用于控制夹具释放，勾选"自动复位"复选框并单击"确定"按钮完成设置，如图5.163所示。

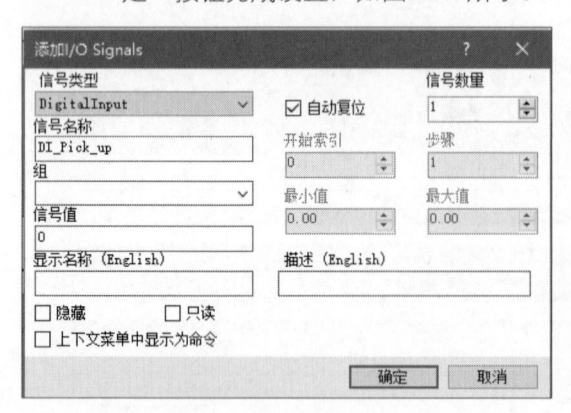

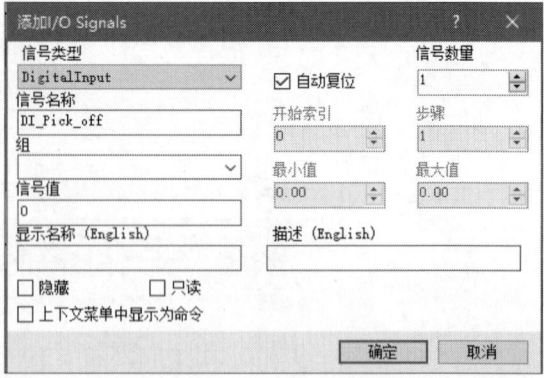

图 5.162　设置数字输入信号 DI_Pick_up

图 5.163　设置数字输出信号 DI_Pick_off

步骤04 用鼠标拖动DI_pick_up信号与Attacher动作下的I/O信号Execute关联，然后再次用鼠标拖动DI_pick_off信号与Detacher动作下的I/O信号Execute关联，如图5.164所示。

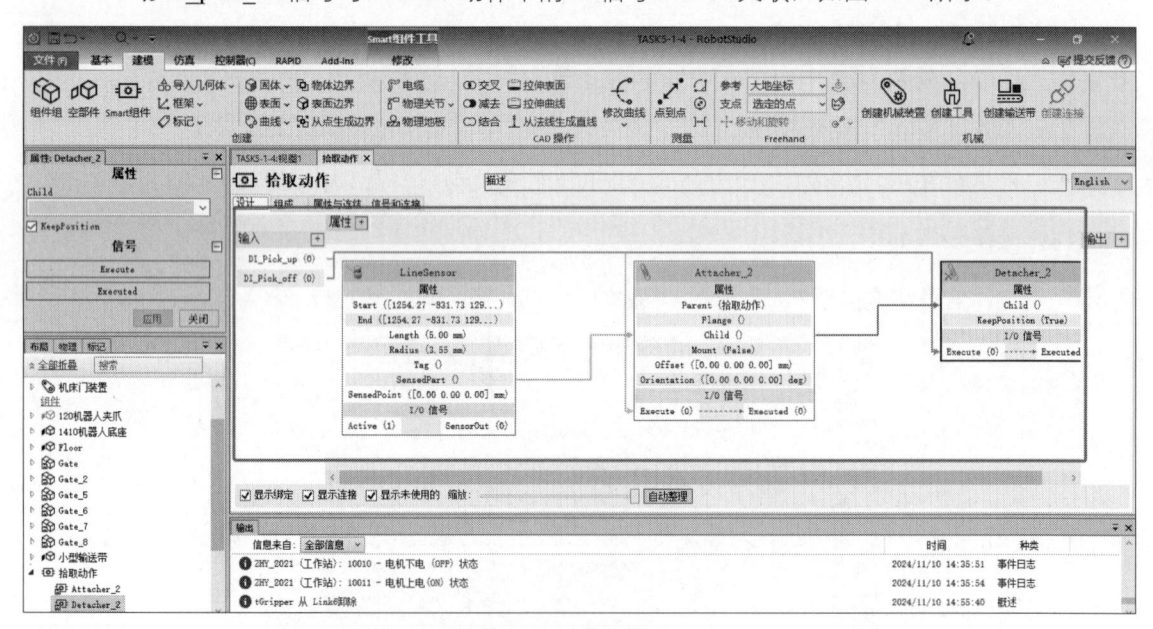

图5.164　关联信号

步骤05 设置完成后，检查属性与连结以及信号和连接，如图5.165所示。

设置完成之后，用户需要检查Smart组件对象的属性连结，并创建信号DI_Pick_up和DI_Pick_off的连接情况。

第 5 章　Smart 组件在机床上下料工作站中的应用

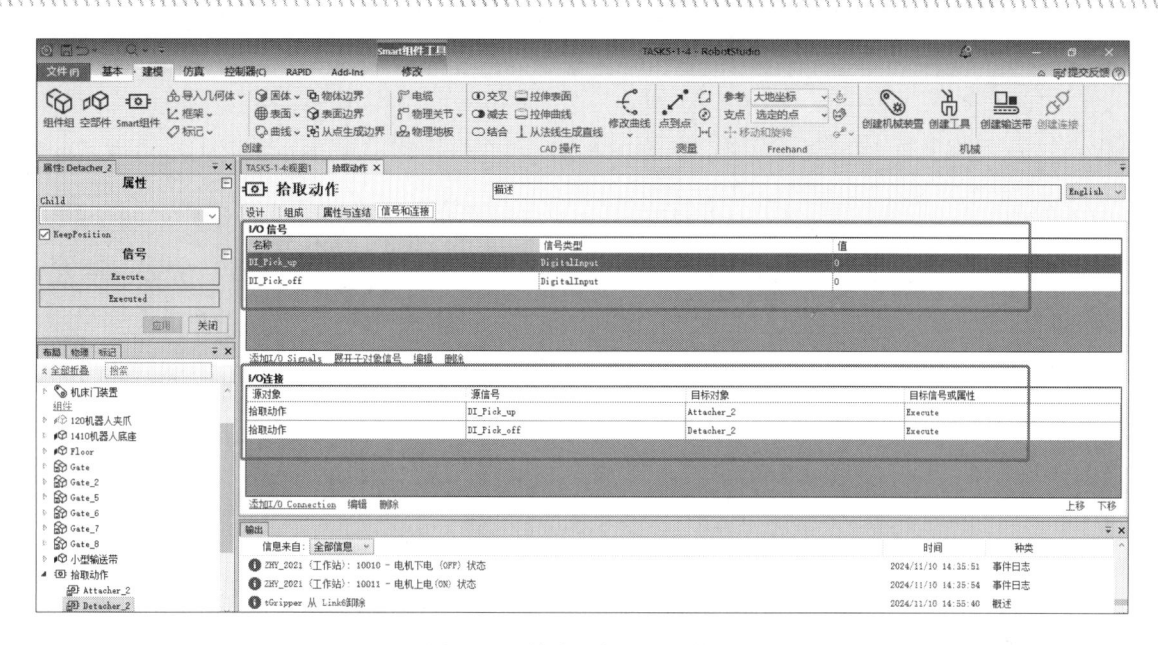

图5.165　检查属性与信号情况

5.4.5　Smart组件仿真调试

用户将工业机器人末端工具移动到工件上方的适当位置，单击信号DI_Pick_up后，待传感器检测到工件后执行抓取动作，放到输送链上并释放，具体操作步骤如下。

步骤01 在"基本"功能选项卡中选择"移动和旋转"，单击末端工具tGripper，视图区内末端工具将出现坐标框架，用鼠标按照坐标轴进行线性拖动，将吸盘夹具移动到产品拾取位置，如图5.166和图5.167所示。

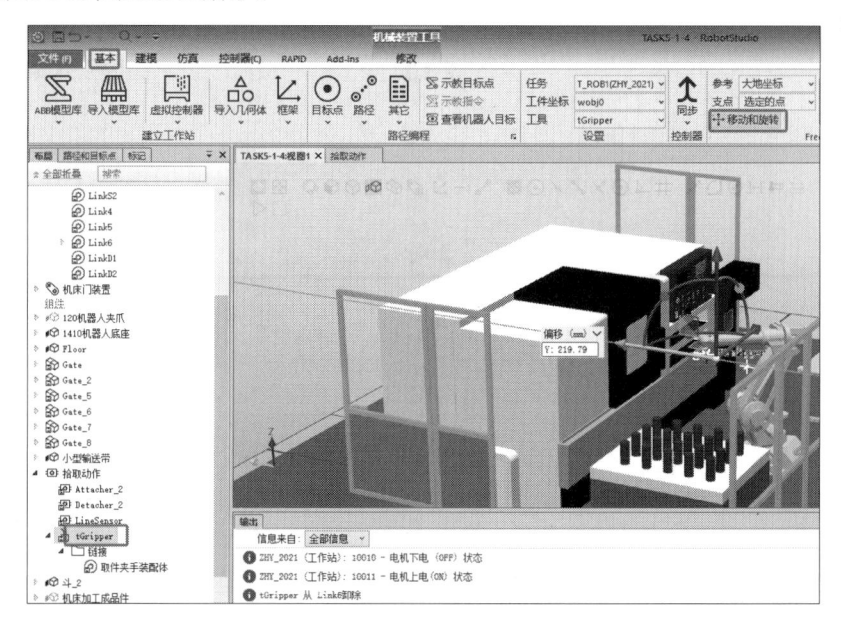

图5.166　选择"移动和旋转"功能

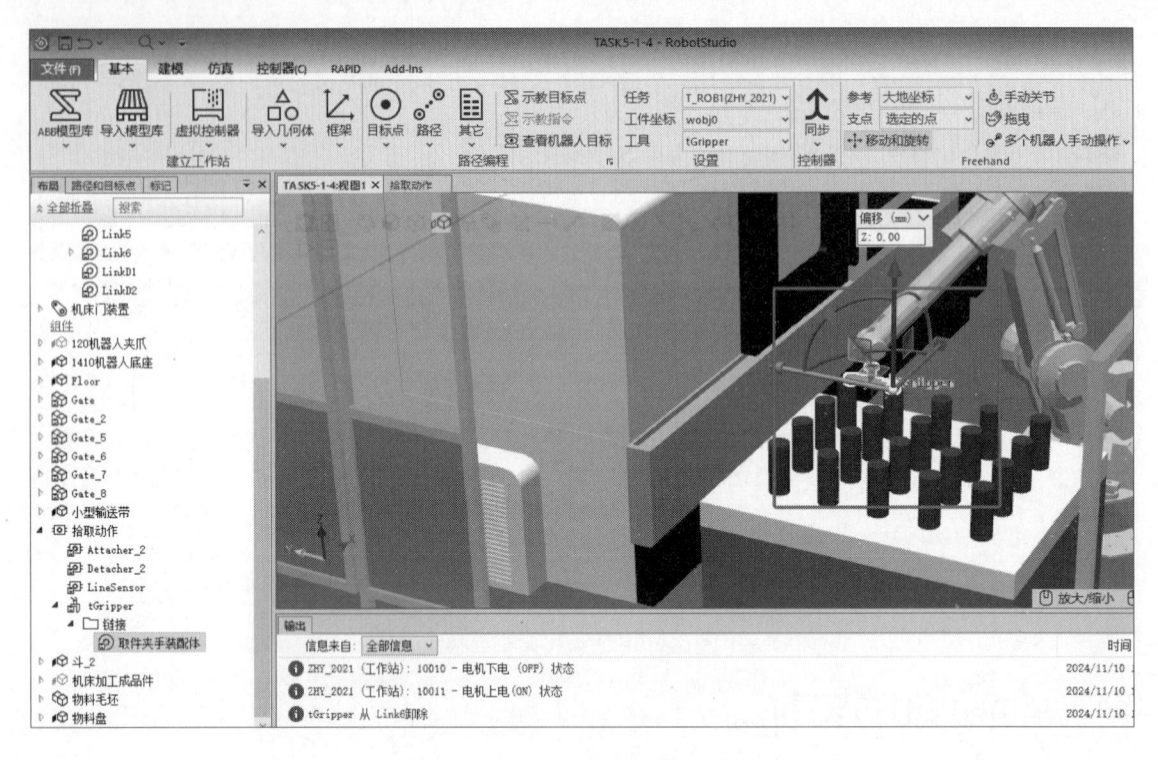

图5.167 移动夹具到产品拾取位置

步骤02 在"仿真"功能选项卡中，单击"I/O仿真器"打开信号对话框，如图5.168所示。

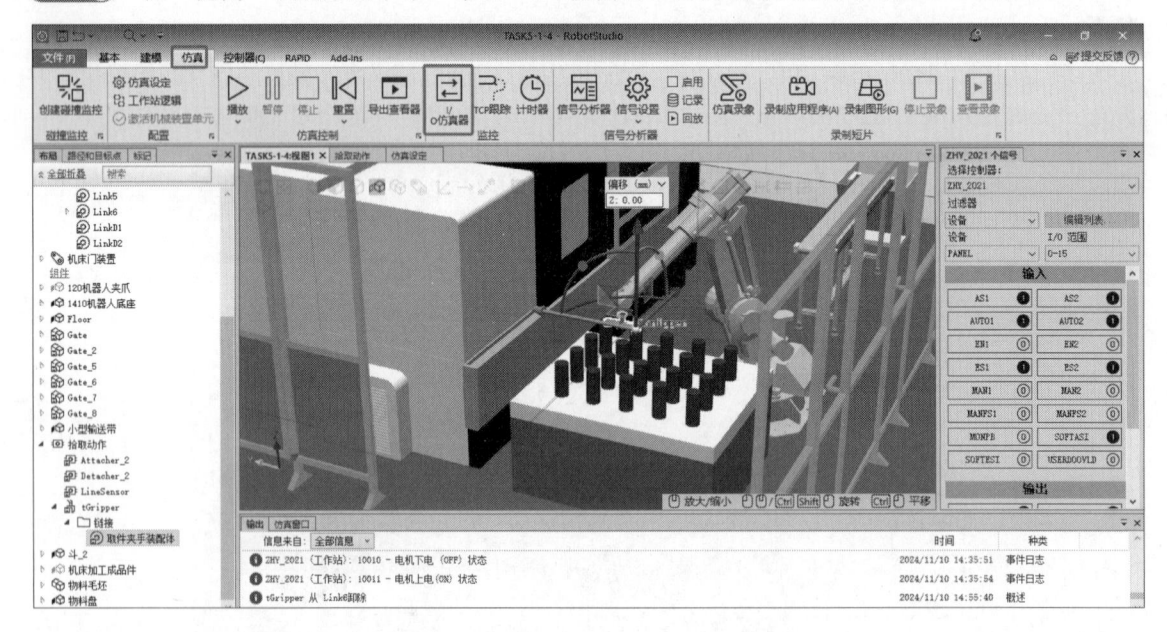

图5.168 单击"I/O仿真器"打开信号对话框

步骤03 在信号对话框中，选择控制器为"拾取动作"，然后单击DI_Pick_up按钮，如图5.169所示。

第 5 章　Smart 组件在机床上下料工作站中的应用

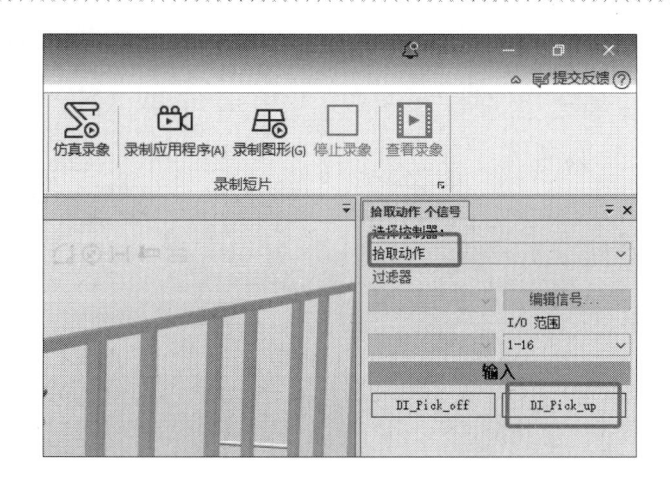

图5.169　通过信号拾取控制

步骤04 确认传感器检测到物体后，再次拖动机器人坐标轴架，观察末端工具的拾取动作，如图5.170所示。

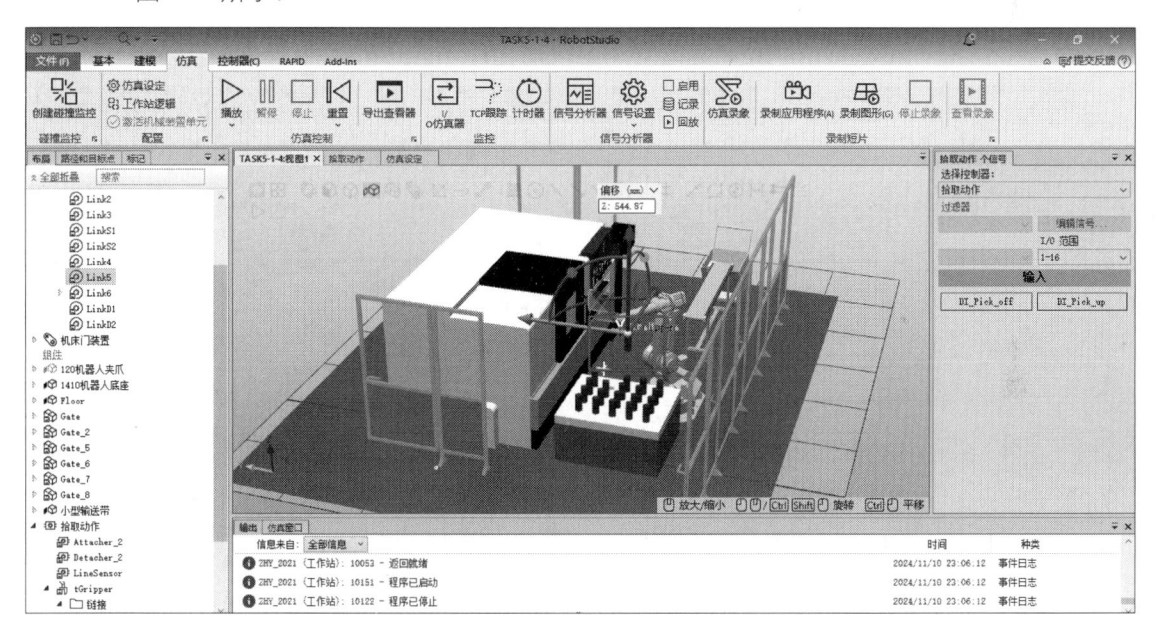

图5.170　拖动机器人坐标轴架，观察末端工具的拾取动作

步骤05 拾取动作执行后，通过末端工具坐标轴将拾取的产品放置到输送链上，如图5.171所示。

步骤06 待末端工具拾取工件到达输送链上方时，单击DI_Pick_off按钮，将工件放置在输送链上后释放，如图5.172所示。

步骤07 在"布局"管理器中，右击机器人IRB1410_5_144__01，在弹出的快捷菜单中依次选择"移动到姿态"→"回到机械原点"，将机器人及其末端工具自动放置到机械原点，如图5.173所示。

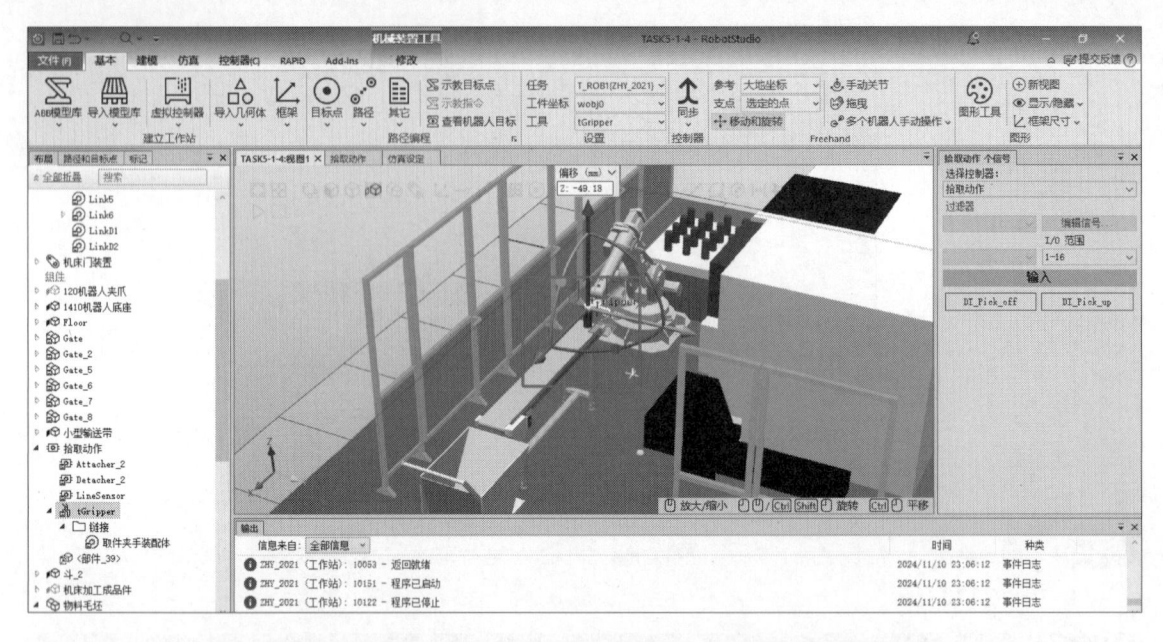

图5.171 通过末端工具坐标轴将拾取的产品放置到输送链上

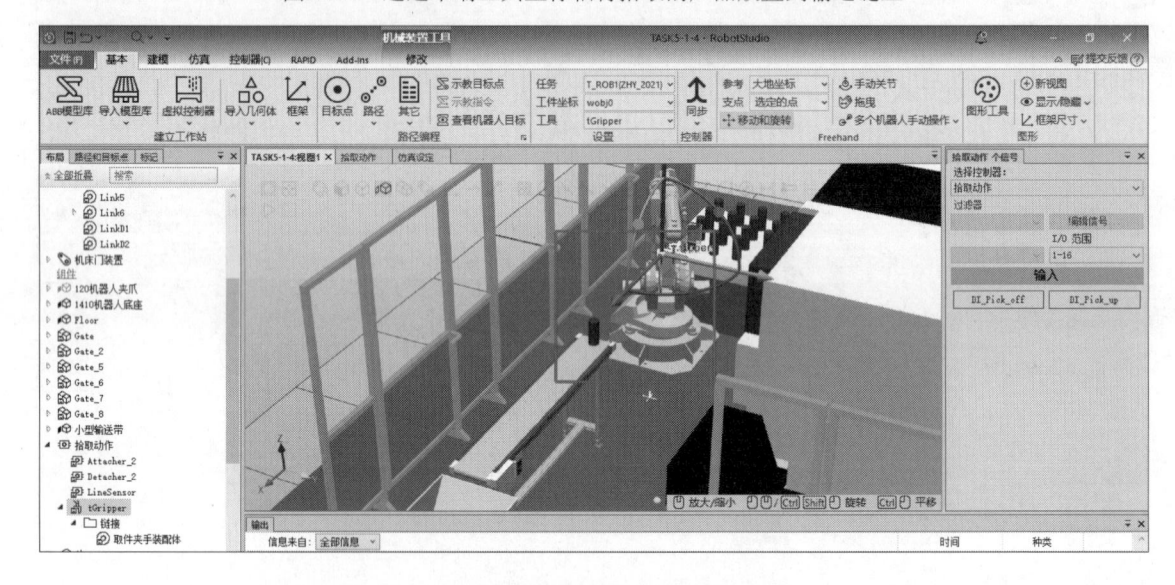

图5.172 将工件放置在输送链上后释放

备注：用户也可以通过"移动和旋转"功能手动拖动坐标轴，将机器人手动放置于机械原点位置，如图5.174所示。

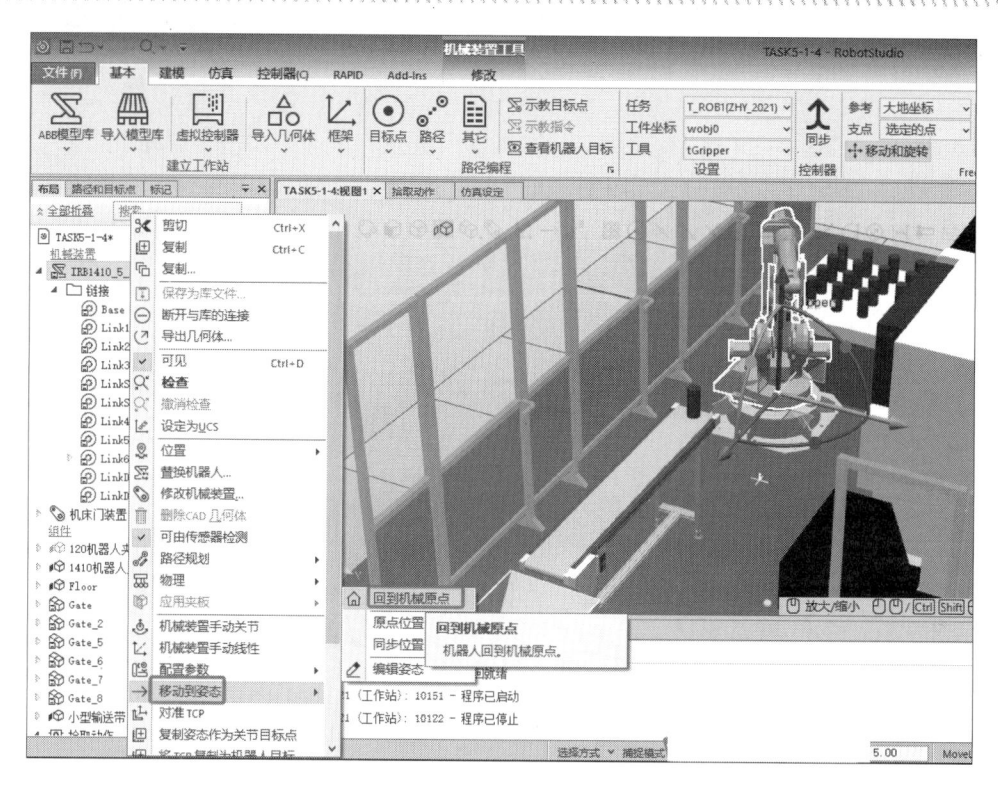

图5.173 将机器人自动放置到机械原点

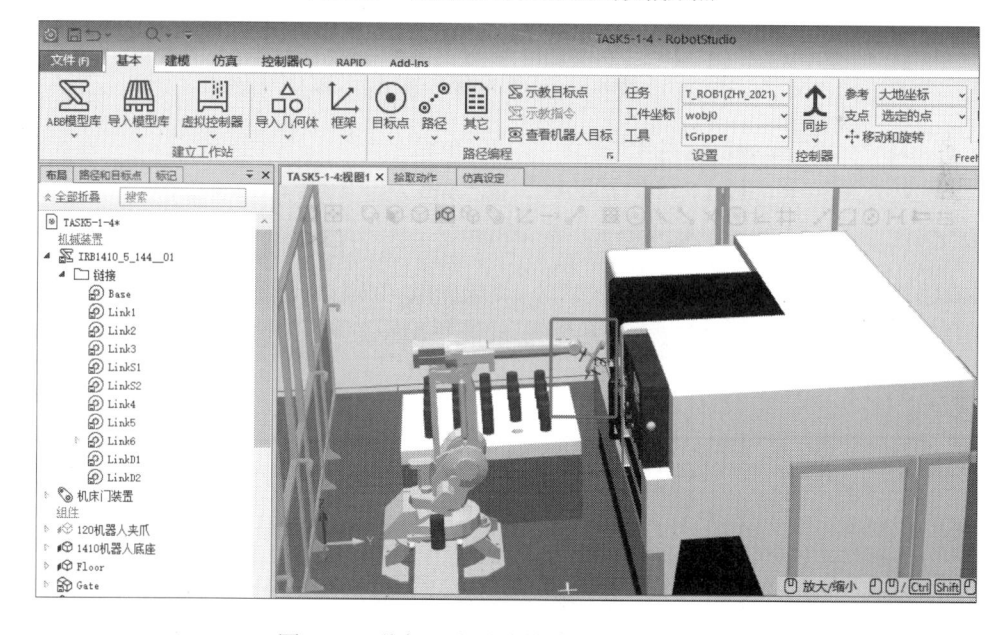

图5.174 将机器人手动停放在机械原点位置

通过上述步骤，用户已经完成了抓取和释放工件的组件对象属性设置以及信号连接操作。这些设置可以与机器人的运行路径规划等操作配合，从而实现工作站的自动运行，完成抓取和释放工件的任务。

5.4.6 练习

(1) 解压TASK5-1-4文件夹,导出"120机器人夹爪"模型,如图5.175所示。

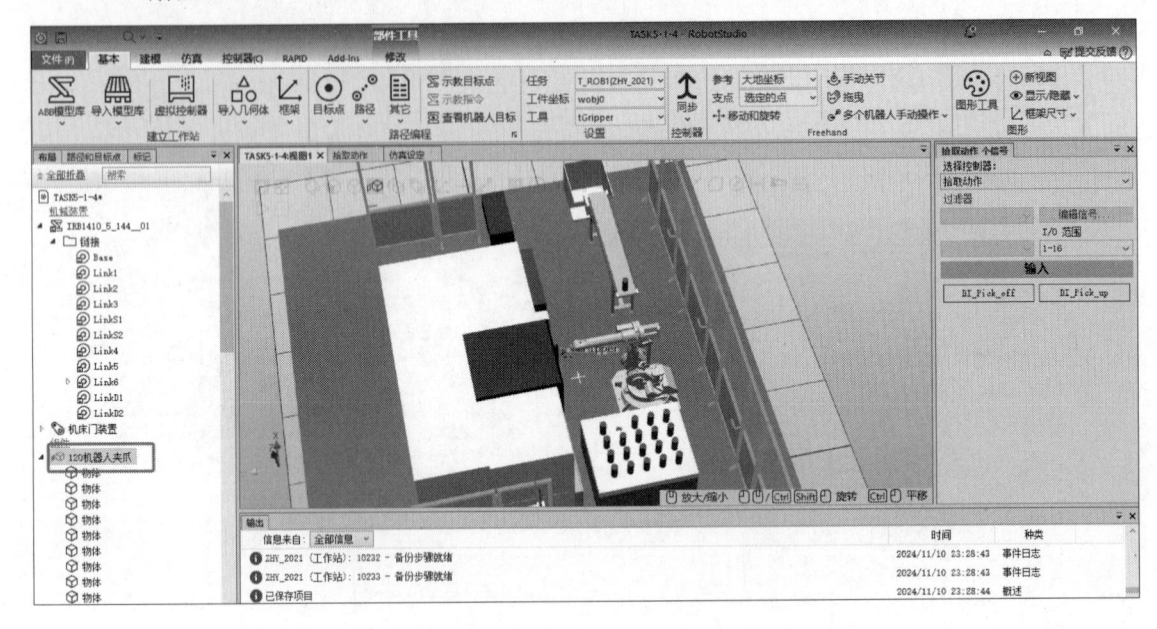

图5.175 "120机器人夹爪"模型

(2) 将"120机器人夹爪"模型创建成机器人使用的工具。

(3) 在"建模"功能选项卡中选择"固体"进行建模,各尺寸如下:

- 平台尺寸:长300mm、宽450mm、高300mm。
- 模块垫尺寸:长100mm、宽100mm、高5mm。
- 模块尺寸:长40mm、宽40mm、高20mm。

(4) 通过Smart组件设置"夹取动作",要求夹取"模块A"叠放在"模块B"上,完成模块A与模块B的安装动作。然后夹取模块B,要求模块A随模块B一起夹起来放置在"模块垫3"上,布局效果如图5.176所示。

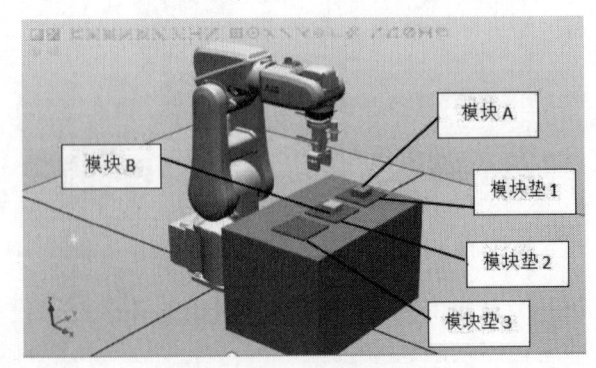

图5.176 布局效果图

第 6 章　带变位机及导轨的工业机器人工作站创建

> **导言**
>
> 工业机器人的灵活性与其自由度密切相关。通常，机器人的自由度分为四自由度、五自由度和六自由度。其中，六自由度的机器人具有最大的灵活性，能够到达其工作空间内的任意位置和姿态。然而，在实际应用中，为了增加机器人的运动空间或简化运动轨迹的复杂性，通常需要通过外轴来提升整个机器人系统的灵活性。例如，通过使用导轨来扩大机器人的工作范围，或利用变位机配合机器人进行焊接，从而简化复杂零件的焊接轨迹，提高机器人的可达性，进而提升焊接质量和焊接效率。
>
> 本章将以常用的导轨和变位机为例，在RobotStudio 2024中创建带外轴的机器人系统，并进行编程。
>
> 本章主要涉及的知识点有：
> - 带导轨的机器人系统创建
> - 带导轨的机器人系统程序编制、调试与仿真
> - 带变位机的机器人系统创建
> - 带变位机的机器人系统的工件坐标系创建
> - 带变位机的机器人系统程序编制、调试与仿真

6.1　创建带导轨的机器人系统

在机器人应用中，通过导轨扩大机器人工作范围的案例非常多，例如搬运、码垛和焊接等。将机器人安装在导轨上，利用导轨的运动带动机器人的移动，从而扩大了机器人沿导轨方向的动作空间。本节将以带导轨的机器人系统为例，创建带导轨的机器人工作站，并在长度为3m的工件上表面进行焊接编程。

6.1.1　布局带导轨的机器人工作站

在本小节中，将创建一个带导轨的机器人工作站系统。其中，机器人选用IRB2600，导轨选用IRBT4004，工具选用MyTool。执行的操作是将机器人安装到导轨上，再将工具安装到机器人上。根据任务要求工件是一个长为3m、宽为0.5m、厚度为3mm的钢板，我们这里需要创建一个简易3D模型代替钢板。具体操作步骤如下。

步骤 01　在计算机桌面上，双击RobotStudio图标，启动RobotStudio 2024软件，如图6.1所示。

步骤 02　依次选择"文件"→"新建"→"工作站"后，单击"创建"按钮，创建一个空的机器人工作站，如图6.2所示。

图6.1　启动RobotStudio 2024

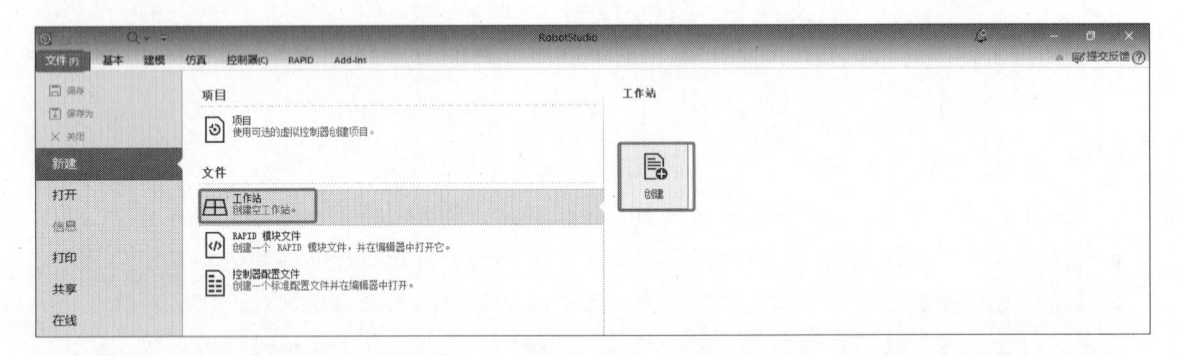

图6.2　创建空工作站

备注：用户也能够在项目页面中创建工作站，可以修改工作站的名称，保存路径，但是路径中不能包含中文字符。勾选"包括机器人和虚拟控制器"复选框后，可以修改和选择控制器名称、路径以及机器人型号等信息，如图6.3所示。当然，用户也可以如步骤 02 中一样，创建空工作站后，在工作站中选择机器人和虚拟控制器。

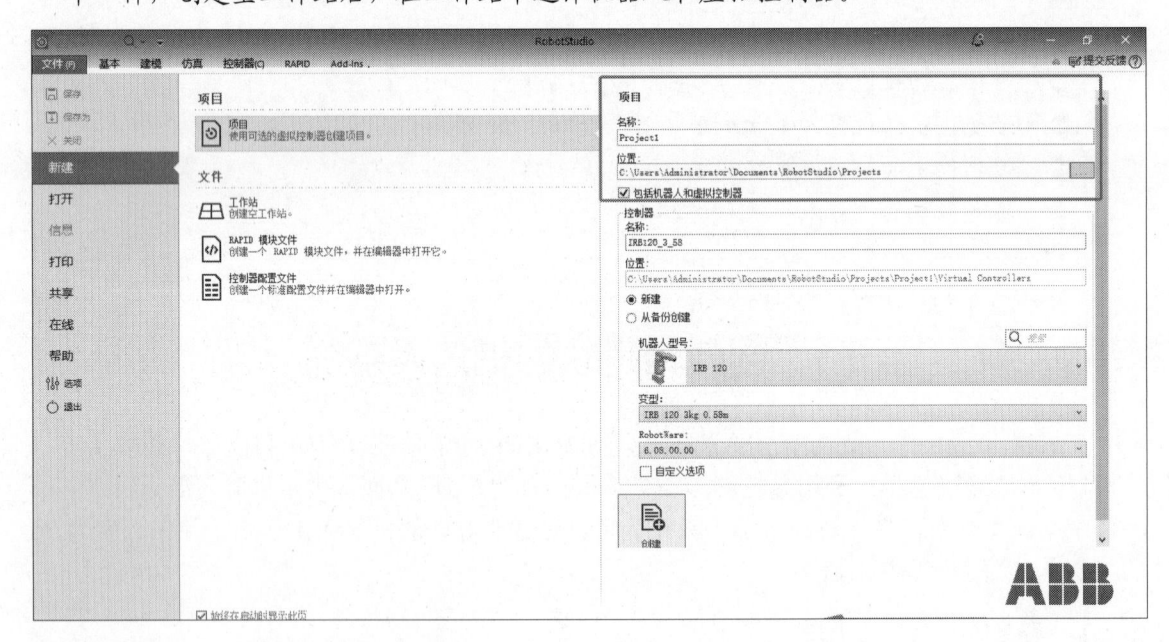

图6.3　创建工作站同时选择机器人和虚拟控制器

步骤 03　在"基本"功能选项卡中，单击"ABB模型库"，在下拉列表的机器人型号中选择IRB 2600机器人，如图6.4所示，弹出IRB 2600对话框。

第 6 章　带变位机及导轨的工业机器人工作站创建

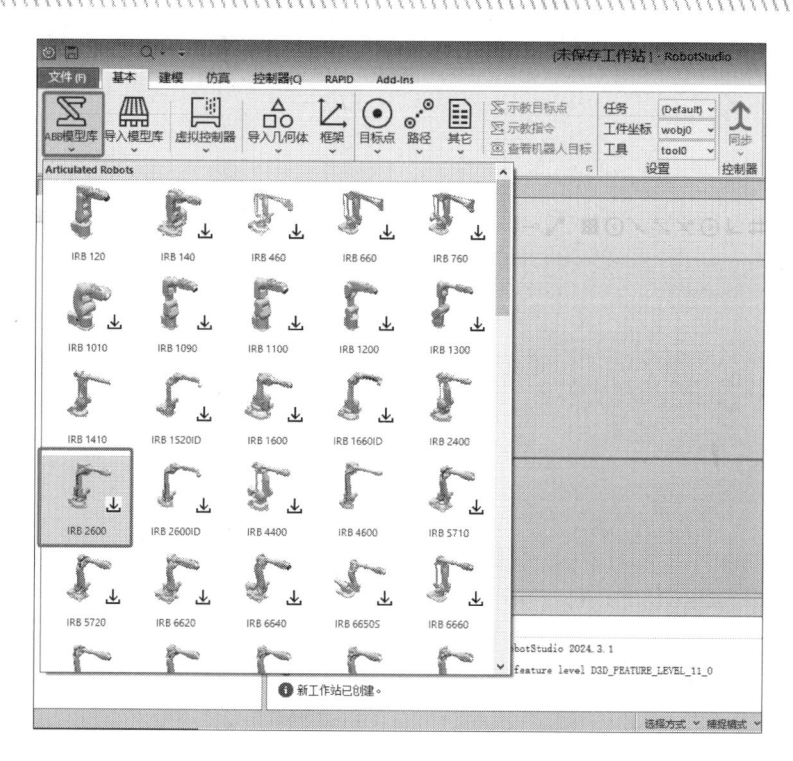

图6.4　选择IRB 2600机器人

备注：在RobotStudio 2024中，如果没有下载好的机器人，则可以通过机器人名字旁边的图标 进行下载，如图6.5所示。

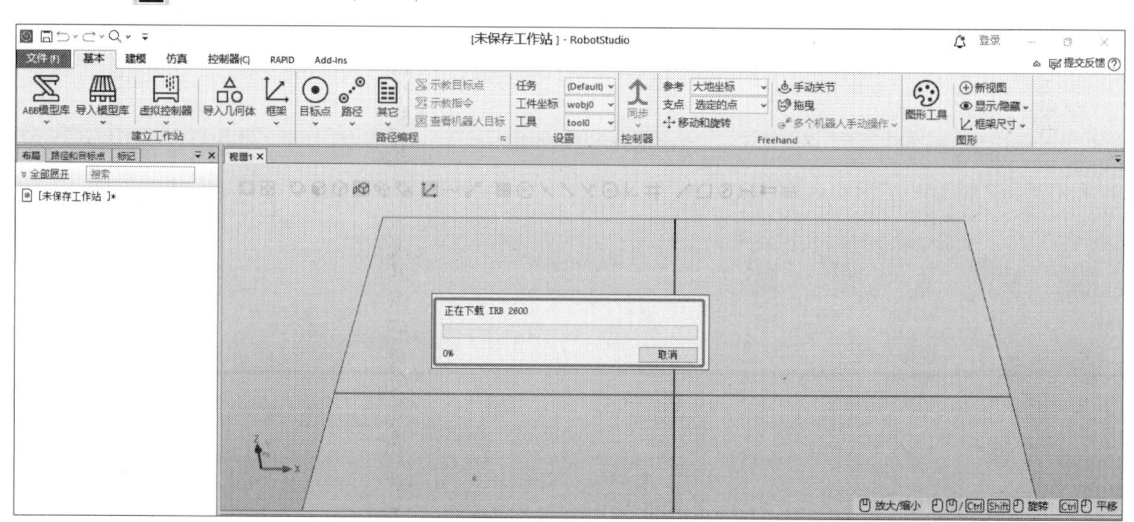

图6.5　下载选择的机器人装置

步骤04 在IRB 2600对话框中，"承重能力"选择12 kg，"到达"选择1.65 m，然后单击"确定"按钮，即可完成加载机器人IRB 2600，如图6.6所示。

步骤05 机器人IRB 2600加载完成后，用户可以在"布局"管理器中看到机器人对象，并在视图区看到机器人装置，如图6.7所示。

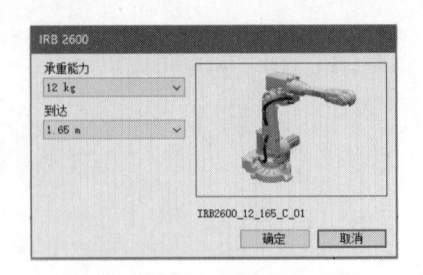

图6.6 设定机器人数据

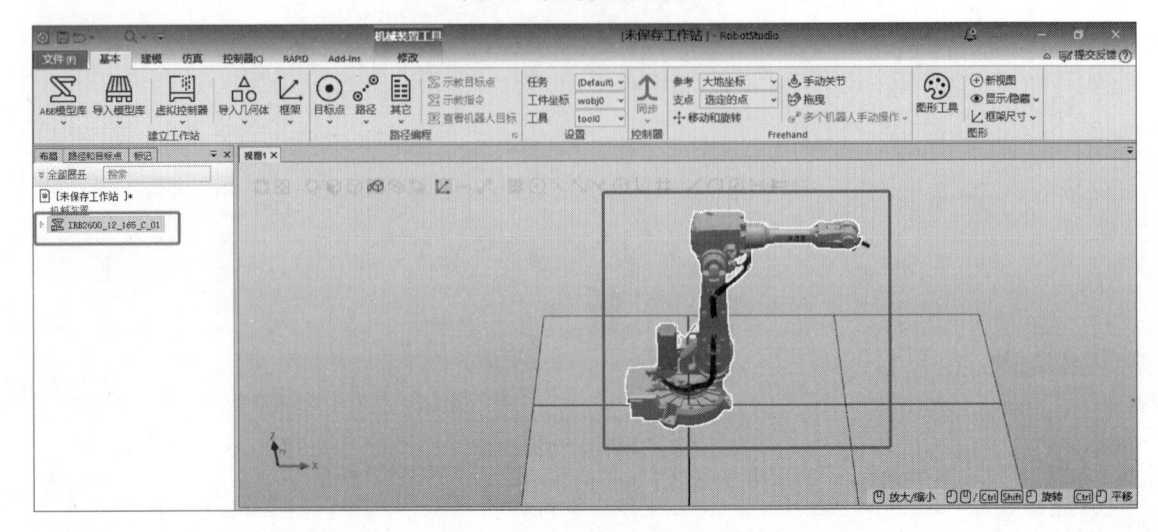

图6.7 机器人加载并导入完成

步骤06 在"基本"功能选项卡下,单击"ABB模型库",在下拉菜单"导轨"栏中单击IRBT 4004/6004/7004型号的导轨,如图6.8所示。

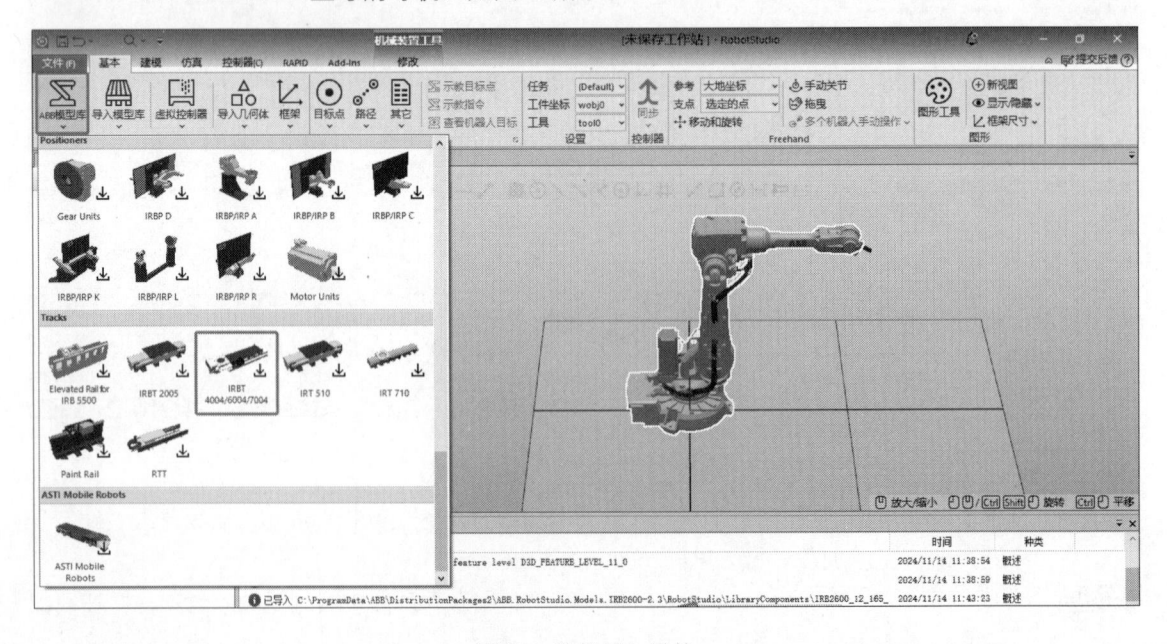

图6.8 选择导入导轨

第 6 章　带变位机及导轨的工业机器人工作站创建

备注：如图6.8所示，若出现图标 ⬇，则按照 步骤 03 下载即可。下载并安装完成后，再选择导轨IRBT 4004/6004/7004，如图6.9所示，将弹出IRBT 4004对话框。

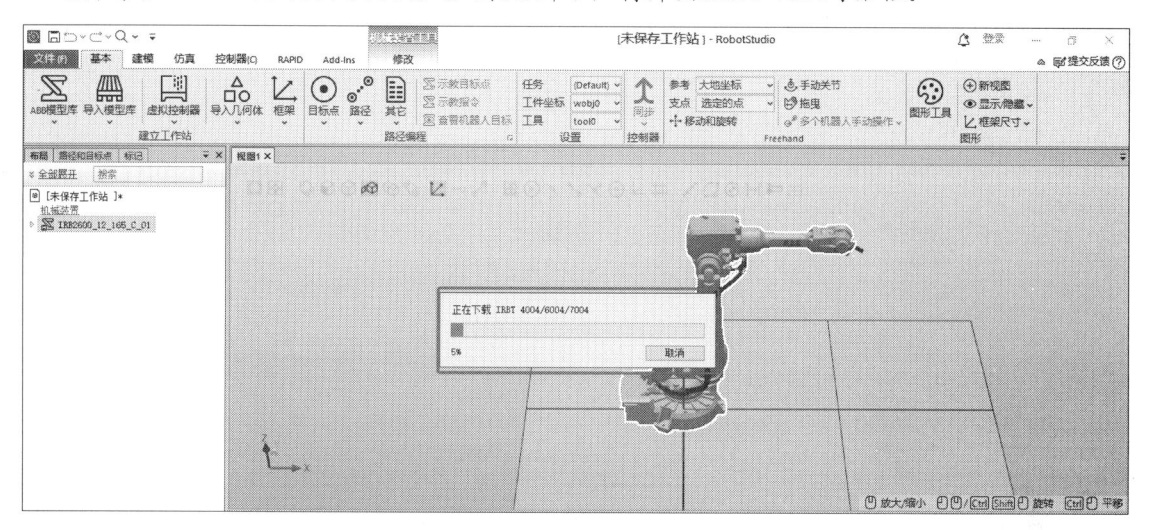

图6.9　下载导轨文件

步骤 07　在弹出的IRBT 4004对话框中，类型为标准，行程为3m，基座高度为0mm，机器人角度为0°，如图6.10所示。导轨参数信息设置完成后，单击"确定"按钮，即可完成加载导轨IRBT 4004，如图6.11所示。

步骤 08　在"布局"管理器中，选中IRB2600_12_165_C_01按住鼠标左键，往导轨IRBT 4004上拖动并放开鼠标，如图6.12所示。

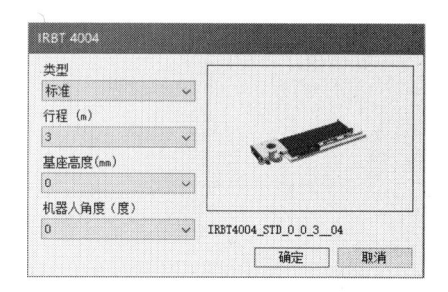

图6.10　设置导轨参数信息

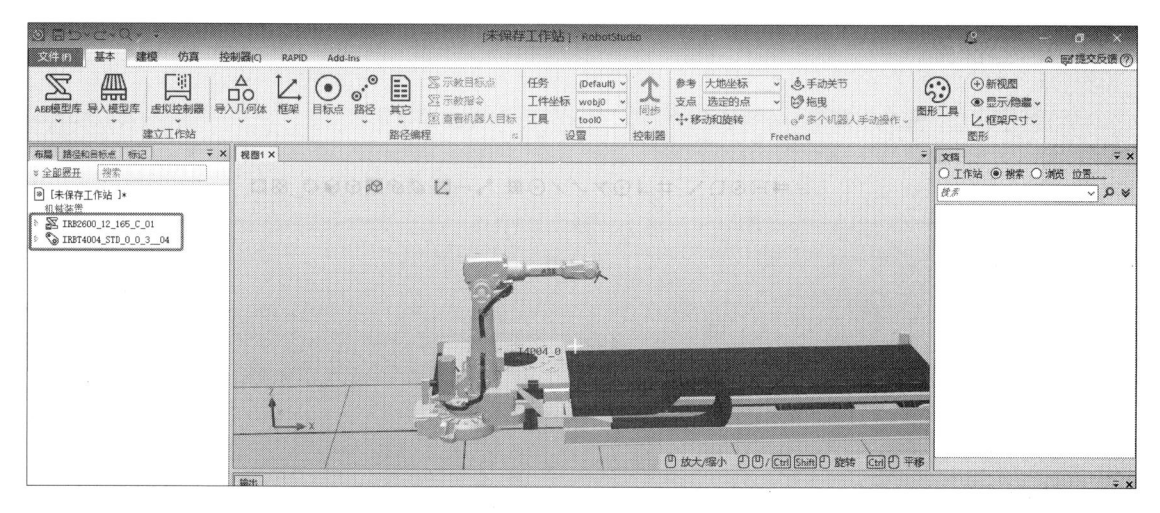

图6.11　完成导轨的加载

251

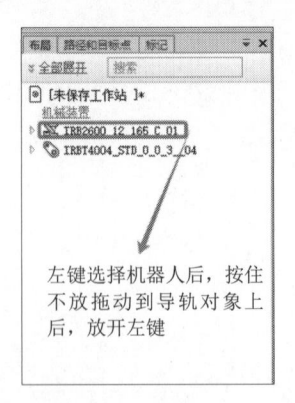

图6.12 拖动安装组件

步骤09 在弹出的"更新位置"对话框中,单击"是(Y)"按钮,即可将机器人安装到导轨上,如图6.13所示。

图6.13 "更新位置"对话框

备注:注意观察机器人安装到导轨上的前后视图对比,如图6.14和图6.15所示。

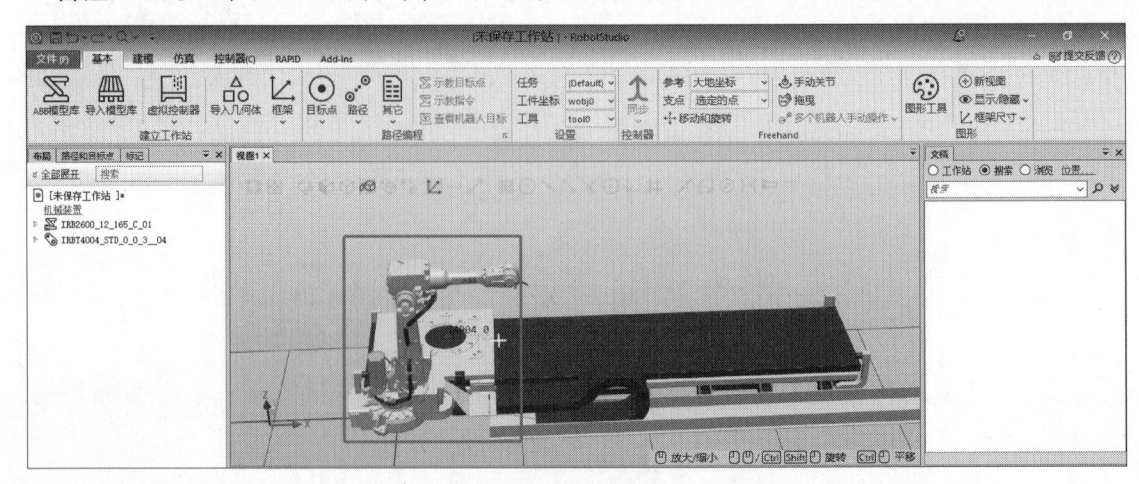

图6.14 安装前视图

第 6 章　带变位机及导轨的工业机器人工作站创建

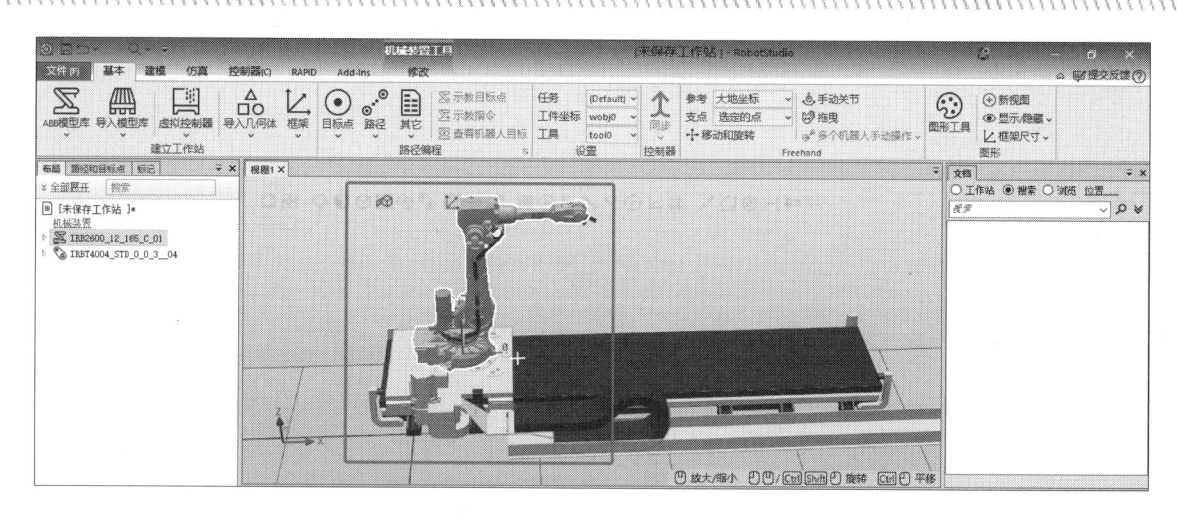

图6.15　安装后视图

步骤 10　在"基本"功能选项卡中，单击"导入模型库"，在"培训对象"中选择myTool工具，如图6.16所示。

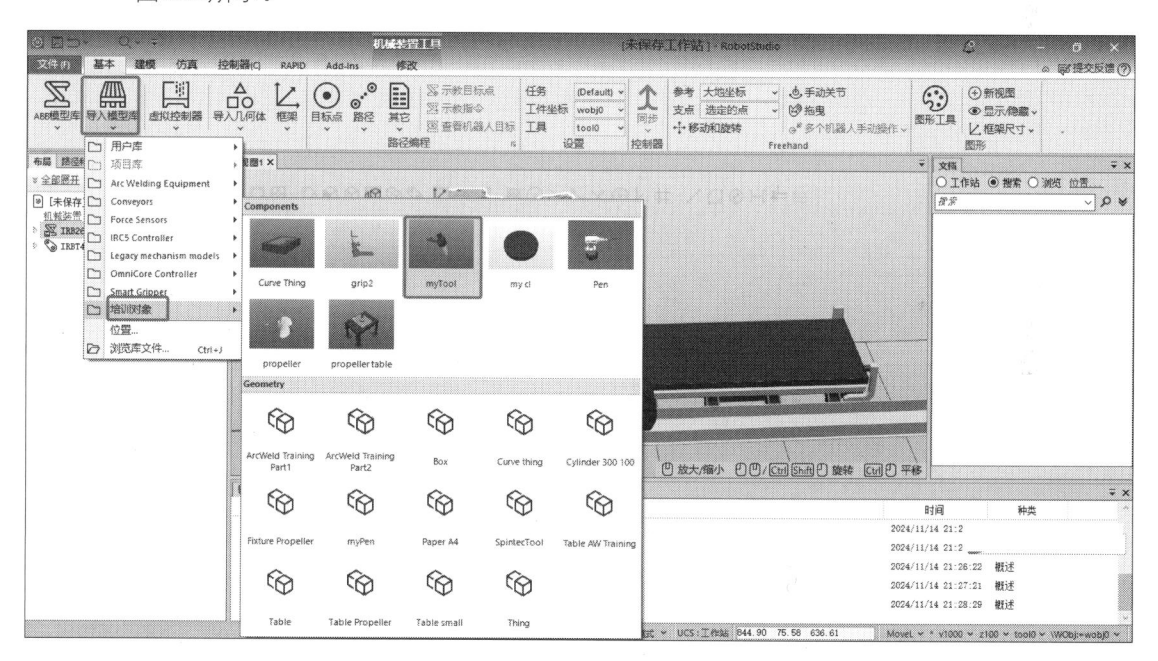

图6.16　选择基本工具

备注：用户也可以在本书配套资源中导入该工具（库文件和几何体均有）。

步骤 11　在"布局"管理器中，选中MyTool按住鼠标左键，往机器人IRB2600_12 _165_C_01上拖，如图6.17所示。

步骤 12　在弹出的"更新位置"对话框中，单击"是(Y)"按钮，即可将机器人安装到导轨上，如图6.18所示。

此时工具MyTool将被成功安装到机器人IRB2600_12_165_ C_01上，如图6.19所示。

253

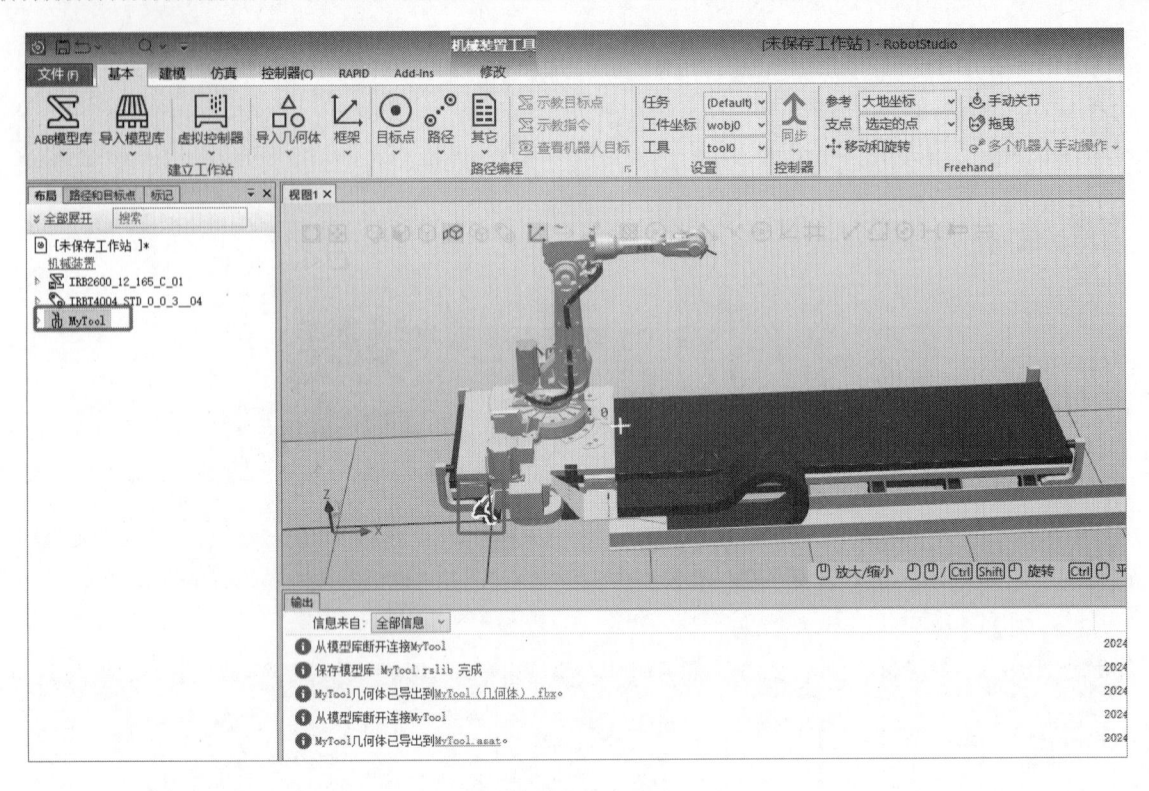

图6.17 拖动安装机器人工具

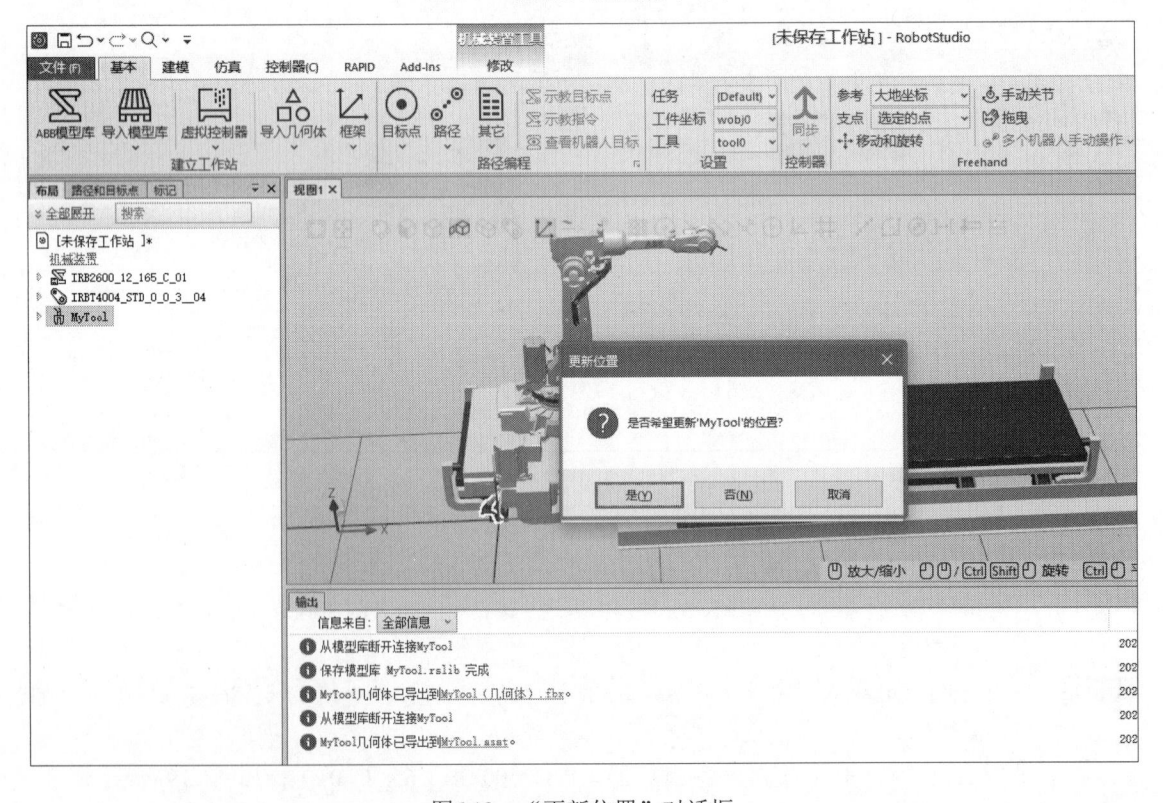

图6.18 "更新位置"对话框

第 6 章 带变位机及导轨的工业机器人工作站创建

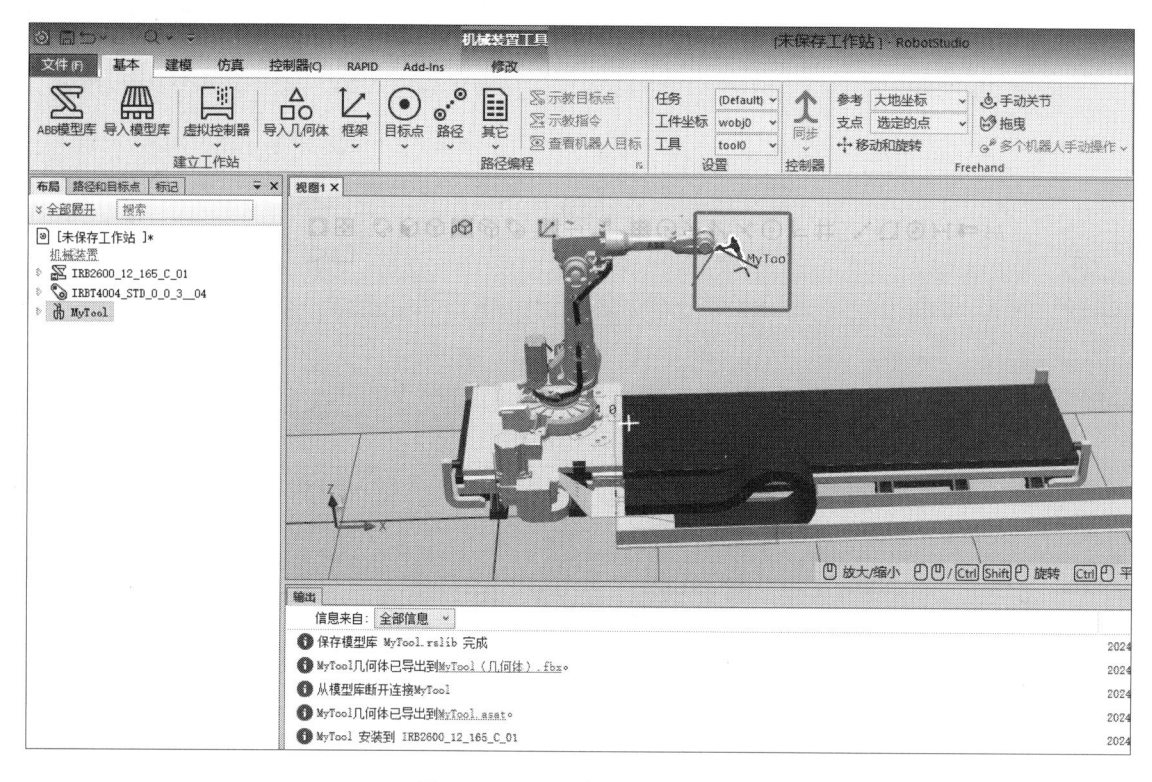

图6.19 工具已安装到机器人上

步骤13 在"建模"功能选项卡中，单击"固体"，选择"矩形体"，如图6.20所示。

步骤14 在弹出的"创建方体"对话框中，在"角点（mm）"处输入（0,1200,1000），长度（mm）为3000，宽度（mm）为500，高度（mm）为3。单击"创建"按钮，即可完成工件创建，如图6.21所示。

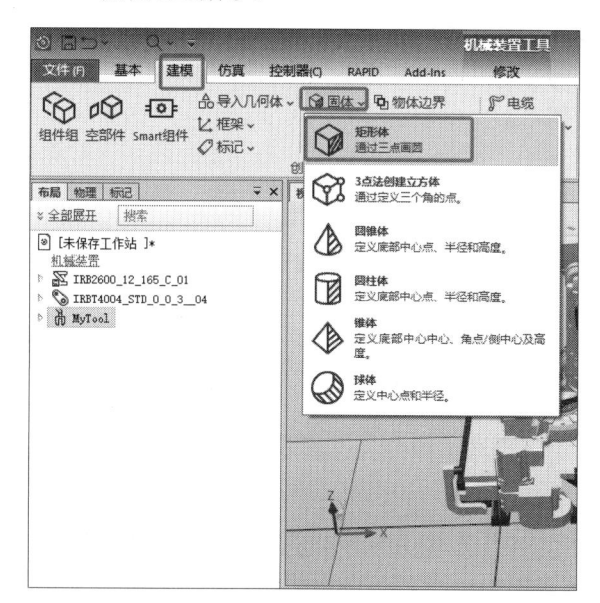

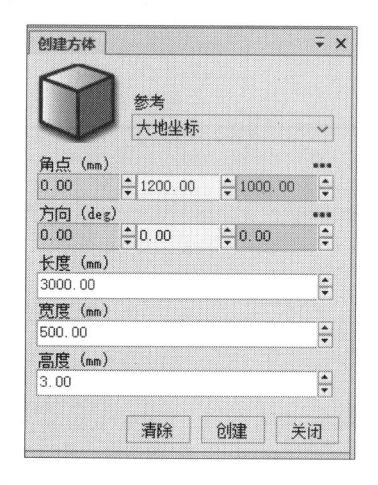

图 6.20 选择"矩形体"　　　　　图 6.21 创建方体参数设置

255

步骤15 创建的方体在"布局"和"视图"中均可查看,如图6.22所示。

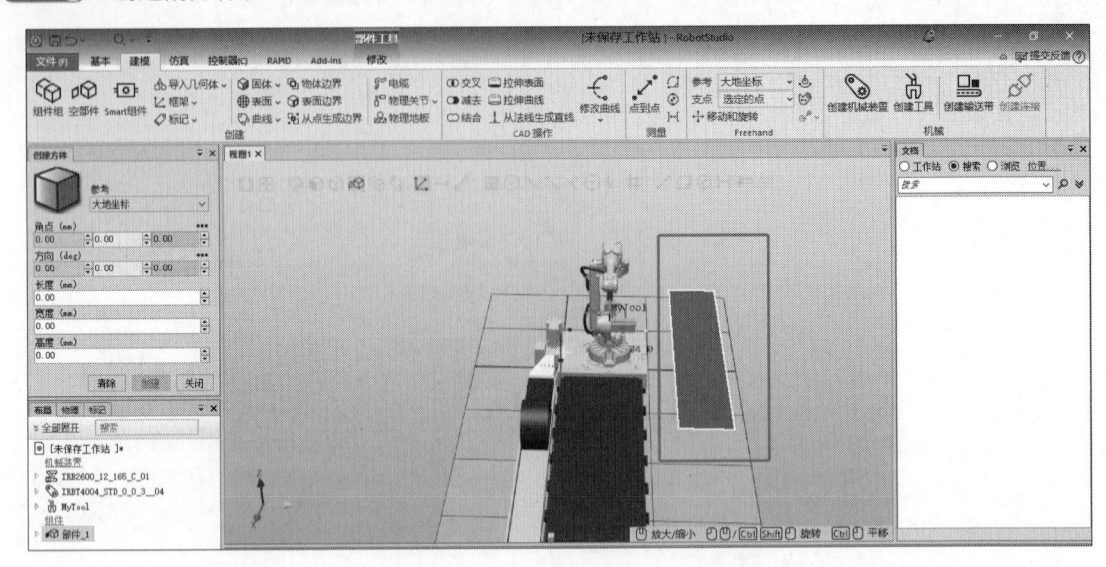

图6.22 查看视图区内创建的模型

其中,A点位置即为工件的角点,如图6.23所示。

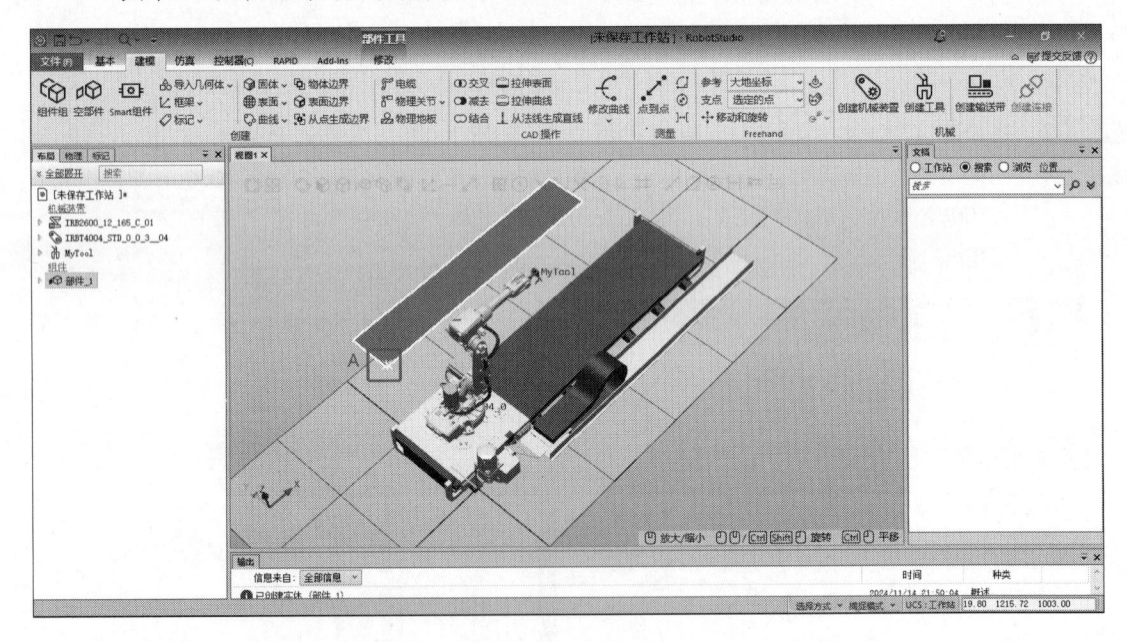

图6.23 工件角点位置

接下来,用户需要右击创建的"部件_1",单击"重命名",将其名称修改为"工件",如图6.24所示。

通过上述操作步骤,用户已经将机器人、工具、导轨以及工件创建完成,可在视图区域内查看已创建的组件对象。注意,在 步骤14 和 步骤15 中创建的工件角点坐标,用户可以根据实际需要进行设置。

第 6 章 带变位机及导轨的工业机器人工作站创建

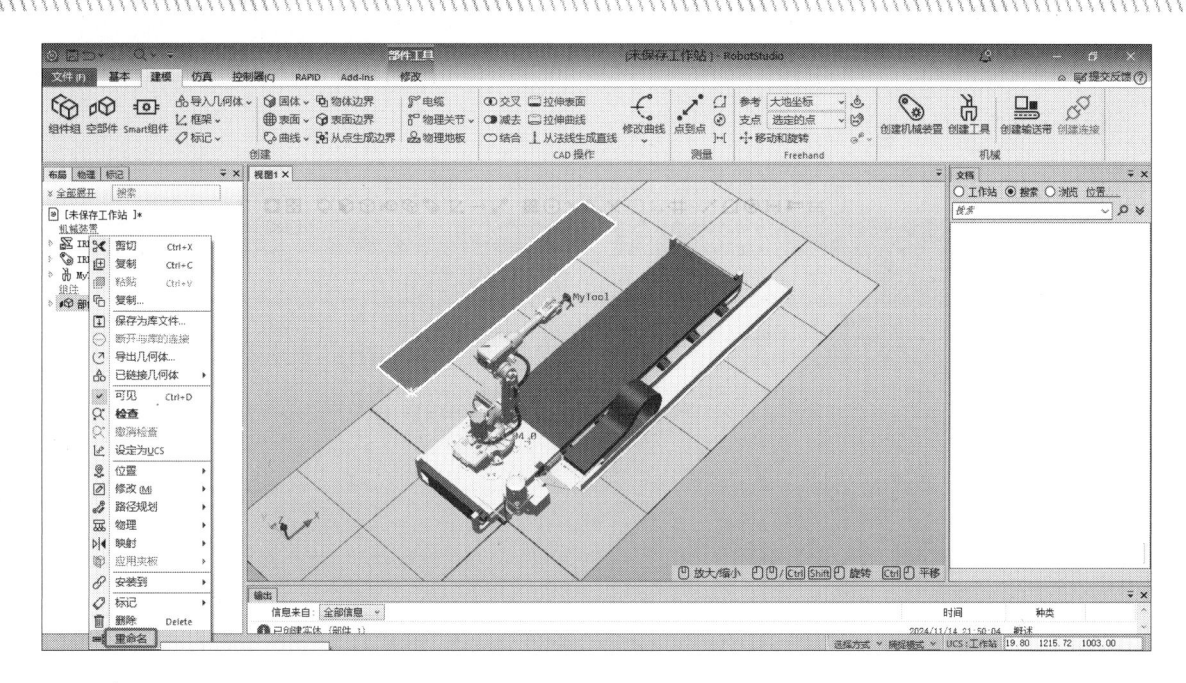

图6.24 重命名对象名称

6.1.2 创建带导轨的机器人系统

在6.1.1节中，我们已经成功创建基本工作站，本小节将继续介绍如何创建带导轨的机器人系统。创建带导轨的机器人系统与前面章节介绍的创建单台机器人系统类似，区别在于创建过程中，需要将机器人与导轨都选择为系统服务的机械装置，而在任务框架选项中，要求以导轨为基准。

创建带导轨的机器人系统，具体操作步骤如下。

步骤01 在"基本"功能选项卡中，单击"虚拟控制器"，选择"从布局…"选项，如图6.25所示。

步骤02 在弹出的"从布局创建控制器"对话框中，用户可以修改"名称"和"位置"，然后单击"下一个"按钮，如图6.26所示。

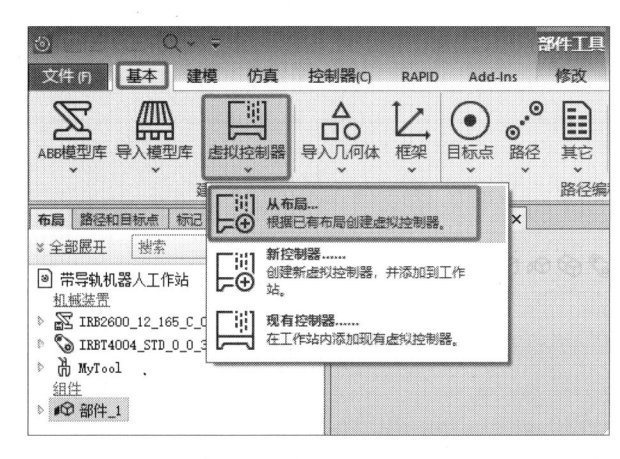

图 6.25 从布局安装控制器　　　　图 6.26 修改控制器名称和位置

257

步骤 03 查看当前机械装置，继续单击"下一个"按钮，如图6.27所示。

备注：将机器人和导轨对象均匀选上。

步骤 04 确定控制器任务后，单击"下一个"按钮，如图6.28所示。

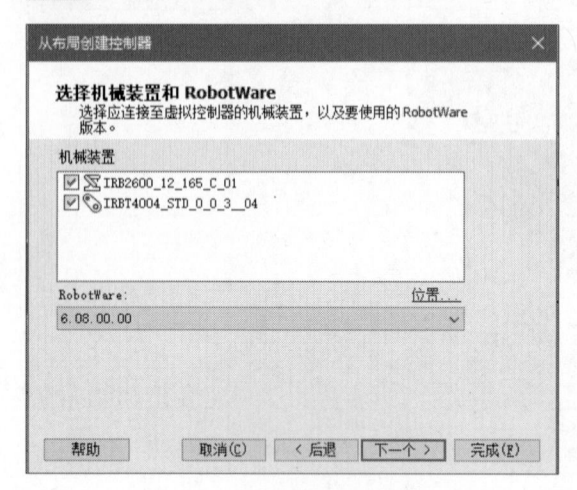

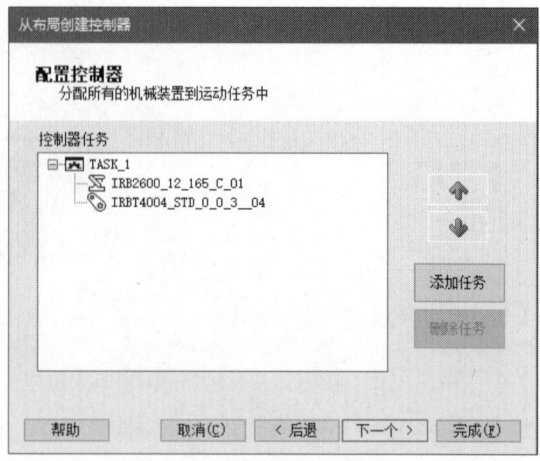

图 6.27 查看当前机械装置　　　　　　图 6.28 确定控制器任务

步骤 05 根据需要修改完"选项"后，单击"完成"按钮，如图6.29所示。

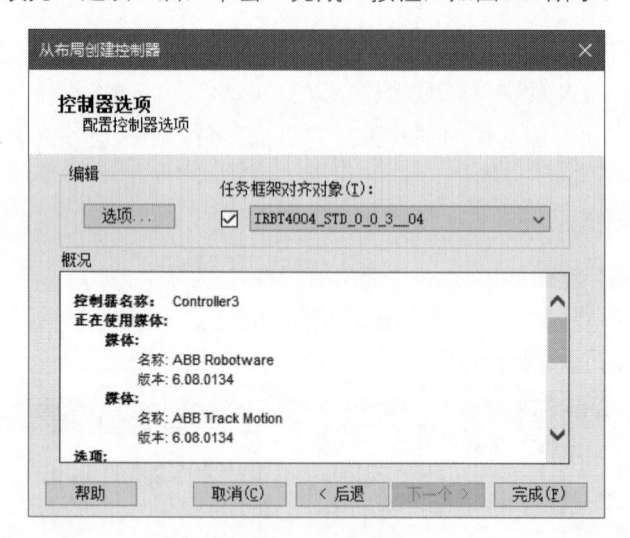

图6.29 可修改选项

备注：单击"选项…"按钮可以修改控制器语音等基本设置。在"任务框架对齐对象"中选择导轨对象，一般情况下，默认也为导轨对象，用户需检查此选项。

步骤 06 与前面章节中介绍的机器人系统创建一样，需要等待其创建完成并启动后，右下角的控制状态栏会变为绿色，如图6.30和图6.31所示。

在上述创建带导轨的机器人系统时，用户需要特别注意 **步骤 03** 和 **步骤 05** 中，与前面章节所介绍的创建常规机器人系统的不同之处以及选项选择的区别。

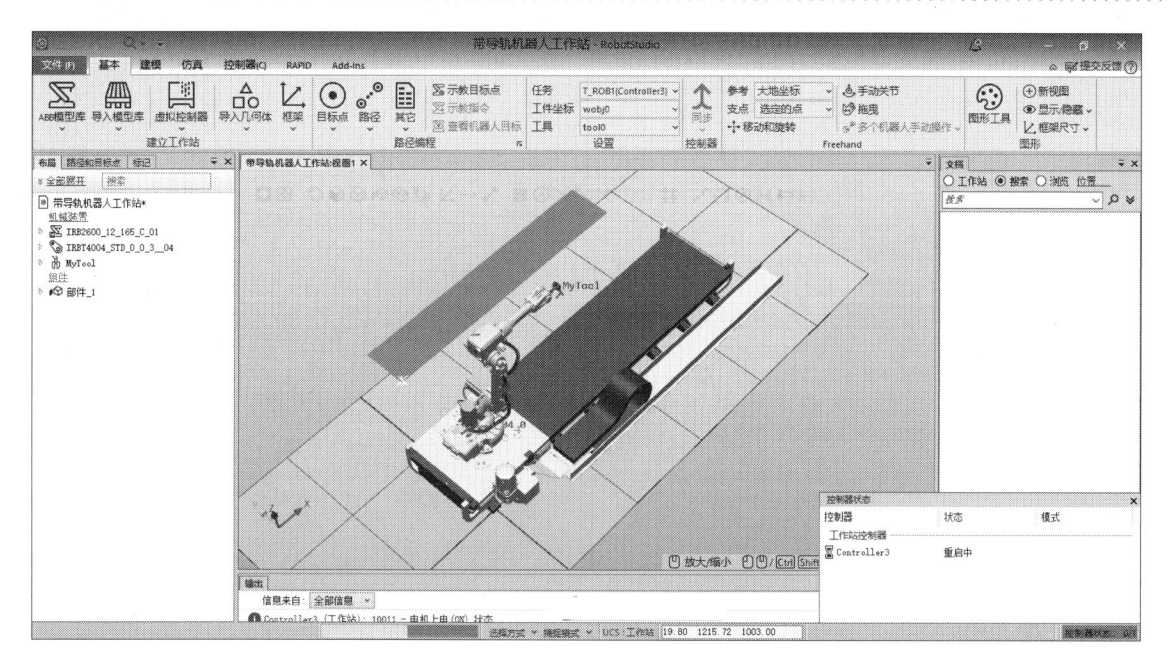

图6.30 等待机器人系统创建完成

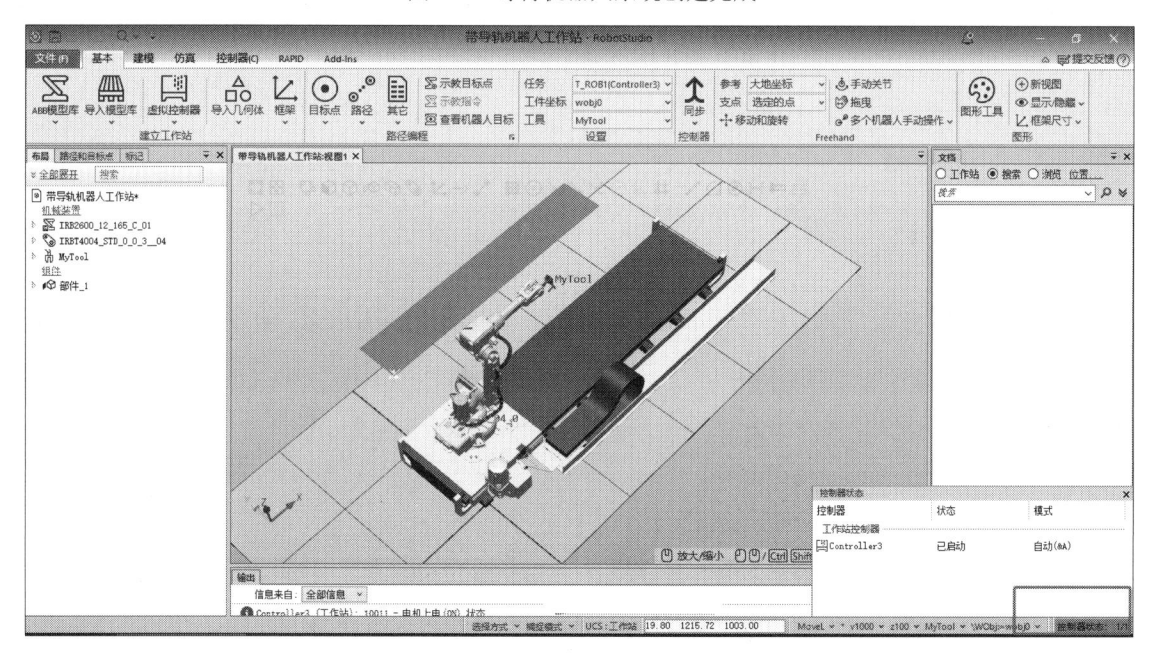

图6.31 机器人系统安装已完成

6.1.3 创建带导轨的运动轨迹

当实际工作中需要对超出机器人工作范围的较长或较宽的工件边缘进行工艺处理时，需增加6.1.2节中介绍的导轨来增大其工作范围以便完成生产任务。为了使机器人能够在导轨上根据用户所创建的运动轨迹进行运动，首先需要创建工件坐标，然后示教运动轨迹。

首先创建工件坐标，具体操作步骤如下。

步骤 01 在"基本"功能选项卡中，单击"其他"，选择"创建工件坐标"选项，如图6.32所示。

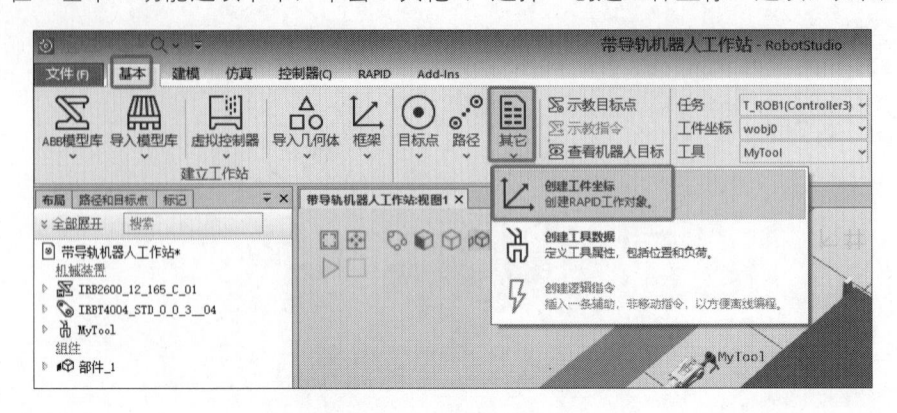

图6.32 创建工件坐标系

步骤 02 在左侧打开的"创建工件坐标"对话框中，先单击A处，修改名称为Wobj1，再单击B处，选中"三点"，如图6.33和图6.34所示。

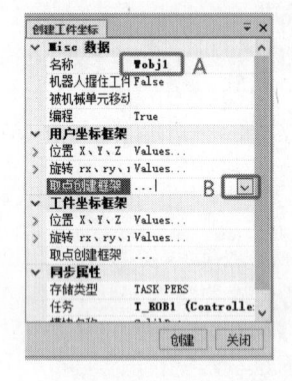

图 6.33 选择取点创建坐标框架 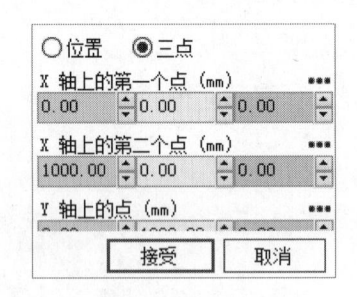　　　　图 6.34 选择三点法拾取坐标点位

步骤 03 在视图区中，把捕捉模式选择为"捕捉末端"，如图6.35所示。

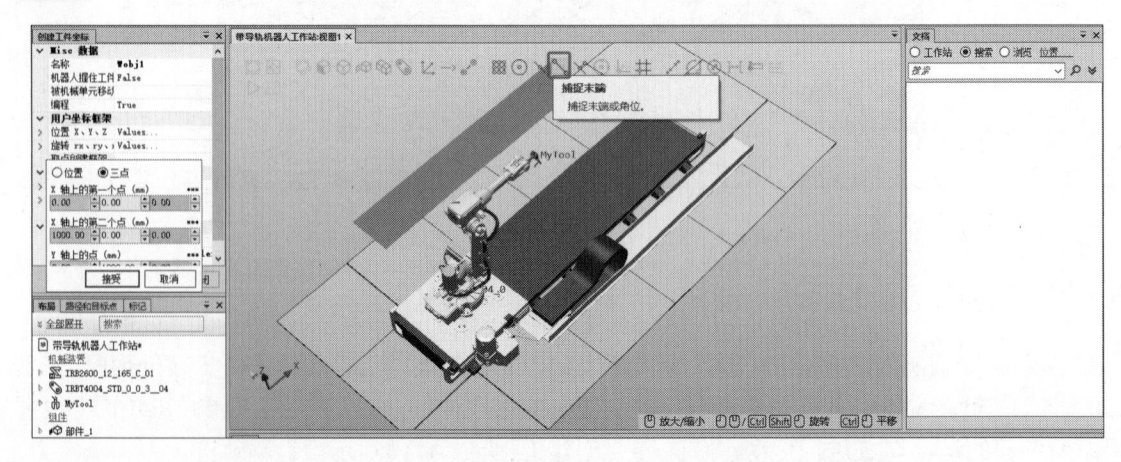

图6.35 选择捕捉模式为"捕捉末端"

第 6 章 带变位机及导轨的工业机器人工作站创建

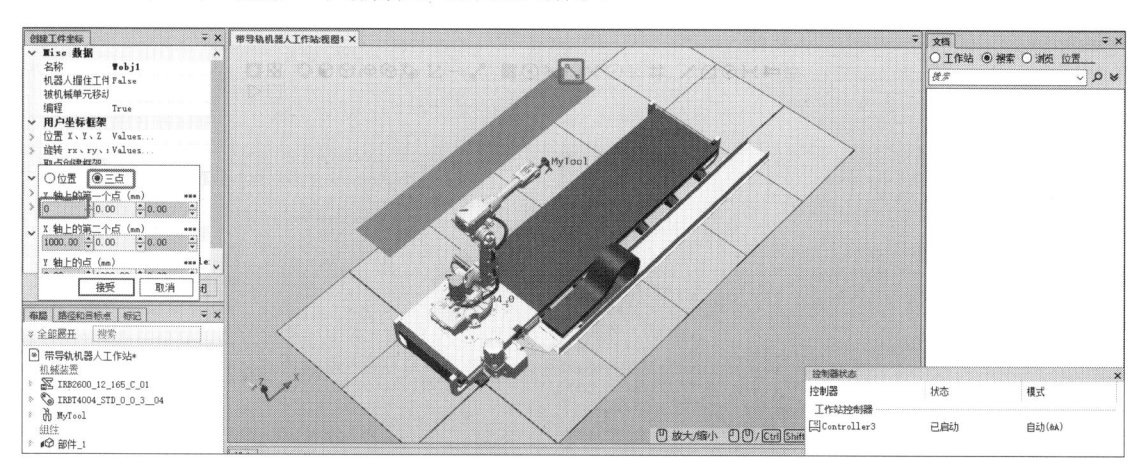

步骤 04 在弹出的窗口中,选中"三点",确认"捕捉末端"图标点亮,单击"X轴上的第一个点(mm)"的第一个编辑框,如图6.36所示。

图6.36 单击开始捕捉

步骤 05 依次单击"视图"中的三点,成功拾取三点的坐标值,如图6.37所示。

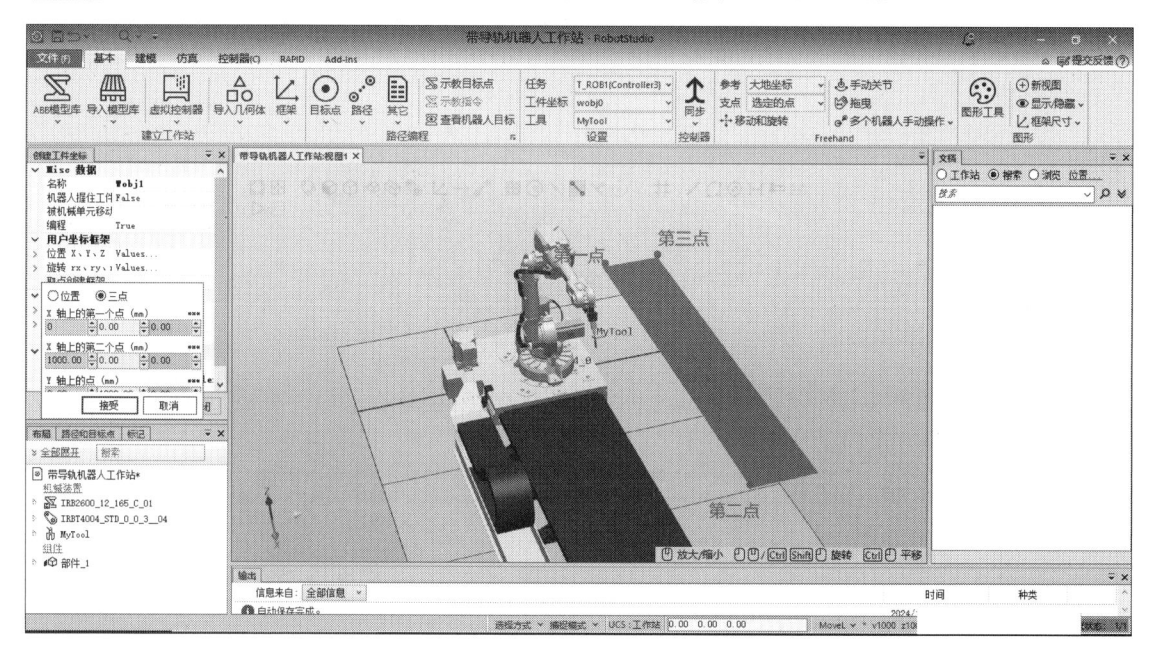

图6.37 拾取坐标值

步骤 06 单击"接受"按钮,再单击"创建"按钮,创建工件坐标系,如图6.38~图6.40所示。
步骤 07 确认在"基本"功能选项卡中"设置"组中将任务、工件坐标、工具选项设置如图6.41所示。
步骤 08 单击工具对象MyTool,再单击"移动和旋转",视图区内的工具对象出现三个坐标,如图6.42所示。

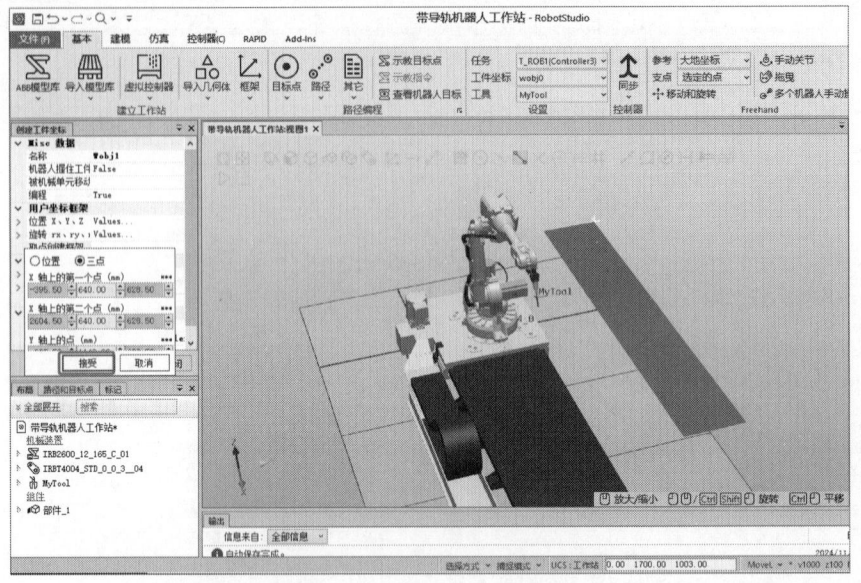

图6.38 完成拾取坐标点值

图6.39 创建工件坐标

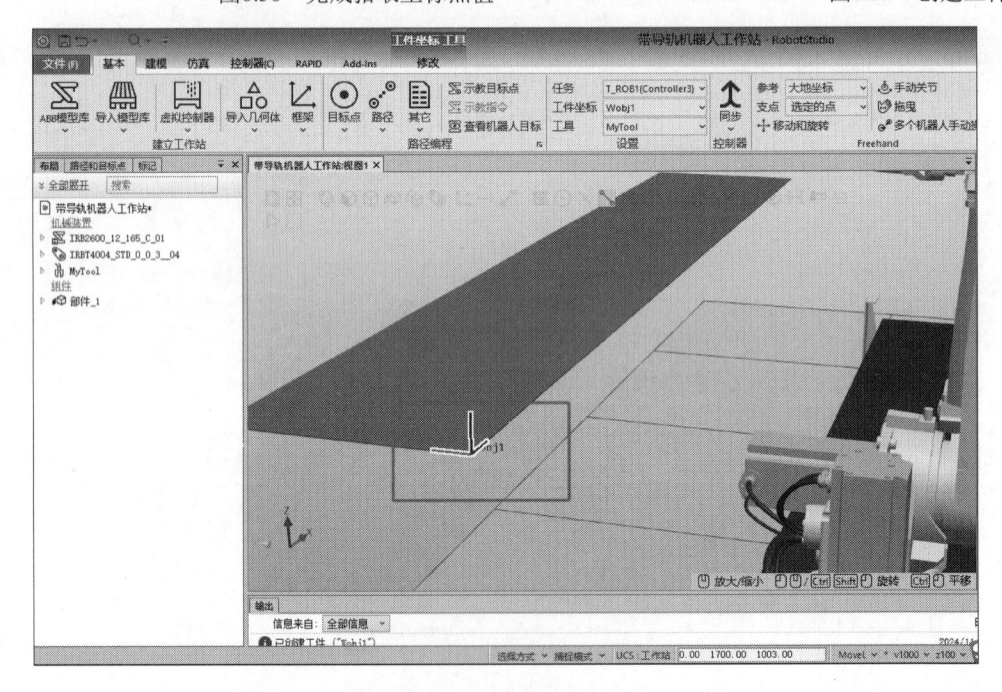

图6.40 工件坐标已创建

步骤 09 移动工具的三个坐标轴到各点位，并进行示教，如图6.43所示。

在示教点位过程中，工件端点Target_40和Target_50超出了机器人的工作范围，用户可以单击"手动关节"来移动机器人在导轨上的位置，以便机器人工具能够到达示教点位，如图6.44和图6.45所示。

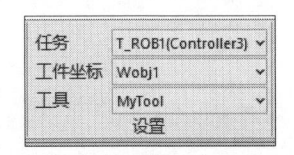

图6.41 选择任务、工件坐标及工具

第 6 章 带变位机及导轨的工业机器人工作站创建

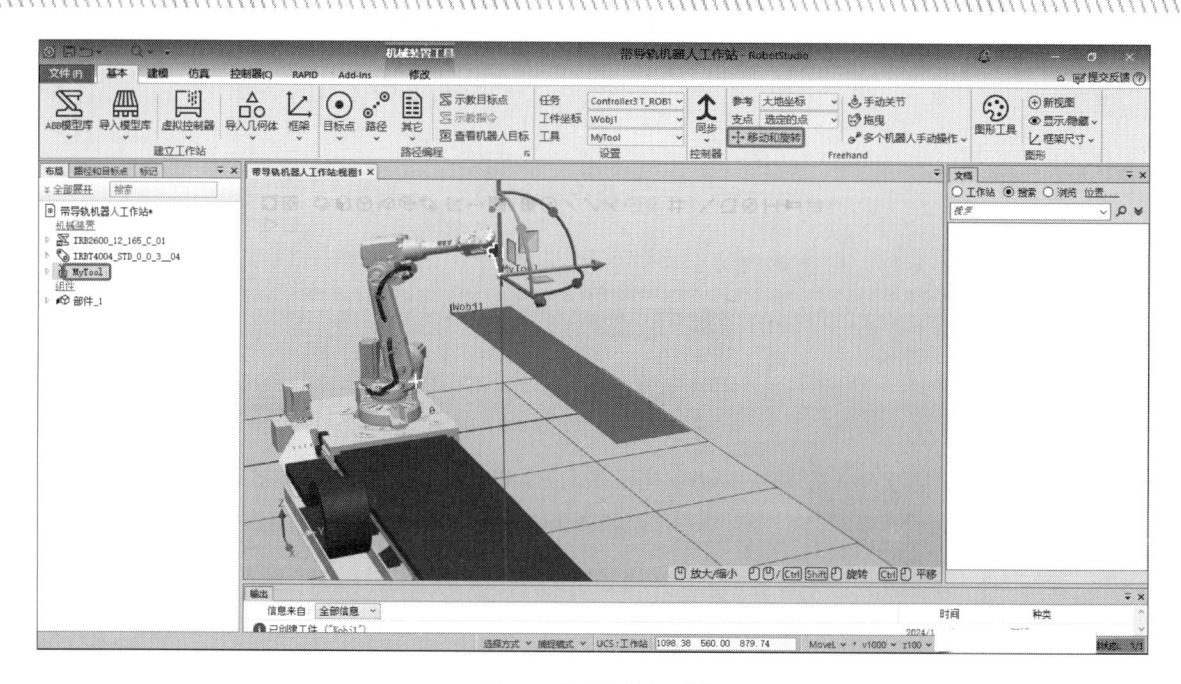

图6.42 移动和选择对象

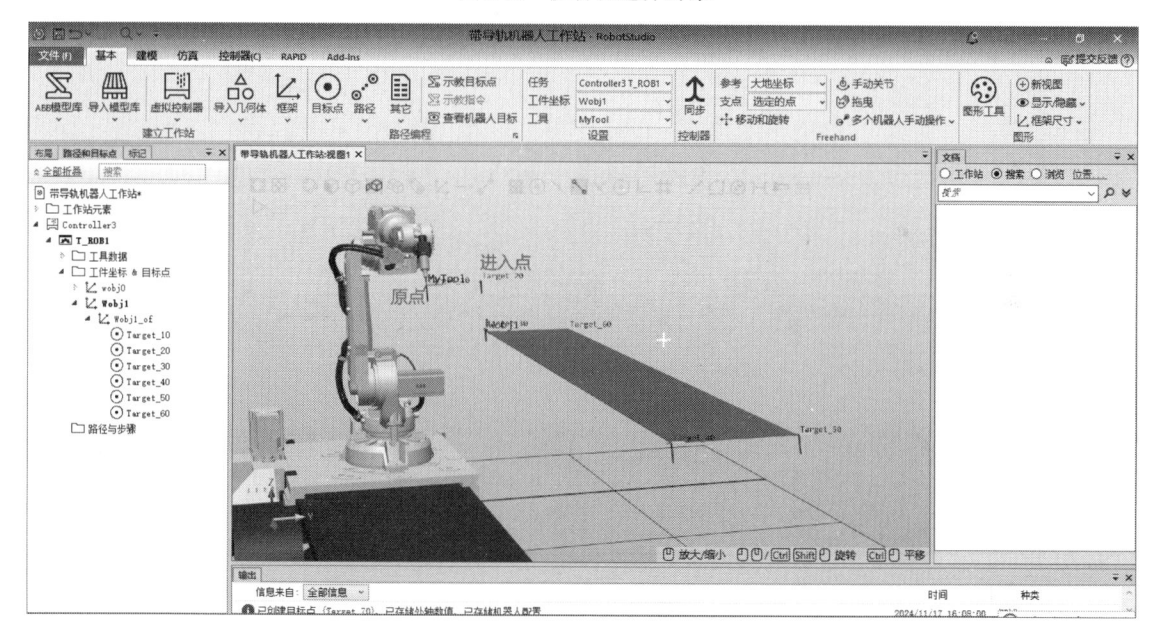

图6.43 示教点位

步骤⑩ 在"路径和目标点"管理器中,选择所有示教点位,右击,在弹出的快捷菜单中选择"添加新路径",将示教点位添加到新建路径中,如图6.46和图6.47所示。

步骤⑪ 复制路径指令MoveL Target_30,如图6.48所示,在最后一条指令上右击,选择"粘贴"。

步骤⑫ 在弹出的"创建新目标点"对话框中,单击"否(N)"按钮,如图6.49所示。

263

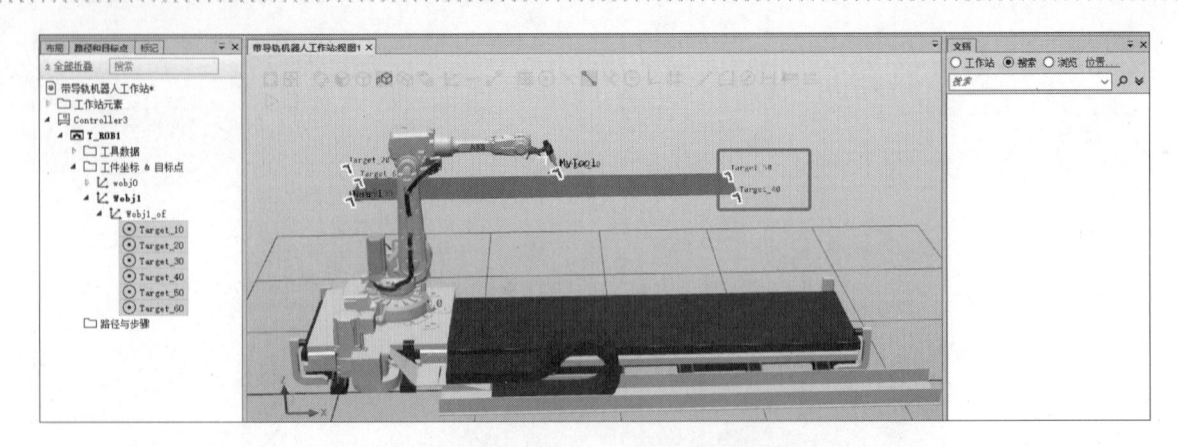

图6.44　超出工作范围的点

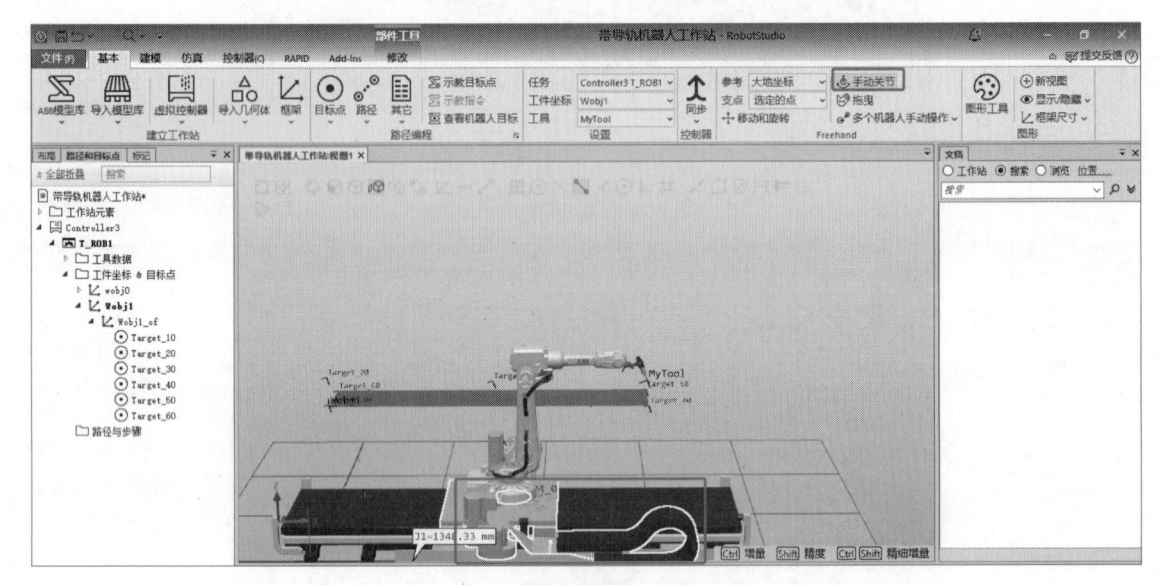

图6.45　手动关节移动

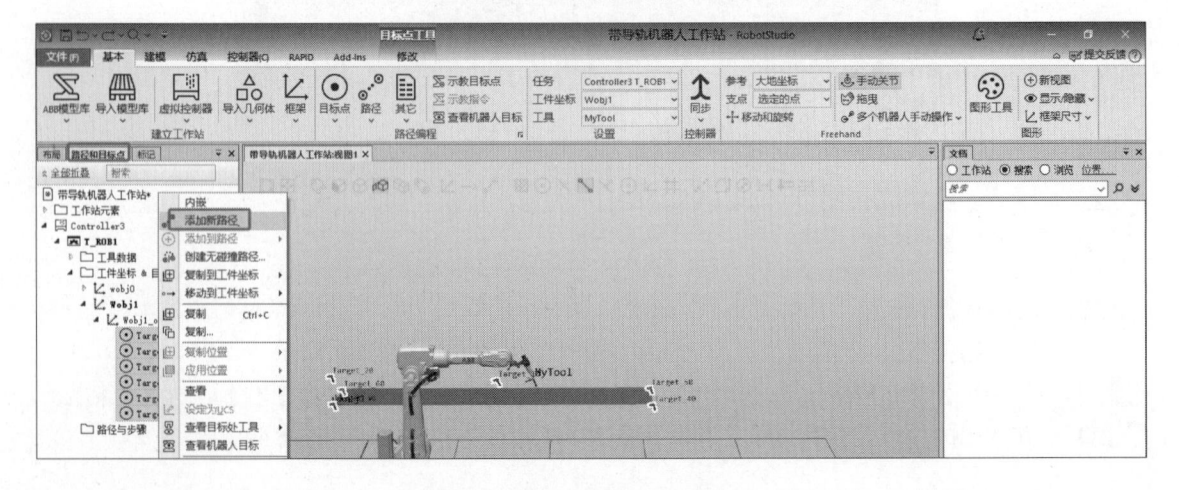

图6.46　将示教点位添加到新路径

第 6 章　带变位机及导轨的工业机器人工作站创建

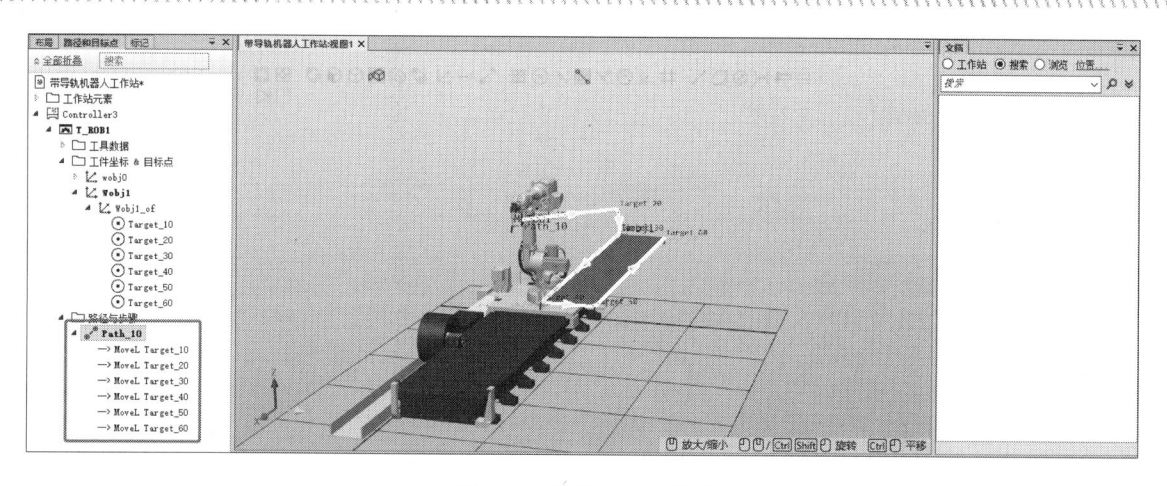

图6.47　生成的运动路径

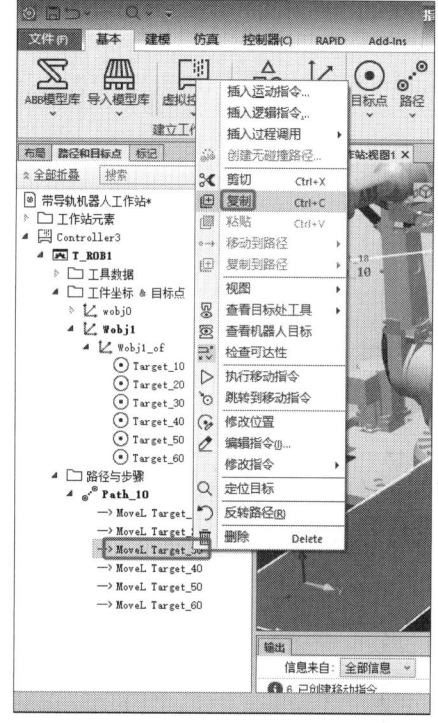

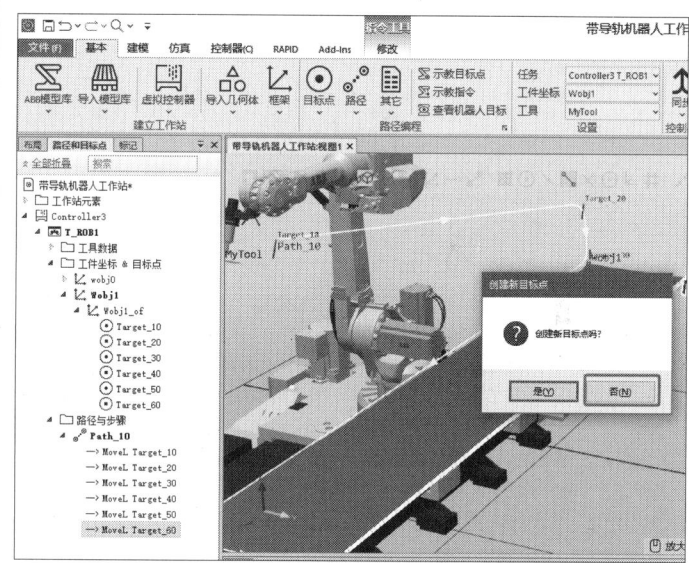

图6.48　复制路径指令添加到路径最后　　　图6.49　"创建新目标点"对话框

备注：复制该路径指令主要是为了封闭路径，使机器人回到原点。

步骤13　按照**步骤11**和**步骤12**将指令MoveL: Target_20和MoveL Target_10分别复制并粘贴，使机器人经原路径回到原点，如图6.50所示。

步骤14　在路径指令MoveL Target_10上右击，在弹出的快捷菜单中选择"编辑指令"，如图6.51所示。在打开的"编辑指令：MoveL Target_10"对话框中修改参数，如图6.52所示。

265

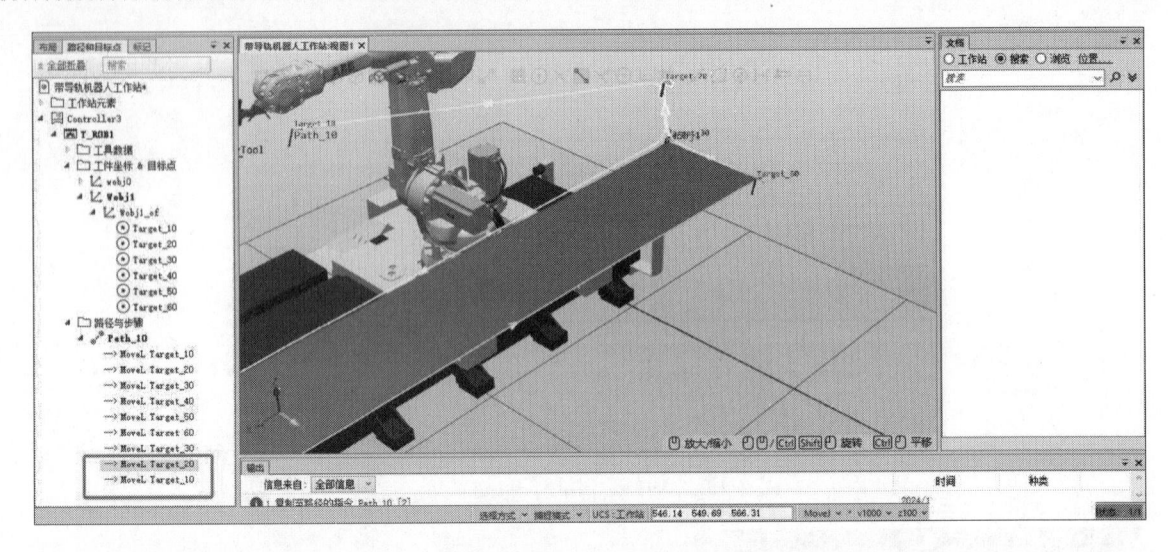

图6.50 复制并粘贴路径指令使其路径闭环

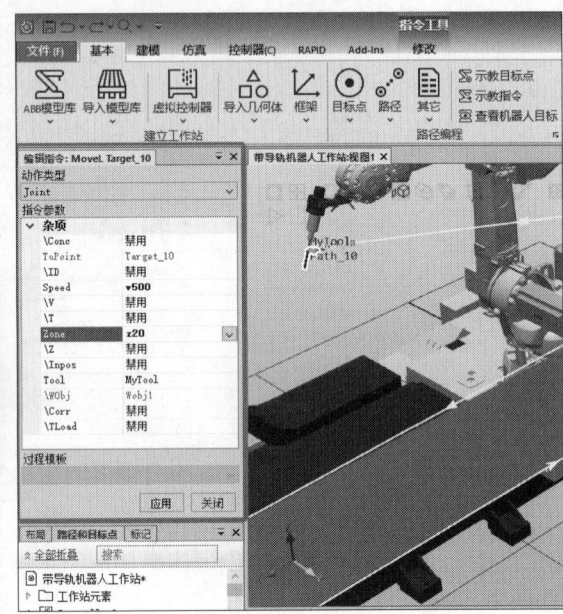

图6.51 选择"编辑指令"　　　　图6.52 修改指令参数

将动作类型修改为Joint、Speed修改为v500、Zone修改为z20，然后单击"应用"按钮，完成指令的修改，如图6.53所示。

按照 步骤14 修改路径指令，指令参数如下：

```
PROC Path_10()
MoveJ Target_10,v500,z20,MyTool\WObj:=wobj1;
MoveJ Target_20,v500,z20,MyTool\WObj:=wobj1;
MoveJ Target_30,v200,fine,MyTool\WObj:=wobj1;
MoveL Target_40,v300,z0,MyTool\WObj:=wobj1;
MoveL Target_50,v300,z0,MyTool\WObj:=wobj1;
MoveL Target_60,v300,z0,MyTool\WObj:=wobj1;
```

```
MoveJ Target_30,v200,fine,MyTool\WObj:=wobj1;
MoveJ Target_20,v500,z20,MyTool\WObj:=wobj1;
MoveJ Target_10,v500,z20,MyTool\W0bj:=wobj1;
```

修改完成后，在"路径与步骤"中可以检查修改后的路径指令，如图6.54所示。

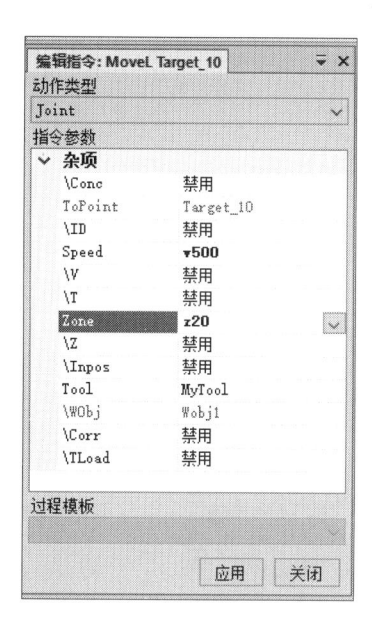

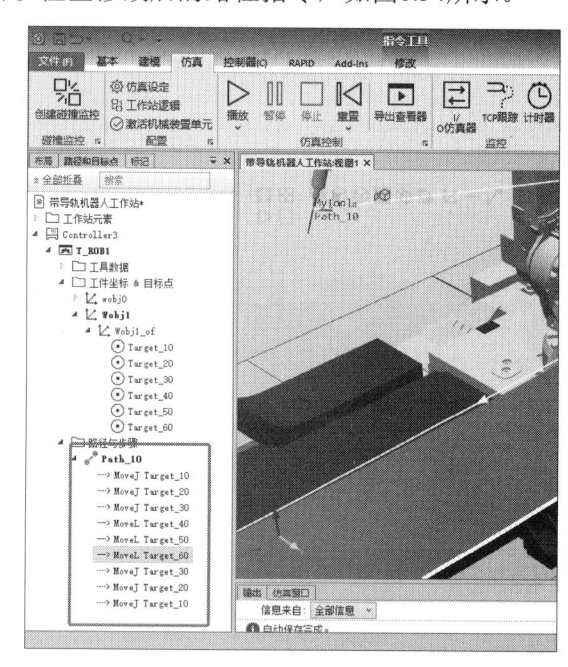

图 6.53　指令参数修改情况

图 6.54　修改后的路径指令

用户可以使用 步骤14 的操作对指令参数进行修改，也可以将工作站的路径和目标同步到RAPID中，再在RAPID的模块代码中编辑修改，如图6.55所示。

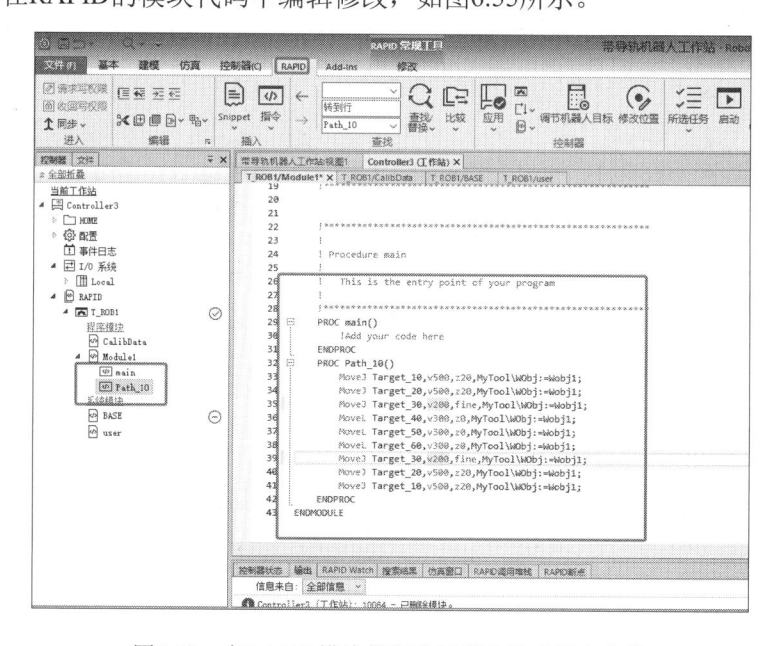

图6.55　在RAPID模块代码编辑器中修改指令参数

6.1.4 导轨机器人运动轨迹仿真运行

用户编辑和修改完所有指令及参数后，将路径Path_10同步到RAPID中进行仿真运行，具体操作步骤如下。

步骤01 在"路径和目标点"管理器中，右击路径Path_10，在弹出的快捷菜单中单击"同步到RAPID..."，如图6.56所示。

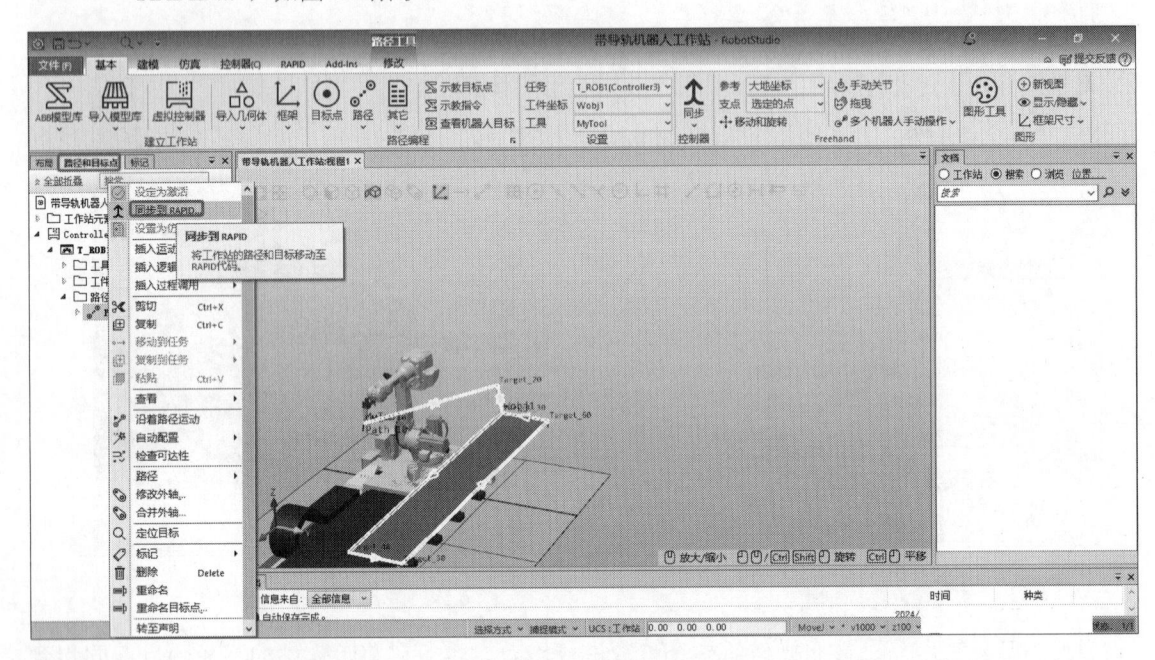

图6.56 选择同步功能

步骤02 在弹出的"同步到RAPID"对话框中，将"同步"下的路径、坐标以及数据选项全部勾选后，单击"确定"按钮，如图6.57所示。

步骤03 在"仿真"功能选项卡中单击"仿真设定"，如图6.58所示。

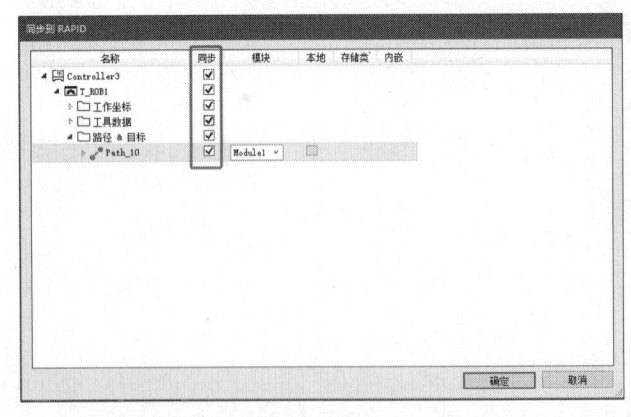

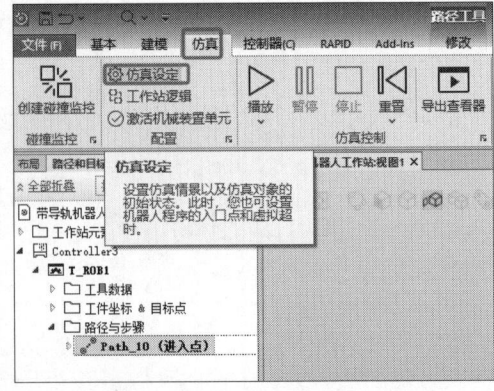

图 6.57 选择"同步"选项　　　　图 6.58 打开"仿真设定"功能

第 6 章　带变位机及导轨的工业机器人工作站创建

步骤 04　在弹出的"仿真设定"页面中，单击"仿真对象"中的T_ROB1，在右侧的"进入点"下拉菜单中选择路径Path_10作为仿真进入点，如图6.59所示。

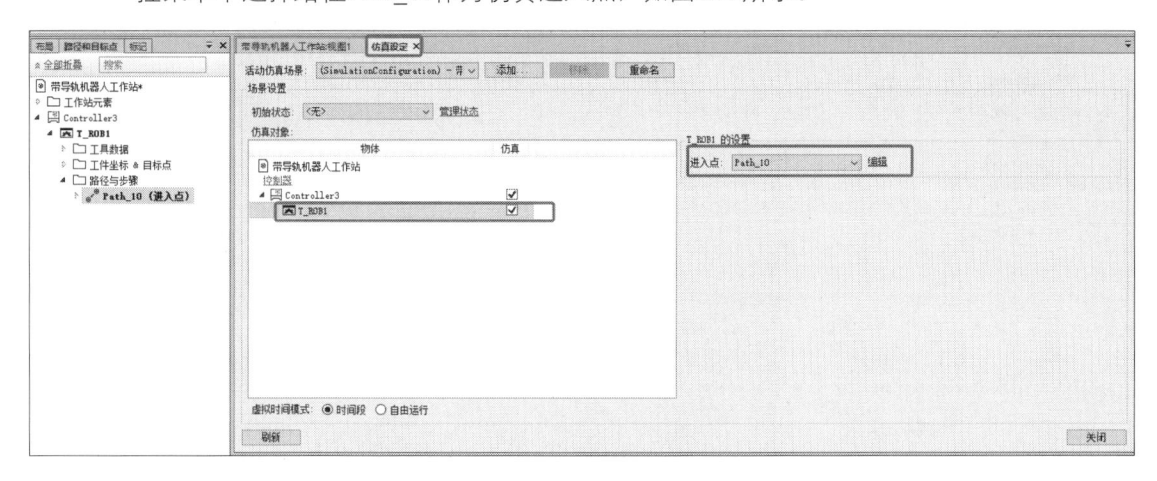

图6.59　选择仿真对象

备注：用户也可以在"路径与目标点"管理器中，右击路径名Path_10，在弹出的快捷菜单中选择"设置为仿真进入点"，如图6.60所示。

图6.60　在"路径和图标点"管理器中设置为仿真进入点

步骤 05　在"仿真"功能选项卡中单击"播放"按钮后，用户在视图区内可以看到机器人按照示教规划的路径进行运动，如图6.61所示。

如果规划路径或点位超出了机器人工作范围，机器人会在导轨上进行滑动，以确保规划路径或点位在机器人的工作范围内，如图6.62所示。

备注：用户在进行导轨机器人仿真设定前或修改指令后，可以先在路径名上右击，通过弹出的快捷菜单选择"沿着路径运动"或"自动配置"选项来运行路径指令，以查看是否与规划路径相符，如图6.63和图6.64所示。

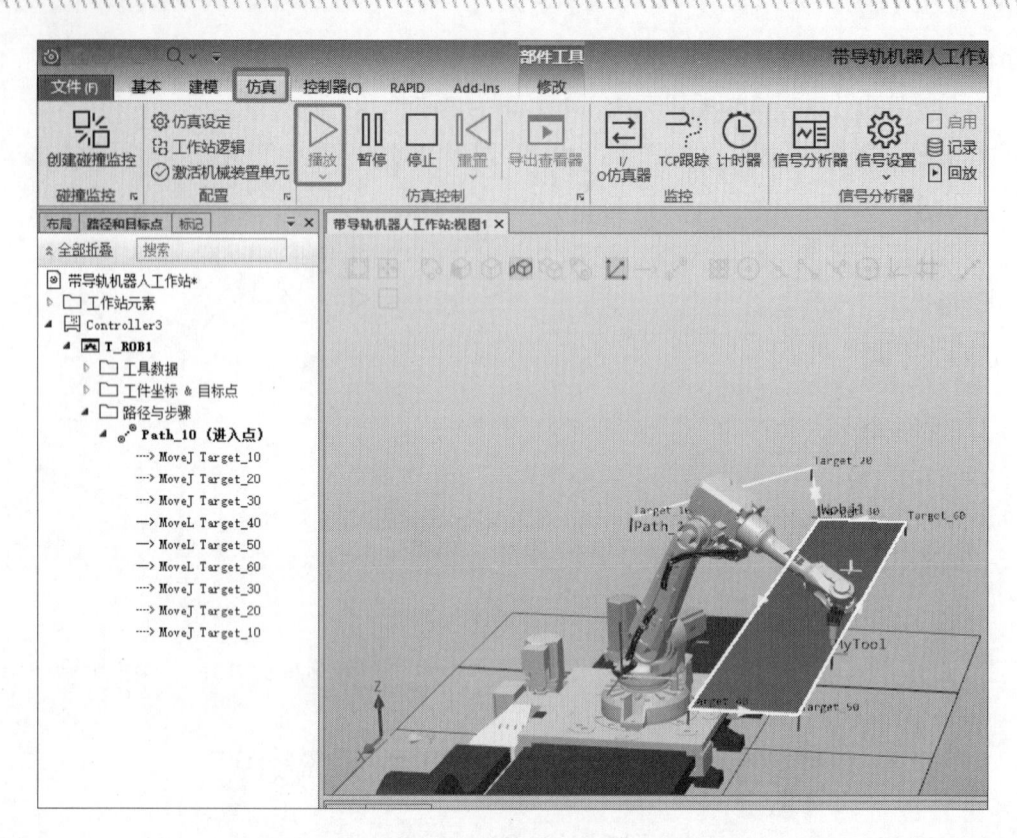

图6.61 播放仿真效果

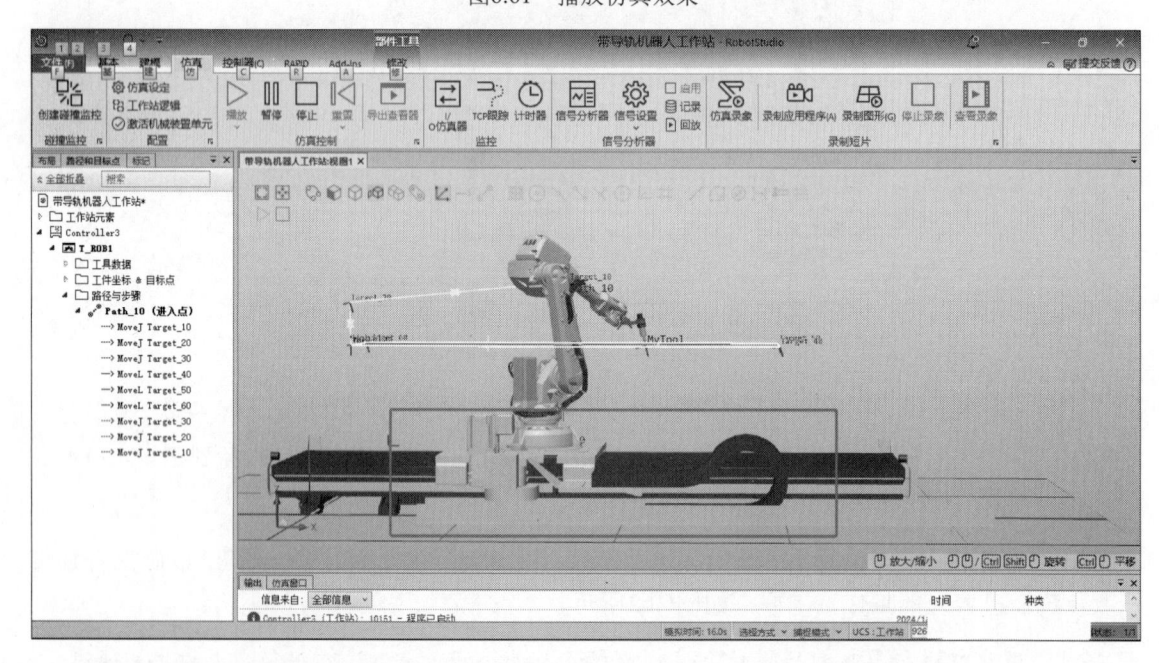

图6.62 机器人在导轨上滑动,以确保规划路径在工作范围内

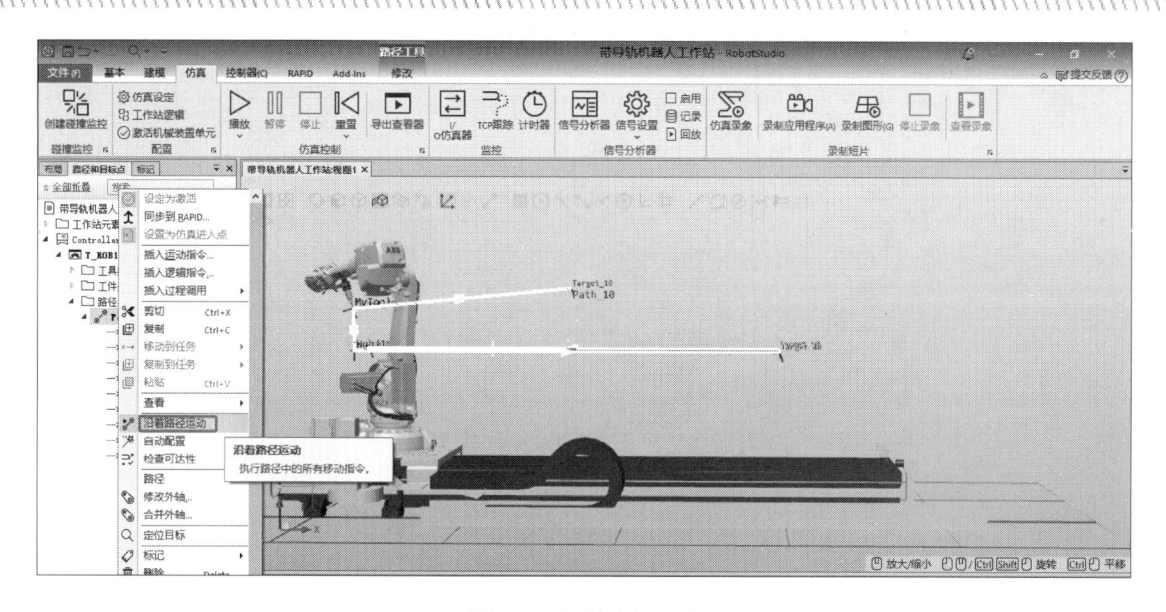

图6.63 沿着路径运动

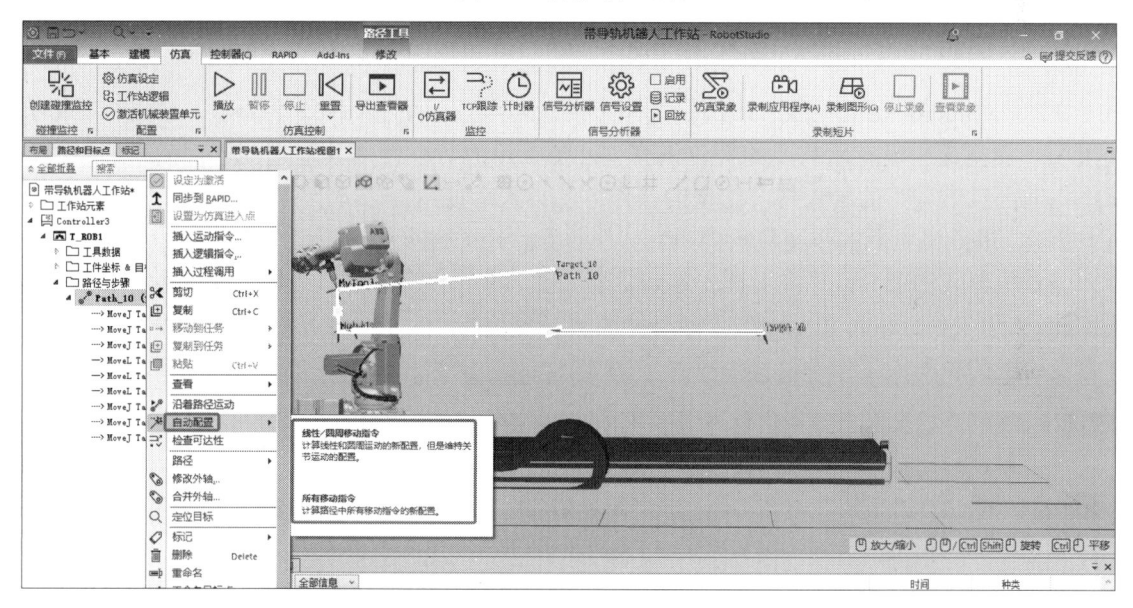

图6.64 自动配置功能

6.2 带变位机的机器人系统创建及编程

在机器人焊接应用中,变位机可以改变加工工件的姿态,从而改变机器人焊接的轨迹,提高机器人焊接的可达性以及焊接质量和焊接效率。因此,在焊接、切割等作业领域机器人有着广泛的应用。本节将以带变位机的机器人系统对工件表面进行处理为示例,介绍如何创建带变位机的机器人工作站、带变位机的工件坐标以及变位机机器人的运动轨迹等相关知识。带变位机的机器人工作站如图6.65所示。

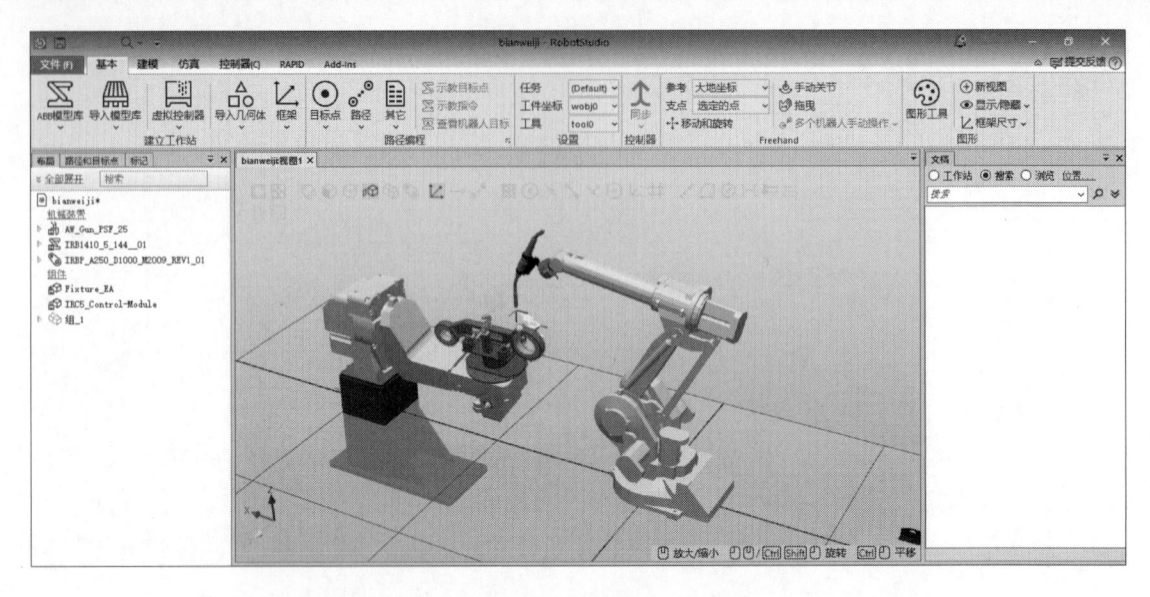

图6.65 带变位机的机器人工作站

6.2.1 创建带变位机的机器人工作站

在RobotStudio 2024的系统ABB模型功能中提供了常用的变位机模型，用户直接使用即可。如果ABB模型库中没有所需要的变位机模型，那么用户可以使用其他建模软件创建好模型，再根据前面章节介绍的导入外部模型的操作方法导入后使用。

创建如图6.65所示的带变位机的机器人工作站，用户需要先导入工业机器人和工具，并将工具安装到机器人上。再导入变位机IRBP_A和工件Fixture_EA，然后将工件放置在变位机上。创建带变位机的机器人工作站的具体操作步骤如下：

步骤01 在计算机桌面上，用鼠标左键双击RobotStudio 2024快捷键，启动软件，如图6.66所示。

图6.66 启动RobotStudio 2024

步骤02 依次选择"文件"→"新建"→"工作站"，然后单击"创建"按钮，创建空工作站，如图6.67所示。

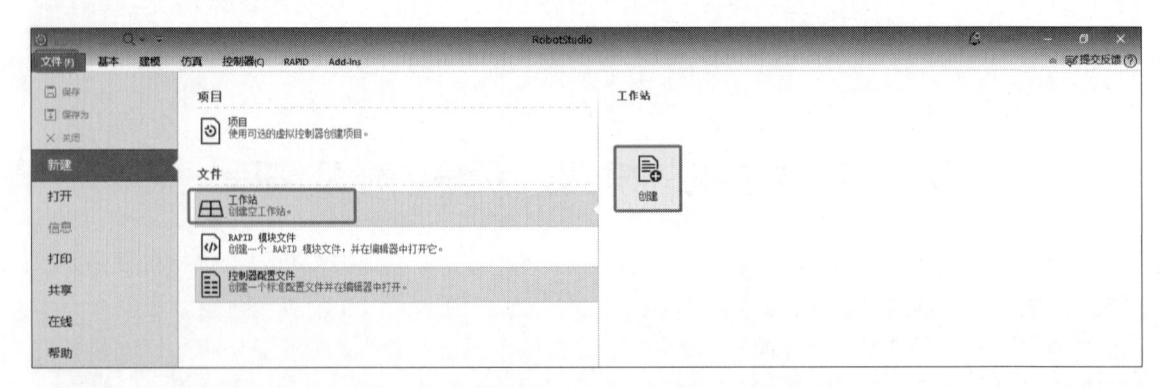

图6.67 创建工作站

第 6 章 带变位机及导轨的工业机器人工作站创建

步骤03 在"基本"功能选项卡中，单击"导入模型库"，在工具中选择IRB1410机器人，如图6.68所示。

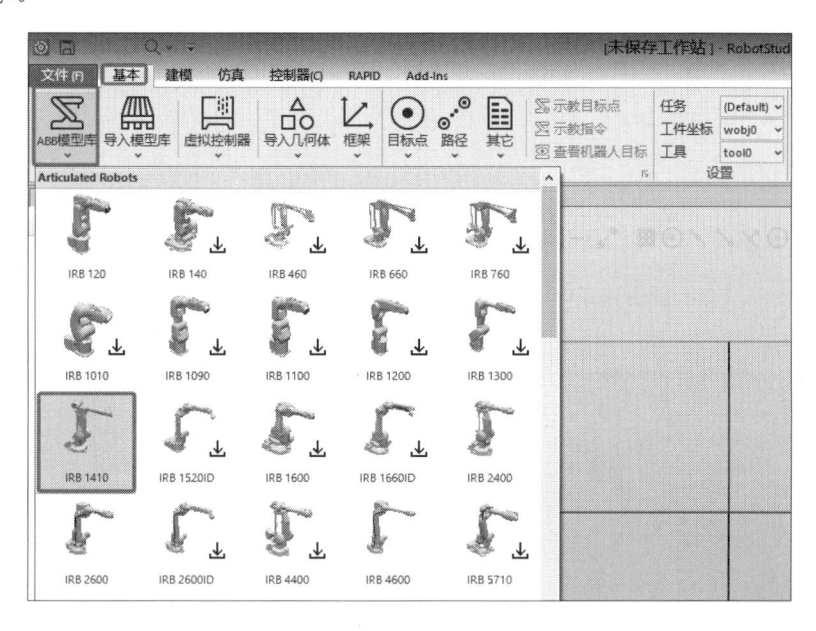

图6.68 导入机器人模型

步骤04 在"基本"功能选项卡中，单击"导入模型库"，在Arc Welding Equipment中选择工具AW Gun PSF 25，如图6.69所示。

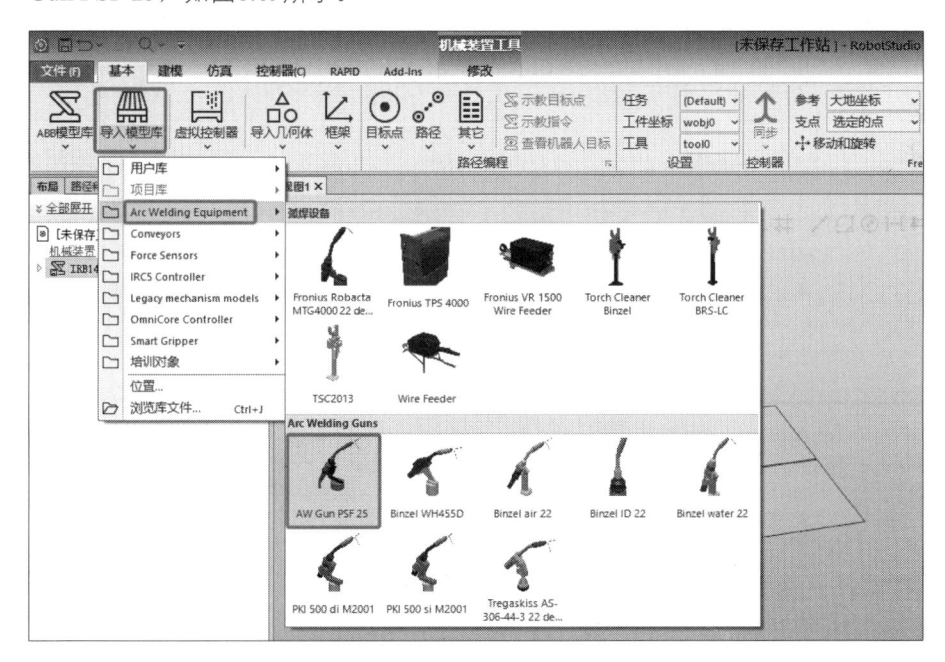

图6.69 选择工具导入

步骤05 在"布局"管理器中，右击AW_Gun_PSF_25，在弹出的快捷菜单中选择"安装到"，再选择已导入的机器人，即可完成工具的安装，如图6.70所示。

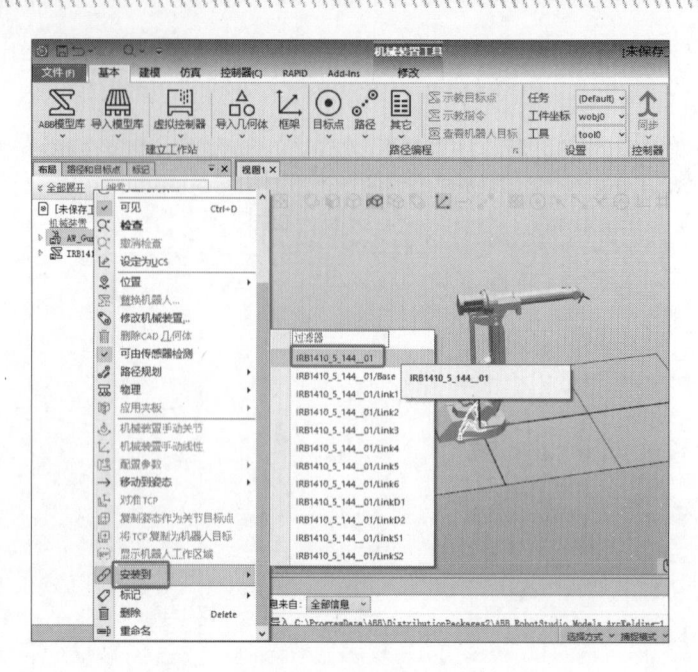

图6.70 安装工具

备注：用户也可以在"布局"管理器中，直接使用鼠标将其拖到机器IRB1410上，如图6.71所示。

图6.71 通过拖动方式进行安装

步骤06 在弹出的"更新位置"对话框中，单击"是(Y)"按钮，即可将工具安装到机器人上，如图6.72所示。

步骤07 工具已安装到机器人末端，如图6.73所示。

步骤08 在"基本"功能选项卡中，单击"ABB模型库"，在Positioners中选择IRBP/IRP A，如图6.74所示。

图6.72 "更新位置"对话框

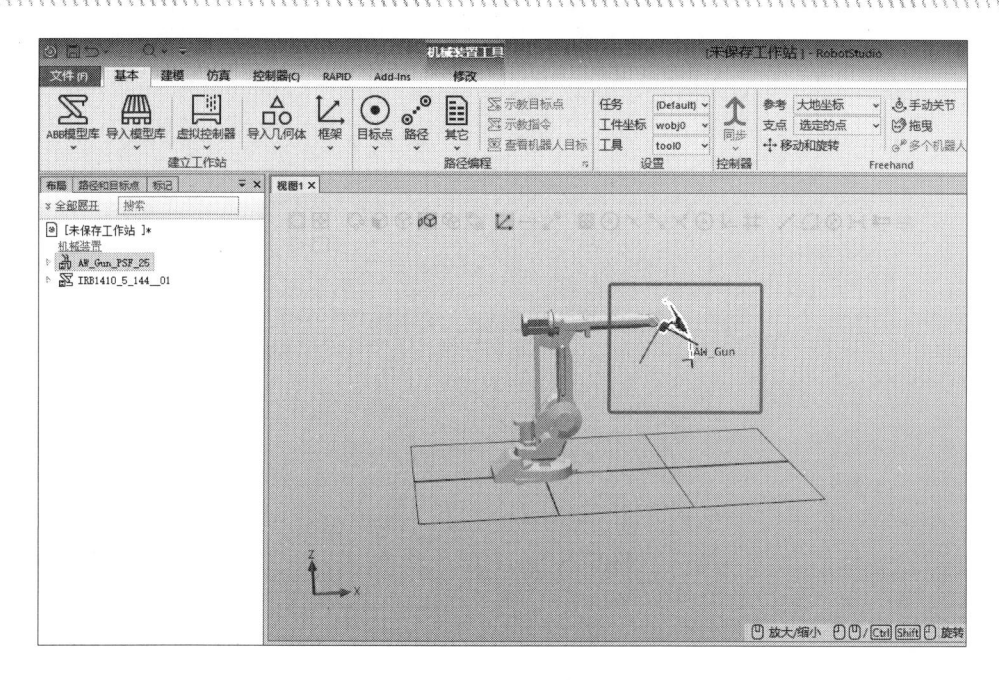

图6.73　工具已安装

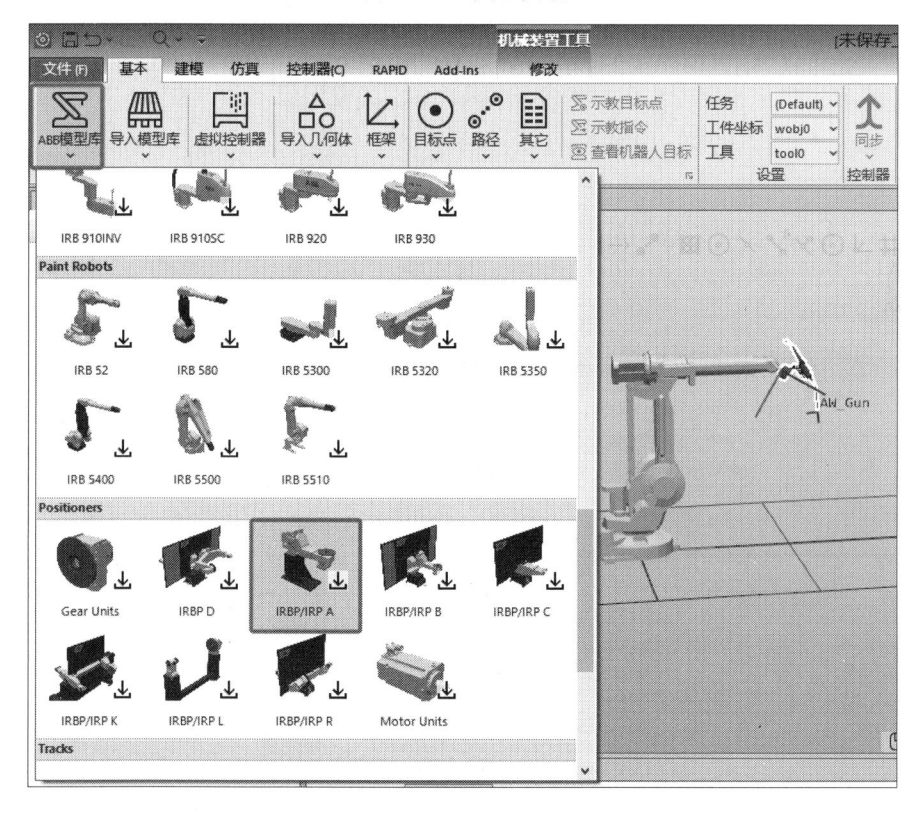

图6.74　选择机器人型号

备注：如果组件对象右下角出现小图标 ⬇，则说明该组件未下载，用户单击该图标即可下载，如图6.75所示。

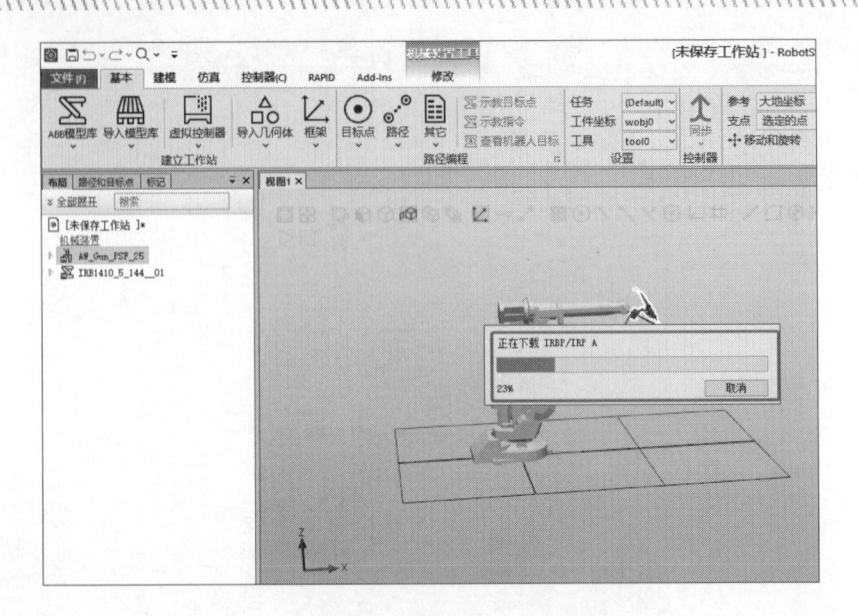

图6.75　下载机器人

步骤09 用户选择组件或组件下载完成后，将弹出IRBP/IRP A参数设置对话框。在该对话框中，"承重能力（kg）"默认为250，"高度（mm）"默认为900，"直径（mm）"默认为1000，然后单击"确定"按钮，完成变位机的创建，如图6.76所示。

步骤10 单击"确定"按钮，将机器人导入后，在"视图1"中可查看到机器人和变位机的位置，如图6.77所示。

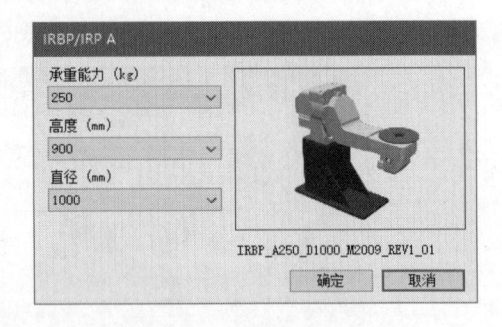

图6.76　设置机器人参数

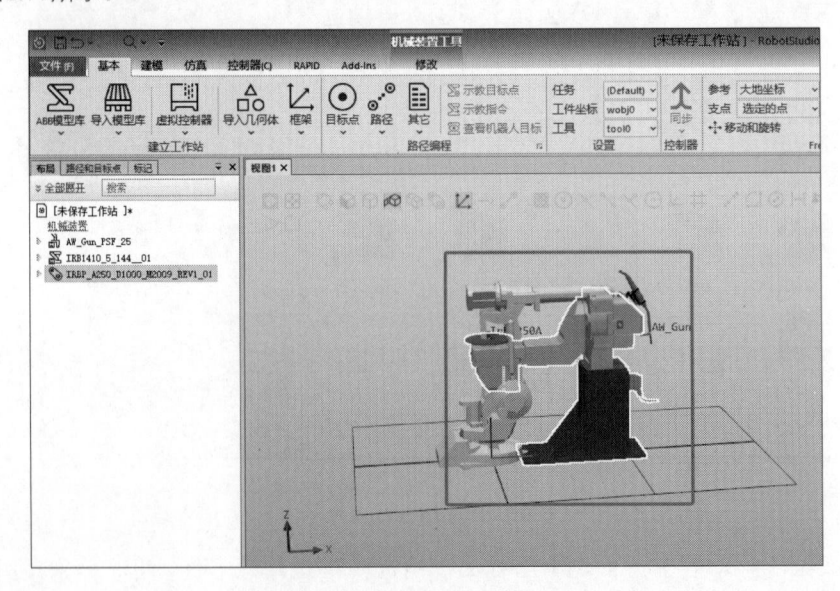

图6.77　机器人与变位机已导入

第 6 章　带变位机及导轨的工业机器人工作站创建

备注：上述**步骤⑩**中，变位机与机器人的相对位置太近且高度太高，变位机离机器人的距离和高度都需要调整。参考大地坐标系，可以看出变位机沿X轴的正方向偏移即可远离机器人。解决机器人与变位机高度差的方法可以有两种：一是变位机低一点；二是给机器人加装基座增高。在本实例中采用第一种方法让变位机低一点。

步骤⑪　在"布局"管理器中，右击变位机，在弹出的快捷菜单中依次选择"位置"→"设定位置"，如图6.78所示。

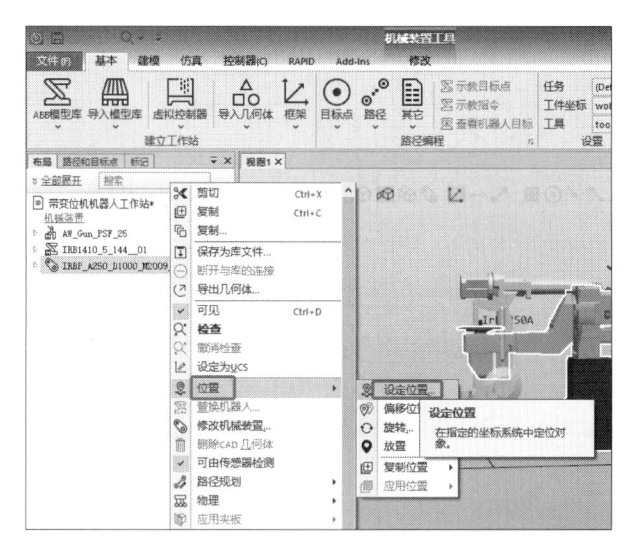

图6.78　选择"设定位置"功能

备注："设定位置"和"设定本地原点"不同，前者主要针对几何模型位置的设置，而后者主要针对姿态的设置。

步骤⑫　在"设定位置"对话框中，输入设定位置X=1000、Y=0、Z=-400后，单击"应用"按钮，再单击"关闭"按钮，关闭对话框，如图6.79所示。

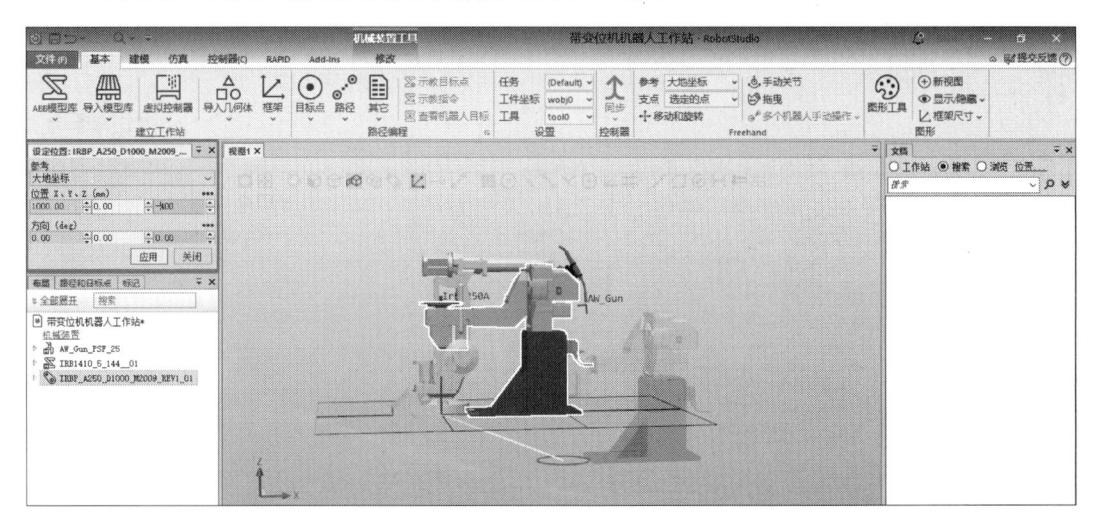

图6.79　设置位置参数

步骤13 在视图区中，用户可以看到机器人和变位机的相对位置已经调整好，如图6.80所示。

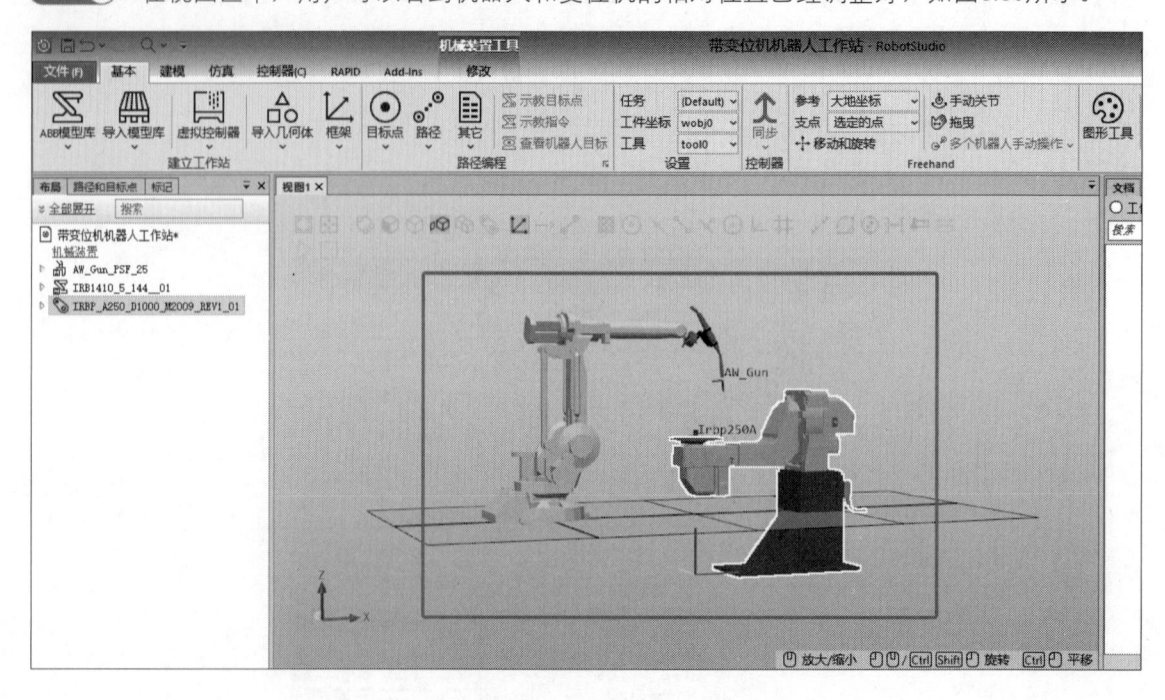

图6.80 位置调整已完成

步骤14 在"基本"功能选项卡中，单击"导入模型库"，选择"浏览库文件..."，如图6.81所示。

步骤15 在弹出的"打开"对话框中，选择Fixture_EA.rslib后，单击"打开"按钮，将工件导入，如图6.82所示。

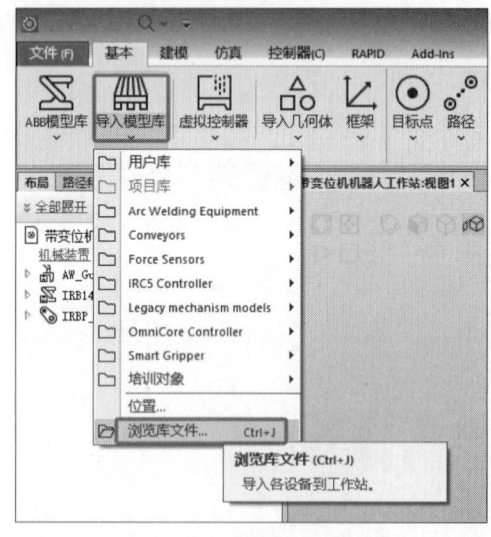

图6.81 浏览库文件导入　　　　　　　图6.82 导入工件

步骤16 在"布局"管理器中，单击Fixture_EA，视图区内将显示导入的工件，如图6.83所示。

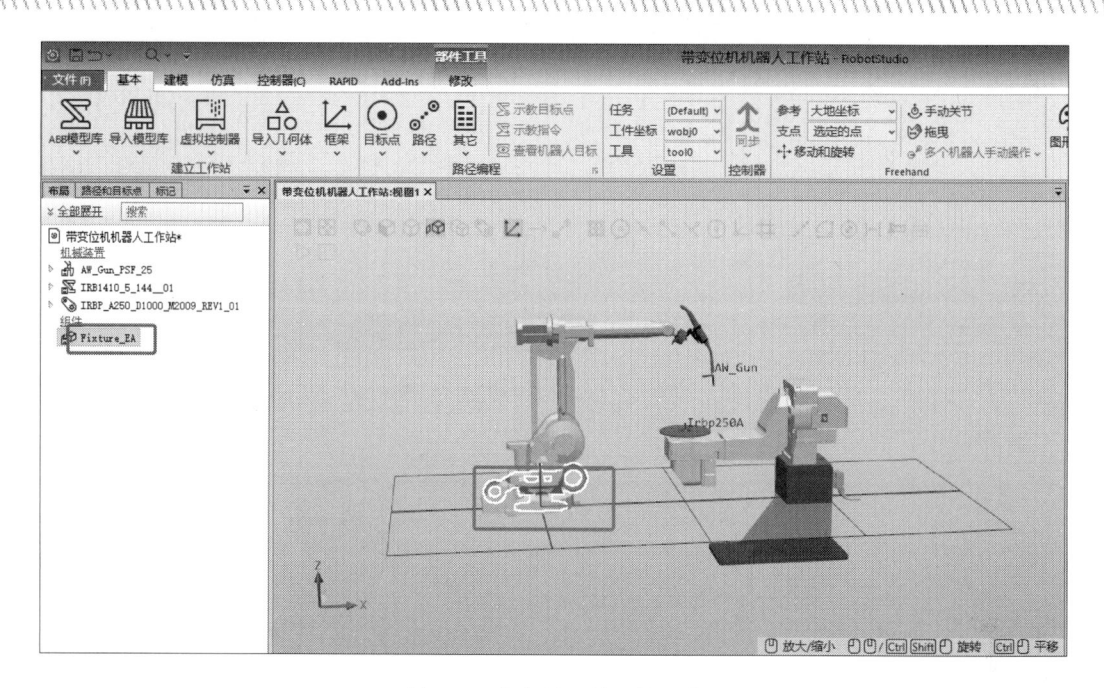

第 6 章 带变位机及导轨的工业机器人工作站创建

图6.83 高亮显示导入的工件

步骤 17 在"布局"管理器中,选中Fixture_EA并按住左键拖到变位机IRBP_A250_D1000_M2009_REV1_01上出现方框后释放鼠标左键,将弹出"更新位置"对话框,如图6.84和图6.85所示。

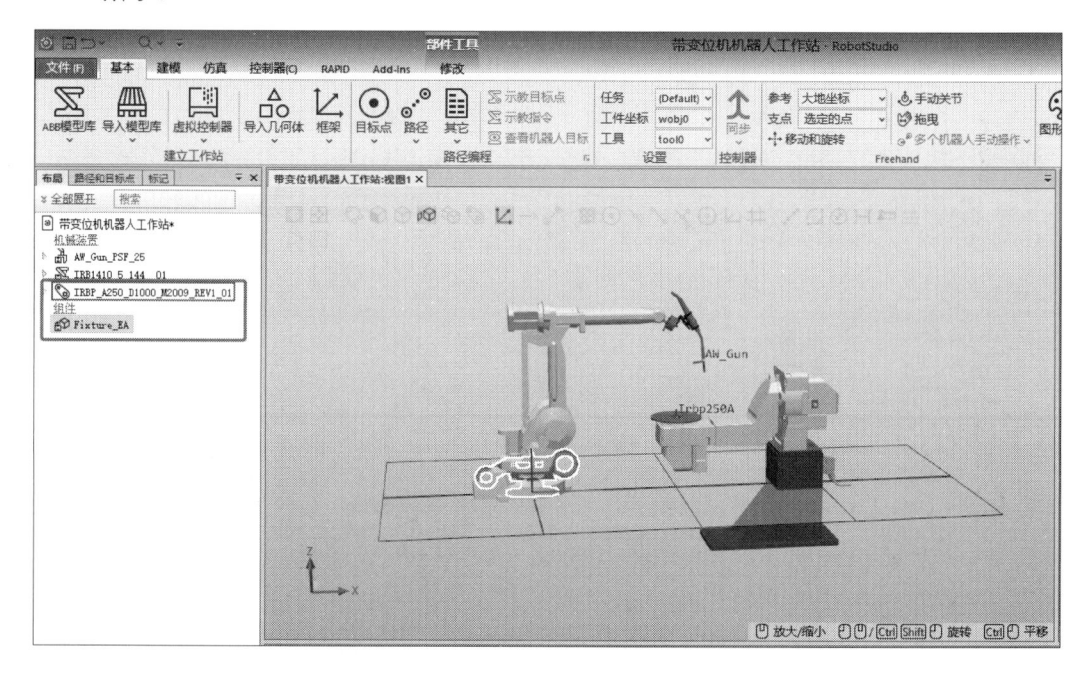

图6.84 拖动安装

步骤 18 在"更新位置"对话框中,单击"是(Y)"按钮,将工件Fixture_EA安装到变位机IRBP_A250_D1000_M2009_REV1_01上,如图6.86和图6.87所示。

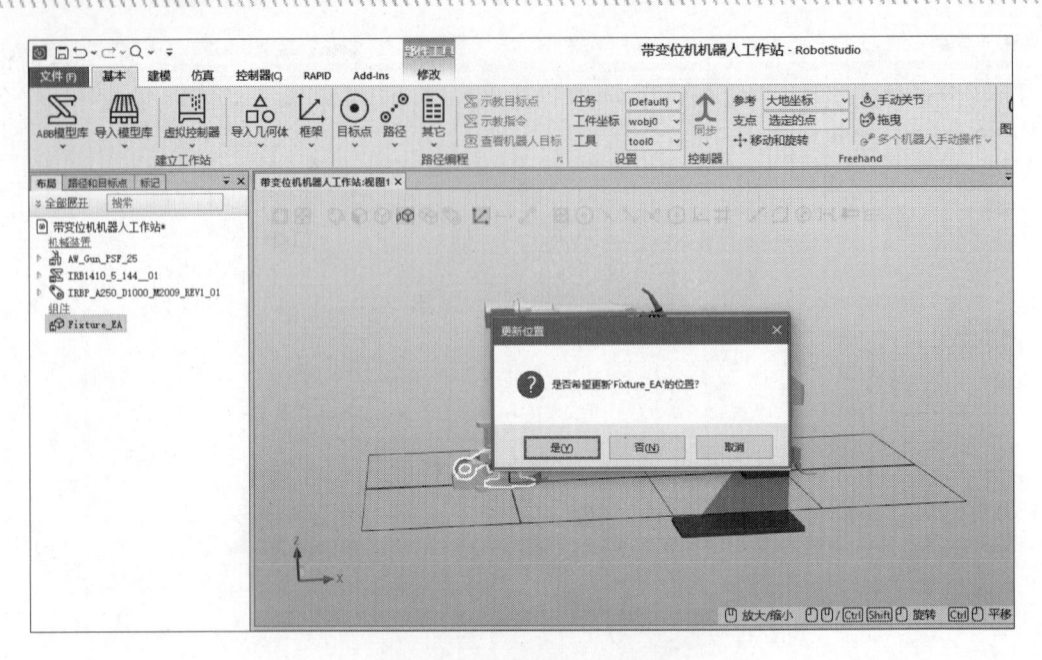

图6.85 "更新位置"对话框

图6.86 "更新位置"对话框中单击"是(Y)"按钮

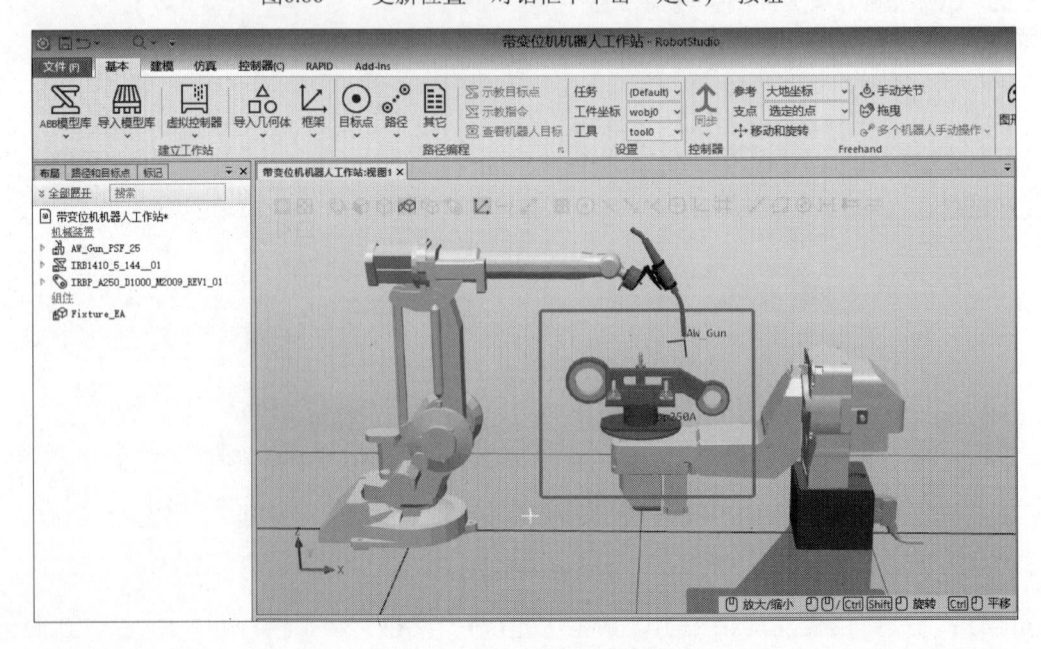

图6.87 已安装到变位机上

用户完成上述操作步骤，已经将带变位机的机器人工作站布局创建完成，用户可以单击手动关节图标 手动关节，手动操作变位机的各个关节动作，初步理解一下变位机的运行动作。

6.2.2 创建带变位机的机器人系统

用户在工作站中将机器人、工具、变位机及工件布局好后，就可以创建带变位机的机器人系统，其操作步骤如下。

步骤01 在"基本"功能选项卡中，依次单击"虚拟控制器"→"从布局..."，如图6.88所示。

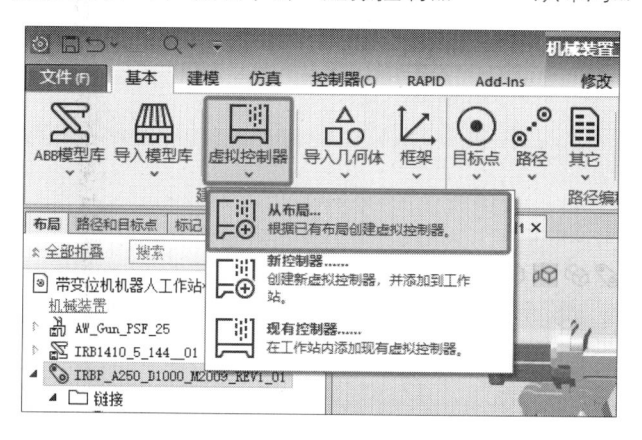

图6.88 从布局安装控制器

步骤02 在"从布局创建控制器"对话框中，用户修改"名称"和"位置"后，单击"下一个"按钮，如图6.89所示。

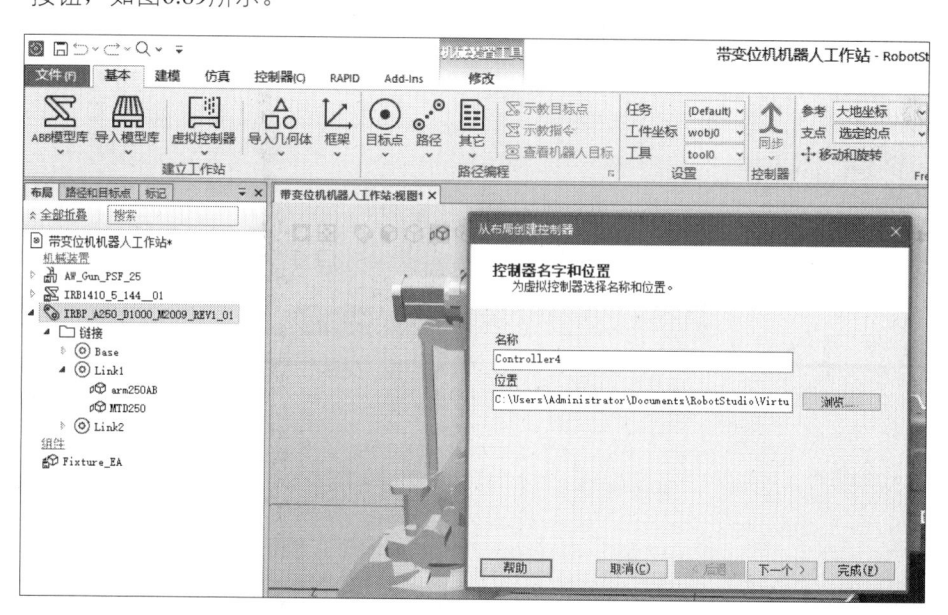

图6.89 控制器安装信息编辑

步骤03 确定勾选机械装置和控制器后，单击"下一个"按钮，如图6.90所示。
步骤04 确定任务后，单击"下一个"按钮，如图6.91所示。

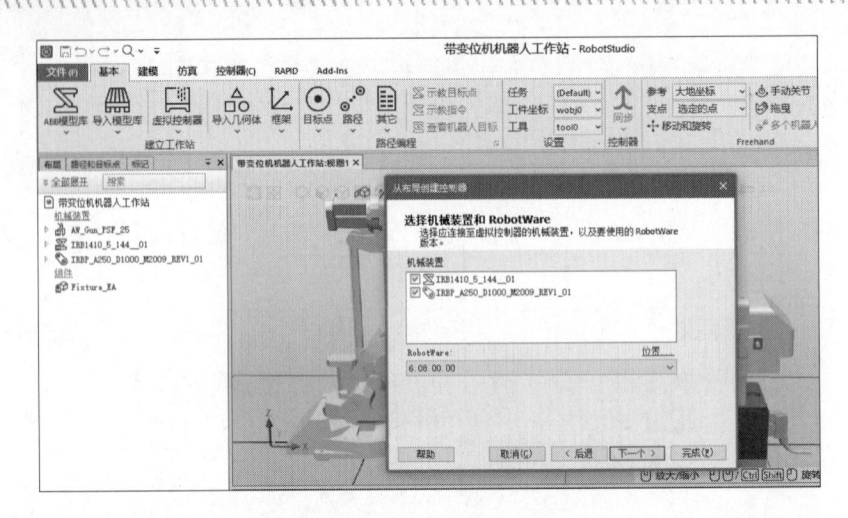

图6.90　勾选机械装置和控制器

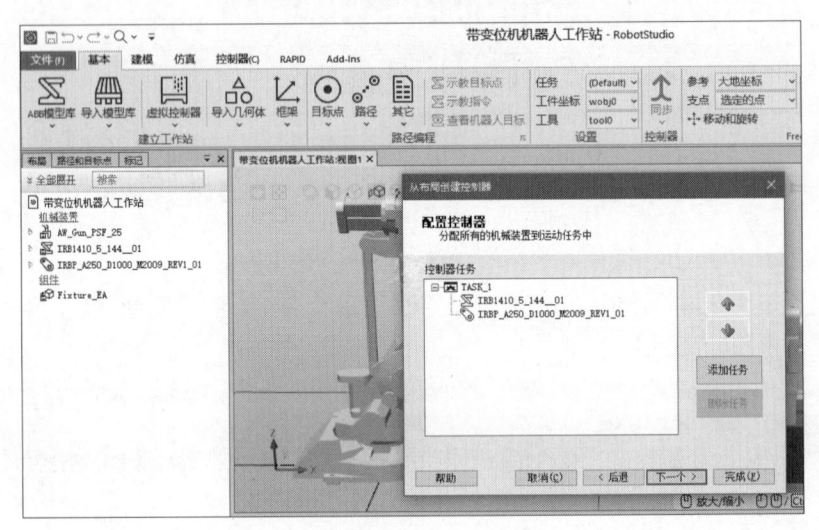

图6.91　确定任务详情

备注：在"配置控制器"页面中，用户可以添加和删除任务，如图6.92所示。

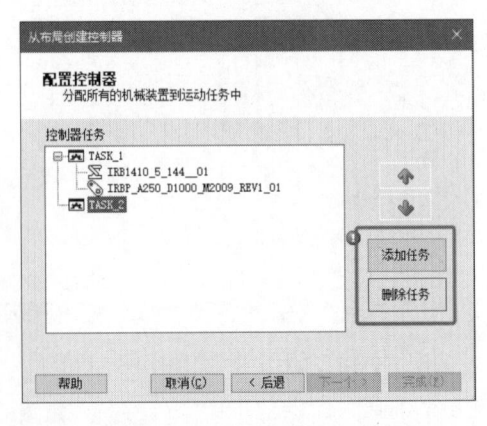

图6.92　添加和删除任务

第 6 章 带变位机及导轨的工业机器人工作站创建

步骤05 在"从布局创建控制器"对话框中,根据需要修改选项后,单击"完成"按钮,即可安装控制器,如图6.93所示。

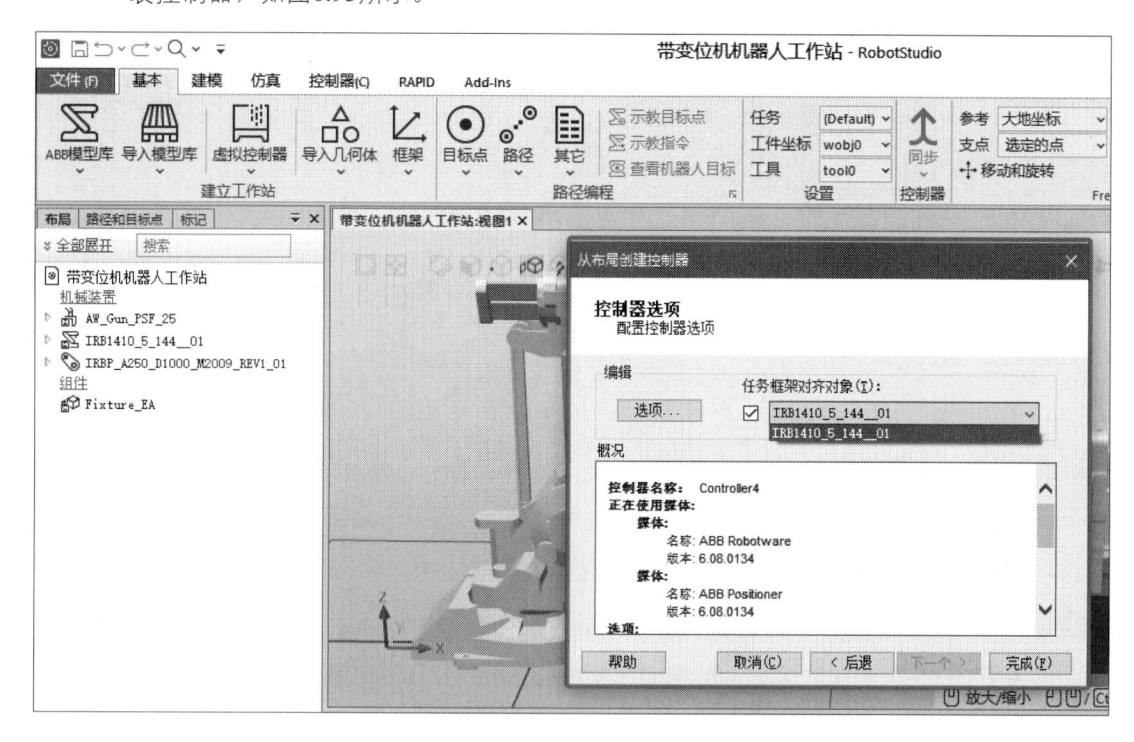

图6.93 查看信息及"选项"内容

备注:打开"更改选项"对话框,用户可以修改或设置控制器的相关选项,例如控制器语言等,如图6.94所示。等待控制器加载完成即可,如图6.95所示。

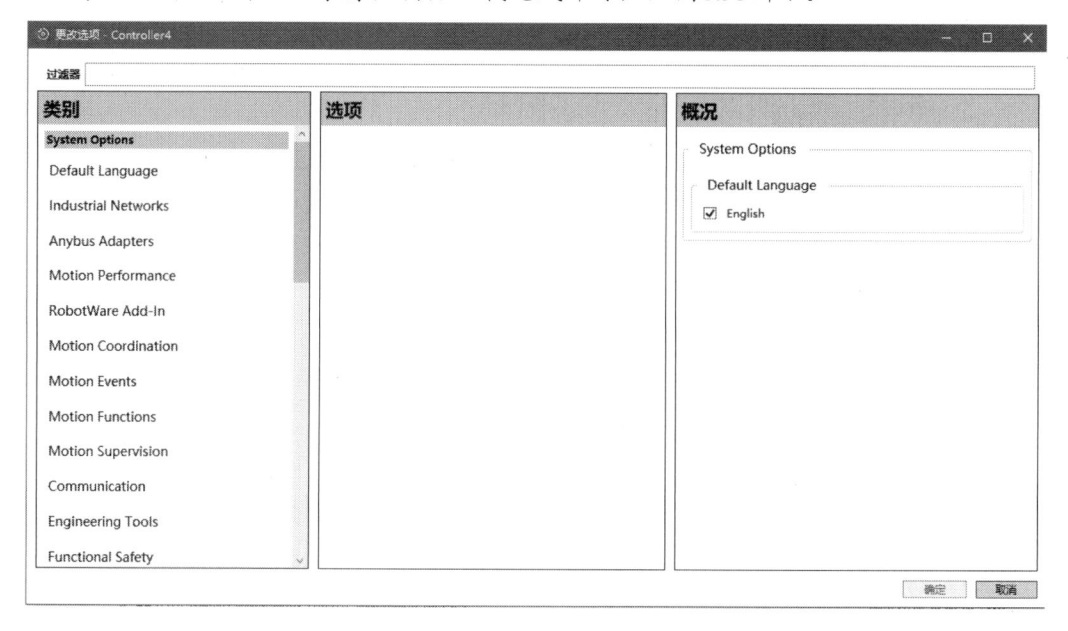

图6.94 控制器选项内容

283

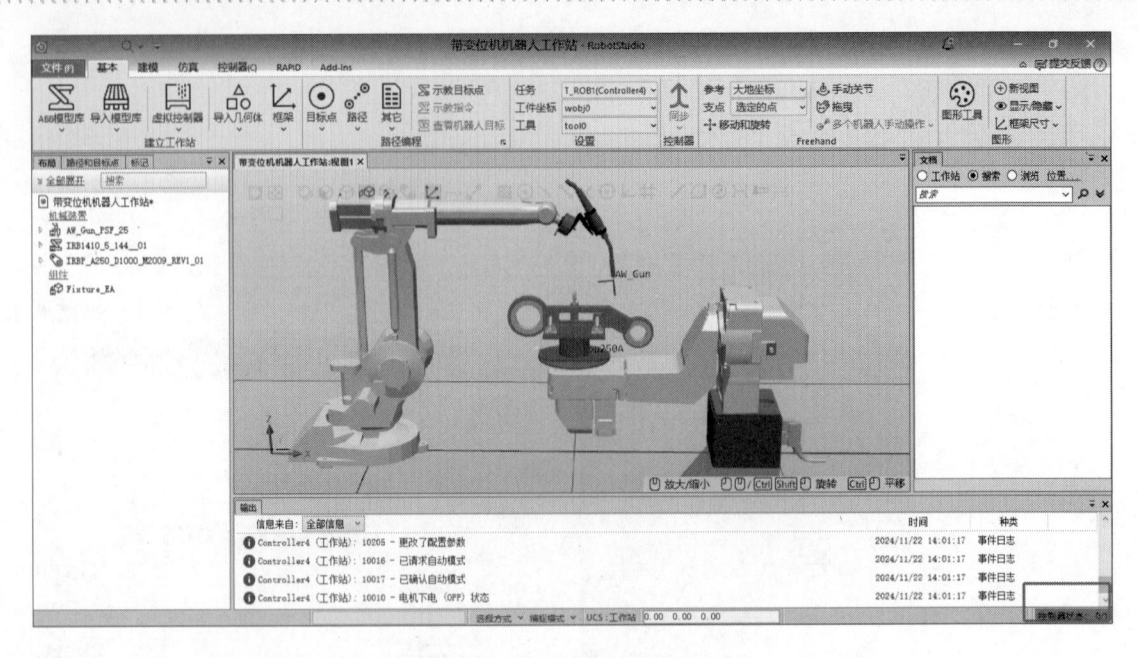

图6.95 等待控制器加载完成

步骤 06 控制器加载完成后，其状态栏将变为绿色，如图6.96所示。

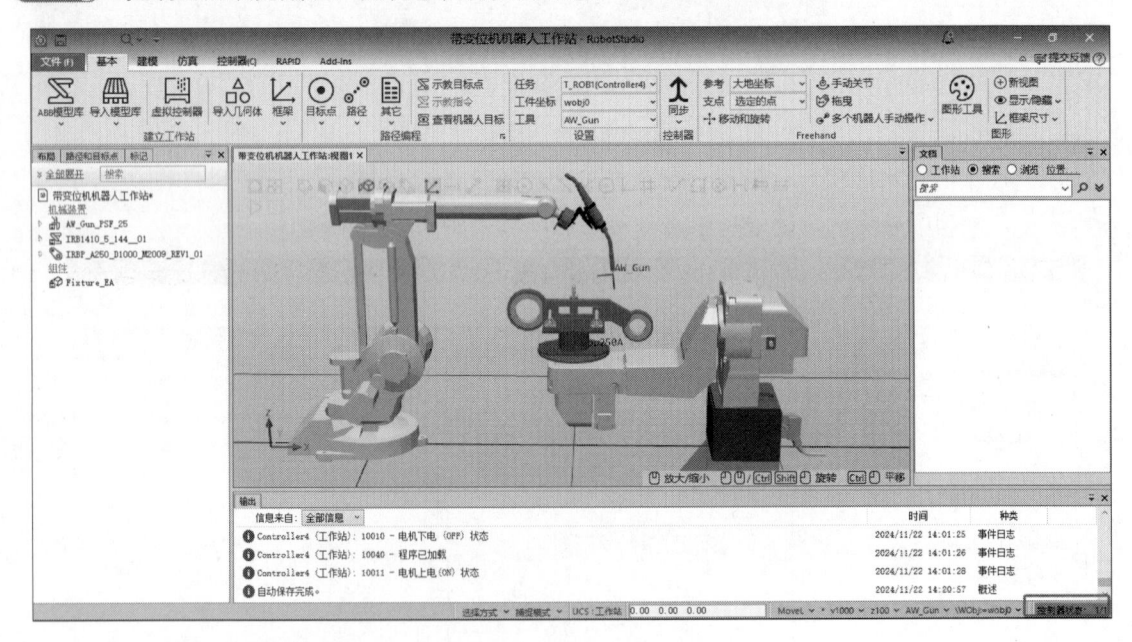

图6.96 控制器安装已完成

通过上述步骤，用户已经成功创建带变位机的机器人系统。

6.2.3 创建带变位机的工件坐标

带变位机的机器人工作站布局及控制器已加载完成，在本小节中将介绍如何创建带变位机的工件坐标，以便处理在工件内表面指定路径，如图6.97所示。

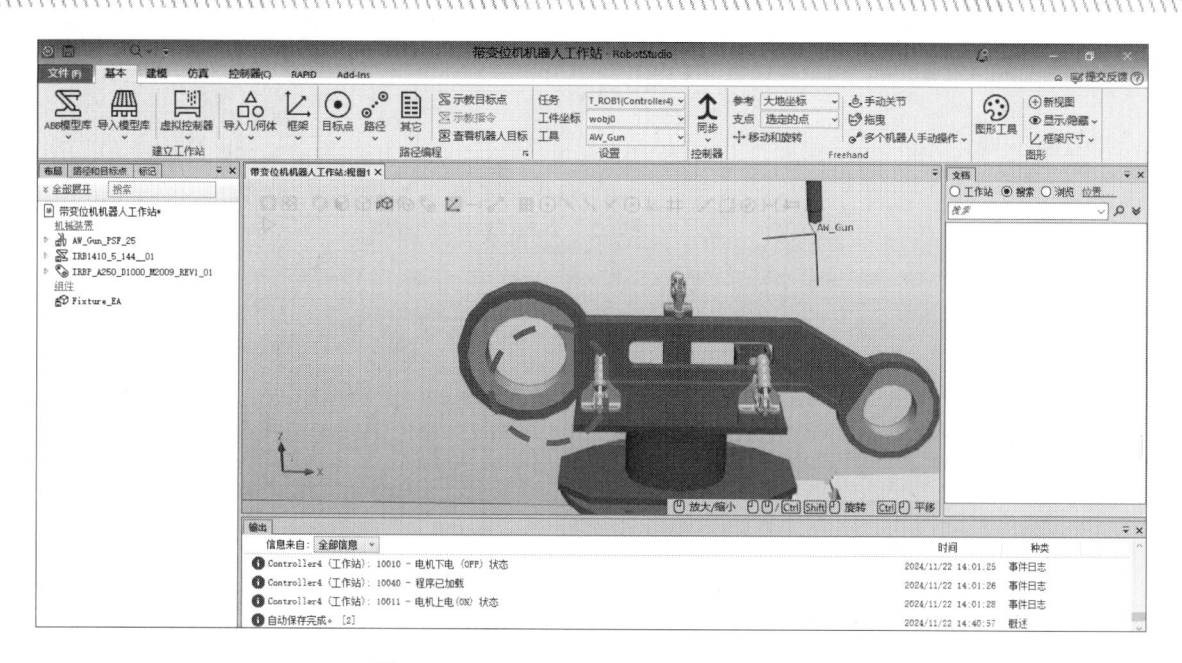

第 6 章　带变位机及导轨的工业机器人工作站创建

图6.97　工具Fixture_EA加工面操作示意图

用户在创建运动轨迹之前，需要先创建工件坐标，确认相关设置参数、工件坐标以及工具无误后，才能创建运动轨迹。具体操作步骤如下。

步骤01　在"基本"功能选项卡中，单击"其他"，选中"创建工件坐标"，如图6.98所示。

步骤02　打开"创建工件坐标"对话框中，单击"创建"按钮，即可创建默认的坐标系。该坐标系原点位于机器人基坐标系的原点处，而不是工作站的原点（大地坐标系原点），如图6.99和图6.100所示。

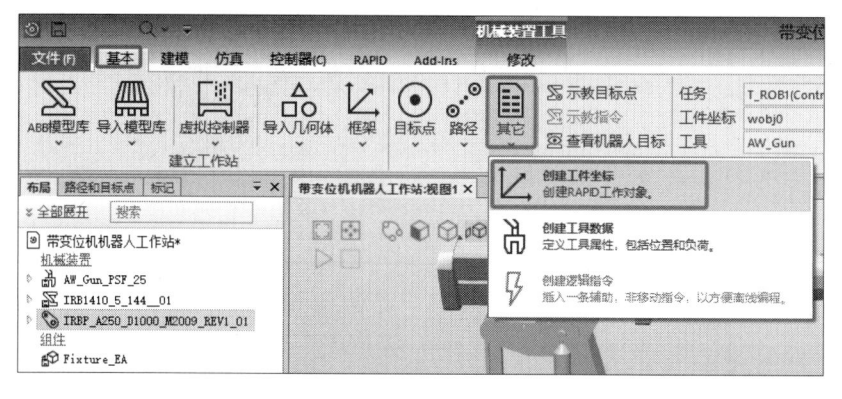

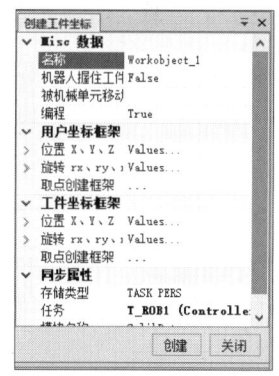

图6.98　选择"创建工件坐标"　　　　图6.99　默认坐标系

备注：如果用户要求工件坐标随变位机一起运动，则需要将该坐标系安装到变位机上，并且使用捕捉模式捕捉变位机上的三点坐标值来创建工件坐标。

步骤03　在"路径和目标点"管理器，鼠标放在新建的工件坐标Workobject_1上右击，在弹出的快捷菜单中选择"安装到"，将工件坐标安装到变位机IRBP_A250_D1000_M2009_REV1_01(T_ROB1)上，如图6.101所示。

285

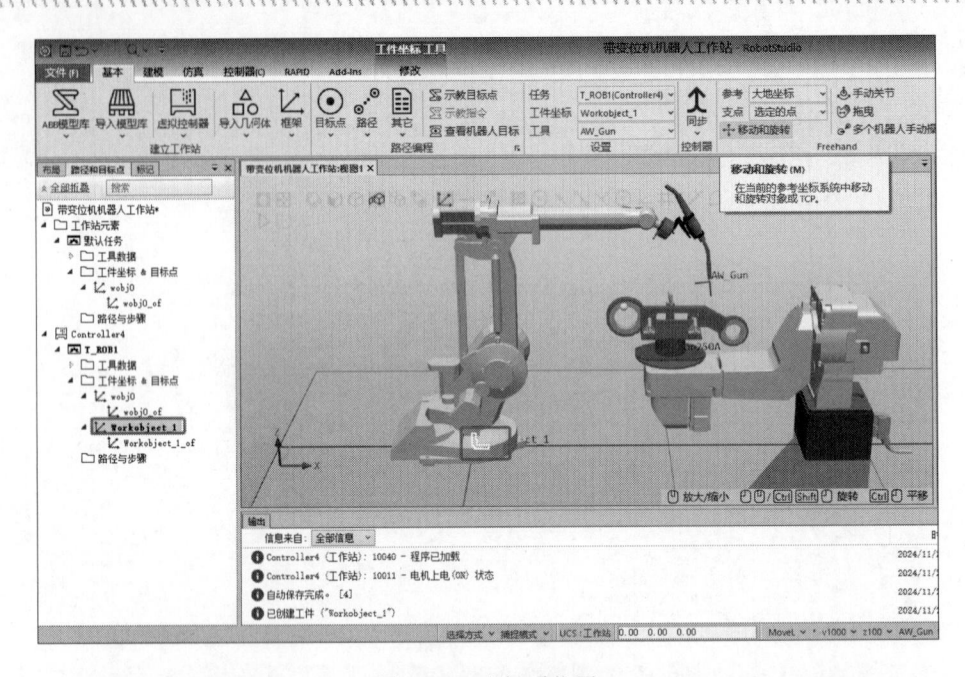

图6.100　坐标系位置

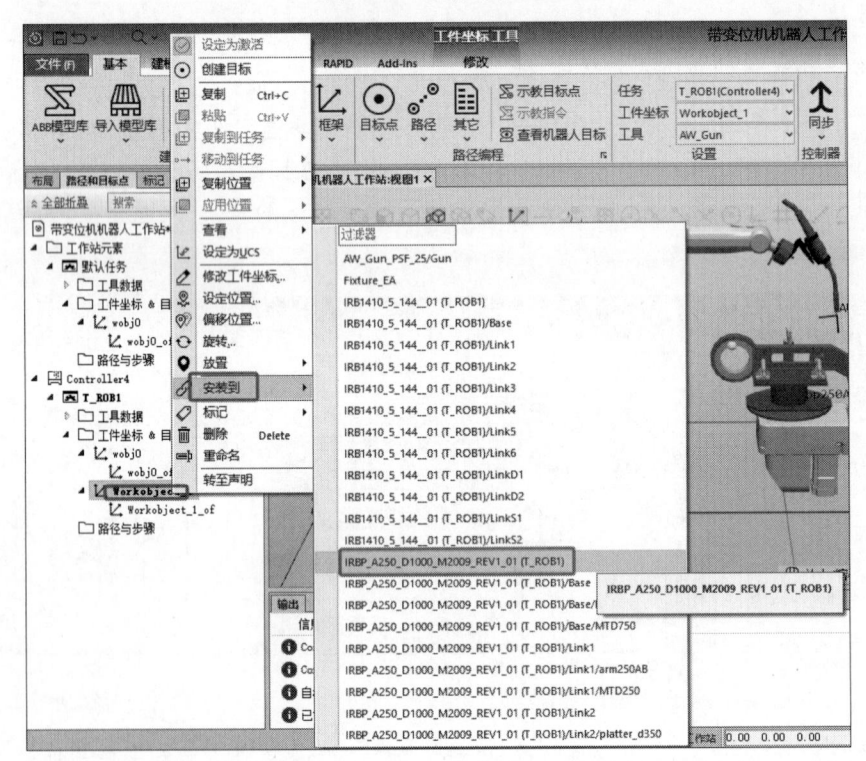

图6.101　将工件安装到变位机

步骤04　在"更新位置"对话框中，单击"是(Y)"按钮，如图6.102所示。

步骤05　在弹出的"确认外轴移动工件坐标"对话框中，单击"确定"按钮，即可将工件坐标框架安装到变位机上，如图6.103所示。

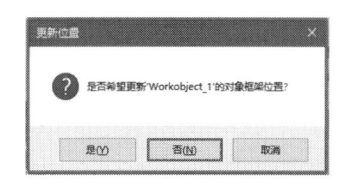

第 6 章 带变位机及导轨的工业机器人工作站创建

图 6.102 在"更新位置"对话框单击"是(Y)"按钮 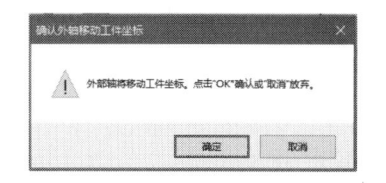　　图 6.103 "确认外轴移动工件坐标"对话框

步骤 06 观察工件坐标系位于变位机的原点,但在实际编程中,工件坐标通常设置在工件上,如图6.104所示。

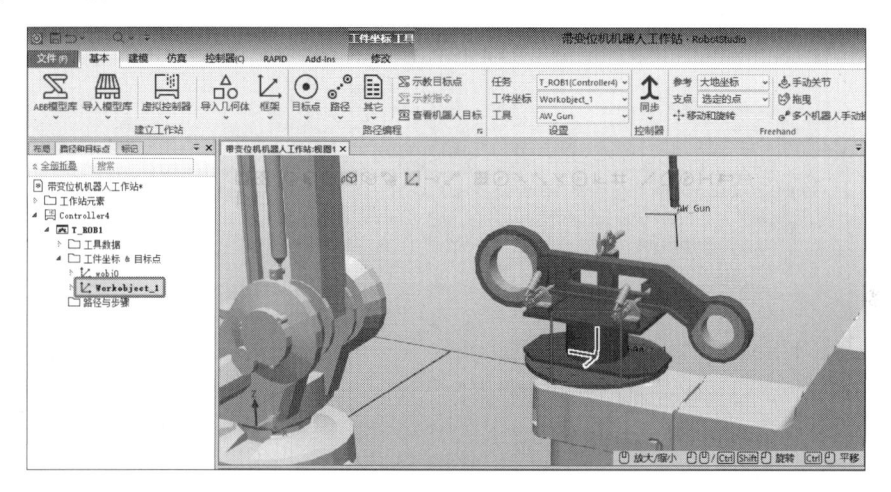

图6.104 观察工件坐标系

步骤 07 在"路径和目标点"管理器,鼠标放在工件坐标Workobject_1上右击,在弹出的快捷菜单中选择"修改工件坐标",即可打开"修改工件坐标:Workobject_1"对话框,如图6.105和图6.106所示。

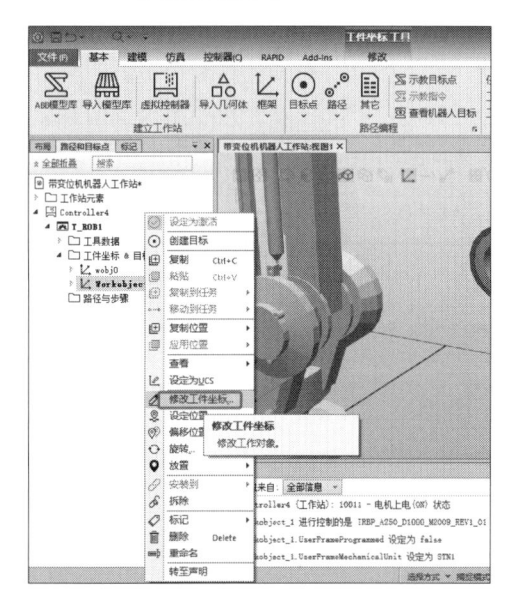

图 6.105 选择"修改工件坐标"功能 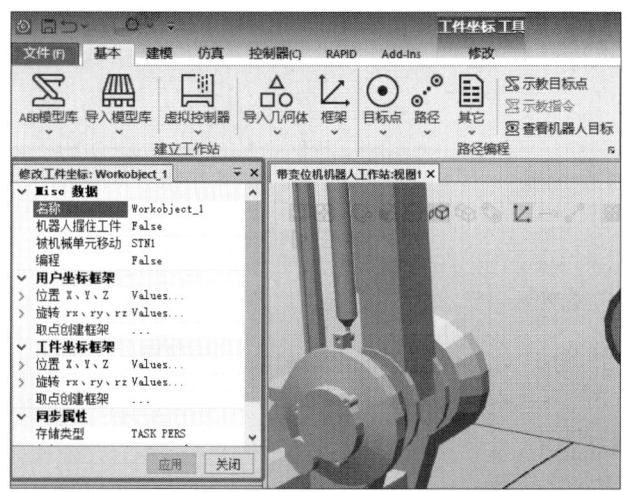　　图 6.106 打开"修改工件坐标"对话框

287

步骤 08 捕捉模式选择"捕捉末端",如图6.107所示。

步骤 09 在"修改工件坐标"对话框中,选择"工件坐标框架"中的"取点创建框架"选项,然后打开取点对话框,如图6.108和图6.109所示。

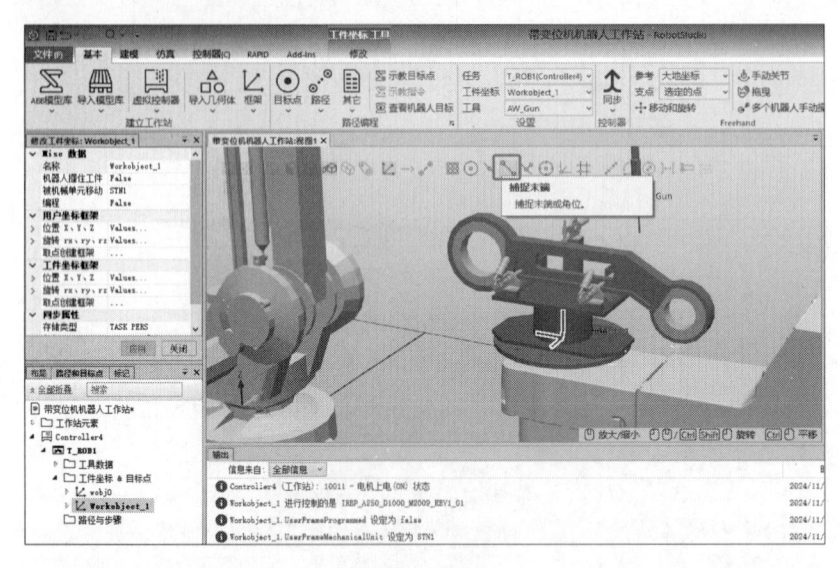

图 6.107 选择捕捉模式　　　　　　图 6.108 使用"取点创建框架"

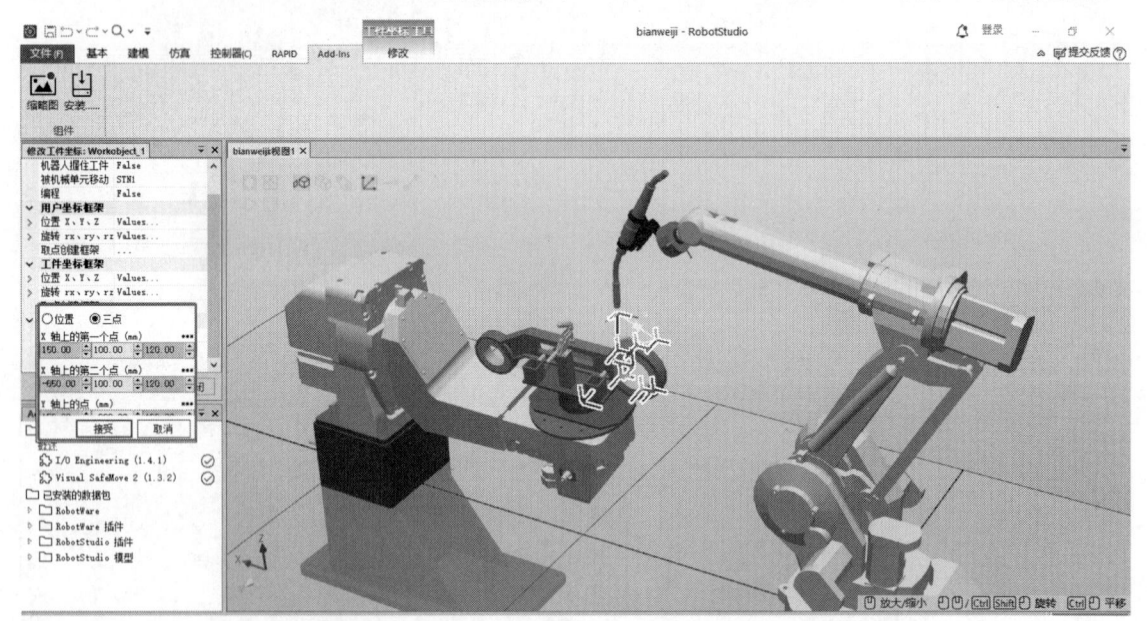

图6.109 选择"三点"捕捉坐标

步骤 10 在取点对话框中,选中"三点"单选按钮后,单击"X轴上的第一个点(mm)"第一个框,如图6.110所示。分别单击"视图"中的A、B、C点,如图6.111所示。

步骤 11 检查是否成功拾取A、B、C三点的坐标值,确认无误后,单击"接受"按钮,如图6.112所示,再单击"修改工件坐标"对话框中的"应用"按钮。

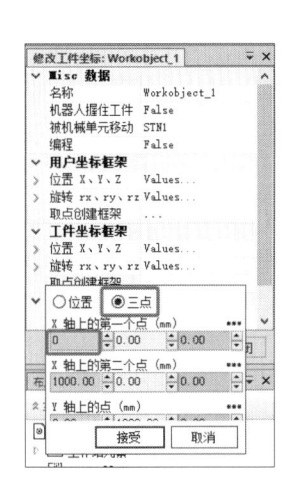

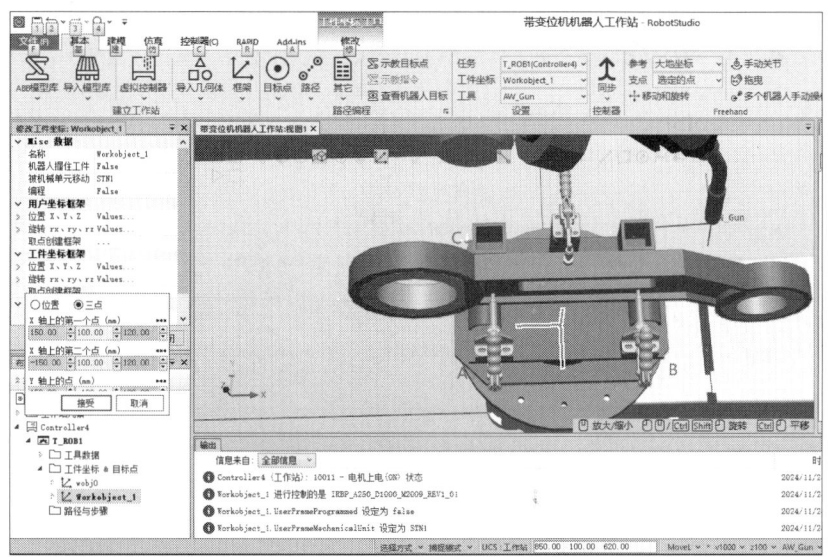

第 6 章　带变位机及导轨的工业机器人工作站创建

图 6.110　开始捕捉　　　　　　　　　　图 6.111　捕捉点位

步骤 12 在"路径和目标点"管理器中，单击工件坐标Workobject_1，视图中将出现对应的两个坐标框架，如图6.113所示。

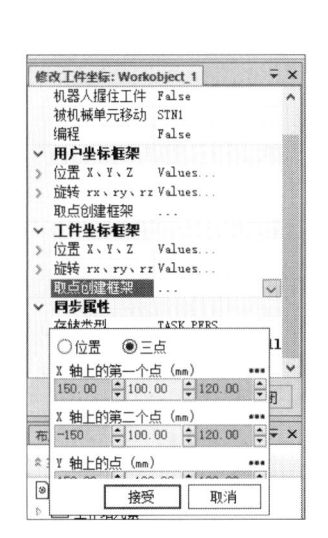

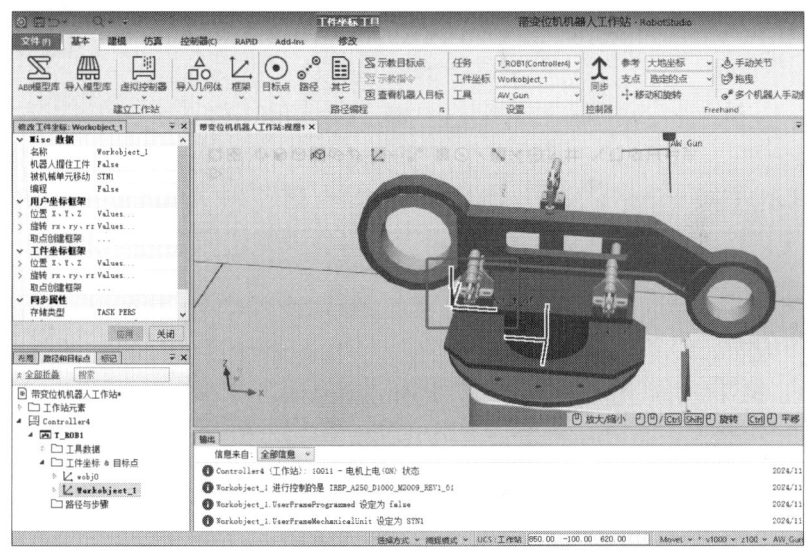

图 6.112　捕捉到的三点坐标值　　　　　图 6.113　出现两个坐标框架

在"路径和目标点"管理器中，单击工件坐标Workobject_1上，视图中出现两个坐标框架，其中一个是"用户坐标框架"，另一个是"工件坐标框架"。这两者之间的关系为："工件坐标框架"是参照"用户坐标框架"创建的，而"用户坐标框架"是参照"基坐标系"创建的。因此，"工件坐标框架"属于"用户坐标框架"的下层，而所修改的坐标框架Workobject_1在工作站中对应两个坐标框架，位于变位机上的是"用户坐标框架"，位于工件坐标系上的是"工件坐标框架"。

289

6.2.4 使用逻辑指令ActUnit和DeactUnit

在RobotStudio中，逻辑指令ActUnit和DeactUnit分别表示启动和停用机械单元，具体的使用方法如下。

（1）ActUnit：该指令用于启用机械单元。例如，当使用公共驱动单元时，将启用参数指定的机械单元。示例：ActUnit orbit_a，表示机械单元orbit_a将被启用。

（2）DeactUnit：该指令用于停用机械单元。例如，当使用公共驱动单元时，将停用参数指定的机械单元。示例：DeactUnit orbit_a，表示机械单元orbit_a将被停用。

逻辑指令ActUnit、DeactUnit须成对使用。在6.2.5节中，将介绍如何将逻辑指令ActUnit和DeactUnit插入运动路径中，所以用户需要掌握以上两个逻辑指令的使用方法。

6.2.5 创建带变位机的机器人运动轨迹

用户在完成工件坐标的创建后，接下来在本小节中对带变位机的机器人系统进行编程，但是需要先对外轴进行设置，才能在示教目标点时记录变位机的关节数据。先来确定目标点，目标点共计7个，第一个为机械原点Target_10，第二个为变位机外轴缓冲数据点Target_20，工件上的点位如图6.114所示。

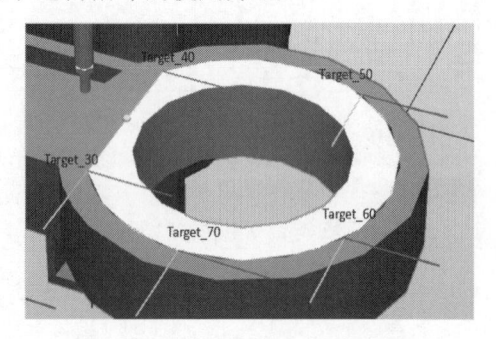

图6.114　工件上的目标点位示意图

接下来，确定指令及参数，调整机器人的运动顺序为：Target_10 → Target_20 → Target_30 → Target_40 → Target_50 → Target_60 → Target_70 → Target_30→Target_20→Target_10，然后在路径中插入逻辑指令ActUnit和DeactUnit，启用或停用机械单元，最后调试运动轨迹。其操作步骤如下。

步骤01 在"仿真"功能选项卡中，单击"激活机械装置单元"，如图6.115所示。

步骤02 在窗口左侧弹出的"当前机械单元"对话框中，勾选STN1复选框，如图6.116所示。

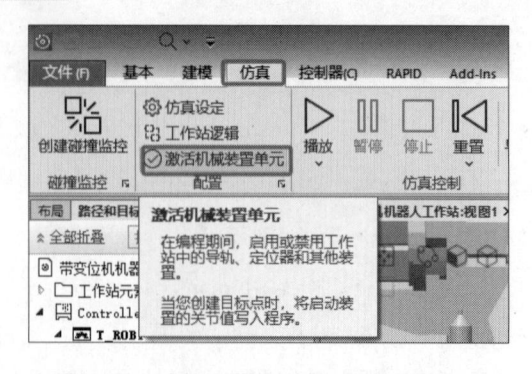

图 6.115　选择"激活机械装置单元"功能 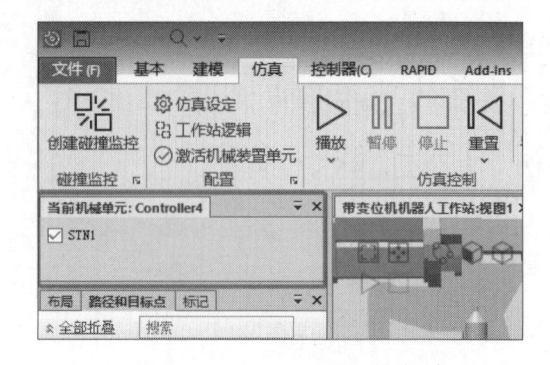　　　　图 6.116　勾选 STN1 复选框

步骤03 在"基本"功能选项卡中，确认"设置"选项卡中的3个选项，如图6.117所示。

步骤04 在"基本"功能选项卡中，配合使用Freehand中的"移动和旋转"来调整机器人TCP，使末端垂直于工件，如图6.118所示。

第 6 章　带变位机及导轨的工业机器人工作站创建

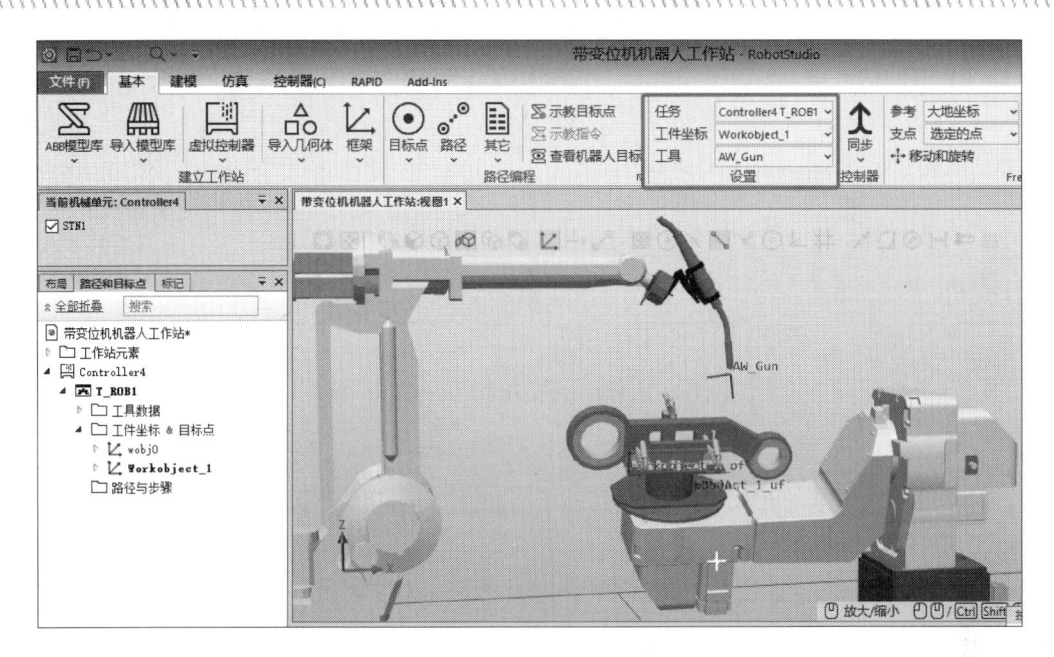

图6.117　选择当前设置

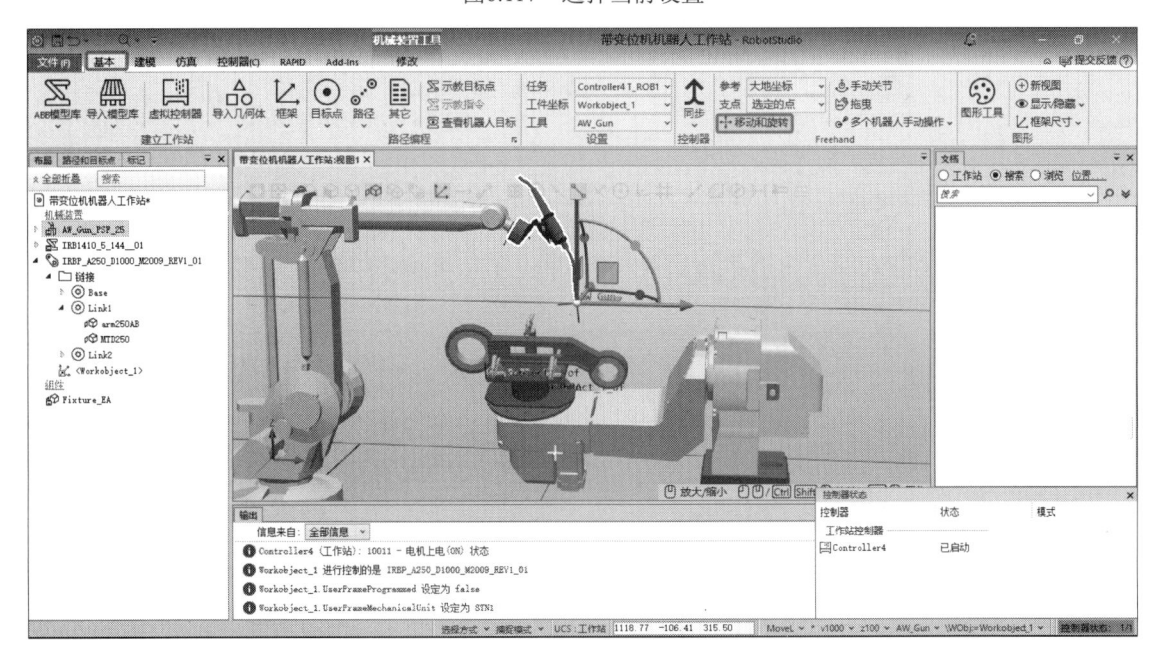

图6.118　调整机器人工具的姿态

步骤 05　在"基本"功能选项卡中，单击"示教目标点"，即可在窗口左侧"路径和目标点"管理器中，依次展开至Workobject_1_of，可以看到刚刚创建的目标点Target_10，如图6.119所示。

步骤 06　在"布局"管理器中，在变位机IRBP_A250_D1000_M2009_ERV1_01上右击，在弹出的快捷菜单中单击"机械装置手动关节"，或者在Freehand中选择"手动关节"，在视图区内手动操作变位机，如图6.120和图6.121所示。

291

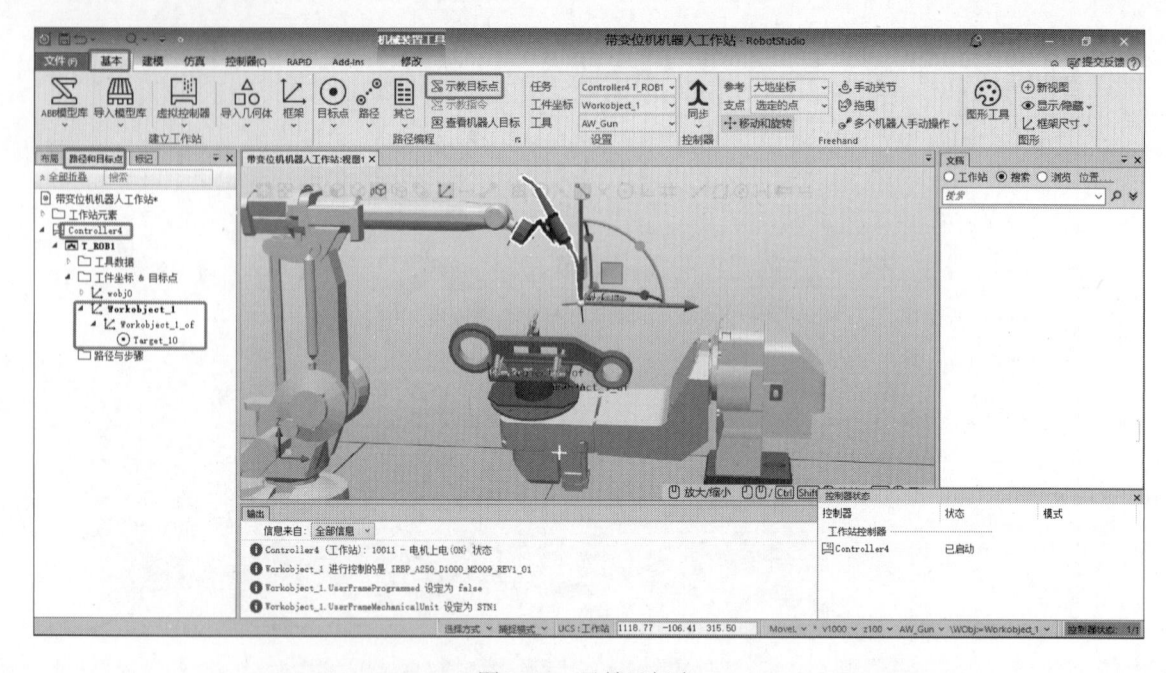

图6.119 示教目标点

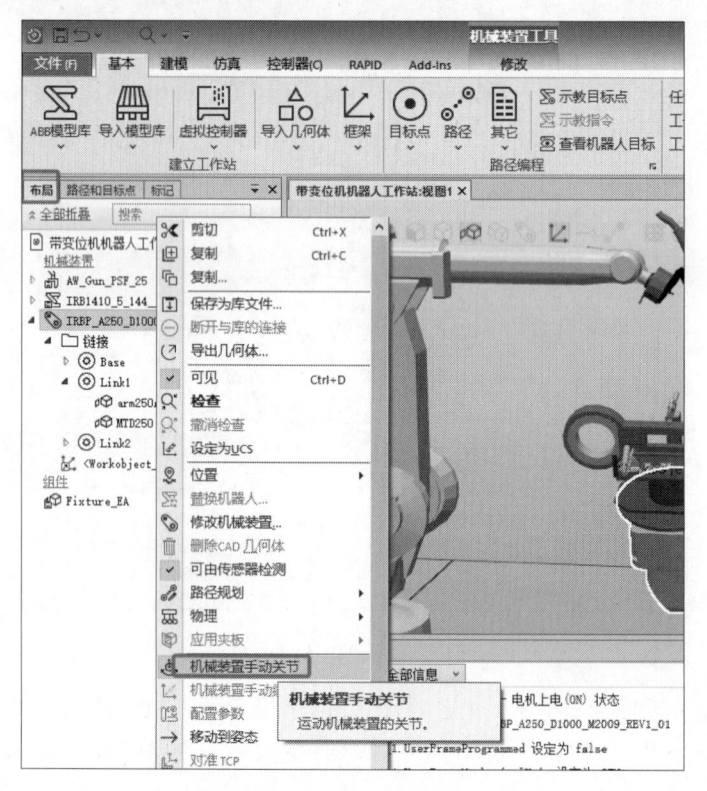

图6.120 单击"机械装置手动关节"

步骤 07 在窗口左侧弹出"手动关节运动"窗口,单击第一个滑块,输入90后按回车键确认,在"视图"中变位机的姿态已经改变,使工件的操作面平行于大地,如图6.122所示。

第 6 章 带变位机及导轨的工业机器人工作站创建

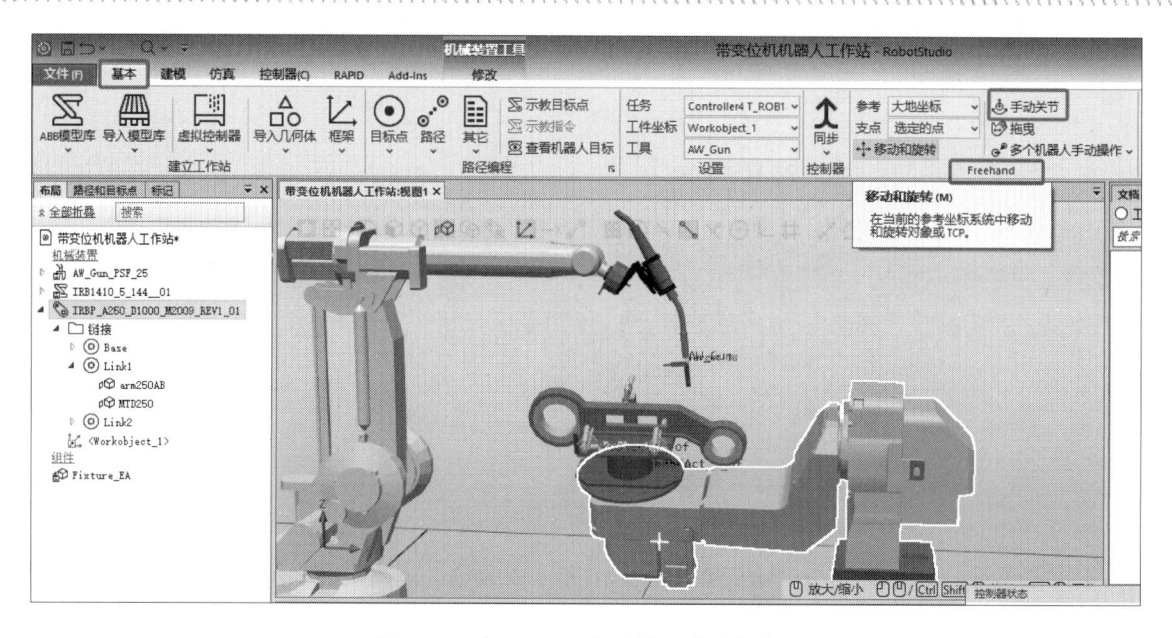

图6.121 在Freehand中选择"手动关节"

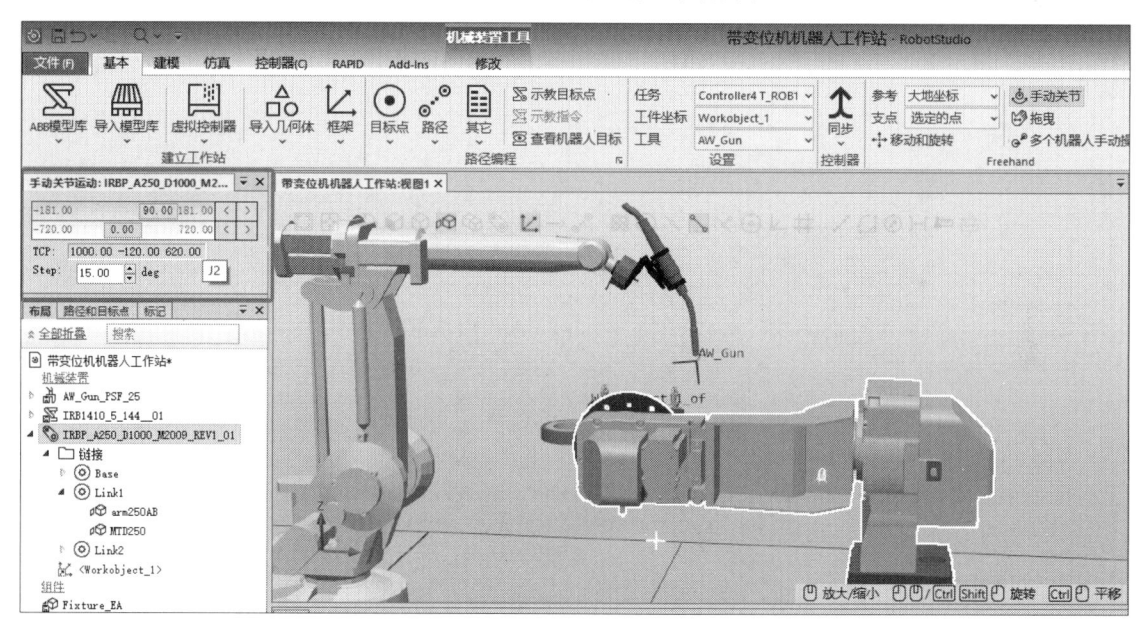

图6.122 调整变位机姿态，使工件的操作面平行于大地

步骤 08 在"布局"管理器中选择机器人，在Freehand中选择"移动和旋转"，捕捉模式选择"捕捉末端"，在视图区内拉动坐标轴，将工具拖动到Targrt_30位置后，在Z轴向上拖动约20mm作为缓冲点Target_20，如图6.123和图6.124所示。

步骤 09 在"基本"功能选项卡中，单击"示教目标点"，即可在窗口左侧"路径和目标点"管理器中，依次展开至Workobject _1 _of，可以看到刚刚创建的目标点Target_20，如图6.125和图6.126所示。

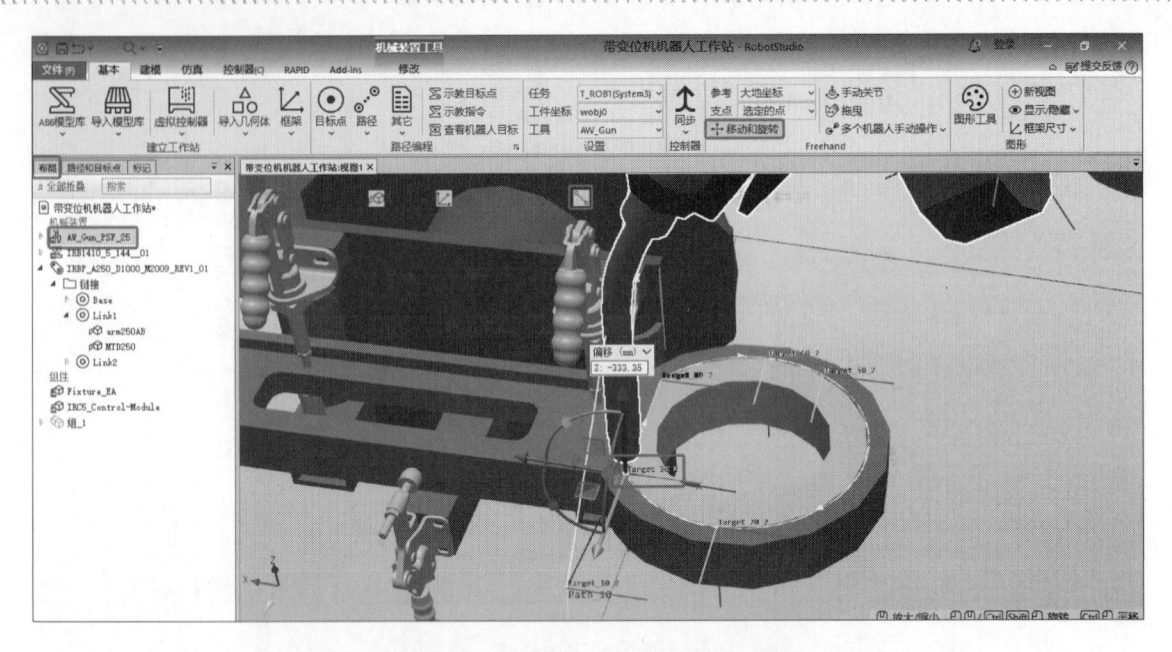

图6.123　将工具拖动到Targrt_30位置

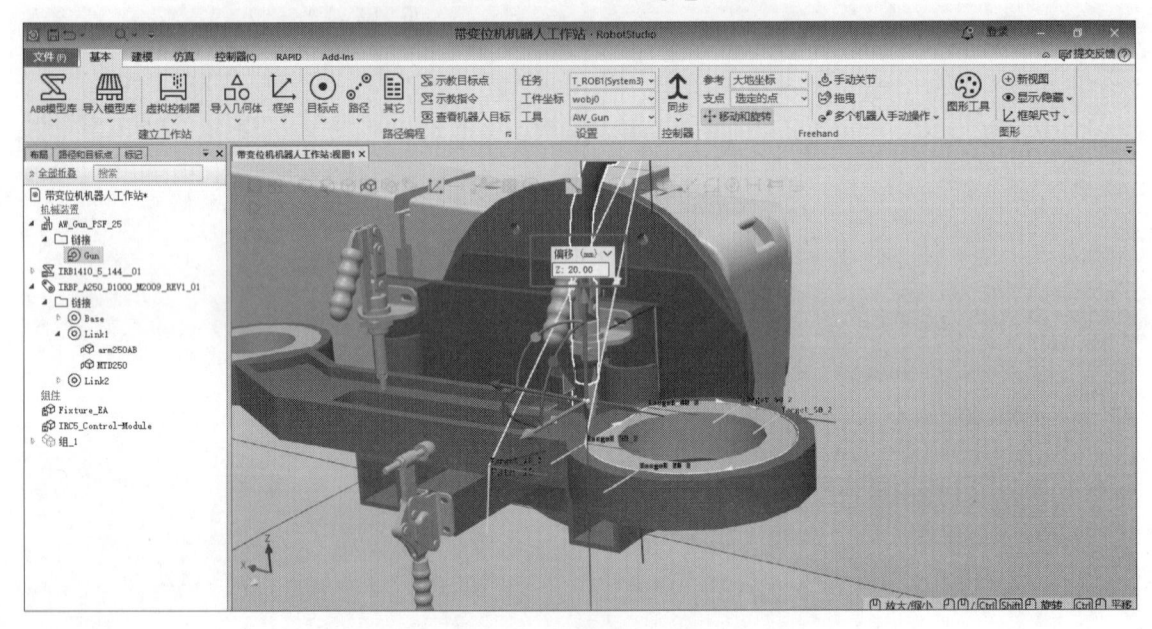

图6.124　在Z轴向上拖动约20mm作为缓冲点Target_20

步骤10 重新打开捕捉模式"捕捉末端",将工具移动至目标点Target_30后,单击"示教目标点",如图6.127所示。

第 6 章 带变位机及导轨的工业机器人工作站创建

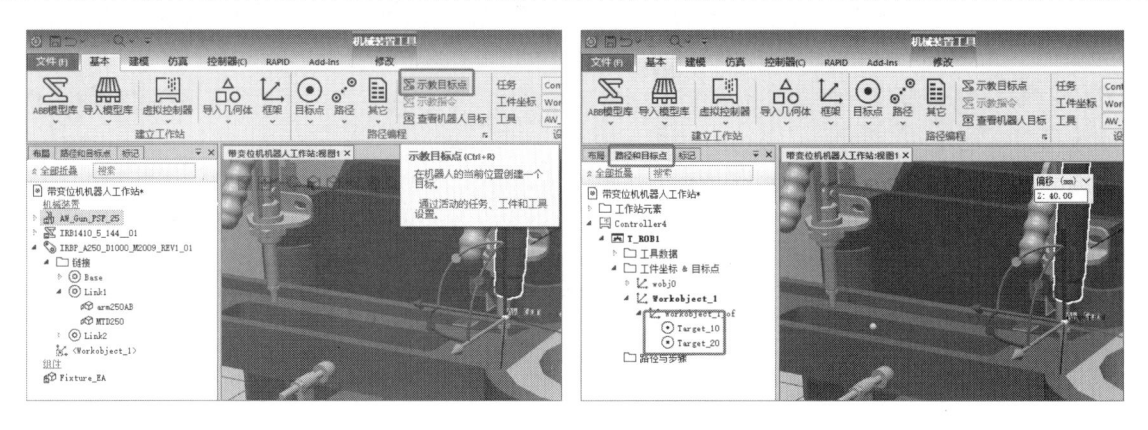

图 6.125 示教目标点

图 6.126 查看已创建的目标点

图6.127 示教目标点Target_30

步骤11 示教完成后，将Target_30示教添加到目标点，如图6.128所示。

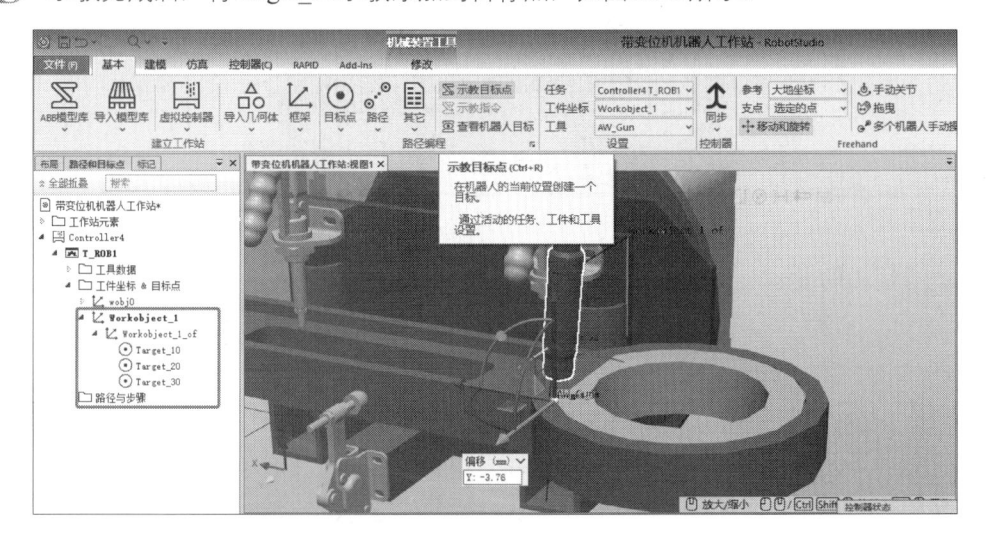

图6.128 将Target_30示教添加到目标点

步骤 12 使用相同的步骤添加目标点Target_40，如图6.129所示。

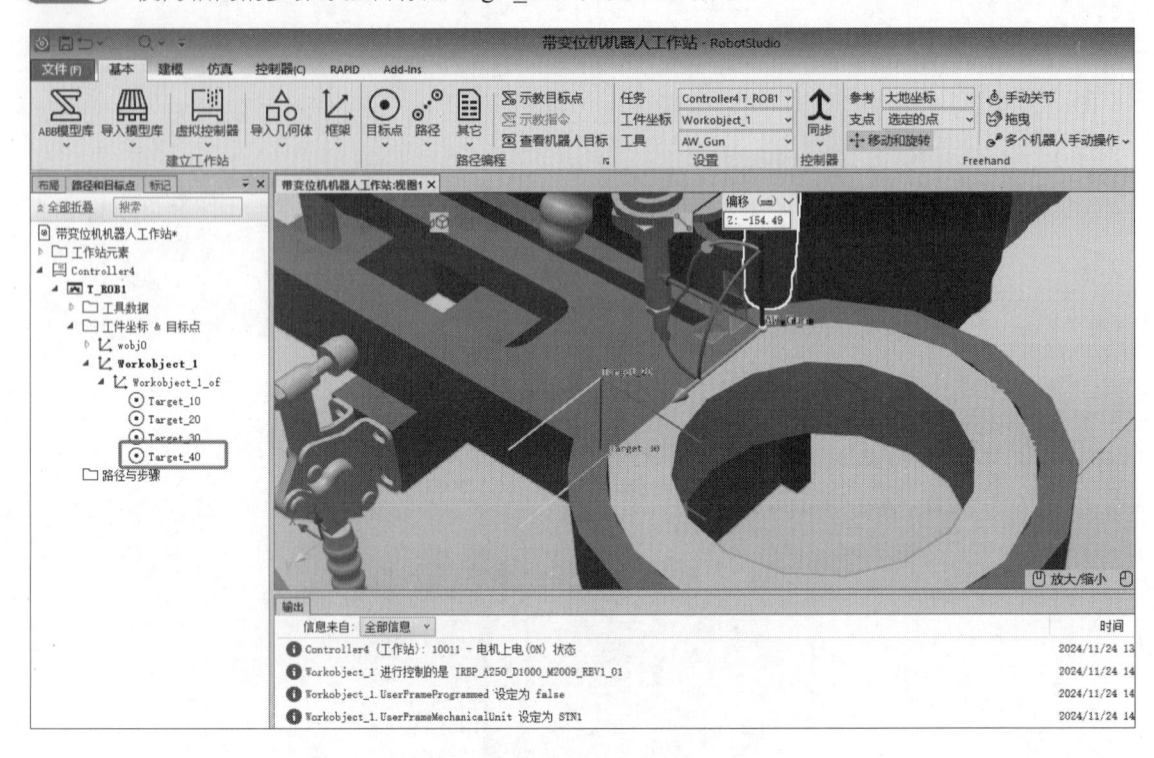

图6.129 添加目标点Target_40

步骤 13 将捕捉模式修改为"捕捉边缘"后，依次捕捉并示教目标点Target_50、Target_60和Target_70，如图6.130所示。

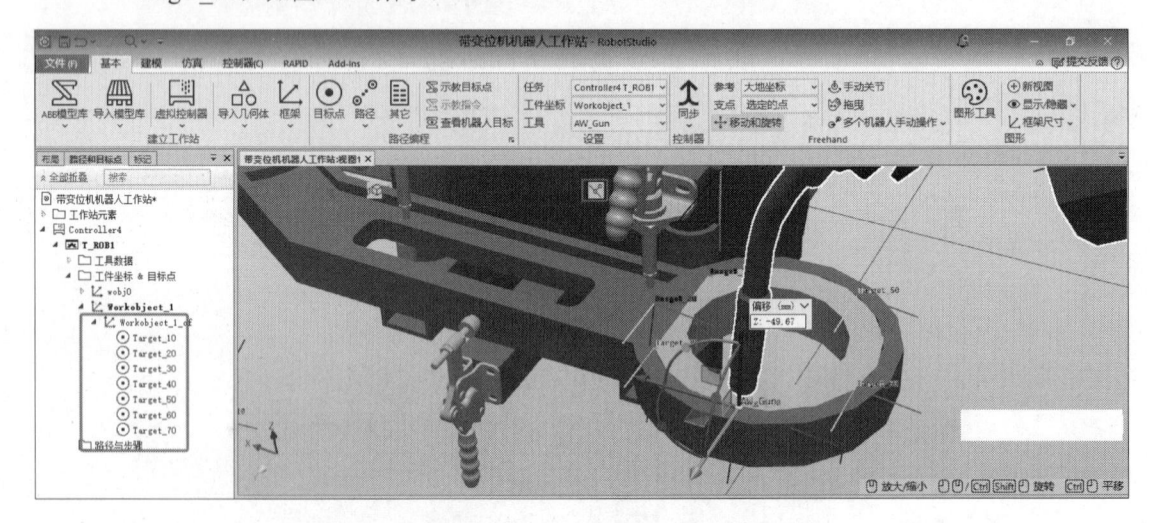

图6.130 修改为"捕捉边缘"捕捉圆弧的其他点

步骤 14 示教完全部目标点后，全部示教点位如图6.131所示。

步骤 15 在软件窗口下方的状态栏中，修改指令及参数为：MoveL，v300，z5，AW_Gun，\WObj=Workobjec_1，如图6.132所示。该操作主要用于在示教指令创建新路径前设定其指令参数。

第 6 章 带变位机及导轨的工业机器人工作站创建

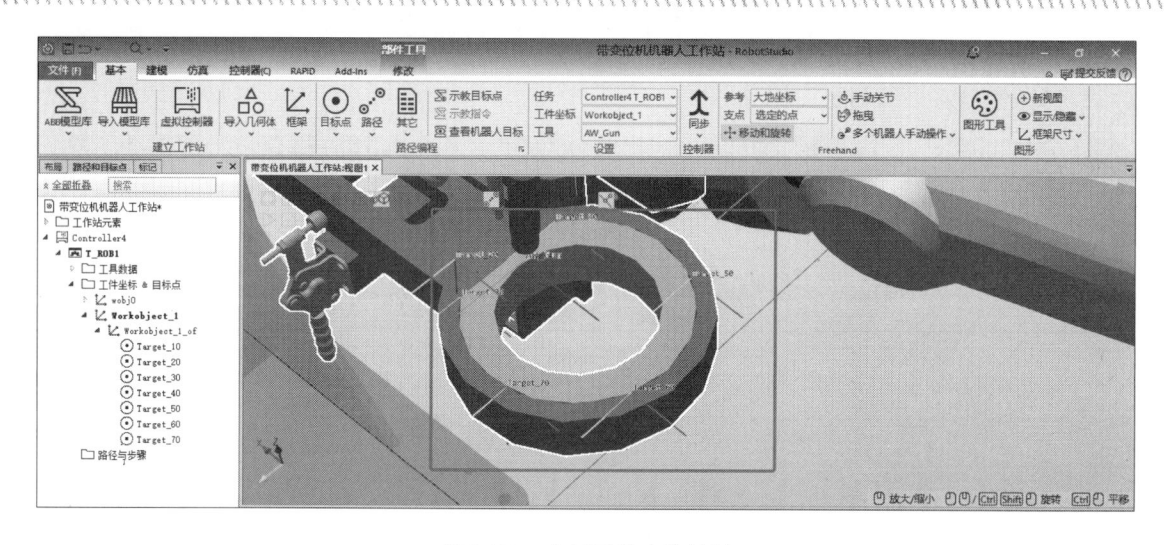

图6.131 全部示教点位情况

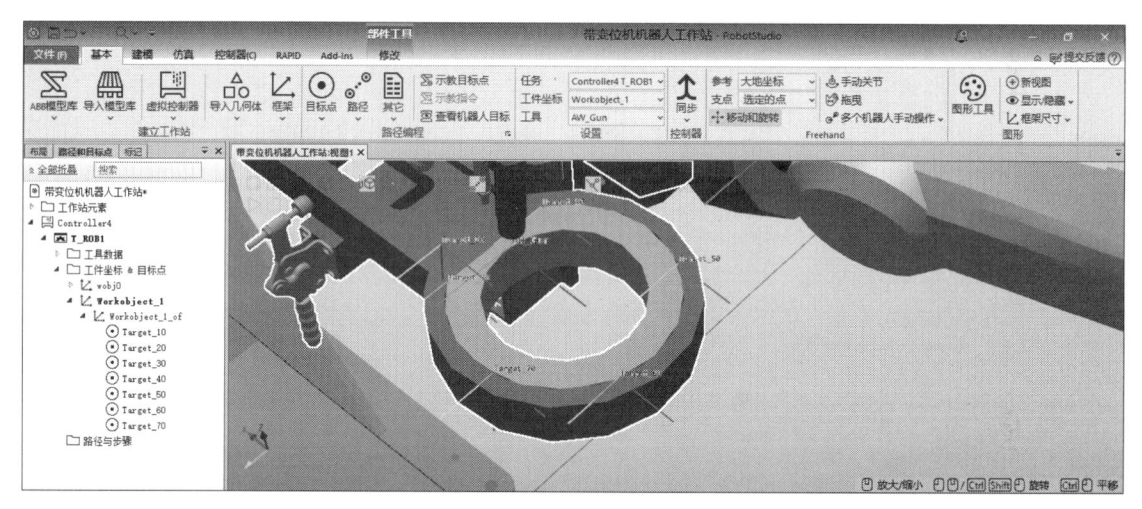

图6.132 修改指令及参数

步骤 16 在窗口左侧的"路径和目标点"管理器中，选中所有目标点后右击，在弹出的快捷菜单中单击"添加新路径"，如图6.133所示。

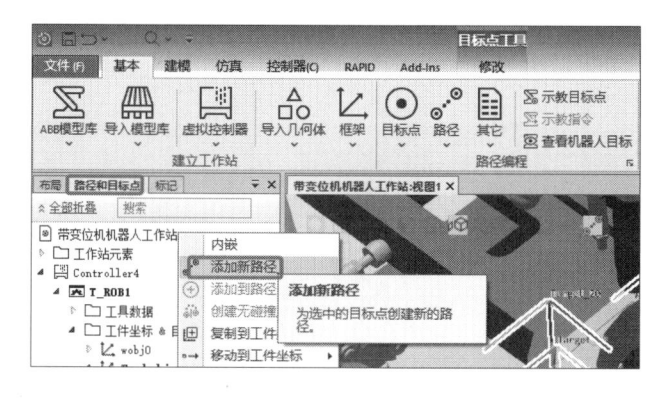

图6.133 选择"添加新路径"

步骤 17 在窗口左侧"路径和目标点"管理器中,展开"路径与步骤"下的Path_10,查看生成的指令,如图6.134所示。

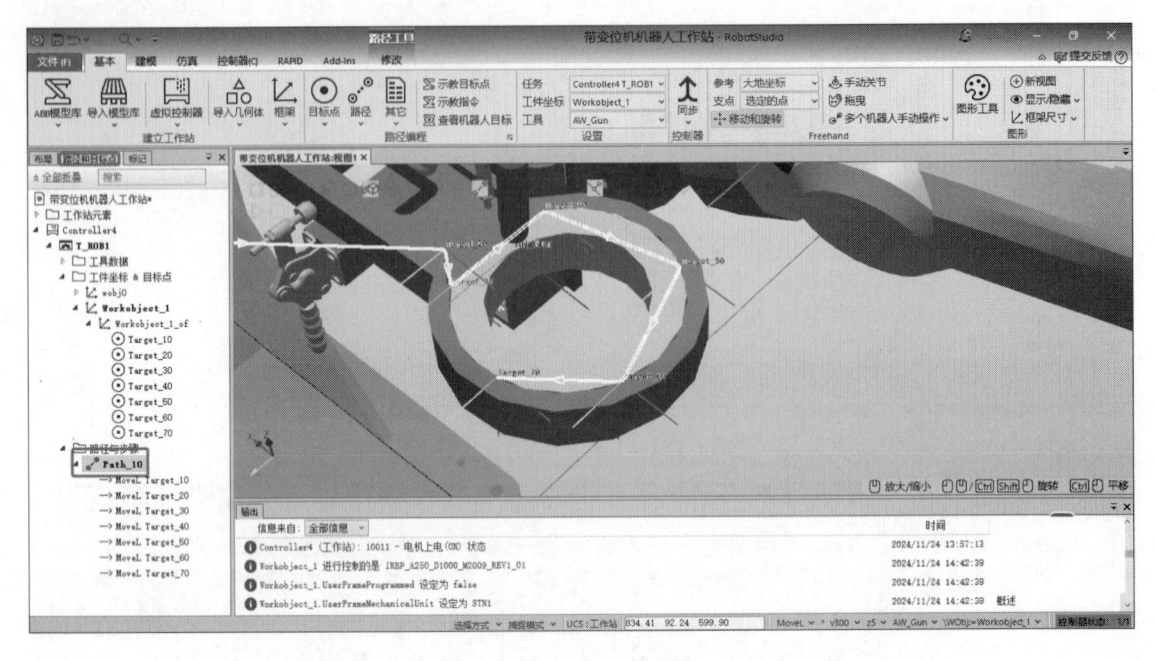

图6.134 查看路径指令

步骤 18 在窗口左侧的"路径和目标点"管理器中,鼠标依次放在目标点Target_30、Target_20、Target_10上,右击,在弹出的快捷菜单中依次选择"添加到路径"→Path_10→"<最后>",将运动路径轨迹闭环,如图6.135所示。

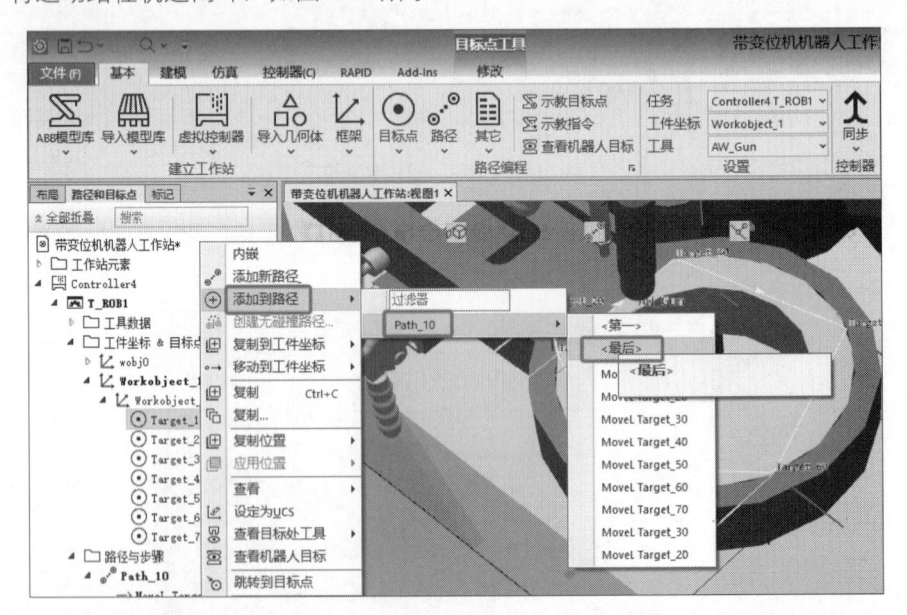

图6.135 闭环路径轨迹

步骤 19 查看"路径和目标点"管理器中的Path_10指令顺序,如图6.136所示。

第 6 章　带变位机及导轨的工业机器人工作站创建

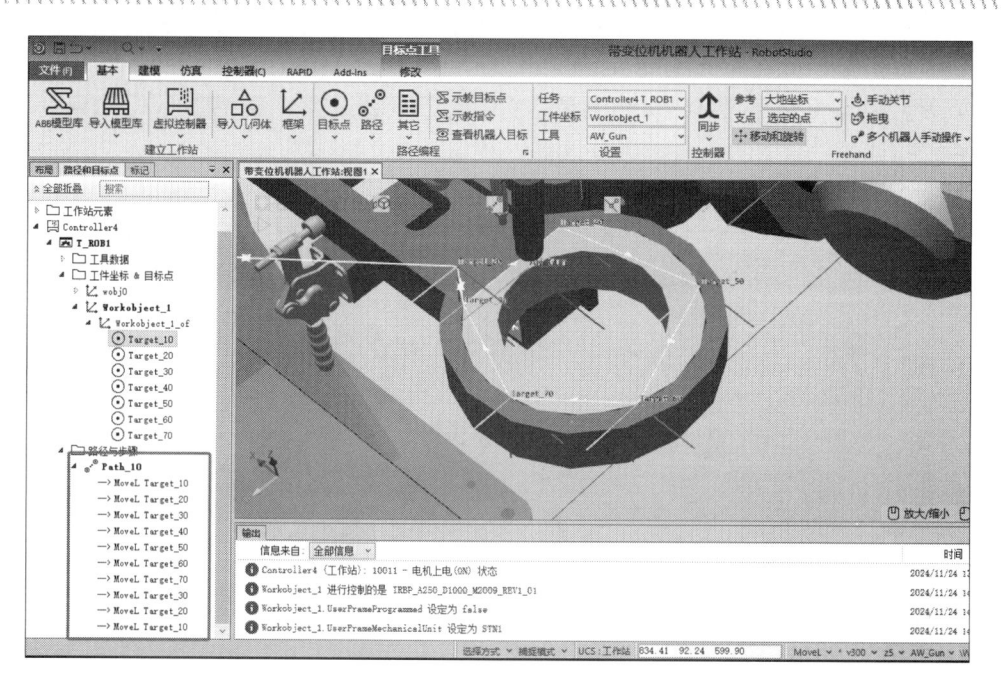

图6.136　检查Path_10指令顺序

步骤20　查看"路径和目标点"管理器中的Path_10，同时选中MoveL Target_50和MoveL Target_60，右击，依次选择"修改指令"→"转换为MoveC"，如图6.137所示。

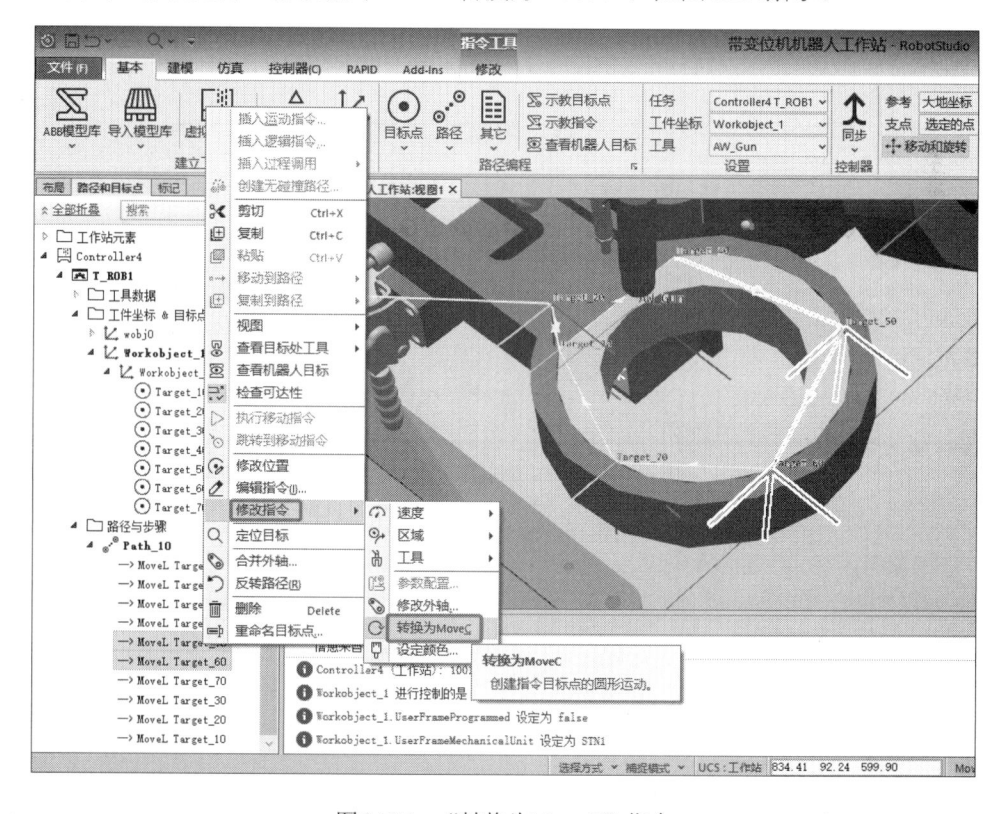

图6.137　"转换为MoveC"指令

备注：重复此步骤，将MoveL Target_70和MoveL Target_30修改为MoveC，如图6.138所示。

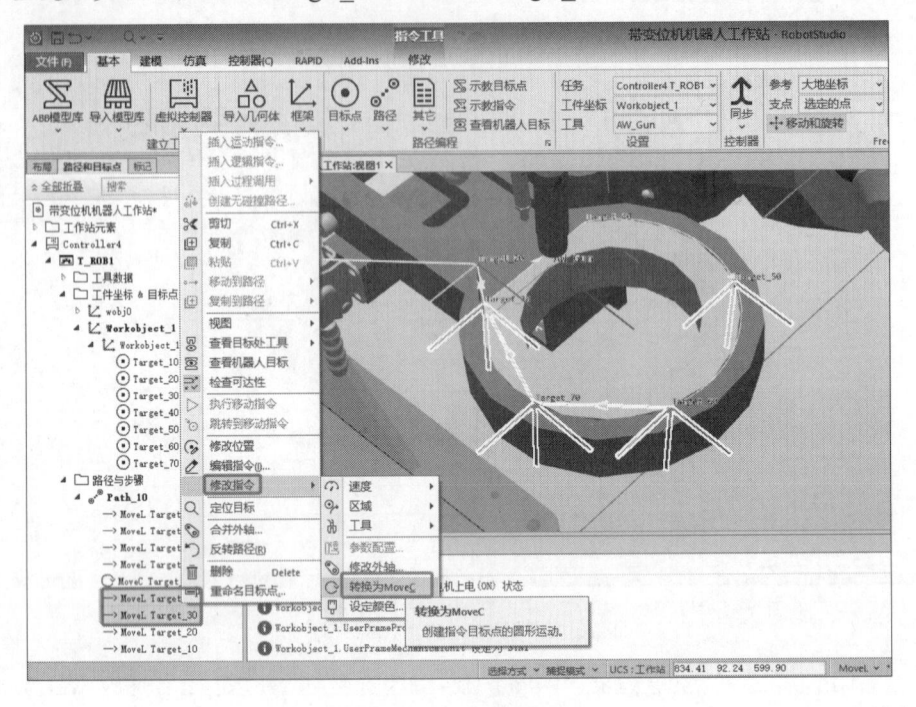

图6.138 修改为圆弧指令MoveC

步骤21 在"路径和目标点"管理器中，查看Path_10修改后的指令和视图区内路径，如图6.139所示。

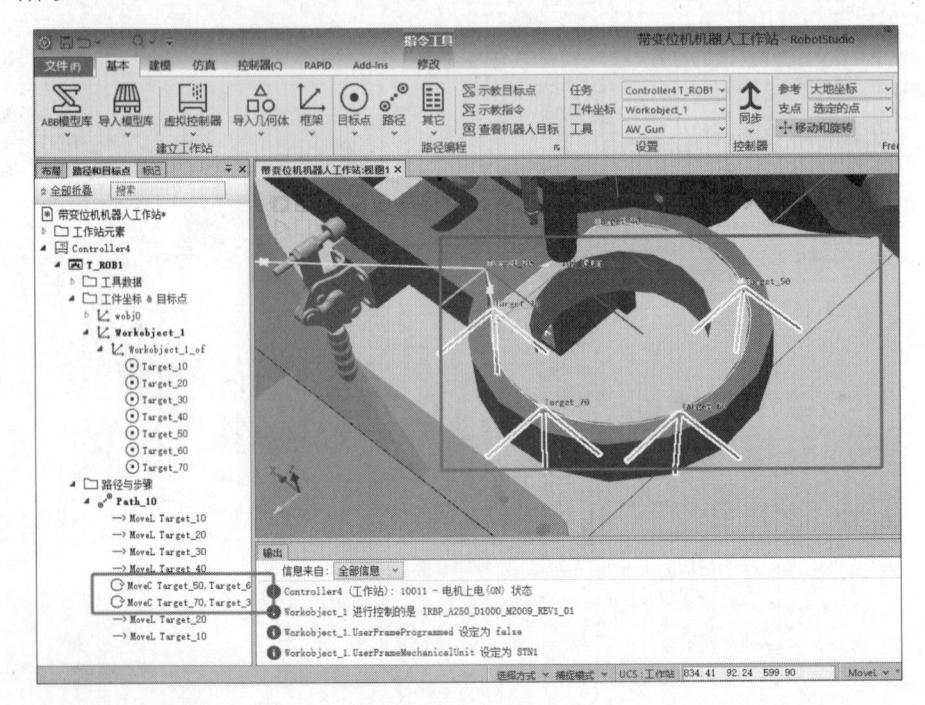

图6.139 修改后的Path_10路径指令

第 6 章 带变位机及导轨的工业机器人工作站创建

步骤 22 在"路径和目标点"管理器中,选择路径Path_10,配合键盘上的Ctrl键,同时选中MoveL Target_30和MoveC Target_70,Target_30,右击,依次展开"修改指令"→"区域",勾选fine,如图6.140所示。区域参数fine表示将精确到达目标点。

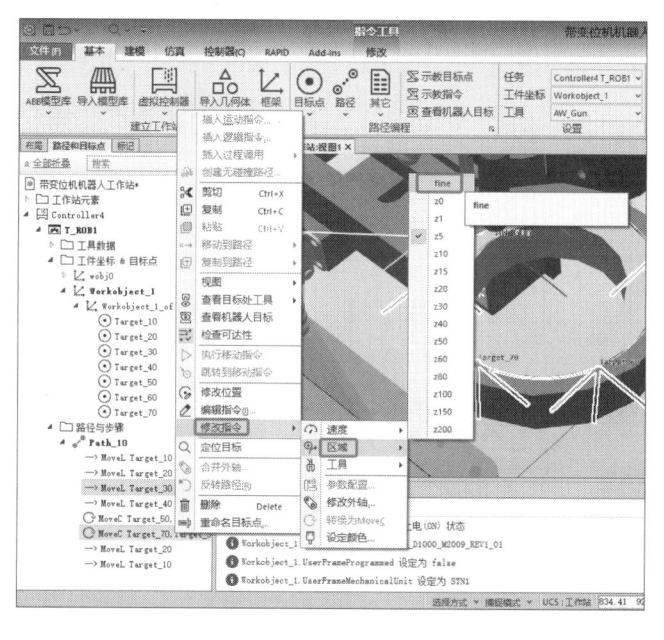

图6.140 勾选"fine"选项

步骤 23 在"路径和目标点"管理器中,选择路径Path_10,在MoveL Target_10上右击,在弹出的快捷菜单中单击"插入逻辑指令",如图6.141所示。该操作主要用于示教指令创建新路径前设定其指令参数。

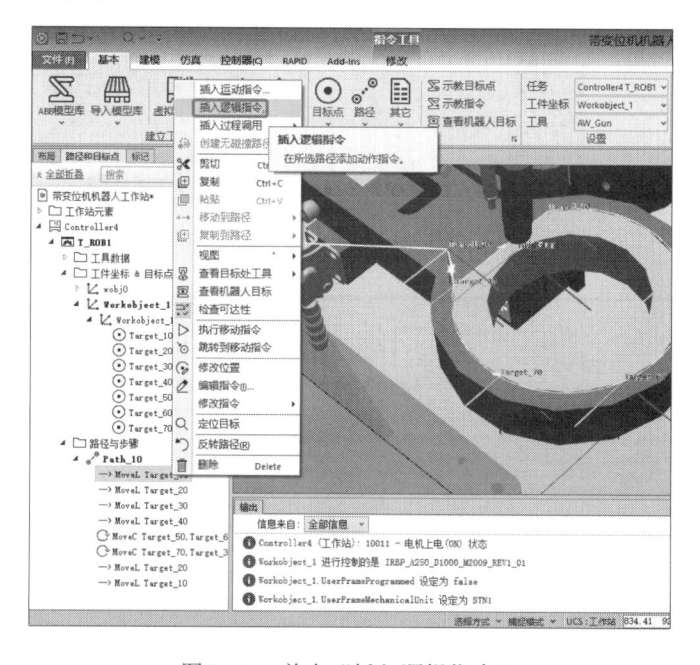

图6.141 单击"插入逻辑指令"

步骤 24 在窗口左侧的"路径和目标点"管理器中,选中所有目标点后右击,在弹出的快捷菜单中单击"添加新路径",如图6.142所示。

步骤 25 在左侧窗口弹出的"创建逻辑指令"对话框中,"任务"和"路径"保持默认设置,指令模板为ActUnit,指令参数为"杂项MechUnit STN1",单击"创建"按钮,即可插入逻辑指令ActUnit,如图6.143所示。

图 6.142 选择"添加新路径"　　　　　图 6.143 设置"创建逻辑指令"参数

步骤 26 指令ActUnit STN1已插入到路径指令MoveL Target_10后面,如图6.144所示。

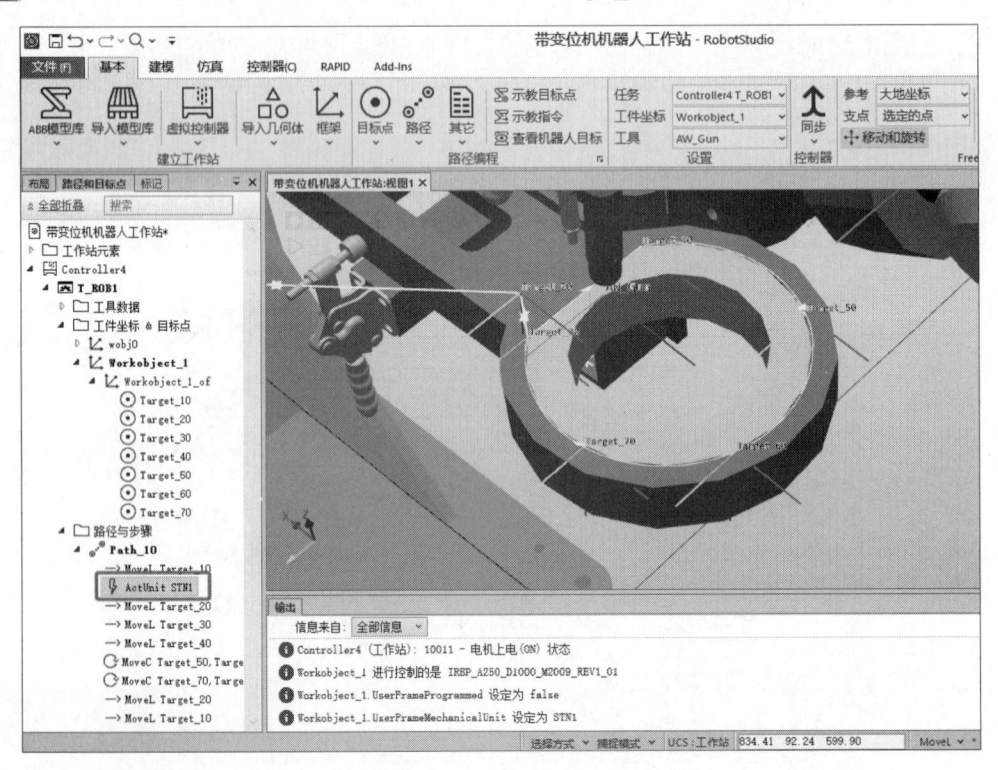

图6.144 插入指令ActUnit STN1

第 6 章 带变位机及导轨的工业机器人工作站创建

步骤 27 在"路径和目标点"管理器中，选择路径Path_10，右击最后一行指令MoveL Target_10，在弹出快捷菜单中选择"插入逻辑指令"，在弹出的"创建逻辑指令"对话框中，修改指令模板为DeactUnit，单击"创建"按钮，即可插入逻辑指令DeactUnit STN1，如图6.143和图6.146所示。

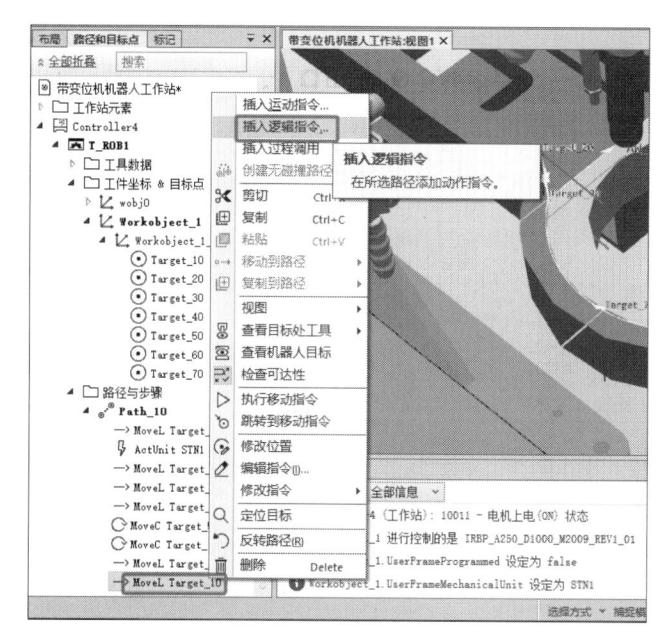

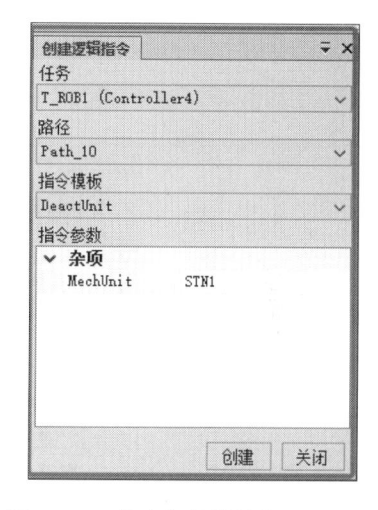

图 6.145　选择"插入逻辑指令"功能　　　　图 6.146　修改指令模板为 DeactUnit

步骤 28 在"路径和目标点"管理器中，选择路径Path_10，在第一行指令MoveL Target_10上按住鼠标左键，将其拖动到逻辑指令ActUnit STN1之后放开，如图6.147所示。

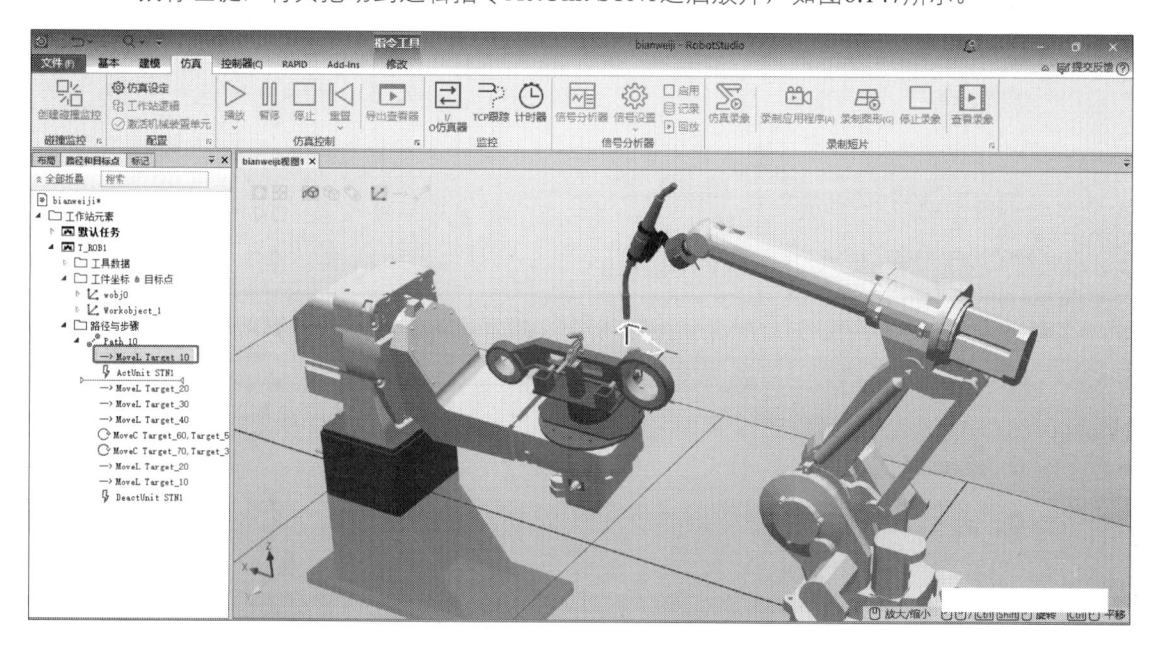

图6.147　拖动MoveL Target_10到逻辑指令ActUnit STN1之后

步骤29　在"路径和目标点"管理器中，最终Path_10的指令顺序如图6.148所示。

步骤30　在"路径和目标点"管理器中，选择路径Path_10，右击，在弹出的快捷菜单中单击"自动配置"，展开后选择"线性/圆周移动指令"，如图6.149所示。

步骤31　在"路径和目标点"管理器中，选择路径Path_10，右击，在弹出的快捷菜单中单击"沿着路径运动"。查看机器人的运动是否成功，成功则进行下一步，否则即继续调试，如图6.150所示。

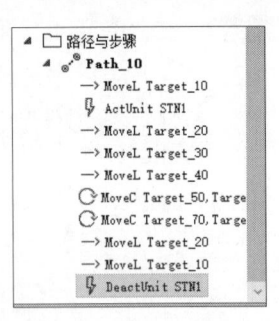

图6.148　路径最终顺序

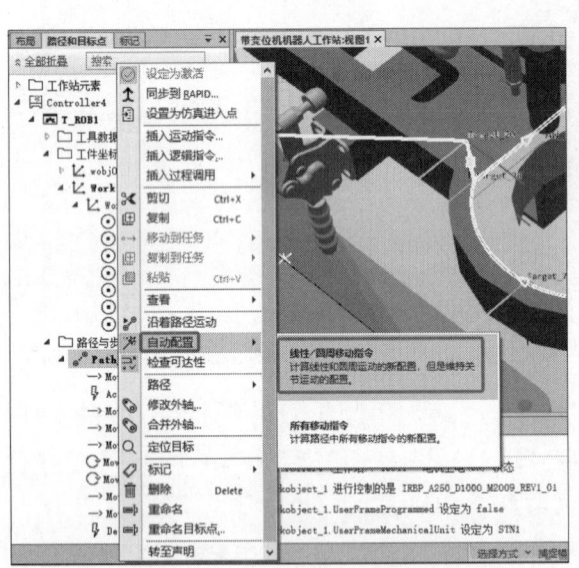

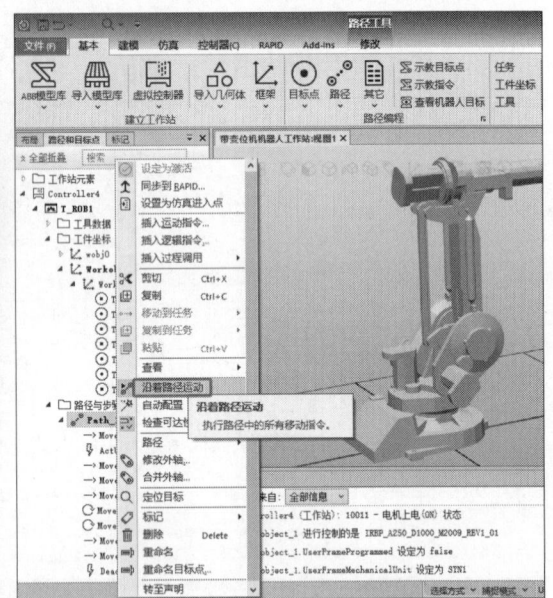

图6.149　"自动配置"功能

图6.150　单击"沿着路径运动"

备注：在本章配套资源中，资源文件名称为中文的，可在使用之前修改中文名称为非中文，否则可能会导致运行失败。

6.2.6　变位机机器人运动轨迹仿真运行

在机器人的运动轨迹调试完成后，用户就可以将运动轨迹同步并仿真运行，具体操作步骤如下。

步骤01　在"路径和目标点"管理器中，右击Path_10，在弹出的快捷菜单中单击"同步到RAPID..."，如图6.151所示。

步骤02　在弹出的"同步到RAPID"对话框中，"同步"列全部勾选后，单击"确定"按钮，如图6.152所示。

步骤03　在"仿真"功能选项卡中，单击"仿真设定"，如图6.153所示。

步骤04　在弹出的"仿真设定"对话框中，单击"仿真对象"中的T_ROB1，在"进入点"下拉菜单中选择Path_10，如图6.154所示。

第 6 章 带变位机及导轨的工业机器人工作站创建

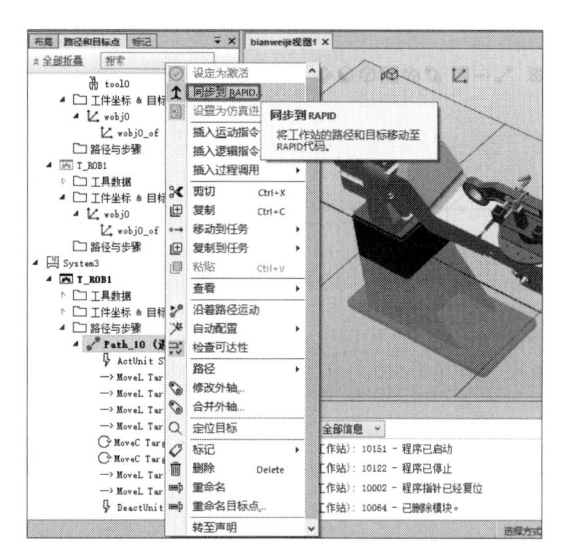

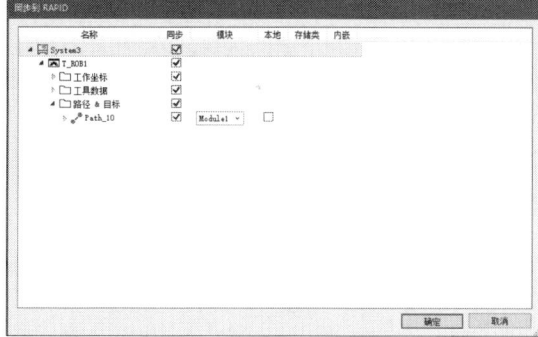

图 6.151 单击"同步到 RAPID…"　　图 6.152 在"同步到 RAPID"对话框中勾选选项

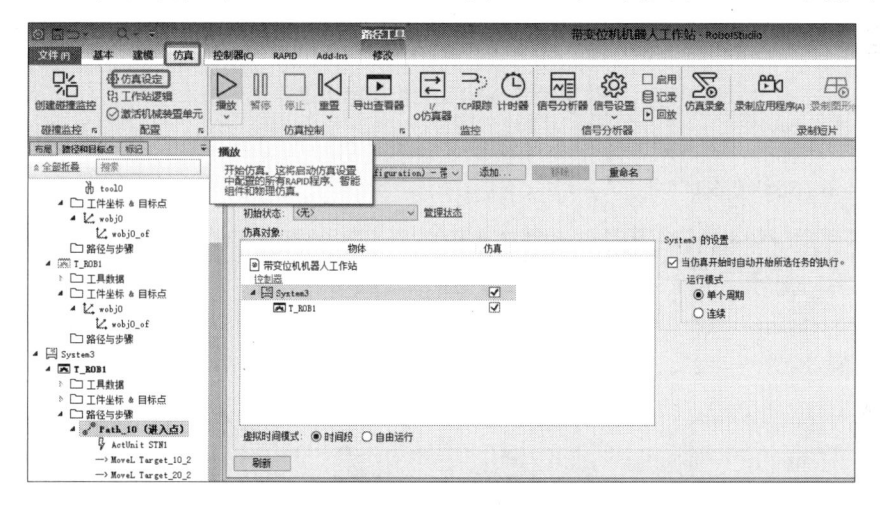

图6.153 打开"仿真设定"对话框

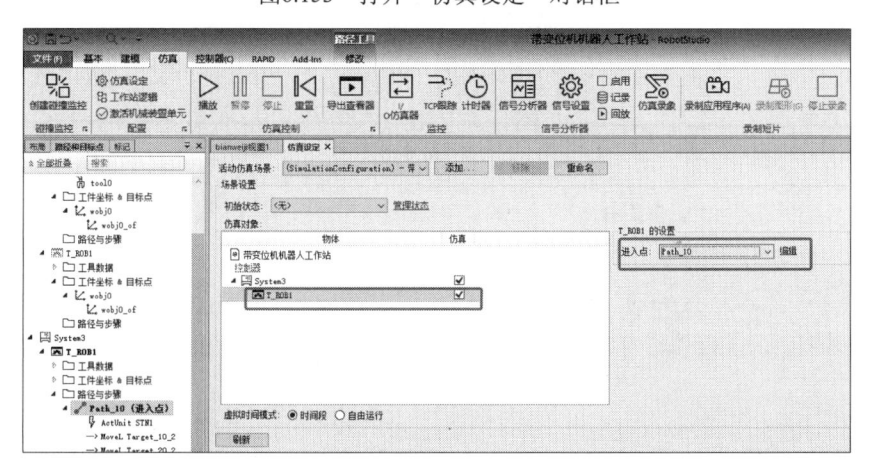

图6.154 选择进入点

305

备注：用户也可以在"路径和目标点"管理器中，右击路径Path_10，选择"设置为仿真进入点"，如图6.155所示。

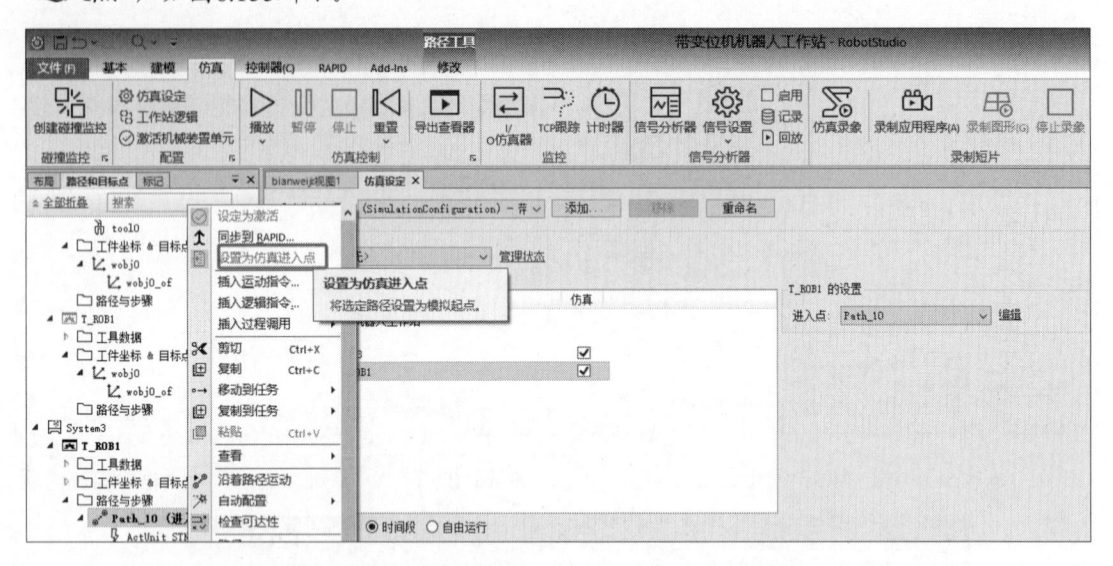

图6.155 在"路径和目标点"管理器中设置仿真进入点

步骤05 在"仿真"功能选项卡中单击"播放"按钮，即可在"视图"中播放机器人运动轨迹，如图6.156和图6.157所示。

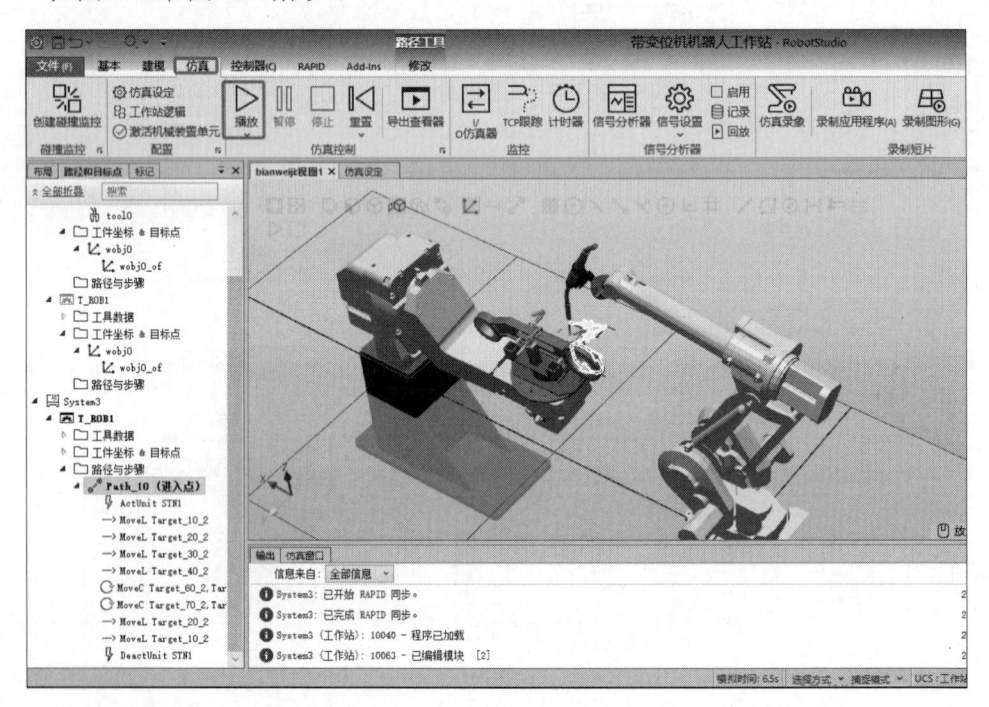

图6.156 播放仿真效果

在本小节中，用户通过仿真功能对变位机机器人工作站的运动路径进行了验证。以上操作仅是对工件一个面的轨迹规划，用户可以根据实际需要按照上述步骤进行扩展。

第 6 章 带变位机及导轨的工业机器人工作站创建

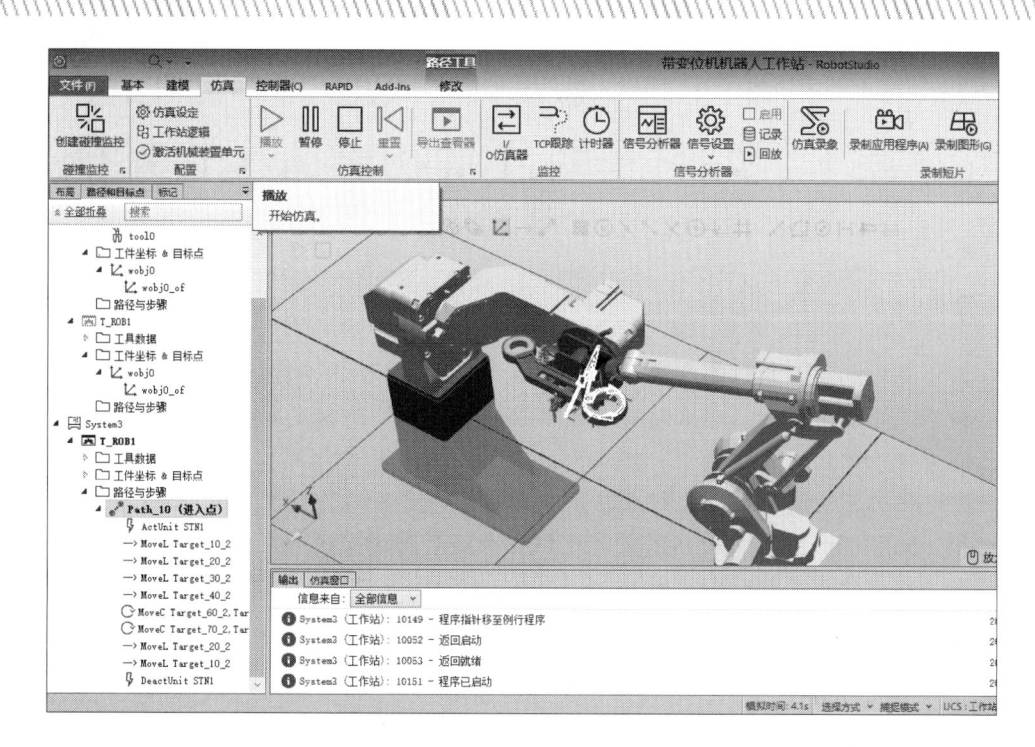

图6.157 在视图区内查看仿真动画

6.3 练　习

按照上述操作步骤完成工件另一端的圆内表面处理，如图6.158所示。

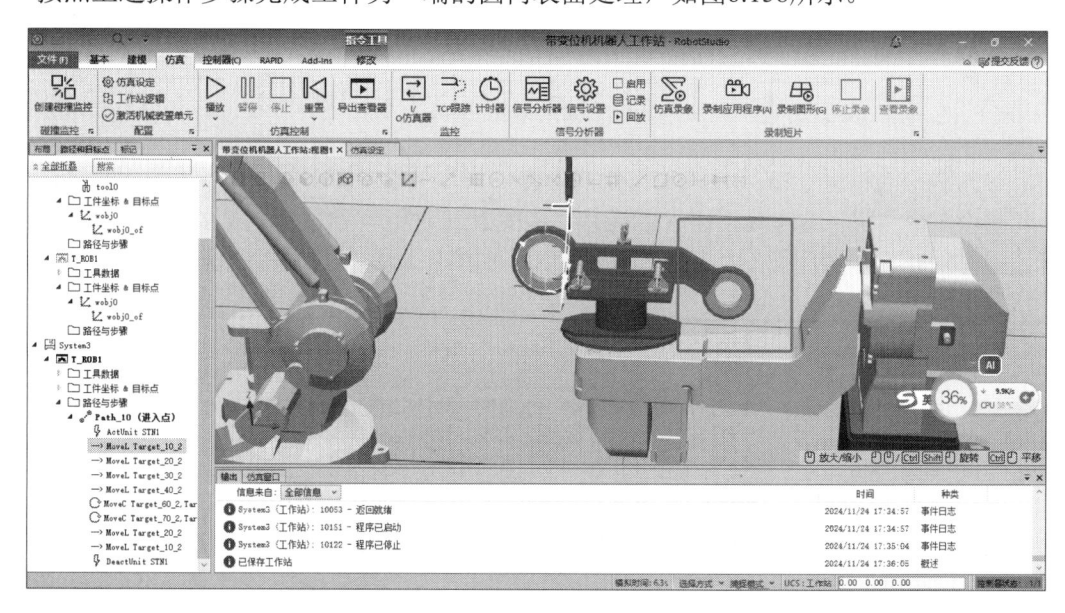

图6.158 工件另一端圆内表面处理示意图

备注：变位机资源文件在6.2节中的配套资源文件夹下。

307

第 7 章　流水线码垛工业机器人工作站搭建

导言

在工业应用中，工业机器人码垛以其柔性工作能力和很小的占地面积，能够同时处理多种物料和码垛多个料垛，越来越受广大用户的青睐并迅速占据码垛市场。码垛机器人具有极强的柔性，被广泛用于水泥、啤酒、盐业、饮料、速冻食品、化工、家电、钢铁、制药、粮食、化肥、物流及自动化行业中，具有定位精度高的特点。本章将以化肥生产线为例，使用RobotStudio 2024平台仿真设计化肥生产线后端的搬运码垛工艺，并完成化肥后端搬运码垛工作站的布局及动作设计。

本章主要涉及的知识点有：

- 码垛工作站的布局
- 流水线 Smart 组件的设置
- 末端操作器拾取动作的设置
- 码垛工作站编程工艺要求
- 码垛工作站的仿真与调试
- 流水线码垛工作站程序的编写及关键指令

7.1　工作站LAYOUT布局说明

工业机器人码垛工作站具有柔性工作能力强和占地面积小的优点，并且能够同时处理多种物料和码垛多个料垛，迅速占据码垛市场并逐步受到广大用户和技术人员的关注和青睐。码垛机器人工作站布局示意图如图7.1所示。本节将主要介绍垛机器人工作站LAYOUT的布局以及工作站的生产工艺流程。

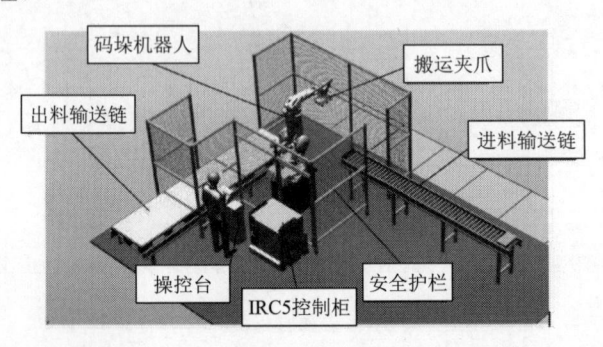

图7.1　码垛机器人工作站布局示意图

7.1.1 输送线段流程卡

在输送线段流程中，产品排队等待输送后，根据限位检测确定是否到达检测位置。如果产品到达检测位置，则接收检测并通知排队产品进行输送，否则继续生产产品、排队、输送至限位检测，流程如图7.2所示。

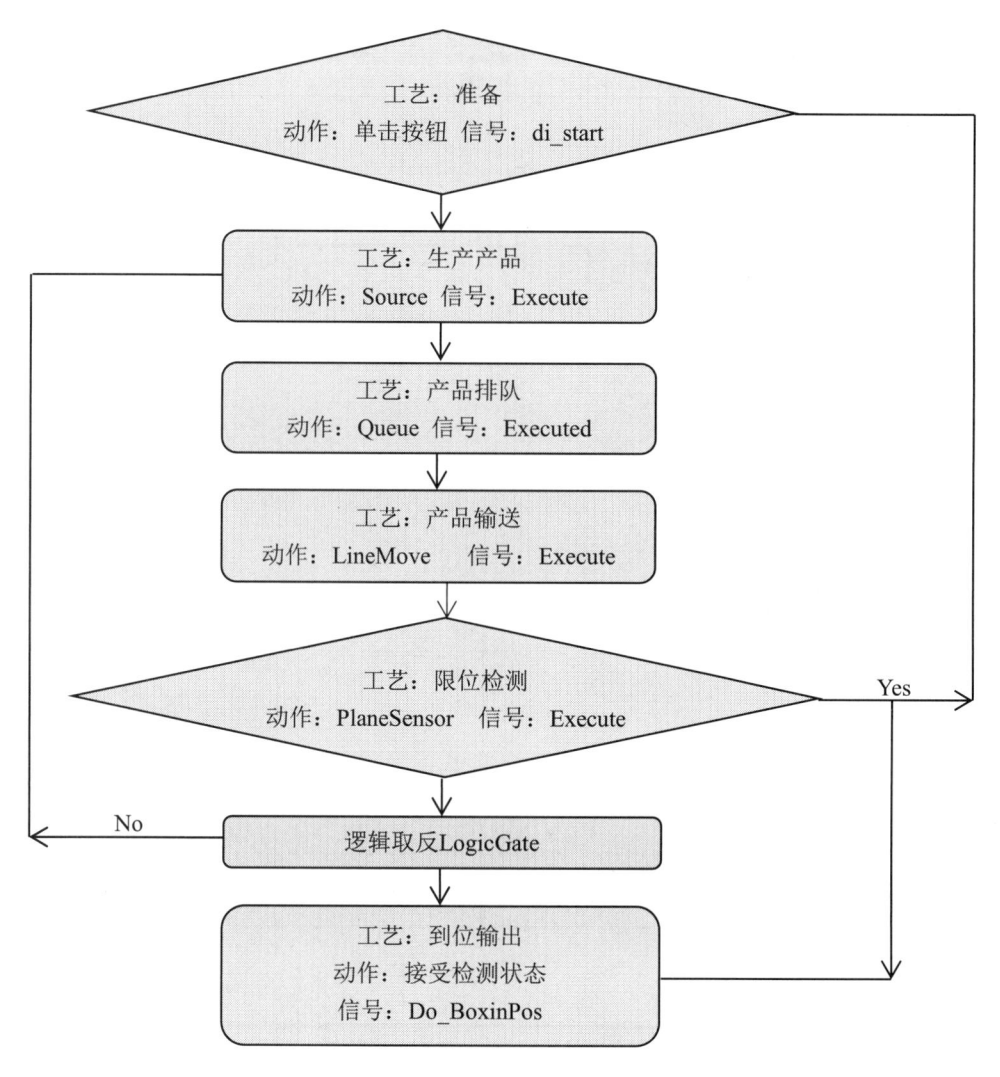

图7.2 输送线段工作流程图

7.1.2 搬运夹爪段流程卡

搬运夹爪段工作流程如图7.3所示。

```
┌─────────────────────────┐
│ 工艺：准备              │
│ 动作：机器人检测输送线   │──No──→ ┌──────┐
│       终端产品          │        │ Wait │
│ 信号：di_Boxinpos       │        └──────┘
└─────────────────────────┘
           │ Yes
           ▼
┌─────────────────────────┐
│ 工艺：执行动作          │──Reset──→ ┌──────────────────┐
│ 动作：开启真空          │            │ 逻辑取反LogicGate │
│ 信号：do_tGripper       │            └──────────────────┘
└─────────────────────────┘                     │
           │ Set                                │
           ▼                                    │
┌─────────────────────────┐                    │
│ 工艺：手部夹具检测到产品 │                    │
│ 动作：LineSensor        │                    │
│ 信号：Active            │                    │
└─────────────────────────┘                    │
           │ Yes                               │
           ▼                                   │
┌─────────────────────────┐                   │
│ 工艺：抓取产品          │──No──→ ┌──────┐   │
│ 动作：Active            │        │ Wait │   │
│ 信号：Execute           │        └──────┘   │
└─────────────────────────┘                   │
           │                                  ▼
           │              ┌─────────────────────────┐
           │              │ 工艺：放置产品          │
           │              │ 动作：Deactive          │
           │              │ 信号：Execute           │
           │              └─────────────────────────┘
           │                         │
           ▼                         ▼
        ┌─────────────────────────┐
        │ 工艺：抓取状态          │
        │ 动作：逻辑置位          │
        │ 信号：do_VacummOK       │
        └─────────────────────────┘
```

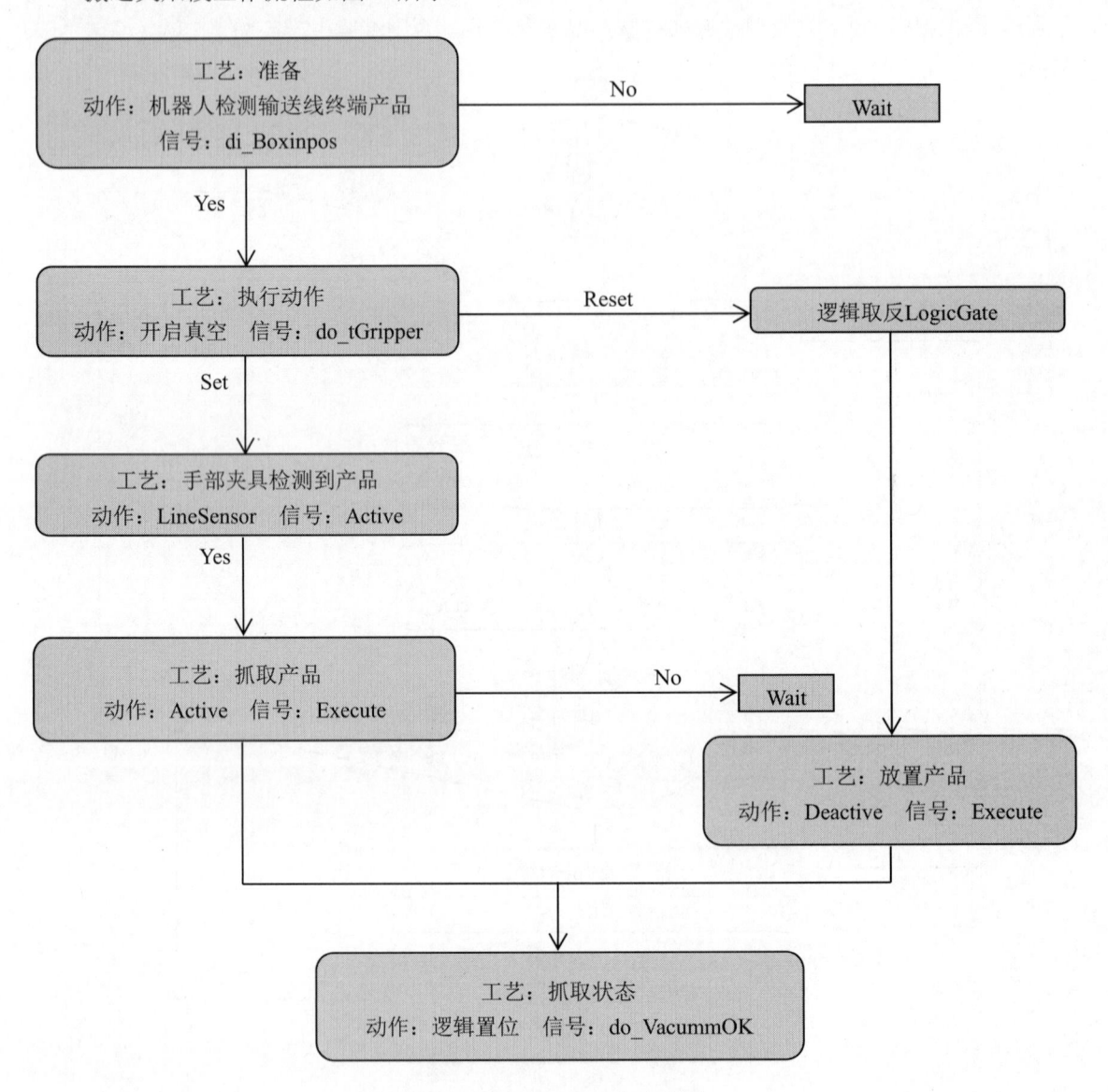

图7.3　搬运夹爪段工作流程图

在搬运夹爪段工作流程中，产品到达输送线终端后，将开启真空信号do_tGripper，等待机械臂夹爪检测到产品信号LineSensor后开始抓取产品，即Active信号Execute。抓取完成后，将抓取状态信号do_VacummOK进行逻辑置位。

其中，开启真空信号do_tGripper如果为真，则说明当前状态为已抓取产品，使用LogicGate逻辑运算组件进行取反后，放置产品完成后，将抓取状态信号do_VacummOK进行逻辑置位。

7.1.3 工作站设计流程

用户将输送线段和搬运夹爪段工作流程设计完成后,接下来需要设计码垛机器人工作站的流程,如图7.4所示。

1. 设计工作站输送线的物料源

2. 设定工作站输送线的动作

3. 设定工作站的输送线传感器

4. 设定工作站输送线的属性和信号连接

5. 设定工作站的末端操作器传感器

6. 设定工作站末端操作器的动作

7. 设定工作末端操作器的属性和连接

8. 设定机器人的I/O信号连接

9. 建立机器人的控制器和Smart组件的连接

10. 工作站程序解析仿真调试

图7.4 码垛机器人工作站设计

7.2 创建流水线码垛工作站的Smart组件设计

在7.1节中,用户已经完成码垛机器人工作站的输送线段、搬运夹爪段工作流程,以及机器人工作站流程设计。接下来,本节将介绍解包流水线码垛机器人工作站、工作站输送线动作效果设计以及工作站末端操作器动作效果设计等Smart组件设计的相关知识点。

7.2.1 解包基本工作站

在本章随书资源中,将第7章"7.2 示例"中的基本工作站压缩包资源"TSAK7-基本工作站压缩包"在RobotStudio 2024软件中解包,具体的解包操作步骤如下。

步骤01 在计算机桌面上,双击RobotStudio图标,启动RobotStudio 2024软件,如图7.5所示。

图7.5　启动RobotStudio 2024软件

步骤02　在"文件"选项卡中,依次单击"打开",如图7.6所示,弹出"打开"对话框。

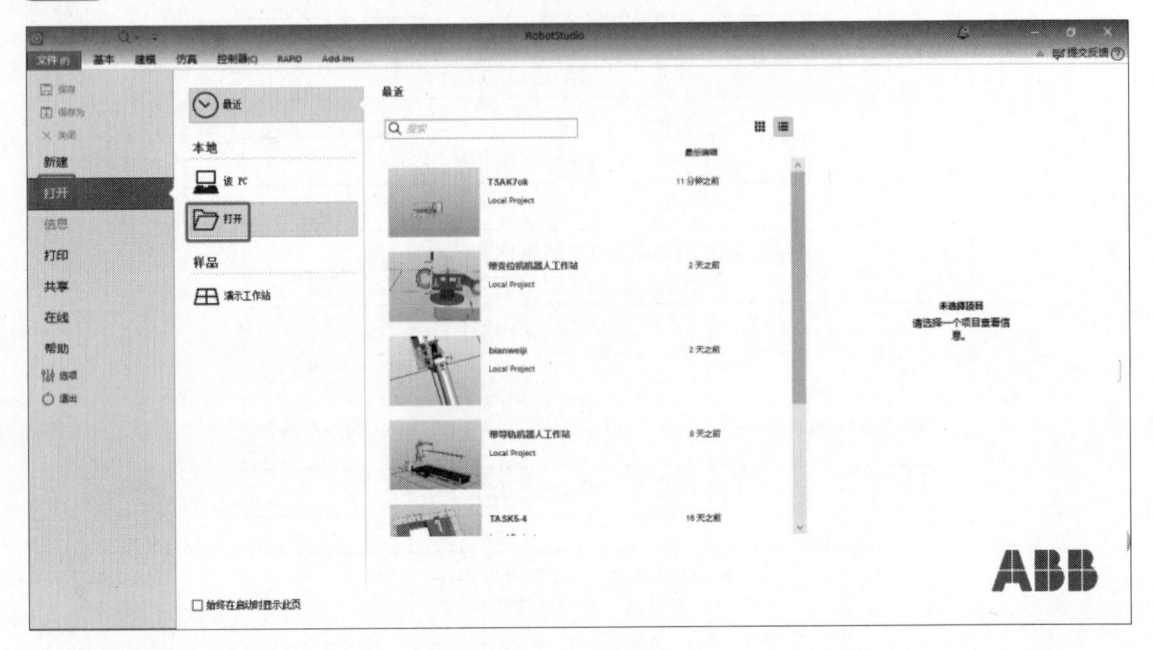

图7.6　打开项目

步骤03　在随书资源的"7.2 示例"中,选择"TSAK7-基本工作站压缩包","加载几何体"复选框已默认勾选,然后单击"打开"按钮,如图7.7所示,打开"解包"对话框。

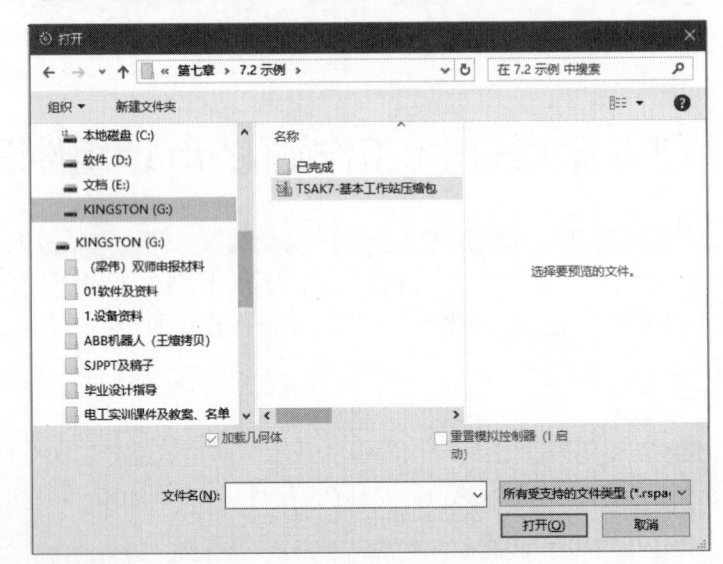

图7.7　打开压缩包文件

备注：用户也可以使用RobotStudio的"共享"→"解包"功能进行解包，将打开"解包"对话框，如图7.8所示。

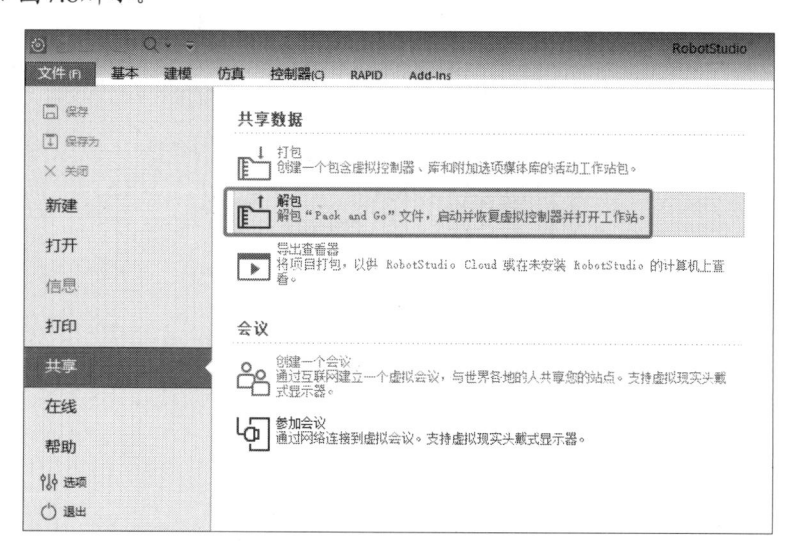

图7.8 使用共享中的解包功能

步骤04 在"解包"对话框中，单击"下一个"按钮，如图7.9所示。

步骤05 分别选择解包文件的路径与解包后的目标文件夹的路径，然后单击"下一个"按钮，如图7.10所示。

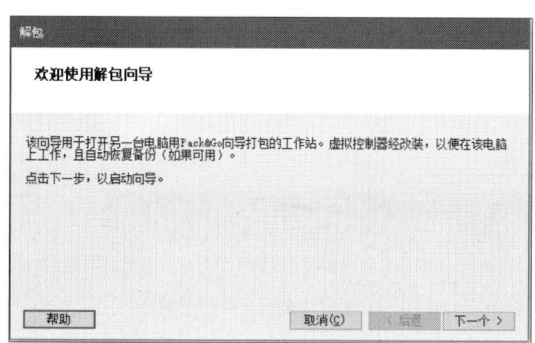

图 7.9 开始解包向导

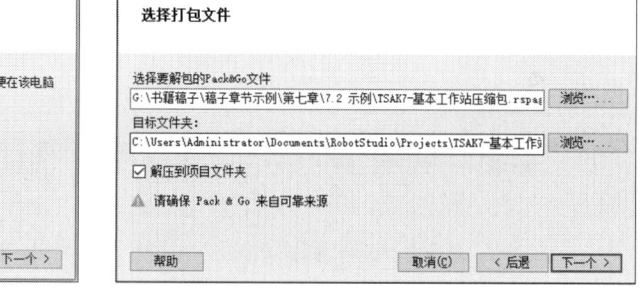

图 7.10 选择解包文件路径

步骤06 检查信息是否正确，然后单击"完成"按钮开始解包，如图7.11所示。

步骤07 开始解包工作站包资源，如图7.12所示。

步骤08 解包完成后，单击"关闭"按钮，关闭"解包"对话框，如图7.13所示。

步骤09 解包后的机器人工作站如图7.14所示。在"布局"管理器和"视图"中能够看到相应的模型。

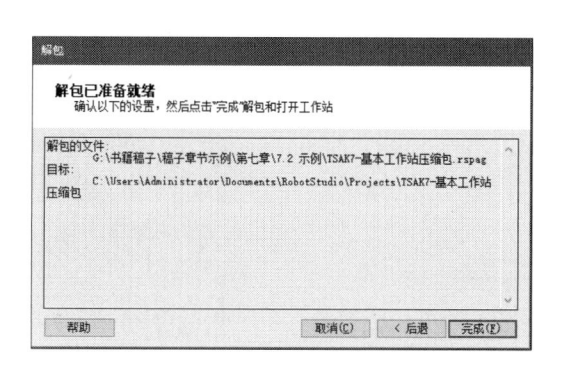

图7.11 检查信息并开始解包

313

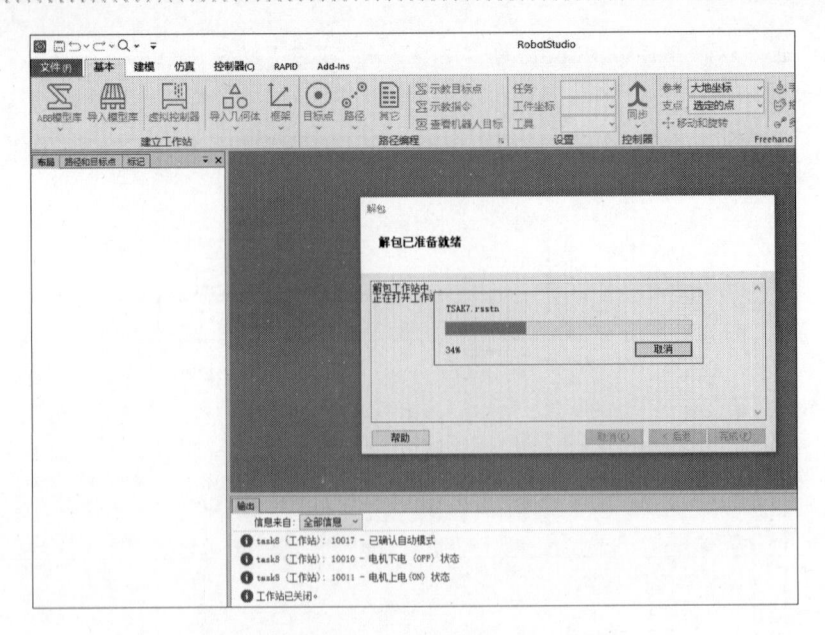

图7.12 开始解包

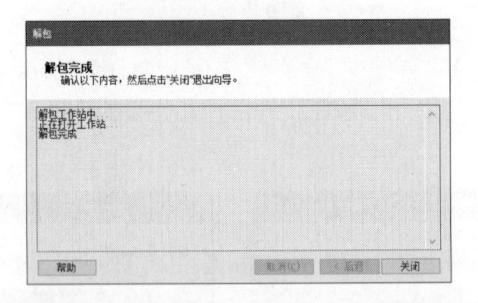

图7.13 解包完成后,单击"关闭"按钮

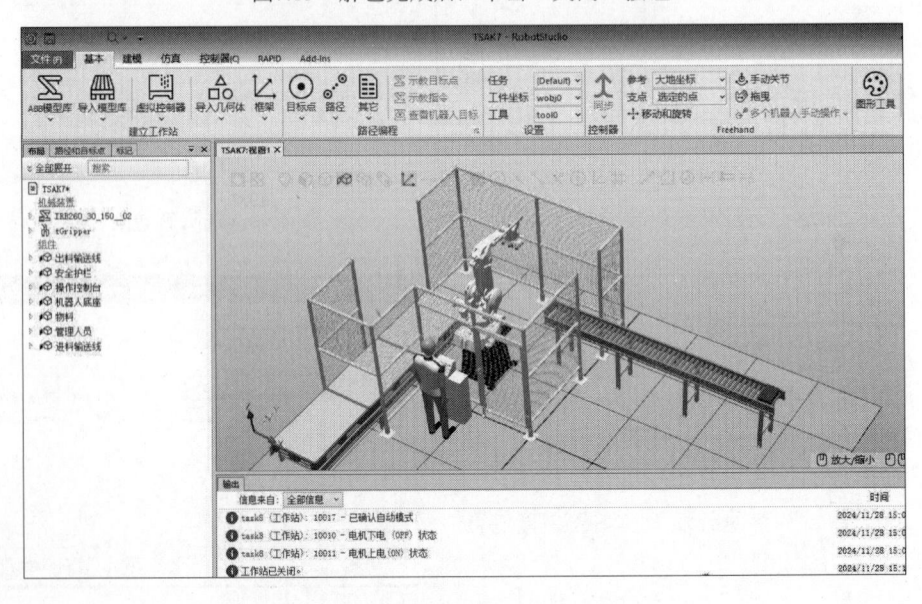

图7.14 已导入视图区内的工作站模型

第 7 章 流水线码垛工业机器人工作站搭建

通过以上操作步骤，用户已经将机器人工作站包资源解压后导入到RobotStudio 2024中。在操作步骤中，使用"打开"和"解包"功能的操作和目的是一致的，用户二选一即可。

7.2.2 工作站输送线动作效果设计

在本小节中将使用Smart组件对工作站输送线动作效果进行设计，具体设计方法如下：

（1）利用产品自身创建的启动信号di_start触发一次Source，使其产生一个复制品。

（2）复制品产生之后，自动加入设定好的队列中，则复制品随着队列Queue一起沿着输送线运动。

（3）当复制品运动到输送线末端，与设置好的平面传感器PlaneSensor接触后，该复制品退出队列Queue，并将产品到位信号Do_BoxinPos值设置为1。

（4）通过非门的中间链接，最终实现当复制品与面传感器接触后，自动触发Source再生产一个复制品。

接下来，使用Smart组件实现工作站输送线的动画效果设计，具体操作步骤如下。

步骤01 在"建模"界面单击"Smart组件"，如图7.15所示。

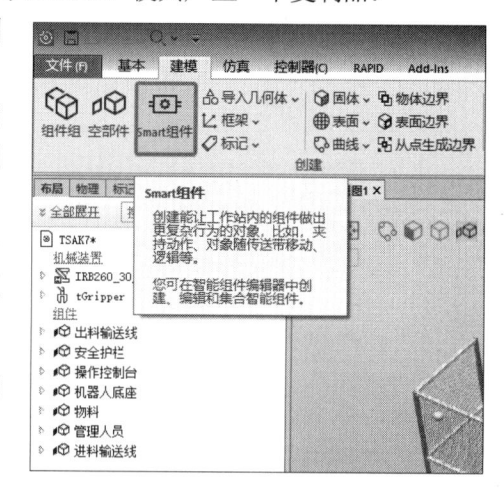

图7.15 单击"Smart组件"

步骤02 在"布局"管理器中选择新建的Smart组件并右击，选择"重命名"，命名为"输送线动作"，如图7.16所示。

备注：用户也可以使用鼠标左键选择Smart组件后再单击一下，这样也可以进行重命名操作，如图7.17所示。

图 7.16 重命名 Smart 组件为"输送线动作"

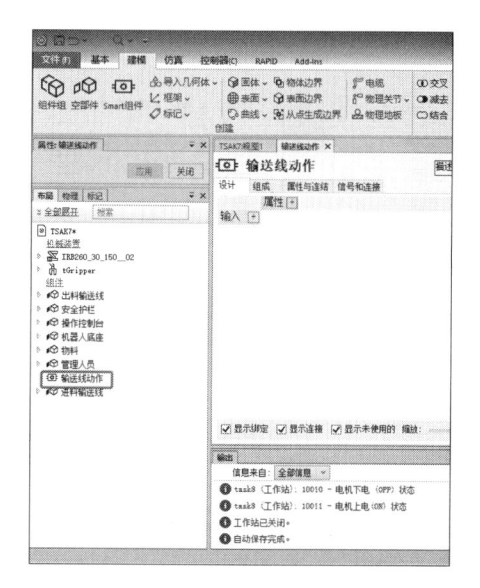

图 7.17 重新命名后的 Smart 组件

315

步骤 03 在"组成"属性页面中单击"添加组件",依次选择"动作"→Source,如图7.18和图7.19所示。

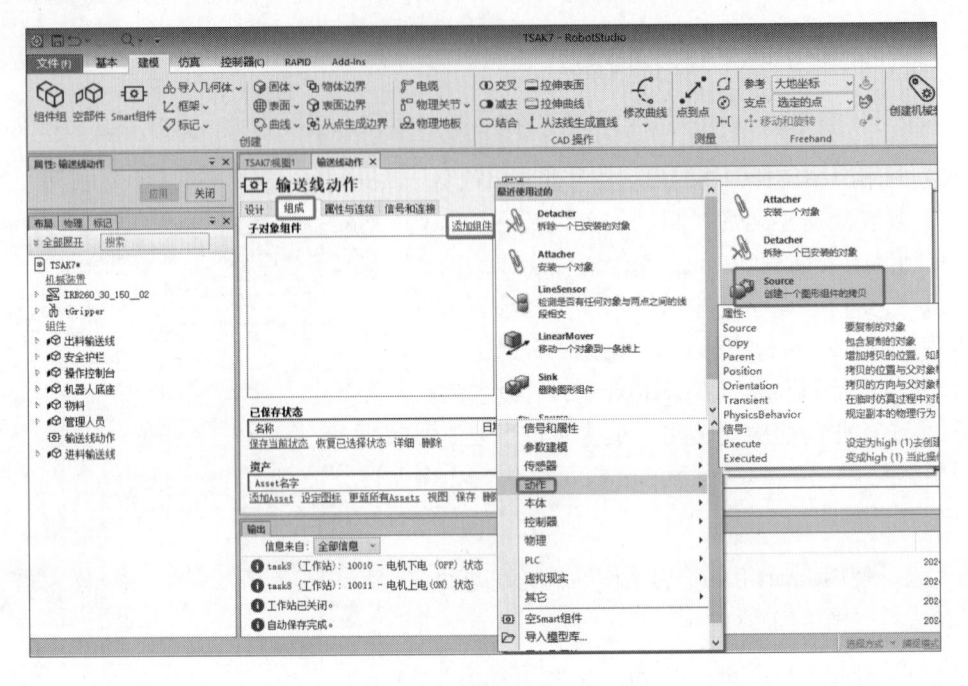

图7.18 添加Source组件

步骤 04 在"属性:Source"对话框中,在Source中选择"物料"后,单击"应用"按钮,完成Source属性设置,如图7.20所示。

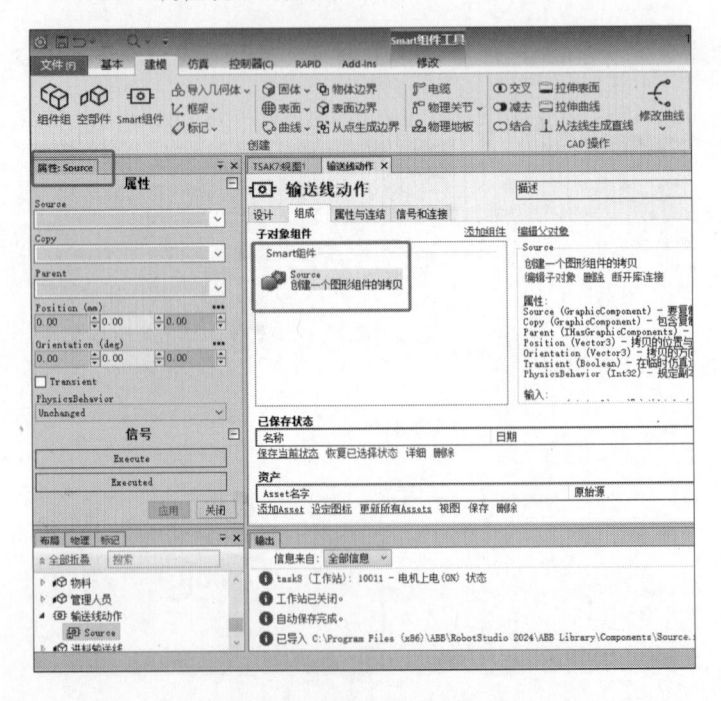

图 7.19 将 Source 组件添加到子对象列表中

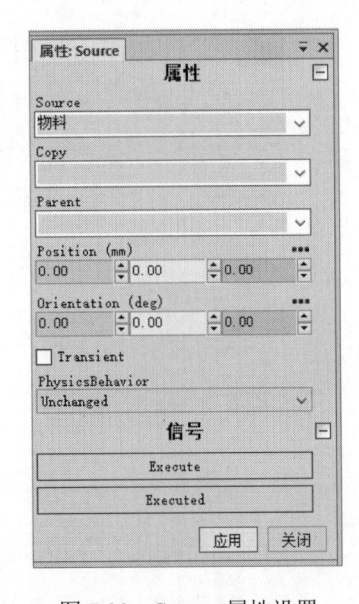

图 7.20 Source 属性设置

第 7 章　流水线码垛工业机器人工作站搭建

步骤05 在"组成"属性页中,单击"添加组件",依次选择"其他"→Queue,添加对象队列,如图7.21和图7.22所示。

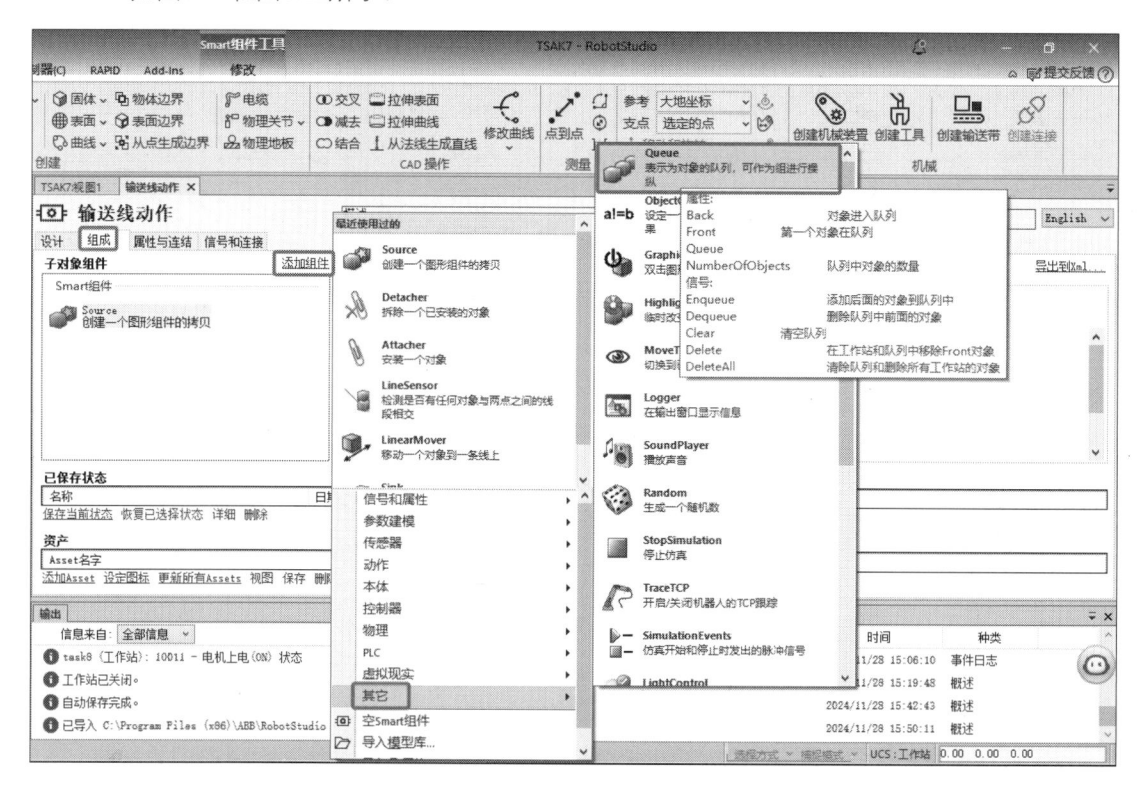

图7.21　添加Queue对象队列

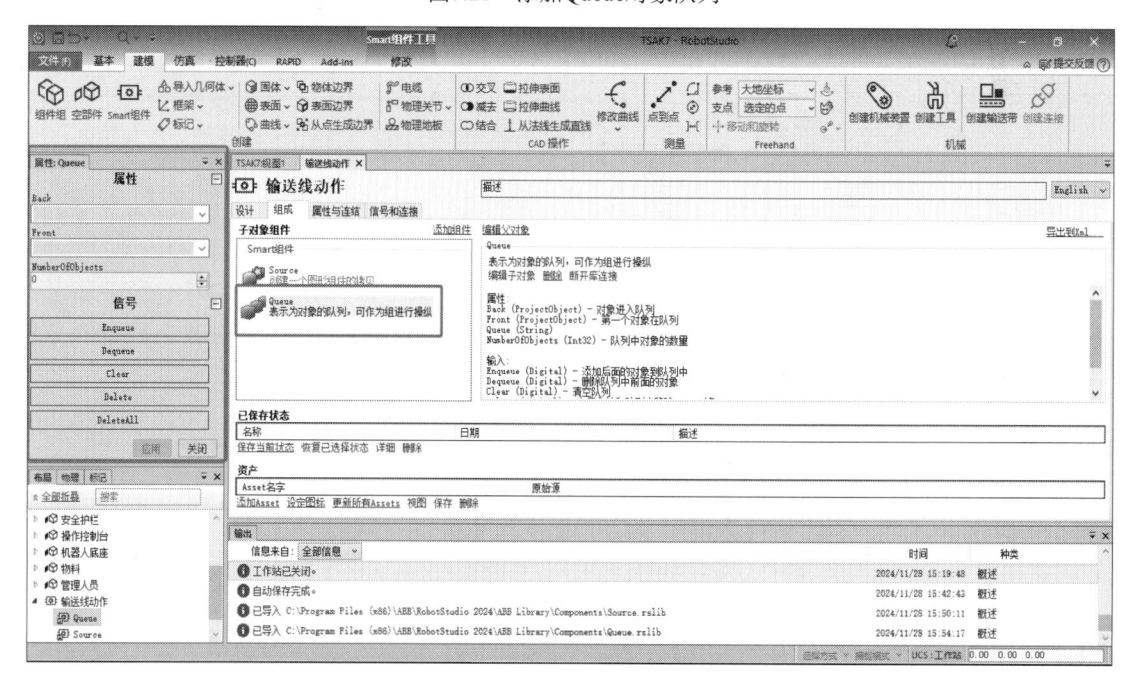

图7.22　设置Queue组件对象属性

步骤06 在"组成"属性页中,单击"添加组件",依次选择"本体"→LinearMover,添加子对象组件,来实现移动一个对象到一条线上,如图7.23和图7.24所示。

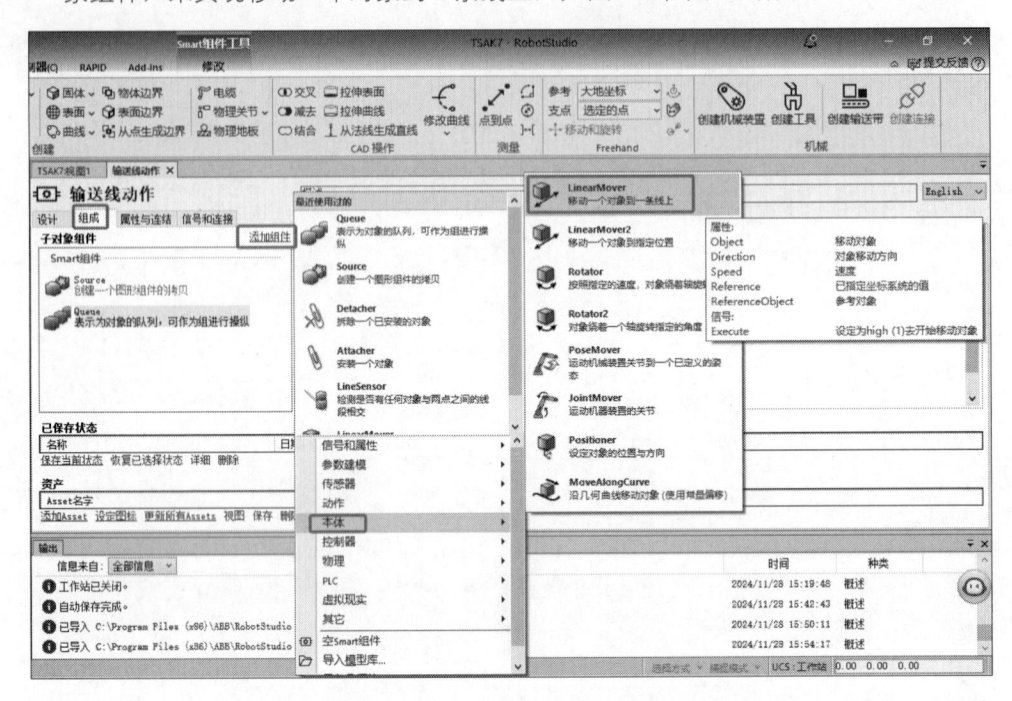

图7.23 添加子对象组件LinearMover

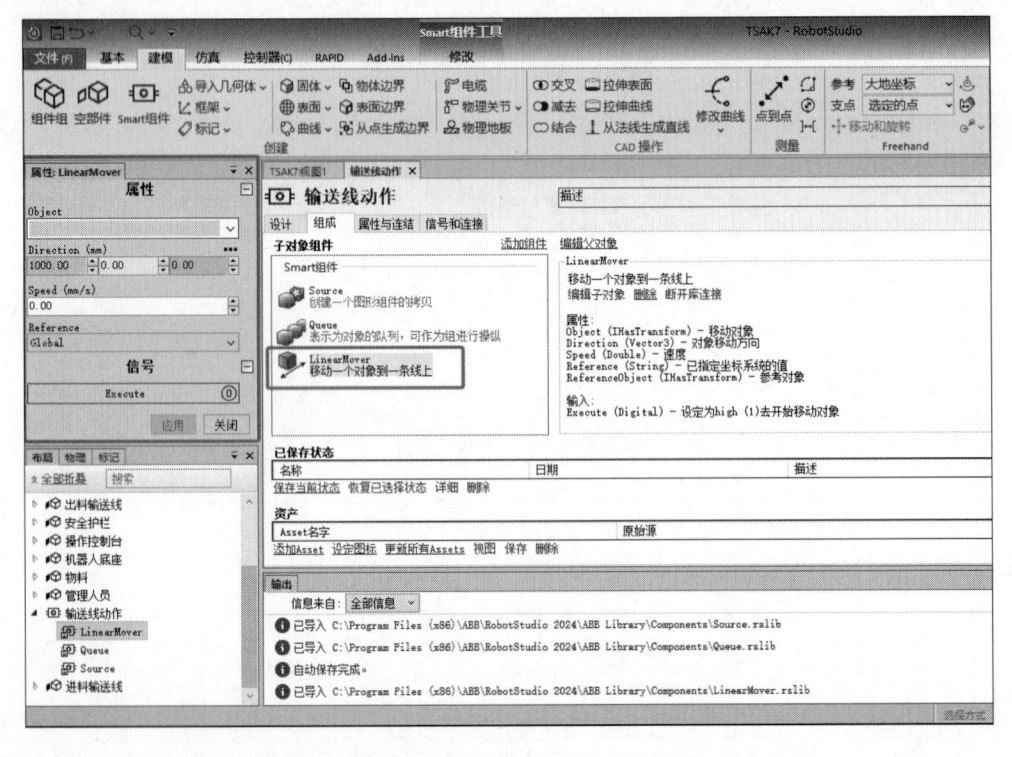

图7.24 打开子对象组件LinearMover属性

步骤 07 选择LinearMover并右击，选择"属性"。在打开的属性对话框中，将Object选择为"物料"，在Direction(mm)中将X轴设置为负方向，在Speed(mm/s)中设置速度为300，单击Execute设置为1，单击"应用"按钮，完成属性设置后，单击"关闭"按钮关闭该对话框即可，如图7.25和图7.26所示。

图 7.25 选择"属性"

图 7.26 LinearMover 属性参数

步骤 08 在"组成"属性页中单击"添加组件"，依次选择"传感器"→PlaneSensor，如图7.27和图7.28所示。

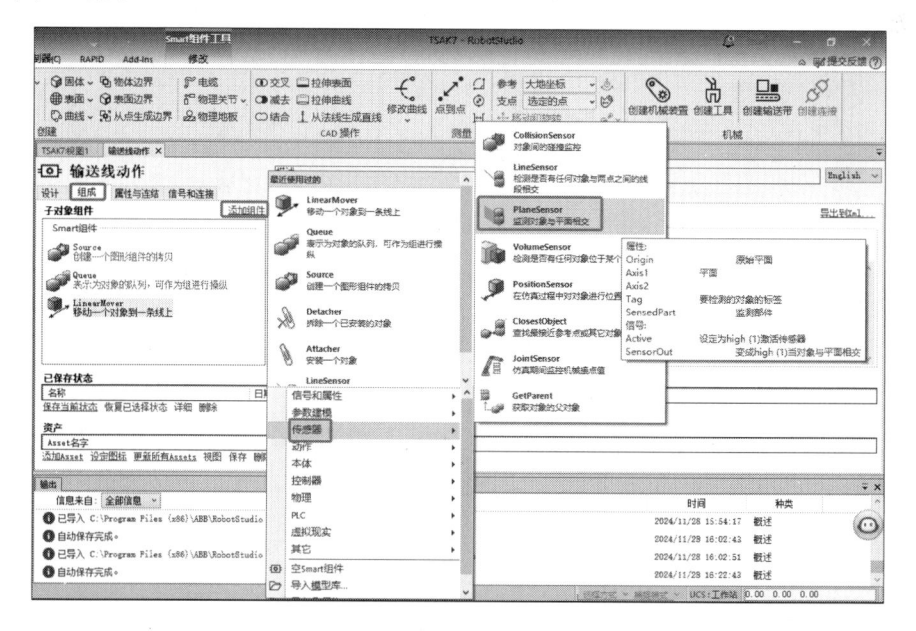

图7.27 添加传感器组件PlaneSensor

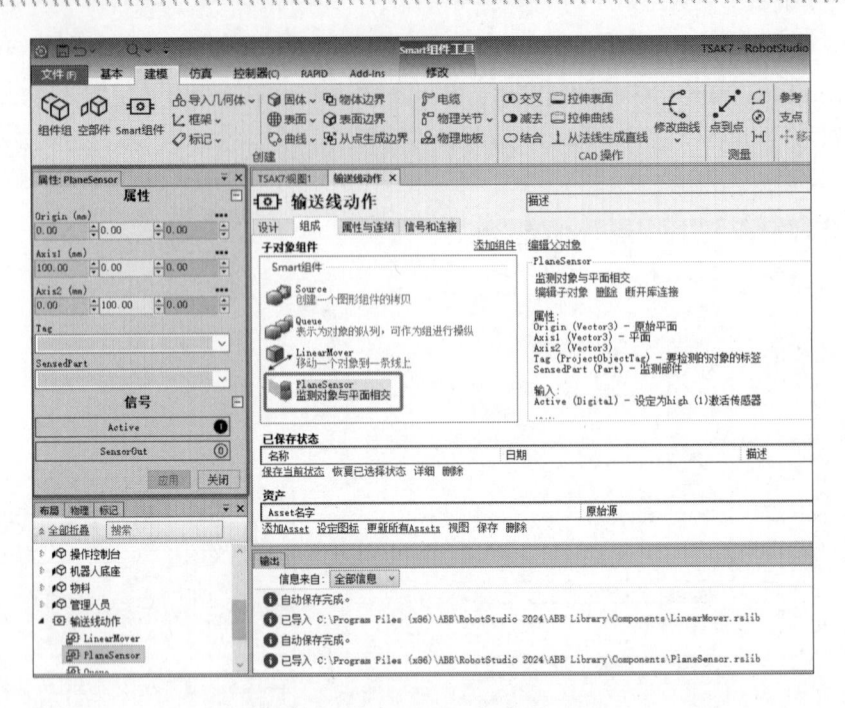

图7.28 传感器组件PlaneSensor属性

步骤09 返回视图区,将平面传感器安装到进料输送线末端,设置平面传感器中点坐标后,再设置其长度为325、高度为100,然后将信号Active设置为1。完成设置后,单击"应用"按钮,如图7.29所示。

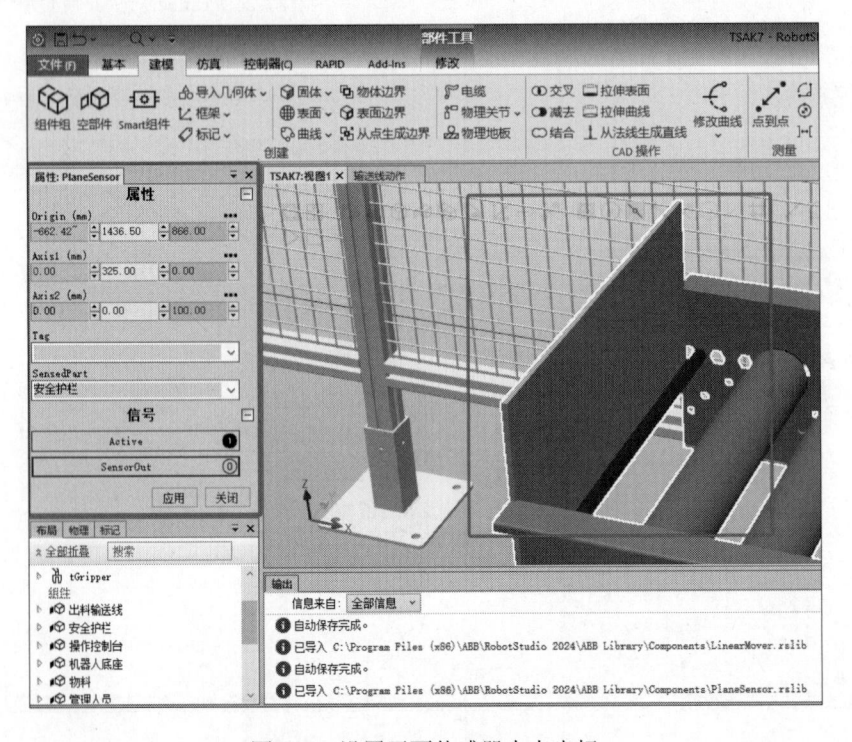

图7.29 设置平面传感器中点坐标

步骤⑩ 在视图区内，用户可以看到创建的平面检测传感器，如图7.30所示。

步骤⑪ 为了防止输送线本身影响到检测效果，在"布局"管理器中将进料输送线取消传感器检测即可。右击"进料输送线"，依次选择"修改"→"可由传感器检测"，将其取消勾选，如图7.31所示。

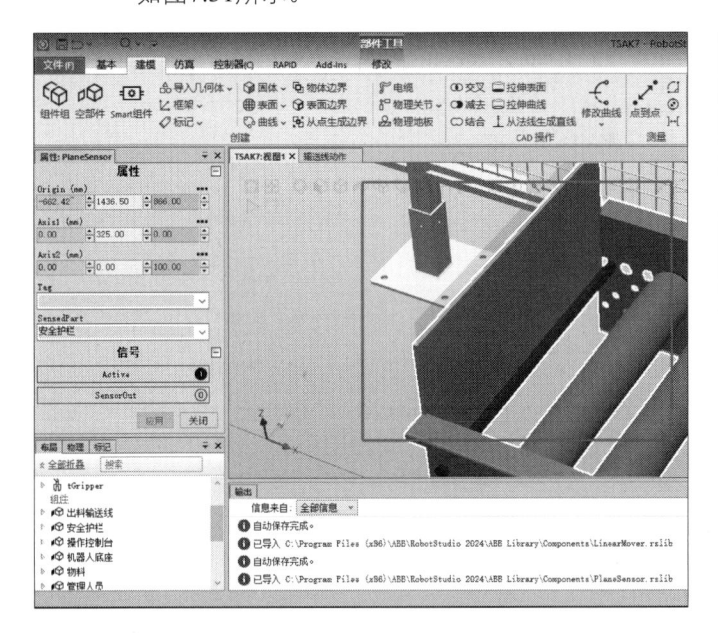

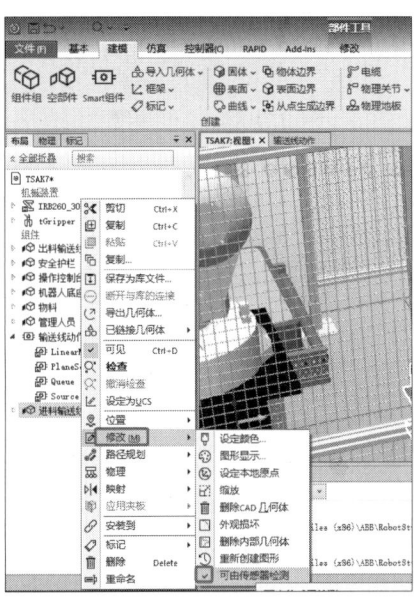

图 7.30　视图区内的平面检测传感器　　　　图 7.31　取消输送线本身被传感器检测

步骤⑫ 返回"输送线动作"页面，单击"添加组件"，依次选择"信号和属性"→LogicGate，添加逻辑运算组件，如图7.32所示。

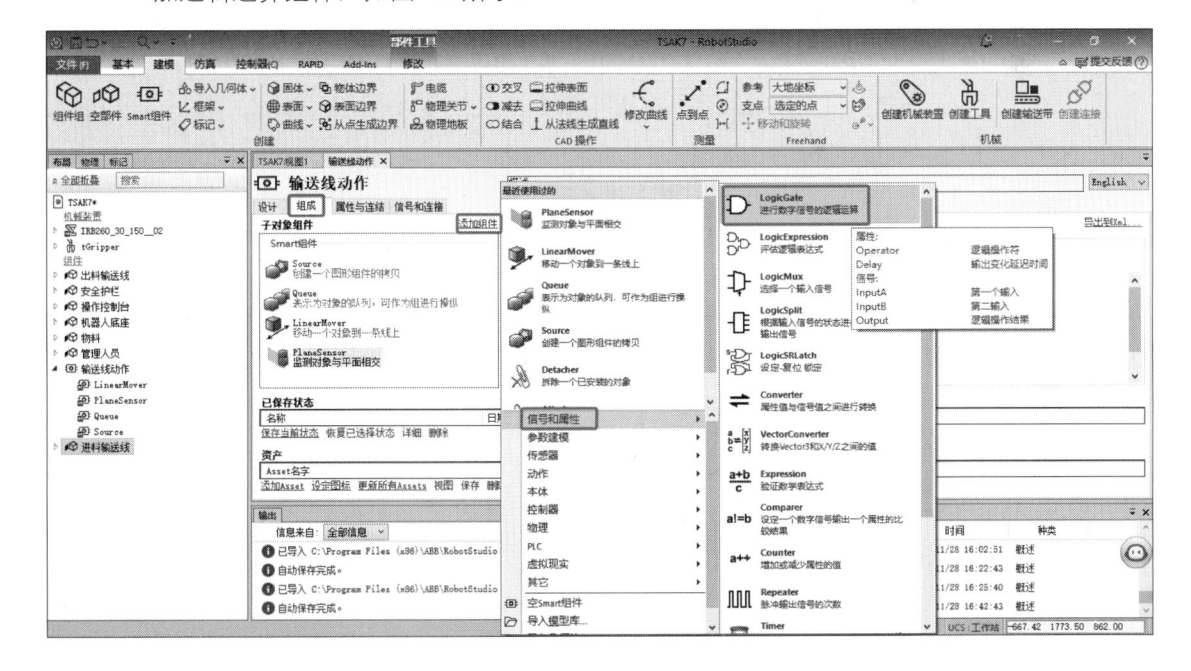

图7.32　添加逻辑运算组件LogicGate

步骤⑬ 逻辑运算组件已添加到Smart组件中，如图7.33所示。

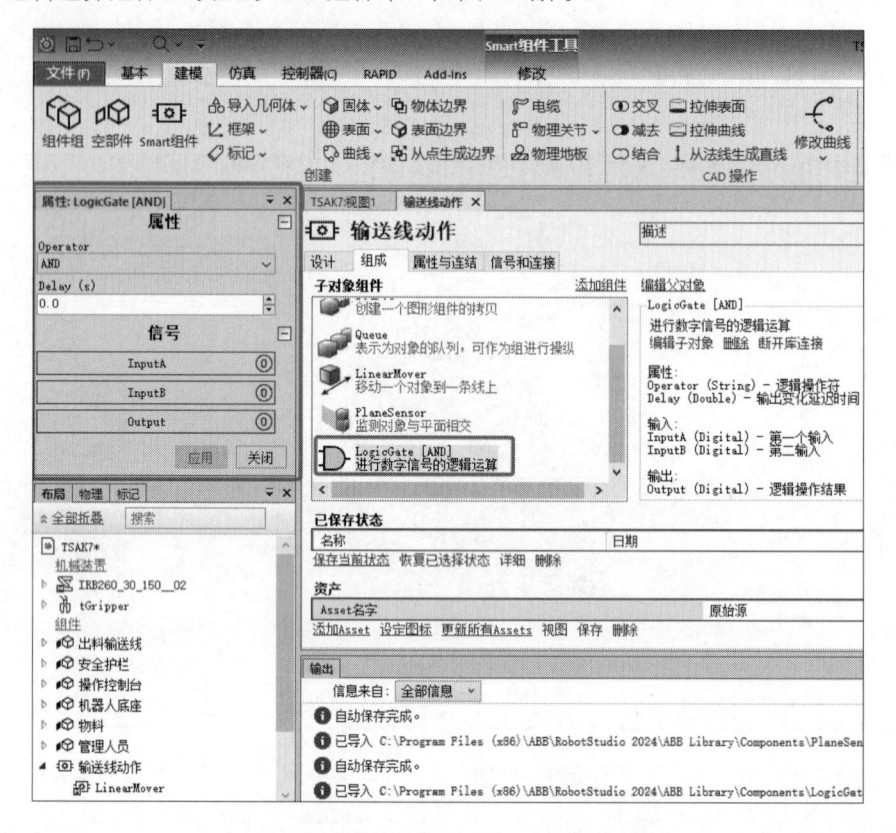

图7.33 逻辑运算组件已添加到子组件列表中

步骤⑭ 在"属性：LogicGate[NOT]"对话框中，将Operator选为NOT，将InputA设置为1，然后单击"应用"按钮，再单击"关闭"按钮，关闭该对话框，如图7.34所示。

步骤⑮ 返回"输送线动作"页面，在"信号和连接"属性界面中，单击"添加I/O Signals"链接，添加di_start信号，并勾选"自动复位"复选框，然后单击"确定"按钮完成添加，如图7.35所示。

步骤⑯ 继续单击"添加I/O Signals"链接，信号类型选择DigitalOutput，添加Do_BoxinPos检测反馈信号，参数参考图7.36所示的配置进行设置，然后单击"确定"按钮完成添加。添加完成后，I/O信号添加情况如图7.37所示。

图7.34 设置"属性：LogicGate[NOT]"对话框参数

步骤⑰ 在"属性与连结"界面中，单击"添加连结"链接，设置属性连结，如图7.38所示。

步骤⑱ 在"添加连结"对话框中，设置参数如图7.39和图7.40所示，然后单击"确定"按钮完成设置。属性参数设置完成后，界面如图7.41所示。

图 7.35　添加 di_start 信号 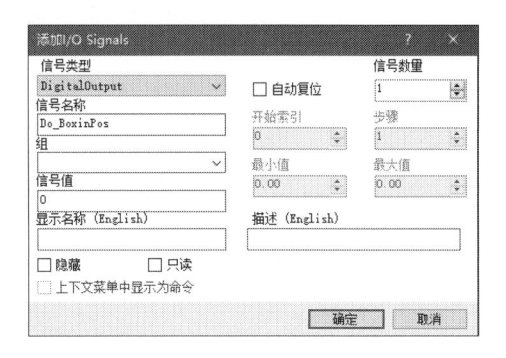　　　　　　　图 7.36　添加 Do_BoxinPos 检测反馈信号

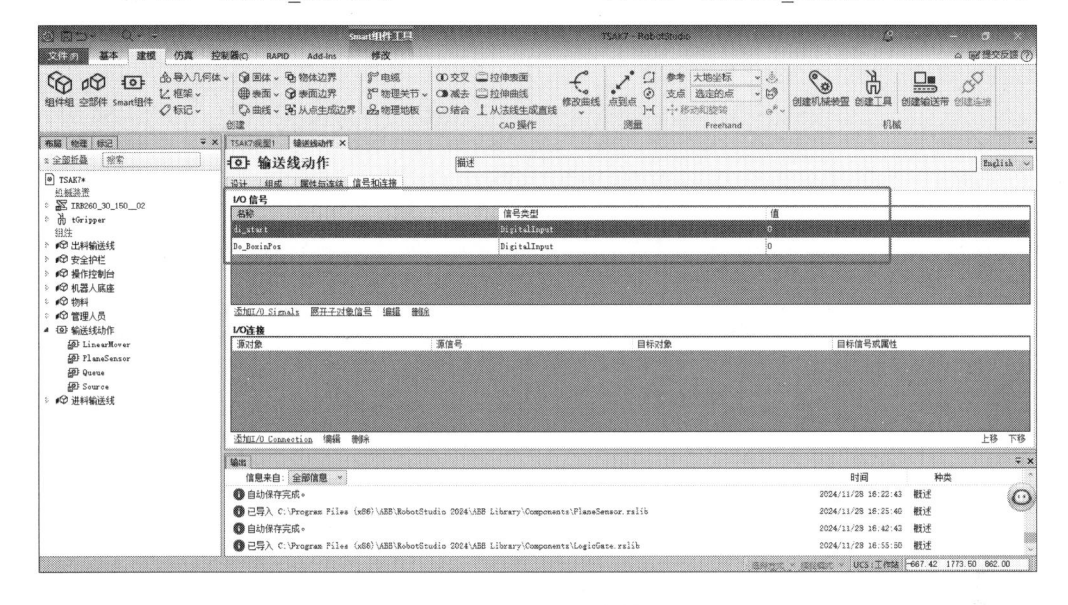

图7.37　I/O信号添加情况

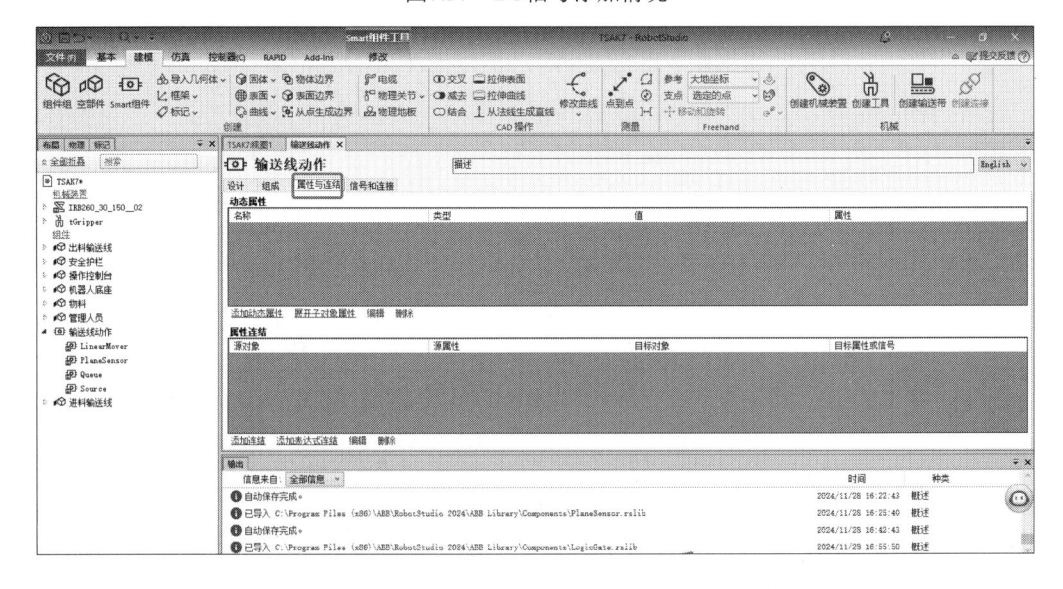

图7.38　单击"添加连结"链接

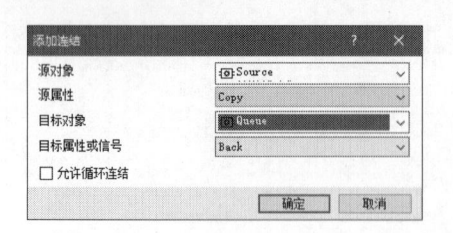

图 7.39　设置属性连结参数 1 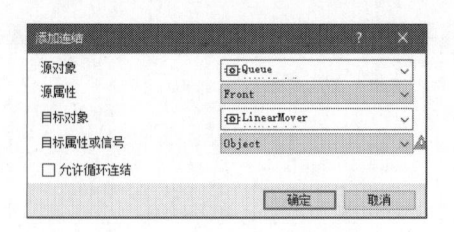　　　　　　　图 7.40　设置属性连结参数 2

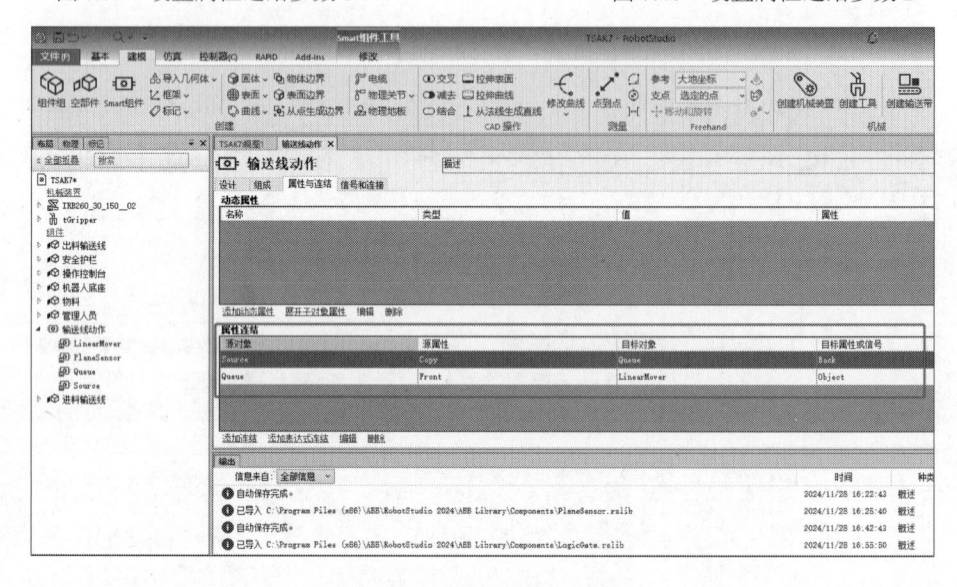

图7.41　属性参数设置情况

步骤⑲ 在"信号和连接"界面中，单击"添加I/O Connection"进行I/O连接。具体I/O连接参数情况如图7.42~图7.49所示。

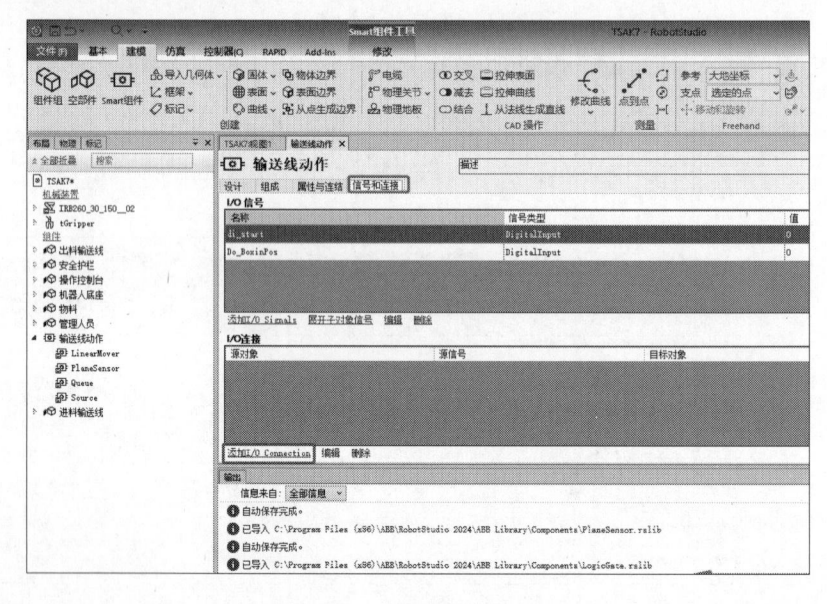

图7.42　选择进行I/O连接

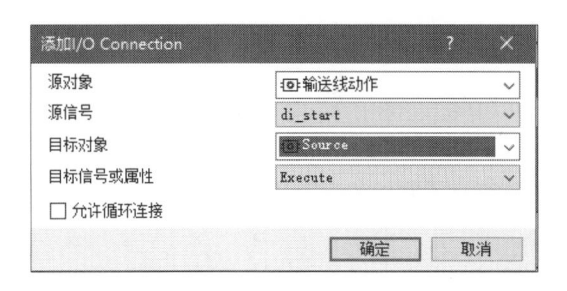

图 7.43　I/O 连接参数 1

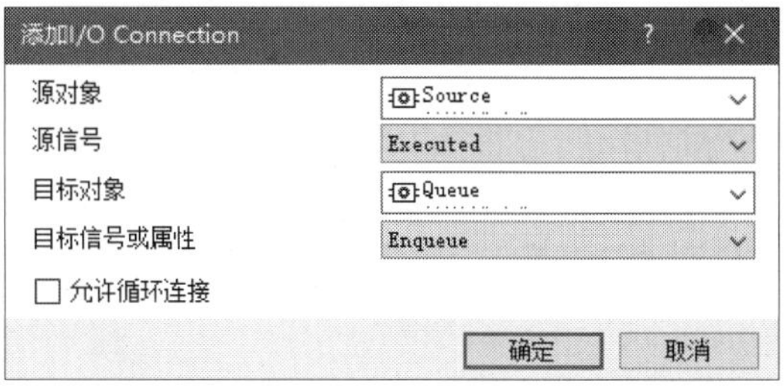

图 7.44　I/O 连接参数 2

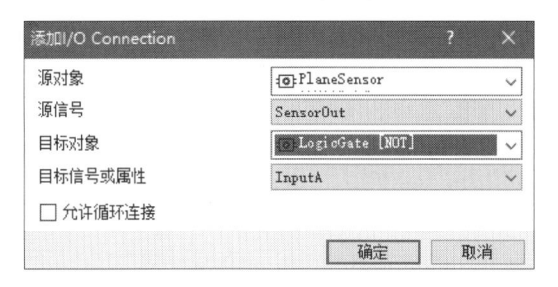

图 7.45　I/O 连接参数 3

图 7.46　I/O 连接参数 4

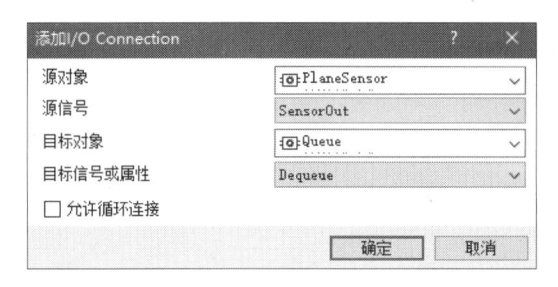

图 7.47　I/O 连接参数 5

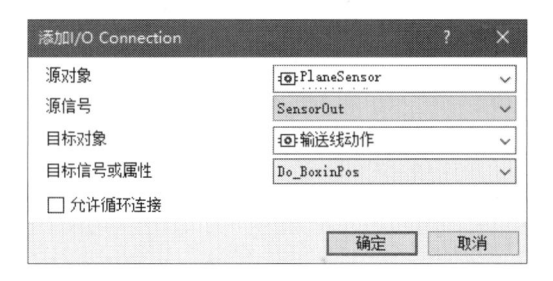

图 7.48　I/O 连接参数 5

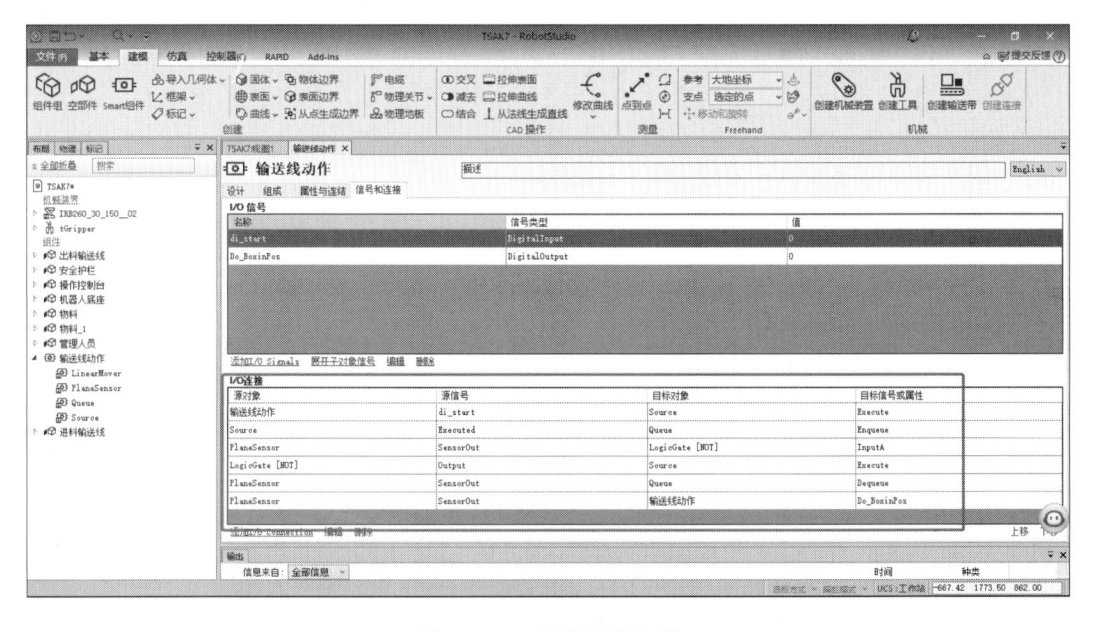

图7.49　I/O连接情况汇总

备注：按照图中添加顺序及参数设置完成后，分别单击"确定"按钮即可。

步骤20 用户可以在"设计"属性页面中检查"属性与连结"和"信号和连接"的连接视图，如图7.50所示。

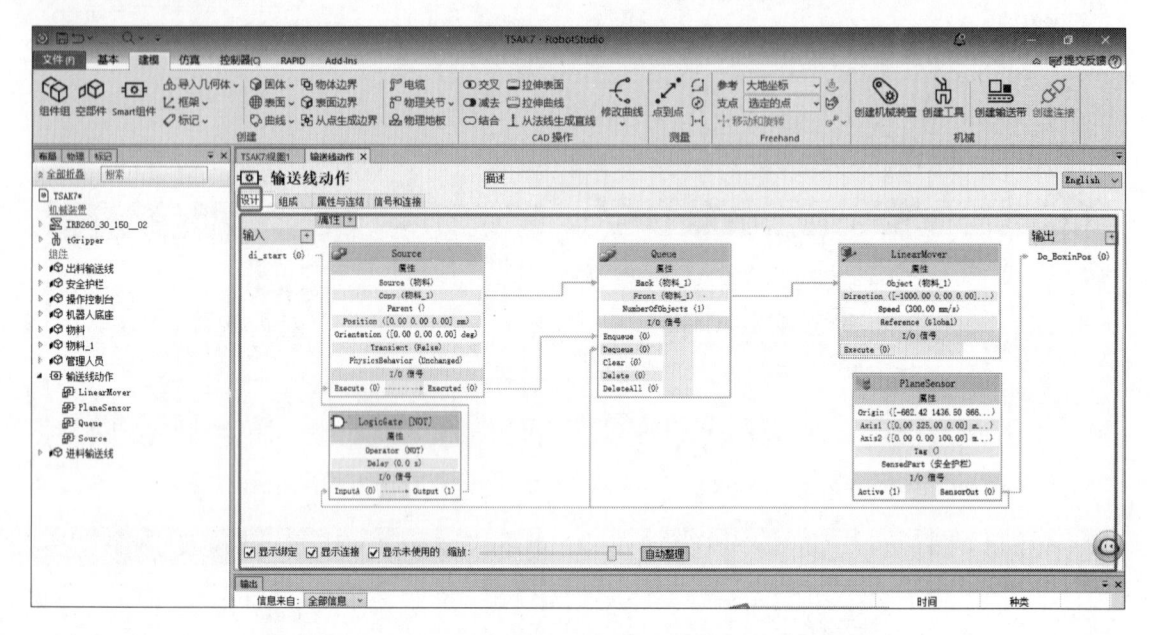

图7.50 检查"属性与连结"和"信号和连接"的连接视图

备注：用户在创建信号及其连接、属性连接的过程中一定需要注意检查是否重复或者准确，以便于及时进行修改。否则，最后检查发现需要修改时非常容易出现错误。

7.2.3 工作站末端操作器动作效果设计

机器人工作站的输送线已完成创建，并进行了属性连接和信号连接。在本小节中，将学习工作站末端操作器的Smart组件创建、动作设计、属性连接以及信号连接等具体操作步骤与设置。

设置机器人末端操作器的具体操作步骤如下。

步骤01 在"建模"功能属性页中，单击"Smart组件"，如图7.51所示。

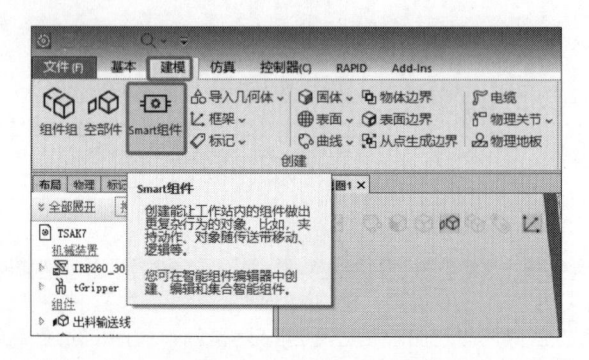

图7.51 添加Smart组件

第 7 章　流水线码垛工业机器人工作站搭建

步骤 02　在"布局"管理器中，右击新建的Smart组件SmartComponent_1，在弹出的快捷菜单中选择"重命名"，将其名称修改为"末端操作器动作"，如图7.52~图7.54所示。

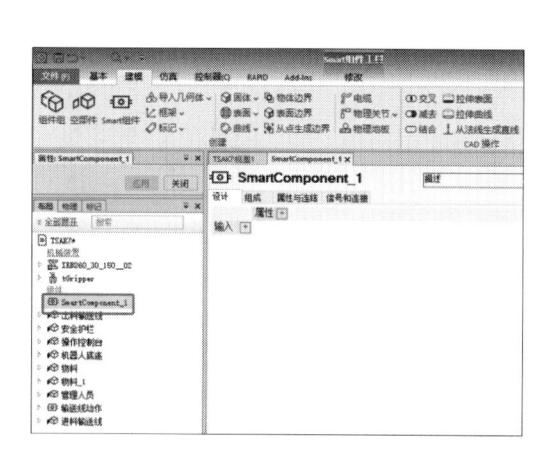

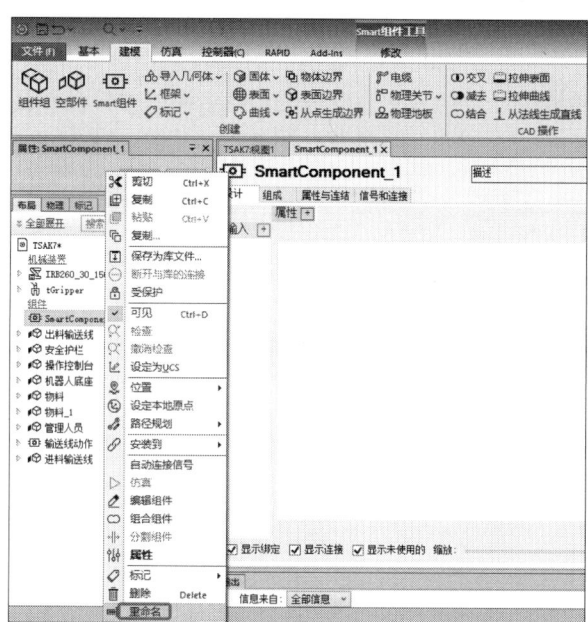

图 7.52　创建新的 Smart 组件　　　　　图 7.53　重命名 Smart 组件

步骤 03　在"布局"界面中选择tGripper，右击，选择"拆除"，如图7.55所示。

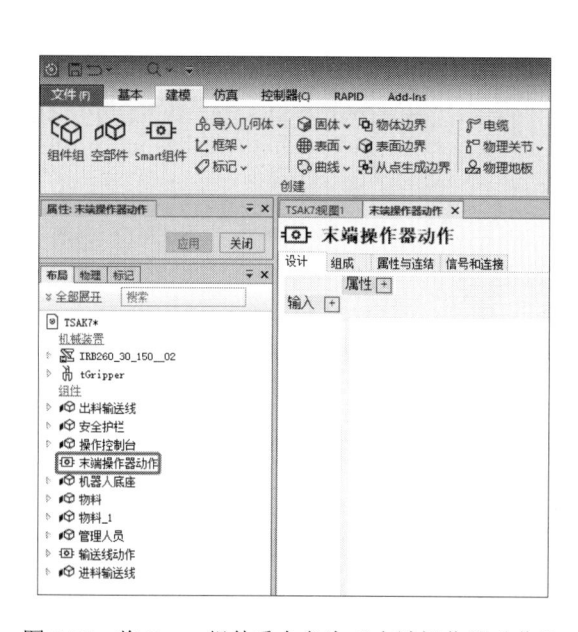

图 7.54　将 Smart 组件重命名为"末端操作器动作"　　　　　图 7.55　拆除工具

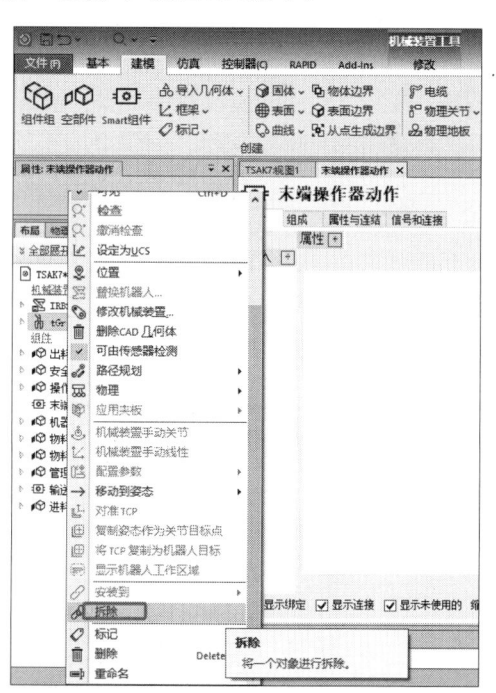

步骤 04　在弹出的"更新位置"对话框中，单击"否(N)"按钮，如图7.56所示。

327

步骤 05 拆除后，在"布局"管理器中，选择tGripper并按住鼠标左键，将tGripper拖到新建的Smart组件"末端操作器动作"中再松开。拖动完成后，tGripper将在组件"末端操作器动作"下，如图7.57所示。

步骤 06 在"布局"管理器中，右击"末端操作器动作"，然后在弹出的快捷菜单中选择"编辑组件"，如图7.58所示。

图7.56 "更新位置"对话框

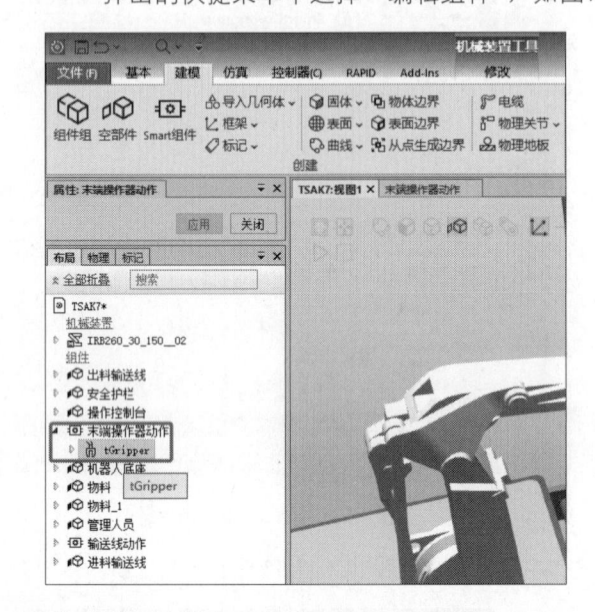

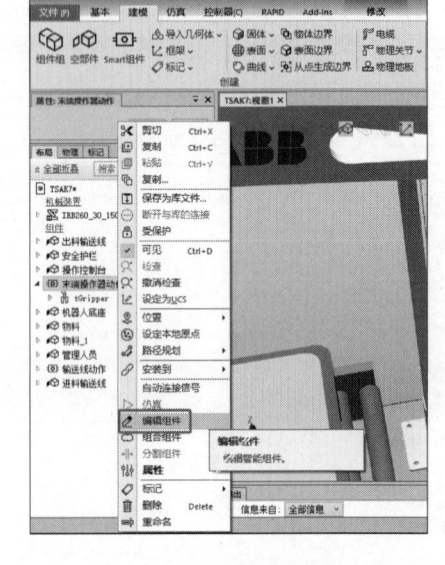

图 7.57 拖动安装"末端操作器动作"

图 7.58 选择"编辑组件"

步骤 07 在打开的"末端操作器动作"编辑页面中，打开"组成"属性页，在"子对象组件"中右击tGripper，打开快捷菜单，勾选"设定为Role"，如图7.59和图7.60所示。

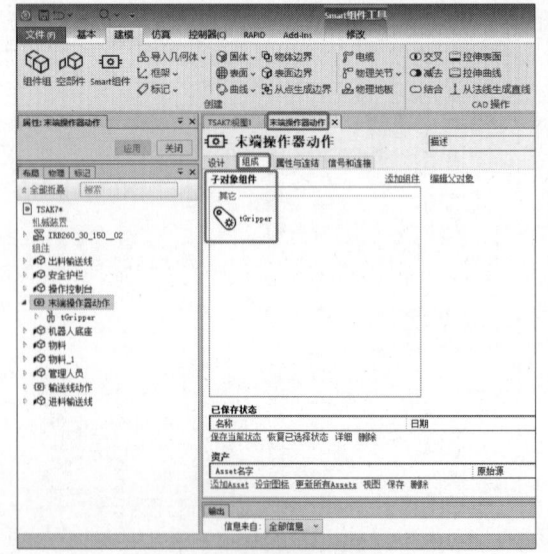

图 7.59 打开子对象列表选择 tGripper

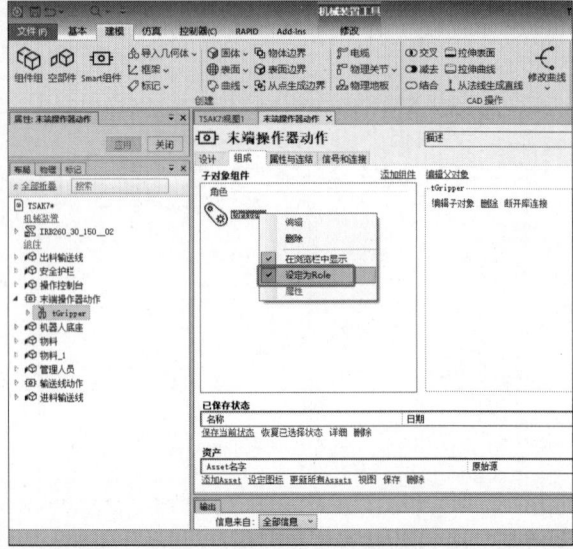

图 7.60 将组件对象设定为 Role

第 7 章　流水线码垛工业机器人工作站搭建

备注：选项"设定为Role"指的是在RobotStudio 2024仿真平台中，将该子组件对象设定为角色，涉及定义子组件的行为和权限，以方便更好地管理和控制。

步骤 08 在"组成"属性页中，单击"添加组件"，在"传感器"中选择LineSensor，如图7.61和图7.62所示。

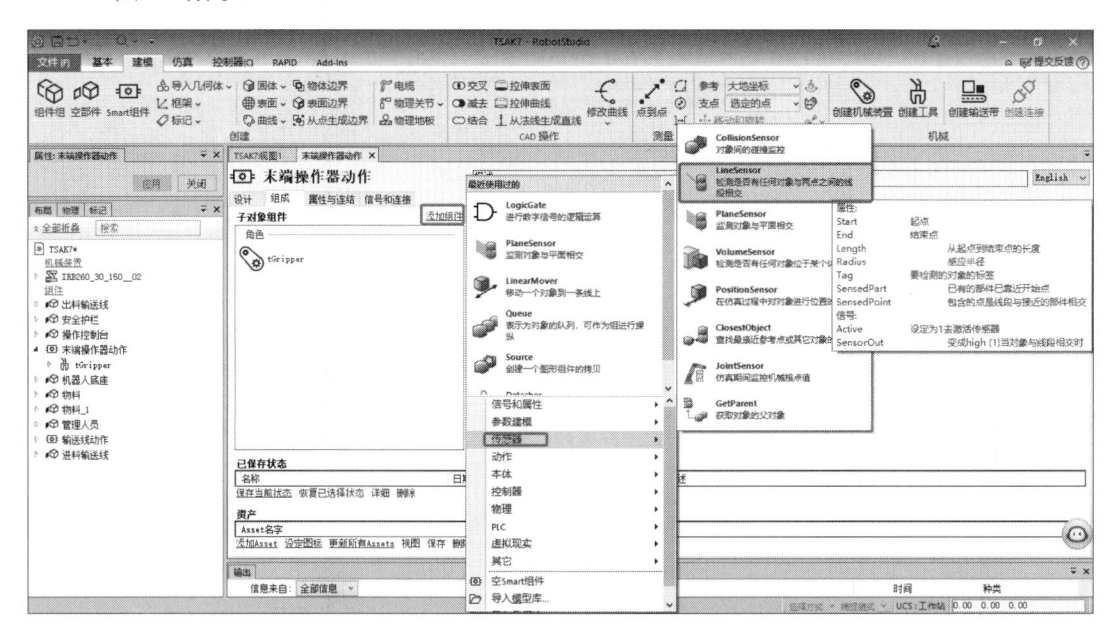

图7.61　添加传感器组件

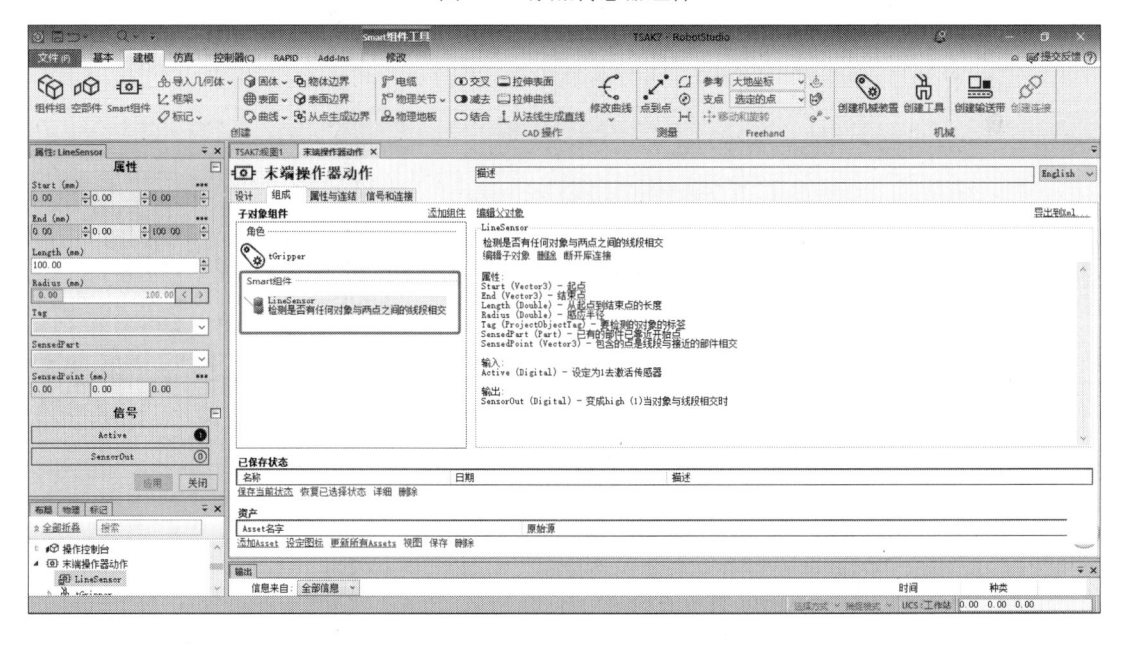

图7.62　添加传感器后，显示在子对象列表中

步骤 09 将LineSensor安装到末端操作器上，首先在"属性：LineSensor"对话框中，使用"捕捉圆心"的捕捉模式捕捉传感器安装位置坐标并填充到Start（mm）中，如图7.63所示。

图7.63 设置传感器

步骤10 按照**步骤09**的操作,捕捉相同位置的坐标值后填充到End(mm)中,然后在Length(mm)中填入传感器的长度20。此时,End(mm)中的Z轴坐标值会自动减去20mm。设置完成后,单击"关闭"按钮,关闭"属性:LineSensor"对话框,如图7.64所示。

图7.64 设定传感器参数

步骤11 在"布局"管理器中,右击tGripper,在弹出的快捷菜单中取消勾选"可由传感器检测"选项,如图7.65所示。

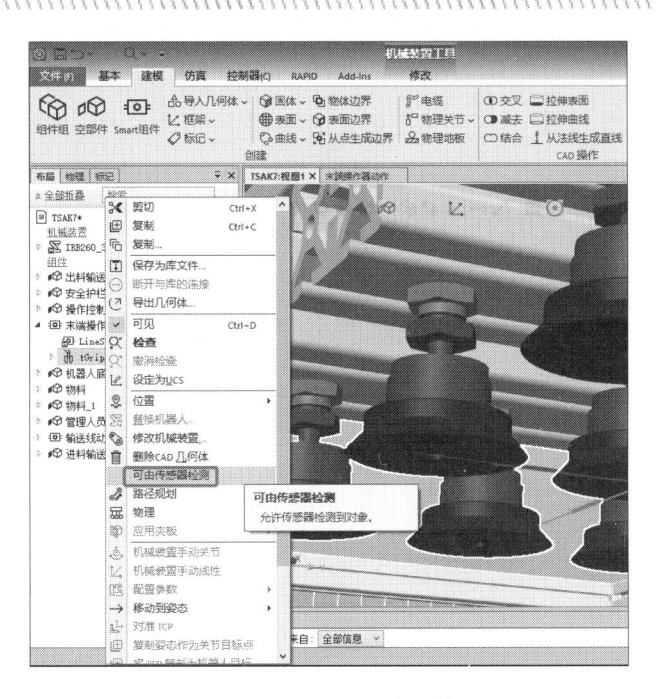

图7.65　取消勾选"可由传感器检测"选项

步骤 12 返回"末端操作器动作"页面,在"组成"属性页中,单击"添加组件",依次选择"动作"→Attacher,如图7.66所示。

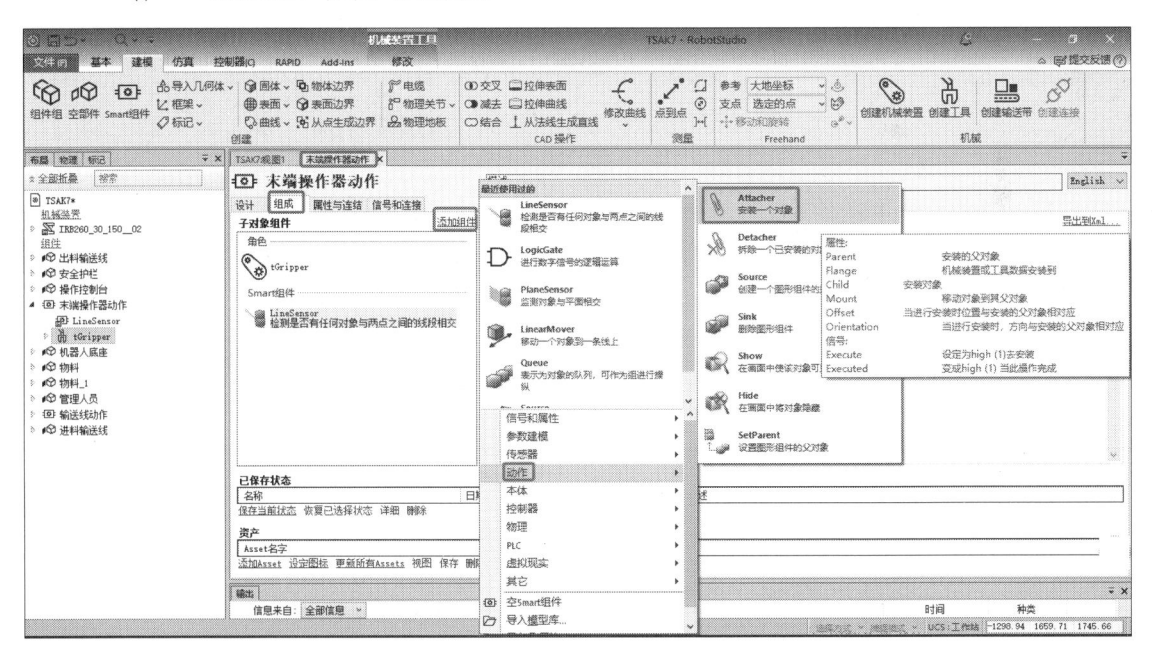

图7.66　添加Attacher组件对象

步骤 13 在"子对象组件"列表中将添加一个安装对象组件Attacher,如图7.67所示。

步骤 14 在"属性:Attacher"对话框中,将Parent选项选为"末端操作器动作",其他选项保持默认设置即可。然后单击"关闭"按钮,关闭该对话框,如图7.68所示。

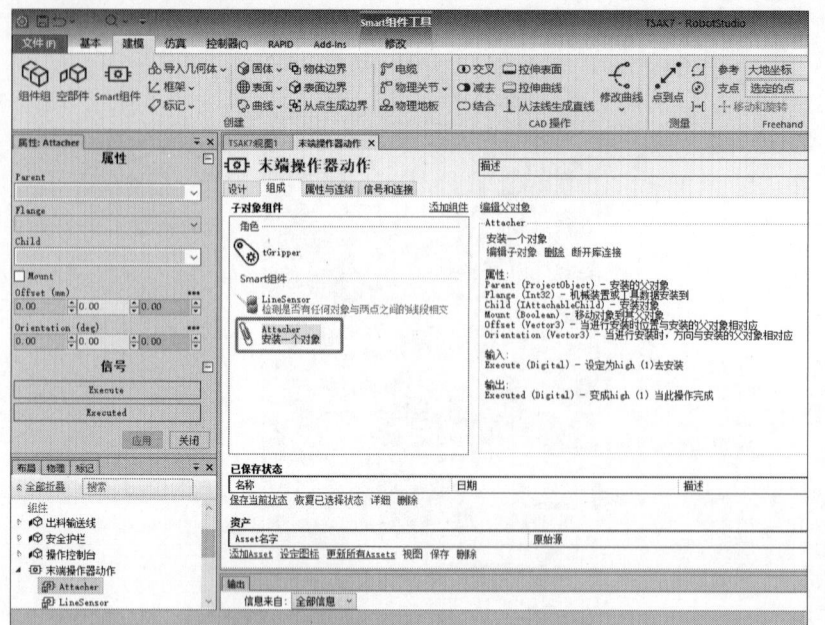

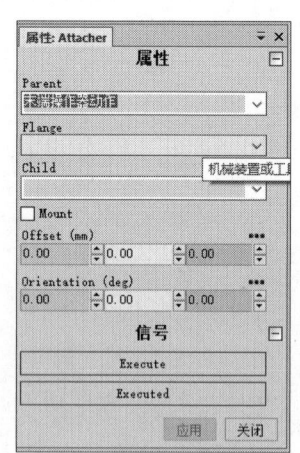

图 7.67　在子组件列表中添加对象 Attacher　　　　图 7.68　"属性：Attacher"
　　　　　　　　　　　　　　　　　　　　　　　　　　　　　对话框参数修改

步骤 15　返回"末端操作器动作"页面，在"组成"属性页中，单击"添加组件"，依次选择"动作"→Detacher，如图7.69和图7.70所示。

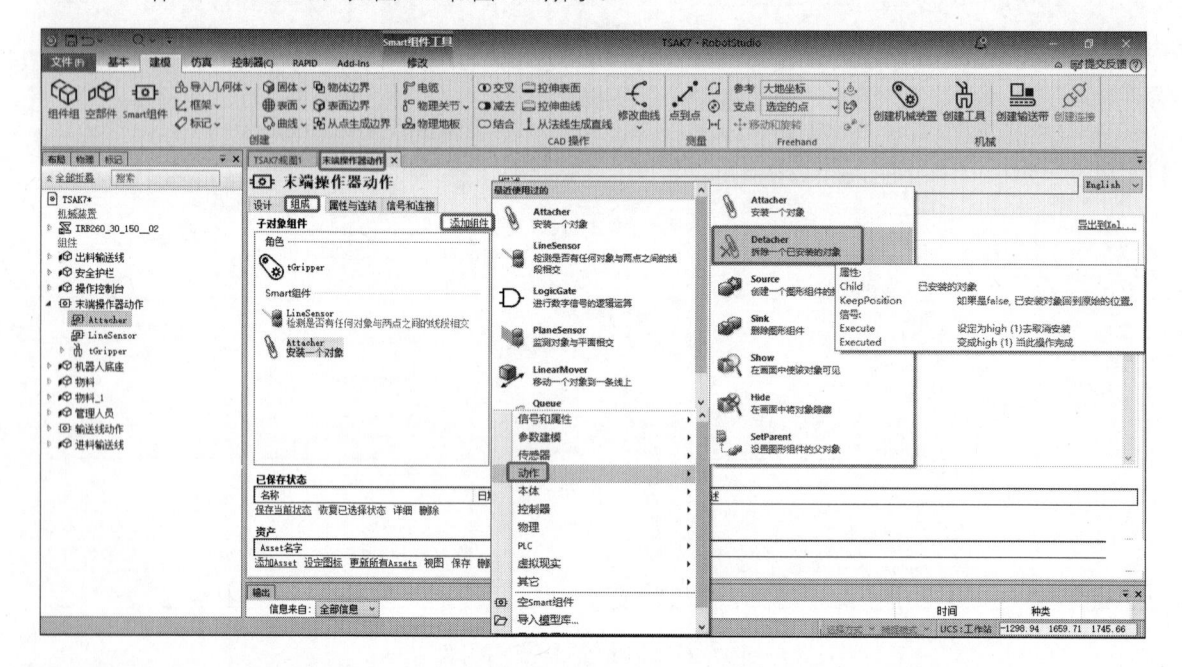

图7.69　添加组件Detacher

备注：在"属性：Detacher"对话框中，各动作选项保持默认设置即可，不需进行设置，直接单击"关闭"按钮，关闭该对话框即可。

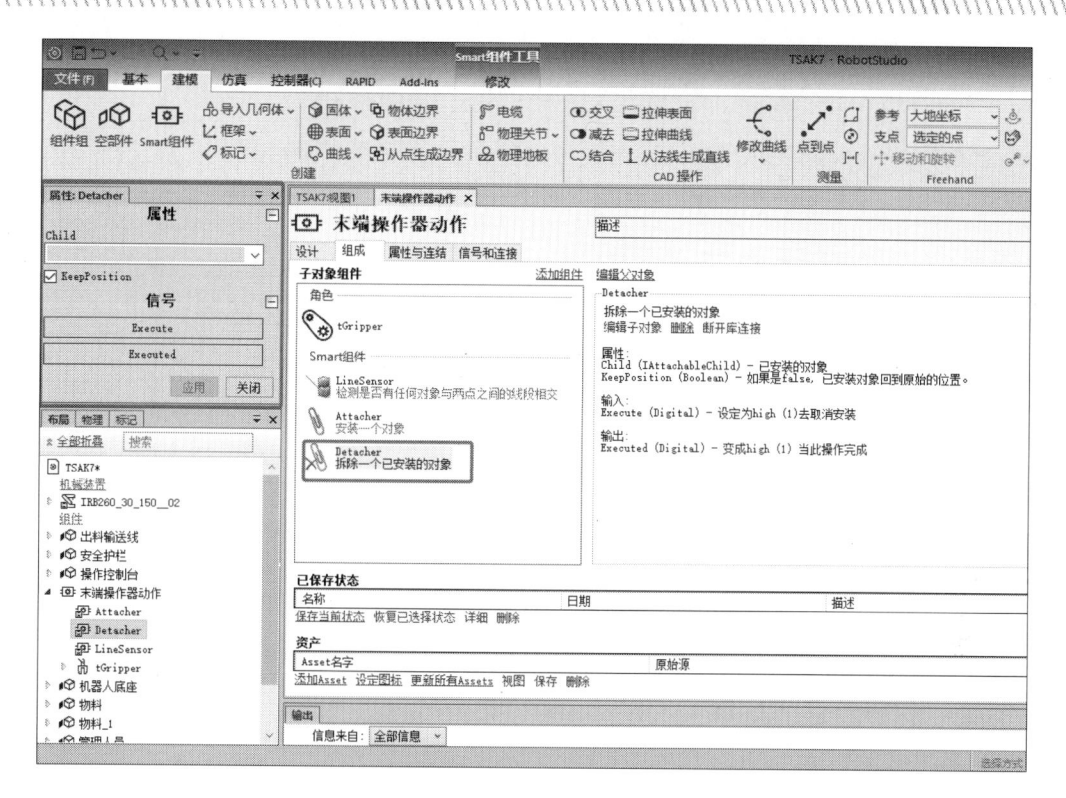

第 7 章 流水线码垛工业机器人工作站搭建

图7.70 组件对象列表中已添加组件Detacher

步骤⑯ 在"设计"属性页中，连结末端操作器动作的属性，也可以在"属性与连结"页面中单击"添加连结"链接进行设置，如图7.71所示。

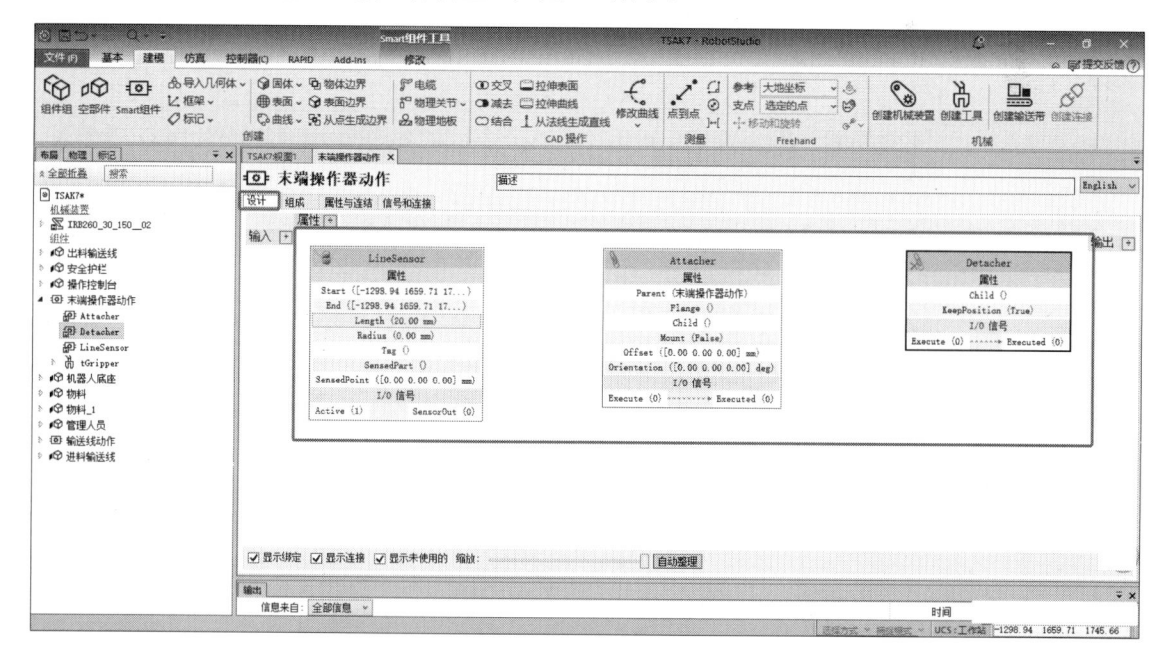

图7.71 连结属性参数

步骤 17 在"设计"属性页中,连结末端操作器动作的属性如图7.72所示。连结完成后,用户在"属性与连结"页面中也可以查看到属性连结情况,如图7.73所示。

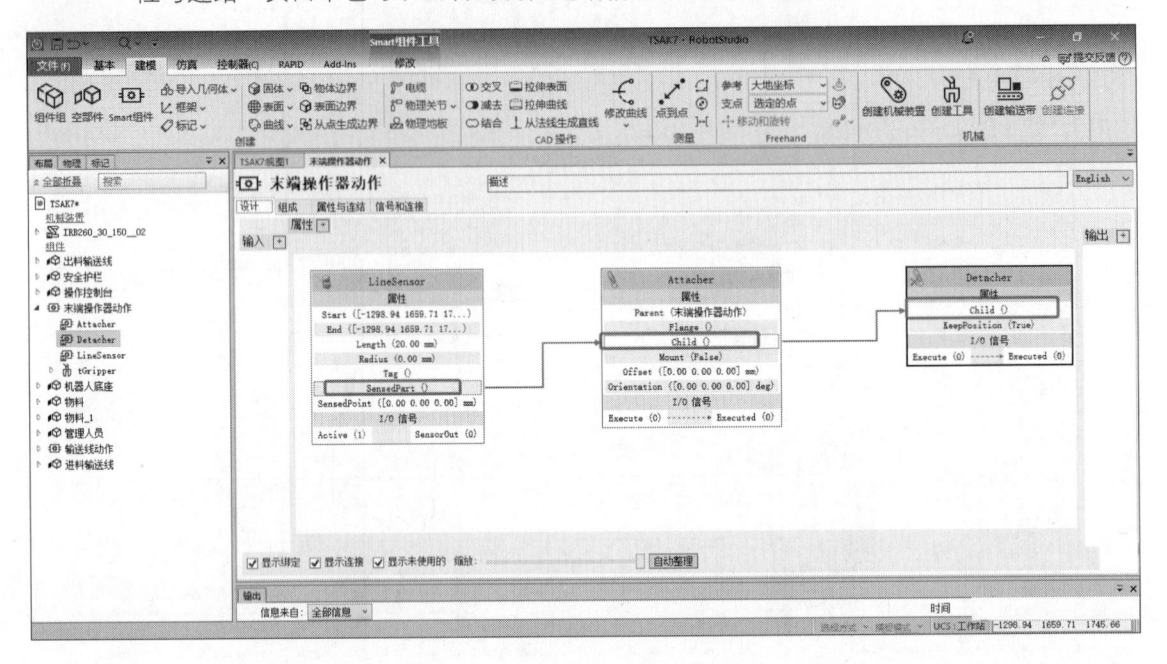

图7.72 连结末端操作器动作的属性

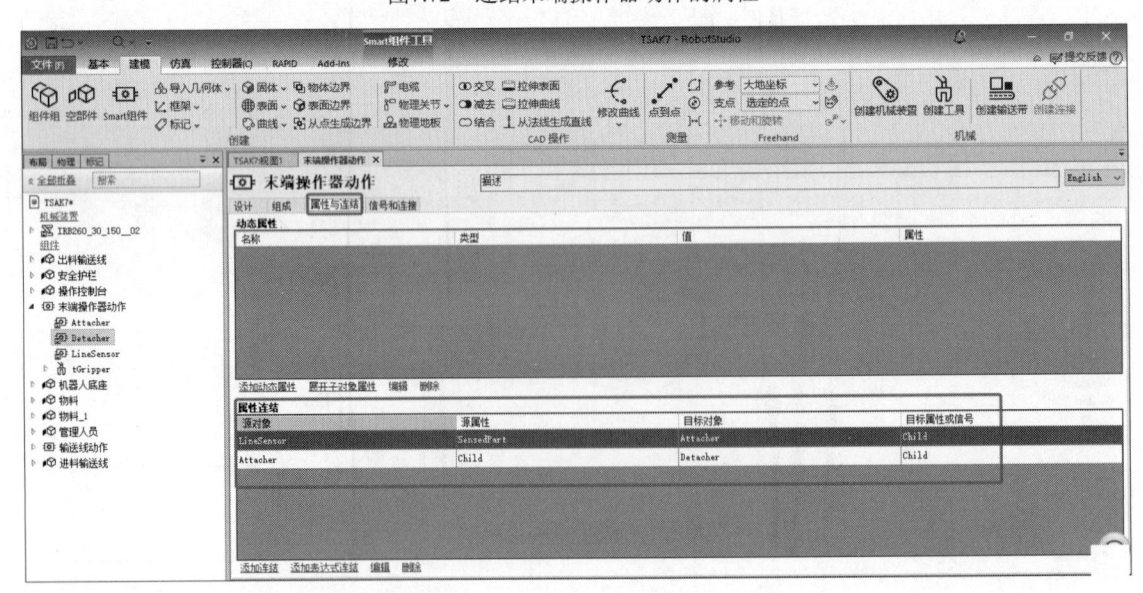

图7.73 属性连结完成情况

步骤 18 在"组成"属性页中,单击"添加组件",在"信号和属性"中选择LogicGate,添加逻辑运算子组件对象,如图7.74所示。

步骤 19 在"属性:LogicGate[NOT]"对话框中,将Operator选项选择为NOT,同时将信号InputA值设置为1,然后单击"关闭"按钮,关闭该对话框,如图7.75所示。

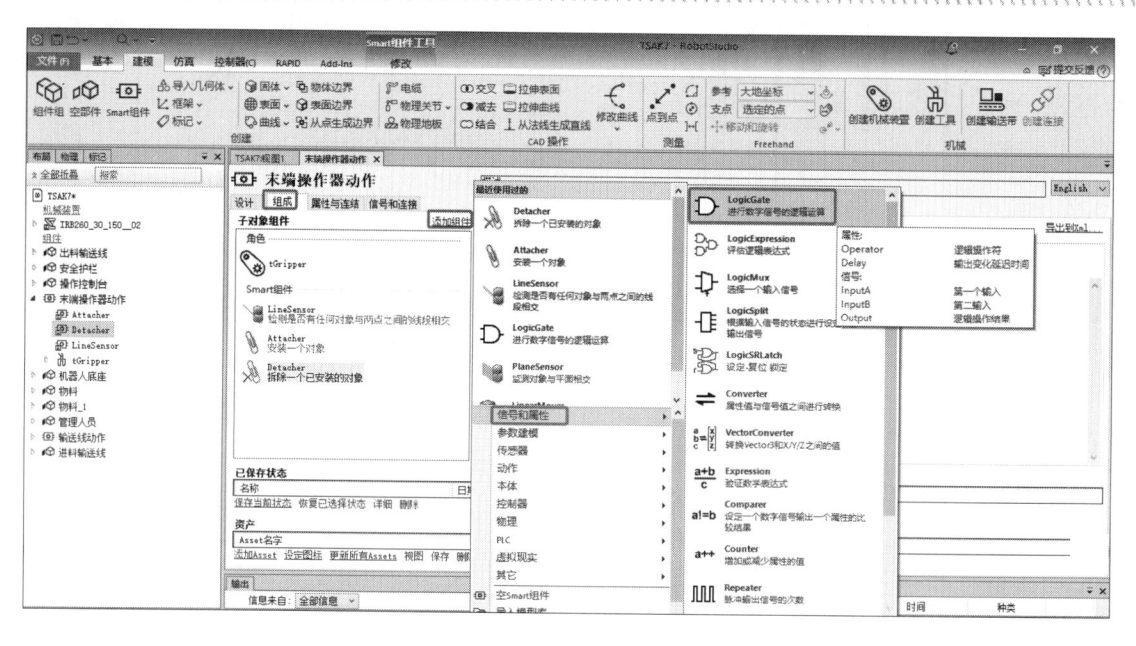

图7.74 添加逻辑运算子组件对象

步骤20 在"信号和连接"界面中单击"添加I/O Signals",在弹出的"添加I/O Signals"对话框中添加信号di_tGripper,信号类型选择DigitalInput后,单击"确定"按钮即可,如图7.76所示。这里,信号di_tGripper表示吸盘真空开启信号。

步骤21 在"信号和连接"界面中再次单击"添加I/O Signals",添加信号do_VacummOK,信号类型选择为DigitalOutput后,单击"确定"按钮完成配置,如图7.77所示。信号do_VacummOK表示吸盘上的线性传感器检测到反馈信号。

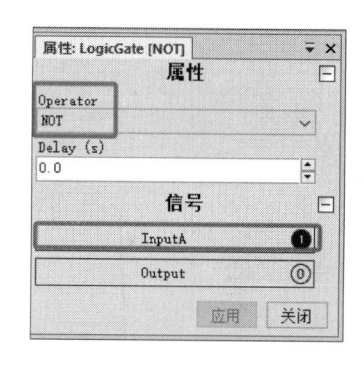

图7.75 设置组件LogicGate属性

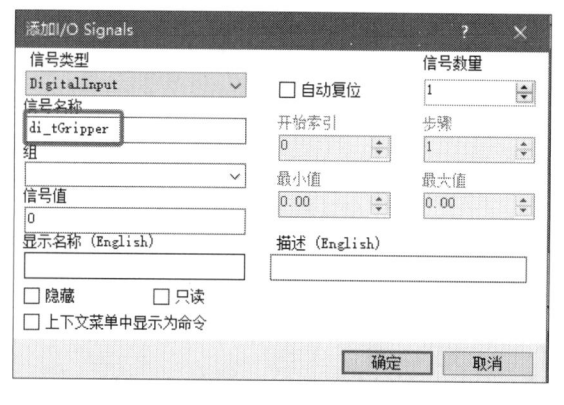

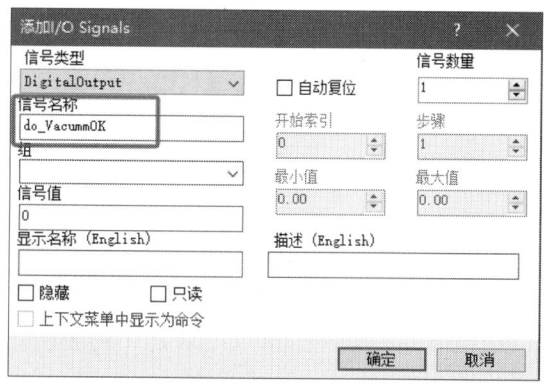

图7.76 添加I/O信号di_tGripper

图7.77 添加信号do_VacummOK

步骤22 在"I/O信号"列表中,可以检查信号添加情况,如图7.78所示。

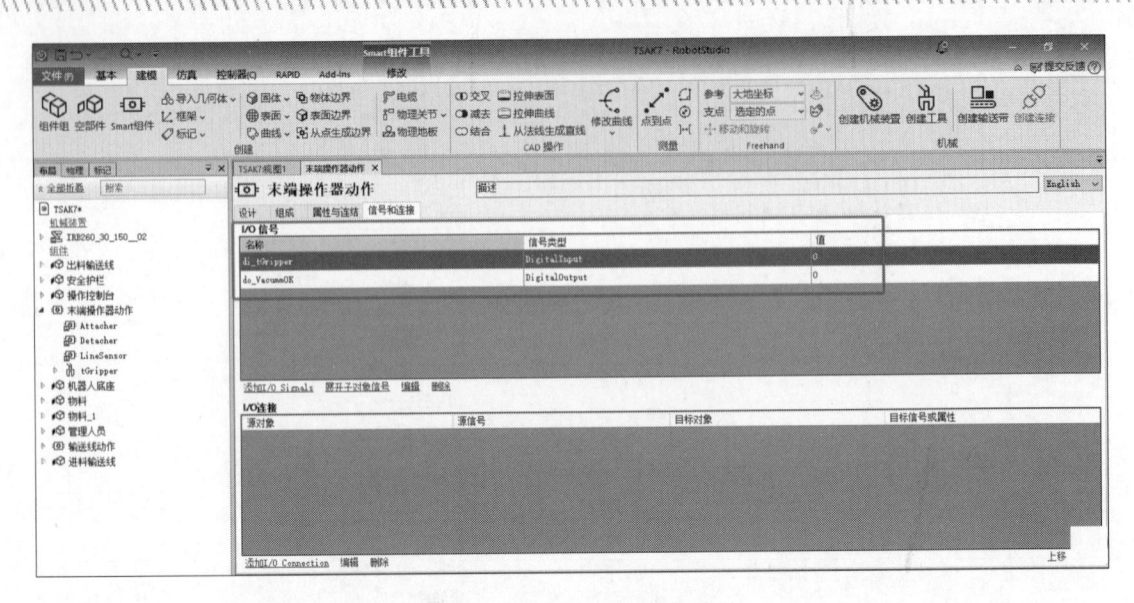

图7.78 检查"I/O信号"列表

步骤 23 在"I/O连接"中，单击"添加I/O Connection"链接，添加信号连接，如图7.79~图7.83所示。

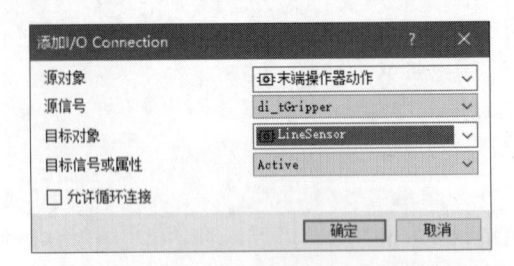

图 7.79 添加信号连接 1

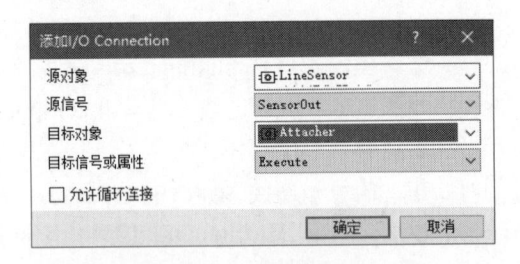

图 7.80 添加信号连接 2

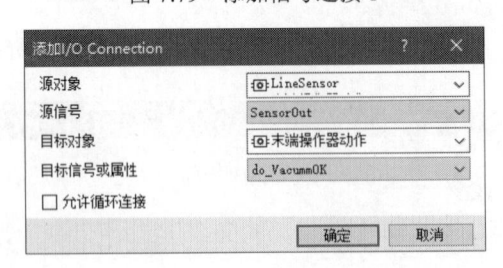

图 7.81 添加信号连接 3

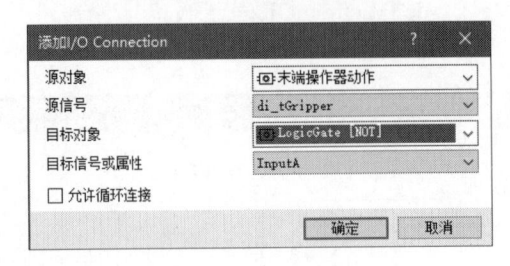

图 7.82 添加信号连接 4

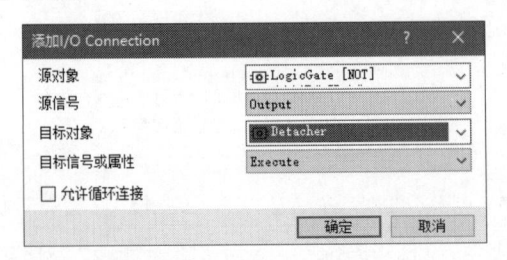

图7.83 添加信号连接5

第 7 章 流水线码垛工业机器人工作站搭建

步骤 24 添加完成后，I/O连接情况如图7.84所示。

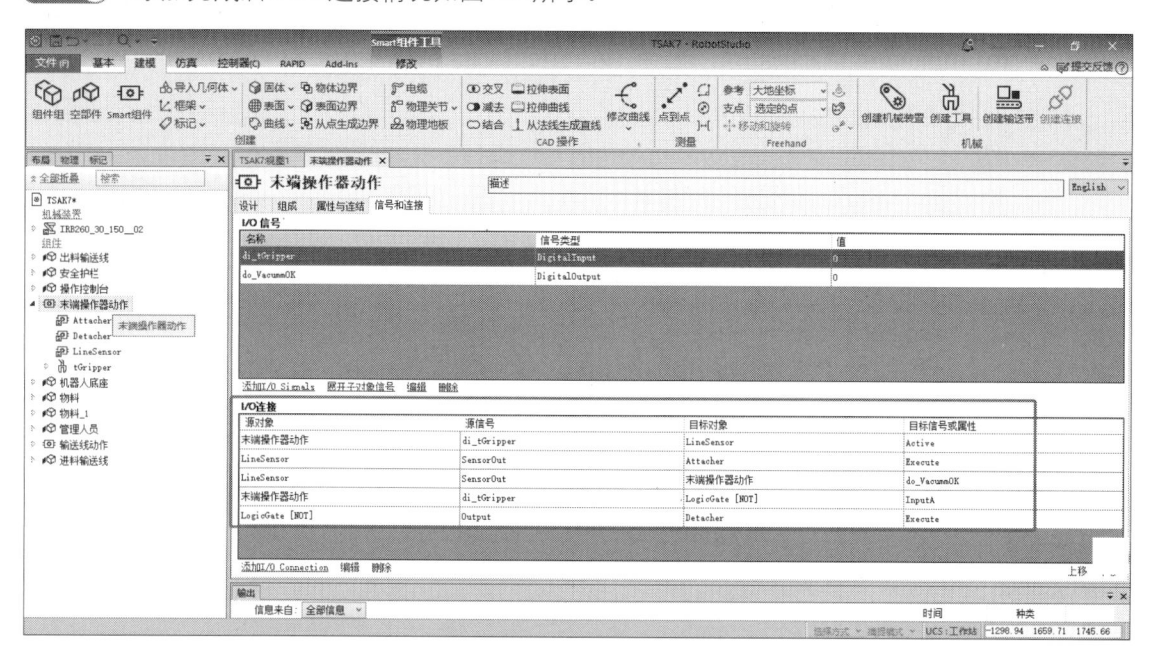

图7.84 I/O连接情况汇总

步骤 25 在"布局"管理器中，右击"末端操作器动作"，将"末端操作器动作"安装到IRB260_30_150_02上，如图7.85所示。

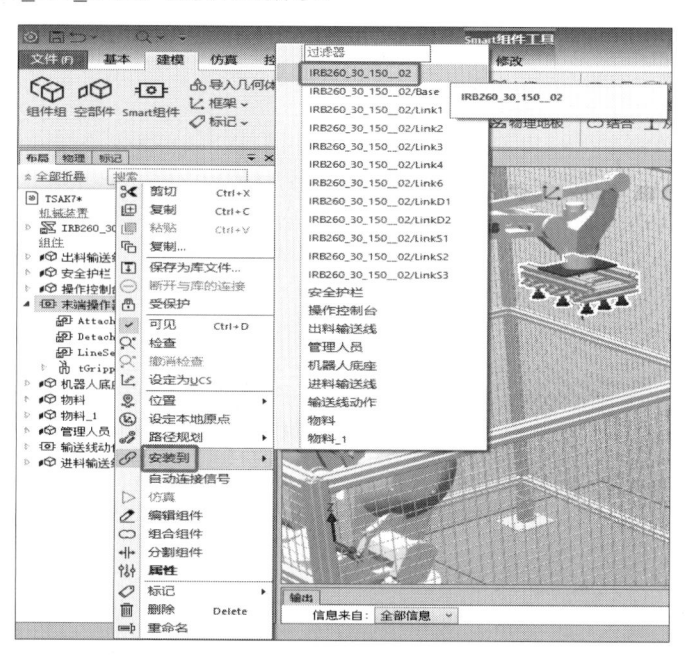

图7.85 安装"末端执行器动作"到机器人

步骤 26 在弹出的"更新位置"对话框中，单击"否(N)"按钮，如图7.86所示。

步骤 27 在弹出的"Tooldata已存在"对话框中，单击"是(Y)"按钮，如图7.87所示。

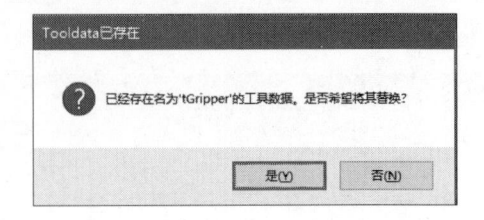

图 7.86　"更新位置"对话框　　　　图 7.87　"Tooldata 已存在"对话框

步骤 28　用户可以打开"设计"属性页，查看属性连结以及信号连接情况，如图7.88所示。

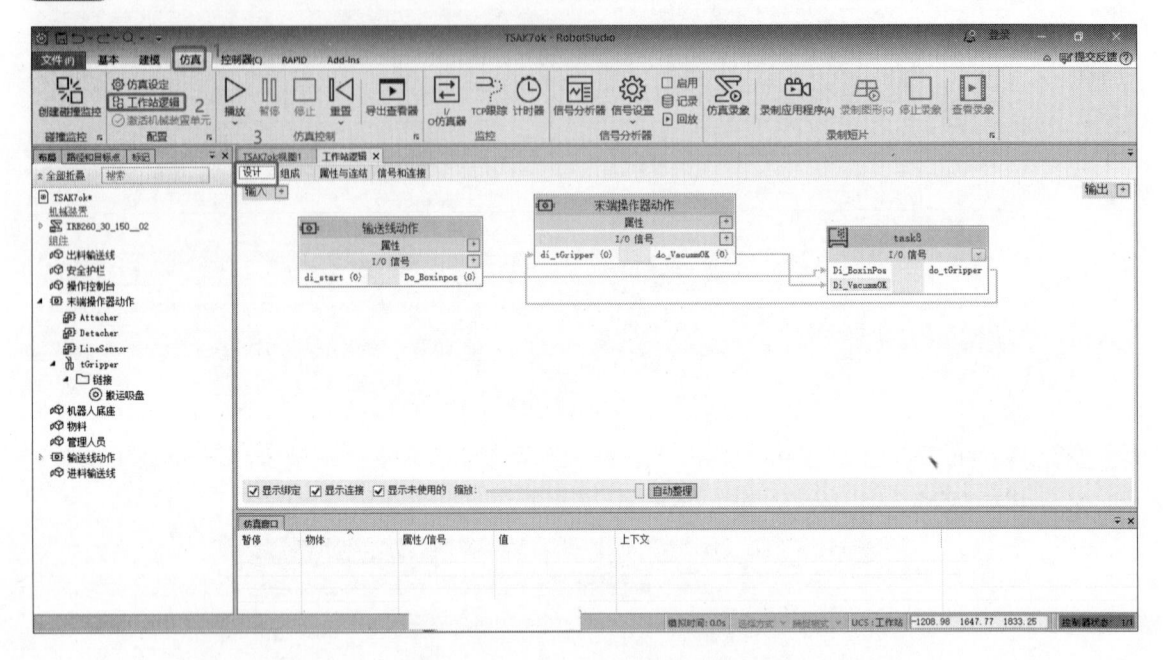

图7.88　属性连结以及信号连接情况

通过以上操作步骤，用户已将机器人末端操作器动作效果中所涉及的属性连结、动作信号创建以及信号连接等进行了关联。

7.3　创建码垛工作站I/O信号

在前面两节中，用户已经将工作站布局完成，并且创建了Smart组件并完成了属性连结以及信号连接。本节将介绍如何设定机器人的I/O信号以及如何建立机器人控制器与已创建的Smart组件之间连接等相关知识点。

7.3.1　设定机器人I/O信号

经过前面的操作，用户已经完成了机器人工作站的基本布局，并且完成了输送线以及末端操作器动作等属性连接和I/O信号连接，实现了动作效果的设计。在本小节中，将介绍安装控制器后，如何设定机器人的I/O信号。

码垛工作站机器人I/O信号设定操作步骤如下。

步骤01 在"基本"界面中,单击"虚拟控制器"下拉按钮,选择"从布局...",创建控制器,如图7.89所示。

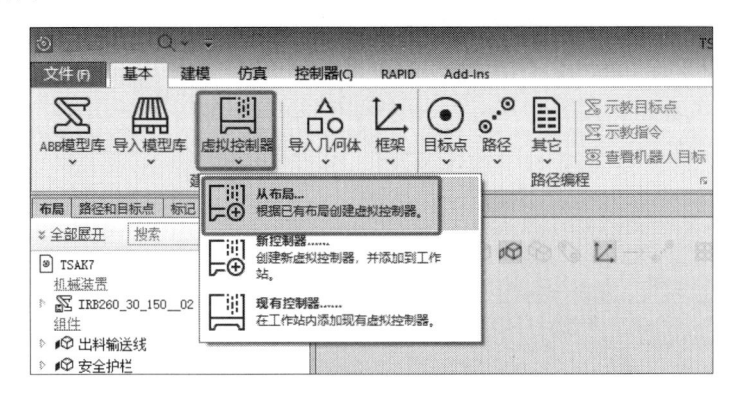

图7.89 "从布局..."创建控制器

备注:用户在创建机器人系统时,推荐使用"从布局..."自动选择机器人机械装置来进行控制器安装。

步骤02 在弹出的"从布局创建控制器"对话框中,用户可以修改控制器名称,如图7.90所示。

备注:再次强调一下,在RobotStudio中,路径名称均建议不含中文字符,否则在仿真过程中,可能会出现控制器启动失败等异常情况。

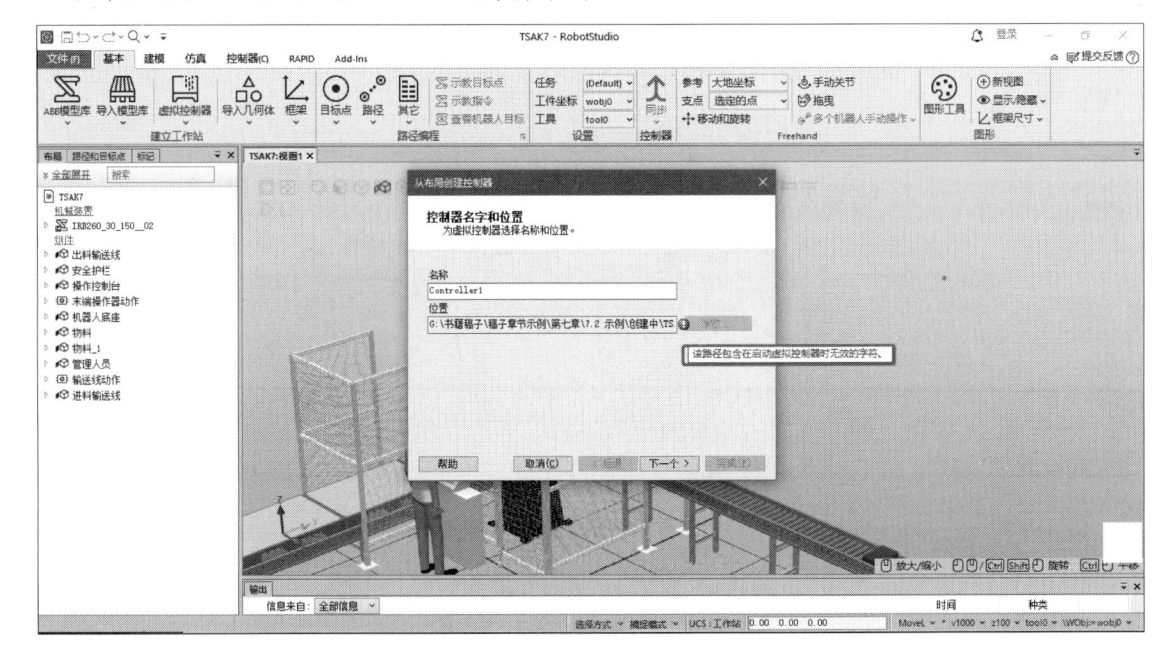

图7.90 控制器名称及路径可修改

步骤03 修改完成后,单击"下一个"按钮,选择机械装置以及控制器版本,如图7.91和图7.92所示。

图7.91 修改控制器名称及路径

图7.92 选择机械装置以及控制器版本

步骤04 确认控制器选项信息后，单击"完成"按钮，开始安装控制器，如图7.93和图7.94所示。

第 7 章　流水线码垛工业机器人工作站搭建

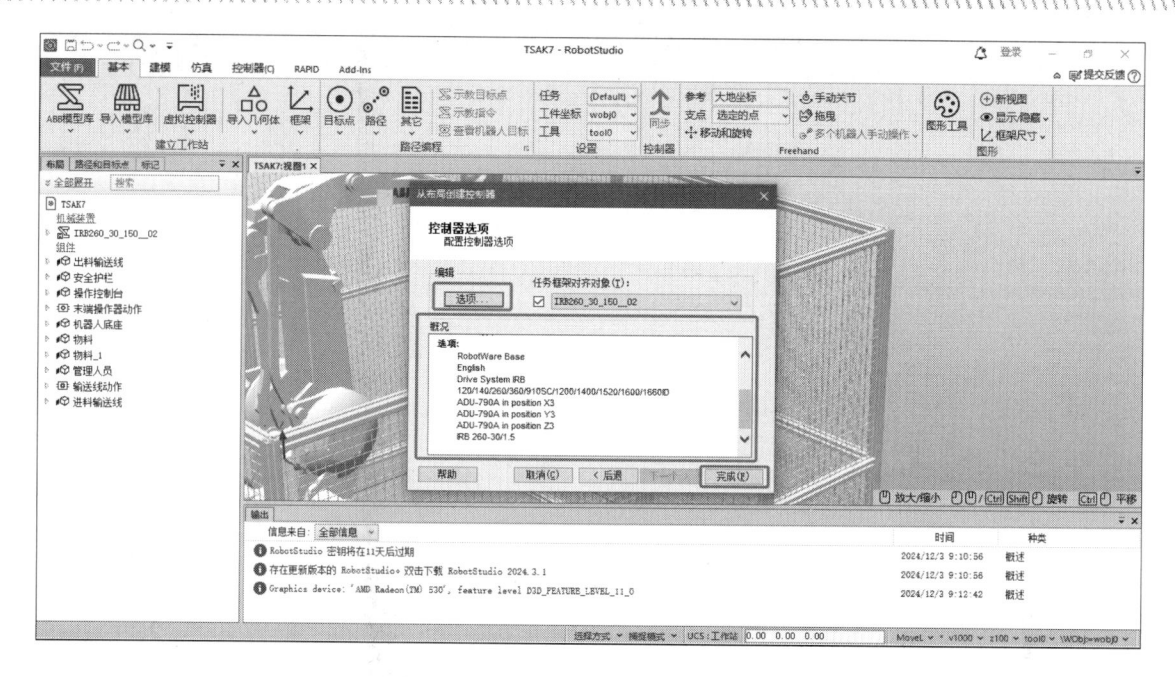

图7.93　确认控制器信息

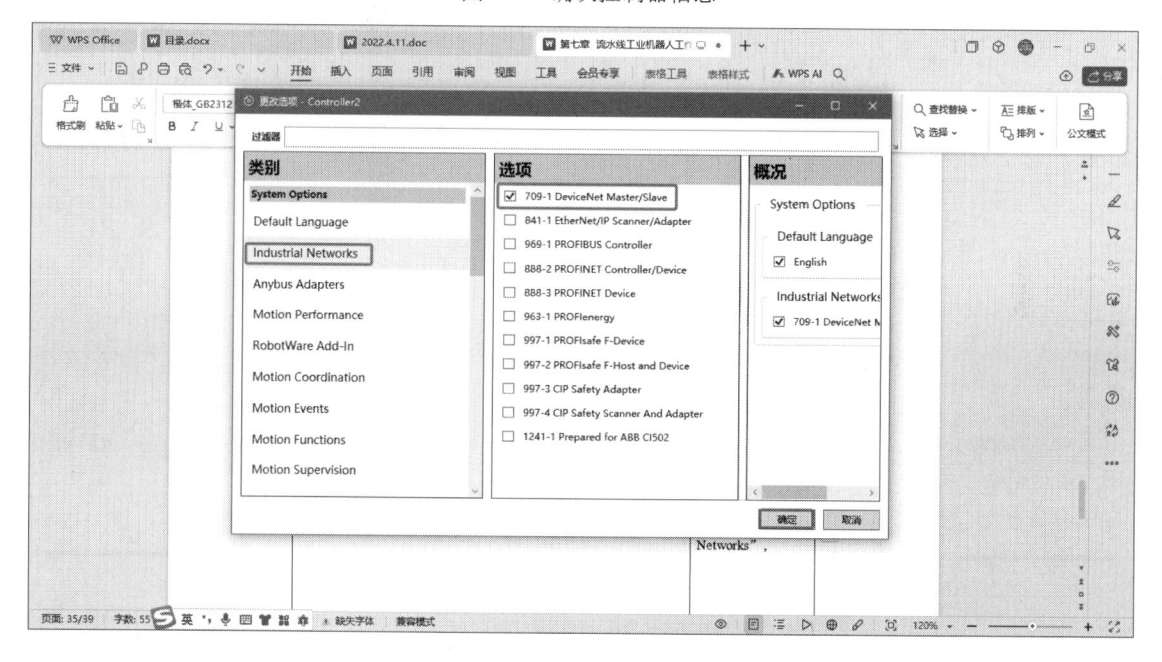

图7.94　设置控制器相关选项

备注：为后续能够顺畅使用"新建DeviceNet Device"功能，可在"概况"内查看有无选项709-1 DeviceNet Master/Slave，如果没有，则需要单击"选项"按钮，进入"更改选项"对话框，选择Industrial Networks，并勾选709-1 DeviceNet Master/Slave，然后单击"确定"按钮。

步骤05　控制器正在安装中，等待安装完成后，界面右下角会变为绿色，如图7.95和图7.96所示。

341

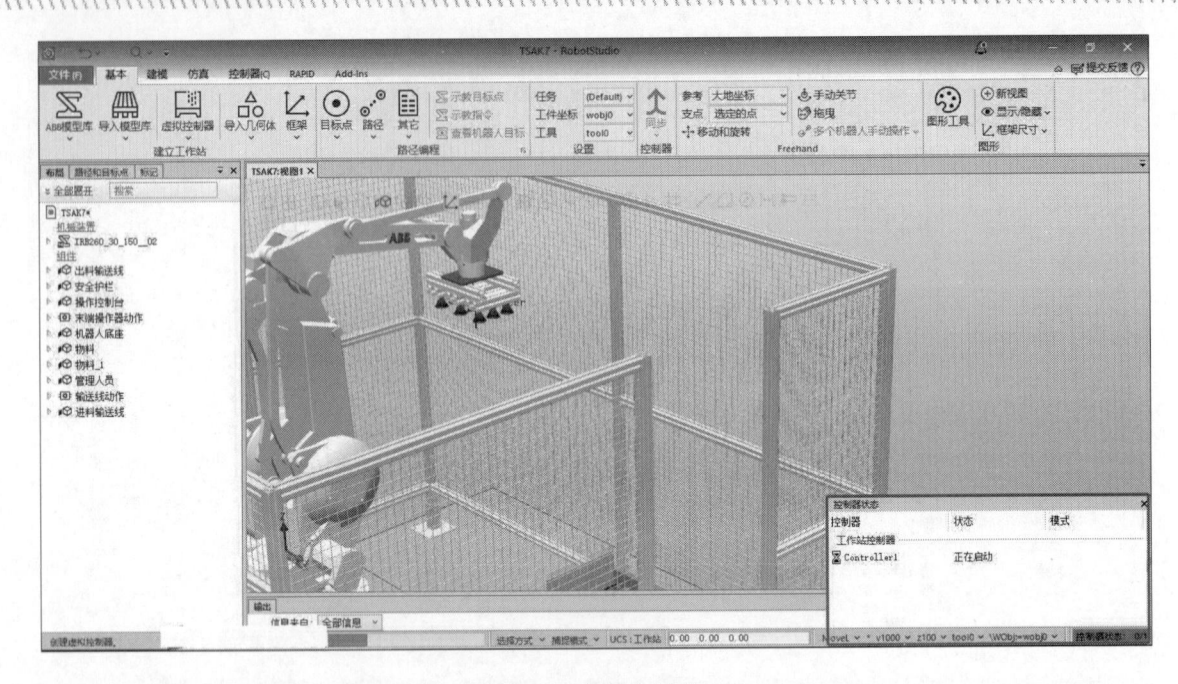

图7.95 安装控制器

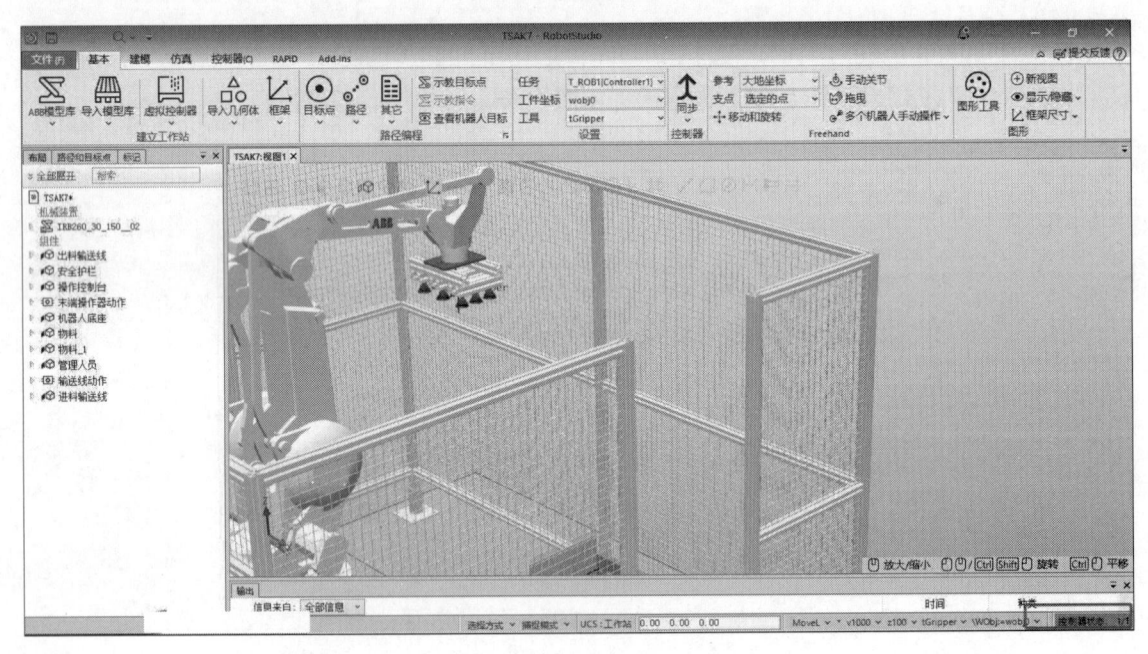

图7.96 控制器已安装完成

步骤06 机器人控制器安装完成后,在"控制器"界面单击"配置"下拉菜单,选择I/O System,如图7.97所示。

第 7 章 流水线码垛工业机器人工作站搭建

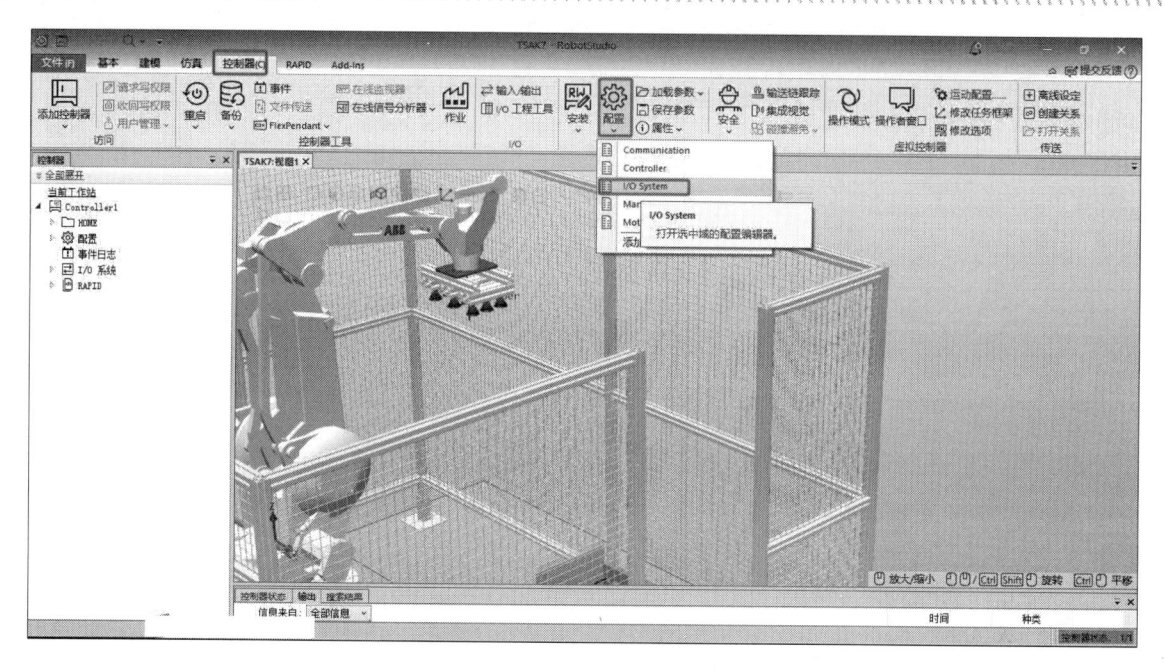

图7.97 选择控制器配置功能

步骤07 右击DeviceNet Device，选择"新建DeviceNet Device"，如图7.98所示。

备注：如用户发现I/O System中没有DeviceNet Device选项，可参考步骤4的备注信息。

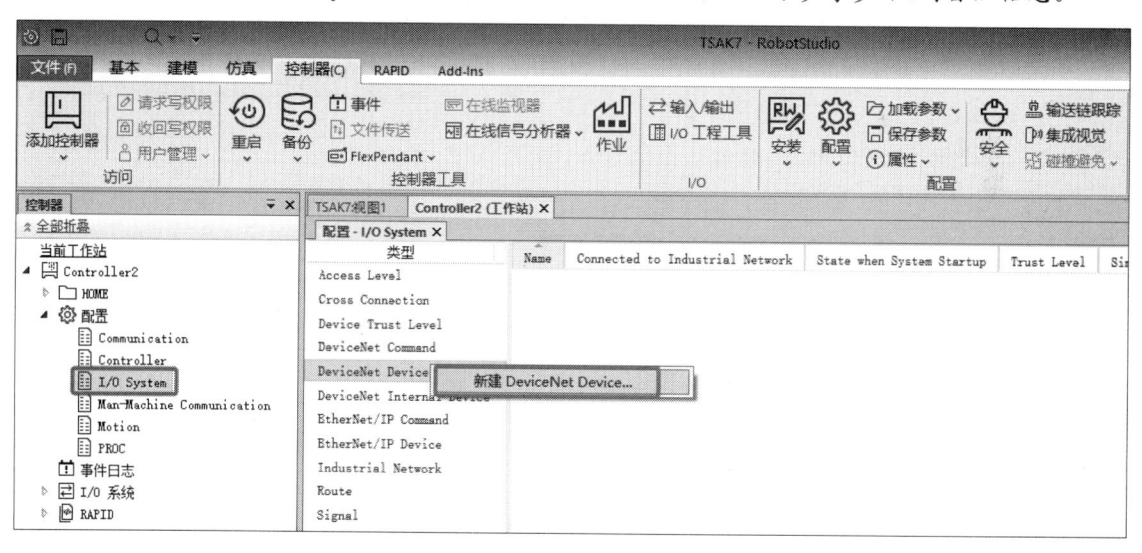

图7.98 新建DeviceNet Device功能

步骤08 在弹出的"实例编辑器"对话框中，选项使用模板值DSQC 652 24 VDC I/O Device"，将其设置为本机器人工作站的I/O通信板，其他选项保持默认设置即可，然后单击"确定"按钮完成添加，如图7.99所示。

343

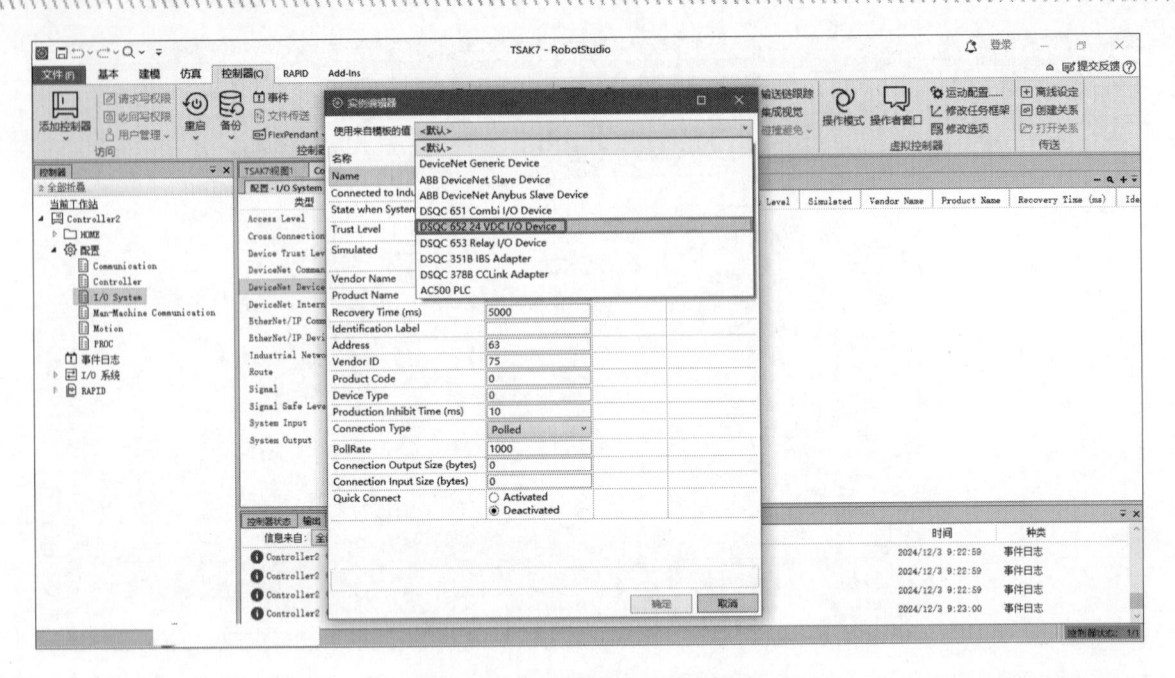

图7.99 设置工作站的I/O通信板

备注：设置I/O通信板后，会提示用户重启控制器，如图7.100所示。

步骤 09 I/O信号板添加完成后，在"控制器"功能选项卡中，选择"重启"功能下的"重启动（热启动）"重启控制器即可，如图7.101所示。

步骤 10 等待控制器重启完成，界面右下角的状态栏会变成绿色，如图7.102所示。

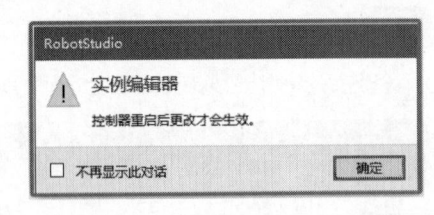

图7.100 提示重启控制器

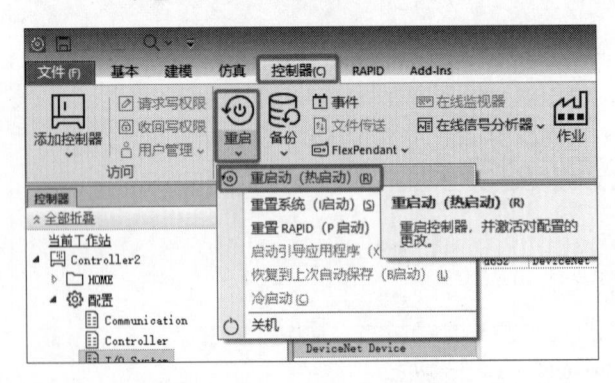

图 7.101 热启动重启控制器

图 7.102 等待控制器重启

步骤 11 控制器重启后，右击Signal，选择"新建Signal..."，如图7.103所示。

步骤 12 在弹出的"实例编辑器"对话框中，设置Name为Di_BoxinPos、Type of Signal为Digital Output、Assigned to Device选择d652，表示检测到流水线上有料，其他选项保持默认设置，单击"确定"按钮完成编辑，如图7.104所示。

第 7 章 流水线码垛工业机器人工作站搭建

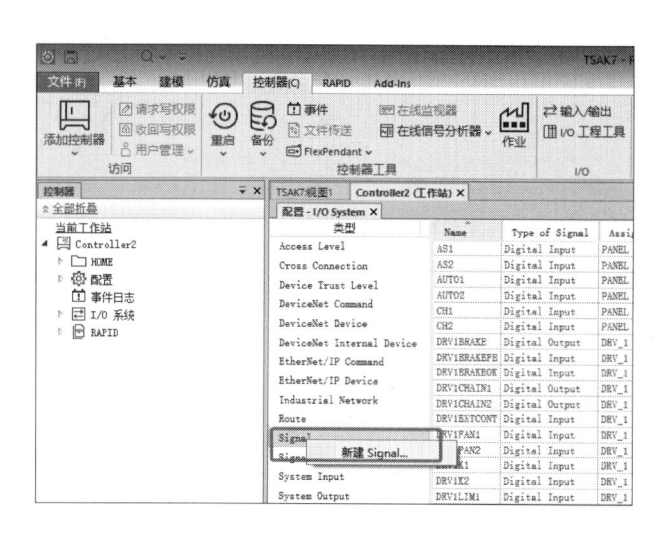

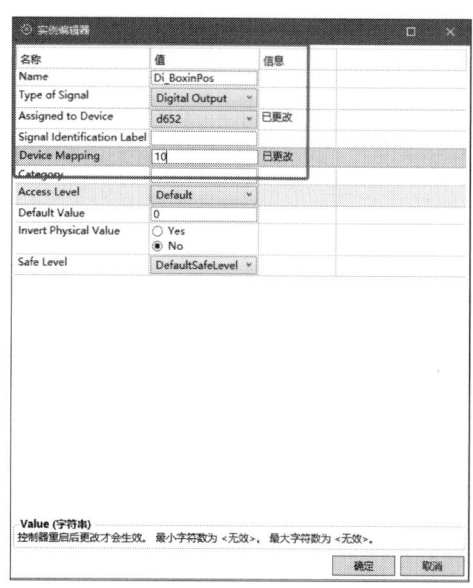

图 7.103　新建信号

图 7.104　"实例编辑器"对话框参数设置

步骤⑬ 按照**步骤⑪**和**步骤⑫**继续添加，设置Name为Di_VacummOK、Type of Signal为Digital Input、Assigned to Device选择d652，表示检测到末端操作器拾取到产品，其他选项保持默认设置，单击"确定"按钮完成编辑，如图7.105所示。

步骤⑭ 按照**步骤⑪**和**步骤⑫**继续添加，设置Name为do_tGripper、Type of Signal为Digital Output、Assigned to Device选择d652，表示打开真空吸取的动作，其他选项保持默认设置，单击"确定"按钮完成编辑，如图7.106所示。

图 7.105　添加 Di_VacummOK

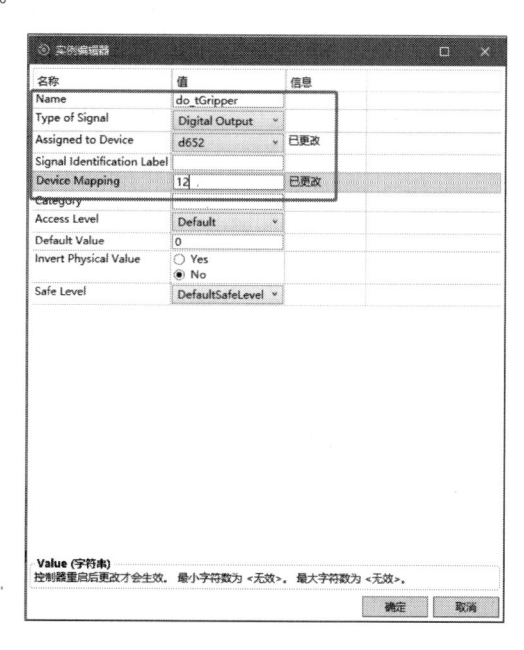

图 7.106　添加 do_tGripper

步骤⑮ 信号添加完成后，添加情况如图7.107所示。

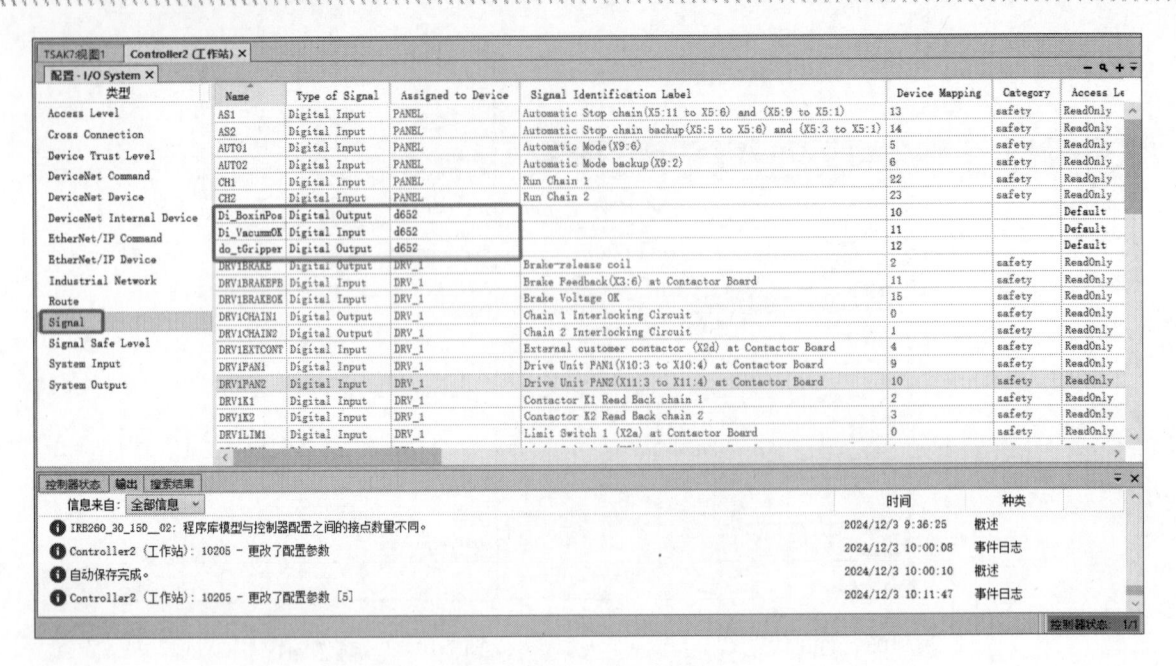

图7.107　信号添加情况

步骤⑯ 信号添加完成后，需要重新启动控制器，如图7.108所示。

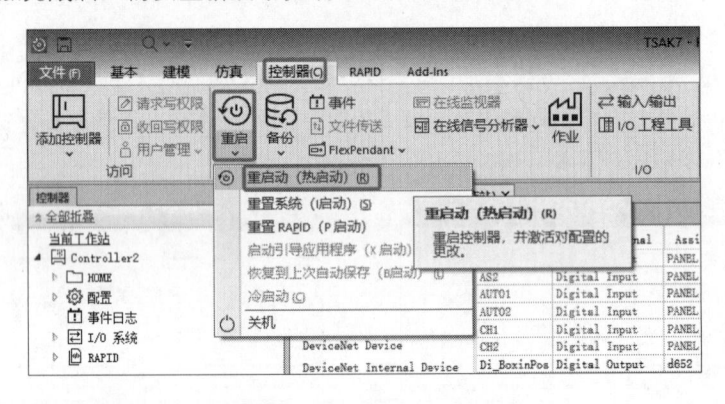

图7.108　热启动重启控制器

7.3.2　建立机器人控制器与Smart组件的连接

用户设置完机器人工作站的控制器I/O配置后，接下来可以建立机器人工作站控制器与Smart组件之间的连接。在本小节中，将介绍如何连接机器人控制器与Smart组件对象。

建立工业机器人控制器与Smart组件信号连接的具体操作步骤如下。

步骤① 在"仿真"功能选项卡中，单击"工作站逻辑"，打开"工作站逻辑"属性页，如图7.109和图7.110所示。

步骤② 在"信号和连接"页面中，按照图示添加I/O信号，如图7.111所示。

步骤③ 在"信号和连接"页面中，单击"添加I/O Connection"进行机器人控制器与Smart组件的连接，添加信号连接参数设定如图7.112~图7.114所示。

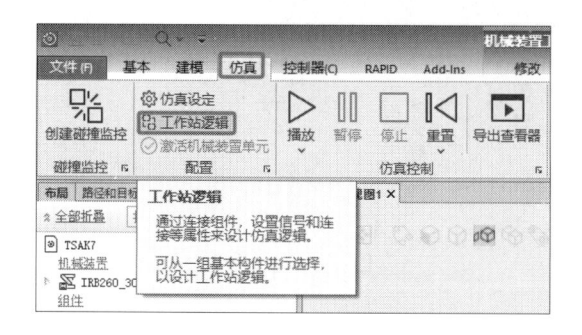

图7.109 单击"工作站逻辑"

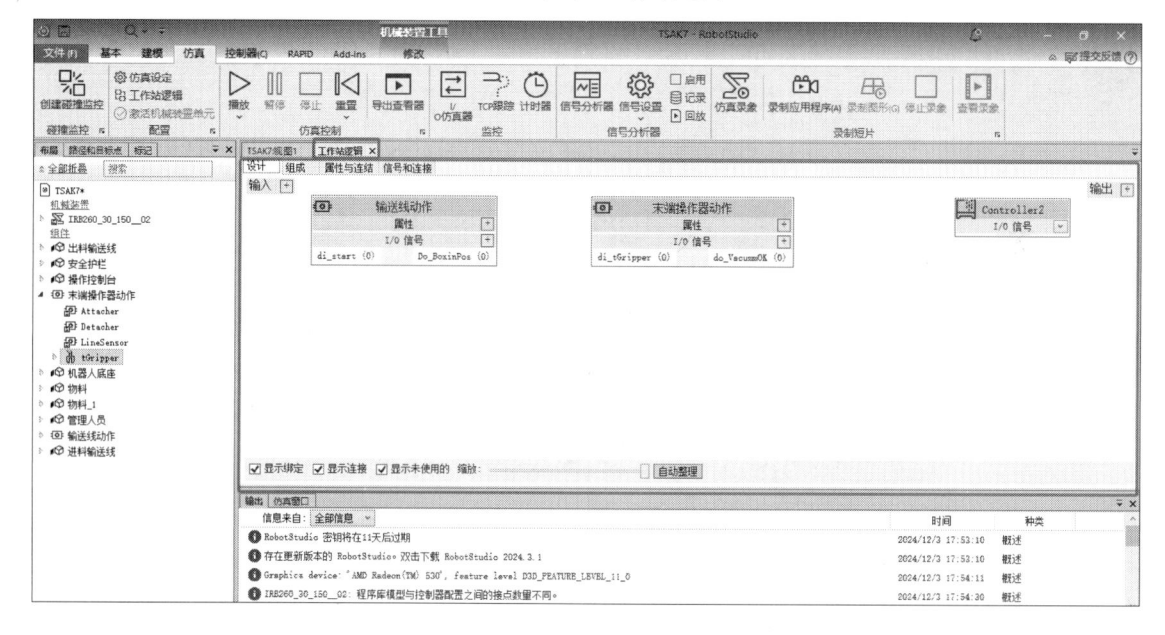

图7.110 "工作站逻辑"属性页

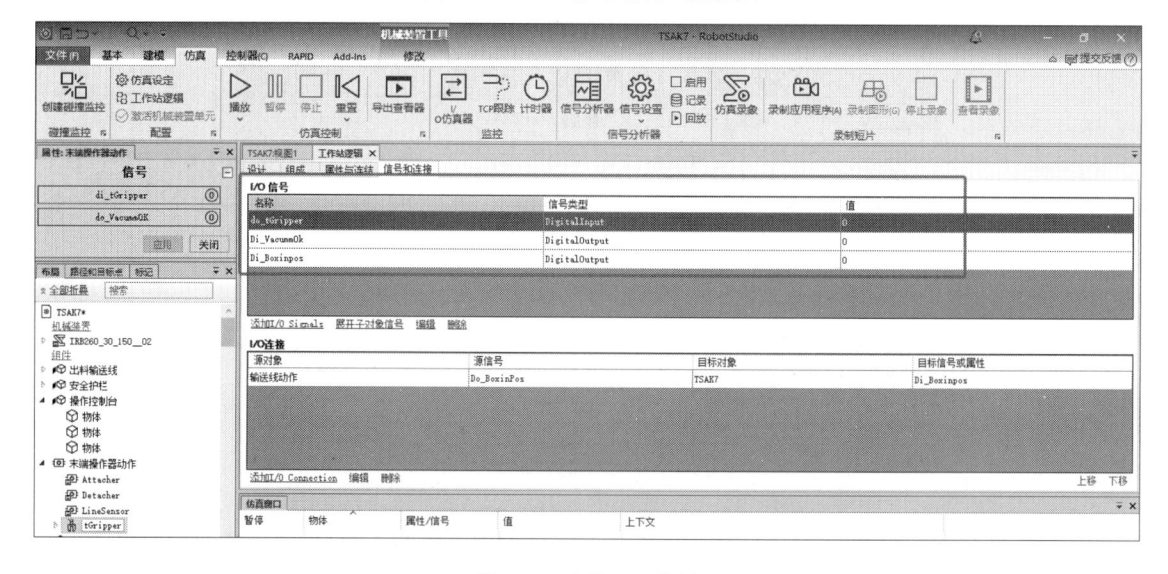

图7.111 添加I/O信号

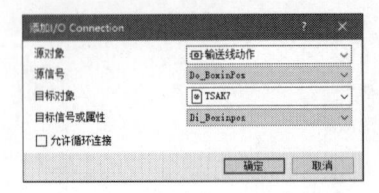

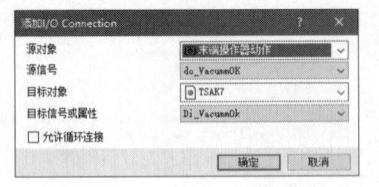

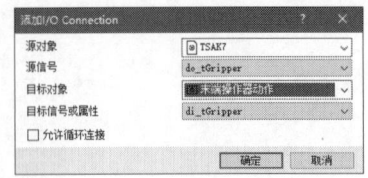

图 7.112　添加信号连接参数设定 1　　　图 7.113　添加信号连接参数设定 2　　　图 7.114　添加信号连接参数设定 3

步骤 04 在"工作站逻辑"管理页中，打开"信号和连接"属性页，检查添加的I/O信号以及连接情况，如图7.115所示。

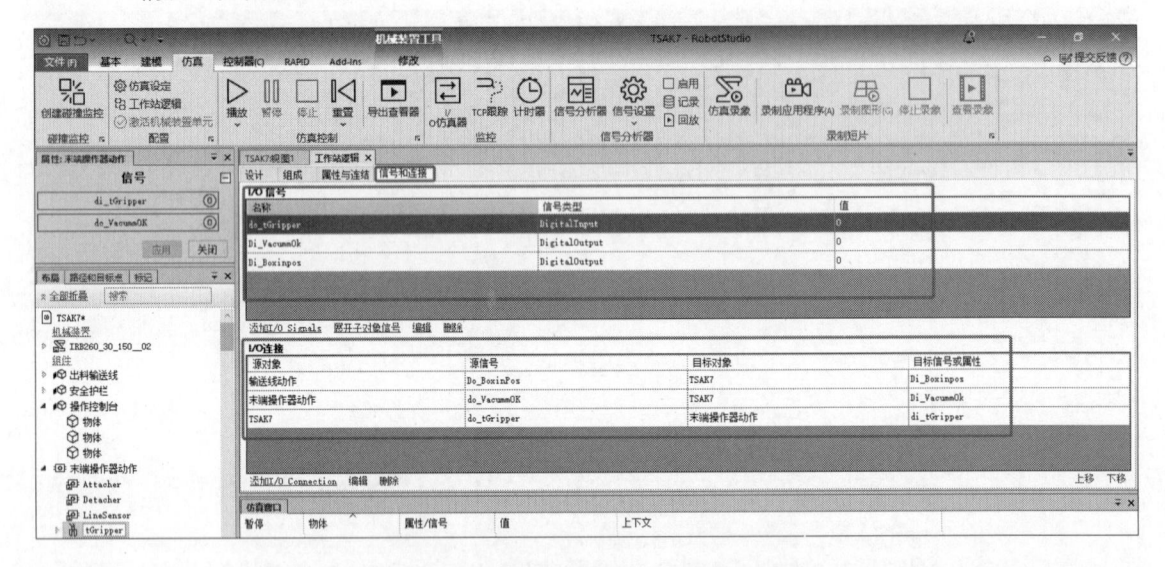

图7.115　检查添加的I/O信号以及连接情况

步骤 05 机器人控制器与Smart组件连接完成后，在"控制器"界面单击"重启"，重启控制器，如图7.116和图7.117所示。

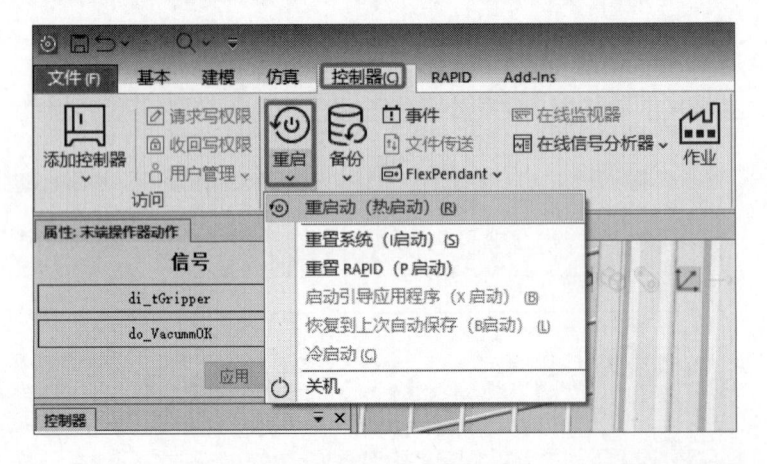

图7.116　重启控制器

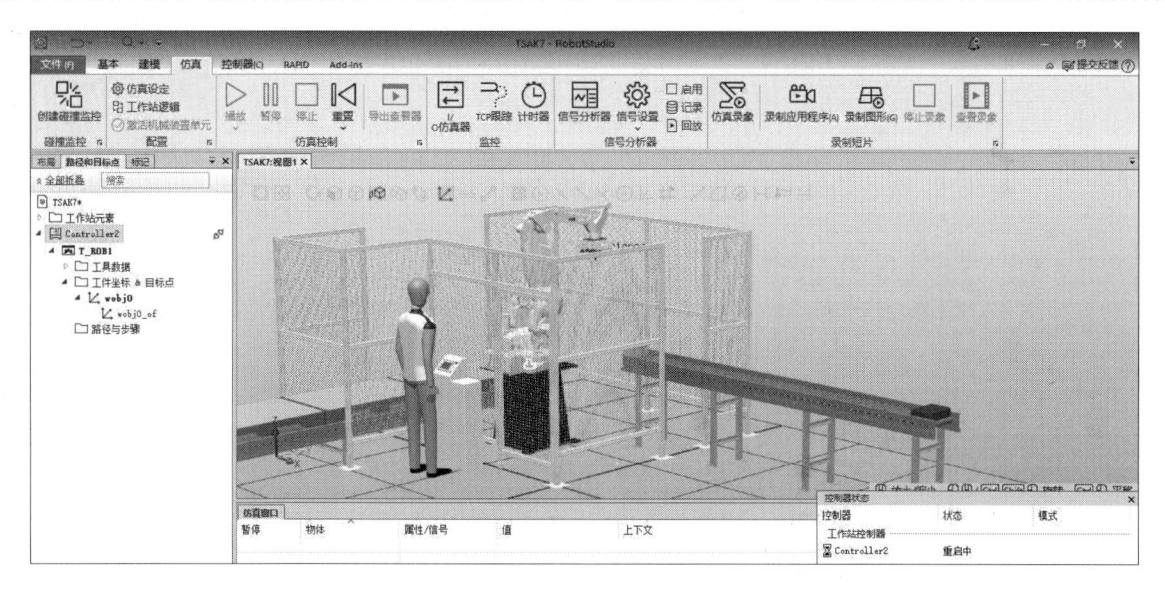

图7.117 控制器重启中

在 步骤03 中，如果用户项目中对应的对象无法导出属性或信号，则需要进行添加，或者把随书资源中的资源包"TSAK7-基本工作站压缩包"解压后使用。

7.4 工作站程序解析

本章中的机器人程序工作流程如下：首先，工业机器人在进料输送线末端等待。当物料到达时，进料输送带末端的平面传感器检测到物料到位，并阻止后续物料进入。随后，工业机器人拾取物料，进料输送带继续输送下一个物料至指定位置。最后，机器人将拾取的物料放置到出料输送带上的垛板上。流水线码垛程序解析如下：

```
PROC main()                              //流水线码垛主程序main
    Rerun01:
    rInitAll;                            //调用初始化程序rInitAll
    WHILE TRUE DO
        IF bPalletFull=FALSE THEN
            rPick;
            rPlace;
        ELSE
            WaitTime 0.3;
            Stop;
            GOTO Rerun01;
        ENDIF
    ENDWHILE
ENDPROC

PROC rInitAll()                          //流水线码垛初始化程序rInitAll
    pActualPos:=CRobT(\tool:=tGripper);
    pActualPos.trans.z:=pHome.trans.z;
    MoveL pActualPos,v3000,fine,tGripper\WObj:=wobj0;
    MoveJ pHome,v3000,fine,tGripper\WObj:=wobj0;
```

```
        bPalletFull:=FALSE;
        nCount:=1;
        Reset do_tGripper;              //重置工具
    ENDPROC
    PROC rPick()                        //进料输送线拾取程序
        MoveJ Offs(pPick,0,0,300),v3000,z50,tGripper\WObj:=wobj0;//在坐标系内偏移
        WaitDI Di_BoxinPos,1;
        MoveL pPick,v500,fine,tGripper\WObj:=wobj0;
        Set do_tGripper;                //设置工具
        MoveL Offs(pPick,0,0,300),v3000,z50,tGripper\WObj:=wobj0; //在坐标系内偏移
    ENDPROC
    PROC rPlace()                       //流水线码垛垛板程序
        rPosition;
        MoveJ Offs(pPlace,0,0,300),v3000,z50,tGripper\WObj:=wobj0;
        MoveL pPlace,v500,fine,tGripper\WObj:=wobj0;
        Reset do_tGripper;
        MoveL Offs(pPlace,0,0,300),v3000,z50,tGripper\WObj:=wobj0;
        rPlaceRD;
    ENDPROC
    PROC rPlaceRD()                     //码垛物料产品数量限制
        Incr nCount;
        IF nCount>=33 THEN
            nCount:=1;
            bPalletFull:=TRUE;
            MoveJ pHome,v3000,fine,tGripper\WObj:=wobj0;
        ENDIF
    ENDPROC
    PROC rPosition()                    //码垛物料位置设定程序
        TEST nCount
        CASE 1:
            pPlace:=RelTool(pPlaceBase,0,0,0\Rz:=0);
        CASE 2:
            pPlace:=RelTool(pPlaceBase,-200,0,0\Rz:=0);
        CASE 3:
            pPlace:=RelTool(pPlaceBase,-400,0,0\Rz:=0);
        CASE 4:
            pPlace:=RelTool(pPlaceBase,-600,0,0\Rz:=0);
        CASE 5:
            pPlace:=RelTool(pPlaceBase,-800,0,0\Rz:=0);
        CASE 6:
            pPlace:=RelTool(pPlaceBase,-1000,0,0\Rz:=0);
        CASE 7:
            pPlace:=RelTool(pPlaceBase,-50,-250,0\Rz:=90);
        CASE 8:
            pPlace:=RelTool(pPlaceBase,-350,-250,0\Rz:=90);
        CASE 9:
            pPlace:=RelTool(pPlaceBase,-650,-250,0\Rz:=90);
        CASE 10:
            pPlace:=RelTool(pPlaceBase,-950,-250,0\Rz:=90);
        CASE 11:
            pPlace:=RelTool(pPlaceBase,0,-500,0\Rz:=0);
        CASE 12:
            pPlace:=RelTool(pPlaceBase,-200,-500,0\Rz:=0);
        CASE 13:
            pPlace:=RelTool(pPlaceBase,-400,-500,0\Rz:=0);
```

```
        CASE 14:
            pPlace:=RelTool(pPlaceBase,-600,-500,0\Rz:=0);
        CASE 15:
            pPlace:=RelTool(pPlaceBase,-800,-500,0\Rz:=0);
        CASE 16:
            pPlace:=RelTool(pPlaceBase,-1000,-500,0\Rz:=0);
        CASE 17:
            pPlace:=RelTool(pPlaceBase,0,0,-81\Rz:=0);
        CASE 18:
            pPlace:=RelTool(pPlaceBase,-200,0,-81\Rz:=0);
        CASE 19:
            pPlace:=RelTool(pPlaceBase,-400,0,-81\Rz:=0);
        CASE 20:
            pPlace:=RelTool(pPlaceBase,-600,0,-81\Rz:=0);
        CASE 21:
            pPlace:=RelTool(pPlaceBase,-800,0,-81\Rz:=0);
        CASE 22:
            pPlace:=RelTool(pPlaceBase,-1000,0,-81\Rz:=0);
        CASE 23:
            pPlace:=RelTool(pPlaceBase,-50,-250,-81\Rz:=90);
        CASE 24:
            pPlace:=RelTool(pPlaceBase,-350,-250,-81\Rz:=90);
        CASE 25:
            pPlace:=RelTool(pPlaceBase,-650,-250,-81\Rz:=90);
        CASE 26:
            pPlace:=RelTool(pPlaceBase,-950,-250,-81\Rz:=90);
        CASE 27:
            pPlace:=RelTool(pPlaceBase,0,-500,-81\Rz:=0);
        CASE 28:
            pPlace:=RelTool(pPlaceBase,-200,-500,-81\Rz:=0);
        CASE 29:
            pPlace:=RelTool(pPlaceBase,-400,-500,-81\Rz:=0);
        CASE 30:
            pPlace:=RelTool(pPlaceBase,-600,-500,-81\Rz:=0);
        CASE 31:
            pPlace:=RelTool(pPlaceBase,-800,-500,-81\Rz:=0);
        CASE 32:
            pPlace:=RelTool(pPlaceBase,-1000,-500,-81\Rz:=0);
        DEFAULT:
            Stop;
        ENDTEST
    ENDPROC
    PROC rModify()              //码垛机器人回工作点程序
        MoveL pHome,v1000,fine,tGripper\WObj:=wobj0;
        MoveL pPick,v1000,fine,tGripper\WObj:=wobj0;
        MoveL pPlaceBase,v1000,fine,tGripper\WObj:=wobj0;
    ENDPROC
ENDMODULE
```

用户可以将上述程序代码输入RAPID中，进行编译后同步到工作站，如图7.118所示。在7.5节中，将对码垛机器人工作站进行仿真和调试。

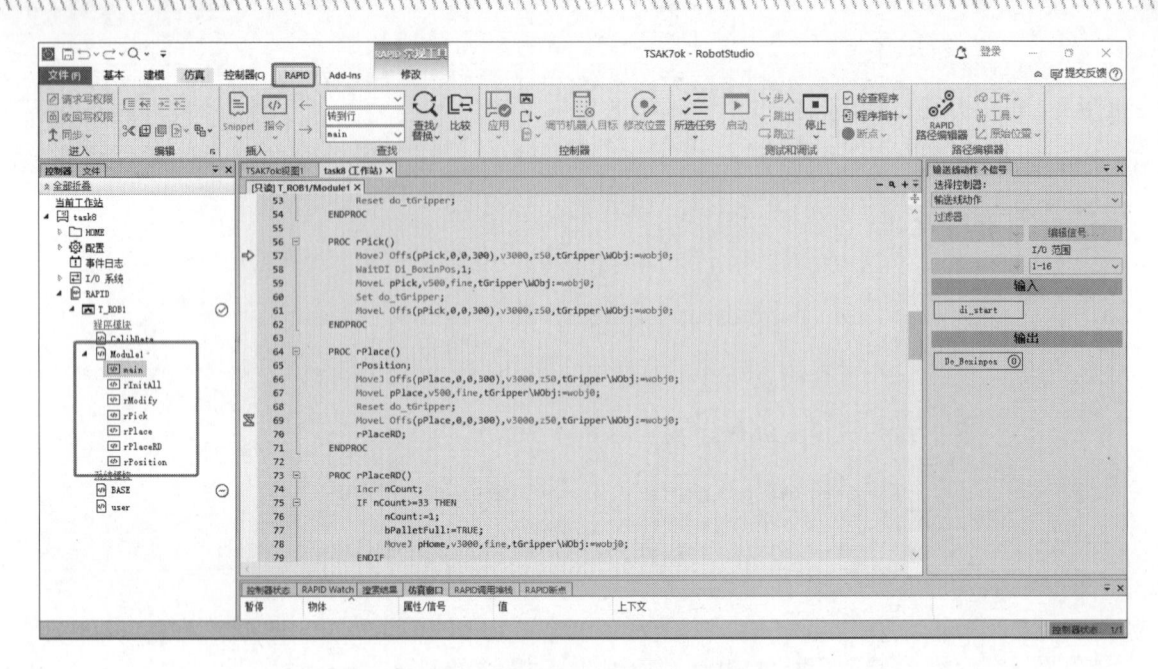

图7.118 打开RAPID查看和编辑代码

7.5 流水线码垛工作站仿真调试

用户将代码输入RAPID中，编译完成并同步到工作站后，就可以开始进行流水线的码垛工作站的仿真和调试了。具体操作步骤如下。

步骤01 在"仿真"功能选项卡中，单击"I/O仿真器"，此时在工作站右边出现对话框，如图7.119所示。

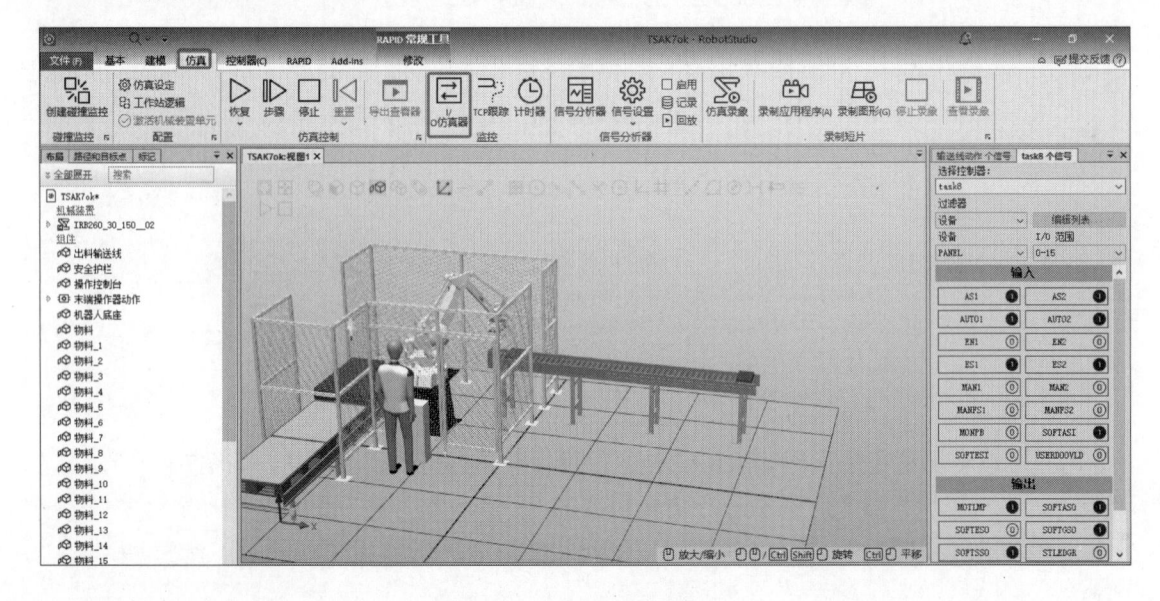

图7.119 打开"I/O仿真器"

第 7 章 流水线码垛工业机器人工作站搭建

步骤 02 在"仿真"功能选项卡中,单击"播放"按钮,如图7.120所示。

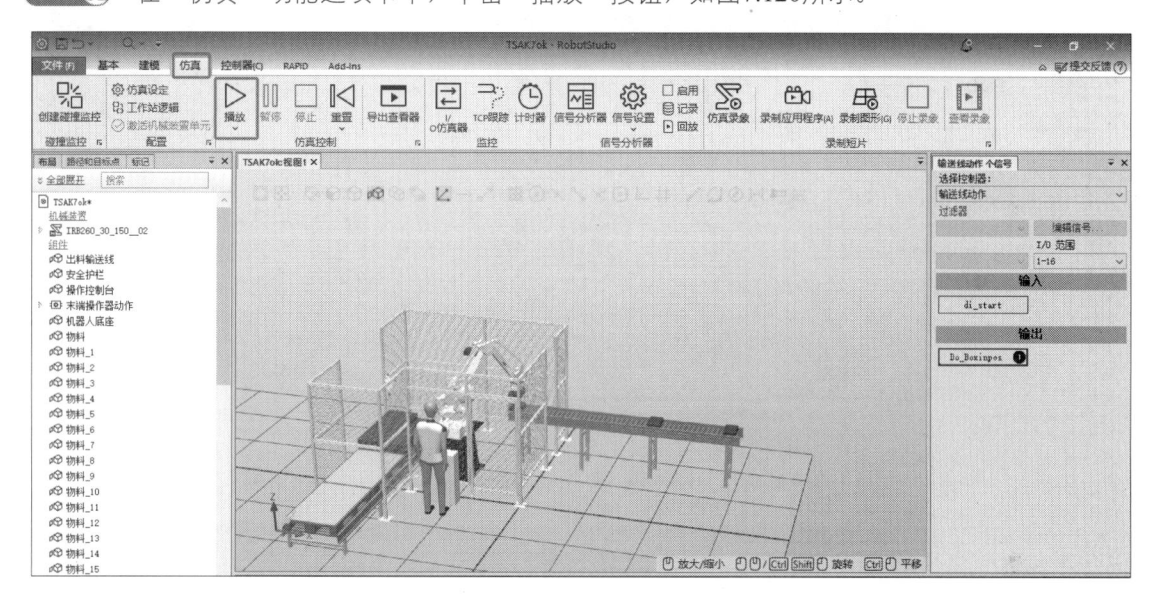

图7.120 播放仿真效果

步骤 03 在界面右侧的"输送线动作 个信号"对话框中,单击"选择控制器"栏的下拉按钮,选择"输送线动作"选项,如图7.121所示。

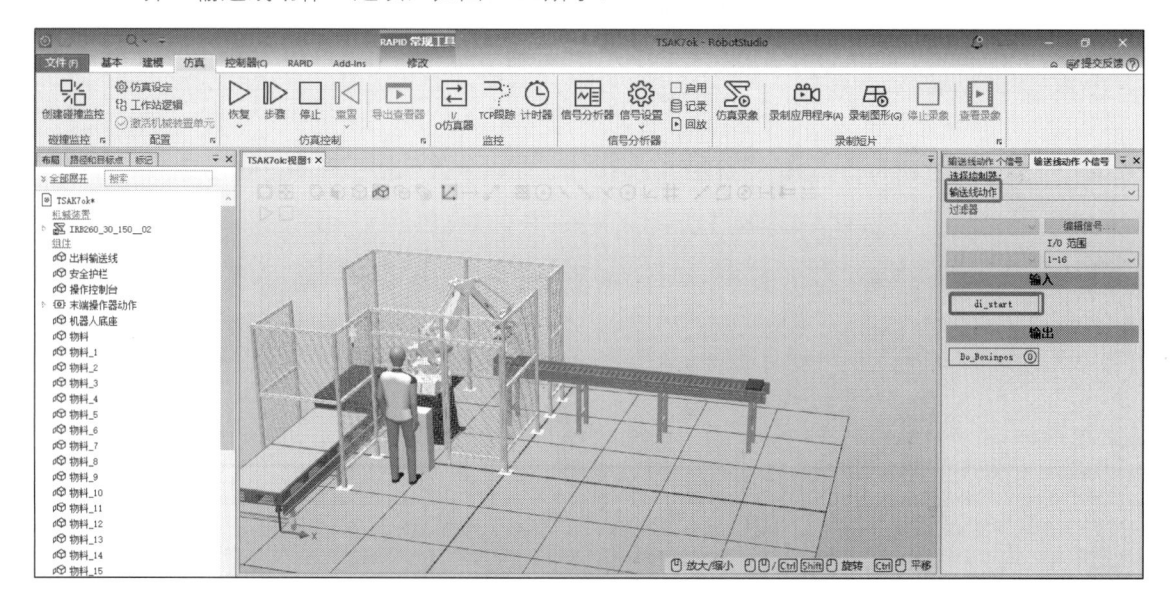

图7.121 单击输入信号使物料在输送线上运动

步骤 04 物料在进料输送线末端被平面传感器检测到后停止,如图7.122所示。

步骤 05 物料被拾取放到垛板上,如图7.123所示。

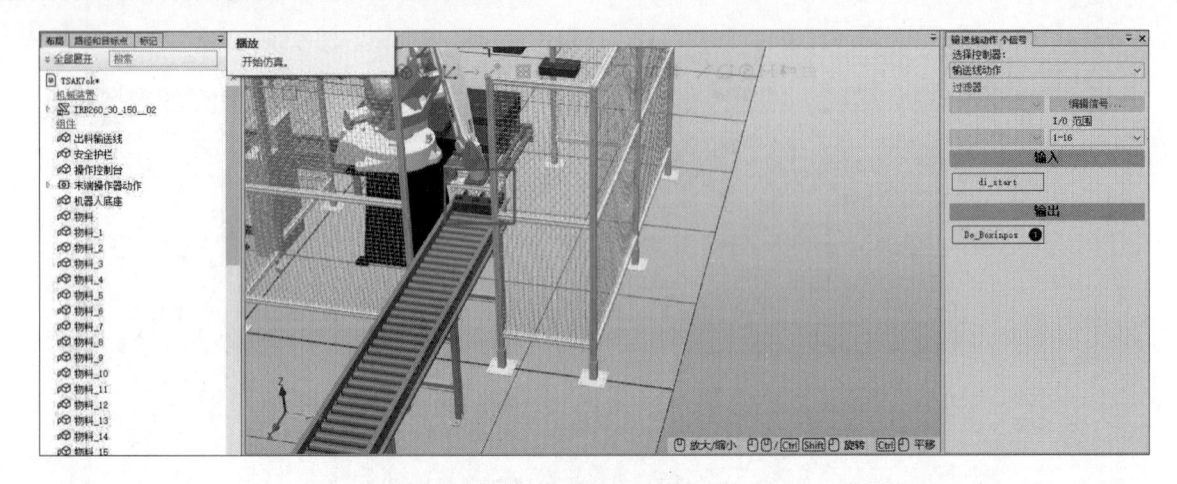

图7.122 物料被平面传感器检测到后停止

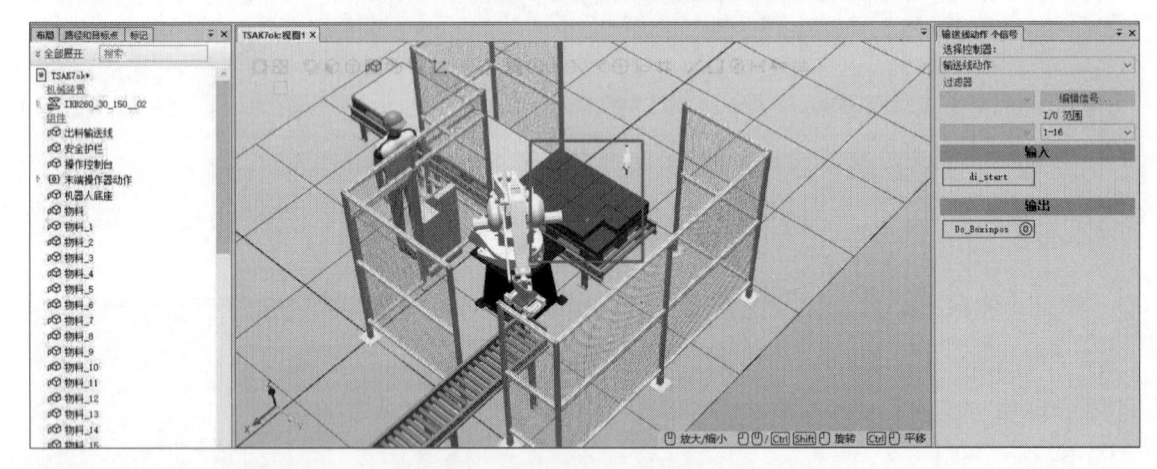

图7.123 物料被拾取放到垛板上

步骤06 物料码垛完成后,工业机器人回到机械原点等待,仿真验证完成,如图7.124所示。

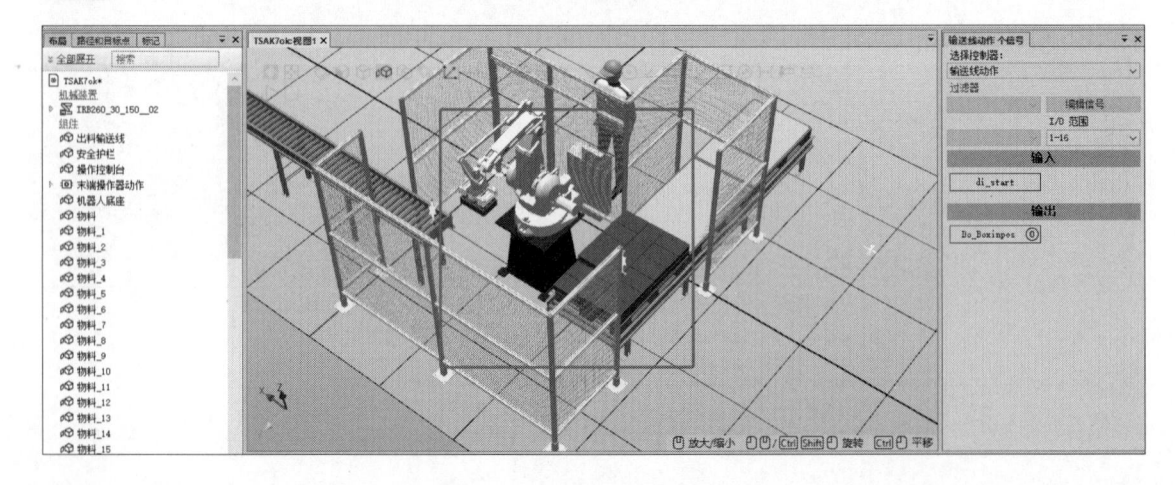

图7.124 机器人回到机械原点等待

步骤07 工作站完成后,可以利用"共享"中的"打包"功能,将完整的工作站打包并进行共享,如图7.125所示。

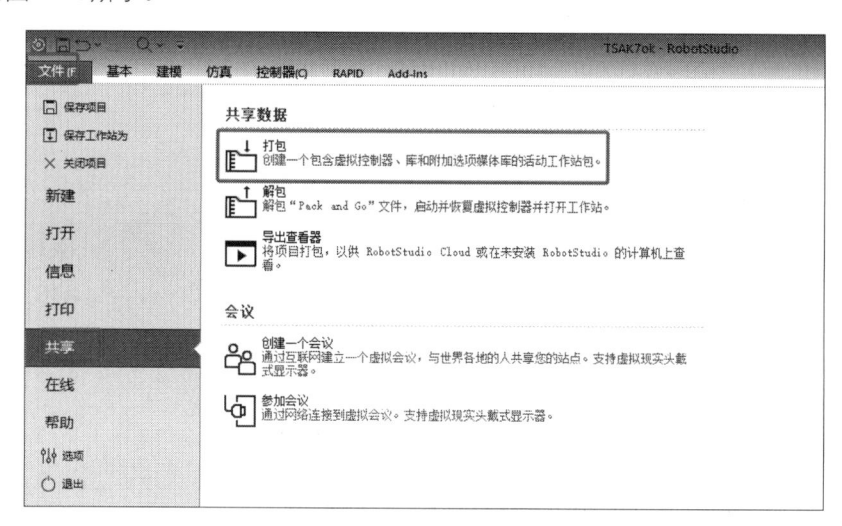

图7.125 共享打包功能

备注:在随书资源中,用户可以将"TSAK7-基本工作站压缩包"解压缩后,用于本节操作。

7.6 练 习

(1)解压TASK8_1资源文件,如图7.126所示,构建鞋底安装工作站。

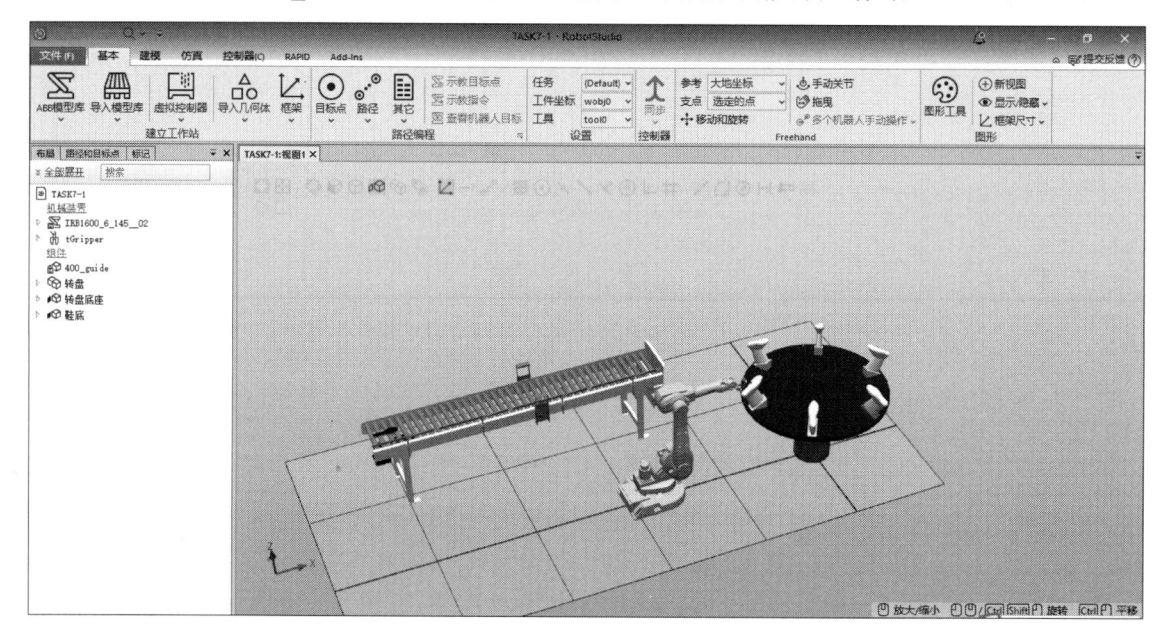

图7.126 解压TASK8_1资源文件

备注：由于练习资源包TASK8-1使用的机械装置为IRB 1600，因此用户打开时，会提示下载IRB 1600，直接下载并安装控制器后再使用即可，如图7.127所示。

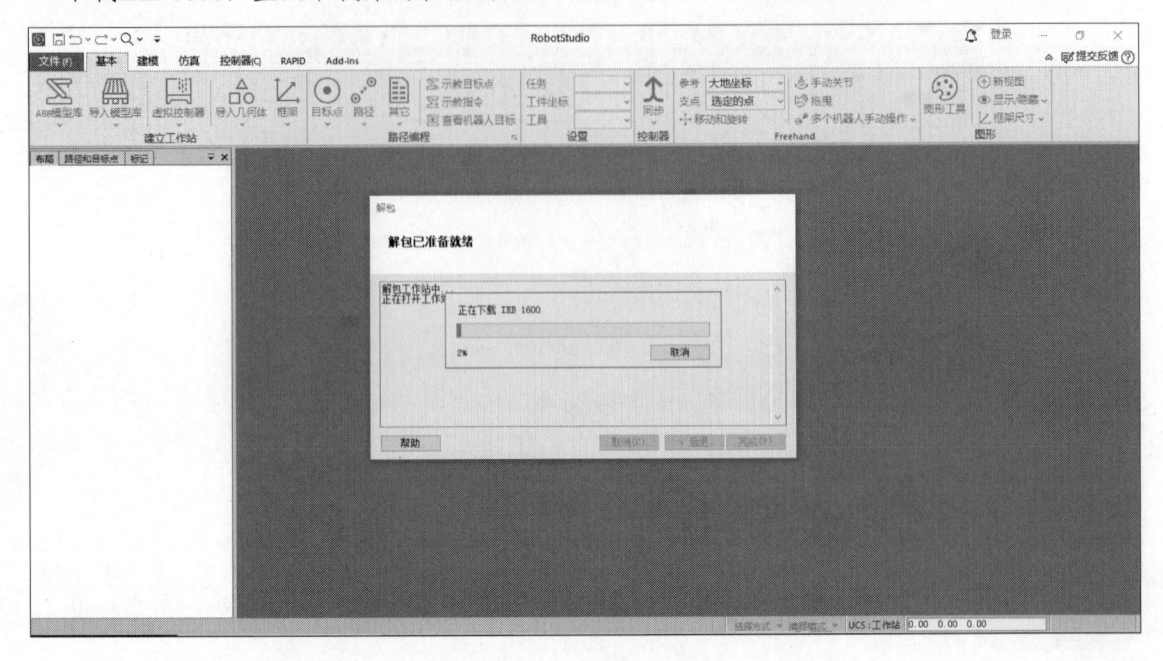

图7.127　下载IRB 1600

（2）创建输送线动作，要求鞋底原料输送到输送链末端停止。

（3）创建末端操作器吸取动作，当鞋底原料输送到末端后，机器人吸取。

（4）创建转盘动作，每个鞋子转到机器人面前停止，等待机器人安装鞋底，待安装完成后，转盘转到下一个鞋子，保持鞋底安装到鞋子上并随着鞋子转动。

（5）优化工作站程序，说明完成整套动作的时间。